中央就是太阳。在这华美的殿堂里，为了能同时照亮一切，我们还能把这个发光体放到更好的位置上吗？太阳堪称为宇宙之灯，宇宙之头脑，宇宙之主宰……于是，太阳坐在王位上统率着围绕它旋转的行星家族。

——哥白尼

真理必胜！勇敢必胜！让科学永远受到尊重吧！愿每一位大师都在自己的艺术中揭示出一些有益的东西，并且逐步把它展示出来，以便使人们随时可以看到：他探索的仅仅是真理。

——第一位发现哥白尼学说对科学发展
具有划时代意义的学者雷蒂克

哥白尼用这本书"向自然事物方面的教会权威挑战。从此自然科学便开始从神学中解放出来"

——恩格斯

本书列入"十三五"国家重点图书出版规划

科学元典丛书

The Series of the Great Classics in Science

主　　编　　任定成

执行主编　　周雁翎

策　　划　　周雁翎

丛书主持　　陈　静

　　科学元典是科学史和人类文明史上划时代的丰碑，是人类文化的优秀遗产，是历经时间考验的不朽之作。它们不仅是伟大的科学创造的结晶，而且是科学精神、科学思想和科学方法的载体，具有永恒的意义和价值。

天体运行论

On the Revolutions

[波兰] 哥白尼 著　叶式辉 译　易照华 校

北京大学出版社
PEKING UNIVERSITY PRESS

图书在版编目（CIP）数据

天体运行论/（波兰）哥白尼著；叶式辉译.—北京：北京大学出版社，2006.5
（科学元典丛书）
ISBN 978-7-301-09547-8

Ⅰ.天…　Ⅱ.①哥…②叶…　Ⅲ.科学普及-日心地动说　Ⅳ.P134

中国版本图书馆 CIP 数据核字（2005）第 096370 号

Nicholas Copernicus

ON THE REVOLUTIONS

London：Macmillan，1978

（感谢波兰科学院支持）

Николай Коперник

О ВРАЩЕНИЯХ НЕБЕСНЫХ СФЕР

Москва：Наука，1964

（感谢俄罗斯科学院支持）

书　　　名	天体运行论
	TIANTI YUNXINGLUN
著作责任者	［波兰］哥白尼　著　叶式辉　译　易照华　校
丛 书 策 划	周雁翎
丛 书 主 持	陈　静
责 任 编 辑	李淑方
标 准 书 号	ISBN 978-7-301-09547-8
出 版 发 行	北京大学出版社
地　　　址	北京市海淀区成府路 205 号　100871
网　　　址	http://www.pup.cn　新浪微博：@北京大学出版社
微信公众号	科学与艺术之声（微信号：sartspku）
电 子 信 箱	zyl@pup.pku.edu.cn
电　　　话	邮购部 010-62752015　发行部 010-62750672　编辑部 010-62767857
印 刷 者	北京中科印刷有限公司
经 销 者	新华书店
	787 毫米×1092 毫米　16 开本　24.25 印张　16 插页　520 千字
	2006 年 5 月第 1 版　2020 年 9 月第 11 次印刷
定　　　价	69.00 元

弁　言

　　这套丛书中收入的著作，是自古希腊以来，主要是自文艺复兴时期现代科学诞生以来，经过足够长的历史检验的科学经典。为了区别于时下被广泛使用的"经典"一词，我们称之为"科学元典"。

　　我们这里所说的"经典"，不同于歌迷们所说的"经典"，也不同于表演艺术家们朗诵的"科学经典名篇"。受歌迷欢迎的流行歌曲属于"当代经典"，实际上是时尚的东西，其含义与我们所说的代表传统的经典恰恰相反。表演艺术家们朗诵的"科学经典名篇"多是表现科学家们的情感和生活态度的散文，甚至反映科学家生活的话剧台词，它们可能脍炙人口，是否属于人文领域里的经典姑且不论，但基本上没有科学内容。并非著名科学大师的一切言论或者是广为流传的作品都是科学经典。

　　这里所谓的科学元典，是指科学经典中最基本、最重要的著作，是在人类智识史和人类文明史上划时代的丰碑，是理性精神的载体，具有永恒的价值。

一

　　科学元典或者是一场深刻的科学革命的丰碑,或者是一个严密的科学体系的构架,或者是一个生机勃勃的科学领域的基石,或者是一座传播科学文明的灯塔。它们既是昔日科学成就的创造性总结,又是未来科学探索的理性依托。

　　哥白尼的《天体运行论》是人类历史上最具革命性的震撼心灵的著作,它向统治西方思想千余年的地心说发出了挑战,动摇了"正统宗教"学说的天文学基础。伽利略《关于托勒密与哥白尼两大世界体系的对话》以确凿的证据进一步论证了哥白尼学说,更直接地动摇了教会所庇护的托勒密学说。哈维的《心血运动论》以对人类躯体和心灵的双重关怀,满怀真挚的宗教情感,阐述了血液循环理论,推翻了同样统治西方思想千余年、被"正统宗教"所庇护的盖伦学说。笛卡儿的《几何》不仅创立了为后来诞生的微积分提供了工具的解析几何,而且折射出影响万世的思想方法论。牛顿的《自然哲学之数学原理》标志着17世纪科学革命的顶点,为后来的工业革命奠定了科学基础。分别以惠更斯的《光论》与牛顿的《光学》为代表的波动说与微粒说之间展开了长达200余年的论战。拉瓦锡在《化学基础论》中详尽论述了氧化理论,推翻了统治化学百余年之久的燃素理论,这一智识壮举被公认为历史上最自觉的科学革命。道尔顿的《化学哲学新体系》奠定了物质结构理论的基础,开创了科学中的新时代,使19世纪的化学家们有计划地向未知领域前进。傅立叶的《热的解析理论》以其对热传导问题的精湛处理,突破了牛顿的《自然哲学之数学原理》所规定的理论力学范围,开创了数学物理学的崭新领域。达尔文《物种起源》中的进化论思想不仅在生物学发展到分子水平的今天仍然是科学家们阐释的对象,而且100多年来几乎在科学、社会和人文的所有领域都在施展它有形和无形的影响。《基因论》揭示了孟德尔式遗传性状传递机理的物质基础,把生命科学推进到基因水平。爱因斯坦的《狭义与广义相对论浅说》和薛定谔的《关于波动力学的四次演讲》分别阐述了物质世界在高速和微观领域的运动规律,完全改变了自牛顿以来的世界观。魏格纳的《海陆的起源》提出了大陆漂移的猜想,为当代地球科学提供了新的发展基点。维纳的《控制论》揭示了控制系统的反馈过程,普里戈金的《从存在到演化》发现了系统可能从原来无序向新的有序态转化的机制,二者的思想在今天的影响已经远远超越了自然科学领域,影响到经济学、社会学、政治学等领域。

　　科学元典的永恒魅力令后人特别是后来的思想家为之倾倒。欧几里得的《几何原本》以手抄本形式流传了1800余年,又以印刷本用各种文字出了1000版以上。阿基米德写了大量的科学著作,达·芬奇把他当作偶像崇拜,热切搜求他的手稿。伽利略以他的继承人自居。莱布尼兹则说,了解他的人对后代杰出人物的成就就不会那么赞赏了。为捍卫《天体运行论》中的学说,布鲁诺被教会处以火刑。伽利略因为其《关于托勒密与哥白尼两大世界体系的对话》一书,遭教会的终身监禁,备受折磨。伽利略说吉尔伯特的《论磁》一书伟大得令人嫉妒。拉普拉斯说,牛顿的《自然哲学之数学原理》揭示了宇宙的最伟大定律,它将永远成为深邃智慧的纪念碑。拉瓦锡在他的《化学基础论》出版后 5 年被法国革命法庭处死,传说拉格朗日悲愤地说,砍掉这颗头颅只要一瞬间,再长出这样的头颅 100 年也不够。《化学哲学新体系》的作者道尔顿应邀访法,当他走进法国科学院会议厅时,院长和全体院士起立致敬,得到拿破仑未曾享有的殊荣。傅立叶在《热的解析理论》中阐述的强有力的数学工具深深影响了整个现代物理学,推动数学分析的发展达一个多世纪,麦克斯韦称赞该书是"一首美妙的诗"。当人们咒骂《物种起源》是"魔鬼的经典""禽兽的哲学"的时候,赫胥黎甘做"达尔文的斗犬",挺身捍卫进化论,撰写了《进化论与伦理学》和《人类在自然界的位置》,阐发达尔文的学说。经过严复的译述,赫胥黎的著作成为维新领袖、辛亥精英、"五四"斗士改造中国的思想武器。爱因斯坦说法拉第在《电学实验研究》中论证的磁场和电场的思想是自牛顿以来物理学基础所经历的最深刻变化。

在科学元典里,有讲述不完的传奇故事,有颠覆思想的心智波涛,有激动人心的理性思考,有万世不竭的精神甘泉。

二

按照科学计量学先驱普赖斯等人的研究,现代科学文献在多数时间里呈指数增长趋势。现代科学界,相当多的科学文献发表之后,并没有任何人引用。就是一时被引用过的科学文献,很多没过多久就被新的文献所淹没了。科学注重的是创造出新的实在知识。从这个意义上说,科学是向前看的。但是,我们也可以看到,这么多文献被淹没,也表明划时代的科学文献数量是很少的。大多数科学元典不被现代科学文献所引用,那是因为其中的知识早已成为科学中无须证明的常识了。即使这样,科学经典也会因为其中思想的恒久意义,而像人文领域里的经典一样,具有永恒的阅读价值。于是,科学经典就被一编再编、一印再印。

早期诺贝尔奖得主奥斯特瓦尔德编的物理学和化学经典丛书"精密自然科学经典"从 1889 年开始出版,后来以"奥斯特瓦尔德经典著作"为名一直在编辑出版,有资料说目前已经出版了 250 余卷。祖德霍夫编辑的"医学经典"丛书从 1910 年就开始陆续出版了。也是这一年,蒸馏器俱乐部编辑出版了 20 卷"蒸馏器俱乐部再版本"丛书,丛书中全是化学经典,这个版本甚至被化学家在 20 世纪的科学刊物上发表的论文所引用。一般把 1789 年拉瓦锡的化学革命当作现代化学诞生的标志,把 1914 年爆发的第一次世界大战称为化学家之战。奈特把反映这个时期化学的重大进展的文章编成一卷,把这个时期的其他 9 部总结性化学著作各编为一卷,辑为 10 卷"1789—1914 年的化学发展"丛书,于 1998 年出版。像这样的某一科学领域的经典丛书还有很多很多。

科学领域里的经典,与人文领域里的经典一样,是经得起反复咀嚼的。两个领域里的经典一起,就可以勾勒出人类智识的发展轨迹。正因为如此,在发达国家出版的很多经典丛书中,就包含了这两个领域的重要著作。1924 年起,沃尔科特开始主编一套包括人文与科学两个领域的原始文献丛书。这个计划先后得到了美国哲学协会、美国科学促进会、科学史学会、美国人类学协会、美国数学协会、美国数学学会以及美国天文学学会的支持。1925 年,这套丛书中的《天文学原始文献》和《数学原始文献》出版,这两本书出版后的 25 年内市场情况一直很好。1950 年,沃尔科特把这套丛书中的科学经典部分发展成为"科学史原始文献"丛书出版。其中有《希腊科学原始文献》《中世纪科学原始文献》和《20 世纪(1900—1950 年)科学原始文献》,文艺复兴至 19 世纪则按科学学科(天文学、数学、物理学、地质学、动物生物学以及化学诸卷)编辑出版。约翰逊、米利肯和威瑟斯庞三人主编的"大师杰作丛书"中,包括了小尼德勒编的 3 卷"科学大师杰作",后者于 1947 年初版,后来多次重印。

在综合性的经典丛书中,影响最为广泛的当推哈钦斯和艾德勒 1943 年开始主持编译的"西方世界伟大著作丛书"。这套书耗资 200 万美元,于 1952 年完成。丛书根据独创性、文献价值、历史地位和现存意义等标准,选择出 74 位西方历史文化巨人的 443 部作品,加上丛书导言和综合索引,辑为 54 卷,篇幅 2 500 万单词,共 32 000 页。丛书中收入不少科学著作。购买丛书的不仅有"大款"和学者,而且还有屠夫、面包师和烛台匠。迄 1965 年,丛书已重印 30 次左右,此后还多次重印,任何国家稍微像样的大学图书馆都将其列入必藏图书之列。这套丛书是 20 世纪上半叶在美国大学兴起而后扩展到全社会的经典著作研读运动的产物。这个时期,美国一些大学的寓所、校园和酒吧里都能听到学生讨论古典佳作的声音。有的大学要求学生必须深研 100 多部名著,甚至在教学中不得使用最新的实验设备,而是借助历史上的科学大师所使用的方法和仪器复制品去再现划时代的著名实验。至 20 世纪 40 年代末,美国举办古典名著学习班的城市达 300 个,学员 50 000 余众。

相比之下,国人眼中的经典,往往多指人文而少有科学。一部公元前 300 年左右古希腊人写就的《几何原本》,从 1592 年到 1605 年的 13 年间先后 3 次汉译而未果,经 17 世纪初和 19 世纪 50 年代的两次努力才分别译刊出全书来。近几百年来移译的西学典籍中,成系统者甚多,但皆系人文领域。汉译科学著作,多为应景之需,所见典籍寥若晨星。借 20 世纪 70 年代末举国欢庆"科学春天"到来之良机,有好尚者发出组译出版"自然科学世界名著丛书"的呼声,但最终结果却是好尚者抱憾而终。20世纪90年代初出版的"科学名著文库",虽使科学元典的汉译初见系统,但以10卷之小的容量投放于偌大的中国读书界,与具有悠久文化传统的泱泱大国实不相称。

我们不得不问:一个民族只重视人文经典而忽视科学经典,何以自立于当代世界民族之林呢?

<h1 style="text-align:center">三</h1>

科学元典是科学进一步发展的灯塔和坐标。它们标识的重大突破,往往导致的是常规科学的快速发展。在常规科学时期,人们发现的多数现象和提出的多数理论,都要用科学元典中的思想来解释。而在常规科学中发现的旧范型中看似不能得到解释的现象,其重要性往往也要通过与科学元典中的思想的比较显示出来。

在常规科学时期,不仅有专注于狭窄领域常规研究的科学家,也有一些从事着常规研究但又关注着科学基础、科学思想以及科学划时代变化的科学家。随着科学发展中发现的新现象,这些科学家的头脑里自然而然地就会浮现历史上相应的划时代成就。他们会对科学元典中的相应思想,重新加以诠释,以期从中得出对新现象的说明,并有可能产生新的理念。百余年来,达尔文在《物种起源》中提出的思想,被不同的人解读出不同的信息。古脊椎动物学、古人类学、进化生物学、遗传学、动物行为学、社会生物学等领域的几乎所有重大发现,都要拿出来与《物种起源》中的思想进行比较和说明。玻尔在揭示氢光谱的结构时,提出的原子结构就类似于哥白尼等人的太阳系模型。现代量子力学揭示的微观物质的波粒二象性,就是对光的波粒二象性的拓展,而爱因斯坦揭示的光的波粒二象性就是在光的波动说和粒子说的基础上,针对光电效应,提出的全新理论。而正是与光的波动说和粒子说二者的困难的比较,我们才可以看出光的波粒二象性说的意义。可以说,科学元典是时读时新的。

除了具体的科学思想之外,科学元典还以其方法学上的创造性而彪炳史册。这些方法学思想,永远值得后人学习和研究。当代诸多研究人的创造性的前沿领域,如认知心理学、科学哲学、人工智能、认知科学等,都涉及对科学大师的研究方法的研究。一些科学史学家以科学元典为基点,把触角延伸到科学家的信件、实验室记录、所属机构的档案等原始材料中去,揭示出许多新的历史现象。近二十多年兴起的机器发现,首先就是对科学史学家提供的材料编制程序,在机器中重新做出历史上的伟大发现。借助于人工智能手段,人们已经在机器上重新发现了波义耳定律、开普勒行星运动第三定律,提出了燃素理论。萨伽德甚至用机器研究科学理论的竞争与接受,系统研究了拉瓦锡氧化理论、达尔文进化学说、魏格纳大陆漂移说、哥白尼日心说、牛顿力学、爱因斯坦相对论、量子论以及心理学中的行为主义和认知主义形成的革命过程和接受过程。

除了这些对于科学元典标识的重大科学成就中的创造力的研究之外，人们还曾经大规模地把这些成就的创造过程运用于基础教育之中。美国几十年前兴起的发现法教学，就是在这方面的尝试。近二十多年来，全球兴起了基础教育改革的浪潮，其目标就是提高学生的科学素养，改变片面灌输科学知识的状况。其中的一个重要举措，就是在教学中加强科学探究过程的理解和训练。因为，单就科学本身而言，它不仅外化为工艺、流程、技术及其产物等器物形态，直接表现为概念、定律和理论等知识形态，更深蕴于其特有的思想、观念和方法等精神形态之中。没有人怀疑，我们通过阅读今天的教科书就可以方便地学到科学元典著作中的科学知识，而且由于科学的进步，我们从现代教科书上所学的知识甚至比经典著作中的更完善。但是，教科书所提供的只是结晶状态的凝固知识，而科学本是历史的、创造的、流动的，在这历史、创造和流动过程之中，一些东西蒸发了，另一些东西积淀了，只有科学思想、科学观念和科学方法保持着永恒的活力。

然而，遗憾的是，我们的基础教育课本和不少科普读物中讲的许多科学史故事都是误讹相传的东西。比如，把血液循环的发现归于哈维，指责道尔顿提出二元化合物的元素原子数最简比是当时的错误，讲伽利略在比萨斜塔上做过落体实验，宣称牛顿提出了牛顿定律的诸数学表达式，等等。好像科学史就像网络上传播的八卦那样简单和耸人听闻。为避免这样的误讹，我们不妨读一读科学元典，看看历史上的伟人当时到底是如何思考的。

现在，我们的大学正处在席卷全球的通识教育浪潮之中。就我的理解，通识教育固然要对理工农医专业的学生开设一些人文社会科学的导论性课程，要对人文社会科学专业的学生开设一些理工农医的导论性课程，但是，我们也可以考虑适当跳出专与博、文与理的关系的思考路数，对所有专业的学生开设一些真正通而识之的综合性课程，或者倡导这样的阅读活动、讨论活动、交流活动甚至跨学科的研究活动，发掘文化遗产、分享古典智慧、继承高雅传统，把经典与前沿、传统与现代、创造与继承、现实与永恒等事关全民素质、民族命运和世界使命的问题联合起来进行思索。

我们面对不朽的理性群碑，也就是面对永恒的科学灵魂。在这些灵魂面前，我们不是要顶礼膜拜，而是要认真研习解读，读出历史的价值，读出时代的精神，把握科学的灵魂。我们要不断吸取深蕴其中的科学精神、科学思想和科学方法，并使之成为推动我们前进的伟大精神力量。

任定成

2005 年 8 月 6 日

北京大学承泽园迪吉轩

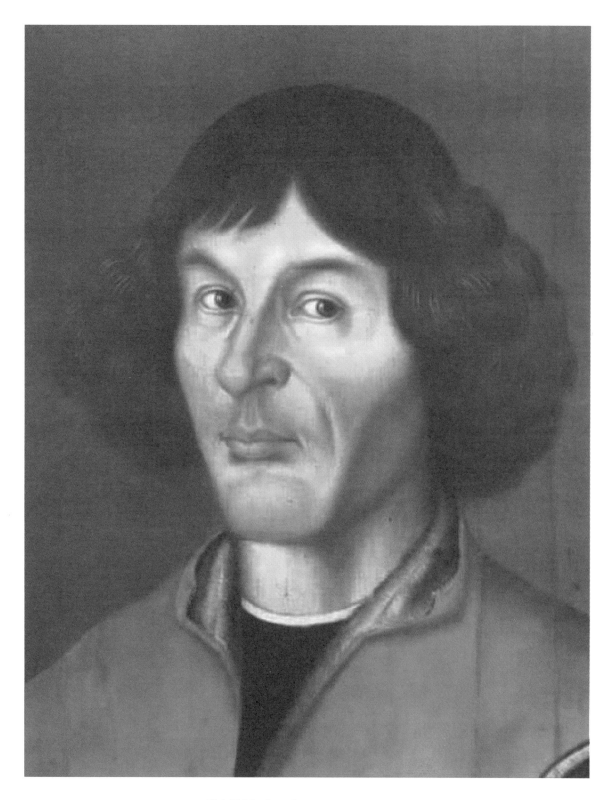

哥白尼（Nicolaus Copernicus，1473—1543）

从远古时代起，人们就对浩瀚深邃的天穹和明亮晶莹的日月星辰产生了浓厚的兴趣。

我认为必须用最强烈的感情和极度的热忱来促进对最美好的、最值得了解的事物的研究。这就是探索宇宙的神奇运转，星体的运动、大小、距离和出没，以及天界中其他现象成因的学科。

——《天体运行论》

希腊文明是西方文明的古代源泉。

下图是 16 世纪初拉斐尔为梵蒂冈所绘的壁画《雅典学园》。拉斐尔把古希腊不同时期的精英人物绘入其中，集中表现了古希腊创造的辉煌文明。(壁画中心用手指着天的是柏拉图，另一位用手指着大地的是亚里士多德，右边面对观众手托天球者为托勒密。)

从泰勒斯（Thales，约前624—约前547）开始到托勒密（Claudius Ptolemaeus，约90—168）为止的近800年间，希腊天文学得到了迅速的发展。

托勒密的主要著作《天文学大成》（也译作《至大论》）十三卷是西方古典天文学的百科全书。书中主要论述宇宙的地心体系，又叫托勒密体系，主张地球居中央不动，日、月、行星和恒星都环绕地球运行。这一理论在天文学中占统治地位达1300年之久。

公元前后，基督教在欧洲兴起。由于托勒密的地心理论与基督教《圣经》所描绘的宇宙图像不谋而合，因此被教会利用，成为神学的一个支柱。

在《圣经》中上帝创造了地球并将其置于宇宙的中心供人类居住。上图是壁画《上帝创造亚当》。下图是基督教的发源地耶路撒冷。

　　天主教会罗马教廷所在地梵蒂冈城的圣彼得大教堂。1054年基督教分裂为东西两派，罗马主教成为西派教会的首领。西派进而形成教皇体制，称为天主教。中世纪时，天主教成为西欧各国占统治地位的宗教。

　　圣彼得教堂内景。在中世纪，罗马教廷以神学统治欧洲，压制科学思想的发展，这一时期被称做科学史上的黑暗时期。但是科学和真理却不会屈服于神学的力量。正是在宗教内部，一些追求真理的神职人员和信徒首先冲破黑暗，迎来了科学革命的曙光。

哥白尼故居

　　1473 年 2 月 19 日哥白尼出生在波兰北部的托伦，其父亲是当地比较有社会地位的商人。上图是哥白尼故居，每年都有许多人怀着朝圣的心情从世界各地来到托伦哥白尼故居参观。下图是维斯杜拉河(波兰河)畔美丽的托伦市。托伦也经常被人们称为"哥白尼城"。

哥白尼早年丧父，由其舅父 L.瓦茨任罗德抚养长大。舅父是一位主教，希望哥白尼能够从事神职工作，以后可以过上衣食无忧的生活。右图是哥白尼的舅父。

1491 年，哥白尼进入克拉科夫大学学习法律、拉丁文和希腊文。1501 年到 1503 年间，哥白尼还在意大利博洛尼亚大学学习法律和医学，并获得了执业医师资格。在左边这张早期肖像中，哥白尼手中拿着一枝象征执业医师的百合花。

下图是克拉科夫大学的一个庭院。从装饰精美的廊柱庭院中依稀能够感受到当年哥白尼求学时的情形。

弗龙堡大教堂

1503 年哥白尼回波兰担任舅父的顾问,直到 1512 年舅父去世。此后,哥白尼在弗龙堡定居,成为当地大教堂牧师会的代表人。

在克拉科夫大学期间,哥白尼对天文学产生了浓厚的兴趣。在弗龙堡,哥白尼除了承担大量的行政事务之外,主要精力都用于天文学研究。哥白尼从护卫大教堂的城墙上选了一座箭楼做宿舍和书房。这个地方后来被称为"哥白尼塔"。自 17 世纪以来,哥白尼塔就被人们作为天文学的圣地保存下来。

哥白尼几乎精通当时数学、天文、医学和神学方面的全部知识。由于其长期的天文学研究，哥白尼在天文学上的名声与日俱增。

哥白尼塔内的一个展厅

塔内的哥白尼书房

教皇克莱门特七世出身佛罗伦萨著名的美第奇家族。1514年克莱门特七世邀请哥白尼参与当时的历法修订。通过这次历法修订，哥白尼发现了地心说的诸多弊端。

目　录

第五卷

导　读

叶式辉

（中国科学院南京紫金山天文台　研究员）

· Introduction to Chinese Version ·

　　具有伟大历史意义的名著《天体运行论》问世以来，使人们对宇宙的认识产生了巨大的飞跃。它的作用远远超出了天文学的范围，促使自然科学冲破了神学的束缚，加速前进。

NICOLAI CO/
PERNICI TORINENSIS
DE REVOLVTIONIBVS ORBI=
um coelestium, Libri VI.

Habes in hoc opere iam recens nato, & ædito,
studiose lector, Motus stellarum, tam fixarum,
quàm erraticarum, cùm ex ueteribus, tum etiam
ex recentibus obseruationibus restitutos: & no=
uis insuper ac admirabilibus hypothesibus or=
natos. Habes etiam Tabulas expeditissimas, ex
quibus eosdem ad quoduis tempus quàm facilli
me calculare poteris. Igitur eme, lege, fruere.

Ἀγεωμέτρητος οὐδεὶς εἰσίτω.

Norimbergæ apud Ioh. Petreium,
Anno M. D. XLIII.

　　具有伟大历史意义的名著《天体运行论》问世以来,使人们对宇宙的认识产生了巨大的飞跃。它的作用远远超出了天文学的范围,促使自然科学冲破了神学的束缚,加速前进。因此它成为光耀史册的一部科学元典。它的作用要从人们认识宇宙的过程谈起。

历 史 背 景

　　从远古时代起,人们就对浩瀚深邃的天穹和明亮晶莹的日月星辰产生了浓厚的兴趣,希望了解宇宙的结构和天体运行的规律。我国战国时代的伟大诗人屈原(约前340—前278),在其不朽诗篇《天问》中,就充分抒发出这种情怀。经过长期的观测和研究,各文明古国都积累了丰富的天象记录,并提出了形形色色的宇宙模型。在我国有盖天、浑天、宣夜等学说。在古罗马,托勒密(C. Ptolemaeus,约90—168)在总结前人工作的基础上,建立了地心学说。他主张日、月、行星、恒星都在绕地球运转。为了消除他的理论与实测之间的差异,他在所谓的"均轮"(即假想的太阳和行星绕地球运动的圆形轨道)上,加入了一些较小的圆轨道,并称之为"本轮"。他还认为地球不在均轮的中心,即天体在做偏心圆运动。这个理论与基督教《圣经》所描绘的宇宙图像不谋而合。后来欧洲的教会便利用它,使之成为神学的一个支柱。在托勒密时代,天文观测资料很粗糙,他用均轮和少数本轮所推导出的行星视运动,可以和观测结果大致相符。后来,随着观测精度的不断提高,由地心系导出的结果同观测相差越来越大。为了维护地心系统,就采用增加新本轮来弥补。到16世纪,本轮要增加到80多个,才能大致符合观测结果,这很难令人信服。当时正蓬勃开展的文艺复兴运动,启发着人们去思考和创新,时代在呼唤巨人。在这个关键时间,伟大的波兰天文学家尼古拉·哥白尼(Nicolaus Copernicus,1473—1543)在历史舞台上崭露头角,出版了他的划时代巨著《天体运行论》,正式否定地心学说,第一次提出了他的日心学说。

作者生平和成书经历

　　哥白尼于1473年2月19日出生在波兰的托伦市。他早年丧父,由舅父抚养成长。舅父是一位主教,希望哥白尼将来也成为神职人员。但哥白尼自幼热爱自然科学,善于独立思考。他曾赴意大利的博洛尼亚大学留学。该校天文学教授,文艺复兴运动领导人之一的诺瓦拉(D. M. di Novara)对他的影响很大。哥白尼回国后在教会供职,长期担任瓦尔米亚教区的僧正。在当时政教合一的制度下,他承担了繁重的行政事务,但他仍把主要精力用于天文研究。他克服了重大困难,建立起一个后来命名为"哥白尼塔"的天文台。他孜孜不倦地观测天象,并探索行星的运动规律。哥白尼深入研究了行星视运动的

◀《天体运行论》第一版的标题页。在标题页的中间是一段该书的广告词及"没有学过几何学的人,不准入内"等字样。详见本书注释。

不均匀现象,如逆行、留、打结状轨道等。他认为,这些用同心圆上的均匀运动无法解释;即使按托勒密学说中的偏心圆和本轮也得不出与实测相符的结果。经深思熟虑后,哥白尼一针见血地指出:唯一的出路是赋予地球以类似行星的绕日运动。这就奠定了日心学说的基础。为了阐明这个学说的主旨,他写了一篇论文,题目为"要释"(Commentariolus)。在此基础上,他再接再厉,前后花了"将近四个九年的时间",撰写出一部完整成熟的专著,这就是《天体运行论》。

虽然在 16 世纪 30 年代后期,《天体运行论》的手稿已经基本完成,但哥白尼迟迟不肯出版。其原因是显然的,是由于他的理论直接违反《圣经》的教义以及流传千余年的托勒密学说,可能被当作离经叛道的邪说异端而受到迫害。可是一些朋友和学生热情地敦促和协助他出版这部巨著。学生雷蒂库斯(G. J. Rheticus)帮他修订书稿,并和一位朋友奥西安德尔(A. Osiander)商量联系出版商。奥氏可能出于好意,擅自杜撰了一篇前言,声称书中的理论不一定代表行星在太空中的真实运动,只不过是为编算星历表和预测行星位置而提出的一种人为设计。而哥白尼本人也在序言中宣称把这本书奉献给教皇保罗三世,希望获得他的支持和庇护。由于采取了这些掩护策略,这部巨著终于付印出版。可是为日心学说而耗尽心血的哥白尼,在 1542 年秋因中风而半身不遂;到 1543 年 5 月24 日,当一本刚印好的《天体运行论》送到他的病榻时,他已处于弥留之际。这位年届古稀的伟大科学家,抚摩着自己毕生心血的结晶,仅在几小时后就与世长辞了。

虽然作者已去世,这部著作仍被教廷宣布为禁书,日心学说的支持者遭到残酷的迫害和镇压。如意大利的思想家布鲁诺(G. Bruno)就被宗教裁判所活活烧死,杰出的物理学家伽利略(G. Galileo)被判终身监禁。然而科学发展的步伐是谁也阻挡不了的。后来通过开普勒(J. Kepler)、伽利略、牛顿等科学家的贡献,哥白尼学说不断获得确证、补充和发展;恒星视差和光行差的发现,为地球绕日运动提供了直接的证明。法国天文学家勒威耶(U. J. J. Leverrier)运用日心学说和牛顿力学预告了海王星的存在,并为天文观测所证实。这些都雄辩地证明哥白尼日心学说的正确性。就这样,《天体运行论》终于成为一部流芳百世的科学名著! 恩格斯在《自然辩证法》中盛赞此书是自然科学的独立宣言;并指出由于它的问世,"从此自然科学便开始从神学中解放出来","科学的发展从此便大踏步地前进"。

哥白尼的治学态度和方法

在天文学的历史上,哥白尼是一位划时代的重要人物。他出身富商家庭,受过系统的神学教育,并长期在教会供职。但是他没有被神权和传统观念所制服,而是勇于进取和创新,终于把人类的宇宙观推进到一个新阶段。仔细考察起来,这不是偶然的,而与他的治学态度和方法有密切关系。

第一,他重视观测,尊重事实。他师承毕达哥拉斯学派,认为天体运行应当是简单而和谐的直线或圆周运动。对于这一点他在"要释"一文中谈得很清楚:"我们的前人假定有大量的天球,这是由于一个特别的理由,即需要用规律性原理来解释行星的运动。他们认为,如果一个天体不是在一个完美的圆周上做均匀运动,就是一个完全荒谬的想法"。可是,当他认识到古典理论导致与观测事实严重不符的情况时,他尊重观测事实,进行独立思考,另觅出路。他在同一篇文章中说:"在了解到这些缺陷后,我不断考虑是否可以找到对天球的一个更合理的排列。……这样可以遵照绝对运动规律,使每一个物体都绕其自身的中心做均匀运动"。这段话告诉我们,哥白尼认为理论必须经过实测的检验,要依照客观实际来修正理论的谬误。

第二,哥白尼有清晰的思维逻辑。《天体运行论》中有一段话表明,他为什么深信自己的宇宙体系可以取代垄断多年的地心学说。他说:"我们发现,他们在论证数学家称之为他们的体系时,要不是忽略掉某个不可缺少的细节,就是引进某个外在的完全无关的东西。他们这样做时,肯定没有遵循一些确定的原则。如果他们的假设不会使人误解,由此得出的一切推论就应当有可靠的论证。"哥白尼的学生雷蒂库斯在谈论自己的师长时这样讲:"亚里士多德说过,从一个高级的真理得出的结果都应当是真实的。遵照这个说法,我的老师所采用的假设都能够证实以往观测的正确性,并且我们预料还能为正确地推测今后的天文现象提供依据。"这些话都表明,哥白尼对推理、论证和判断是非,都有明确清晰的准绳。

第三,哥白尼讲究工作方法。他并不认为一大堆观测资料的凑合就一定是真理,而必须善于综合分析这些资料。对此,他在《天体运行论》的献词中有一段生动的描述:"这就好像一位画家把各式各样图像中的手、脚、头和其他部分收罗起来,尽管每个局部都画得很好,但不属于同一身体,彼此不协调。这样画出的就不是一个人,而是一个怪物。"哥白尼善于去粗取精,去伪存真,从综错复杂的现象中找出可靠的规律,这也是他取得重大成就的一个重要原因。

最后值得提出,哥白尼进行科学工作的态度是谦逊和谨慎的。对一些无法直接论证的事物,他总是不肯轻易下结论。例如在论述恒星天球时,他遇到宇宙是否有限的问题。他在《天体运行论》第一卷第八章中引用了亚里士多德的一句话,即"无限是既不可逾越的,也是无法动摇的"。他接着谈道:"那么就让我们把宇宙是有限还是无限的问题,留给自然哲学家去研究吧。"

总的说来,哥白尼是一位伟大的天文学家。他留后世的宝贵遗产不仅是《天体运行论》和日心地动学说,他的治学态度和精神风貌也可以给我们启迪和教益。

哥白尼学说的时代局限性

哥白尼学说的核心是"日心说",这对行星运动而言是完全正确的。但是,由于当时科学发展的历史局限性,他的某些具体看法,后来随着观测技术和理论水平的不断提高而须逐步修正和补充。例如:他始终坚信天体运动的轨道是圆形,因为他认为圆形是完美与和谐的象征。由于这种约束,他对行星在近日点和远日点附近运动的解释难以令人信服。到1609年,开普勒提出行星运动第一定律,人们才知道行星绕日运动的轨道不是圆,而是椭圆,太阳在一个焦点上。到1687年后,按牛顿发表的力学理论,人们又知道行星为什么沿椭圆轨道绕太阳运动的原因,是由于太阳和行星之间的引力,并符合牛顿的万有引力定律。又由于行星之间的引力,人们还知道行星绕太阳运动的轨道不是一个固定的椭圆,其大小和形状都在不断变化。又如哥白尼认为太阳是宇宙中心,而 18 世纪已知道太阳只是银河系中千亿颗恒星之一。到 1918 年,沙普利(H. Shapley)正式指出太阳不在银河系中心,还靠近边缘。另外,哥白尼对恒星天球、岁差、近点角等的看法,后人都有所修正。这正说明自然科学发展是循序渐进的,任何人都不能解决所有问题。

还应谈到,限于历史条件,当时对太阳和恒星无法了解。哥白尼学说认为太阳是静止不动;现在已经知道太阳在恒星际空间中有复杂的运动,仅随银河系自转的速度就有每秒 250 千米。他认为所有恒星位于同一天球,而且也是静止不动。后来因恒星视差、自行的发现和逐步精确的测定,知道恒星的距离差别非常大;最近的恒星仅有 4 光年(1 光年约 10 万亿千米),远的超过几万光年。恒星的运动也非常复杂。

哥白尼学说在中国的传播

同某些古希腊学者早已提出地动说一样,我国古代也有地动的说法,并且从战国时代起就与地静观点进行长期的争论。例如《庄子·天运篇》就明确主张地球在运动,并认为是自然界的力量支配,不会自行停止。到秦汉时代,这方面的论述更多。例如《仓颉篇》说"地日行一度"。《尚书纬·考灵曜》谈的得更详细:"地有四游,冬至地上北而西三万里,夏至地下南而东三万里,春、秋二分其中矣。地恒动不止,而人不知;比如人在大舟中,闭窗而坐,舟行而不觉也。"这段话指出地球在不同季节的运动方向不同,还说明单凭感觉不会知道地球在运动。不过应当承认,中国古代并没有明确提出地球及行星绕太阳运转的概念。因此关于太阳系天体运行的完整图像,是在哥白尼的日心地动学说传入我国以后才具有的。

哥白尼学说传入中国经历了一番曲折复杂的过程。虽然早在 17 世纪 30 年代,中国已经知道哥白尼的名字,但并不了解他的学说。这是因为当时来华的耶稣会教士们,在改历时采用哥白尼、开普勒理论和观测结果;可是他们屈从于罗马教廷的淫威,避而不谈日心学说。具体说来,由邓玉函、汤若望、罗雅谷等人参与编著的《崇祯历书》(1634 年),就引用了《天体运行论》中 8 处资料和 17 项观测记录。这样做对中国的天文历算是大促进。但在当时欧洲,天主教会正在对日心学说残酷镇压,布鲁诺、伽利略等进步科学家惨遭非刑和迫害。在这种情势下,奉教皇派遣来华的传教士们有意隐瞒哥白尼的日心地动理论,不让它和中国人民见面。后到清代,在 1722 年编写《历象考成》时,哥白尼学说仍未引用。但是客观现实要求改变这种状况。1730 年 7 月 15 日(即雍正八年六月初一)有一次日食,用第谷方法推算的北京见食时间不如开普勒定律准确。这促使当时的钦天监监正、耶稣会教士戴进贤在撰写《历象考成后编》时,不得不采用开普勒的椭圆面积定律。但是这时教廷的反动权势仍在肆虐,哥白尼的宇宙图像被篡改成为太阳沿椭圆轨道绕地球运转,而地球静居于椭圆的一个焦点上。这真是明目张胆地颠倒是非!再往后到 18 世纪中期,这时哥白尼学说已摆脱宗教势力的桎梏,西方国家向清廷赠送的天文仪器和世界地图集,都是根据日心模型绘制而成。这标志着哥白尼学说正式传入中国。但这并不意味着哥白尼学说在中国的地位已经巩固。对它持怀疑态度甚至大肆攻击的还不乏其人。如阮元给《地球图说》一书作序时还公开宣扬地心学说,并告诉读者对哥白尼学说"不必喜其新而宗之"。到了 19 世纪中叶,李善兰、王滔等天算家对阮元的谬论进行批驳,并全面详尽地阐述哥白尼的理论。此后日心地动学说才在中国广泛传播,并日益深入人心。

上述事例表明,新生事物的成长往往是艰难和曲折的。哥白尼学说的诞生是这样,它在中国的传播何尝不是如此。回顾这段历史,也是意味深长的。

本书各卷内容简介

第一卷是《天体运行论》全书的精髓。它对哥白尼日心地动学说作集中而扼要的阐述。这一卷基本上采用文字叙述,加上一些简明的几何图形,数学计算很少,因此明白易懂。在本卷的引言中,作者倾诉他对天文科学的赞美和热爱。他说:"必须用最强烈的感情和极度的热忱来促进研究最美好的、最值得了解的事物。这就是宇宙的神奇运动、星体的运动、大小、距离和出没,以及天界中其他现象成因的学科。"他接着谈论天文学研究的目的。他写道:"一切高尚学术的目的都是诱导人们的心灵戒除邪恶,并把它引向更美好的事物,天文学能够更充分地完成这一使命。"他正是怀着对美好事业的憧憬而献身天文研究的。可是他清楚地认识到,要达到美好境界决非易事。例如在评议托勒密的工作时,哥白尼充分肯定他的贡献后指出:"还有非常多的事实与从他的体系应当得出的结论并不相符。此外,还发现了一些他所不知道的运动。"哥白尼接着说:"我将试图对这些问题进行比较广泛的研究。"继往开来,寻求真理,这是他毕生追求的目标,也是他撰写本书的初衷。

在第一卷的前几章,哥白尼依次论述了"宇宙是球形""大地是球形""天体运动是匀速的、永恒的,以及是按圆形或复合的圆周运动"。这是哥白尼学说的基本观点之一,但含有主观想象的成分。就宇宙形状而言,他主张宇宙呈球形,"是因为在一切形状中,球形是最完美的","它是一切形状中容积最大的,最宜于包罗一切事物"。这些都缺少严格的论证。但在当时,这是科学家和哲学家们的普遍观点。哥白尼对大地是球形,却列举出一系列确切的依据。例如自南向北的旅行者会发现北天极不断上升,南天极在下沉。至于天体轨道是圆形的问题,我们在前面谈过了。这是哥白尼时代的历史局限性。

在第五章里,作者正确地运用相对运动的原理,通过地球周日旋转来解释日月星辰的出没。他用生动的文字写道:"我们是从地球上看到天界的芭蕾舞剧,在我们的眼前重复演出。"第六章的标题"天比地大,无可比拟",也是哥白尼学说的一个基本观点。他用视差的原理,清楚地阐明"天穹比地球大得无与伦比,可以说是无穷大"。这些话在今天看来,也是正确的。接着在第七、八两章,他对地心学说进行系统的批判。虽然哥白尼对重力和元素的概念是很原始的,具有明显的时代局限性,但他的论证是有说服力的。为了摆脱地心学说的困境,他在第十章中明确提出:"应当考虑,是否有几种运动都适用于地球,于是可以把地球看成一颗行星。"这已是鲜明的日心学说论点了。至于是怎样的几种运动呢?哥白尼在第十一章中进一步提出地球的"三重运动"。这是哥白尼学说的主要内容之一。所谓"三重运动"是指地球除周日自转和绕日公转外,还有一种"赤纬运动"(书中也称为"倾角的运动")。这是由于赤道和黄道不重合,约有 $23°26'$ 的交角,于是地球赤纬在一年中不断变化。这方面内容在本书第二卷中将详细论述。

在本卷第十章，哥白尼用图 1-2 排列出"天球"的次序。按当时的概念，每个天体都位于自己的天球上。哥白尼用长期的行星观测，正确地排出了它们的以及地球绕日转动的顺序。这张现在看来很寻常的图形，在当年却是一幅新颖惊人的奇景。它标志着人类认识宇宙的一次飞跃。

在系统论述日心学说的主要内容之后，作者用第十二章至第十四章系统介绍了平面三角学和球面三角学的基础知识，为读者了解后面各卷的内容提供了必要的数学工具。

总的说来，第一卷是全书的概括和缩影，值得读者仔细研读。

※　　　※　　　※

第二卷的主旨是论述地球的三种运动（即周日自转、绕日公转和赤纬运动）所引起的一系列现象，包括昼夜交替、四季巡回、太阳和黄道十二宫的出没等。本卷的内容层次分明，概念清晰。为了用球面天文的方法对这些现象进行定量研究，第一章逐一说明赤道、黄道、地平、回归线等的定义以及在天球上的位置。这是本卷的基本知识。我们在介绍第一卷时谈过，对赤纬运动及其影响的研究，是哥白尼学说主要内容之一；而地球的这种运动是由"黄赤交角"引起的。本卷第二章讲述这个角度（又称为黄道倾角）的含义和测量方法。作者正确地指出，黄赤交角并非如托勒密所说那样是固定不变的。哥白尼给出了此角的下限，并认为以后不会小于 $23°28'$。当然具体变化和数值，后来定得更准。

从第三章开始，作者依次讲述在赤道、黄道和地平等三套坐标系中天体位置的转换方法，给出了有应用价值的数值表；并叙述天体中天时的黄道度数、正午时的日影长度、昼夜长度变化等数量的测定方法。这些章节构成本卷的主体，也可以认为是哥白尼时代的一本标准的球面天文学教材。

在本卷的最后一章（即第十四章），作者讲述恒星方位测定与星表的编制。难能可贵的是，哥白尼在这方面做过大量的实际工作。他在本章中详细介绍了方位天文学观测的主要仪器星盘的结构、制造和使用方法。本卷末尾附有托勒密等人和哥白尼自己实测结果编制的星表。此星表按三个天区，即北天区、近黄道区和南天区，分别列出 360、346 和 316 颗恒星的黄道坐标与星等。每个天区都划分为若干星座，而对每颗恒星在其所属星座中的相对位置，都有文字描述。这个包含有上千颗恒星的详细星表，在当时，堪称是世界第一。

现在谈一个重要概念，即二分（春分、秋分）点和二至（夏至、冬至）点，在天球上的位置并非固定不变，而是在黄道上缓慢移动。这种现象称为岁差。哥白尼对它进行了深入的研究，这也是哥白尼对天文学的重要贡献之一。他在第十四章开头就明确指出，不能用分至点，而须用日、月位置来确定太阳年的长度。在这章的末尾，他又提出不能像托勒密那样用二分点测定恒星位置，而应当反其道而行之，即用恒星位置来确定二分点。这些宝贵的真知灼见，是作者对岁差现象进行认真研究而取得的。至于哥白尼在在方面工作的详细情况，便是第三卷的主要内容。

※　　※　　※

第三卷主要讨论**岁差**（更确切地说是讨论二分点和二至点的岁差）。这是一个发现很早，并使天文学家感到困惑难解的重要现象。在第一章中，作者回顾了岁差的研究历史，指出古希腊天文学家喜帕恰斯（Hipparchus，约前190—前125）察觉用分（至）点测量的回归年与恒星年的长度不同，由此想到恒星相对黄道在移动，这是岁差的最早发现。第二章进一步讨论岁差的不均匀性，即黄道、赤道的交点（即二分点）移动速率不固定，时快时慢（关于这点，下面我们有具体评述）。

在前人的工作基础上，哥白尼对岁差的研究有自己的贡献。他在第三章中正确地阐明岁差的成因是地球自传轴的方向变化所致。由于地轴在绕黄极兜圈子，故赤道以及黄、赤道交点在不断移动，岁差就这样产生了。哥白尼说这个现象很复杂，"很难用语言说清楚，因此我担心用耳朵不会懂得，还需要用眼睛看"。于是他在图 3-2 中用扭曲线 $FKILGMINF$ 描绘出地轴与天球交点移动的轨迹。他还指出："在黄赤交角变化一周中，地极向前进两次达到终点，并两次后退达到终点。"因此作者认为二分点移动时快时慢，呈现出周期性变化。

哥白尼得出这样结论，主要根据古代的观测记录。他在第二章和第六、七章中谈到从提摩恰里斯（Timochalis）到托勒密时代，共计 432 年间，岁差值为每 100 年 1 度；从托勒密到阿耳·巴特尼的 742 年间，岁差值似乎增大了，平均 65 年 1 度；可是在以后到哥白尼时代，岁差值又变小，要 76 年 1 度。用这些资料，哥白尼自然会得出二分点移动时快时慢的看法。但是他大概没有注意到，不同时期的不同观测者所得资料精度并不相同，因此很难作简单的对比。现在我们知道，地极和二分（至）点的移动是很复杂的，是时快时慢。移动分为长期项（随时间单调变化）和周期项两部分。我们称长期项为岁差，其数值每年约 50″，只有微小变化。如现在是 50″.29，哥白尼时代 50″.18。这样小的变化在哥白尼时代无法测出。我们称周期项为章动，因为在周期项中，变幅最大项的周期为一"章"（即 18.6 年）。但变幅在黄经上只有 17″.20，在黄赤交角上只有 9″.20；这样小的变化在哥白尼时代也是发现不了的。后来在 1748 年，英国天文学家布拉德雷（J. Bradley）发现章动。因此若把岁差和章动一起考虑，哥白尼的看法并不错；但这只能说是他的预言或巧合。在第四章中关于不均匀天平动的解释也是如此。

从第六章开始，哥白尼用好几章的篇幅讨论二分点岁差与黄赤交角等数值变化的均匀行度和非均匀行度。按上一段所述，这几章的内容只具有天文史研究的参考价值。读者不必多花时间去探讨细节。

此外，由于历史局限性，哥白尼当时不了解椭圆。故从第十五章起，他用偏心圆和本轮来讨论太阳视运动的不均匀性，已成为历史的陈迹了。

※　　※　　※

第四卷的内容非常丰富，共有三个课题，都同月球有关。

第一个是**月球的运动**。哥白尼很重视这项研究，其原因在本卷引言中谈得很清楚。首先，月球在白昼和夜晚都能看见，这对确定和检验它的位置特别有利。其次，月球是地球的唯一的天然卫星，它的运行与地球有密切的联系，值得我们仔细关注。但是月球的运动非常复杂，哥白尼用了十四章的篇幅进行细致描述。他所看到的复杂性主要表现在下面两点：一是月球既不在黄道也不在赤道上运动，而有自己的轨道（白道）；另一点是月球运行的速率和位置变化（书中用"行度"表示）非常不均匀。为了表示这种不均匀性，作者在第五章和第八章中提出"第一种差"和"第二种差"的概念。前者指的是在朔望时月球的平均行度与视行度之差（他称为"行差"）；后者是在上下弦时的行差。在圆周上做均匀运动的历史局限性束缚下，哥白尼用它来研究月球的不均匀运行，真是煞费苦心。他先用前人的方法，用每组三次月食的观测来决定月球运动的行差。具体说来，托勒密选择的是公元 133 年 5 月 6 日、134 年 10 月 20 日和 136 年 3 月 6 日的三次月食；而哥白尼观测了 1511 年 10 月 6 日、1522 年 9 月 5 日和 1523 年 8 月 25 日的月食。通过月食时月面同地影接触的时刻，以及已知的月球平均行度，可以测定月球的行差。但对不同地点的观测需要做一些换算。详细情况见第五章。

在第八、九两章中，哥白尼设计出"两个本轮"的图像，用来解释月球运行的不均匀性。具体说来，在图 4-9 中，他设想月球在小本轮 MFL 上运行，而小本轮的中心 E 在大本轮 AEB 上运转。这样一来，本来两种都是均匀圆周运动，合在一起就形成不均匀的视运动。例如，当小本轮中心从 A 移动到 E 时，月球先后转过 MF 和 FL 两段圆弧。需要注意的是，从地球中心 D 看来，沿这两段弧运动的方向相反，一个朝向 D，一个背离 D。这样就把两个本轮的均匀运动，叠合成不均匀的视运动了。哥白尼进一步根据月食的观测资料，在取大本轮中心到地心的距离 CD 等于 10000 单位时，计算出大、小本轮的半径比为 1097：237。

必须说明，在哥白尼时代，还不知道月球绕地球运动的原因是地、月之间的引力；更不知道太阳和各大行星的引力也会影响月球的运动。因此，月球的运动极其复杂，成为天文学的难题之一。哥白尼用两个本轮的模型当然不可能解释月球的真实运动。只是因为当时的历史条件，观测资料的精度很低。他用这种模型大致能解释当时的月球视运动。对于非科学史工作者，这些具体方法不必细看。

在第十章到第十四章，作者具体讲述如何用两个本轮的模型，从月球的平均行度推出不均匀的视行度，并用表格显示出月球的行差与近点角。按上段所述，因两个本轮的模型不可能描述月球的真实运动，故这几章的内容也只有历史意义。

从第十五章到第二十七章的内容，是本卷讨论的第二个课题，即**月球的视差**。视差是观测者在两个不同位置看到同一天体方向之差。如果两个位置之间的距离已知，由视差容易算出天体的距离。作者在第十五章中首先详细介绍视差仪的制作方法。随即在下一章叙述他自己和托勒密用这种仪器测量月球视差的结果。有了这些结果，便可求出地月距离（第十七章）和月球直径（第十八章），并在此基础上得到日、月、地三个天体的相对大小（第二十章）以及其他一些天文学数据。最后在第二十七章，哥白尼用自己对月掩星观测的结果，来证实他对月球视差及其他课题论述的正确性。就这样，从仪器到实测、资料分析和观测验证，十三章内容构成一个完整的体系。值得提出的是，从现在的科学水平来看,这部分的原理仍然是正确的。这样求出的视差称为"三角视差"。只是随着仪器和观测技术的不断改进,所得视差的精度逐步提高了。

本卷的第三个课题是**日月食**。哥白尼用五章的篇幅(第二十八章到第三十二章)来讨论这个天文学家和广大群众都感兴趣的天文现象。众所周知,日月食是由日、月、地三个天体的相对位置所决定的。具体说来,日食发生在朔日(农历初一),而月食发生在望夜(满月)。在这两个情况下,日月相对位置分别出现合与冲。利用已知的月球平均行度,可以确定平合及平冲的时刻(第二十八章)。由于月球运行的不均匀性,需要考虑行差,才能定出真合与真冲(第二十九章),又由于黄道和白道不重合,有 $5°9'$ 的交角,故不是每逢朔望都会发生日月食。只有当朔望时,月球在黄道附近才有可能。因此要确定是否有日月食,还需考虑朔望时月球的黄纬。这是第三十章的内容。在本卷最后两章,作者分别讨论食分和食延时间。这五章合在一起,可以说是在经典球面天文学范畴内,对日月食原理作了较全面的论述。

※　　　※　　　※

第五卷是《天体运行论》全书中篇幅最大的一卷。哥白尼把本卷和随后的第六卷都用于论述**行星的运动**。当时人们知道的只有金、木、水、火、土五大行星。它们的轨道和运行规律,是日心学说的主要内容,大致说来,第五卷讨论行星的"经度行度";第六卷讨论它们的"纬度行度"。

本卷第一章,作者开宗明义地指出,行星视运动是由两种完全不同的运动合成的。它们是:(1)由地球运转引起的"视差动";(2)行星自身的绕日公转。就今天的人们看来,这是平凡的常识,可是在当时却是一个全新的概念。哥白尼指出:地球的均匀运动超过行星的运动(土星、木星和火星是这种情况)或被行星运动超过(金星和水星便是如此)的差值就是视差动。正是视差动"引起行星的留、恢复顺行以及逆行"等奇异现象。通过几十年的辛勤观测,哥白尼对每颗行星都精确测定它视差运转一周所需的时间(现在称为会合周期)。例如土星的会合周期为 378 日 5 分 32 日秒 11 日毫。(按当时流行术语的含义:1 日等于 60 日分,1 日分等于 60 日秒,1 日秒等于 60 日毫)。经过换算为度、分、秒后,可得土星视差运转的年行度为 $347°32'02''34'''12''''$,相应日行度是 $57°17'44''0'''$。在当时应该是最精确的数值。哥白尼在这一章中对五颗行星都给出这样的数据,还用表格对它们分别列出 60 年内逐年的视差动以及 60 日内逐日的和逐日分视差动的数据。这是他和前人所做大量观测的结晶。

在本卷第二到第四章,作者先后讲述用偏心圆的均匀运动对非均匀运动的解释、地球运动引起的视非均匀性以及行星运动的非均匀性。这些内容都不难理解。

从第五章开始,哥白尼依次对五颗行星分别论述它们的运动。首先谈论的是土星(第五章到第九章)。读者从第四卷中已看到,托勒密和哥白尼用一组三次月食的观测来测定月球的行差。现在谈的是用类似的方法,即通过一颗行星三次冲日的观测,可以测定它的高、低拱点的位置,以及它的偏心圆中心与地心的距离。在第五章,作者分析托勒密在公元 127 年 3 月 26 日、133 年 6 月 3 日和 136 年 7 月 8 日三次土星冲日的实测资料。

接着在第六章,哥白尼用自己的三次观测(1514 年 5 月 5 日、1520 年 7 月 13 日和 1527 年 10 月 10 日),都得到确切的结果。此外,在第七章作者由土星运行的资料求出它的拱点月在 100 年间移动 1 度。第八章讲述由土星行度确定其位置的方法。然后在第九章中,他用第四卷的视差测距法,从地球在绕日轨道上不同位置测定土星的视差,从而求得土星到地球的距离。哥白尼得到的结果是:若以地球轨道半径为单位,则土星远地距离为 9.70,而近地距离为 8.65。

在第九章以后,作者讨论其他两颗外行星的运动。具体说来,第十章到第十四章讲木星,第十五章到第十九章讲火星。对它们的论述,就原理和方法来说,都与土星基本相同,因此不必逐一介绍。

金星和水星是内行星,没有冲日现象,故上述方法无效。于是古代天文学家采用在清晨和黄昏时,先后两次测量行星与太阳的最大距角,以此方法来确定行星绕日轨道高、低拱点位置以及轨道的偏心率。第二十章阐述此方法的原理,并介绍西翁在公元 132 年 3 月 8 日黄昏和 127 年 10 月 12 日清晨对金星所做的两次观测。第二十一章谈到,用这些资料还可以求得地球与金星轨道半径的比值。具体说来,取地球半径为 10000 单位,则金星轨道半径是 7193,而偏心度(即地球轨道中心与金星轨道中心的距离)为 208。为了弥补实测结果与假想的圆周运动间的差异,作者在第二十二章提出,金星轨道中心并非固定不动,而是在一个小圆圈上移动。他称此运动为"双重运动",称此小圆圈为"偏心偏心圆",并求得它的半径为 104 单位。当然这些设想都是坚持天体轨道是圆形而派生出来的。对此历史局限性,我们已多次谈过了。

在第二十五章到第三十一章作者详细讨论水星。他首先指出,通过与太阳最大距角的测量可以研究水星的运动,并设计出与金星类似的"双重运动"(见第二十五章)。利用托勒密的观测资料,哥白尼定出水星高、低拱点的位置(第二十六章)、偏心距和大小本轮的半径(第二十七章)以及平均行度(第二十九章)。由于水星和地球都在绕日运动,它们同太阳的相对位置在不断变化,故水星同太阳的距角时大时小(第二十八章)。水星是太阳的最近行星,它经常掩没在太阳的光芒中。哥白尼花费很大力量来观测它,并借用和分析别人的资料(第三十章)来确定水星的位置(第三十一章)。

附带谈到,除了第二十五章中设计的"双重运动"外,哥白尼还设计本轮中心在连接高、低拱点的直径上来回做"天平动",也可弥合水星视运动与简单圆周运动之间的差异(第三十二章)。

在本卷的最后五章,作者除对五颗行星分别列出行差表(第三十三章)外,还讨论一些共同的问题,即行星的黄经计算方法(第三十四章)、行星视运动中的留和逆行(第三十五章)、确定逆行的时间和弧段长度的方法(第三十六章)。这些都是哥白尼对行星运动研究的独创性贡献。

※　　　※　　　※

第六卷是第五卷的继续,也论述行星的运行。作者在第五卷中讲述了地球的运转怎样影响行星黄经上的视运动。本卷进一步讨论地球运动所引起的行星黄纬偏离。这项研究是必要的,因为只有准确定出黄经和黄纬后,我们才能知道行星的真实位置,并由此推出行星的出没、留、逆行、被掩等现象发生的时刻和方位。

首先必须指出,行星绕日运动的轨道面与黄道面(即地球运转的轨道面)不重合,而与黄道面有一定的倾角,并且各个行星的轨道面倾角不同。因此,为了确定行星的黄纬,首要任务是测出各个行星轨道面的倾角。作者在本卷的前两章对行星的黄纬以及地球运动引起的黄纬偏离,作了概略的描述。接着就在第三章讲解托勒密用三颗外行星冲日和合日的观测,来推求轨道面倾角的方法和结果。对于两颗内行星,使用的是在大距(与太阳角距最大时)处的观测(第五章)。这样就对内、外行星采用了不同的方法。这与第五卷所述测定行星行差的方法类似。具体地说,由于我们是从地球上看行星,而地球与行星都在运动,它们的相对位置随时在变化,故地球的运动会引起行星黄纬的偏离。哥白尼分别对下列三种情况处理这个问题:(1)行星位于近地和远地点之间的经度范围内(第五章);(2)行星位于近地点或远地点及其附近(第六章);(3)行星轨道的偏心状态引起的纬度变化(第八章);哥白尼把这三种黄纬偏差分别称为"赤纬""倾角"和"偏离",并把它们合称为"三重纬度"。可以认为,本卷的主要内容就是讲述这三重纬度及其变化,以及它们的相互关系。

为了使上述内容在实测中便于应用,作者在第八章末尾对五颗行星分别给出黄纬数值表,并在第九章详细讲解这些表格的使用方法。

※　　　※　　　※

以上是全书六大卷的内容介绍。对于科学史工作者或爱好者,如能详细阅读《天体运行论》全书;将不仅能了解人们对天体运行的认识过程,以及哥白尼的历史性贡献;并且能由此探讨天文学甚至整个自然科学发展的步伐和规律。哥白尼在书中提出的一些具体概念和研究方法,虽然有些已经成为历史陈迹,但仍有不少会对现代科学的研究工作有所启迪,值得人们去发掘。

对于一般读者,如果不想了解哥白尼所用方法的细节,对有关偏心圆、本轮和均轮的描述和推理,可以不必细读;因为这些内容已经成为历史,早已被更先进的理论和方法所取代。但是哥白尼的伟大历史功勋,将永载史册。

汉译本情况说明

《天体运行论》于 1543 年在德国纽伦堡用拉丁文首次出版。原书并无书名,由出版者暂时命名为《论天体运转的六卷集》(*De Revolutionibus Orbium Coelestium*, Libri VI),后人简称《天体运行论》(*De Revolutionibus*)。全书共分六卷。第一卷是本书的精华,阐述日心学说的各种论据;并批驳地心学说,排列出太阳、地球、行星在宇宙中的位置;还较完整地讲述了平面和球面三角学。第二卷用球面天文学的方法论述天体在黄道、赤道坐标系中的视运动,以及天体的出没、昼夜和四季的循环;卷末附有星表。第三卷讲解太阳视运动及其不均匀性和岁差。第四卷讨论月球运行和日、月食的原理。第五、六两卷讲述当时所知道的五大行星(水星、金星、火星、木星和土星)的运动。这六卷前后呼应,联成整体,展示出日心地动学说的全貌。400多年来,这本划时代的著作已被翻译为多种文字在世界各地出版。1973年,为纪念哥白尼诞生500周年,波兰科学院用拉丁文、波兰文、英文、俄文、法文和德文出版了此名著。现在呈现给读者的中文译本,就是根据上述英文译本翻译的。在翻译时,译者参阅了苏联科学出版社1964年出版的,伊·恩·韦谢洛夫斯基(И. Н. Веселовский)的俄文译本。还应指出,英译本附有大量的注释,对书中有关内容的时代背景、历史资料、学术内涵、计算方法等提供了详细的诠释。译者把绝大部分注释都翻译出来,在正文中用括弧内的编号标出,并集中于书末。

　　附带说明,本书是400多年前撰写的。当时的科学概念、名词术语和表达方式,往往同现代的有很大差异。书中有一些早已废弃的专业名词,没有标准的中文译名,译者只好自行定出。英译本中有少数明显错误,已代为改正,并在汉译本中逐一注明。汉译者所加的注释,附在各页下面;序号用阳码表示,以便同英译者的注释相区别。由于译者的水平有限,译文中错误和不当之处恐难避免,切盼读者惠于指正。

叶式辉

2003年9月于南京

英 译 本 序

　　在 1973 年,值尼古拉·哥白尼 500 周年诞辰之际,整个文明世界以最令人难忘的感激之情,唤起对他的深深谢意。作为自己对这次对近代天文学奠基人的世界性纪念活动的贡献,波兰科学院决定首次出版他的《全集》。这项工程被安排成三卷本集,用下列六种语言出版:拉丁文、波兰文、俄文、英文、法文、德文(后面两种文本,与适当的国家机构合作)。第一卷有六种译本,已经使用《天体运行论》手稿的摹写体。这份具有划时代意义的手稿是哥白尼亲手写成的。第二卷的拉丁文本提供《天体运行论》正文的订正版,附有也用拉丁文写成的注释。第二卷的其他五种文本把《天体运行论》译成近代语言。在这些译本中,波兰文本已经出版过,接着出现的便是这个英译本,其余的可望在适当的时候问世。最后,第三卷将载有哥白尼的短篇天文学论文以及关于其他学科的著作。

　　照他那个时代的流行作法,哥白尼撰写《天体运行论》用的是拉丁文。经过了 500 年,古罗马庄严的语言不再像哥伦布横渡大西洋和马丁·路德公然违抗教皇的时代那样为广大知识界所通晓了。因此在今天,把哥白尼的著作忠实地译成英文,这甚至会受到已经读过西赛罗(Cicero)①和贺拉斯(Horace)②原著的人们的欢迎。

　　忠实于原著并不需要绝对化到每个细节,须知刻板硬译会使当代读者难于理解哥白尼的本义。举例来说,现在尽人皆知的等号(＝)是在哥白尼逝世之后才发明的。因此,在哥白尼著作的译文中出现"＝"号,会被认作一个时代错误,然而这是一个有益的而不是有害的时代错误。对于用作数学比值的冒号(：),情况是一样的。实际上,在哥白尼《天体运行论》的这部新译本中,只要用得上,译者毫不犹豫地使用了哥白尼之后的一整套数学符号。

　　哥白尼《天体运行论》的这部新英文译本,并不像已故的查尔斯·格伦·沃利斯(Charles Glenn Wallis)的译作(即《西方世界巨著》第十六卷,1952 年芝加哥版)那样使哥白尼的原文强行现代化,以致难以察觉译文与原著的相似之处。在翻译工作中,译者从头至尾使用了卡耳·卢多耳夫·门泽尔(Carl Ludolf Menzzer)的煞费苦心的德文译本,

―――――――――

　　① 古罗马的雄辩家、政治家和哲学家。
　　② 古罗马诗人。

但充分注意到它从书名本身起就有的缺陷。例如《天体运行论》拉丁文标题的第三个字，即"Orbium"，并不是像门泽尔所误解的那样代表天体，而是带动可见天体的（假想的）看不见的球。① 这个古希腊的宇宙概念，仍然被哥白尼以及与他同时代的人所接受。

在哥白尼之后的宇宙观中，这些虚构的球体当然被抛弃了。还有被哥白尼看作为他世界观的不可缺少成分的许多别的传统概念亦如此。把哥白尼和我们隔离开的漫长岁月，已经把这些陈腐思维的产物从人们的记忆中彻底抹掉了，以致现代的读者连它们的名字都不熟悉了。由于这个缘故，还有别的原因，哥白尼可能欢迎注释。这种注释已根据完全熟悉哥白尼的《天体运行论》及其次要著作的学者的著作编写而成。

这些专家的长长名单从乔治·贾奇姆·雷蒂库（George Joachim Rheticus）开始，哥白尼有幸把他招纳为一生中仅有的门徒。后来伟大的哥白尼主义者——约翰尼斯·开普勒（Johannes Kepler）和他卓有才华的教师——迈克耳·梅斯特林（Michael Maestlin，他向开普勒介绍哥白尼学说），也作出了有价值的贡献。英国的托马斯·狄格斯（Thomas Digges）首先把《天体运行论》部分地意译为近代语言，新宇宙论的悲剧式的游侠骑士吉奥丹诺·布鲁诺（Giordano Bruno），也在英国发表了雄辩的意见。另一位杰出的意大利人物是不幸程度稍逊的伽利略·伽里莱。在荷兰有尼古拉·米勒（Nicolas Muller），他是《天体运行论》第三版（阿姆斯特丹，1617年）的热情主编。波兰的詹·巴兰诺夫斯基（Jan Baranowski），对《天体运行论》的第四版（华沙，1854年）给予了热情关注。德国的马克西米良·库尔兹（Maximilian Curtze），还有上面提到其译作的门泽尔，对第五版［托尔恩（Thorn），1873］同样付出了极大的关注。更近一些，是恩斯特·齐纳（Ernst Zinner），弗里茨·库巴赫（Fritz Kubach），弗朗兹·泽勒（Franz Zeller）和卡尔·泽勒（Karl Zeller）兄弟。弗里茨·罗斯曼（Fritz Rossmann），汉斯·斯毛赫（Hans Schmauch）和威利·哈特内尔（Willy Hartner）都曾在哥白尼的葡萄园里勇敢地劳动过。法国的亚历山大·柯瓦雷（Alexandre Koyré）亦如此。在波兰，路德维科·安东尼·伯肯迈耶（Ludwik Antoni Birkenmajer）和亚里山大·伯肯迈耶（Aleksander Birkenmajer）这一对父子发表了极宝贵的讨论，这些讨论在我们这个时代由玛丽安·比斯柯普（Marian Biskup），吉尔兹·多布茹斯基（Jerzy Dobrzycki），卡罗尔·高尔斯基（Karol Górski）和杰齐·札塞（Jerzy Zafhey）等延续下来。

从这些杰出的先行者和同时代人的辛勤劳动中，尤其是从亚历山大·伯肯迈耶和吉尔兹·多布茹斯基同时编撰的拉丁文版中，本书译注者取得了对当代读者最大可能的裨益。对这一努力必不可少的是本版《尼古拉·哥白尼全集》第一卷刊载的《天体运行论》手稿的影印件。仔细察看哥白尼在他的手稿中所作的变动，包括增删、修改、计算及其更正，似乎可以深入他头脑的思维活动中去。

这种考察的一个无可争辩的结果，便是抛弃了长时期留存的关于《天体运行论》写作的一个结论。在他的序言中，哥白尼说，《天体运行论》"apud me pressus non in nonum annum solum, sed iam in quartum novennium latitasset"（这句拉丁文的意思是："对我来说，不是只

---

① 本书书名直译为《论天球的转动》，但由于《天体运行论》译名广为流传并为读者所接受，按照约定俗成的原则，本书汉译本书名仍译为《天体运行论》。——译者注

花费了九年,而是四个九年的时间。")。以前对这段话流行的解释是,在《天体运行论》于1543 年付印前 36 年,哥白尼已经把这本书撰写完毕,而从 1507 年起他把写成的手稿隐藏起来。可是真理终究能弄清楚,因为手稿明确地表示,结尾部分是急促写成的,并使用了一个哥白尼到 1539 年才会用上的术语。在 1541 年夏天,原稿还经过订正(或扩充)。手稿的这种不够完善的状态,并不会使熟悉哥白尼生平的人感到惊异。他不是养尊处优地在一个舒适的象牙之塔的顶层逍遥自在。与此相反,他的成年时代大部分是在繁忙的行政生涯中劳碌奔波,而一大帮凶恶武士的蹂躏更使他疲于奔命。《天体运行论》并不是在沉思默想的哲学家所钟爱的那种不受干扰的和平与宁静的环境中撰写的,而是一个担心丢掉饭碗、偶尔能在备受折磨的大教堂牧师会任事的职员,利用点滴的间隙写成的。

在这篇序言结束的时候,我想向我的合作者——埃尔纳·赫耳佛斯坦(Erna Hilfstein)——表达我无限的谢意。如果没有他的持续不懈的热情和无穷无尽的刻苦努力,这部译作便不可能克竟于成。

爱德华·罗森

安德里斯·奥西安德尔(Andres Osiander)的前言

与读者谈这部著作中的假设

　　这部著作宣称地球在运动,而太阳静居于宇宙中心。这个新奇假设已经不胫而走。因此我毫不怀疑,有些学者深为恼怒并相信早已在坚实基础上创立的人文科学,不应当陷入一片混乱。可是如果这些人愿意把事情仔细考察一番,他们就会发现本书作者并没有做什么可以横加指责的事情。须知天文学家的职责就是通过精细和成熟的研究,阐明天体运动的历史。因此他应当想像和设计出这些运动的原因,也就是关于它们的假设。因为他无论如何也不能得出真正的原因,他需要采用这样或那样的假设,才能从几何学的原理出发,对将来以及对过去正确地计算出这些运动。本书作者把这两项任务都卓越地完成了。这些假设并非必须是真实的,甚至也不一定是可能的。与此相反,如果它们提供一种与观测相符的计算方法,单凭这一点就够好了。也许有人对几何学和光学一窍不通,以致认为金星的本轮是可能的,或者想到这就是为什么金星有时候走到太阳前面,有时又挪在后面40°和甚至更多的原因。是否有人还没有认识到,这个假设必然会导致下列结果:行星的直径在近地点看来会比在远地点大出 3 倍还多,而星体大了 15 倍以上? 可是每一个时代的经验都否定了这样的变化。在这门科学中还有其他一些同样重要的荒唐事,这里不必赘述。情况已经完全清楚,那些人完全且绝对不知道视运动为非均匀的原因。如果凭想像提出一些原因——实际上这是很多的,不必说服任何人相信它们是真实的,而只需要认为它们为计算提供了一个可靠的基础。可是因为对同一种运动有时可以提出不同的假设(例如为太阳的运动提出偏心率和本轮),天文学家愿意优先选用最容易领会的假设。也许哲学家宁愿追求真理的外貌。但是除非受神灵的启示,他们中间谁也无法理解或说出任何肯定的东西。

　　因此,让我们把这些新的假设也公诸于世,与那些现在不再认为是可能的古代假设共同存在。我们这样做,更是因为新假设是令人赞美的、简明的,并且与大量珍贵的、非常精巧的观测相符合。只要是在谈假设,谁也不要指望从天文学得到任何肯定的东西,而天文学也提供不出这样的东西。如果不了解这一点,他就会把为另一个目的提出的想法认为是真理,于是在结束这项研究时,他比起刚开始研究时成为一个更大的傻瓜。再见。

尼古拉·舍恩贝格的一封信

卡普亚(Capua)红衣主教尼古拉·舍恩贝格(Nicholas Schönberg)致尼古拉·哥白尼的贺信

　　几年前我就听到关于您的高超技巧的议论，每个人都经常谈到它。从那时起我就对您非常尊重，并向我们同时代的人表示祝贺，而您在他们中间享有崇高的威望。我早已了解到，您不仅非常好地精通古代天文学家的发现，还创立了一种新的宇宙论。在这个宇宙论中，您确定地球是在运动；太阳居于宇宙中最低的，也是中心的位置；第八重天永远固定不动；此外，月亮和包含位于火星和金星之间的天球的其他成员一起，以一年为周期绕太阳运转。我还了解到，您对天文学的这个完整体系写了一篇解说，还计算了行星运动并把它们载入表册，这会赢得所有人的最高度赞赏。因此，如果这非属冒昧，我以最大限度的诚意恳求您，最博学的阁下，把您的发现告知学者们，并把您论宇宙球体的著作、表册以及您对这一课题有关的一切资料，都尽快地寄给我。此外，我已指示列登(Reden)的西奥多里克(Theodoric)把您的一切开支都记在我的账上并报送给我。如果这件事情您能满足我的愿望，您将会看到和您交往的是一个对您的荣誉满怀激情并渴望公正评价一位如此杰出天才的人。再见。

1536 年 11 月 1 日

于罗马

原序：给保罗三世教皇陛下的献词(1)

　　神圣的父，我能够容易地想象到，某些人一旦听到在我所写的这本关于宇宙中天球运转的书中我赋予地球以某些运动，就会大嚷大叫，宣称我和这种信念都应当立刻被革除掉。但是我对自己的见解并没有迷恋到如此地步，以至于不顾别人对它们有什么想法。我知道，哲学家的思维并不受制于一般人的判断。这是因为他努力为之的是在上帝对人类理智所允许的范围内，寻求一切事物的真谛。我认为应当摆脱完全错误的观念。我早已想到，对于那些因袭许多世纪来的成见，承认地球静居于宇宙中心的人们来说，如果我提出针锋相对的论断，即地球在运动，他们会认为这是疯人呓语。因此我自己踌躇很久，是否应当把我论证地球运动的著作公之于世，还是宁可仿效毕达哥拉斯以及其他一些人的惯例，把哲理奥秘只口述给至亲好友，而不著于文字——这有莱西斯(Lysis)给喜帕恰斯(Hipparchus)的信件(2)为证。我认为，他们这样做并不是像有些人设想的那样，是怕自己的学说流传开后会产生某种妒忌。与此相反，他们希望这些满怀献身精神的伟大人物所取得的非常美妙的想法不致遭到一些人的嘲笑。那些人除非是有利可图，或者是别人的劝诫与范例鼓励他们去从事非营利性的哲学研究，否则他们就懒于进行任何学术工作。由于头脑的愚钝，他们在哲学家中间游荡，就像蜜蜂中的雄蜂一样。当我把这些情况都仔细斟酌的时候，害怕我的论点由于新奇和难于理解而被人蔑视，这几乎迫使我完全放弃我已着手进行的工作。

　　可是当我长期犹豫甚至经受不住的时候，我的朋友们使我坚持下来，其中第一位是卡普亚的红衣主教尼古拉·舍恩贝格(3)，他在各门学科中都享有盛名。其次是挚爱我的台德曼·吉兹(Tidemann Giese)(4)，他是捷耳蒙诺(Chelmno)地区的主教，专心致力于神学以及一切优秀文学作品的研究。在我把此书埋藏在我的论文之中，并且埋藏了不是九年，而是第四个九年之后(5)，他反复鼓励我，有时甚至夹带责难，急切敦促我出版这部著作，并让它最后公之于世。还有别的为数不少的很杰出的学者(6)，也建议我这样做。他们规劝我，不要由于我所感到的担心而谢绝让我的著作为天文学的学生们共同使用。他们说，目前就大多数人看来我的地动学说愈是荒谬，将来当最明显的证据使迷雾消散之后，我的著作出版就会使他们感到更大的钦佩和谢意。于是在这些有说服力的人们和这个愿望的影响下，我终于同意了朋友们长期来对我的要求，让他们出版这部著作。

　　然而，教皇陛下，您也许不会感到惊奇，我已经敢于把自己花费巨大劳力研究出来的结果公之于世，并不再犹豫用书面形式陈述我的地动学说。但您大概想听我谈谈，我怎么会违反天文学家的传统论点并几乎违反常识，竟敢设想地球在运动。因此我不打算向陛下隐瞒，只是由于认识到天文学家们对天球运动的研究结果不一致，这才促使我考虑另一套体系。首先，他们对太阳和月球运动的认识就很不可靠，他们甚至对回归年[7]都不能确定和测出一个固定的长度。其次，不仅是对这些天体，还有对五个行星，他们在测定其运动时使用的不是同样的原理、假设以及对视旋转和视运动的解释。有些人只用同心圆[8]，而另外一些人却用偏心圆和本轮，尽管如此都没有完全达到他们的目标。虽然那些相信同心圆的人已经证明，用同心圆能够叠加出某些非均匀的运动，然而他们用这个方法不能得到任何颠扑不破的、与观测现象完全相符的结果。在另一方面，那些设想出偏心圆的人通过适当的计算，似乎已经在很大程度上解决了视运动的问题。可是这时他们引用了许多与均匀运动的基本原则[9]显然抵触的概念。他们也不能从偏心圆得出或推断最主要之点，即宇宙的结构及其各部分的真实的对称性。与此相反，他们的做法正像一位画家，从不同地方临摹手、脚、头和人体其他部位，尽管都可能画得非常好，但不能代表一个人体[10]。这是因为这些片段彼此完全不协调，把它们拼凑在一起就成为一个怪物，而不是一个人。因此我们发现，那些人采用偏心圆论证的过程，或者叫做"方法"，要不是遗漏了某些重要的东西，就是塞进了一些外来的、毫不相干的东西。如果他们遵循正确的原则，这种情况对他们就不会出现。如果他们所采用的假设并不是错误的，由他们的假设得出的每个结果都无疑会得到证实。即使我现在所说的也许是含混难解的，它将来在适当的场合终归会变得比较清楚。

　　于是，我对传统天文学在关于天球运动的研究中的紊乱状态思考良久。想到哲学家们不能更确切地理解最美好和最灵巧的造物主为我们创造的世界机器[11]的运动，我感到懊恼。在其他方面，对于和宇宙相比极为渺小的琐事，他们却考察得十分仔细。由于这个缘故，我不辞辛苦重读了我所能得到的一切哲学家的著作，希望了解是否有人提出过与天文学教师在学校里所讲授的不相同的天球运动。实际上，我首先在西塞罗（Cicero）[①]的著作中查到，赫塞塔斯（Hicetas）设想过地球在运动[12]。后来我在普鲁塔尔赫（Plutarch）[②]的作品中也发现，还有别的一些人持有这一见解。为了使每个人都能看到，我决定把他的话摘引如下[13]：

　　　　有些人认为地球静止不动。但是毕达哥拉斯学派的费罗劳斯（Philolaus）相信地球像太阳和月亮那样，沿着倾斜的圆周绕着一团火旋转。庞都斯（Pontus）的赫拉克利德（Heraclides）以及毕达哥拉斯学派的埃克范图斯（Ecphantus）都主张地球在动，但不是前进运动，而是像一只车轮，从西向东绕它自己的中心旋转。

　　就这样，从这些资料受到启发，我也开始考虑地球的可动性。虽然这个想法似乎很

---

　　①　罗马政治家、演说家和作家（前106—前43）。
　　②　希腊历史学家，以撰写英雄传记著名（46？—120？）。

荒唐,但我知道为了解释天文现象的目的,我的前人已经随意设想出各种各样的圆周。因此我想,我也可以用地球有某种运动的假设,来确定是否可以找到比我的先行者更可靠的对天球运行的解释。

于是,假定地球具有我在本书后面所赋予的那些运动,我经过长期、认真的研究终于发现:如果把其他行星的运动与地球的轨道运行联系在一起,并按每颗行星的运转来计算,那么不仅可以对所有的行星和球体得出它们的观测现象,还可以使它们的顺序和大小以及苍穹本身全都联系在一起了,以至不能移动某一部分的任何东西而不在其他部分和整个宇宙中引起混乱。因此在撰写本书时我采用下列次序。在第一卷中我讲述天体的整体分布以及我赋予地球的运动。因此这一卷可以说包含了宇宙的总的结构。然后在其余各卷中,我把别的行星和一切球体的运动都与地球的移动联系起来。这样我就可以确定,如果都与地球的运动有联系,其他行星和球体的运动和出现在多大程度上能够保持下来。我毫不怀疑,精明的和有真才实学的天文学家,只要他们愿意深入地而不是肤浅地检验和思考(这是这门学科所特别要求的),我在本书中为证明这些事情所引用的资料,就会赞同我的观点。但是为了使受过教育和未受教育的人都相信我决不回避任何人的批评,我愿意把我的著作奉献给陛下,而不是给别的任何人。甚至在我所生活的地球上最遥远的一隅,由于您的教廷的崇高以及您对一切文化还有天文学的热爱,您被推崇为至高无上的权威。因此您的威望和明断可以轻而易举地制止诽谤者的中伤,尽管正如俗话所说:"暗箭难防。"(14)

也许有一些空谈家,他们对天文学一窍不通,却自称是这门学科的行家(15)。他们从《圣经》中断章取义(16),为自己的目的加以曲解,他们会对我的著作吹毛求疵,并妄加非议。我不会理睬他们,甚至认为他们的批评是无稽之谈,予以蔑视。众所周知,拉克坦蒂斯(Lactantius)①(17)可以说是一位杰出的作家,但不能算做一个天文学家。他很幼稚地谈论地球的形状,并嘲笑那些宣称大地是球形的人。因此如果这类人会同样地讥笑我,学者们大可不必感到惊奇。天文学是为天文学家撰写的。除非我弄错了,就天文学家看来我的著作对教廷也会作出一定的贡献,而教廷目前是在陛下的主持之下。不久前在里奥十世治下,在拉特兰(Lateran)会议上讨论了教会历书的修改问题(18)。当时这件事悬而未决,这仅仅是因为年和月的长度以及太阳和月亮的运动测定还不够精确。从那个时候开始,在当时主持改历事务的佛桑布朗(Fossombrone)地区最杰出的保罗主教(19)的倡导之下,我把注意力转向这些课题的更精密的研究。但是在这方面我取得了什么成就,我特别提请教皇陛下以及其他所有的有学识的天文学家(20)来鉴定。为使陛下不致感到我在夸大本书的用处,我现在就转入正文。

---

① 公元前3世纪的一位教会作家。

第一卷

· Volume One ·

在人类智慧所哺育的名目繁多的文化和技术领域中，我认为必须用最强烈的感情和极度的热忱来促进对最美好的、最值得了解的事物的研究。这就是探索宇宙的神奇运转，星体的运动、大小、距离和出没，以及天界中其他现象成因的学科。

PRIMVM MOBILE

CRISTALLINE

FIRMAMENT

FIER
AER

YEARTH

WATER

CŒLIFER ATLAS

Hic canet errantē Lunam, Solisq; labores
Arcturūq;, pluuiasq; hyad. gēinosq; triões

引　言⁽¹⁾

在人类智慧所哺育的名目繁多的文化和技术领域中，我认为必须用最强烈的感情和极度的热忱来促进对最美好的、最值得了解的事物的研究。这就是探索宇宙的神奇运转，星体的运动、大小、距离和出没，以及天界中其他现象成因的学科。简而言之，也就是解释宇宙的全部现象的学科。难道还有什么东西比起当然包括一切美好事物的苍穹更加美丽的吗？⁽²⁾这些（拉丁文）名词本身就能说明问题：caelun①和 mundus②。后者表示纯洁和装饰，而前者是一种雕刻品。由于天空具有超越一切的完美性，大多数哲学家⁽³⁾把它称为可以看得见的神。因此如果就其所研究的主题实质来评判各门学科的价值，那么首先就是被一些人称为天文学，另一些人叫做占星术⁽⁴⁾，而许多古人认为是集数学之大成的那门学科。它毫无疑义地是一切学术的顶峰和最值得让一个自由人去从事的研究。它受到计量科学的几乎一切分支的支持。算术、几何、光学、测地学、力学以及所有的其他学科都对它作出贡献。

虽然一切高尚学术的目的都是诱导人们的心灵戒除邪恶，并把它引向更美好的事物，天文学能够更充分地完成这一使命。这门学科还能提供非凡的心灵欢乐。当一个人致力于他认为安排得最妥当和受神灵支配的事情时，对它们的深思熟虑会不会激励他追求最美好的事物并赞美万物的创造者？一切幸福和每一种美德都属于上帝。难道《诗篇》^③的虔诚作者不是徒然宣称上帝的工作使他欢欣鼓舞？难道这不会像一辆马车一样把我们拉向对至善至美的祈祷？

柏拉图（Plato）^④最深刻地认识到这门学科对广大民众所赋予的神益和美感（对个人的不可胜数的利益就不必提了）。在《法律篇》一书第七卷中⁽⁵⁾，他指出研究天文学主要是为了把时间划分为像年和月这样的日子的组合，这样才能使国家对节日和祭祀保持警觉和注视。柏拉图认为，任何人如果否认天文学对高深学术任一分支的必要性，这都是愚蠢的想法。照他看来，任何人缺乏关于太阳、月亮和其他天体的必不可少的知识，都很难成为或被人称做神职人员⁽⁶⁾。

然而这门研究最崇高课题的，与其说人文的倒不如说是神灵的科学，并不能摆脱困境。主要的原因是它的原则和假设（希腊人称之为"假说"⁽⁷⁾）已经成为分歧的源泉。我们知道，和这门学科打交道的多数人之间有分歧，因此他们并不信赖相同的概念。还有一

▲背负天球的阿特拉斯。希腊神话中阿特拉斯神因被宙斯降罪而用双肩支撑苍天。在这幅画中有十层天球。

① 天。
② 宇宙。
③ 指《圣经》中的《诗篇》。
④ 古希腊哲学家（前427—前347）。

个附带的理由是对行星的运动和恒星的运转不能作精确的定量测定，也不能透彻地理解。除非是随着时间的推移，利用许多早期的观测资料，把这方面的知识可以说是一代接一代地传给后代。诚然，亚历山大城的克洛狄阿斯·托勒密（Claudius Ptolemy）[①]，利用 400 多年期间的观测，把这门学科发展到几乎完美的境地，于是似乎再也没有任何他未曾填补的缺口。就惊人的技巧和勤奋来说，托勒密都远远超过他人。可是我们察觉到，还有非常多的事实与从他的体系应当得出的结论并不相符[(8)]。此外，还发现了一些他所不知道的运动。因此在讨论太阳的回归年时，普鲁塔尔赫也认为天文学家[(9)]至今还不能掌握天体的运动。就以年的本身为例，我想尽人皆知，对它的见解总是相差悬殊，以至许多人认为要对它作精密测量是绝望了。对其他天体来说，情况亦复如此。

但是，为了免除一种印象，即认为这个困难是懒惰的借口，我将试图对这些问题进行比较广泛的研究。我这样做是由于上帝的感召，而如果没有上帝，我们就会一事无成。这门学科的创始人离开我们的时间愈长，为发展我们的事业所需要的帮助就愈多。他们的发现可以和我新找到的事物相比较[(10)]。进一步说，我承认自己对许多课题的论述与我的前人不一样。但是我要深切地感谢他们，因为他们首先开阔了研究这些问题的道路。

第 1 章　宇宙是球形的

首先，我们应当指出，宇宙是球形的[(11)]。这要么是因为在一切形状中球是最完美的，它不需要接口[(12)]，并且是一个既不能增又不能减的全整体；要么是因为它是一切形状中容积最大的，最宜于包罗一切事物；甚至还因为宇宙的个别部分（我指的是太阳、月球、行星和恒星）看起来都呈这种图形；乃至为万物都趋向于由这种边界所包围，就像单独的水滴和其他液体那样。因此，谁也不会怀疑，对神赐的物体[(13)]也应当赋予这种形状。

第 2 章　大地也是球形的

大地也是球形的，因为它从各个方向向中心挤压[(14)]。可是由于有高山和深谷，人们没有立即认出大地是一个完整的球体[(15)]。但是山和谷不会使大地的整个球形有多大改变，这一点可以说明如下。对于一个从任何地方向北走的旅行者来说，周日旋转的天极渐渐升高，而与之相对的极以同样数量降低。在北天的星星大都不下落，而在南面的一些星永不升起[(16)]。在意大利看不到老人星[②][(17)]，在埃及却能看见它。在意大利可以看见波江座南部诸星[(18)]，而在我们这里较冷地区就看不到。相反，对一个向南行的旅行者来说，这些星在天上升高，而在我们这儿看来很高的星就往下沉。进一步说，天极的高度变

---

① 著名的古希腊天文学家（公元 2 世纪）。
② 即船底座 α 星。

化与我们在地上所走的路程成正比。除非大地呈球形,情况就不会如此。由此可见,大地同样是局限在两极之间,因此也是球形的。还应谈到,东边的居民看不见在我们这里傍晚发生的日月食,西边的居民也看不到早晨的日月食;至于中午的日月食,住在我们东边的人看起来比我们要晚一些,而西边的人早一些(19)。

航海家已经知道,大海也呈同样形状。这是因为在甲板上还看不见陆地的时候,在桅樯顶端却能看到它。从另一方面说来,如果在船桅顶上放一个光源,当船驶离海岸的时候,留在岸上的人就会看见亮光逐渐降低,直至最后消失,好像是在沉没。此外,水的本性是可流动的,它同泥土一样总是趋向低处,海水不会超越它的上升所容许的限度,流到岸上较高的地方去。因此,只要陆地冒出海面,它就比海面离地球中心更远(20)。

第3章 大地和水如何构成统一的球体(21)

海水到处倾泻,环绕大地并填满低洼的地方。因为水和地都有重量,它们都趋向同一的中心。水的容积应该小于大地,这样海水才不会淹没整个大地,而留下一部分土地和许多星罗棋布的岛屿,于是生物才有存在的余地(22)。人烟稠密的国家和大陆本身是什么呢?难道不过是一个更大的岛屿吗(23)?

逍遥学派者们认为水的整个体积为陆地的 10 倍(24),我们不必理睬他们。按照他们所承认的猜想,在元素转换时,1 份土可溶解成为 10 份水(25)。他们还断言,由于大地有空穴,并不是到处一样重,因此大地在一定程度上凸起,它的重心与几何中心并不重合(26)。他们的错误是由对几何学的无知造成的(27)。他们不懂得,只要大地还有某些地方是干的,水就不可能比地大 6 倍,除非整个大地偏离其重心并把这个位置让给水,似乎水比其本身更重似的。球的体积同直径的立方成正比。因此,如果大地与水的容积之比为 1 比 7,地球①的直径就不会大于从(它们的共同)中心到水的边界的距离。所以说,水容积不可能(比大地)大 9 倍。

进一步说,地球的重心与几何中心并无差别。这可以从下列事实来断定:从海洋向里面,陆地的弯曲度并非一直连续增加。否则陆地上的水就会完全排光,并且不可能有内陆海和辽阔的海湾。此外,海洋的深度也会从海岸向外不断增加,于是远航的水手就不会碰见岛屿、礁石或其他任何形式的陆地。但是大家知道,几乎是在有人居住的陆地的中心(28),从地中海东部到红海的距离还不到 15 弗隆②(29)。另一方面,托勒密在他的《地理学》一书中(30),把可居住的地区几乎扩张到全世界(31)。在他留作未知土地的子午线以外的地方,近代人又加上了中国(32)以及经度达 60 度的辽阔土地。这样一来,目前有人烟地区所占的经度范围已经比余下给海洋的经度范围更大了。在这些地区之外,还应加上近代在西班牙和葡萄牙国王统治下所发现的岛屿,特别是美洲(America),以发现它的船长的名字命名。因为它的大小至今不明,人们认为是第二组有人烟的国家。此外,还有

---

① 指地球的固体部分。
② 长度单位,等于 1/8 英里或 201.167 米。

许多前所未知的岛屿[33]。因此，我们对于对称点或对蹠地的存在，没有理由感到惊奇。用几何学来论证美洲大陆的位置，使我们不得不相信，它和印度的恒河流域正好在直径的两端对峙[34]。

考虑到所有这些事实，我终于认识到：地与水有共同的重心；它与地球的几何中心相重合；因为陆地比较重，它的缝隙里充满了水；虽然水域的面积也许更大一些，水的容积还是比大地小得多。

大地跟环绕它的水结合在一起，其形状应当与它的影子一样[35]。在月食的时候可以看出，大陆的影子正是一条完整的圆弧。因此大地既不是像恩培多克勒（Empedocles）[①]和阿拉克萨哥拉斯（Anaxagoras）[②]所想像的平面，并非留基伯（Leucippus）[③]所认为的鼓形，也不是赫拉克利特（Heraclitus）[④]所设想的碗状，亦非德莫克利特（Democritus）[⑤]所猜测的另一种凹形，或如阿那克西曼德（Anaximander）[⑥]所想的柱体，也并不是塞诺芬尼（Xenophanes）[⑦]所倡导的是下边无限延伸，厚度朝底减少；大地的形状正是哲学家所主张的完美的圆球[36]。

第 4 章 天体的运动是匀速的、永恒的和圆形的
或是复合的圆周运动

现在我想到，天体的运动是圆周运动[37]，这是因为适合于一个球体的运动乃是在圆圈上旋转[38]。圆球正是用这样的动作表示它具有最简单物体的形状，既无起点，也没有终点，各点之间无所区分，而且球体本身正是旋转造成的。

可是由于[天上的]球体很多，运动是各式各样的。在一切运动中最显著的是周日旋转，希腊人称之为 νυχθημερον，就是昼夜交替。他们设想，除地球外，整个宇宙都是这样自东向西旋转。这可认作一切运动的公共量度，因为时间本身主要就是用日数来计算的。

其次，我们还见到别的在相反方向上，即自西向东的运转。我指的是日、月和五大行星的运行。太阳的这种运动为我们定出年，月球定出月，这些也都是人们熟悉的时间周期。五大行星也用类似的方式在各自的轨道上运行。

可是，这些运动（与周日旋转或第一种运动）有许多不同之处。首先，它们不是绕着与第一种运动相同的两极旋转，而是倾斜地沿黄道方向运转。其次，这些天体在轨道上的运动看起来是不均匀的，因为日和月的运行时快时慢，而五大行星在运动中有时还有逆行和留。太阳径直前行，行星则有时偏南，有时偏北，各不相同地漫游。这就是为什么

---

① 公元前 5 世纪的希腊哲学家及政治家。
② 希腊哲学家（前 500? —前 428）。
③ 公元前 5 世纪的希腊哲学家。
④ 希腊哲学家（前 540? —前 480?）。
⑤ 希腊哲学家（前 460? —前 362）。
⑥ 希腊哲学家及天文学家（前 611? —前 547?）。
⑦ 公元前 6 世纪的希腊哲学家。

它们叫做"行星"的原因。此外,它们有时离地球近(这时它们位于近地点),有时离地球远(远地点)。

虽然如此,我们还是应当承认,行星是做圆周运动或由几个圆周组成的复合运动。这是因为这些不均匀性遵循一定的规律定期反复。若不是圆周运动,这种情况就不会出现,因为只有圆周运动才能使物体回到原先的位置。举例来说,太阳由复合的圆周运动可使昼夜不等再次出现并形成四季循环。这里面应当可以察觉出几种不同的运动,因为一个简单的天体不能由单一的球带动作不均匀运动(39)。引起这种不均匀性的原因,要不是外加的或内部产生的不稳定性(40),那就是运转中物体的变化。可是我们的理智与这两种说法都不相容,因为很难想象在最完美状况下形成的天体竟会有任何这样的缺陷。

因此,合乎情理的看法只能是,这些星体的运动本来是均匀的,但我们看来是不均匀的了。造成这种状况的原因或许是它们的圆周的极点(与地球的)不一样,也可能是地球并不位于它们所绕之旋转的圆周的中心。我们从地球上观察这些行星的运转,我们的眼睛与它们轨道的每一部分并不保持固定的距离。由于它们的距离在变,这些天体在靠近时比起远离时看起来要大一些(这在光学中已经证实(41))。与此相似,由于观测者的距离变化,就它们轨道的相同弧长来说(42),它们在相同时间内的运动看起来是不一样的(43)。因此,我认为首先必须仔细考察地球在天空中的地位,否则在希望研究最崇高的天体的时候,我们对最靠近自己的事物仍然茫然无知,并且由于同样的错误,把本来属于地球的事情归之于天体。

第5章 圆周运动对地球是否适宜 地球的位置在何处

既然已经说明大地也呈球形,我认为应当研究在这种情况下形状与运动是否也相适应,以及地球在宇宙中占有什么样的位置。如果不回答这些问题,就不可能正确解释天象。诚然,权威们普遍承认地球在宇宙中心静止不动。他们认为与此相反的观点是不可思议的,或者简直是可笑的(44)。但是,如果我们比较仔细地思考一下这件事情,就会发现这个问题尚未解决,因此决不能置之不理。

每观测到一个位置的变动(45),它可能是由被测的物体或观测者的运动所引起,当然也能够由这两者的不一致移动造成。当物体以相等的速率在同一方向上移动(46)时,运动就察觉不出来,我指的是被测物体和观测者之间的运动察觉不出来。我们是从地球上看到天界的芭蕾舞剧在我们眼前重复演出。因此,如果地球有任何一种运动,在我们看来地球外面的一切物体都会有相同的,但是方向相反的运动,似乎它们越过地球而动。周日旋转就是一种这样的运动,因为除地球外似乎整个宇宙都卷入这个运动。可是,如果你承认天穹并没有参与这一运动而是地球自西向东旋转,那么你通过认真思考就会发现,这符合日月星辰出没视动的实际情况。进一步说,既然包容万物并为之提供栖身地的天穹构成一切物体共有的太空,乍看起来令人不解,为什么把运动归之于被包容的东西而不是包容者,即归于位在太空中的东西而不是太空框架。据西塞罗记载,毕达哥拉斯学派的赫拉克利德和埃克番达斯以及锡腊丘兹(Syracuse)的希塞塔斯都持有这种见解[47]。他们主张,地球在宇宙的中央旋转,星星的沉没是被大地本身挡住了,而星星的升起是因为地球转开了。

如果我们承认地球的周日旋转,于是就出现另外一个同样重要的问题,这即是地球的位置问题。迄今为止,人们都一致接受宇宙的中心是地球这样一个信念。谁要是否认地球位于宇宙的中心,他就会主张地球与宇宙中心的距离和恒星天球的距离相比是微不足道的,但是相对于太阳和其他行星的天球来说,却还是可以察觉和值得注意的。于是他就可以认为,太阳和行星的运动看起来不均匀的原因在于它不是绕地心,而是绕另一个中心运动。就这样,他也许可以为不均匀视运动找到一个适当的解释。同样的行星看起来时近时远,这件事实确凿地证明它们轨道的中心并非地心。至于靠近和远离是由地球还是由行星引起的,这还不够清楚。

如果除周日旋转外地球还有某种其他的运动,这不足为怪。地球在旋转,它还有几种运动,并且它是一个天体,据说这些都是毕达哥拉斯学派费罗劳斯的见解[48]。据柏拉图的传记作者说,费罗劳斯是一位杰出的天文学家,柏拉图急着到意大利去,就是为了拜访他[49]。

然而许多人认为:用几何学原理可以证明地球位于宇宙的中央[50];与浩瀚无垠的天穹相比它好像是一个点,正在天穹的中心;地球静止不动,这是因为当宇宙运动时,中心停留不动,而最靠近中心的物体移动最慢。

第 6 章　天比地大,无可比拟

和天穹比较起来,地球这个庞然大物真显得微不足道了。这一点可以用下列事实阐明。地平圈(希腊文名词为 δριξονταs)把天球正好分为相等的两半。如果地球的大小或它到宇宙中心的距离与天穹相比是可观的,这种情况就不会出现。因为一个把球等分的圆必须通过球心,并且是球面上所能描出的最大的圆[51]。

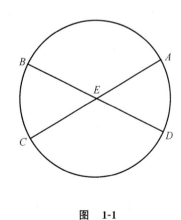

令圆周 ABCD 为地平圈,并令地平圈的中心 E 为地球(我们在地球上进行观测)。地平圈把天空分为可见部分和不可见部分。现在,通过装在 E 的望筒[52]、天宫仪或水准器看到,巨蟹宫的第一星①在 C 点上升的同时,摩羯宫的第一星在 A 点下落。于是 A、E 和 C 都在穿过望筒的一条直线上。这条线显然是黄道的一条直径,这是因为黄道六宫形成一个半圆[54],而直线的中点 E 与地平圈的中心重合。接着,让黄道各宫移动位置,使摩羯宫第一星在 B 点升起。这时也可以看到巨蟹宫在 D 沉没。BED 是一条直线并为黄道的直径。但是,我们已经了解到,AEC 也是同一圆周的一条直径。这个圆周的中心显

图　1-1

---

①　即巨蟹 α,余仿此。

然就是这两条直径的交点,由此可知,地平圈随时都把黄道(天球上的一个大圆)等分。可是在球面上将一个大圆等分的圆周,本身也是一个大圆⁽⁵⁵⁾。因此,地平圈是一个大圆,圆心显然与黄道中心相合。

从地球表面引向天空中一点的直线与从地心引向同一点的直线,自然不重合⁽⁵⁶⁾。可是因为这些线与地球相比其长无限,它们可认作平行线[Ⅲ,15]^①。由于它们的端点相距极远,因此两线看起来重合为一条线。由光学可证明,这两条线的间距与它们的长度相比是微不足道的。这种论证完全清楚地表明,天穹比地球大得无与伦比,可以说是无限大。地球与天穹相比,不过是微小的一点,如有限之比于无限。

但是我们似乎还没有得到别的结论。还不能说明地球必须静居于宇宙中心。实际上,如果是硕大无朋的宇宙每 24 小时转一周,而不是它的微小的一部分——地球——在转,那就会令人惊奇了。中心是不动的,最靠近中心的部分动得最慢⁽⁵⁷⁾,这个论点并不足以证明地球是在宇宙中心静止不动的。

再考虑一个类似的情况。天穹在旋转而天极不动,愈靠近天极的星转得愈慢。举例来说,小熊星座远比天鹰座或小犬座转得慢⁽⁵⁸⁾,这是因为它描出的圆圈较小。可是所有这些星座都属于同一天球。在一个球旋转时,轴上没有运动,而球上各部分运动的量不相等。随着整个球的转动,虽然各部分移动的长度不一样,它们都在相同的时间内返回初始位置⁽⁵⁹⁾。这个论证的要点是要求地球作为天球的一部分,也参与这一运动,于是它在靠近中心的地方,只有微小的移动。因此,地球作为一个天体而不是中心,它也会在天球上扫出圆弧,只有在相同时间内只扫出较小的弧。这个论点的错谬昭如白日。这是因为它会使有的地方永远是正午,另外的地方总是在半夜,于是星体的周日出没不会发生,因为宇宙的整体与局部的运动是统一而不可分割的。

情况千差万别的天体都受一种大不相同的关系所支配⁽⁶⁰⁾:轨道较小的天体比在较大圆圈上运动的天体转动得快。土星——最高的行星——每 30 年转一周;月球——肯定是最靠近地球的天球——每月转一周;最后,地球每昼夜转一周。因此,这又一次对天穹的周日自转提出疑问。此外,地球的位置仍然没有确定,上述情况使之更难肯定。已经得到证明的只是天比地大得非常多,但究竟大多少还不清楚⁽⁶¹⁾。在另一个极端是非常微小而不可分割的物体,称为"原子"。因为太细微,如果一次取出很少几个,它们不能立即构成一个可以看得见的物体。但是它们积累起来,终归能达到可以察觉的尺度。关于地球的位置,情况是一样的。虽然它不在宇宙中心,但与之相距是微不足道的。对于恒星天球来说,情况尤为如此。

第 7 章 为什么古人认为地球静居于宇宙中心

古代哲学家试图用其他一些理由来证明地球静居于宇宙中心。然而他们把轻和重作为主要根据。他们认为,土是最重的元素,一切有重量的东西都朝它运动,并竭力趋向

---

① 这表示第三卷第十五章,下同。

最深的中心[62]。大地呈球形,地上所载的重物都向着地球表面垂直运动。因此,如果不是地面阻挡,它们会一直冲向地心。一条直线,如果垂直于与球面相切的水平面,就会穿过球心[63]。由此可知,物体到达中心后,就在那里保持静止。整个地球静居于宇宙中心,而地球收容一切落体,它由于自身的重量也应静止不动[64]。

古代哲学家用类似的方式分析运动及其性质,希望证实他们的结论。亚里士多德认为,一个单独的、简单的物体的运动是简单运动;简单运动包括直线运动和圆周运动;而直线运动可以是向上或向下的运动。因此,每一个简单运动不是朝中心(即向下),就是离中心(向上),或者绕中心(圆周运动)。只有被当作重元素的土和水,才有向下即趋向地心的运动;而气与火这样的轻元素则离开地心向上运动。这四种元素做直线运动,而天球绕宇宙中心做圆周运动,这样似乎是合理的。亚里士多德就如此断言[《天穹篇》,Ⅰ,2;Ⅱ,14]。

亚历山大城的托勒密[《至大论》①,Ⅰ,7]指出,如果地球在运动,即使只有周日旋转,结果就会违反上述道理。这是因为要使整个地球每24小时转一周,这个运动应当异常剧烈,它的速度高得无可比拟。在急剧自转的作用下,物体很难聚集起来。即使它们是聚结在一起产生的,如果没有某种黏合物使之结合在一起,它们也会飞散。托勒密说,如果情况是这样,地球早就该分崩离析,并且从天穹中消散了(这自然是一个荒谬绝伦的想法)。此外,一切生物和可以活动的重物都决不会安然无恙留存下来[65]。落体也不会沿直线垂直坠落到预定地点[66],因为迅速运动使这个地点移开了。还有,云和浮现在空中的任何东西都会随时向西漂移[67]。

第8章　以往论证的不当和对它们的批驳[68]

根据这些以及诸如此类的理由,古人坚持说地球静居于宇宙中心,并认为地球的这种状态是毋庸置疑的。如果有人相信地球在动,他肯定会主张这种运动是自然的,而不是受迫运动[69]。遵循自然法则产生的效果与在受迫情况下得出的结果截然相反,这是因为受外力或暴力作用的物体必然会瓦解,不能长久存在。反之,自然而然产生的事物都安排得很妥当,并保存在最佳状态中。托勒密担心地球和地上的一切会因地球自转而土崩瓦解,这是毫无根据的。地球自转是大自然的创造,它与人的技能和智慧的产品完全不同。

可是他为什么不替运动比地球快得多并比地球大得多的宇宙担心呢? 由于无比强大的运动使天穹偏离宇宙中心,天穹是否就变得辽阔无际呢? 一旦运动停止,天穹也会崩溃吗? 如果这种理解是正确的,天穹的尺度肯定也会增长到无穷大。因为24小时运转所经过的途程不断增加,运动把天穹驱向愈高的地方,运动就变得愈快。反过来说,随着运动速度的增长,天穹会变得更加辽阔。就这样,速度使尺度增大,尺度又引起速度变

---

① 托勒密的主要著作,在古代是天文学的百科全书,直到开普勒的时代都是天文学家的必读书籍。

快，如此循环下去，两者都会变成无限大⁽⁷⁰⁾。可是根据我们所熟悉的物理学原理，无限体既不能转动也不能运动，因此天穹必须静止不动。

据说在天穹之外既没有物体，也没有空间，甚至连虚无也没有，是绝对的一无所有⁽⁷¹⁾，因此天穹没有扩张的余地。可是竟有什么东西为乌有所约束，这真是咄咄怪事。假如天穹是无限的，而只是在内侧凹面处是有限的，我们就更有理由相信天穹之外别无一物。任何一件单独的物体，无论它有多大，都包含在天穹之内，而天穹是静止不动的⁽⁷³⁾。要知道论证宇宙有限的主要论点是它的运动。因此让我们把宇宙是有限还是无限的问题，留给自然哲学家们去讨论。

地球局限在两极之间，以一个球面为界，我们认为这是确凿无疑的⁽⁷⁴⁾。那么为什么我们还迟迟不肯承认地球具有在本性上与它的形状相适应的运动，而宁愿把一种运动赋予整个宇宙（它的限度是未知的，也是不可能有的）呢？为什么我们不承认看起来是天穹的周日旋转，实际上是地球运动的反映呢？这种情况正如维尔吉耳（Vergil）在史诗《艾尼斯》（Aeneas）中所说的⁽⁷⁵⁾：

我们离开港口向前远航，陆地和城市悄悄退向后方。

当船舶静静地行驶，船员们从外界每件事物都可看到船的运动的反映。而在另一方面，他们可以设想自己和船上一切东西都静止不动。与此相同，地球的运动无疑地会产生整个宇宙在旋转这样一种印象。

那么，该怎样说明云和空中其他悬浮物⁽⁷⁶⁾，以及下落和上升的物体呢？我们只需要认为，不仅土和水跟着地球一道在动，而且不小的一部分空气⁽⁷⁷⁾也连接在一起运动。这个原因也许是靠近地面的空气，与含土或水的物质混杂在一起，也遵循和地球一样的自然法则；也可能是由于这部分空气靠近地球而无阻力，于是从不断旋转的地球获得了运动。在另一方面，同样令人惊奇的是，空气顶层伴随着天体的运动⁽⁷⁸⁾。这可以由那些突然出现的天体（我指的是希腊人称之为"彗星"和"长胡须"的星⁽⁷⁹⁾）表现出来。和其他天体一样，它们也有出没。可以认为，它们是在那个区域产生的⁽⁸⁰⁾。我们能够确信，那部分空气离地球太远，因此不受地球运动的影响。最靠近地球的空气似乎是静止的⁽⁸¹⁾。悬浮在其中的物体也会是这样，除非有风或其他某种扰动⁽⁸²⁾使它们来回摇晃——实际情况正是这样。空气中的风难道不像海洋的波浪吗？

我们必须承认，升降物体在宇宙体系中的运动都具有两重性，即在每一个情况下都是直线运动与圆周运动的结合⁽⁸³⁾。由于自身重量而下沉的物体（主要是土质的），无疑会保持它们所属整体的相同性质。对于那些具有火性，被迫上升的物体，也可作类似的解释。地上的火主要来源于土性物质，火焰不是别的，而是炽热的烟⁽⁸⁴⁾。火的一个性质是迅猛地膨胀。膨胀的力量非常大⁽⁸⁵⁾，以致无论用什么方法和工具都不能制止它喷发到底。但是膨胀运动的方向是从中心到四周。因此，如果地球的任何一部分着火了，它就会从地心往上升⁽⁸⁶⁾。因此，一个简单物体的运动必然是简单运动（特别是圆周运动），这个说法是对的，但只有在这一物体完整地保持其天然位置时才是如此⁽⁸⁷⁾。当它是在天然位置上，它只能做圆周运动，因为圆周运动完全保持自己原来位置，与静止相似。然而直线运动会使物体离开其天然位置,或者以各种方式从这个位置上挪开。物体离开原位是同宇宙井然有序的布局和完整的图像格格不入的。因此,只有那些不处于正常状态并与其本性并非完全相符的物体才会作直线运动,这时它们和整体隔开并摒弃了统一性。

进一步说,上下起伏的物体,即使没有圆周运动,也不作简单的、恒定的和均匀的运动。它们不受轻重的支配。任何落体都是开始时慢,而在下坠时加快。与此相反,地上的火[88](这是唯一看得见的)在上升到高处时,突然减慢了,这就显示出原因是对地上物质的作用[89]。圆周运动总是均匀地运转,这是因为它有一个永不衰减的动力。而直线运动的动力很快就停止作用。直线运动一旦使物体到达其应有位置后,物体不再有轻重,它们的运动就停止了。因为圆周运动属于整体,而各部分还另有直线运动[90],我们可以这样说,圆周运动可以和直线运动并存,有如"活着"与"生病"并存一样。亚里士多德把简单运动分为离中心、向中心和绕中心三类,这只能看成是一种逻辑的演习。这正如我们区分点、线和面,虽然它们都不能单独存在,也不能脱离实体而存在。

作为一种品质来说,可以认为静止比变化或不稳定更高贵、更神圣,因此把变化和不稳定归之于地球比归之于宇宙更适当。此外,让运动归属于包容全部空间的框架,而不是归属于被包容的只占局部空间的更为适宜的地球,这会是非常荒唐的。[91]最后,行星离地球显然是时近时远。因此,单独一个天体绕中心(可以认为这就是地心)的运动,既可以是离开中心的也可以是向着中心运动。这样一来,对绕心运动应当有更普遍的理解[92],充分条件是任何这种运动都必须环绕自己的中心。你从这一切论证都可以了解到,地球在运动比它静止不动的可能性更大[93]。对周日旋转来说,情况尤为如此。周日旋转对地球更为适宜[94]。按我的看法,这已足够说明问题的第一部分了。

第9章 能否赋予地球几种运动? 宇宙的中心

按前面所述,否认地球运动是没有道理的。我认为我们现在还应当考虑,是否有几种运动都适合于地球,于是可以把地球看成一颗行星[95]。行星目视的非均匀运动以及它们与地球距离的变化,都表明地球并不是一切运转的中心。上述现象不能用以地球为中心的同心圆周运动来解释。因为有许多中心,进一步提出这样的问题就是意料中事了:宇宙的中心是否与地球的重心或别的某一点相合[96]?我个人相信,重力不是别的,而是神圣的造物主在各个部分中所注入的一种自然意志,要使它们结合成统一的球体。我们可以假定,太阳、月亮和其他明亮的行星都有这种动力,而在其作用下它们都保持球形[97]。可是它们以各种不同的方式在轨道上运转。如果地球也按别的方式运动,譬如说绕一个中心转动,那么它的附加运动必然也会在它外面的许多天体上反映出来。周年运转就属于这些运动。如果这从一种太阳运动转换为一种地球运动,而认为太阳静止不动,则黄道各宫和恒星都会以相同方式在早晨和晚上显现出东升西落。还有,行星的留、逆行以及重新顺行都可认为不是行星的运动,而是通过行星所表现出来的地球运动。最后,我们认识到太阳位于宇宙的中心。正如人们所说,只要"睁开双眼",正视事实[98],行星依次运行的规律以及整个宇宙的和谐[99],都使我们能够阐明这一切事实。

第 10 章　天球的顺序

在一切看得见的物体中,恒星天球是最高的了。我想,这是谁也不会怀疑的。古代哲学家想按运转周期来排出行星的次序[100]。他们的原则是物体运动一样快,愈远的物体看起来动得愈慢,这是欧几里得的《光学》所证明的[101]。他们认为,月亮转一圈的时间最短,这是因为它离地球最近,转的圆圈最小。反之,最高的行星是土星。它绕的圈子最大,所需时间也最长。在它下面是木星,然后是火星。

至于金星和水星,看法就有分歧了。这两颗行星并不像其他行星那样,每次都通过太阳的大距①。因此,有些权威人士[例如柏拉图在《蒂迈欧篇》(Timaeus)中]把金星和水星排在太阳之上,而另一些人(例如托勒密和许多现代人)却把它们排在太阳下面。阿耳比特拉几(Al-Bitruji)[102]则把金星摆在太阳上面,水星在太阳下面。

柏拉图的门徒们认为,行星本身都是暗的,它们能发光是由于接受太阳光[103]。因此,如果它们是在太阳下面,它们就不会有大距,而是看起来呈半圆形或无论如何不是整圆形[104]。它们所接受的光大部分都会向上,即朝太阳反射,就像我们在新月或残月看见的那样。此外,他们还论断说,有时行星在太阳前面经过会掩食太阳[105],遮掉的光与行星的大小成正比。但这种现象从来没有观测到,因此柏拉图的门徒认为,这些行星决不会走到太阳的下面。

在另一方面,那些把金星与水星放在太阳下面的人,把日月之间的广漠空间作为依据[106]。月亮离地球的最远距离为地球半径的64⅙倍。他们指出,这大约是日地之间最近距离(即 1160 个地球半径)的1/18[107]。因此日月之间相距 1096(≃1160—64⅙)个地球半径[108]。为了不致使如此辽阔的太空完全空虚,他们宣称同样的数目几乎刚好填满拱点距离(他们用拱点距离计算各个天球的厚度)。具体说来,月亮的远地点外面紧接着水星的近地点;在水星远地点之外是金星近地点;最后,金星远地点[109]几乎接近太阳的近地点。他们算出水星拱点间的距离约为 177½个地球半径。于是剩下的空间差不多刚好可用金星的拱点差(910 个地球半径)来填满。

因此,他们不承认[110]这些天体像月亮那样是不透明的物体。与之相反,它们要不是用自己的,就是用吸收穿透它们的太阳光来发亮。此外,由于纬度经常变化,它们很少遮住我们看太阳的视线,因此它们不会掩食太阳[111]。还应谈到,与太阳相比它们都很微小。虽然金星比水星大,也不足以掩住太阳的百分之一。因此,拉加(Raqqa)的阿耳·巴塔尼(Al-Battani)[112]认为,太阳的直径为金星的 10 倍,要在非常明亮的日光中察觉出一个小斑点并非易事。伊本·拉希德(Ibn Rushd)在他的《托勒密〈至大论〉注释》[113](Para-

---

①　水星和金星是内行星,它们在轨道上每运转一周都有一次大距。此处原文的意思应为冲,即行星与太阳的经度差为180°。

phrase of Ptolemy's Syntaxis)一书中谈到,在表中所列太阳与水星相合的时刻,他看到一颗黑斑。因此可以断定这两个行星是在太阳天球的下面运动。

但是这种论证也是脆弱的和不可靠的。这从下列事实可以清楚地了解到。托勒密认为,月球近地点的距离为地球半径的38倍,可是更精确的测量结果为大于49倍[114](下面将要说明)。可是,如我们所知,这样广阔的空间除空气外一无所有。如果你愿意这样说,还含有所谓的"火的元素"[115]。此外,使金星可以在太阳两侧偏离达45°的本轮的直径,应当是地心与金星近地点距离的6倍——这将在适当的地方[Ⅴ,21]说明[116]。如果金星绕一个静止的地球旋转,那么在金星庞大的本轮所占据的,比包含地球、空气、以太、月亮和水星还大得多的整个空间里,他们会说还含有什么东西呢?

托勒密[《至大论》,Ⅸ,1]论证说,太阳应在呈现出冲的行星和没有冲的行星之间运行。这个论点没有说服力,因为月亮也有对太阳的冲,这个事实就暴露出上述说法的谬误。

现在还有人把金星安排在太阳下面,再下是水星。或者用别的什么次序把这些行星分开。他们还会提出什么理由来解释,为什么金星和水星不像其他行星那样遵循同太阳分离的轨道呢?虽然不打乱[行星]按其[相对]快慢排列的顺序,还是有这样的问题。以下两个情况中总会有一个是真实的。或者按行星和天球的序列,地球并非中心;或者本来既没有顺序规则,也没有任何明显的理由来说明,为什么最高位置属于土星而不是木星或任何别的行星。

照我看来,我们必须认真考虑马丁纳斯·卡佩拉(Martianus Capella)(一部百科全书的作者)和某些其他拉丁学者[117]所熟悉的观点。他们认为,金星和水星绕太阳为中心旋转[118]。这就可以说明为什么这些行星偏离太阳不能超过它们的轨道所容许的程度。它们和其他行星一样,并不绕地球旋转[119],但是它们"有方向相反的圆周轨道"[120]。这些学者认为,它们的天球中心靠近太阳,这是什么意思呢?水星天球肯定是包在金星天球里面。后者公认为比前者大1倍多,而在这个广阔区域内水星天球会占据其应有的空间。如果有人由此出发把土星、木星和火星也同这个中心联系起来,他还认为这些行星的天球大到可以把金星、水星以及地球都包藏在内并绕之旋转。他的这些看法并非错谬,因为行星运动的有规律的图像可以证明。

众所周知,这些外行星在黄昏升起时离地球最近。这时它们与太阳相冲,即地球位于行星与太阳之间。与此相反,行星在黄昏下落时离地球最远,这时行星看起来在太阳附近(即太阳位于行星与地球之间),因此看不见。这些事实足以说明。它们的中心不是地球而是太阳,这与金星和水星绕之旋转的中心相合。

因为所有这些行星的轨道有同一个中心,在金星的凸天球与火星的凹天球之间的空间①也是一个球或球壳,它的两个表面也与这些球是同心的。这个插入的球容纳了地球及其卫星月球和月亮天球所包含的东西。这对月亮是一个完全合适的和充分的空间。我们无论如何不能把月亮和地球分开;因为月亮无可争辩地是离地球最近的天体。

因此,我敢断言[121],这个以月亮和地球中心为界的整个区域,在其他行星之间每年一

---

① 指在金星轨道之外和火星轨道之内的空间。

周绕太阳走出一个很大的圆圈(122)。宇宙的中心靠近太阳(123)。进一步说,因为太阳是静止的,宁可(124)认为太阳的任何视运动都真是由地球的运动引起的。与其他任何行星天球相比起来,日地距离的数量是适中的。但是宇宙大极了,以致日地距离相对于恒星天球来说是微不足道的。我相信,这种看法比起把地球放在宇宙中心125,因而必须设想有几乎无穷多层天球,以致使人头脑紊乱要好得多。我们应当领会造物主的智慧(126)。造物主特别注意避免造出任何多余无用的东西,因此它往往赋予一个事物以多种功能。

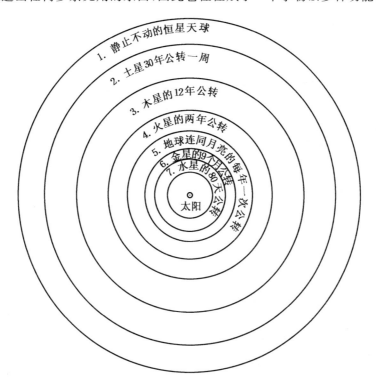

图 **1-2**(127)

所有这些论述当然都与许多人的信念相反,因而是难于理解并几乎是不可思议的。然而在上帝的帮助下,我将使它们对于不熟悉天文科学的人们来说,变得比阳光还要明亮。如果仍然承认第一个原则(128)(没有人能够提出更适宜的原则),即天球的大小可由时间的长短求出,于是从最高的一个天球开始,天球的次序可排列如下。

恒星天球名列第一,也是最高的天球。除自身外它还包罗一切,因此是静止不动的(129)。它无疑是宇宙的场所,一切其他天体的运动和位置都以它为基准。有人认为,它也有某种移动。在本书讨论地球的运动时,将对此提出一种不同的解释[Ⅰ,11]。

在恒星天球下面接着是第一颗行星——土星——的天球。土星每30年完成它的一次环行。在土星之后是木星,12年公转一周。然后是火星,两年公转一次。这个系列的第四位包括地球和作为本轮的月球天球(我在Ⅰ、10的前面部分已谈过了),每年作一次公转。在第五个位置,金星每隔9个月回归原处。最后,第六个位置为水星所占据,它的公转周期为80天。

静居在宇宙中心处的是太阳。在这个最美丽的殿堂里，它能同时照耀一切。难道还有谁能把这盏明灯放到另一个、更好的位置上吗？有人把太阳称为宇宙之灯和宇宙之心灵，还有人称之为宇宙的主宰[130]，这些都并非不适当的。至尊神赫尔墨斯（Hermes）①[131]把太阳称为看得见的神，索福克勒斯（Sophocles）②笔下的厄勒克特拉（Electra）[132]则称之为洞察万物者。于是，太阳似乎是坐在王位上管辖着绕它运转的行星家族。地球还有一个随从，即月亮。反之，正如亚里士多德在一部关于动物的著作中所说的，月亮同地球有最亲密的血缘关系[133]。与此同时，地球与太阳交媾，地球受孕，每年分娩一次。

因此，我们从这种排列中发现宇宙具有令人惊异的对称性以及天球的运动和大小的已经确定的和谐联系，而这是用其他方法办不到的。这会使一位细心的学生察觉，为什么木星顺行和逆行的弧看起来比土星的长，而比火星的短；在另一方面，金星的却比水星的长。这种方向转换对土星来说比木星显得频繁一些，而对火星与金星却比水星罕见。还有，如果土星、木星和火星是在日落时升起，这比它们是在黄昏时西沉或在晚些时候出现，离地球都近一些。但火星显得特殊，当整个晚上照耀长空时，它的亮度似乎可以与木星相匹敌，只能从它的红色分辨出来。在其他情况下，它在繁星中看起来不过是一颗二等星，只有辛勤跟踪的观测者才能认出它来。所有这些现象都是由同一个原因，即地球的运动造成的。

可是恒星没有这些现象。这证实了它们非常遥远，以致周年运动的天球及其反映都在我们的眼前消失了[134]。光学已经表明，每一个可以看见的物体都有一定的距离范围，超出这个范围它就看不见了。从土星（这是最远的行星）到恒星天球，中间有无比浩大的空间。星光的闪烁说明了这一点[135]。这个特征也是恒星与行星的区别。运动的物体与不动的物体之间应当有极大的差异。最卓越的造物主的神圣作品无疑是非常伟大的[136]。

第11章　地球三重运动的证据

行星的许多重要现象都证明地球在运动。现在我就要用地球运动所能解释的现象，对这种运动做出总结。总的说来，应当承认这是一种三重运动。

第一重运动被希腊人称为 νυχθημερινὸν。我已经读到过［Ⅰ，4］，这是引起昼夜变化的自转。它使地球自西向东绕轴转动，于是看来宇宙沿相反方向转动。这种运动描出赤道。有些人仿效希腊人的称呼把赤道叫做"均日圈"，而希腊人用的名称是 ισημερινος。

第二是地心的周年运动。地心绕太阳在黄道上运行。这种运动的方向也是由西向东，即是遵循黄道十二宫的次序。地球在金星与火星之间运行。我已经提到过［Ⅰ，10］，地球是与它的伙伴一起运动。由于这种运动，太阳似乎在赤道上作相似的运动。于是，

---

① 在希腊神话中为众神传信并掌管商业、道路等的神。
② 古希腊悲剧诗人。

例如当地心通过摩羯宫时,太阳看起来正在穿越巨蟹宫;地球在宝瓶宫时,太阳似乎是在狮子宫,等等。这些我已经谈过了⁽¹³⁸⁾。

我们应当了解,穿过黄道各宫中心的圆、它的平面、赤道以及地轴都有可以变化的倾角。因为如果它们的倾角都是固定的,并且只受地心运动的影响,那么就不会有昼夜长度不等的现象了。与此相反,在某些地方就总是有最长或最短的白昼,或者昼夜一样长,抑或永远是夏天或冬天,或者随时都是某一种固定不变的季节。

因此需要有第三种运动⁽¹³⁹⁾,即倾角的运动。这也是一种周年旋转,但它循与黄道十二宫相反的次序,即在与地心运动相反的方向上运行。这两种运动的方向相反,周期几乎相等。结果是地球的自转轴和赤道(赤道是地球上最大的纬度圈)几乎都指向天球的同一部分,它们似乎是固定不动的。与此同时,太阳看起来是沿黄道在倾斜的方向上运动。这似乎是绕地心(它俨然是宇宙中心)的运动。这时必须记住,相对于恒星天球来说,日地距离可以忽略不计。

因为这些事情最好用图形而不是语言来说明,让我们画一个圆 $ABCD$ 来代表地心在黄道面上周年运转的轨迹。令圆心附近的 E 点为太阳。我画直径 AEC 和 BED 把这个圆周分为 4 部分。令 A 表示巨蟹宫的第一点。B、C 和 D 各为天秤宫、摩羯宫和白羊宫的第一点。现在让我们假设地心原来在 A。我在 A 点附近画出地球赤道 $FGHI$。它和黄道不在同一平面上。直径 GAI 是赤道面与黄道面的交线。画出与 GAI 垂直的直径 FAH,F 是赤道上最偏南的一点,H 为最偏北的一点。在上述情况下,地球上的居民将会看见在圆心 E 附近的太阳在冬至时位于摩羯宫。这是因为赤道上最偏北的 H 点朝向太阳。由于赤道与直线 AE 有一个倾角,周日自转描出与赤道平行而间距为倾斜度 EAH 的南回归线。

现在令地心循黄道宫的方向运行,并令最大倾斜点 F 在相反方向上转动同样角度,两者都转过一个象限到达 B 点。在这段时间内,由于它们旋转量相等,EAI 角始终等于 AEB 角。直径 FAH 和 FBH,GAI 和 GBI,以及赤道和赤道,始终保持平行。在无比庞大的天穹中,由于已经多次提到过的理由,同样的现象会出现。因此从天秤宫的第一点 B 看来,E 似乎是在白羊宫。黄赤交线与直线 $GBIE$ 重合。在周日自转中,轴线的垂直平面不会偏离这条线。与此相反,自转轴整个倾斜在侧平面上。因此太阳看起来在春分点。让地心在假定的条件下继续运动,当它走过半圈到达 C 点时,太阳将进入巨蟹宫。赤道上最大南倾点 F 将朝向太阳。太阳看起来是在北回归线上运动,与赤道的角距为倾角 ECF。当 F 转到圆周的第三象限时,交线 GI 再次与 ED 线重合。从这里看来,太阳是在天秤座的秋分点上。由同样过程继续下去,H⁽¹⁴⁰⁾ 逐渐转向太阳,于是又出现与我在开头时谈到的相同的情况。

也可用另一种方式来解释。令 AEC⁽¹⁴¹⁾ 为我们所讨论的平面(黄道面)上的一条直径,也就是黄道面同与之垂直的平面的交线。在 AEC 线上,绕 A 点和 C 点(相当于巨蟹宫和摩羯宫)各画一个通过两极的地球经圈。令这个经圈为 $DGFI$,地球自转轴为 DF,北极在 D,南极在 F,而 GI 为赤道的直径。当 F 转向靠近 E 点的太阳时,赤道向北的倾角为 IAE,于是周日旋转使太阳看来沿南回归线运动。南回归线与赤道平行,位于赤道南面,它们之间的距离为 LI,直径为 KL。或者更确切地说,从 AE⁽¹⁴²⁾ 方向看来,周日自

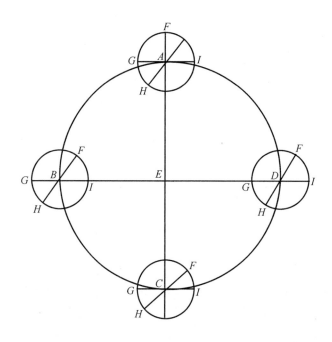

图 1-3

转产生一个以地心为顶,以平行于赤道的圆周为底的锥面。在相对立的 C 点,一切与此相似,但方向相反。谈到这里就很清楚了,两种运动(我指的是地心的运动和倾斜面的运动)怎样结合起来,使地轴保持固定方向和几乎一样的位置,并使这一切现象看起来似乎是太阳的运动。

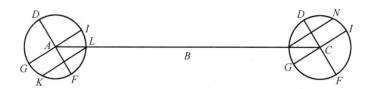

图 1-4

但是我说过,地心和倾斜面的周年运转几乎相等。如果它们刚好相等,两分点和两至点以及黄道倾角,相对于恒星天球都不会有变化。可是有微小的偏差,不过要经过长时间,当它变大时才能发现。从托勒密时代到现在,两分点岁差总计接近 21°。由于这个缘故,有些人相信恒星天球也在运动,因而设想了一个超越一切之上的第九重天球。这已经证实是不当的,近代学者添上了第十重天球。然而,他们一点也不能达到我希望用地球运动所能达到的目的。我将把这一点作为证明其他运动的一个原理和假设。

　　[哥白尼原拟在此处加入两页稍多的手稿,但后来从原稿中删去了。这部分删

掉的材料在《天体运行论》前 4 版（1543、1566、1617、1854）中没有印出,但在哥白尼原稿恢复后出版的版本（1873、1949、1972）中都包含在内。这一部分内容如下。〕

我承认,太阳和月亮的运动也可以用一个静止的地球来说明。然而,这对其他的行星是不适宜的。费罗劳斯[143]由于这些和类似的缘故相信地球在运动。这是有道理的,因为萨摩斯（Samos）的阿里斯塔克（Aristarchus）也持相同的观点[144]。他和别的一些人没有被亚里士多德所提出的论据［《天穹篇》,Ⅱ,13—14］所说服。但是只有用敏锐的思考和坚持不懈的研究才能理解这些课题。因此当时大多数哲学家对它们都不熟悉。柏拉图并不讳言那时只有少数人精通天体运动理论这一事实[145]。即使费罗劳斯或毕达哥拉斯的任何信徒掌握这些知识,大概也不会把它们传给后代。因为毕达哥拉斯学派的惯例是不把哲学奥秘诉诸文字或向公众泄露,而是只传授给忠实的朋友和亲属,并由他们一代一代传下来。莱西斯给喜帕恰斯的一封至今尚存的信件,就是这种习惯做法的一个证据。考虑到这封信有出色的见解并对哲学有重大的意义,我决定把它插入这里并用它作为第一卷的结尾。下面就是我从希腊文译出的这封信件[146]。

莱西斯向喜帕恰斯致意问候

我决不会相信,在毕达哥拉斯逝世后他的信徒们的兄弟情谊会消失。但既然我们已经出人意料地彼此离散,似乎我们的船舶已经遭难沉没,追忆他的神圣的遗教并不让那些还没有想到过灵魂涤罪的人们获得哲学的宝藏,这仍然是一件虔诚的行为。把我们花费巨大劳力才取得的成果泄露给公众,这样做是卑劣的。正如伊柳西斯（Eleusis）女神的秘密不能暴露给未入教门的人。犯有任何这些罪行的人都应受到谴责,他们都是同样地邪恶和不虔诚。在另一方面值得想想,经过 5 年的学程,承蒙他的教诲,我们花费了多少时间来擦拭我们心灵上所沾染的污垢。染匠们在清洗纺织品后,除染料外还使用一种媒染剂,其目的是使色泽持久保存,防止轻易褪色。那一位神圣的伟人用同样的方式来培养哲学爱好者,以免使他为他们中间任何人的才能所抱的希望落空。他不会把箴言当作商品出售。他不会像许多诡辩家那样设置圈套,来迷惑青年的思想,因为这毫无价值。与此相反,他传授的是神灵的和人性的教义。

然而有些人漫无边际地和大肆渲染地模仿他的传授方法。他们对年轻人的教导采用一种紊乱的、不正当的方式,这使他们的学生不得要领并变得轻浮鲁莽。这是因为他们把杂乱而腐朽的伦理与哲学的崇高箴言混为一谈。其结果有如把一部新鲜的水倒进充满污垢的深井,污垢搅翻起来,清水也浪费掉了。这就是那些用这种方式传授和被传授的人所遇到的情况。厚而黑的木头堵塞了那些没有受到良好启蒙教育的人们的头脑和心灵,并完全损害了他们优美的精神和理智。这些木头上有各式各样的缺陷,它们繁殖起来会妨碍思想,并阻止它往任何方向发展。

我认为这种阻力的主要根源是纵欲和贪婪,而这两者都极为猖獗。纵欲引起乱伦、酗酒、强奸、淫乐和某些暴力冲动,这些可以酿成死亡和毁灭。事实上,有些人受情欲刺激到达顶峰时,竟可全然不顾自己的母亲和女儿,甚至可以触犯刑律,背叛国家、政府和领袖。玩火自焚,他们终于束手就擒,承受极刑。在另一方面,贪婪产生斗殴、凶杀、抢劫、吸毒以及其他种种恶果。因此我们应当竭尽全力,用火和剑来根除这些木头上的罪恶之穴。我们一旦发现解脱这些人欲的自然因素,就可以用它来培育最美好、最丰硕的成果。

喜帕恰斯,你也满怀热情地学习过这些准则。可是,我的好心人,你在领略了西西里的豪华生活之后就不再理睬它们了,而由于这种生活你本来什么也不应当抛弃。许多人甚至说,你在公开讲授哲学,这种作法是毕达哥拉斯禁止采用的,他把笔记本遗留给自己的女儿达摩(Damo),嘱咐她不能让家庭成员以外的任何人翻阅。虽然她可以用高价出售这些笔记本,她拒绝这样做。她认为清贫和父亲的命令比黄金更可贵。他们还说,当达摩临终时,她把同样的职责交付给自己的女儿比塔丽(Bitale)。然而我们这些男子汉却没有按自己导师的意愿办事,并背弃了自己的誓言。如果你改正自己的做法,我会钟爱你。但要是你不这样做,那么在我看来你已经死去了。

[哥白尼不怀疑上面这封信的真实性,他本来打算用这封信作为第一卷的结尾。按照这个方案,在这封附有说明材料的信件后面,第二卷随即开始。这份材料后来被删掉了。《天体运行论》前面 4 版都没有印出这份材料,但在哥白尼原稿复原后发行的各个版本把这一部分包括在内。这个说明材料见下。]

对于我已经着手进行的工作,那些必不可少的自然哲学命题已有简略描述。这些可用来作为原则和假设的命题是:宇宙是球形的、浩瀚的,与无限相似,而包罗一切的恒星天球是静止的,其他一切天体都在做圆周运动。我还假设地球在做某些旋转运动。我力求以此为基础来创立整个关于星星的科学。

[《天体运行论》前 4 版把原稿在此处被删掉材料的余下部分,印作下列的Ⅰ,12 的开头。]

在这几乎一整部著作中,我要作的论证采用平面和球面三角形的直线与圆弧。虽然关于这些课题的许多知识在欧几里得(Euclid)的《几何原本》中都可查到,但是那本著作却不包括对本书主要问题(即如何由角求边和由边求角)的答案。

[第一版用"圆周中直线的长度?"作为Ⅰ,12 的标题。《天体运行论》后面的 3 个版本重复了这一标题,但它在原稿中没有直接的依据。

在另一方面,在手稿中原拟作为第二卷第一章的起始部分还有以下一段。]

弦的长度不能由角来量,而角的大小也不能由弦来量。应当用弧来量。因此,我们发现一种方法,可以求出任意弧所对应的弦长。利用这些线条,可以求得对应于一个角度的弧长;而相反的,用弧长能够得到角度所截出的直线长度。因此,在下卷中讨论这些线条以及平面和球面三角形中的边与角(托勒密在个别例子中曾加以研究),这对我来说是适宜的。我在这里要彻底弄清楚这些课题,这样才能阐明我在后面要讨论的问题。

第 12 章　圆周的弦长

【按哥白尼原订写作方案,为第二卷第一章】

按数学家的一般做法,我把圆分为 360°。但是古人将直径划为 120 等分(例如见托勒密《至大论》,Ⅰ,10)。后人希望避免弦长(大部分是无理数,甚至在平方时也如此)在乘除中出现分数的麻烦。有人采用 1 200 000 等分;另一些人取 2 000 000;而在印度数码通行后,还有人创立其他适用的直径体系。用这样的体系作快速运算,肯定超过希腊或拉丁体系。由于这个缘故,我也采用直径的 200 000 划分法,这已足够排除任何大的误差,当数量之比不是整数比时,我们只好取近似值。我在下面严格仿照托勒密的办法,用六条定理和一个问题[147]来说明这一课题。

定理一

给定圆的直径,则内接三角形、正方形、五角形、六角形和十角形的边长均可求得。

半径(直径的一半)等于六角形的边长。欧几里得《几何原本》[148]证明,三角形边长的平方为六角形边长平方的 3 倍,而正方形边长的平方为它的两倍。因此,取六角形边长为 100 000 单位,则正方形边长为 141 422,三角形边长为 173 205。

令六角形边长为 AB。按欧几里得著作第二卷第十题(或 Ⅵ,10),它在 C 点被分为呈平均和极端比值的两段①。令较长的一段为 CB,把它再延伸一个相等长度 BD。于是整条线 ABD 也被分成平均和极端比值。延伸部分 BD 是较短的一段,它是内接于圆内十角形的一边,而 AB 是六角形的一边。这从欧氏著作[149],ⅩⅢ,5 和 9 可以了解到。

BD 可按下列方法求出。等分 AB 于 E 点。从欧氏著作、ⅩⅢ,3 可知,EBD 和平方为 EB 平方的 5 倍。已知 EB 和长度为 50 000 单位。由它的平方的 5 倍可得 EBD 的长度为 111 803。如果把 EB 的 50 000 减掉,剩下 BD 和 61 803 单位,这就是我们所求的十角形的边长。

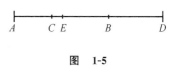

图　1-5

进而言之,五角形边长的平方等于六角形边长与十角形边长平方之和。由此可得五角形边长为 117 557 单位。

因此,当圆的直径已知时,内接三角形、正方形、五角形、六角形和十角形的边长均可求得。证讫。

---

①　即黄金分割。

推论

因此,任意圆弧的弦已知时,半圆的剩余部分所对的弦长也可求得。

内接于一个半圆的角为直角。在直角三角形中,对应于直角的边(即直径)的平方等于形成直角的两边的平方之和。十角形一边所对的弧为36°。定理一已证明它的长度为61 803单位,而直径为200 000单位。因此可得半圆剩下的144°所对的弦长为190 211单位。五角形一边的长度为117 557单位,它所对的弧为72°,半圆其余108度所对弦长可求得为161 803单位。

定理二(定理三的预备定理)

在圆内接四边形中,以对角线为边所作矩形等于两组对边所作矩形之和。

令圆内接四边形为 $ABCD$,我说的是对角线的乘积 $AC×DB$ 等于 $AB×DC$ 和 $AD×BC$ 两个乘积之和。取 ABE 角等于 CBD 角。于是整个 ABD 角等于整个 EBC 角,而

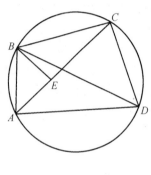

图 1-6

EBD 角为两者所共含。此外,ACB 和 BDA 两角相等,因为它们截取圆周的同一段弧。因此两个相似三角形(BCE 和 BDA)的相应边长成比例,$BC:BD=EC:AD$,于是乘积 $EC×BD$ 等于乘积 $BC×AD$。因为 ABE 和 CBD 两角是作成相等的,而 BAC 与 BDC 两角由于截取同一圆弧而相等,所以 ABE 和 CBD 两个三角形也相似。于是,和前面一样,$AB:BD=AE:CD$,乘积 $AB×CD$ 等于乘积 $AE×BD$。但是已经证明乘积 $AD×BC$ 等于乘积 $BD×EC$。相加便得乘积 $BD×AC$ 等于两个乘积 $AD×BC$ 与 $AB×CD$ 之和。此即所需证明。

定理三

由上述可知,如果在一个半圆中两段不相等的弧所对弦长已知,则可求得两弧之差所对的弦长。

在直径为 AD 的半圆 $ABCD$ 中,令相对于不等弧长的弦为 AB 和 AC。我们需要求弦长 BC。从上述(定理一的推论),可求相对于半圆中弧的弦 BD 和 CD。于是在半圆中形成四边形 $ABCD$。它的对角线 AC 和 BD,以及三个边 AB、AD 和 CD 都已知。按定理二,在这个四边形中,乘积 $AC×BD$ 等于两个乘积 $AB×CD$ 和 $AD×BC$ 之和。因此,从乘积 $AC×BD$ 中减去 $AB×CD$,剩下的是乘积 $AD×BC$。如果除以 AD(这是办得到的),便可得我们所求的弦长 BC。

由上述,例如五角形和六角形的边长已知,于是它们之差12°(=72°−60°)所对的弦长可用这个方法求得为20 905单位。

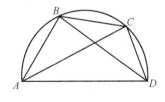

图 1-7

定理四

已知任意弧所对的弦,可求其半弧所对的弦长。

令圆为 ABC,其直径为 AC。令 BC 为给定的带弦的弧。从圆心 E,作直线 EF 与 BC 相垂直。于是,按欧氏著作Ⅲ,3,EF 将 BC 等分于 F 点。延长 EF,它将弧等分于

D。画弦 AB 和 BD。ABC 和 EFC 为直角三角形。进而言之,因为有共同角 ECF,它们是相似三角形。因此,既然 CF 为 BFC 的一半,EF 为 AB 的一半。但与半圆所余弧长相对的弦 AB 可按定理一的推论求得。于是 EF 也可得出,而半径的剩余部分 DF 也求得了。作直径 DEG。画 BG 联线。在三角形 BDG 中,从直角顶点 B 向斜边作的垂直线为 BF。因此乘积 $GD \times DF$ 等于 BD 的平方。于是 BDG 弧的一半所对的弦 BD 的长度便求出了。因为对应于 $12°$ 的弦长已求得(定理三),对应于 $6°$ 的也可得出为 $10\ 467$ 单位;$3°$ 为 5235 单位;$1\frac{1}{2}°$ 为 2618 单位;和 $\frac{3}{4}°$ 为 1309 单位。

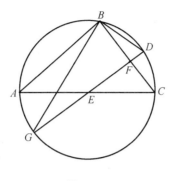

图　1-8

定理五

更进一步,已知两弧所对的弦,可求两弧之和所对的弦长。

令圆内已知的两段弦为 AB 和 BC。我要说明对应于整个 ABC 弧的弦长也可求得。画直径 AFD 和 BFE 以及直线 BD 和 CE。因为 AB 和 BC 已知,而 DE 等于 AB,由前面的定理一的推论可得这些弦长。连接 CD,完成四边形 $BCDE$。它的对角线 BD 和 CE 以及三个边 BC、DE 和 BE 都可求得。剩余的一边(CD)也可由定理二求出。因此与半圆余下部分所对的弦 CA 可以得到,这即是整个 ABC 弧所对的弦。这是我们所要求的结果。

至此与 $3°$、$1\frac{1}{2}°$ 和 $\frac{3}{4}°$ 相对的弦长都已求得。取这样的间距,可以制精确的表。可是如果需要增加一度或半度,使两段弦相加,或作其他运算,求得的弦长是否正确值得怀疑。这是因为没有找到它们之间的图形关系。但是用另一种方法可以做到这一点,而不会有任何可以察觉的误差,只是需要使用一个非常精确的数字。托勒密(《至大论》,Ⅰ,10)也计算过 $1°$ 和 $\frac{1}{2}°$ 的弦长。他首先指出下列问题。

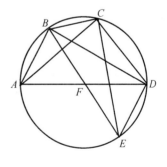

图　1-9

定理六

大弧和小弧之比大于对应两弦长之比。

令 AB 和 BC 为圆内两段相邻的弧,而 BC 较大。我要说明 $BC:AB$[①] 的比值大于

---

① 此外 BC 和 AB 均为弧长。

构成 B 角的弦的比值 $BC:AB$。令直线 BD 等分 B 角。连接 AC 线。令它与 BD 相交于 E 点。连接 AD 和 CD 线。这两条线相等，因为它们所对的弧相等。在三角形 ABC 中，角的等分线也与 AC 相交于 E 点。底边的两段之比 $EC:AE$ 等于 $BC:AB$ 的比值。BC 大于 AB，EC 也大于 EA。作 DF 垂直于 AC。DF 等分 AC 于 F 点，此点应在较长的一段（即 EC）内。在每个三角形中，大角对长边。因此在三角形 DEF 中，DE 边长于 DF 边。AD 甚至长于 DE。因此以 D 为中心、DE 为半径画的圆弧，会与 AD 相交并超出 DF。令此弧与 AD 相交于 H，并令它与 DF 的延长线相交于 I。于是扇形 EDI 大于三角形 EDF。但三角形 DEA 大于扇形 DEH。因此三角形 DEF 与三角形 DEA 之比，小于扇形 DEI 与扇形 DEH 之比。可是扇形与其弧或中心角成正比，而顶点相同的三角形与其底边成正比。因此角度之比 $EDF:ADE$，大于顶边之比 $EF:AE$。由相加可知，角度比 $FDA:ADE$，大于边长比 $AF:AE$，同样可得，$CDA:ADE$ 大于 $AC:AE$。相减，$CDE:EDA$ 也大于 $CE:EA$。然而 CDE 与 EDA 两角之比等于弧长之比 $CB:AB$。底边 $CE:AE$ 等于弦 $BC:AB$。因此，弧长之比 $CB:AB$ 大于弦长之比 $BC:AB$。证讫。

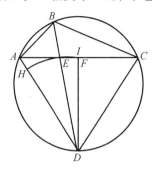

图 1-10

问题

因为相同两端点之间直线最短，弧总比其所对的弦长。但随着弧长不断减少，这个不等式趋于等式，以致直线和圆弧最终同时在圆上的最后切点消失。在这种情况出现之前，它们的差必定小到难以察觉。

例如，令弧 AB 为 $3°$，弧 AC 为 $1\frac{1}{2}°$。设直径长 200 000 单位，按定理四可得 AB 所对的弦为 5235 单位，而 AC 所对弦长为 2618 单位。AB 弧是 AC 弧的两倍，可是 AB 弦不到 AC 弦的两倍，后者比 2617 只大一个单位。如果取 AB 为 $1\frac{1}{2}°$，AC 为 $\frac{3}{4}°$，便得 AB 弦为 2618 单位，而 AC 为 1309 单位。虽然 AC 应当大于 AB 弦的一半，但与一半似乎一样大，两弧之比与两弦之比现在趋于一致。因此可知，我们现在接近于直线的弧线之差根本无法察觉的状况，这时它们似乎已化为同一条线。因此我毫不犹豫地把 $\frac{3}{4}°$ 与 1309 单位这一比值同样用于 $1°$ 或某些分度所对的弦。于是，$\frac{1}{4}°$ 与 $\frac{3}{4}°$ 相加，可得 $1°$ 所对弦为 1745 单位；$\frac{1}{2}°$ 为 $872\frac{1}{2}$ 单位；$\frac{1}{3}°$ 为 582 单位。

我相信在表中只列入倍弧所对的半弧就足够了。用这种简化方法，我把以前需要在半圆内[150]展开的数值压缩到一个象限之内。这样做的主要理由是在证题和计算时，半弦比整弦用得更多。我列出每六分之一度[151]有一个值的表。它有三栏。第一栏为度数（即圆周的分度）和六分之几度[152]。第二栏为倍弧的半弦数值。第三栏列出这些数值每隔一度的差额。用这些差额可以一度内的分数内插出相应的正比量。下面就是圆周弦长表[153]。

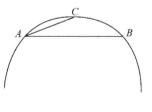

图 1-11

	圆 周 弦 长 表[154]									
	弧		倍弧所对半弦	每隔1度的差额	弧		倍弧所对半弦	每隔1度的差额	弧		倍弧所对半弦	每隔1度的差额
	度	分			度	分			度	分		
	0	10	291	291[155]	7	0	12187		13	50	23910	282
	0	20	582		7	10	12476		14	0	24192	
	0	30	873		7	20	12764	288	14	10	24474	
	0	40	1163		7	30	13053		14	20	24756	
5	0	50	1454		7	40	13341		14	30	25038	281
	1	0	1745		7	50	13629		14	40	25319	
	1	10	2036		8	0	13917		14	50	25601	
	1	20	2327		8	10	14205		15	0	25882	
	1	30	2617		8	20	14493		15	10	26163	
10	1	40	2908		8	30	14781		15	20	26443	280
	1	50	3199		8	40	15069		15	30	26724	
	2	0	3490		8	50	15356	287	15	40	27004	
	2	10	3781		9	0	15643		15	50	27284	
	2	20	4071		9	10	15931		16	0	27564	279
15	2	30	4362		9	20	16218		16	10	27843	
	2	40	4653		9	30	16505		16	20	28122	
	2	50	4943	290	9	40	16792		16	30	28401	
	3	0	5234		9	50	17078		16	40	28680	
	3	10	5524		10	0	17365		16	50	28959	278
20	3	20	5814		10	10	17651	286	17	0	29237	
	3	30	6105		10	20	17937		17	10	29515	
	3	40	6395		10	30	18223		17	20	29793	
	3	50	6685		10	40	18509		17	30	30071	277
	4	0	6975		10	50	18795		17	40	30348	
25	4	10	7265		11	0	19081		17	50	30625	
	4	20	7555		11	10	19366	285	18	0	30902	
	4	30	7845		11	20	19652		18	10	31178	276
	4	40	8135		11	30	19937		18	20	31454	
	4	50	8425		11	40	20222		18	30	31730	
30	5	0	8715		11	50	20507		18	40	32006	
	5	10	9005		12	0	20791		18	50	32282	275
	5	20	9295		12	10	21076	284	19	0	32557	
	5	30	9585		12	20	21360		19	10	32832	
	5	40	9874		12	30	21644		19	20	33106	
35	5	50	10164	289	12	40	21928		19	30	33381	274
	6	0	10453		12	50	22212		19	40	33655	
	6	10	10742		13	0	22495	283	19	50	33929	
	6	20	11031		13	10	22778		20	0	34202	
	6	30	11320		13	20	23062		20	10	34475	273
40	6	40	11609		13	30	23344		20	20	34748	
	6	50	11898		13	40	23627		20	30	35021	

圆 周 弦 长 表

	弧 度	弧 分	倍弧所对半弦	每隔1度的差额	弧 度	弧 分	倍弧所对半弦	每隔1度的差额	弧 度	弧 分	倍弧所对半弦	每隔1度的差额
	20	40	35293	272	27	30	46175		34	20	56400	
	20	50	35565		27	40	46433	257	34	30	56641	239
	21	0	35837		27	50	46690		34	40	56880	
	21	10	36108	271	28	0	46947		34	50	57119	238
5	21	20	36379		28	10	47204	256	35	0	57358	
	21	30	36650		28	20	47460		35	10	57596	
	21	40	36920	270	28	30	47716	255	35	20	57833	237
	21	50	37190		28	40	47971		35	30	58070	
	22	0	37460		28	50	48226		35	40	58307	236
10	22	10	37730	269	29	0	48481	254	35	50	58543	
	22	20	37999		29	10	48735		36	0	58779	235
	22	30	38268		29	20	48989	253	36	10	59014	
	22	40	38537	268	29	30	49242		36	20	59248	234
	22	50	38805		29	40	49495	252	36	30	59482	
15	23	0	39073		29	50	49748		36	40	59716	233
	23	10	39341	267	30	0	50000		36	50	59949	
	23	20	39608		30	10	50252	251	37	0	60181	232
	23	30	39875		30	20	50503		37	10	60413	
	23	40	40141	266	30	30	50754	250	37	20	60645	231
20	23	50	40408		30	40	51004		37	30	60876	
	24	0	40674		30	50	51254		37	40	61107	230
	24	10	40939	265	31	0	51504	249	37	50	61337	
	24	20	41204		31	10	51753		38	0	61566	229
	24	30	41469		31	20	52002	248	38	10	61795	
25	24	40	41734	264	31	30	52250		38	20	62024	
	24	50	41998		31	40	52498	247	38	30	62251	228
	25	0	42262		31	50	52745		38	40	62479	
	25	10	42525	263	32	0	52992	246	38	50	62706	227
	25	20	42788		32	10	53238		39	0	62932	
30	25	30	43051		32	20	53484		39	10	63158	226
	25	40	43313	262	32	30	53730	245	39	20	63383	
	25	50	43575		32	40	53975		39	30	63608	225
	26	0	43837		32	50	54220	244	39	40	63832	
	26	10	44098	261	33	0	54464		39	50	64056	224
35	26	20	44359		33	10	54708	243	40	0	64279	223
	26	30	44620	260	33	20	54951		40	10	64501	222
	26	40	44880		33	30	55194	242	40	20	64723	
	26	50	45140		33	40	55436		40	30	64945	221
	27	0	45399	259	33	50	55678	241	40	40	65166	220
40	27	10	45658		34	0	55919		40	50	65386	
	27	20	45916	258	34	10	56160	240	41	0	65606	219

		圆 周 弦 长 表								
	弧		倍弧所对半弦	每隔1度的差额	弧		倍弧所对半弦	每隔1度的差额	弧		倍弧所对半弦	每隔1度的差额

	度	分	倍弧所对半弦	每隔1度的差额	度	分	倍弧所对半弦	每隔1度的差额	度	分	倍弧所对半弦	每隔1度的差额
	41	10	65825		48	0	74314	194	54	50	81784	167
	41	20	66044	218	48	10	74508	193	55	0	81915	166
	41	30	66262		48	20	74702		55	10	82082	165
	41	40	66480	217	48	30	74896		55	20	82248	164
5	41	50	66697		48	40	75088	192	55	30	82413	
	42	0	66913	216	48	50	75280	191	55	40	82577	163
	42	10	67129	215	49	0	75471	190	55	50	82741	162
	42	20	67344		49	10	75661		56	0	82904	
	42	30	67559	214	49	20	75851	189	56	10	83066	161
10	42	40	67773		49	30	76040		56	20	83228	160
	42	50	67987	213	49	40	76229	188	56	30	83389	159
	43	0	68200	212	49	50	76417	187	56	40	83549	
	43	10	68412		50	0	76604		56	50	83708	158
	43	20	68624	211	50	10	76791	186	57	0	83867	157
15	43	30	68835		50	20	76977		57	10	84025	
	43	40	69046	210	50	30	77162	185	57	20	84182	156
	43	50	69256		50	40	77347	184	57	30	84339	155
	44	0	69466	209	50	50	77531		57	40	84495	
	44	10	69675		51	0	77715	183	57	50	84650	154
20	44	20	69883	208	51	10	77897	182	58	0	84805	153
	44	30	70091	207	51	20	78079		58	10	84959	152
	44	40	70298		51	30	78261	181	58	20	85112	
	44	50	70505	206	51	40	78442	180	58	30	85264	151
	45	0	70711	205	51	50	78622		58	40	85415	150
25	45	10	70916		52	0	78801	179	58	50	85566	
	45	20	71121	204	52	10	78980	178	59	0	85717	149
	45	30	71325		52	20	79158		59	10	85866	148
	45	40	71529	203	52	30	79335	177	59	20	86015	147
	45	50	71732	202	52	40	79512	176	59	30	86163	
30	46	0	71934		52	50	79688		59	40	86310	146
	46	10	72136	201	53	0	79864	175	59	50	86457	145
	46	20	72337	200	53	10	80038	174	60	0	86602	144
	46	30	72537		53	20	80212		60	10	86747	
	46	40	72737	199	53	30	80386	173	60	20	86892	143
35	46	50	72936		53	40	80558	172	60	30	87036	142
	47	0	73135	198	53	50	80730		60	40	87178	
	47	10	73333	197	54	0	80902	171	60	50	87320	141
	47	20	73531		54	10	81072	170	61	0	87462	140
	47	30	73728	196	54	20	81242	169	61	10	87603	139
40	47	40	73924	195	54	30	81411		61	20	87743	
	47	50	74119		54	40	81580	168	61	30	87882	

	弧		倍弧所对半弦	每隔1度的差额	弧		倍弧所对半弦	每隔1度的差额	弧		倍弧所对半弦	每隔1度的差额
	度	分			度	分			度	分		
	61	40	88024	138	68	40	93148		75	40	96887	
	61	50	88158	137	68	50	93253	150	75	50	96959	71
	62	0	88295		69	0	93358	104	76	0	97030	70
	62	10	88431	136	69	10	93462	103	76	10	97099	69
5	62	20	88566	135	69	20	93565	102	76	20	97169	68
	62	30	88701	134	69	30	93667		76	30	97237	
	62	40	88835		69	40	93769	101	76	40	97304	67
	62	50	88968	133	69	50	93870	100	76	50	97371	66
	63	0	89101	132	70	0	93969	99	77	0	97437	65
10	63	10	89232	131	70	10	94068	98	77	10	97502	64
	63	20	89363		70	20	94167		77	20	97566	63
	63	30	89493	130	70	30	94264	97	77	30	97630	
	63	40	89622	129	70	40	94361	96	77	40	97692	62
	63	50	89751	128	70	50	94457	95	77	50	97754	
15	64	0	89879		71	0	94552	94	78	0	97815	61
	64	10	90006	127	71	10	94646	93	78	10	97875	60
	64	20	90133	126	71	20	94739		78	20	97934	59
	64	30	90258		71	30	94832	92	78	30	97992	58
	64	40	90383	125	71	40	94924	91	78	40	98050	57
20	64	50	90507	124	71	50	95015	90	78	50	98107	56
	65	0	90631	123	72	0	95105		79	0	98163	55
	65	10	90753	122	72	10	95195	89	79	10	98218	54
	65	20	90875	121	72	20	95284	88	79	20	98272	
	65	30	90996		72	30	95372	87	79	30	98325	53
25	65	40	91116	120	72	40	95459	86	79	40	98378	52
	65	50	91235	119	72	50	95545	85	79	50	98430	51
	66	0	91354	118	73	0	95630	84	80	0	98481	50
	66	10	91472		73	10	95715	83	80	10	98531	49
	66	20	91590	117	73	20	95799	82	80	20	98580	
30	66	30	91706	116	73	30	95882	81	80	30	98629	48
	66	40	91822	115	73	40	95964		80	40	98676	47
	66	50	91936	114	73	50	96045		80	50	98723	46
	67	0	92050	113	74	0	96126	80	81	0	98769	45
	67	10	92164		74	10	96206	79	81	10	98814	44
35	67	20	92276	112	74	20	96285	78	81	20	98858	43
	67	30	92388	111	74	30	96363	77	81	30	98902	42
	67	40	92499	110	74	40	96440		81	40	98944	
	67	50	92609	109	74	50	96517	76	81	50	98986	41
	68	0	92718		75	0	96592	75	82	0	99027	40
40	68	10	92827	108	75	10	96667	74	82	10	99067	39
	68	20	92935	107	75	20	96742	73	82	20	99106	38
	68	30	93042	106	75	30	96815	72	82	30	99144	

圆 周 弦 长 表

圆 周 弦 长 表										
弧		倍弧所对半弦	每隔1度的差额	弧		倍弧所对半弦	每隔1度的差额	弧		倍弧所对半弦	每隔1度的差额
度	分			度	分			度	分	
82	40	99182		85	10	99644	24	87	40	99917	
82	50	99219	36	85	20	99756	23	87	50	99928	11
83	0	99255	35	85	30	99776	22	88	0	99939	10
83	10	99290	34	85	40	99795		88	10	99949	9
83	20	99324	33	85	50	99813	21	88	20	99958	8
83	30	99357		86	0	99830	20	88	30	99966	7
83	40	99389	32	86	10	99847	19	88	40	99973	6
83	50	99421	31	86	20	99863	18	88	50	99979	
84	0	99452	30	86	30	99878		89	0	99985	5
84	10	99482	29	86	40	99668	17	89	10	99989	4
84	20	99511	28	86	50	99692	16	89	20	99993	3
84	30	99539	27	87	0	99714	15	89	30	99996	2
84	40	99567		87	10	99736	14	89	40	99998	1
84	50	99594	26	87	20	99892	13	89	50	9999	0
85	0	99620	25	87	30	99905	12	90	0	100000	0

第13章　平面三角形的边和角

【按哥白尼原订写作方案，为第二卷第二章】

一

已知三角形的角，可求各边。

令三角形为 ABC。按欧氏著作第四卷问题 5，对它作外接圆，于是在 360° 等于两个直角的系统内，AB、BC 和 CA 三段弧都可求得。在弧已知时，内接三角形的边可按上面的表当作弦求出。取直径为 200 000，由此确定边长的单位。

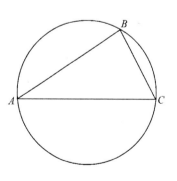

图 1-12

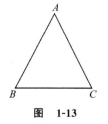

图 1-13

二

已知三角形的一角和两边，则另一边和两角可求得。

已知的两边可以相等或不等，已知的角可以是直角、锐角或钝角[156]，而已知角可以是或不是已知两边的夹角。

二甲

首先，令三角形 ABC 中已知两边 AB 和 AC 相等。该两边夹已知角 A。于是其他的角，即在底边 BC 两侧的角可以求得。该两角相等，各等于两直角减去 A 角后的一半。如果底边的一角原来已知，于是与之相等的角已知，两直角减掉它们后，另一角也求得了。当三角形的角与边都已知时，底边 BC 可由表查得。取半径 AB 或 AC 等于 100 000，或直径等于 200 000。

二乙

如果 BAC 为两已知边所夹的直角，可得同样结果。

图　1-14

很清楚，AB 和 AC 的平方之和等于底边 BC 的平方。因此 BC 的长度可以求出，于是各边的相互关系也求得了。与直角三角形外接的是一个半圆，其直径为底边 BC。取 BC 为 200 000 单位，便可得 B、C 两角所对弦 AB 和 AC 的长度。已知 B、C 两角的度数（180°等于两直角[157]），便可用它们查表。如果 BC 和夹直角两边中的一边已知，也可得到相同结果。我认为，这一点现在完全清楚。

二丙

现在令已知角 ABC 为锐角，夹它的两边AB和BC都已知。从 A点向BC作垂线，需要时延长BC线。（是否需要，视垂线落在三角形内或外而定。）令垂线为AD。由它形成两个直角三角形 ABD 和 ADC。D 是直角，而按假设 B 角已知，因此三角形 ABD 的角

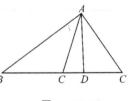

图　1-15

都已知。于是 A、B 两角所对的弦 AD 和 BD 可由表查出，用直径 AB 为 200 000 的单位表示。AD、BD 以及 CD 的单位都与 AB 相同。BC 超过 BD 的长度为 CD。因此在直角三角形 ADC 中、AD 和 CD 两边可知，所求的边 AC 和角 ACD 也都可按上述方法得出。

二丁

假如 B 角是钝角，结果是一样的。从 A 点向 BC 的延长线作垂线AD，由此形成三个角均已知的三角形 ABD。ABD 角是 ABC 角的补角，而 D 是直角。于是 BD 和 AD 都可以用 AB 为 200 000 的单位表示。因为 BA 和 BC[158] 的相互比值已知，BC 也可用与 BD 相同的单位表示，于是整个 CBD 也如此。直角三角形 ADC 的情况与此相同，因为 AD 和 CD 两边已知，于是所需的边 AC 以及 BAC 和 ACB 两角都可求出。

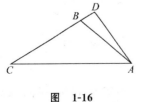

图　1-16

二戊

现在令已知两边之一与已知角 B 相对。令这个对边为AC，而另一已知边为AB，于是AC可由表查出，三角形 ABC 的外接圆的直径为 200 000。由AC与AB的已知比值，AB

可用相同单位表示。查表可得*ACB*角和剩下的*BAC*角。用后面这一角度，弦 *CB* 也可求得。当这一比值已知时，边长可用任何单位表示⁽¹⁵⁹⁾。

三

如果三角形各边已知，各角均可求得。

对于等边三角形，每个角都是两直角的三分之一。这一事实尽人皆知。

等腰三角形的情况也很清楚。两等边与第三边之比等于半径与弧所对弦之比。通过弧，可以由表查出两等边所夹的角。角度的单位为 360°中心角等于 4 个直角。在底边旁边的两个角各为从两直角减去两等边所夹角所余量的一半。

尚待研究的是不等边三角形。它们也可以分解为直角三角形。令 *ABC* 为三边均已知的不等边三角形。对最长边（例如为 *BC*）作垂线 *AD*。按欧氏著作，Ⅱ、B，一个锐角所对 *AB* 边的平方小于其他两边的平方之和，差额为乘积 *BC×CD* 的两倍。*C* 应为锐角，否则按欧氏著作、Ⅰ、17 以及随后的两条定理，*AB* 会成为最长边，而这违反假设。因此 *BD* 和 *DC* 都已知；于是和已经多次遇到的情况一样，三角形 *ABD* 和三角形 *ADC* 都为边与角均已知的直角三角形。由此可求得三角形 *ABC* 的所求各角。

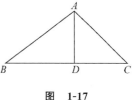

图 1-17

另一种做法是按欧氏著作Ⅲ，也许更容易得出同样结果。令最短边为 *BC*。以 *C* 为中心，*BC* 为半径画的圆会与其他两边或其中的一边相截。

先让圆与两边都相截，与 *AB* 截于 *E* 点，与 *AC* 截于 *D* 点。延长 *ADC* 线到 *F* 点，使 *DCF* 的长度等于直径。用这一图形，由欧氏定理可知，乘积 *FA×AD* 等于乘积 *BA×AE*。这是因为该两乘积都等于从 *A* 点对圆所作切线的平方。*AF* 的各段已知，整个 *AF* 也可知。*CF* 和 *CD* 都是半径，自然均等于 *BC*。*AD* 为 *CA* 超过 *CD* 的长度。因此乘积 *BA×AE* 也已知。于是 *AE* 的长度以及 *BE* 弧所对 *BE* 弦的长度都可求得。连接 *EC*，便得各边已知的等腰三角形 *BCE*。因此 *EBC* 角可求得。于是由前述可以得到三角形 *ABC* 的其他两角 *C* 和 *A*。

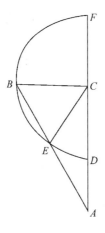

图 1-18

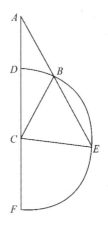

图 1-19

现在如第二图所示，设圆不与 AB 相截，然而 BE 已知。进一步说，在等腰三角形 BCE 中 CBE 角已知，它的补角 ABC 也可求出。按与前面完全相同的推证程序，可得其他角。

上述各点（包括测量学的较多内容）可以满足平面三角形的需要。下面讲述球面三角形。

第14章　球面三角形

【按哥白尼原订写作方案，为第二卷第三章】

下面我把凸面三角形认作在球面上由三条大圆弧围成的圆形。一个角的大小以及各个角之差，用以角的顶点为极所画大圆的弧长度量。该弧在形成该角的大圆上截出。这样截出的弧与整个圆周之比，等于相交角与 4 个直角之比。我所说的整个圆周和 4 个直角都含 360 个相等的分度。

一.(160)

如果球面上有三段大圆的弧，其中任意两段之和比第三段长，它们显然可以形成一个球面三角形。

关于圆弧的这段话在欧氏著作，Ⅺ，23 已经对角度证明过。因为角之比和弧之比相同，而大圆的面通过球心，成为弧的 3 段大圆显然在球心形成一个立体角，因此本定理成立。

二

三角形的任一边均小于半圆。

半圆在球心并不形成角度，而成一直线穿过球心。在另一方面，其余两边所属的角在球心不能构成立体角，因此不能形成球面三角形。我认为，这就是托勒密在论述这类三角形（特别是球面扇形）时规定各边均不能大于半圆的理由（《至大论》，Ⅰ，13）。

三

在直角球面三角形中，直角对边的 2 倍弧所对弦同其一邻边 2 倍弧的弦之比，等于球的直径同另一邻边与对边所夹角的 2 倍在大圆上所对弦之比。

全球面三角形 ABC 中 C 为直角。我要说明，两倍 AB 所对的弦同两倍 BC 所对的弦之比等于球的直径同两倍 BAC 角在大圆上所对弦之比。

取 A 为极，画大圆弧 DE。作成 ABD 和 ACE 两象限。从球心 F 画下列各圆面的交线：ABD 和 ACE 的交线 FA；ACE 和 DE 的交线 FE；ABD 和 DE 的交线 FD 以及 AC 和 BC 两圆面的交线 FC。然后画垂直于 FA 的直线 BG，垂直于 FC 的 BI 以及垂直于

FE 的 DK 。连接 GI 线。

如果一圆与另一圆相交并通过其两极,则两圆相交成直角。因此 AED 为直角。按假设,ACB 也是直角。于是 EDF 和 BCF 二平面均垂直于 AEF 。在后一平面上的 K 点作一条与交线 FKE 垂直的直线。按平面相互垂直的定义,这条垂线与 KD 相交成另一直角。因此按欧氏著作,Ⅺ,4,KD 也垂直于 AEF 。用同样方法,作 BI 垂直于同一平面,于是按欧氏著作,Ⅺ,6,DK 和 BI 相互平行[161]。与此类似,因为 FGB 和 GFD 都是直角,GB 平行于 FD 。按欧几里得《几何原本》,Ⅺ,10,FDK 角等于 GBI 角。但 FKD 是直角,按垂线的定义 GIB 也是直角。相似三

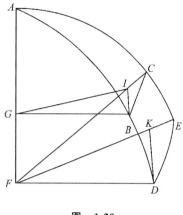

图 1-20

角形的边长成比例,DF 比 BG 等于 DK 比 BI 。因为 BI 垂直于半径 CF ,BI 是 CB 的倍弧所对的半弦。同样可知,BG 是 BA 的倍边所对的半弦;DK 是 DE 的倍边或 A 的倍角所对的半弦;而 DF 是球的半径。因此显然可知,AB 的倍边所对的弦与 BC 的倍边所对的弦之比,等于直径与 A 的倍角或 DE 的倍弧所对的弦之比。这个定理的证明对后面是有用的。

四

在任何三角形中,一角为直角,若另一角和任一边已知,则其余的角和边均可求[162]。

令三角形 ABC 中 A 为直角,而其余两角之一(例如 B)也已知。至于已知边,可分三种情况。它与两已知角都相邻,即为 AB ;仅与直角相邻,为 AC ;或者为直角的对边,即 BC 。

先令已知边为 AB 。以 C 为极,作大圆的弧 DE 。连接象限 CAD 和 CBE 。延长 AB 和 DE ,使之相交于 F 点。因为 A 和 D 都是直角,F 也是 CAD 的极。如果球面上的两个

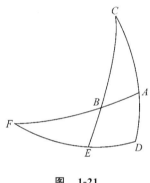

图 1-21

大圆相交成直角,它们彼此平分并都通过对方的极点,因此 ABF 和 DEF 都是象限。因 AB 已知,象限的其余部分 BF 也可知,EBF 角等于其对顶角 ABC ,而后者已知。按前面的定理,与两倍 BF 所对的弦同与两倍 EF 所对的弦之比,等于球的直径同与两部 EBF 角所对的弦之比。因为它们之中有三个量(即球的直径,BF 和 EBF 角一倍或它们的一半)已知。因此,按欧氏著作,Ⅵ,15,与 EF 的倍弧所对的半弦也可知。按表,EF 弧已知。因此,象限的其余部分 DE ,即所求的角 C 可知。

反过来,同样可得 DE 和 AB 的倍弧所对弦之比等于 EBC 与 CB 之比。但已有 3 个量已知,即 DE、AB 和象限 CBE 。因此第四个量(即二倍 CB 所对的弦)可知,于是所求边 CB 也可知。就倍弧所对弦来说,CB 与 CA 之比等于 BF 与 EF 之比。这两个比值都等于球的直径与两倍 CBA 角所对弦之比。两个比值都等于相同比值,它们彼此相等。因此,既然 BF、EF 和 CB 等三个量已知,第四个量 CA 可以求得,而 CA 为三角形 ABC 的第三边。

令 AC 是假定为已知的边,需要求的是 AB 和 BC 两边以及其余的角 C 。如果作反论

证,两倍 *CA* 所对弦与两倍 *CB* 所对弦之比等于两倍 *ABC* 角所对弦与直径之比。由此可得 *CB* 边以及象限的剩余部分[①] *AD* 和 *BE*。于是再次得两倍 *AD* 所对弦与两倍 *BE* 所对弦之比等于两倍 *ABF* 所对弦(即直径)与两倍 *BF* 所对弦之比。因此可得弧 *BF*,而其余边为 *AB*。用与上述相似的推理过程,从两倍 *BC*、*AB* 和 *FBE* 所对的弦,可得两倍 *DE* 所对的弦,即余下的角 *C*。

进而言之,如果 *BC* 已知,可仿前述求得 *AC* 以及余边 *AD* 和 *BE*。正如已经多次谈到的,用这些量并通过所对直线和直径,可得弧 *BF* 及余边 *AB*。于是按前述定理,由已知的 *BC*、*AB* 和 *CBE*,可得 *ED*,这即是我们要求的余下的角 *C*。

于是又一次在三角形 *ABC* 中,*A* 和 *B* 两角已知,其中 *A* 为直角,三边中有一边已知,则第三角与其他两边可以求得。证讫。

五[(163)]

如果三角形的角都已知,其中一个为直角,则各边可知。

仍用前图。在图中,因角 *C* 已知,弧 *DE* 可知,于是象限的剩余部分 *EF* 也可知。因为 *BE* 是从 *DEF* 的极画出的,*BEF* 为直角。*EBF* 为一个已知角的对顶角。因此按前述定理,三角形 *BEF* 有一个直角 *E*、另一已知角 *B* 和已知边 *EF*,则它的边和角均可知。于是 *BF* 可知,象限的剩余部分 *AB* 也可知。按前述,在三角形 *ABC* 中同样可以证明其余的边 *AC* 和 *BC* 都可知。

六[(164)]

如果在同一球面上有两个三角形,它们各有一直角,一个相应角和一个相应边彼此相等,则无论该边与相等的角相邻或相对[(165)],余下的两个相应边以及一个相应角均彼此相等。

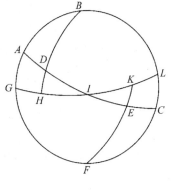

图 1-22

令 *ABC* 为半球。在它上面作两个三角形 *ABD* 和 *CEF*。令 *A* 和 *C* 为直角。进一步令角 *ADB* 等于角 *CEF*,并令各有一边相等。先令相等边为相等角的邻边,即令 *AD*=*CE*。还有 *AB* 边等于 *CF* 边,*BD* 等于 *EF* 和余下的角 *ABD* 等于余下的角 *CFE*。以 *B* 和 *F* 为极,画大圆的象限 *GHI* 与 *IKL*。连接 *ADI* 和 *CEI*。它们应在半圆的极(即 *I* 点)相交,这是因为 *A* 和 *C* 为直角,而 *GHI* 与 *CEI* 都通过圆 *ABC* 的两极。因 *AD* 和 *CE* 已取为相等边,则它们的余边 *DI* 和 *IE* 应相等,角 *IDH* 和角

IEK 是取为相等角的对顶角,也应相等。*H* 和 *K* 为直角。等于同一比值的两个比值应当相等。两倍 *ID* 所对弦与两倍 *HI* 所对弦之比,等于两倍 *EI* 所对弦与两倍 *IK* 所对弦之比。按上述定理三,这些比值中每一个都等于球的直径与两倍 *IDH* 角所对弦(或与之相等的两倍 *IEK* 角所对弦)之比。两倍 *DI* 弧所对弦等于两倍 *IE* 所对弦。因此,按欧几

---

① 即余边。

里得《几何原本》，Ⅴ，14，两倍 IK 和 HI 所对弦也相等。在相等的圆中，相等的直线截出相等的弧，而分数在乘以相同的因子后保持相同的比值。因此，单弧 IH 与 IK 相等。象限的剩余部分 GH 和 KL 也相等。于是 B 与 F 两角显然相等。因此两倍 AD 所对弦与两倍 BD 所对弦之比以及两倍 CE 所对弦与两倍 BD 所对弦之比，都等于两倍 EC 所对弦与两倍 EF 所对弦之比。按定理三的逆定理，这两个比值都等于两倍 HG（或与之相等的 KL）所对弦与两倍 BDH 所对弦（即直径）之比。AD 等于 CE。因此，按欧几里得《几何原本》，Ⅴ，14，由两倍 BD 和 EF 所对直线，可知这两段弧相等。

已知 BD 和 EF 相等，我将用同样方法证明其余的边与角均各自相等。如果把 AB 和 CF 改设为相等边，则由比值的相等关系可得同样结论。

七⁽¹⁶⁶⁾

如果没有直角，假如相等角的邻边等于相应边，则相同的结论可予证明。

在 ABD 和 CEF 两个三角形中，令任意两角 B 和 D 等于两相应角 E 和 F。还令与相等角相邻的边 BD 等于边 EF。则这两个三角形的边和角都相等。

又一次以 B 和 F 为极，画大圆的弧 GH 和 KL。令 AD 和 GH 延长时相交于 N，而 EC 和 LK 相似延长时相交于 M。于是在两个三角形 HDN 和 EKM 中，角 HDN 和角 KEM 作为假定为相等角的对顶角，也是相等的。H 和 K 都通过极点，因此是直角。进一步说，边 DH 和 EK 相等。因此按上一条定理，两三角形的角和边各自相等。

因为假设 B 和 F 两角相等，GH 和 KL 又一次是相等的弧。按相等量相加后仍然相等这一公理，整个 GHN 等于整个 MKL。因此此处两三角形 AGN 和 MCL 也有一边 GN 等于一边 ML，角 ANG 等于角 CML，并有直角 G 和 L。根据这一理由，这些三角形的边与角都各自相等。从相等量减去相等量后，其差仍相等，因此 AD 等于 CE，AB 等于 CF，角 BAD 等于角 ECF。证讫。

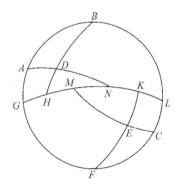

图 1-23

八⁽¹⁶⁷⁾

进而言之，如果两三角形有两边等于两相应边，还有一角等于一角（无论为相等边所夹角还是底角），则底边也应等于底边，其余两角各等于相应的角⁽¹⁶⁸⁾。

在上图中，令边 AB 等于边 CF，AD 等于 CE。先令相等边所夹角 A 等于角 C。求证底边 BD 也等于底边 EF，角 B 等于角 F，而角 BDA 等于角 CEF。我们有两个三角形 AGN 和三角形 CLM，它们的角 G 和 L 都是直角，而角 GAN 和角 MCL 作为相等角 BAD 和 ECF 的补角也相等；GA 等于 LC。因此两个三角形的相应角与边都相等。AD 和 CE 相等，DN 和 ME 也相等。但已经证明角 DNH 等于角 EMK。已知 H 和 K 为直角，三角形 DHN 和三角形 EMK 的相应角与边也都相等。则 BD 等于 EF，GH 等于 KL。两三角形的角 B 与角 F 相等，角 ADB 和角 FEC 也相等。

但如果不取边 AD 和 EC，而令底边 BD 和 EF 相等。这些底边与相等角相对，其余

一切都与前面一样,证明可以同样进行。作为相等角的补角,角 GAN 与角 MCL 相等。G 和 L 是直角。AG 等于 CL。于是与前述相同,三角形 AGN 和三角形 MCL 的相应角与边都相等。对它们所包含的三角形 DHN 和 MEK 来说,情况是一样的。H 和 K 为直角;角 DNH 等于角 KME;DH 和 EK 都是象限的剩余部分,这两边相等。从这些相等关系,可以得出已阐明的相同结论。

九⁽¹⁶⁹⁾

在球面上也是这样,等腰三角形底边的两角相等。

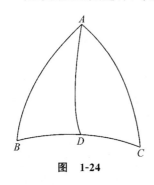

图 1-24

令三角形 ABC 的两边 AB 和 AC 相等。求证两底角 ABC 和 ACB 也相等。从顶点 A 画一个与底边垂直的(即通过底边之极的)大圆。令此大圆为 AD。于是在 ABD 和 ADC 两三角形中,边 BA 等于边 AC;AD 为两三角形的共同边;在 D 点的两角为直角。因此很清楚,按上述定理角 ABC 和角 ACB 相等。证讫。

推论

根据本定理和上述定理明显可知,从等腰三角形顶点画的与底边垂直的弧使底边平分,同时使相等边所夹角平分,反之亦然。

十⁽¹⁷⁰⁾

相应边都相等的两任意三角形,其相应角也各自相等。

在这两种情况下,三段大圆形成角锥体,其顶点都在球心。但它们的底是由凸三角形的弧所对直线形成的平面三角形。按立体图形相等和相似的定义,这些角锥体是相似和相等的。可是当两个图形相似时,它们的相应角也应相等。尤其是对相似形体作更普遍定义的人们要求,具有相似构形的任何形体,它们的相应角都是相等的。我想从这些道理显然可知,相应边相等的球面三角形是相似的,这与平面三角形的情况是一样的。

十一⁽¹⁷¹⁾

若任何三角形的两边和一角已知,则其余的角和边都可知⁽¹⁷²⁾。

如果已知边相等,则两底角相等。按定理九的引理,从直角顶点画垂直于底边的弧,可使待证命题自明。

但在三角形 ABC 中已知边可以不相等。令 A 角和两边已知。该两边可夹或不夹已知角。

先令已知角为已知边 AB 和 AC 所夹。以 C 为极,画大圆弧 DEF。完成象限 CAD 和 CBE。延长 AB,使之与 DE 相交于 F 点。于是在三角形 ADF 中,边 AD 是从象限减

去 AC 的剩余部分①,也已知。则角 BAD 等于两直角减
去角 CAB②,角 BAD 也已知。角度及其大小的比值与
从直线和平面相交所得比值相同。D 为直角。因此按
定理四,三角形 ADF 为各角与边都已知的三角形。又
一次在三角形 BEF 中,F 角已求得;E 角的两边都通过
极点,因此是直角;边 BF 是整个 ABF 超出 AB 的部分,也
是已知的。因此按同一定理,BEF 也是一个各角和边
都已知的三角形。于是从 BE 可求得象限的剩余部分,
即所求边 BC。从 EF 可得整个 DEF 的剩余部分 DE,
这即是 C 角。从 EBF 角可求得其对顶角 ABC,此即所
求角。

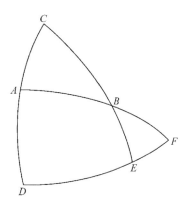

图　1-25

但是,如果假定为已知的边不是 AB,而是已知角所对的边 CB,仍会得出相同结果。
AD 和 BE 作为象限的剩余部分,都已知。按与前面相同的论证,ADF 和 BEF 两三角形
的各角和边都可知。正如前面提出的,从这两个三角形可求得主题三角形 ABC 的各边
和角。

十二⁽¹⁷³⁾

进而言之,如果任何两角和一边已知,可得同样结果⁽¹⁷⁴⁾。

仍用前面的图形,在三角形 ABC 中令角 ACB 和角 BAC 以及与它们都相邻的边 AC
均已知。此外,若已知角中任一个为直角,则按前述定理四的论证,其他一切均可求得。
然而我要论证的为已知角都不是直角。于是 AD 为象限 CAD 减去 AC 的剩余部分;角
BAD 等于两直角减去 BAC;而 D 是直角。因此按前面定理四,三角形 AFD 的角与边均
可知。但因 C 角已知,弧 DE 可知,剩余部分 EF 也可知。角 BEF 为直角,F 是两个三角
形共有的角。按前述定理四,同样求得 BE 和 FB,由此可以求得其余的边 AB 和 BC。

在另一情况下,已知角中的一个与已知边相对。例如,已知角不是角 ACB 而是角
ABC,而其他一切不变,则与前面相同的论证可以说明整个三角形 ADF 是各角和边都可
知的三角形。对次级三角形 BEF 来说,情况是一样的。F 角是两三角形的公共角;角
EBF 为一已知角的对顶角;而 E 为直角。因此,正如前面已证明的,该三角形各边均可
知。最后,由这些边可以得出与我所阐明的相同的结论。所有这些性质之间随时都有一
种不变的相互关系,有如球形所满足的关系。

十三⁽¹⁷⁵⁾

最后,如果三角形各边已知,其角均可知。

令三角形 ABC 各边已知。求各角。三角形的边可以相等或不相等,先令 AB 等于 AC。
与两倍 AB 和 AC 相对的半弦显然也相等。令这些半弦为 BE 和 CE。它们会相交于 E 点,

———————————————————

① 即 AC 的余边。

② 即 CAB 的补角。

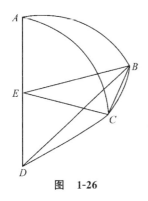

图 1-26

这是因为它们与位于 DE（它们的圆的交线）上的球心是等距的。这从欧氏著作，Ⅲ，定义 4 及其逆定义中明显可知。但按欧氏著作，Ⅲ，3，角 DEB 是平面 ABD 上的一个直角，DEC 也是平面 ACD 上的一个直角。因此，按欧氏著作，Ⅺ，定义 4，角 BEC 是这两个平面的交角。角 BEC 可按下列方法求得。它与直线 BC 相对。于是有平面三角形 BEC。它的边可由已知的弧求得。BEC 的各角也可知，于是由前述可得所求的角 BEC（即球面角 BAC）及其他两角。

但是如第二图所示，三角形可能是不等边的。显然，与两倍边相对的半弦不会相交。令弧 AC 大于 AB，并令 CF 为与两倍 AC 相对的半弦。于是 CF 从下面通过。但如果弧 AC 小于 AB，半弦会高一些。这按欧氏著作，Ⅲ，15，视这些线距中心较近抑或较远而定。画 FG 使之平行于 BE。令 FG 与圆的交线 BD 相交于 G 点。连接 CG。于是角 EFG 显然为直角，它当然等于角 AEB。因为 CF 是两倍 AC 所对的半弦，角 EFC 也是直角。于是角 CFG 为 AB 和 AC 两圆的交角。因此角 CFG 也可得出。由于三角形 DFG 与三角形 DEB 为相似三角形，DF 比 FG 等于 DE 比 EB。因此 FG 单位与 FC 相同。但 DG 与 DB 也有同一比值。取 DC 为 100 000，DG 也可用同样单位表出。此外，角 GDC 可从弧 BC 求得。因此，

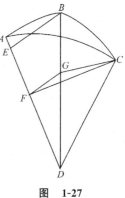

图 1-27

按关于平面三角形的定理二，边 GC 可用与平面三角形 GFC 其余各边相同的单位表示。按平面三角形的最后一条定理，可得角 GFC，此即所求球面角 BAC，然后按球面三角形的定理十一可以求得其余的角。

十四[176]

如果将一段圆弧任意地分割为两段短于半圆的弧①，若两段弧的两倍所对半弦之比已知，则可求每段弧长。

令 ABC 为已知圆弧，D 为圆心。令 ABC 被 B 点分割成任意两段，但须使它们都短于半圆。令两倍 AB 与两倍 BC 所对半弦之比可用某一长度单位表出。我要说明弧 AB 和 BC 都可求。

画直线 AC，它与直径相交于 E 点。从端点 A 和 C 向直径作垂线。令这些垂线为 AF 和 CG，它们应为两倍 AB 和 BC 所对的半弦。于是在直角三角形 AEF 和 CEG 中，在 E 的对顶角相等。因此两三角形的对应角都相等。作为相似三角形，它们的与相等角所对的边成比例：AF 比 CG 等于 AE 比 EC。于是 AE 和 EC 可用与 AF 或 GC 相等的单位表出。由 AE 和 EC 可得用相同单位表示的整个 AEC。但是作为弧 ABC 所对弦的 AEC，可用表示半径 DEB 的单位求得。还可用同样单位求得 AK（AC 的一半）以及剩余部分 EK。

---

① 英译本原文为两段弧之和小于半圆，有误，现据俄文本改正。

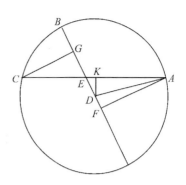

连接 DA 和 DK，它们可以用与 DB 相同的单位求出。DK 是从半圆减去 ABC 后余下的弧所对弦长的一半。余下的这段弧包含在 DAK 角内。因此可得 ADK 为包含一半 ABC 弧的角。但是在三角形 EDK 中，因为两边已知，而角 EKD 为直角，角 EDK 也可求得。于是可得整个 EDA 角。它包含弧 AB，由此还可求得剩余部分 CB。这即是我们所要证明的。

图　1-28

十五⁽¹⁷⁷⁾

如果三角形所有的角都已知，即使它们都非直角，各边仍均可求。

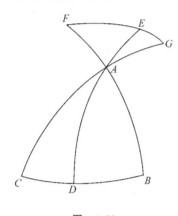

图　1-29

令三角形为 ABC，其各角均已知，但都不是直角。求各边。从任一角，例如 A，通过 BC 的两极画弧线 AD。它与 BC 正交。除非 B、C 两底角中一为钝角，另一为锐角，否则 AD 将落到三角形之内。要是情况如此，就须从钝角作底边的垂线。完成象限 BAF、CAG 和 DAE。以 B 和 C 为极作弧 EF 和 EG。因此角 F 和角 G 也是直角。于是在两个直角三角形中，两倍 AE 和 EF 所对半弦之比等于球的半径与两倍 EAF 角所对半径之比。与此相似，在三角形 AEG 中，G 为直角，两倍 AE 和 EG 所对半弦之比等于球的半径与两倍 EAG 角所对半弦之比。因为这些比值相等，两倍 EF 和 EG 所对半弦之比等于两倍 EAF 角和

EAG 角所对半弦之比。作为从直角减掉 B 和 C 角的余量，FE 和 EG 是已知的弧。于是从 FE 和 EG 可得角 EAF 与角 EAG 两角之比，这即是它们的对顶角 BAD 与 CAD 之比。但整个 BAC 角已知。因此按上述定理，BAD 和 CAD 两角可求。于是按定理五，可得 AB、BD、AC、CD 各边以及整个 BC 边。

就满足我们目标的需要来说，为三角形所作偏离主题的讨论至此已足够了。如果作更加充分的讨论，就需要有一部专著⁽¹⁷⁸⁾。

第二卷

· Volume Two ·

　　虽然他们的解释以地球不动和宇宙旋转为基础，而我持相反的论点[2]并同样能说明这些现象，实际上二者并无差异。情况就是这样，相互有关联的现象显示出一种正反两面都成立的一致性。

引　言

　　我已经概括地叙述了地球的三种运动。我指望用它们来解释天体的一切现象〔Ⅰ，11〕。下面我将尽最大努力，通过对现象的逐个分析与研究，来做到这一点。然而我将从人们最熟悉的一种运转，即昼夜交替谈起。我已经说过〔Ⅰ，4〕，这在希腊文中称为 νυχθημερον。我认为这个现象特别地并直接地与大地的球形有关，而月、年以及其他名目繁多的时间称号都起源于这种运转，正如各个数字都起源于一。时间是运动的量度[1]。对于昼夜的不等长以及太阳和黄道十二宫的出没（这些都是这种运转的效果），我只想谈很少一点看法，这主要是因为关于这些课题许多人已经做了充分论述，与我的观点协调一致。虽然他们的解释以地球不动和宇宙旋转为基础，而我持相反的论点[2]并同样能说明这些现象，实际上二者并无差异。情况就是这样，相互有关联的现象显示出一种正反两面都成立的一致性。可是我不会忽略任何重要的事情[3]。如果我仍然单纯地谈到太阳和恒星的出没以及类似现象，但愿谁也不要感到惊奇。与此相反，应当承认我用的是每个人都能接受的常用词汇，然而我随时牢记在心[4]①。

　　　　　大地载我辈，
　　　　　日月经天回。
　　　　　星辰消逝后，
　　　　　终将再返归。

第 1 章　圆圈及其名称

　　我已经说过〔Ⅰ，11〕，赤道是绕地球周日自转的两极所画的最大纬度圈。另外，黄道是通过黄道十二宫中心的圆，而地球的中心在黄道下面作周年运转。但是黄道与赤道斜交，这与地轴对黄道的倾斜是一致的。于是，作为地球周日自转的结果，倾角的最外极限在赤道的每一边都扫描出一个与黄道相切的圆。这两个圆称为"回归线"，这是因为太阳在这两条线上（即是在冬天和夏天）出现方向倒转。于是北面的一条通常称为"夏至线"，而南面的为"冬至线"。这在前面对地球运转的一般描述中已经解释过了〔Ⅰ，11〕。

　　接着要谈到的是所谓的"水平圈"。罗马人称之为"分界线"，因为它把宇宙划分为我们看得见的和隐而不见的两部分[5]。一切上升的天体似乎都在地平圈上升起，而一切下落的天体似乎都在地平圈上沉没。它的中心是在地面上，而极点在我们的天顶。但是天穹比地球大得无可比拟。照我的看法，甚至日月之间的整个空间也不能和浩瀚的天穹相

◀古希腊天文学家托勒密和司天女神（Astronomia）。在这幅 16 世纪的画中，托勒密头戴王冠是因为人们经常将他和埃及托勒密王混同。

---

　　① 原诗为两句，现改译为四句。

提并论。正如我在前面说明过的〔Ⅰ，6〕，地平圈就像一个通过宇宙中心的圆面，把天穹划分为两等分。但是地平圈与赤道斜交。于是在赤道两边，地平圈也与一对纬圈相切。在北边，这是一年到头都可以看见的星星的边界圆圈，而在南边是永远隐而不见的星星的边界圆圈。普罗克拉斯（Proclus）[①] 和大多数希腊人把前者称为"北极圈"[(6)]。而后者为"南极圈"[(6)]。这两个圆圈随地平圈的倾角或北极星的高度而变大或缩小。

剩下的是穿过地平圈的两极，也穿过赤道两极的子午圈。因此子午圈同时垂直于这两个圆圈。当太阳到达子午圈时，它指示出正午或午夜。这两个圆圈（我指的是地平圈和子午圈）的中心都在地面上。他们完全由地球的运动和我们（无论在何处）的视线而定。在任一地点，眼睛都是在各方向可见天球的中心。因此，正如埃拉托西尼（Eratosthenes）[②]、蒲西多尼奥斯（Posidonius）以及其他宇宙结构与地球形状研究者已经明确证明过的，假定在地球上的一切圆圈也是它们在天穹中的对应体以及类似圆圈的基础[(7)]。这些圆圈也有专门的名称，而其他的可以用无穷无尽的方式来命名。

第 2 章　黄道倾角、回归线间的距离以及这些量的测定法

黄道倾斜穿过回归线和赤道之间。于是我认为现在需要研究回归线之间的距离以及与之有关的赤道与黄道交角的大小。这凭感觉自然可以察觉，而借助于仪器可以得到这个非常珍贵的结果。为此用木料做一把矩尺。最好用更为结实的材料（如石头或金属）来做，以免木料被空气吹动，使观测者产生错觉。要求矩尺表面十分光滑，并有五六英尺长，于是在它上面可以刻上分度。与它的大小成正比，用一个角落为中心，画出圆周的一个象限[(8)]。把它分成 90 个相等的度。然后再把一度分为 60 分，或一度所能容纳的任何分度。在中心安装一个精密加工的圆柱形栓子。栓子垂直于矩尺表面，并略为突出，约达一个手指头的宽度。

在这件仪器已经这样制成后，它可装在地板上用于测量子午线。地板应当用水准器尽可能精确地校准，使之位于水平面上而不致在任何方向上倾斜。在这个地板上画一个圆圈，并在圆心竖一根指针。在上午任一时刻观察指针的影子落在圆周的什么地方，我们在这一点做记号。下午作类似观测，并平分已做记号的两点之间的圆弧。用这个方法由圆心通过平分点画的直线，肯定能为我们毫无差错地指示出南北方向。

以这条线为基线，把仪器的平面垂直竖立起来，并使它的中心指向南方。从中心悬挂的铅垂线与子午线正交。这一操作的结果自然是仪器表面包含子午线。

因此，在夏至和冬至这两天，应当在正午用那根栓子或圆柱体观测投射在中心的日影。要设法用上面谈到过的象限弧更有把握地确定影子的位置。我们需要尽可能精确地记下影子中包的度数和分数[(9)]。如果我们这样做，从夏季和冬季两个影子的记录求得的弧长，就可以给出回归线之间的距离以及黄道的整个倾角。取这个角度的一半，便得回归线与赤道的距离，与此同时黄赤交角的大小也显然可知了。

---

①　古希腊哲学家（410? —485）。
②　公元前 3 世纪的希腊天文学家和地理学家。

托勒密测定了前面谈到的南北极限之间的间距，以圆周为 360° 的度数表示为 47°42′40″〔《至大论》，Ⅰ，12〕。他还发现在他以前喜帕恰斯和埃拉托西尼的观测结果与此相符。如果取整个圆周为 83 单位，则上述测定值为 11 单位。由这个间距的一半（即 23°51′20″[10]）可得回归线与赤道的距离以及与黄道的交角。托勒密认为这是常数，永远不变。但是从那时起到现在，人们发现这些数值不断减少。我们同时代的一些人[11]和我都发现，回归线之间的距离现在大约不大于 46°58′，而黄赤交角不大于 23°29′。于是现在完全清楚，黄道的倾角也是可变的。我在后面〔Ⅲ，10〕要更详细地讨论这一课题，我要说明按一个完全可信的推测，这个倾角过去从未大于 23°52′，以后也决不会小于 23°28′[12]。

第 3 章　赤道、黄道与子午圈相交的弧和角；赤经和赤纬对这些弧和角的偏离及其计算

我刚才谈过〔Ⅱ，1〕宇宙各部分在地平线上升起和沉没，于是我现在要说天穹由子午圈等分为两部分。在 24 小时周期内，子午圈在黄道和赤道上都扫过一遍。子午圈把黄道和赤道都分割开，截出由黄、赤道的交点（春分点和秋分点）算起的圆弧。反过来说，子午圈又由与一个圆弧相截而分割开。因为它们都是大圆，它们形成一个球面三角形。按定义，子午圈通过赤道的两极，于是子午圈与赤道正交，所以该三角形为直角三角形。在这个三角形中，子午圈的圆弧（或者在通过赤道两极的任一圆周上像这样截出的圆弧）称为黄道弧段的"赤纬"。赤道的相应圆弧（它和与之有关的黄道上的一段弧一同升起）称为"赤经"。

这一切在一个凸三角形上都容易看清。令 *ABCD* 为既通过赤道两极又通过黄道两极的圆。它通常称为"分至圈"。令 *AEC* 为黄道的一半，*BED* 为赤道的一半，*E* 为春分点，*A* 为夏至点，而 *C* 为冬至点。设 *F* 为周日旋转的极，并取黄道上的段长 *EG* 为 30°。通过它的端点画出象限 *FGH*。于是在三角形 *EGH* 中，*EG* 边显然已给定为 30°。角 *GEH* 也已知。在它为极小时，取 360° ＝ 4 直角的分度法，它等于 23°28′。这与赤纬 *AB* 的极小值相符。*GHE* 为直角。因此，按球面三角形的定理四，*EGH* 是一个各角和边均可知的三角形。当然可以证明，两倍 *EG* 和 *GH* 所对弦之比等于两倍 *AGE* 所对弦（即球的直径）与两倍 *AB* 所对弦之比。它们的半弦之间也有类似关系。取两倍 *AGE* 的半弦（即半径）为 100 000，则用同样单位表示，两倍 *AB* 和 *EG* 的半弦各为 39 822 和 50 000[13]。如果 4 个数成比例，中间两数之积等于首尾两数之积。于是可得两倍 *GH* 弧的半弦为 19 911 单位[14]。在表中这个半弦给出 *GH* 弧的值为 11°29′，即为与 *EG* 段相应的赤纬。因此在三角形 *AFG* 中，*FG* 和 *AG* 两边作为两条象限的剩余部分，可求得为 78°31′和 60°，而 *FAG* 为直角。同样可知，两倍 *FG*、*AG*、*FGH* 和 *BH* 所对的弦（或它们的半弦）成比例。现在既然它们中的三个量已知，便可得第四个（即 *BH*）为 62°6′。这是从夏至点算起的赤经，或者从春分点算起为 *HE*，等

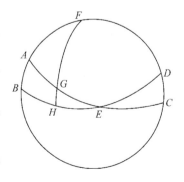

图　2-1

于27°54′。与此相似,从已知边 FG 为78°31′,AF 为 66°32′[15] 以及一个象限,可得 AGF 角约为 69°23½′。它的对顶角与此相等。在一切其他情况下,我们都将沿用这个例子。

然而我们不应忽视这一事实,即在黄道与回归线相切的点,子午圈与黄道正交。这是因为,我已经谈过,在那些时候子午圈通过黄道的两极[16]。但是在两分点,子午圈与黄道的交角小于直角,并随黄赤交角偏离直角愈多,上述交角比起直角就愈小,因此现在子午圈与黄道的交角为66°32′。还应提到,从两分点或两至点量起的在黄道上的相等弧长,与两个三角形的相等角或相等边同时出现。

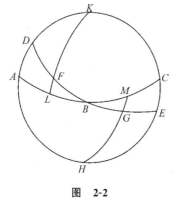

图 2-2

画赤道弧 ABC,黄道弧 DBE,二者相交于 B。令它为一个分点。取 FB 和 BG 为相等弧。通过周日旋转极点 K 和 H 画两条象限 KFL 和 HGM[17]。于是有 FLB 和 BMG 两个三角形。它们的边 BF 和 BG 相等,在 B 点有对顶角,而在 L 和 M 有直角。因此,按球面三角形的定理六,这两个三角形的对应边与角都相等。于是赤纬 FL 和 MG 以及赤经 LB 和 BM 都各自相等,并且角 F 等于角 G。

当相等弧是从一个至点量起时,情况可用相同方法说明。令 AB 和 BC 为在 B 点两侧的相等弧,而 B 为回归线与黄道的相切点。从赤道的极点 D 画象限 DA 和 DC[18],并连接 DB。同样可得两个三角形 ABD 和 DBC。它们的边 AB 和 BC 相等,BD 是共有边,而在 B 点有两个直角。用球面三角形的定理八,可以证明这两个三角形的相应边与角均相等。于是显然可知,如果对黄道上第一个象限造出这些角与弧的表,它们对整个圆周其他的象限均适用。

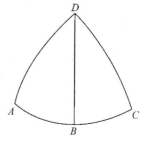

图 2-3

在下面对表的说明中,我要举出一个关于这些关系的例子。第一栏所载为黄道度数,第二栏为与这些度数相应的赤纬,而第三栏为在黄道倾角极大时出现的赤纬超过这些局部的赤纬的分数;最大差值为 24′。我对赤经与子午圈角度表也同样编制。当黄道倾角改变时,与它有关的一切都应当变化。但是赤经的变化非常小,因为它不超过一个“时间”的1/10,而在一小时的过程中只有它的1/150。古代人用“时间”这个词来表示与黄道分度一道升起的赤道分度。我已经多次说过〔例如见Ⅰ,12〕,这两个圆都有 360 单位。然而为了区分它们,许多人都把黄道的单位称为“度”,而赤道的单位为“时间”。这也是我在下面要采用的名称。我已经说过,这种变化小到完全可以忽略,但我还是要把它也加进去[19]。从这些变化显然可以对黄道的任何其他倾角得到同样结果[20],但要假定对每一栏可用相应的分数,而这与黄道最大倾角与最小倾角之差成正比。举例来说,取倾角为 23°34′,如果我想知道黄道上从一个分点量起的 30° 的赤纬有多大,就可从表一查到 11°29′,差值为 11′。当黄道倾角为极大时,应当加上这个差值。我已经说过,黄道倾角极大值曾达 23°52′。但是在目前的例子中可取为 23°34′,这比极小值大 6′。这 6′ 是最大倾角超过最小倾角的 24′ 的四分之一。按同样比值可得 11′ 的部分约为 3′。对 11°29′ 加上这个 3′,便得从至点量起黄道为 30° 时的赤纬为 11°32′。对子午圈角和赤经,可用同样办法,只是对后者随时应加上差值,而对前者应减去差值,这样才能对一切与时间有关的数量得到更精确的结果。

子午圈角度表

黄道度	赤纬度	赤纬分	差值分	黄道度	赤纬度	赤纬分	差值分	黄道度	赤纬度	赤纬分	差值分
1	66	32	24	31	69	35	21	61	78	7	12
2	66	33	24	32	69	48	21	62	78	29	12
3	66	34	24	33	70	0	20	63	78	51	11
4	66	35	24	34	70	13	20	64	79	14	11
5	66	37	24	35	70	26	20	65	79	36	11
6	66	39	24	36	70	39	20	66	79	59	10
7	66	42	24	37	71	53	19	67	80	22	10
8	66	44	24	38	71	7	19	68	80	45	10
9	66	47	24	39	71	22	19	69	81	9	9
10	66	51	24	40	71	36	19	70	81	33	9
11	66	55	24	41	72	52	18	71	81	58	8
12	66	59	24	42	72	8	18	72	82	22	8
13	67	4	23	43	72	24	18	73	82	46	7
14	67	10	23	44	72	39	17	74	83	11	7
15	67	15	23	45	72	55	17	75	83	35	6
16	67	21	23	46	73	11	17	76	84	0	6
17	67	27	23	47	73	28	17	77	84	25	6
18	67	34	23	48	73	47	16	78	84	50	5
19	67	41	23	49	74	6	16	79	85	15	5
20	67	49	23	50	74	24	16	80	85	40	4
21	67	56	23	51	74	42	15	81	86	5	4
22	68	4	23	52	75	1	15	82	86	30	3
23	68	13	22	53	75	21	15	83	86	55	3
24	68	22	22	54	75	40	14	84	87	19	3
25	68	32	22	55	76	1	14	85	87	53	2
26	68	41	22	56	76	21	14	86	88	41	2
27	68	51	21	57	76	42	13	87	88	6	1
28	69	2	21	58	77	3	13	88	89	33	0
29	69	13	21	59	77	24	13	89	89	0	0
30	69	24	21	60	77	45	13	90	90	0	0

赤经表

黄道度	赤纬度	赤纬分	差值分	黄道度	赤纬度	赤纬分	差值分	黄道度	赤纬度	赤纬分	差值分
1	0	55	0	31	28	54	4	61	58	51	4
2	1	50	0	32	29	51	4	62	59	54	4
3	2	45	0	33	30	50	4	63	60	57	4
4	3	40	0	34	31	46	4	64	62	0	4
5	4	35	0	35	32	45	3	65	63	3	5
6	5	30	0	36	33	43	3	66	64	6	5
7	6	25	1	37	34	41	3	67	65	9	5
8	7	20	1	38	35	40	3	68	66	13	5
9	8	15	1	39	36	38	3	69	67	17	5
10	9	11	1	40	37	37	3	70	68	21	5
11	10	6	1	41	38	36	2	71	69	25	5
12	11	0	1	42	39	35	2	72	70	29	6
13	11	57	2	43	40	34	2	73	71	33	6
14	12	52	2	44	41	33	2	74	72	38	6
15	13	48	2	45	42	32	2	75	73	43	5
16	14	43	2	46	43	31	2	76	74	47	5
17	15	39	2	47	45	32	2	77	75	52	5
18	16	34	2	48	46	32	1	78	76	57	5
19	17	31	3	49	47	33	1	79	78	2	5
20	18	27	3	50	48	34	1	80	79	7	5
21	19	23	3	51	49	35	1	81	80	12	5
22	20	19	3	52	50	36	1	82	81	17	5
23	21	15	3	53	51	37	1	83	82	22	4
24	22	10	4	54	52	38	0	84	83	27	4
25	23	6	4	55	54	41	0	85	84	33	4
26	24	3	4	56	55	43	0	86	85	43	4
27	25	0	4	57	56	45	0	87	86	48	4
28	25	57	4	58	57	46	0	88	87	54	4
29	26	54	4	59	—	48	0	89	88	0	4
30	27	—	4	60	—	—	0	90	90	0	4

黄道度数的赤纬表

黄道度	赤纬度	赤纬分	差值分	黄道度	赤纬度	赤纬分	差值分	黄道度	赤纬度	赤纬分	差值分
1	0	24	0	31	11	50	11	61	20	23	20
2	0	48	1	32	12	11	12	62	20	35	21
3	1	12	1	33	12	32	12	63	20	47	21
4	1	36	2	34	12	52	13	64	20	58	21
5	2	0	2	35	13	12	13	65	21	9	21
6	2	23	3	36	13	32	14	66	21	20	22
7	3	47	3	37	14	52	14	67	21	30	22
8	3	11	4	38	14	12	14	68	21	40	22
9	3	35	4	39	14	31	15	69	21	49	22
10	4	58	5	40	15	50	15	70	21	58	22
11	4	22	5	41	15	9	16	71	22	7	23
12	4	45	6	42	15	27	16	72	22	15	23
13	5	9	6	43	15	46	16	73	22	22	23
14	5	32	7	44	16	4	17	74	22	30	23
15	5	55	7	45	16	22	17	75	22	37	23
16	6	19	8	46	16	39	17	76	22	44	23
17	6	41	8	47	16	56	18	77	22	50	24
18	7	4	8	48	17	13	18	78	23	55	24
19	7	27	9	49	17	30	18	79	23	1	24
20	7	49	9	50	18	46	19	80	23	5	24
21	8	12	10	51	18	1	19	81	23	10	24
22	8	34	10	52	18	17	19	82	23	13	24
23	8	57	10	53	19	32	20	83	23	17	24
24	9	19	11	54	19	47	20	84	23	20	24
25	9	41	11	55	19	2	20	85	23	22	24
26	10	3	12	56	19	16	20	86	23	24	24
27	10	25	12	57	19	30	20	87	23	26	24
28	10	46	13	58	19	44	20	88	23	27	24
29	11	8	13	59	19	57	20	89	23	28	24
30	11	28	14	60	20	10	20	90	23	28	24

第 4 章　对黄道外任一天体,若黄经、黄纬已知,测定其赤经、赤纬和过中天时黄道度数的方法

　　上面的解释谈的是黄道、赤道、子午圈及其交点。然而就与周日旋转的关系来说,重要的事情就不仅是要了解那些只是出现在黄道上的太阳现象。同样重要的是要对那些位于黄道之外的恒星和行星,用类似办法求出由赤道算起的赤纬以及赤经,但须假定它们的经纬度已知。

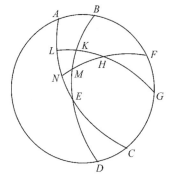

图　2-4

　　通过赤道和黄道的极点画圆周 ABCD。令 AEC 为以 F 为极的赤道半圆,BED 为以 G 为极的黄道半圆,后者与赤道相交于 E 点。从极点 G 画通过一颗恒星的圆弧 GHKL。令恒星位置已知在 H 点,通过此点从周日旋转的极点画象限 FHMN。于是显然可知,在 H 的恒星与 M 和 N 两点一齐通过子午圈。HMN 弧是恒星从赤道算起的赤纬,而 EN 为恒星在球面上的赤经。这些即是我们所求的坐标。

　　在三角形 KEL 中,边 KE 和角 KEL 已知,而角 EKL 为直角。因此,按球面三角形的定理四,KL 和 EL 两边以及角 KLE 均可知。于是整个 HKL 弧可知。在三角形 HLN 中,角 HLN 已知,LNH 为直角,边 HL 也可知。则按球面三角形的同一定理四,余下的边 HN(即恒星的赤纬)和 LN 均可知。从 EL 减去 LN,余量为 NE。这是赤经,即天球从分点向恒星所转过的弧长。

　　另外一种办法是,从上述关系中取黄道的弧 KE 作为 LE 的赤经。这时 LE 可从赤经表查出。LK 是与 LE 相应的赤纬。角 KLE 由子午圈角度表给出。已经证明,从这些量可以定出其余的量。于是,从赤经 EN 可得 EM,即是在恒星与 M 点一同过中天时的黄道度数。

第 5 章　地平圈的交点

　　在正球中的地平圈与斜球的地平圈不是同一个圆圈。对正球来说,地平圈是与赤道垂直的圆,或通过赤道两极的圆。但在斜球中,赤道倾斜于我们称之为地平圈的圆。因此在正球中一切天体都在地平上垂直出没,而白昼和黑夜总是一样长。子午圈[①]把一切由周日旋转而形成的纬圈等分;它自然通过纬圈的极。而在这些情况下我在讨论子午圈时〔Ⅰ,1,3〕所解释过的现象就出现了。但是我们现在所说的白昼是从日出到日没,而不是照一般人所理解的是从曙光出现到夜幕降临,即是从黎明到华灯初上。后面在讨论黄道十二宫的出没时〔Ⅱ,13〕,我还要结合谈到这一问题。

　　在另一方面,在地轴垂直于地平圈的地方,就没有天体出没。此时每个天体都转出一个永远可见或永远隐而不现的圆圈。像绕太阳周年运转那样的运动,却会产生例外情

---

　　①　原文为地平圈,有误。

况。这种运动的结果是白昼持续存在六个月,而其余时间是黑夜。此外,在那种情况下赤道与地平圈重合,因此除冬夏之差外也不会有其他差别。

然而对斜球来说,一些天体时出时没,而另一些永远可见或永远隐而不现。同时,昼夜不等长。在这些情况下,倾斜的地平圈与两条纬圈相切,纬圈的角度视地平圈的倾角而定。在这两条纬圈中,靠近可见天极的一条是永远可见天体的界限;而另一条纬圈,即靠近不可见天极的纬圈,是永远隐而不现的天体的界限。因此,把这两个极限之间的一切纬圈都延长,就会发现地平圈把它们分为不相等的弧段。赤道是一个例外,因为它是最大的纬圈,而大圆彼此等分。于是在北半球,倾斜的地平圈把纬圈切割成两段圆弧,其中靠近可见天极的一段长于靠近不可见的南极的一段。对南半球来说,情况相反。太阳在这些弧段上的周日视运动,产生了昼夜不等长的现象。

第 6 章　正午日影的差异

正午日影也各有不同,由于这个缘故有些人可以称为环影人,另一些为双影人,还有一些是异影人。环影人可以接受四面八方的日影。这些人的天顶(即地平圈的极点)离地球的极点有一段距离,这段距离小于回归线与赤道间的距离。在那些地区,与地平圈相切的纬圈是永远可见或永不可见的星星的界限,它们大于或等于回归线。因此在夏季,太阳高居于永远可见恒星之中,在那个季节把日晷的影子投向四面八方。但是在地平圈与回归线相切的地方,这两条线本身成为永远可见和永远不可见恒星的界限。因此在至日,太阳看起来是在午夜掠过地球。在那个时刻,整个黄道与地平圈重合,黄道的六个宫迅速而同时地升起,同样数目的相对各宫同时沉没,而黄道的极与地平圈的极重合。

双影人的正午日影落在两侧。这些人居住在两条回归线之间,古代人把这个区域称为中间区。在整个这一区域,每天有两次黄道正从头顶上通过。欧几里得的《现象篇》的定理二[21]证明了这一点。因此在同一区域,日晷的影子两次消失,而当太阳移向这一边或那一边时,日晷之影有时投向南面,有时投向北面。

我们是地球上其余的居民,居住在双影人和环影人之间。我们是异影人,因为我们把自己在中午的影子只投向一个方向,即是北方。

古代数学家习惯于用通过不同地方的一些纬圈[22]把地球分为 7 个地区。举例来说,这些地方是梅罗(Meroe)、赛恩(Syene)、亚历山大(Alexandria)、罗得斯(Rhodes)岛、赫列斯彭特(Hellespont)海峡①、黑海中央、第聂伯(Dnieper)河、君士坦丁堡(Constantinople)等。选择这些纬圈的根据是以下 3 点:一年中在一些特定地点最长白昼的长度之差及其增加量;在两分日和两至日的正午用日晷观测到的日影长度;还有天极的高度或每一地区的宽度。这些数量部分地随时间变化,现在与以前已经并非完全一样了。正如我谈到过的〔Ⅱ,2〕,原因就是黄道倾角可以改变,而以前的天文学家忽略了这一点。或者,说得更确切些,原因在于赤道对黄道面的倾角可变。那些数量与这个倾角有关。但是天极的高度或所在地的纬度[23],以及在二分日日影的长度,都与古代观测记录相符。情况应当是这样,因为赤道由地球的

---

① 达达尼尔(Dardanelles)海峡的古名。

极而定。因此日影和白昼的任何非永久性性质都不会以足够的精度使那些地区结合在一起。从另一方面说来,用与赤道的距离可以更精密地确定各地区的界限,而与赤道的距离是永远不变的。但是回归线的变化,尽管非常小,却能使南方各地的白昼和日影产生微小的差异,而对向北走的人来说,这种差异变得更容易察觉。

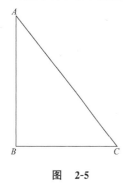

图　2-5

谈到日晷的影子,则对太阳的任何高度显然可以得出影子的长度,反过来也是这样。于是令日晷 AB 的投影为 BC。因为竿子垂直于地平面,按与平面垂直的直线的定义,ABC 总是直角。连接 AC,便得直角三角形 ABC,而对一个已知的太阳高度,角 ACB 可求知。按平面三角形的定理一,竿子 AB 与其影子 BC 之比可知,BC 的长度也可知。反过来说,在 AB 和 BC 已知时,按平面三角形的定理三角 ACB 即测投影时太阳的高度也可求得。用这样的方法,古人在他们对地球上那些地区的描述中,不仅在二分日,还在二至日对每一地区确定了日影的长度。

第 7 章　如何相互推求最长的白昼、各次日出的间距和天球的倾角;白昼之间的余差

我在下面要对天球或地平圈的任何倾角,同时说明最长和最短的白昼以及各次日出的间距,还有白昼间的余差。日出之间的间距是在冬、夏二至点的日出在地平圈上所截出的弧长,或者这两次日出与分点日出之间的距离。

令 ABCD 为子午圈。在东半球,令 BED 为地平圈的半圆,AEC 为赤道的半圆。令赤道的北极为 F。假定在夏至日日出是在 G 点。画大圆弧 FGH。因为地球绕赤道的极点 F 旋转,G 和 H 两点应当一齐到达子午圈 ABCD。这两点的纬圈是绕相同的两极画出的,于是通过这些极点的一切大圆都在那些纬圈上截出相似的圆弧。因此从 G 点升起到正午的时间等于弧 AEH 的长度,而地平圈下面半圆的剩余部分 CH 的长度等于从午夜到日出的时间。AEC 是一个半圆,而 AE 和 EC 都是从 ABCD 的极点画出的象限。所以 EH 是最长白昼与分日白昼之差的一半,而

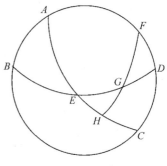

图　2-6

EG 为分日与至日日出的间距。因此在三角形 EGH 中,球的倾角 GEH 可由弧 AB 求得。角 GHE 为直角。边 GH 为夏至点与赤道的距离,也可知。因此,按球面三角形的定理四,还可求得其他的边,即分日白昼与最长白昼之差的一半 EH 以及日出之间的间距 GE。进一步说,如果除边 GH 外,边 EH(最长白昼与分日白昼之差的一半)[24]或 EG 已知,则球的倾角 E 可知,因此极点在地平圈上的高度 FD 也可知。

其次,假设黄道上的 G 不是一个至点,而是其他任何点。然而 EG 和 EH 两弧均已知。从前面列出的赤纬表,可以查出与该黄道度数相应的赤纬弧 GH,而用同样的证明方法可得其他一切数量。于是还可知,在黄道上与至点等距的两个分度点在地平圈上截出与分点日出等距并在同一方向上的圆弧。它们也使昼夜等长。这种情况的出现是由于

黄道上的这两个刻度点都在同一纬圈上,它们的赤纬相等并在同一方向上。然而,如果从与赤道的交点往两个方向上取出相等的圆弧,日出处之间的距离仍然相等,但方向相反,而按相反次序昼夜是等长的。这是因为它们在两边扫出纬圈上的相等弧长,正如黄道上与一个分点等距的两点从赤道算起的赤纬是相等的。

现在在同一图形中画两条纬圈弧。令它们为 GM 和 KN。它们与地平圈 BED 相交于 G 和 K 两点。从南极点 L 也画一条大圆象限 LKO。于是赤纬 HG 等于 KO。在 DFG 和 BLK 两个三角形中有两边各等于两相应边:FG 等于 LK,而极点的高度 FD 等于 LB。B 和 D 都是直角。因此第三边 DG 等于第三边 BK。它们的剩余部分 GE 和 EK(即日出点之间的距离)也相等。于是此外的 EG 和 GH 两边也等于 EK 和 KO 两边。在 E 点的对顶角相等。于是其余的边 EH 和 EO 相等。用这些相等量加上相等量,得到的和为整段圆弧 OEC 等于整段圆弧 AEH。但因为通过极点的大圆在球面的平行圆周上截出相似圆弧,GM 和 KN 相似和相等。证讫。

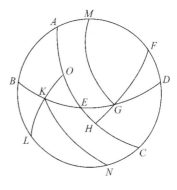

图 2-7

然而,这一切都可用另一种方法说明。同样画子午圈 ABCD。令它的中心为 E。令赤道与子午圈截面的直径为 AEC。令子午面上地平圈的直径为 BED,球的轴线为 LEM,可见天极为 L,隐而不见的天极为 M。假设夏至点的距离或任何其他赤纬为 AF。在这个赤纬处画纬圈,其直径为 FG,纬圈与子午面的交线也是 FG。FG 与轴线相交于 K,与子午线相交于 N。按蒲西多尼奥斯的定义[25],平行线既不会聚也不发散,但可使它们的垂直线处处相等。因此直线 KE 等于两倍 AF 弧所对的半弦。与此相似,对于半径为 FK 的纬圈来说,KN 是表示分点日与昼夜不等长日之差的圆弧所对的半弦。理由是以这些线为交线,即是以这些线为直径的一切半圆(即倾斜地平圈 BED、正地平圈 LEM、赤道 AEC 和纬圈 FKG)都垂直于圆周 ABCD 的平面。按欧几里得《几何原本》,Ⅺ,19,这些半圆的相互交线在 E、K、N 各点都垂直于同一平面。按同书定理 6,这些垂线相互平行。K 为纬圈的中心,而 E 为球心。因此 EN 为

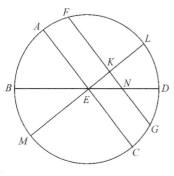

图 2-8

代表纬圈上日出点与分日日出点之差的地平圈弧的两倍所对的半弦。赤纬 AF 和象限的剩余部分 FL 均已知。于是两倍 AF 和 FL 弧所对半弦 KE 和 FK 可以 AE 为 100 000 的单位得出。但是在直角三角形 EKN 中,角 KEN 可由极点的高度 DL 得知;而余角 KNE 等于角 AEB,因为作为斜球上的纬圈,它们与地平圈的倾角相等。因此各边均可以球半径为 100 000 的相同单位得出,KN 也可以纬圈半径 FK 为 100 000 的单位得出。作为分日与相应于纬圈之日的整个差值所对的半弦,KN 可以纬圈圆周为 360 的单位同样得出。于是 FK 与 KN 之比显然包含两个比值,这就是两倍 FL 和两倍 AF 所对弦之比(即 FK︰KE)以及两倍 AB 和两倍 DL 所对弦之比。后一比值等于 EK︰KN,此外 EK 自然为 FK 与 KN 的比例中项。与此相似,BE 与 EN 的比值也可由 BE︰EK 和 KE︰EN 两个比值求得。托勒

密用球面弧段对此作了详细说明〔《至大论》，I，13〕。我相信，昼夜之差可用这个方法求得。但是对月球或任何恒星，如果纬度也已知，它们在地平圈上面由周日旋转所扫出的纬圈弧段可以和地平圈下面的弧段区分开来。从这些弧段容易得知它们的出没[26]。

斜球经度差值表													
赤纬		天极高度											
		31		32		33		34		35		36	
	度	度	分	度	分	度	分	度	分	度	分	度	分
	1	0	36	0	37	0	39	0	40	0	42	0	44
	2	1	12	1	15	1	18	1	21	1	24	1	27
	3	1	48	1	53	1	57	2	2	2	6	2	11
	4	2	24	2	30	2	36	2	42	2	48	2	55
5	5	3	1	3	8	3	15	3	23	3	31	3	39
	6	3	37	3	46	3	55	4	4	4	13	4	23
	7	4	14	4	24	4	34	4	45	4	56	5	7
	8	4	51	5	2	5	14	5	26	5	39	5	52
	9	5	28	5	41	5	54	6	8	6	22	6	36
10	10	6	5	6	20	6	35	6	50	7	6	7	22
	11	6	42	6	59	7	15	7	32	7	49	8	7
	12	7	20	7	38	7	56	8	15	8	34	8	53
	13	7	58	8	18	8	37	8	58	9	18	9	39
	14	8	37	8	58	9	19	9	41	10	3	10	26
15	15	9	16	9	38	10	1	10	25	10	49	11	14
	16	9	55	10	19	10	44	11	9	11	35	12	2
	17	10	35	11	1	11	27	11	54	12	22	12	50
	18	11	16	11	43	12	11	12	40	13	9	13	39
	19	11	56	12	25	12	55	13	26	13	57	14	29
20	20	12	38	13	9	13	40	14	13	14	46	15	20
	21	13	20	13	53	14	26	15	0	15	36	16	12
	22	14	3	14	37	15	13	15	49	16	27	17	5
	23	14	47	15	23	16	0	16	38	17	17	17	58
	24	15	31	16	9	16	48	17	29	18	10	18	52
25	25	16	16	16	56	17	38	18	20	19	3	19	48
	26	17	2	17	45	18	28	19	12	19	58	20	45
	27	17	50	18	34	19	19	20	6	20	54	21	44
	28	18	38	19	24	20	12	21	1	21	51	22	43
	29	19	27	20	16	21	6	21	57	22	50	23	45
30	30	20	18	21	9	22	1	22	55	23	51	24	48
	31	21	10	22	3	22	58	23	55	24	53	25	53
	32	22	3	22	59	23	56	24	56	25	57	27	0
	33	22	57	23	54	24	19	25	59	27	3	28	9
	34	23	55	24	56	25	59	27	4	28	10	29	21
35	35	24	53	25	57	27	3	28	10	29	21	30	35
	36	25	53	27	0	28	9	29	21	30	35	31	52

续表

斜球经度差值表

赤纬	天极高度											
	37		38		39		40		41		42	
度	度	分	度	分	度	分	度	分	度	分	度	分
1	0	45	0	47	0	49	0	50	0	52	0	54
2	1	31	1	34	1	37	1	41	1	44	4	48
3	2	16	2	21	2	26	2	31	2	37	2	42
4	3	1	3	8	3	15	3	22	3	29	3	37
5	3	47	3	55	4	4	4	13	4	22	4	31
6	4	33	4	43	4	53	5	4	5	15	5	26
7	5	19	5	30	5	42	5	55	6	8	6	21
8	6	5	6	18	6	32	6	46	7	1	7	16
9	6	51	7	6	7	22	7	38	7	55	8	12
10	7	38	7	55	8	13	8	30	8	49	9	8
11	8	25	8	44	9	3	9	23	9	44	10	5
12	9	13	9	34	9	55	10	16	10	39	11	2
13	10	1	10	24	10	46	11	10	11	35	12	0
14	10	50	11	14	11	39	12	5	12	31	12	58
15	11	39	12	5	12	32	13	0	13	28	13	58
16	12	29	12	57	13	26	13	55	14	26	14	58
17	13	19	13	49	14	20	14	52	15	25	15	59
18	14	10	14	42	15	15	15	49	16	24	17	1
19	15	2	15	36	16	11	16	48	17	25	18	4
20	15	55	16	31	17	8	17	47	18	27	19	8
21	16	49	17	27	18	7	18	47	19	30	20	13
22	17	44	18	24	19	6	19	49	20	34	21	20
23	18	39	19	22	20	6	20	52	21	39	22	28
24	19	36	20	21	21	8	21	56	22	46	23	38
25	20	34	21	21	22	11	23	2	23	55	24	50
26	21	34	22	24	23	16	24	10	25	5	26	3
27	22	35	23	28	24	22	25	19	26	17	27	18
28	23	37	24	33	25	30	26	30	27	31	28	36
29	24	41	25	40	26	40	27	43	28	48	29	57
30	25	47	26	49	27	52	28	59	30	7	31	19
31	26	55	28	0	29	7	30	17	31	29	32	45
32	28	5	29	13	30	54	31	31	32	54	34	14
33	29	18	30	29	31	44	33	1	34	22	35	47
34	30	32	31	48	33	6	34	27	35	54	37	24
35	31	51	33	10	34	33	35	59	37	30	39	5
36	33	12	34	35	36	2	37	34	39	10	40	51

右侧标注：5、10、15、20、25、30、35

续表

斜球经度差值表													
赤纬		天极高度											
		43		44		45		46		47		48	
度	度	度	分	度	分	度	分	度	分	度	分	度	分
	1	0	56	0	58	1	0	1	2	1	4	1	7
	2	1	52	1	56	2	0	2	4	2	9	2	13
	3	2	48	2	54	3	0	3	7	3	13	3	20
	4	3	44	3	52	4	1	4	9	4	18	4	27
5	5	4	41	4	51	5	1	5	12	5	23	5	35
	6	5	37	5	50	6	2	6	15	6	28	6	42
	7	6	34	6	49	7	3	7	18	7	34	7	50
	8	7	32	7	48	8	5	8	22	8	40	8	59
	9	8	30	8	48	9	7	9	26	9	47	10	8
10	10	9	28	9	48	10	9	10	31	10	54	11	18
	11	10	27	10	49	11	13	11	37	12	2	12	28
	12	11	26	11	51	12	16	12	43	13	11	13	39
	13	12	26	12	53	13	21	13	50	14	20	14	51
	14	13	27	13	56	14	26	14	58	15	30	16	5
15	15	14	28	15	0	15	32	16	7	16	42	17	19
	16	15	31	16	5	16	40	17	16	17	54	18	34
	17	16	34	17	10	17	48	18	27	19	8	19	51
	18	17	38	18	17	18	58	19	40	20	23	21	9
	19	18	44	19	25	20	9	20	53	21	40	22	29
20	20	19	50	20	35	21	21	22	8	22	58	23	51
	21	20	59	21	46	22	34	23	25	24	18	25	14
	22	22	8	22	58	23	50	24	44	2	25	24	18
	22	22	8	22	58	23	50	24	44	25	40	26	40
	23	23	19	24	12	25	7	26	5	27	5	28	8
	24	24	32	25	28	26	26	27	27	28	31	29	38
25	25	25	47	26	46	27	48	28	52	30	0	31	12
	26	27	3	28	6	29	11	30	20	31	32	32	48
	27	28	22	29	29	30	38	31	51	33	7	34	28
	28	29	44	30	54	32	7	33	25	34	46	36	12
	29	31	8	32	22	33	40	35	2	36	28	38	0
30	30	32	35	33	53	35	16	36	43	38	15	39	53
	31	34	5	35	28	36	56	38	29	40	7	41	52
	32	35	38	37	7	38	40	40	19	42	4	43	57
	33	37	16	38	50	40	30	42	15	44	8	46	9
	34	38	58	40	39	42	25	44	18	46	20	48	31
35	35	40	46	42	33	44	27	46	23	48	36	51	3
	36	42	39	44	33	46	36	48	47	51	11	53	47

斜球经度差值表

赤纬	天极高度												
	49		50		51		52		53		54		
度	度	分	度	分	度	分	度	分	度	分	度	分	
1	1	9	1	12	1	14	1	17	1	20	1	23	
2	2	18	2	23	2	28	2	34	2	39	2	45	
3	3	27	3	35	3	43	3	51	3	59	4	8	
4	4	37	4	47	4	57	5	8	5	19	5	31	
5	5	47	5	50	6	12	6	26	6	40	6	55	5
6	6	57	7	12	7	27	7	44	8	1	8	19	
7	8	7	8	25	8	43	9	2	9	23	9	44	
8	9	18	9	38	10	0	10	22	10	45	11	9	
9	10	30	10	53	11	17	11	42	12	8	12	35	
10	11	42	12	8	12	35	13	3	13	32	14	3	10
11	12	55	13	24	13	53	14	24	14	57	15	31	
12	14	9	14	40	15	13	15	47	16	23	17	0	
13	15	24	15	58	16	34	17	11	17	50	18	32	
14	16	40	17	17	17	56	18	37	19	19	20	4	
15	17	57	18	39	19	19	20	4	20	50	21	38	15
16	19	16	19	59	20	44	21	32	22	22	23	15	
17	20	36	21	22	22	11	23	2	23	56	24	53	
18	21	57	22	47	23	39	24	34	25	33	26	34	
19	23	20	24	14	25	10	26	9	27	11	28	17	
20	24	45	25	42	26	43	27	46	28	53	30	4	20
21	26	12	27	14	28	18	29	26	30	37	31	54	
22	27	42	28	47	29	56	31	8	32	25	33	47	
23	29	14	30	23	31	37	32	54	34	17	35	45	
24	31	4	32	3	33	21	34	44	36	13	37	48	
25	32	26	33	46	35	10	36	39	38	14	39	59	25
26	34	8	35	32	37	2	38	38	40	20	42	10	
27	35	53	37	23	39	0	40	42	42	33	44	32	
28	37	43	39	19	41	2	42	53	44	53	47	2	
29	39	37	41	21	43	12	45	12	47	21	49	44	
30	41	37	43	29	45	29	47	39	50	1	52	37	30
31	43	44	45	44	47	54	50	16	52	53	55	48	
32	45	57	48	8	50	30	53	7	56	1	59	19	
33	48	19	50	44	53	20	56	13	59	28	63	21	
34	50	54	53	30	56	20	59	42	63	31	68	11	
35	53	40	56	34	59	58	63	40	68	18	74	32	35
36	56	42	59	59	63	47	68	26	74	36	90	0	

续表

斜球经度差值表												
赤纬	天极高度											
	55		56		57		58		59		60	
度	度	分	度	分	度	分	度	分	度	分	度	分
1	1	26	1	29	1	32	1	36	1	40	1	44
2	2	52	2	58	3	5	3	12	3	20	3	28
3	4	17	4	27	4	38	4	49	5	0	5	12
4	5	44	5	57	6	11	6	25	6	41	6	57
5	7	11	7	27	7	44	8	3	8	22	8	43
6	8	38	8	58	9	19	9	41	10	4	10	29
7	10	6	10	29	10	54	11	20	11	47	12	17
8	11	35	12	1	12	30	13	0	13	32	14	5
9	13	4	13	35	14	7	14	41	15	17	15	55
10	14	35	15	9	15	45	16	23	17	4	17	47
11	16	7	16	45	17	25	18	8	18	53	19	41
12	17	40	18	22	19	6	19	53	20	43	21	36
13	19	15	20	1	20	50	21	41	22	36	23	34
14	20	52	21	42	22	35	23	31	24	31	25	35
15	22	30	23	24	24	22	25	23	26	29	27	39
16	24	10	25	9	26	12	27	19	28	30	29	47
17	25	53	26	57	28	5	29	18	30	35	31	59
18	27	39	28	48	30	1	31	20	32	44	34	19
19	29	27	30	41	32	1	33	26	34	58	36	37
20	31	19	32	39	34	5	35	37	37	17	39	5
21	33	15	34	41	36	14	37	54	39	42	41	40
22	35	14	36	48	38	28	40	17	42	15	44	25
23	37	19	39	0	40	49	42	47	44	57	47	20
24	39	29	41	18	43	17	45	26	47	49	50	27
25	41	45	43	44	45	54	48	16	50	54	53	52
26	44	9	46	18	48	41	51	19	54	16	57	39
27	46	41	49	4	51	41	54	38	58	0	61	57
28	49	24	52	1	54	58	58	19	62	14	67	4
29	52	20	55	16	58	36	62	31	67	18	73	46
30	55	32	58	52	62	45	67	31	73	55	90	0
31	59	6	62	58	67	42	74	4	90	0		
32	63	10	67	53	74	12	90	0				
33	68	1	74	19	90	0						
34	74	33	90	0								
35	90	0										
36												

空白区属于既不升起也不沉没的恒星

第8章　昼夜的时辰及其划分

综上所述,对于一个给定的天极高度,可以对太阳的一个赤纬由表查出白昼的差值。对北半球的赤纬,应把这个差值与一个象限相加;对南半球的赤纬,应从一个象限减去这个差值。使求得的结果加一倍,便得到白昼的长度,而一个圆周的余量就是黑夜的长度。

把这两个量的任何一个除以赤道的 15°,商值表示它含有多少个相等的小时。但如果取 1/12,就得到一个季节时辰的长度。这些时辰以其所在的日期而命名,它们总是一天的 1/12。于是可以发现古人用过"夏至时辰,分日时辰和冬至时辰"这些名称。原来使用的除由晨至昏的 12 个小时外,没有别的时辰。但是古人习惯于把一个夜晚分成四更。按各国的默契,这种时辰规则持续使用了很长时间。为了执行这一规则,发明了水钟。用增添或减少从这种时钟滴出的水,就可对白昼的差值调节时辰,因此即使在阴天也能知道时刻。后来普遍采用了对昼间和夜间都适用的相等时辰[27]。因为这种等长时辰更容易监测,季节时辰就废弃不用了。这样一来,如果你问一个普通人,什么是一天的第一、第三、第六、第九或第十一小时,他根本答不出来或所答非所问。此外,对等长时辰的编号,有人从正午算起,另一些人从日没或午夜,还有人从日出算出,这由各个社会自行决定[28]。

第9章　黄道弧段的斜球经度;当黄道任一分度
升起时,如何确定在中天的度数

既然我已经解释了昼夜的长度以及这些长度的差值,按本来的顺序下一个问题是斜球经度。我要谈的是黄道十二宫或黄道的任何其他弧段升起的时刻。赤经和斜球经度之间的区别,就只是我对分日和昼夜不等长日所阐明的那些区别。现在对于由不动恒星组成的黄道各宫,都已经借用了生物的名称。从春分点开始,各宫依次称为白羊、金牛、双子、巨蟹等等。

为了把问题说得更清楚,再一次画出子午圈 $ABCD$。令赤道半圆 AEC 与地平圈 BED 相交于 E 点。取 H 为分点。令通过 H 的黄道 FHI 与地平圈相交于 L。从赤道极点 K 通过交点 L 画大圆象限 KLM。于是完全清楚,黄道弧段 HL 与赤道的 HE 一同升起。但是在正球中,HL 随 HEM 升起。它们之差为 EM。我在前面已经说明〔Ⅱ,7〕,EM 是分日白昼与不等日白昼之差值的一半。但是在此应当减掉的是在北半球需要加上去的量。在另一方面,对南半球赤纬来说,把它与赤经相加便可得到斜球经度。因此,一整个宫或黄道上其他一段弧的升起需要多长时间,可以从该宫或弧的起点到终点的赤经算出。

于是当黄道上从分点量起的任一已知经度的点正在升起时,位于中天的度数可以求得。黄道上正在升起之

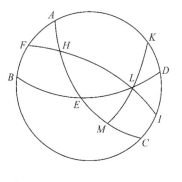

图　2-9

点 L 的赤纬可由 HL 得出,而它与分点的距离、它的赤经 HEM 以及整个 $AHEM$(半个白昼的弧)都已知,则余量 AH 可知。这是 FH 的赤经,而 FH 可由表查出。或者,因为黄赤交角 AHF[(29)] 和边 AH 都已知,而 FAH 为直角,FH 也可求得。因此,黄道上在上升分度与中天分度之间的整个圆弧 FHL 可以求得。

与此相反,如果首先知道的是在中天的分度,例如弧 FH,则正在升起的分度也可得知。还可求出赤纬 AF,并通过球的倾角求出 AFB,于是余量 FB 可知。在三角形 BFL 中,按前述角 BFL 已知,边 FB 也已知,而角 FBL 为直角。因此所求边 FHL 可知。下面〔Ⅱ,10〕还要介绍求这个量的另一个方法。

第 10 章　黄道与地平圈的交角

进一步说,因为黄道是倾斜于天球轴线的一个圆,它与地平圈可以有各种不同的交角。在讲述日影差异时我已经谈到过〔Ⅱ,6〕,对于居住在两条回归线之间的人们来说,黄道有两次①垂直于地平圈。然而我认为,只要弄清楚与我们居住在异影区的人有关的那些角度,对我们来说也就足够了。通过这些角度很容易理解关于角度的整个理论。当春分点(或白羊宫第一点)正在升起时,在斜球上黄道较低并转到离地平圈为最大南半球赤纬处,而这种情况出现于摩羯宫第一点在中天的时候。与此相反,在黄道较高时,它的升起角较大,这出现在天平宫第一点升起而巨蟹宫第一点在中天的时候。我相信,上面的描述是一清二楚的。赤道、黄道和地平圈这三个圆都通过相同的交点,即相会于子午圈的极点。这些圆在子午圈上截出的弧段可以表示升起角有多大。

对黄道的其他度数还有一个测量升起角的方法,可以解释如下。再次令 $ABCD$ 为子午圈,BED 为半个地平圈,而 ABC 为半个黄道。令黄道的任一分度在 E 点升起。我们需要求出在 4 直角 = $360°$ 的单位中角 AEB 有多大。因为已知 E 为升起分度,由上面的讨论也可得知在中天的分度,还有弧 AE 以及子午圈高度 AB[(30)]。因角 ABE 为直角,可知两倍 AE 与两倍 AB 所对弦之比等于球直径与两倍代表角 AEB 的弧所对弦之比。因此角 AEB 也可知。

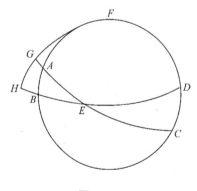

图　2-10

然而已知分度可以不是在升起,而是在中天。令它为 A。尽管如此,升起角仍可测定。取 E 为极点,画大圆的象限 FGH。完成象限 EAG 和 EBH[(31)]。子午圈高度 AB 已知,于是象限的剩余部分 AF 也可知。由前述角 FAG 也可知,而角 FGA 为直角。因此弧 FG 可知。于是其剩余部分 GH 也可知,而 GH 代表所求的升起角。在此很清楚,当在中天的分度已知时,如何求得正在升起的分度。在论述球面三角形时已说明〔Ⅰ,14,定理三〕,两倍 GH 与两倍 AB 所对弦之比等于直径与两倍 AE 所对弦之比。

---

① 指每年有两次。

为了说明这些关系,我增添了三类表格。第一类给出正球中的赤经,从白羊宫开始,对黄道每6°有一个数值。第二类给出斜球的赤经,也是每隔6°一个数值,从极点高度为39°的纬圈开始到极点在57°的纬圈,每隔3°一列。其余的一类表给出与地平圈的交角,也是6°一行,同样有7栏。所有这些计算都是对最小的黄赤交角(即23°28′)作出的,而这个数值对我们的时代是近似正确的。

在正球自转中黄道十二宫赤经表[32]											
黄道		赤经		仅对一度		黄道		赤经		仅对一度	
符号	度	度	分	度	分	符号	度	度	分	度	分
♈	6	5	30	0	55	♎	6	185	30	0	55
	12	11	0	0	55		12	191	0	0	55
	18	16	34	0	56		18	196	34	0	56
	24	22	10	0	56		24	202	10	0	56
	30	27	54	0	57		30	207	54	0	57
♉	6	33	43	0	58	♏	6	213	43	0	58
	12	39	35	0	59		12	219	35	0	59
	18	45	32	1	0		18	225	32	1	0
	24	51	37	1	1		24	231	37	1	1
	30	57	48	1	2		30	237	48	1	2
♊	6	64	6	1	3	♐	6	244	6	1	3
	12	70	29	1	4		12	250	29	1	4
	18	76	57	1	5		18	256	57	1	5
	24	83	27	1	5		24	263	27	1	5
	30	90	0	1	5		30	270	0	1	5
♋	6	96	33	1	5	♑	6	276	33	1	5
	12	103	3	1	5		12	283	3	1	5
	18	109	31	1	5		18	289	31	1	5
	24	115	54	1	4		24	295	54	1	4
	30	122	12	1	3		30	302	12	1	3
♌	6	128	23	1	2	♒	6	308	23	1	2
	12	134	28	1	1		12	314	28	1	1
	18	140	25	1	0		18	320	25	1	0
	24	146	17	0	59		24	326	17	0	59
	30	152	6	0	58		30	332	6	0	58
♍	6	157	50	0	57	♓	6	337	50	0	57
	12	163	26	0	56		12	343	26	0	56
	18	169	0	0	56		18	349	0	0	56
	24	176	30	0	55		24	354	30	0	55
	30	180	0	0	55		30	360	0	0	55

斜 球 赤 经 表														
黄 道	天 极 高 度													
	39		42		45		48		51		54		57	
	赤经		赤经		赤经		赤经		赤经		赤经		赤经	
符号 度	度	分	度	分	度	分	度	分	度	分	度	分	度	分
♈ 6	3	34	3	20	3	6	2	50	2	32	2	12	1	49
12	7	10	6	44	6	15	5	44	5	8	4	27	3	40
18	10	50	10	9	9	27	8	39	7	47	6	44	5	34
24	14	32	13	39	12	43	11	40	10	28	9	7	7	32
30	18	26	17	21	16	11	14	51	13	26	11	40	9	40
♉ 6	22	30	21	12	19	46	18	14	16	25	14	22	11	57
12	26	39	25	10	23	32	21	42	19	38	17	13	14	23
18	31	0	29	20	27	29	25	24	23	2	20	17	17	2
24	35	38	33	47	31	43	29	25	26	47	23	42	20	2
30	40	30	38	30	36	15	33	41	30	49	27	26	23	22
♊ 6	45	39	43	31	41	7	38	23	35	15	31	34	27	7
12	51	8	48	52	46	20	43	27	40	8	36	13	31	26
18	56	56	54	35	51	56	48	56	45	28	41	22	36	20
24	63	0	60	36	57	54	54	49	51	15	47	1	41	49
30	69	25	66	59	64	16	61	10	57	34	53	28	48	2
♋ 6	76	6	73	42	71	0	67	55	64	21	60	7	54	55
12	83	2	80	41	78	2	75	2	71	34	67	28	62	26
18	90	0	87	54	85	22	82	29	79	10	75	15	70	28
24	97	27	95	19	92	55	90	11	87	3	83	22	78	55
30	104	54	102	54	100	39	98	5	95	13	91	50	87	46
♌ 6	112	24	110	33	108	30	106	11	103	33	100	28	96	48
12	119	56	118	16	116	25	114	20	111	58	109	13	105	58
18	127	29	126	0	124	23	122	32	120	28	118	3	115	13
24	135	4	133	46	132	21	130	48	128	59	126	56	124	31
30	142	38	141	33	140	23	139	3	137	38	135	52	133	52
♍ 6	150	11	149	19	148	23	147	20	146	8	144	47	143	12
12	157	41	157	1	156	19	155	29	154	38	153	36	152	24
18	165	7	164	40	164	12	163	41	163	5	162	24	161	47
24	172	34	172	21	172	6	171	51	171	33	171	12	170	49
30	180	0	180	0	180	0	180	0	180	0	180	0	180	0

(右栏标注：5, 10, 15, 20, 25, 30)

斜 球 赤 经 表														
黄 道	天 极 高 度													
	39		42		45		48		51		54		57	
	赤经		赤经		赤经		赤经		赤经		赤经		赤经	
符号 度	度	分	度	分	度	分	度	分	度	分	度	分	度	分
♎ 6	187	26	187	39	187	54	188	9	188	27	188	48	189	11
12	194	53	195	19	195	48	196	19	196	55	197	36	198	23
18	202	21	203	0	203	41	204	30	205	24	206	25	207	36
24	209	49	210	41	211	37	212	40	213	52	215	13	216	48
30	217	22	218	27	219	37	220	57	222	22	224	8	226	8
♏ 6	224	56	226	14	227	38	229	12	231	1	233	4	235	29
12	232	31	234	0	235	37	237	28	239	32	241	57	244	47
18	240	4	241	44	243	35	245	40	248	2	250	47	254	2
24	247	36	249	27	251	30	253	49	256	27	259	32	263	12
30	255	6	257	6	259	21	261	52	264	47	268	10	272	14
♐ 6	262	33	264	41	267	5	269	49	272	57	276	38	281	5
12	269	50	272	6	274	38	277	31	280	50	284	45	289	32
18	276	58	279	19	281	58	284	58	288	26	292	32	297	34
24	283	54	286	18	289	0	292	5	295	39	299	53	305	5
30	290	35	293	1	295	45	298	50	302	26	306	42	311	58
♑ 6	297	0	299	24	302	6	305	11	308	45	312	59	318	11
12	303	4	305	25	308	4	311	4	314	32	318	38	323	40
18	308	52	311	8	313	40	316	33	319	52	323	47	328	34
24	314	21	316	29	318	53	321	37	324	45	328	26	332	53

(右栏标注：5, 10, 15)

续表

斜球赤经表

黄道		天极高度													
		39		42		45		48		51		54		57	
		赤经		赤经		赤经		赤经		赤经		赤经		赤经	
符号	度	度	分	度	分	度	分	度	分	度	分	度	分	度	分
	30	319	30	321	30	323	45	326	19	329	11	332	34	336	38	20
	6	324	21	326	13	328	16	330	35	333	13	336	18	339	58
	12	329	0	330	40	332	31	334	36	336	58	339	43	342	58
♒	18	333	21	334	50	336	27	338	18	340	22	342	47	345	37
	24	337	30	338	48	340	3	341	46	343	35	345	38	348	3
	30	341	34	342	39	343	49	345	9	346	34	348	20	350	20	25
	6	345	29	346	21	347	17	348	20	349	32	350	53	352	28
♓	12	349	11	349	51	350	33	351	21	352	14	353	16	354	26
	18	352	50	353	16	353	45	354	16	354	52	355	33	356	20
	24	356	26	356	40	356	23	357	10	357	53	357	48	358	11
	30	360	0	360	0	360	0	360	0	360	0	360	0	360	0	30

黄道与地平圈交角表 (33)

黄道		天极高度														黄道	
		39		42		45		48		51		54		57			
		交角		交角		交角		交角		交角		交角		交角			
符号	度	度	分	度	分	度	分	度	分	度	分	度	分	度	分	符号	
♈	0	27	32	24	32	21	32	18	32	15	32	12	32	9	32	30
	6	27	37	24	36	21	36	18	36	15	35	12	35	9	35	24
	12	27	49	24	49	21	48	18	47	15	45	12	43	9	41	18
	18	28	13	25	9	22	6	19	3	15	59	12	56	9	53	12
	24	28	45	25	40	22	34	19	29	16	23	13	18	10	13	6	5
♉	30	29	27	26	15	23	11	20	5	16	56	13	45	10	31	30
	6	30	19	27	9	23	59	20	48	17	35	14	20	11	2	24
	12	31	21	28	9	24	56	21	41	18	23	15	3	11	40	18
	18	32	35	29	20	26	3	22	43	19	21	15	56	12	26	12
	24	34	5	30	43	27	23	24	2	20	41	16	59	13	20	6	10
♊	30	35	40	32	17	28	52	25	26	21	52	18	14	14	26	30
	6	37	29	34	1	30	37	27	5	23	11	19	42	15	48	24
	12	39	32	36	4	32	32	28	56	25	15	21	25	17	23	18
	18	41	44	38	14	34	41	31	3	27	18	23	25	19	16	12
	24	44	8	40	32	37	2	33	22	29	35	25	37	21	26	6	15
♋	30	46	41	43	11	39	33	35	53	32	5	28	6	23	52	30
	6	49	18	45	51	42	15	38	35	34	44	30	50	26	36	24
	12	52	3	48	34	45	0	41	8	37	55	33	43	29	34	18
	18	54	44	51	20	47	48	44	13	40	31	36	40	32	39	12
	24	57	30	54	5	50	38	47	6	43	33	39	43	35	50	6	20
♌	30	60	4	56	42	53	22	49	54	46	21	42	43	38	56	30
	6	62	40	59	27	56	0	52	34	49	9	45	37	41	57	24
	12	64	59	61	44	58	26	55	7	51	46	48	19	44	48	18
	18	67	7	63	56	60	20	57	26	54	6	50	47	47	24	12
	24	68	59	65	52	62	42	59	30	56	17	53	7	49	47	6	25
♍	30	70	38	67	27	64	18	61	17	58	9	54	58	52	38	30
	6	72	0	68	53	65	51	62	46	59	37	56	27	53	16	24
	12	73	4	70	2	66	59	63	56	60	53	57	50	54	46	18
	18	73	51	70	50	67	49	64	48	61	46	58	45	55	44	12
	24	74	19	71	20	68	20	65	19	62	18	59	17	56	16	6	30
	30	74	28	71	28	68	28	65	28	62	28	59	28	56	28	0

第11章　这些表的使用

有了上面讲述的知识,这些表的用法已经清楚。当太阳的度数已知时,可以求得赤经。对每一等长小时,加上赤道的15°。如果总和超过一个整圆的360°,就须去掉这个数目。赤经的余量表示在所讨论的时辰(从正午算起)黄道在中天的有关度数。如果对所讨论的区域的斜球经度作同样运算,便可用从日出算起的时辰求得黄道的升起分度。此外,正如我在前面已经说明的〔Ⅱ,19〕,对位于黄道外面而赤经已知的任何恒星来说,这些表通过从春分点算起的相同赤经,给出与这些恒星一同上中天的黄道分度。因为由表可以直接查出黄道的斜球经度和分度,这些恒星的斜球经度给出与它们一同升起的黄道度数。对于沉没,可用同样方法进行计算,但总是在相反的位置上。进一步说,在中天的赤经加上一个象限,求得的和为升起分度的斜球经度。因此,用在中天的分度也可求得升起的分度,反之亦然。下面一个表给出赤道与地平圈的交角。这些角由在升起时黄道的分度决定。由这些角还可以了解,黄道的90°离地平圈的高度有多大。在计算日食时,这个高度是绝对必须知道的。

第12章　通过地平圈的两极向黄道所画圆的角与弧

我在下面要阐述出现在黄道与一些圆的交点的角和弧的理论,这些圆通过地平圈的天顶而地平圈上面的高度就取在这些圆上。但是太阳在正午的高度或黄道在中天的任何分度的高度,以及黄道与子午圈的交角,都已在上面说明了〔Ⅱ,10〕。子午圈也是通过地平圈天顶的一个圆。上升时的角度也已讨论过了。从直角减去该角的余量,就是升起的黄道与通过地平圈天顶的象限所夹的角。

重画前面的图〔Ⅱ,10〕,剩下的问题是讨论圆圈之间的交点。我指的是子午圈与黄道半圆和地平圈半圆的交点。在黄道上取正午和升起或正午和沉没之间的任意点。令此点为G。

通过它从地平圈极点F画象限FGH。通过指定的时辰可得在子午圈与地平圈之间黄道的整个弧段AGE。假设AG已知。因为正午高度AB已知,AF可同样求得。子午圈角FAG也可知。因此,按以前对球面三角形的论证,FG也可求得。余量GH(即G的高度)以及角FGA均可知。这些即为我们所求。

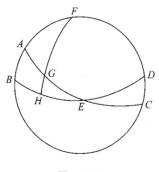

图　2-11

以上对与黄道有关的角度和交点的论述,是我在校核对球面三角形的一般讨论时从托勒密的著作中扼要摘引的。如果有人想钻研这一课题,他自己可以找到更多的应用,而我只是作为例子讨论了少数应用题材。

［一种较早的译本在Ⅰ,12 的后面一部分保存了写在 46^r 号对开纸[34]上手稿的内容,没有任何迹象表明这部分已被替换。它从上面第二段第二句话的中间,在谈黄道上任意点的选择处开始。］

在升起与正午之间。令它为 η,其象限为 $\zeta\eta\theta$[35]。通过指定的时辰,弧 $\alpha\eta\varepsilon$ 已知,同样 $\alpha\eta$ 以及子午圈角为 $\zeta\alpha\eta$ 的 $\alpha\zeta$ 均可知。因此,按球面三角形的定理十一[36],弧 $\zeta\eta$ 和角 $\zeta\eta\alpha$ 都可知。这些即为我们所求。两倍 $\varepsilon\eta$ 和两倍 $\eta\theta$ 所对弦之比,以及两倍 $\varepsilon\alpha$ 及两倍 $\alpha\beta$ 弧所对弦之比,都等于半径与角 $\eta\theta$ 的截距[37]之比。因此固定点 η 的高度 $\eta\theta$ 可知。但是在三角形 $\eta\theta\varepsilon$ 中,$\eta\varepsilon$ 和 $\eta\theta$ 两边已知,角 ε 也已知,而 θ 为直角。用这些量还可以求得角 $\varepsilon\eta\theta$ 的大小。我对角度和圆周截段的这一论述,是我在校核对三角形的一般讨论时从托勒密和其他人[38]的著作中扼要摘引的。如果有人想钻研这一课题,他自己能找到比我作为例子来讨论的要多得多的应用题材。

第13章　天体的出没[39]

天体的出没也由周日旋转引起,这是很明显的。不仅我刚才讨论过的那些简单的出没情况如此,还有一些天体因此而成为晨星和昏星。虽然后面的现象与周年运转有关,但是在这里予以讨论较为适宜。

古代数学家[40]把真出没和似出没现象区别开来。真出没是这样的。一个天体的晨升与日出同时发生。在另一方面,天体的晨没是它在日出时沉没[41][42]。在整个这段时期,这个天体称为"晨星"。但是昏升是天体在日没时出现。在另一方面,昏没指的是天体与太阳同时沉没。在中间这段时期,它称为"昏星",因为它在白昼隐而不见并在夜晚出现。

对比起来,似出没的情况如下[43]。天体在破晓时和日出之前首次显露并开始出现,这是晨升。在另一方面,在太阳刚要升起时天体看起来正好沉没,此为晨没。天体的昏升出现在它第一次看起来是在黄昏时升起的时候。但是它的昏没发生在日没后它不再出现的时候。因此,太阳的出现使天体黯然消失,直到它们都晨升时天体才在上面描述的序列中显现。

这些对恒星出现的现象,对土星、木星和火星这些行星也同样发生。可是金星与水星的出没情况就不一样。在太阳临近时它们不像其他行星那样会消失,也不因太阳离去而显现。与此相反,当它们向太阳靠近时,它们沉浸在太阳的光芒中,但自己仍清晰可见。不像其他行星都有昏升与晨没,它们在任何时候都不会黯然无光,而是几乎通宵都照耀长空。在另一方面,从昏没到晨升金星和水星完全消失,在任何地方都看不见。还有另外一个区别。对土星、木星与火星来说,真出没在清晨早于视出没,而在黄昏却迟一些,相差的限度是对第一种情况来说真出没发生在日出之前,而对第二种情况是在日没之后[44]。在另一方面,对低行星①来说,形似的晨升与昏升都比真实的迟,而沉没却早一些。

---

① 指水星和金星等内行星。

在前面我解释了具有已知位置的任一颗星的斜球经度以及它出没时的黄道分度〔Ⅱ,9〕,从这些内容便可以理解确定出没的方法。如果在该时刻太阳出现在该分度或相对的分度上,恒星就有其真晨昏出没。

由这些论述可知,视出没因每一天体的亮度和大小而异。亮度较强的天体在太阳的光芒中隐没不见的时间短于亮度较弱的天体。进一步说,隐没和出现的极限是由近地平圈弧决定的。这些弧是在通过地平圈极点的圆周上,位于地平圈与太阳之间。对于一等星来说,这些极限几乎为12°;对土星为11°;对木星为10°;对火星为11½°;对金星为5°;而对水星为10°(45)。但是白昼的残余归属于黑夜的整个范围,即包含黄昏或破晓的范围,在上面谈到的圆圈中共占18°。当太阳下沉了这18°时,较暗的星星也开始出现。有些人把一个平行于地平圈的平面放在地平圈下面这个距离处。当太阳到达这个平面时,他们就说白昼正在开始或黑夜正在终了。我们可以知道天体出没的黄道分度。我们也可以找到黄道与地平圈在同一分度相交的角度。按照上面谈到的对所讨论天体确定的极限,我们还能对那个时刻找到足够多的并与太阳在地平圈下深度有关的,在升起分度与太阳之间的许多黄道分度。如果情况如此,我们可以断定第一次出现或消失正在发生。然而,我在前面关于太阳在地面之上的高度的论述中所解释的一切,对于太阳往地面之下沉没,在一切方面都是适用的。这是因为除位置外没有任何差别。于是,天体在可见半球中沉没,即是在不可见半球中升起,一切正好相反,而这是容易了解的。因此,关于天体的出没和地球的周日旋转,我们所谈的可以说已经足够了。

第14章　恒星位置的研究和恒星在星表中的排列

〔按哥白尼原来的写作计划,这是一本新书的开始(46)。本章前面三分之二的一份早期草稿本包含了手稿对开纸46ᵛ—47ᵛ页的内容,没有迹象表明它已修改过。早期草稿本在此处比印刷本讲得更清楚。下面也将它翻译出来。〕

早期草稿本(47):

我既然已经阐述了地球的周日自转和它对昼夜及其各部分以及变化所产生的效果,下面应该讲解周年运转了。然而不少天文学家都赞成把恒星现象优先,当作这门科学的基本传统做法。于是我想到过,我也应该这样办。在我的原则和基本论点中,我已经假定恒星天球是绝对不动的,而行星的游荡理应与它对比,这是因为运动要求有某种静止的东西。可是也许有人会感到奇怪,为什么我采用了这样的次序。须知托勒密在他的《至大论》〔Ⅲ,1,序言〕中指出,除非首先取得对太阳和月亮的知识,就不能了解恒星,并由于这个缘故他认为必须推迟他对恒星的讨论。

我认为应当反对这种意见。在另一方面,如果你认为它是为计算太阳和月亮的视运动而提出的,那么托勒密的意见也许是好的。几何学家门涅拉斯(Menelaus)(48)根据恒星合月进行计算,并记载大多数恒星及其位置。

早期草稿本：

我当然承认，不能脱离月亮的位置而测定恒星的位置，反过来说月亮位置也不能离开太阳位置而测定。但是这些都是需要借助于仪器才能解决的问题，而我相信用任何别的办法都不能研究这一课题。在另一方面，我坚持认为，任何人如果置恒星于不顾，他就决不可能用精确的表格建立太阳和月亮的运动与运转的理论。由此可以了解，托勒密和在他前后的其他学者，只是用分日和至日来推导太阳年的长度，他们力求探寻一些基本规律，总是不能对这个长度得出一致的结果。因此可以认为，没有别的课题会出现更大的分歧。这使大多数专家感到困惑难解，以致他们几乎放弃了精通天文学的愿望，并宣称天体的运动超越了人类的思维能力。托勒密了解这种想法，他〔《至大论》，Ⅲ，1〕在推算当时的太阳年时，也曾怀疑随着时间的推移会出现某种误差，并劝告后人在钻研这一课题时要取得更高的精度。因此，我认为在本书中首先应当论证仪器对测定太阳、月亮和恒星的位置（即是它们与一个分点或至点的距离）会起多大的作用，其次是要说明装点成为星座的恒星天球。

我在下面即将说明，如果我们借助于仪器，通过对太阳和月亮位置的仔细检验，这样来确定任何一颗恒星的位置，结果会好得多。有些人认为，只须用分日和至日而不必管恒星就可以确定太阳年的长度。他们徒劳无功的努力也教训了我。在这种持续到当代的努力尝试中，他们从来没有取得一致结果，因此任何其他地方也不会有这样大的分歧。托勒密注意到这一点。在他推算当时的太阳年时，他也曾怀疑随着时间的推移会出现某种误差。他劝告后人在钻研这一课题时要取得更高的精度。于是我认为在本书中值得说明，用仪器和技巧怎样能确定太阳和月亮的位置，即是它们与春分点或宇宙中其他基点的距离。这些位置会使我们对其他天体的研究变得方便。这些其他天体使布满星座的恒星天球呈现在我们的眼前，这是一种表现方式[49]。

我已经描述了测定回归线距离、黄赤交角以及天球倾角或赤道极点高度的仪器〔Ⅱ，2〕。用同样方法可以得出太阳在正午的任何其他高度。从它与天体倾角的差值，这个高度可使我们求得太阳赤纬的数值。然后从这个赤纬值，由一个分点或至点量起的太阳在正午的位置也就显然可知了。在24小时的周期中就我们看来太阳移动了将近1°，因此每小时的分量为$2\frac{1}{2}'$。这样一来，对正午以外的任何指定时辰，太阳的位置都容易求得[50]。

但是为了观测月亮和恒星的位置，制成了另一种仪器，托勒密称之为"星盘"〔《至大论》，Ⅴ，1〕。仪器上的两个环或四边形环架的平边与其凸—凹表面垂直。两个环大小相等，各方面都类似，其大小以便于使用为度。这即是说，如果太大，就不便于操作。但从另一方面说来，为了精细分度，大型仪器比小型为好。因此可取环的宽度和厚度至少为直径的$\frac{1}{30}$。把它们连接起来，沿直径相互垂直，凸—凹表面合在一起好似一个单独的球面。实际上，把一个环放在黄道的位置上，而另一个通过两个圆（我指的是赤道和黄道）的极点。把黄道环的边划分为等分（一般为360等分），而按仪器的大小还可以再划分。在另一个环上测出从黄道量起的象限，并标明黄道的两极。从这两极按黄赤交角的比例各取一段距离，把赤道的两极也标出来。

在这些环这样安装好后，还装了其他两个环。它们装在黄道的两极上，并可在两极上面移动,一个环在外面动,另一个在里面动。就两个平面间的厚度来说,这些环与其他环相等,而它们边缘的宽度相似。这些环装配在 起,使大环的凹面与黄道的凸面到处接触,同时小环的凸面也与黄道的凹面到处接触。然而要求它们转动时没有阻碍,并且它们可以让黄道及其子午圈自由而轻便地在它们上面滑动,反过来也是这样。于是我们在圆环上、在黄道正好相对的两极穿孔,并插进轴杆来固定和支撑这些环。把内环也分成 360 个相等的分度,使每个象限从极点量起为 90°。

进一步说,在这个环的凹面上应当装有另一个环,即第五个环,而它能够在同一平面内转动。在这个环的边缘装上正好相对的托架,托架上有孔径和窥视孔或目镜。星光射到它们上面并沿环的直径射出,这是屈光学的做法。此外,为了测定纬度,在环的两边安装一些板子,作为套环上数字的指示器。

最后,还应当加上第六个环,用来盛放和支撑整个星盘。星盘悬挂在位于赤道两极的扣拴上面。把第六个环放在一个台子上,台子使它垂直于地平面。进一步说,当这个环的两极已经调节到球的倾角方向时,要使星盘子午圈的位置与自然界子午圈位置相合,而不能有一丝一毫的偏离。

于是我们希望用这种类型的仪器测出恒星的位置。在黄昏即夕阳欲坠时,如果月亮也能望见,把外环放在我们按前述求得的太阳当时应在的黄道分度上。把两个环的交点也转向太阳,使该两环(我指的是黄道和通过黄道两极的外环)相互所投的影子一样长。接着把内环转向月亮。把眼睛放在内环平面上,在我们看来月亮是在对面,它似乎是被同一平面所等分,我们把这一点标在仪器的黄道上。这就是在那个时刻所观测到的月亮黄经位置。事实上,没有月亮就无法了解恒星的位置,这是因为在一切天体中只有它在白昼和夜晚都能出现。当夜幕降临时,就可以看见我们要测定其位置的恒星。把外环放到月亮的位置上。用这个环把星盘调到月亮的位置上,就像对太阳作过的那样。随后把内环转向恒星,直至它接触环平面并用装在里面小环上的目镜可以看见。用这一方法可以求得恒星的黄经及其黄纬。在这些操作都已完成后,在我们的眼前就出现在中天的黄道分度,因此进行观测的时刻就一清二楚了。

早期草稿本:

在这些环已经这样安置好以后,还作了其他两个环。它们的直径与前面两个环不相等,但厚度和宽度与它们相似。把后面这一对环装在黄道的两极上,一个在外面,另一个在里面。在它们上面整齐地打孔并装上轴杆,环可以绕轴杆旋转。但是它们放在一起,外环的凸面和内环的凹面都与黄道接触,但没有任何妨碍它们旋转的摩擦力。在内环上和在黄道上一样,各个象限都划分为度。此外,在内环的凹面并在同一平面上还须装有上一个环,此环能够在不干扰内环的情况下在平面上旋转。为了测定纬度,这个第五环附有带孔径的、正好相对的托架,这是屈光学的做法。最后,还应装上能够支撑整个星盘的第六个环,而我已说过,星盘钉紧并悬挂在赤道的两极上。把这个第六环装在一个台子或某个其他较高的地方,要使该环垂直于地平面。此外,在它的两极已经调节到环的倾角时,要使环的子午圈保持与自然界子午圈一致的位置,而决不能让环偏离子午圈。

于是我们希望用这种类型的仪器测出恒星的位置。在黄昏即夕阳欲坠时,如果月亮也能望见,把外环放在我们认为那时太阳会出现的仪器黄道分度上。把两个环的交点也转向太阳,使该两环(黄道和通过黄道两极的外环)相互所投的影子一样长并彼此等分。接着把内环转向月亮。眼睛在某一边,就我们看来月亮是在对面,它似乎是被同一平面所等分。我们把这一点标在仪器的黄道上,这就是那时月亮黄经的位置。没有月亮就无法得出恒星的位置,因为只有月亮才是白昼与黑夜的中介物。当夜幕降临时,我们要测定其位置的恒星现在可以看见了。把外环放到月亮的位置上。用这个环把星盘调到月亮的位置上,就像对太阳作过的那样。随后把内环转向恒星,直至……(早期草稿本在此突然结束)

举例来说,在安东尼厄斯・皮厄斯(Antonius Pius)皇帝在位的第二年,在埃及历八月的第九日,在日落之际,托勒密在亚历山大城想测定狮子座胸部一颗称为轩辕十四[①]的恒星的位置〔《至大论》,Ⅶ,2〕。把星盘对准正在沉落的太阳,这时是在午后 $5\frac{1}{2}$ 分点小时,他发现太阳是在双鱼宫之内 $3\frac{1}{24}°$[(51)]。靠移动内环,他观测到月亮是在太阳后面 $92\frac{1}{8}°$。因此当时看到的月亮位置是在双子宫内 $5\frac{1}{6}°$。在半小时后,当午后第六小时结束时,恒星已经开始出现,在双子宫内 $4°$,位于中天。托勒密把仪器外环转向找到月亮的位置。用内环操作,他沿黄道各宫的次序测出恒星与月亮的距离为 $57\frac{1}{10}°$。前面已经提到,月亮距落日为 $92\frac{1}{8}°$,这使月亮固定在双子座内 $5\frac{1}{6}°$。但是在半小时内月亮应当移过了 $\frac{1}{4}°$,因为月亮每小时运动的范围在 $\frac{1}{2}°$ 上下。然而由于月球视差(在那个时刻应当减掉这个量),月亮移动的范围应当略小于 $\frac{1}{4}°$,而他测出的差值约为 $\frac{1}{2}°$。因此,月亮应该在双子座内 $5\frac{1}{3}°$。但是在我讨论月球视差时将清楚地指出,差值并没有这样大〔Ⅵ,16〕。于是完全清楚,观测到的月亮位置在双子座内超过 $5°$ 的部分大于 $\frac{1}{4}°$,几乎不会小于 $\frac{2}{5}°$[(52)]。对于这个位置来说,加上 $57\frac{1}{10}°$ 就确定恒星的位置是在狮子座内 $2\frac{1}{2}°$,与太阳夏至点的距离约为 $32\frac{1}{2}°$,纬度为北纬 $\frac{1}{6}°$。这是轩辕十四在那个时刻的位置[(53)],通过它可以确定其他一切恒星。按罗马历法,托勒密进行这次观测的日期为公元 139 年 2 月 23 日,即在第 229 届奥林匹克运动会期[②]的第一年[(54)]。

那位最杰出的天文学家就用这个方法测定了每颗恒星与当时春分点的距离,并且他提出了表示天穹物体的星座。他的这些成就对我的这项研究大有裨益,使我免除了艰苦的工作。我认为恒星的位置不应当以随时间漂移的二分点为依据来确定,倒是二分点应以恒星天球为依据来确定。于是用某一个其他的不变的起点[(55)],我可以轻易地开始编制星表。我决定从黄道第一宫(即白羊宫)开始,并用在它前端的第一颗点作为起点。我的目的是,那些作为一群而发光的天体会永远保持相同的确定形状,似乎它们一旦取得永久性的位置后就固定并连接在一起。由于古人的令人惊奇的热忱和技巧,天体组合成 48 个图形。例外的是通过罗得斯岛[③]附近的第四地区的永久隐星圈所包含的恒星,因此这些古人所不知道的恒

① 即狮子座 α 星。
② 即古希腊两次奥林匹克运动会之间的四年期间。
③ 多德卡尼(Dodecanese)群岛之一,在土耳其西南。

星不属于任何星座。按小西翁(Theon)①在评论阿拉塔斯(Aratus)②(56)时所发表的意见,有些恒星组成图形的理由并非是它们为数太多,必须划为若干部分,然后逐一命名,这些恒星也未归入星座。这种作法古已有之,因为甚至约伯(Job)③、海希奥德(Hesiod)④与荷马(Homer)⑤都提到过昴星团、毕星团、大角⑥和猎户星座(57)。因此在按黄经对恒星列表时(58),我不准备使用由二分点与二至点得出的黄道十二宫,而用简单的和熟悉的度数。在其他一切方面我都将遵循托勒密的做法,除掉个别地方我发现有错谬或误解之处。至于测定恒星与那些基点之距离的方法,我将在下一卷中讲述。

星座与恒星描述表(59)

一、北天区

星　　座	黄　经		黄　纬		星等
	度	分		度	分	

星　　座	黄经度	黄经分	黄纬方向	黄纬度	黄纬分	星等
小熊或狗尾						
在尾梢	53	30	北	66	0	3
在尾之东	55	50	北	70	0	4
在尾之起点	69	20	北	74	0	4
在四边形西边偏南	83	0	北	75	20	4
在同一边偏北	87	0	北	77	10	4
在四边形东边偏南	100	30	北	72	40	2
在同一边偏北	109	30	北	74	50	2
共 7 颗星:2 颗为 2 等,1 颗为 3 等,4 颗为 4 等						
在星座外面离狗尾不远,在与四边形东边同一条直线上,在南方很远处	103	20	北	71	10	4
大熊,又称北斗						
大熊口	78	40	北	39	50	4
在两眼的两星中西面一颗	79	10	北	43	0	5
上述东面的一颗	79	40	北	43	0	5
在前额两星中西面一颗	79	30	北	47	10	5
在前额东面	81	0	北	47	0	5
在西耳边缘	81	30	北	50	30	5
在颈部两星中西面一颗	85	50	北	43	50	4
东面一颗	92	50	北	44	20	4
在胸部两星中北面一颗	94	20	北	44	0	4
南面更远的一颗	93	20	北	42	0	4
在左前腿膝部	89	0	北	35	0	3
在左前爪两星中北面一颗	89	50	北	29	0	3
南面更远的一颗	88	40	北	28	30	3
在右前腿膝部	89	0	北	36	0	4

星　　座	黄经度	黄经分	黄纬方向	黄纬度	黄纬分	星等
在膝部之下	101	10	北	33	30	4
在肩部	104	0	北	49	0	2
在膝部	105	30	北	44	30	2
在尾部起点	116	30	北	51	0	3
在左后腿	117	20	北	46	30	2
在左后爪两星中西面一颗	106	0	北	29	38	3
上述东面的一颗	107	30	北	28	15	3
在左后腿关节处	115	0	北	35	15	4
在右后爪两星中北面一颗	123	10	北	25	50	3
南面更远的一颗	123	40	北	25	0	3
尾部三星中在尾部起点东面的第一颗星	125	30	北	53	30	2
这三星的中间一颗	131	20	北	55	40	2
在尾梢的最后一颗	143	10	北	54	0	2
共 27 颗星:6 颗为 2 等,8 颗为 3 等,8 颗为 4 等,5 颗为 5 等						
靠近北斗,在星座外面						
在尾部南面	141	10	北	39	45	3
在前面一星西面较暗的一颗	133	30	北	41	20	5
在熊的前爪与狮头之间	98	30	北	17	15	4
比前一星更偏北的一颗	96	40	北	19	10	4
三颗暗星中最后的一颗	99	30	北	20	0	暗
在前一星的西面	95	30	北	22	45	暗
更偏西	94	30	北	23	15	暗
在前爪与双子之间	100	20	北	22	15	暗
在星座外面共 8 颗星:1 颗为 3 等,2 颗为 4 等,1 颗为 5 等,4 颗为暗星						
天龙						

---

① 亚历山大城的诡辩家,生卒日期不悉。
② 古希腊政治家(前 271—前 213)。
③ 希伯来之族长。
④ 公元前 8 世纪之希腊诗人。
⑤ 古希腊著名诗人,约生于公元前 9 世纪。
⑥ 即牧夫座 α 角。

星　　座	黄经 度	分	黄纬	度	分	星等
在舌部	200	0	北	76	30	4
在嘴部	215	10	北	78	30	亮于4
在眼睛上面	216	30	北	75	40	3
在脸颊	229	40	北	75	0	3
在头部上面	223	30	北	75	30	3
在颈部第一个扭曲处北面的一颗	258	40	北	82	0	4
这些星中南面的一颗(60)	295	50	北	78	15	4
这些同样星的中间一颗	262	10	北	80	0	4
在颈部第二个扭曲处上述星的东面	282	50	北	81	10	4
在四边形西边朝南的星	331	20	北	81	40	4
在同一边朝北的星	343	50	北	83	0	4
在东边朝北的星	1	0	北	78	50	4
在同一边朝南的星	346	10	北	77	50	4
在颈部第三个扭曲处三角形朝南的星	4	0	北	80	30	4
在三角形其余两星中朝西的一颗	15	0	北	81	40	5
朝东的一颗	19	30	北	80	15	5
在西面三角形的三星中朝东的一颗	66	20	北	83	30	4
在同一三角形其余两星中朝南一颗	43	40	北	83	30	4
在上述两星中朝北一颗	35	10	北	84	50	4
在三角形之西两小星中朝东的一颗(61)	110	0	北	87	30	6
在这两星中朝西一颗(62)	105	0	北	86	50	6
在形成一条直线的三星中朝南一颗	152	30	北	81	15	5
三星的中间一颗	152	50	北	83	0	5
偏北的一颗	151	0	北	84	50	3
在上述恒星西面两星中偏北一颗	153	20	北	78	0	3
偏南的一颗	156	30	北	74	40	亮于4
在上述恒星西面,在尾部卷圈处	156	0	北	70	0	3
在相距非常远的两星中西面一颗	120	40	北	64	40	4
在上述两星中东面一颗	124	30	北	65	30	3
在尾部东面(63)	102	30	北	61	15	3
在尾梢(64)	96	30	北	56	0	3

因此,共31颗星;8颗为3等,17颗为4等,4颗为5等,2颗为6等

仙王(65)

星　　座	黄经 度	分	黄纬	度	分	星等
在右脚	28	40	北	75	40	4
在左脚	26	20	北	64	15	4
在腰带之下的右面	0	40	北	71	10	4
在右肩之上并与之相接	340	0	北	69	0	3
与右臀关节相接	332	40	北	72	0	4
在同一臀部之东并与之相接	333	20	北	74	0	4
在胸部	352	0	北	65	30	5
在左臂	1	0	北	62	30	亮于4
在王冕的三星中南面一颗	339	40	北	60	15	5
这三星的中间一颗	340	0	北	61	15	4
在这三星中北面一颗	342	20	北	61	30	5

共11颗星;1颗为3等,7颗为4等,3颗为5等

星　　座	黄经 度	分	黄纬	度	分	星等
在星座外面的两星中位于王冕西面的一颗	337	0	北	64	0	5
它东面的一颗	344	40	北	59	30	4

牧夫或驯熊者

星　　座	黄经 度	分	黄纬	度	分	星等
在左手的三星中西面一颗	145	40	北	58	40	5
在三星中间偏南一颗	147	30	北	58	20	5
在三星中东面一颗	149	0	北	60	10	5
在左臀部关节	143	0	北	54	40	5
在左肩	163	0	北	49	0	3
在头部	170	0	北	53	50	亮于4
在右肩	179	0	北	48	40	4
在棍子处的两星中偏南一颗	179	0	北	53	15	4
在棍梢偏北的一颗	178	20	北	57	30	4
在肩部之下长矛处的两星中北面一颗	181	0	北	46	10	亮于4
在这两星中偏南一颗	181	50	北	45	30	5
在右手顶点	181	35	北	41	20	5
在手掌的两星中西面一颗	180	0	北	41	40	5
在上述两星中东面一颗	180	20	北	42	30	5
在棍柄顶端	181	0	北			5
在右腿	173	20	北	40	15	3
在腰带的两星中东面一颗	169	0	北	41	40	4
西面的一颗	168	0	北	42	10	亮于4
在右脚后跟	178	40	北	28	0	3
在左腿的三星中北面一颗	164	40	北	28	0	4
这三星的中间一颗	163	50	北	26	30	4
偏南的一颗	164	50	北	25	0	4

共22颗星;4颗为3等,9颗为4等,9颗为5等

星　　座	黄经 度	分	黄纬	度	分	星等
在星座外面位于两腿之间,称为"大角"	170	20	北	31	30	1

北冕

星　　座	黄经 度	分	黄纬	度	分	星等
在冕内的亮星	188	0	北	44	30	亮于2
众星中最西面的一颗	185	0	北	46	10	亮于4
在上述恒星之东,北面	185	10	北	48	0	5
在上述恒星之东,更偏北	193	0	北	50	0	6
在亮星之东,南面	191	30	北	44	45	4
紧靠上述恒星的东面	190	30	北	44	50	4
比上述恒星略偏东	194	40	北	46	10	4
在冕内众星中最东面的一颗	195	0	北	49	20	4

共8颗星;1颗为2等,5颗为4等,1颗为5等,1颗为6等

跪拜者①

星　　座	黄经 度	分	黄纬	度	分	星等
在头部	221	0	北	37	30	3
在右腋窝	207	0	北	43	0	3
在右臂	205	0	北	40	10	3
在腹部右面	201	20	北	37	10	4
在左肩(66)	220	0	北	48	0	3
在左臂	225	20	北	49	30	亮于4
在腹部左面	231	0	北	52	0	4
在左手掌的三星中东面一颗	238	50	北	52	50	亮于4
在其余两星中北面一颗	235	0	北	54	0	亮于4
偏南的一颗	234	50	北	53	0	4
在右边	207	10	北	56	10	3
在左边	213	30	北	53	30	4
在左臀	213	20	北	56	10	5

---

① 现为武仙座。

星座	黄经 度	分	黄纬	度	分	星等
在同一条腿的顶部	214	30	北	58	30	5
在左腿的三星中西面一颗	217	20	北	59	50	4
在上述恒星之东	218	40	北	60	20	4
在上述恒星东面的第三颗星	219	40	北	61	15	4
在左膝	237	10	北	61	0	4
在左大腿	225	30	北	69	20	4
在左脚的三星中西面一颗[67]	188	40	北	70	15	6
这三星的中间一颗	220	10	北	71	15	6
这三星的东面一颗	223	0	北	72	0	6
在右腿顶部	207	0	北	60	15	亮于4
在同一条腿偏北	198	50	北	63	0	4
在右膝	189	0	北	65	30	亮于4
在同一膝盖下面的两星中偏南一颗	186	40	北	63	40	4
偏北的一颗	183	30	北	64	15	4
在右胫	184	30	北	60	0	4
在右脚尖,与牧夫棍梢的星相同	178	20	北	57	30	4
不包括上面这颗恒星,共28颗:6颗为3等,17颗为4等,2颗为5等,3颗为6等						
在星座外面,右臂之南	206	0	北	38	10	5

天琴

星座	黄经 度	分	黄纬	度	分	星等
称为"天琴"或"小琵琶"的亮星	250	40	北	62	0	1
在相邻两星中北面一颗	253	40	北	62	40	亮于4
偏南的一颗	253	40	北	61	0	亮于4
在两臂曲部之间	262	0	北	60	0	4
在东边两颗紧接恒星中北面一颗	265	20	北	61	20	4
偏南的一颗	265	0	北	60	0	4
在横档之西的两星中北面一颗	254	0	北	56	0	4
偏南的一颗	254	10	北	55	0	暗于4
在同一横档之东的两星中北面一颗	257	30	北	55	0	3
偏南的一颗	258	20	北	54	45	暗于4
共10颗星:1颗为1等,2颗为3等,7颗为4等						

天鹅或飞鸟

星座	黄经 度	分	黄纬	度	分	星等
在嘴部	267	50	北	41	20	3
在头部	272	20	北	50	30	5
在颈部中央	279	20	北	54	30	亮于4
在胸口	291	50	北	56	20	3
在尾部的亮星	302	30	北	60	0	2
在右翼弯曲处	282	40	北	64	40	3
在右翼伸展处的三星中偏南一颗	285	50	北	69	40	4
在中间的一颗	284	30	北	71	30	亮于4
三颗星的最后一颗,在翼尖[68]	280	0	北	74	0	亮于4
在左翼弯曲处	294	10	北	49	30	3
在该翼中部	298	10	北	52	10	亮于4
在同翼尖端[69]	300	0	北	55	10	3
在左脚	303	20	北	55	10	亮于4
在左膝	307	50	北	57	0	4
在左脚的两星中西面一颗	294	30	北	64	0	4
东面的一颗	296	0	北	64	30	4
在右膝的云雾状恒星	305	30	北	63	45	5
共17颗星:1颗为2等,5颗为3等,9颗为4等,2颗为5等						

星座	黄经 度	分	黄纬	度	分	星等
在星座外面,天鹅附近,另外的两颗星						
在左翼下面两星中偏南一颗	306	0	北	49	40	4
偏北的一颗	307	10	北	51	40	4

仙后

星座	黄经 度	分	黄纬	度	分	星等
在头部	1	10	北	45	20	4
在胸口	4	10	北	46	45	亮于3
在腰带上	6	20	北	47	50	4
在座位之上,在臀部	10	0	北	49	0	亮于3
在膝部	13	40	北	45	30	3
在腿部	20	20	北	47	45	4
在脚尖	355	0	北	48	20	4
在左臂	8	0	北	44	20	4
在左肘	7	40	北	45	0	5
在右肘	357	40	北	50	0	6
在椅脚处	8	20	北	52	40	4
在椅背中部	1	10	北	51	40	暗于3
在椅背边缘[70]	357	10	北	51	40	6
共13颗星:4颗为3等,6颗为6等,1颗为5等,2颗为6等						

英仙

星座	黄经 度	分	黄纬	度	分	星等
在右手尖端,在云雾状包裹中	21	0	北	40	30	云雾状
在右肘	24	30	北	37	30	4
在右肩	26	0	北	34	30	暗于4
在左肩	20	50	北	32	20	4
在头部或云雾中	24	0	北	34	30	4
在肩胛部	24	50	北	31	10	4
在右边的亮星	28	10	北	30	0	2
在同一边的三星中西面一颗	28	40	北	27	30	4
中间的一颗	30	20	北	27	40	4
三星中其余的一颗	31	0	北	27	30	3
在左肘	24	0	北	27	0	4
在左手和在美杜莎(Medusa)[1]头部的亮星	23	0	北	23	0	2
在同一头部中东面的一颗	22	30	北	21	0	4
在同一头部中西面的一颗	21	0	北	21	0	4
比上述星更偏西的一颗	20	10	北	22	15	4
在右膝	38	10	北	28	15	4
在膝部,在上一颗星西面	37	10	北	28	10	4
在腹部的两星中西面一颗	35	40	北	25	10	4
东面的一颗	37	20	北	26	15	4
在右臀	37	30	北	24	30	5
在右腓	39	40	北	28	45	5
在左臀	30	10	北	21	40	亮于4
在左膝	32	0	北	19	50	3
在左腿	31	40	北	14	45	亮于3
在左脚后跟	24	30	北	12	0	暗于3
在脚顶部左边	29	40	北	11	0	亮于3
共26颗星:2颗为2等,5颗为3等,16颗为4等,2颗为5等,1颗为云雾状						

星座	黄经 度	分	黄纬	度	分	星等
靠近英仙,在星座外面						
在左膝的东面	34	10	北	31	0	5
在右膝的北面	38	20	北	31	0	5
在美杜莎头部的西面	18	0	北	20	40	暗弱

---

① 希腊神话中的蛇发女怪,被其目光触及者即化为石头。

星 座	黄经 度	黄经 分	黄纬	黄纬 度	黄纬 分	星等
共3颗星:2颗为5等,1颗暗弱						
驭夫或御夫						
在头部的两星中偏南一颗	55	50	北	30	0	4
偏北的一颗	55	40	北	30	50	4
左肩的亮星称为"五车二"①(71)	78	20	北	22	30	1
在右肩上	56	10	北	20	0	2
在右肘	54	30	北	15	15	4
在右手掌	56	10	北	13	30	亮于4
在左肘	45	20	北	20	40	亮于4
在西边的一只山羊中	45	30	北	18	0	暗于4
在左手掌的山羊中,靠东边的一只	46	0	北	18	0	亮于4
在左腓	53	10	北	10	10	暗于3
在右腓并在金牛的北角尖端	49	0	北	5	0	亮于3
在脚踝	49	20	北	8	30	5
在牛臀部	49	40	北	12	0	5
在左脚的一颗小星(72)	24	0	北	10	20	6
共14颗星:1颗为1等,1颗为2等,2颗为3等,7颗为4等,2颗为5等,1颗为6等						
蛇夫						
在头部	228	10	北	36	0	3
在右肩的两星中西面一颗	231	20	北	27	15	亮于4
东面的一颗	232	20	北	26	45	4
在左肩的两星中西面一颗	216	40	北	33	0	4
东面的一颗	218	0	北	31	50	4
在左肘	211	40	北	34	30	4
在左手的两星中西面一颗	208	20	北	17	0	4
东面的一颗	209	20	北	12	30	3
在右肘(73)	220	0	北	15	0	4
在右手,西面的一颗(74)	205	40	北	18	40	暗于4
东面的一颗(75)	207	40	北	14	20	4
在右膝	224	30	北	4	30	3
在右胫	227	0	北	2	15	亮于3
在右脚的四星中西面一颗	226	20	南	2	15	亮于4
东面的一颗	227	40	南	1	0	亮于4
东面第三颗	228	20	南	0	20	亮于4
东面余下的一颗	229	10	南	0	45	亮于4
与脚后跟接触(76)	229	30	南	1	0	5
在左膝	215	30	北	11	50	3
在左腿呈一条直线的三星中北面一颗	215	0	北	5	20	亮于4
这三星的中间一颗	214	0	北	3	10	5
三星中偏南一颗	213	10	北	1	40	亮于5
在左脚后跟	215	40	北	0	40	5
与左脚背接触	214	0	南	0	45	5
共24颗星:5颗为3等,13颗为4等,6颗为5等						
靠近蛇夫,在星座外面						
在右肩东面的三星中最偏北一颗	235	20	北	28	10	4
三星的中间一颗	236	0	北	26	20	4
三星的南面一颗	233	40	北	25	0	4
三星中偏东一颗	237	0	北	27	0	4
距这四颗星较远,在北面	238	0	北	33	0	4

星 座	黄经 度	黄经 分	黄纬	黄纬 度	黄纬 分	星等
因此,在星座外面共5颗星,都是4等						
蛇夫之蛇②						
在面颊的四边形里	192	10	北	38	0	4
与鼻孔相接(77)	201	0	北	40	0	4
在太阳穴	197	40	北	35	0	3
在颈部开端	195	20	北	34	15	3
在四边形中央和在嘴部	194	40	北	37	15	4
在头的北面(78)	201	30	北	42	30	4
在颈部第一条弯	195	0	北	29	15	3
在东边三星中北面的一颗	198	10	北	26	30	4
这些星的中间一颗	197	40	北	25	20	3
在三星中最南一颗	199	40	北	24	0	3
在蛇夫左手的两星中西面一颗	202	0	北	16	30	4
在上述一只手中东面的一颗	211	30	北	16	15	4
在右臀的东面	227	0	北	10	30	4
在上述恒星东面的两星中南面一颗	230	20	北	8	30	亮于4
北面的一颗	231	10	北	10	30	4
在右手东面,在尾圈中	237	0	北	20	0	4
在尾部上述恒星之东	242	0	北	21	10	亮于4
在尾梢	251	40	北	27	0	4
共18颗星:5颗为3等,12颗为4等,1颗为5等						
天箭						
在箭梢	273	30	北	39	20	4
在箭杆三星中东面一颗	270	0	北	39	10	6
这三星的中间一颗	269	10	北	39	50	5
三星的西面一颗	268	0	北	39	0	5
在箭槽缺口	266	40	北	38	45	5
共5颗星:1颗为4等,3颗为5等,1颗为6等						
天鹰						
在头部中央	270	30	北	26	50	4
在颈部	268	10	北	27	10	3
在肩胛处称为"天鹰"的亮星	267	10	北	29	10	亮于2
很靠近上面这颗星,偏北	268	0	北	30	0	暗于3
在左肩,朝西的一颗	266	30	北	31	30	3
朝东的一颗	269	20	北	31	30	5
在右肩,朝西的一颗	263	0	北	28	40	5
朝东的一颗	264	30	北	26	40	亮于5
在尾部,与银河相接	255	30	北	26	30	3
共9颗星:1颗为2等,4颗为3等,1颗为4等,3颗为5等						
在天鹰座附近						
在头部南面,朝西的一颗星(79)	272	0	北	21	40	3
朝东的一颗星	272	10	北	29	10	3
在右肩西南面	259	20	北	25	0	亮于4
在上面这颗星的南面	261	30	北	20	0	3
再往南	263	0	北	15	30	5
在星座外六星中最西面的一颗	254	30	北	18	10	3
星座外面的6颗星:4颗为3等,1颗为4等,1颗为5等						
海豚						

① 即御夫座α星。

② 现为巨蛇座。

星 座	黄经 度	分	黄纬 度	分	星等
在尾部三星中西面一颗	281	0	北 29	10	暗于3
另外两星中偏北的一颗	282	0	北 29	0	暗于4
偏南的一颗	282	0	北 26	40	4
在长菱形西边偏东的一颗	281	50	北 32	0	暗于3
在同一边,北面的一颗	283	30	北 33	50	暗于3
在东边,南面的一颗	284	40	北 32	0	暗于3
在同一边,北面的一颗	286	50	北 33	10	暗于3
在位于尾部与长菱形之间三星偏南一颗	280	50	北 34	15	6
在偏南的两星中西面一颗	280	50	北 31	50	6
东面的一颗	282	20	北 31	30	6
共 10 颗星;5 颗为 3 等,2 颗为 4 等,3 颗为 6 等					
马的局部					
在头部两星的西面一颗	289	40	北 20	30	暗弱
东面一颗[80]	292	20	北 20	40	暗弱
在嘴部两星西面一颗	289	40	北 25	30	暗弱
东面一颗	291	0	北 25	0	暗弱
共 4 颗星均暗弱					
飞马[81]					
在张嘴处	298	40	北 21	30	亮于3
在头部密近两星中北面一颗	302	40	北 16	50	3
偏南的一颗	301	20	北 16	0	4
在鬃毛处两星中偏南一颗	314	40	北 15	0	5
偏北的一颗	313	50	北 16	0	5
在颈部两星中西面一颗	312	10	北 18	0	3
东面的一颗	313	50	北 19	0	4
在左后踝关节	305	40	北 36	30	亮于4
在左膝	311	0	北 34	15	亮于4
在右后踝关节	317	0	北 41	10	亮于4
在胸部两颗密接恒星中西面一颗	319	30	北 29	0	4
东面的一颗	320	20	北 29	0	4
在右膝两星中北面一颗	322	40	北 35	0	4
偏南的一颗	321	0	北 24	30	5
在翼下身体中两星北面一颗	327	50	北 25	40	4
偏南的一颗	328	20	北 25	0	4
在肩胛和翼侧	350	0	北 19	40	暗于2
在右膝和腿的上端	325	30	北 31	0	暗于2
在翼梢	335	30	北 12	30	暗于2

星 座	黄经 度	分	黄纬 度	分	星等
在下腹部,也是在仙女的头部	341	10	北 26	0	暗于2
共 20 颗星:4 颗为 2 等,4 颗为 3 等,9 颗为 4 等,3 为 5 等					
仙女					
在肩胛	348	40	北 24	30	3
在右肩	349	40	北 27	0	4
在左肩	347	40	北 23	0	4
在右臂三星中偏南一颗	347	0	北 32	0	4
偏北的一颗	348	0	北 33	30	4
三星中间一颗	348	20	北 32	20	5
在手尖三星中偏南一颗	343	0	北 41	0	4
这三星的中间一颗	344	0	北 42	0	4
三星中北面一颗	345	30	北 44	0	4
在左臂	347	30	北 17	30	4
在左肘	349	0	北 15	50	3
在腰带的三星中南面一颗	357	10	北 25	20	3
中间的一颗	355	10	北 30	0	3
三星北面一颗	355	20	北 32	30	3
在左脚	10	10	北 23	0	3
在右脚	10	30	北 37	20	亮于4
在这些星的南面	8	30	北 35	20	亮于4
在膝盖下两星中北面一颗	5	40	北 29	0	4
南面的一颗	5	20	北 28	0	4
在右膝	5	30	北 35	30	5
在长袍或其后曳部分两星中北面一颗	6	0	北 34	30	5
南面的一颗	7	30	北 32	30	5
在离右手甚远处和在星座外面[82]	5	0	北 44	0	3
共 23 颗星:7 颗为 3 等,12 颗为 4 等,4 颗为 5 等					
三角					
在三角形顶点	4	20	北 16	30	3
在底边的三星中西面一颗	9	20	北 20	40	3
中间的一颗	9	30	北 20	20	4
三星中东面的一颗	10	10	北 19	0	3
共 4 颗星:3 颗为 3 等,1 颗为 4 等					
因此,在北天区共计有 360 颗星:3 颗为 1 等,18 颗为 2 等,81 颗为 3 等,177 颗为 4 等,58 颗为 5 等,13 颗为 6 等,1 颗为云雾状,9 颗为暗弱星。					

二、中部和近黄道区

星 座	黄经 度	分	黄纬 度	分	星等
白羊					
在羊角的两星中西面的一颗,也是一切恒星的第一颗[83]	0	0	北 7	20	暗于3
在羊角中东面的一颗	1	0	北 8	20	3
在张嘴中两星的北面一颗	4	20	北 7	40	5
偏南的一颗	4	50	北 6	0	5
在颈部[84]	9	50	北 5	30	5

星 座	黄经 度	分	黄纬 度	分	星等
在腰部	10	50	北 6	0	6
在尾部开端处	14	40	北 4	50	5
在尾部三星中西面一颗	17	10	北 1	40	4
中间的一颗	18	40	北 2	30	4
三星中东面一颗	20	20	北 1	50	4
在臀部	13	0	北 1	10	5
在膝部后面	11	20	南 1	30	5
在后脚尖	8	10	南 5	15	亮于4

星座	黄经 度	黄经 分	黄纬	黄纬 度	黄纬 分	星等
共 13 颗星；2 颗为 3 等，4 颗为 4 等，6 颗为 5 等，1 颗为 6 等						
在白羊座附近						
头上的亮星	3	50	北	10	0	亮于 3
在背部之上最偏北的一颗	15	0	北	10	10	4
在其余三颗暗星中北面一颗	14	40	北	12	40	5
中间的一颗	13	0	北	10	40	5
在这三星中南面一颗	12	30	北	10	40	5
共 5 颗星；1 颗为 3 等，1 颗为 4 等，3 颗为 5 等						
金牛						
在切口的四星中最偏北一颗	19	40	南	6	0	4
在前面一星之后的第二颗	19	20	南	7	15	4
第三颗	18	0	南	8	30	4
第四颗，即最偏南的一颗	17	50	南	9	15	4
在右肩	23	0	南	9	30	5
在胸部	27	0	南	8	0	3
在右膝	30	0	南	12	40	4
在右后踝关节	26	20	南	14	50	5
在左膝	35	30	南	10	0	4
在左后踝关节	36	20	南	13	30	4
在毕星团中，在面部称为"小猪"的五星中位于鼻孔的一颗	32	0	南	5	45	暗于 3
在上面恒星与北面眼睛之间	33	40	南	4	15	暗于 3
在同一颗星与南面眼睛之间	34	10	南	0	50	暗于 3
在同一眼中罗马人称为"巴里里西阿姆"（Palilicium）的一颗亮星①	36	0	南	5	10	1
在北面眼睛中	35	10	南	3	0	暗于 3
在南面牛角端点与耳朵之间	40	30	南	4	0	5
在同一牛角两星中偏南的一颗	43	40	南	5	0	4
偏北的一颗	43	20	南	3	30	5
在同一牛角尖点	50	30	南	2	30	3
在北面牛角端点	49	0	南	5	0	4
在同一牛角夹点也是在牧夫的右脚⁸⁶	49	0	北	5	0	3
在北面耳朵两星中偏北一颗	35	20	北	4	30	5
这两星的偏南一颗	35	0	北	4	0	5
在颈部两小星中西面一颗	30	20	北	0	40	5
东面的一颗	32	20	北	1	0	6
在颈部四边形西边两星中偏南一颗	31	20	北	5	0	5
在同一边偏北的一颗	32	10	北	7	0	5
在东边偏南的一颗	35	20	北	3	0	5
在该边北边的一颗	35	0	北	5	0	5
在昴星团西边北端一颗称为"威吉莱"（Vergiliae）的星	25	30	北	4	30	5
在同一边南端	25	50	北	4	40	5
昴星团东边很狭窄的顶端	27	0	北	5	20	5
昴星团离最外边甚远的一颗小星	26	0	北	3	0	5
不包括在北牛角尖的一颗，共 32 颗星；1 颗为 1 等，6 颗为 3 等，11 颗为 4 等，13 颗为 5 等，1 颗为 6 等						
在金牛座附近						
在下面，在脚与肩之间	18	20	南	17	30	4
在靠近南牛角三星中偏西一颗	43	20	南	2	0	5
三星的中间一颗	47	20	南	1	45	5
三星的东面一颗	49	20	南	2	0	5
在同一牛角尖下面两星中北面一颗	52	20	南	6	20	5
南面的一颗	52	20	南	7	40	5
在北牛角下面五星中西面一颗	50	20	北	2	40	5
东面第二颗	52	20	北	1	0	5
东面第三颗	54	20	北	1	20	5
在其余两星中偏北一颗	55	40	北	3	20	5
偏南的一颗	56	40	北	1	15	5
星座外面的 11 颗星；1 颗为 4 等，10 颗为 5 等						
双子						
在西面孩子的头部，北河二②	76	40	北	9	30	2
在东面孩子头部的黄星，北河三③	79	50	北	6	15	2
在西面孩子的左肘	70	0	北	10	0	4
在左臂	72	0	北	7	20	4
在同一孩子的肩胛	75	20	北	6	0	4
在同一孩子的右肩	77	20	北	4	50	4
在东面孩子的左肩⁸⁷	80	0	北	2	40	4
在西面孩子的右边	75	0	北	2	40	5
在东面孩子的左边⁸⁸	76	30	北	3	0	5
在西面孩子的左膝⁸⁹	66	30	北	1	30	3
在东面孩子的左膝⁹⁰	71	35	南	2	30	3
在同一孩子的左腹股沟⁹¹	75	0	南	2	30	3
在同一孩子的右关节	74	40	南	0	40	3
在西面孩子脚上西面的星	60	0	南	1	30	亮于 4
在同一脚上东面的星	61	30	南	1	15	4
在西面孩子的脚底⁹²	63	30	南	3	30	3
在东面孩子的脚背	65	20	南	7	30	4
在同一只脚的底部	68	0	南	10	30	4
共 18 颗星；2 颗为 2 等，5 颗为 3 等，9 颗为 4 等，2 颗为 5 等						
在双子座附近						
在西面孩子脚背西边的星	57	30	南	0	40	4
在同一孩子膝部西面的亮星	59	50	北	5	50	亮于 4
东面孩子左膝的西面	68	30	南	2	15	4
在东面孩子右手东面三星中偏北一颗	81	40	南	1	20	4
中间一颗	79	40	南	3	20	4
在右臂附近三星中偏南一颗	79	20	南	4	20	4
三星东面的亮星⁹³	84	0	南	2	40	4
星座外面的 7 颗星；3 颗为 4 等，4 颗为 5 等						
巨蟹						
在胸部云雾中间的星称为"鬼星团"	93	40	北	0	40	云雾状
在四边形西面两星中偏北一颗	91	0	北	1	15	暗于 4
偏南的一颗	91	20	南	1	10	暗于 4
在东面称为"阿斯"（Ass）的两星中偏北一颗⁹⁴	93	40	北	2	40	亮于 4

星 的远

点 在

0′⁸⁵

---

① 即毕宿五，或金牛座 α 星。
② 即双子座 α 星。
③ 即双子座 β 星。

火星远地点在 109°50′

星座	黄经 度	分	黄纬	度	分	星等
南阿斯	94	40	南	0	10	亮于4
在南面的钳或臂中	99	50	南	5	30	4
在北臂	91	40	北	11	50	4
在北面脚尖	86	0	北	1	0	5
在南面脚尖	90	30	南	7	30	亮于4

共9颗星:7颗为4等,1颗为5等,1颗为云雾状

在巨蟹附近

星座	黄经 度	分	黄纬	度	分	星等
在南钳肘部上面	103	0	南	2	40	暗于4
同一钳尖端的东面	105	0	南	5	40	暗于4
在小云雾上面两星中朝西一颗	97	20	北	4	50	5
在上面一颗星东面	100	20	北	7	15	5

星座外面的4颗星:2颗为4等,2颗为5等

狮子

星座	黄经 度	分	黄纬	度	分	星等
在鼻孔	101	40	北	10	0	4
在张开的嘴中	104	30	北	7	30	4
在头部两星中偏北一颗	107	40	北	12	3	
偏南的一颗	107	30	北	9	30	亮于3
在颈部三星中偏北一颗	113	30	北	11	30	3
中间的一颗(95)	115	30	北	8	30	2
三星中偏南一颗	114	0	北	4	30	3
在心脏,称为"小王"或轩辕十四①	115	50	北	0	10	1
在胸部两星中偏南一颗	116	50	南	1	50	4
离心脏的星稍偏西	113	20	南	0	15	5
在右前腿膝部	110	40		0	0	5
在右脚爪(96)	117	30	南	3	40	6
在左前腿膝部	122	30	南	4	10	5
在左脚爪	115	50	南	4	15	4
在左腋窝	122	30	南	0	10	4
在腹部三星中偏西一颗	120	20	北	4	0	6
偏东两星中北面一颗	126	20	北	5	20	6
南面一颗	125	40	北	2	20	6
在腰部两星中西面一颗	124	40	北	12	15	5
东面一颗	127	30	北	13	40	2
在臀部两星中北面一颗	127	40	北	11	0	5
南面一颗	129	40	北	9	40	3
在后臀	133	40	北	5	50	4
在腿弯处	135	0	北	1	15	4
在后腿关节	135	0	南	0	50	4
在后脚	134	0	南	3	0	5
在尾梢	137	50	北	11	50	暗于1

共27颗星:2颗为1等,2颗为2等,6颗为3等,8颗为4等,5颗为5等,4颗为6等

在狮子座附近

星座	黄经 度	分	黄纬	度	分	星等
在背部之上两星中西面一颗	119	20	北	13	20	5
东面一颗	121	30	北	15	30	5
在腹部之下三星中北面一颗	129	50	北	1	10	暗于4
中间一颗	130	30	南	0	30	
三星的南面一颗	132	20	南	2	40	5
在狮子座和大熊座最外面恒星之间的云状物中最偏北的星称为"贝列尼塞(Berenice)之发"	138	10	北	30	0	明亮

木星的……地点 154°20′

水星的……地点 183°2……

星座	黄经 度	分	黄纬	度	分	星等
在南面两星中偏西一颗	133	50	北	25	0	暗弱
偏东一颗,形成常春藤叶	141	50	北	25	30	暗弱

星座外面的8颗星:1颗为4等,4颗为5等,1颗星明亮,2颗星暗弱

室女

星座	黄经 度	分	黄纬	度	分	星等
在头部二星中偏西南的一颗	139	40	北	4	15	5
偏东北的一颗	140	20	北	5	40	5
在脸部二星中北面的一颗	144	0	北	8	0	5
南面的一颗	143	30	北	5	30	5
在左、南翼尖端	142	20	北	6	0	3
在左翼四星中西面的一颗	151	35	北	1	10	3
东面第二颗	156	30	北	2	50	3
第三颗	160	30	北	2	50	5
四颗星的最后一颗,在东面	164	20	北	1	40	4
在腰带之下右边	157	40	北	8	30	3
在右、北翼三星中西面一颗	151	30	北	13	50	5
其余两星中南面一颗(97)	153	30	北	11	40	6
这两星中北面的一颗,称为"温德米阿特"(Vindemiator)	155	30	北	15	10	亮于3
在手称为"钉子"的星	170	0	南	2	0	1
在腰带下面和在右臀	168	10	北	8	40	3
在左臀四边形西面二星中偏北一颗	169	40	北	2	20	5
偏南一颗	170	0	北	0	10	6
在东面二星中偏北一颗	173	20	北	1	30	4
偏南一颗	171	20	北	1	30	5
在左膝	175	0	北	1	30	5
在右臀东边	171	20	北	8	30	5
在长袍上的中间一颗星	180	0	北	7	30	4
南面一颗	180	40	北	2	40	4
北面一颗	181	40	北	11	40	4
在左、南脚(98)	183	20	北	0	30	4
在右、北脚	186		北	9	50	3

共26颗星:1颗为1等,7颗为3等,6颗为4等,10颗为5等,2颗为6等

在室女座附近

星座	黄经 度	分	黄纬	度	分	星等
在左臂下面成一直线的三星中西面一颗	158	0	南	3	30	5
中间一颗	162	20	南	3	30	5
东面一颗	165	35	南	3	20	5
在钉子下面成一直线的三星中西面一颗	170	30	南	7	20	6
中间一颗,为双星	171	30	南	8	20	5
三星中东面一颗	173	20	南	7	50	6

星座外面的6颗星:4颗为5等,2颗为6等

脚爪(今天秤)

星座	黄经 度	分	黄纬	度	分	星等
在南爪尖端两星中的亮星	191	20	北	0	40	亮于2
北面较暗的星	190	20	北	2	30	5
在北爪尖端两星中的亮星	195	30	北	8	30	2
上面一星西面较暗的星(99)	191	0	北	8	30	5
在南爪中间	197	20	北	1	40	4
在同一爪中西面的一颗	194	40	北	1	15	4

---

① 即狮子座α星。

星　座	黄经		黄纬		星等
	度	分	度	分	
在北爪中间	200	50	北 3	45	4
在同一爪中东面的一颗	206	20	北 4	30	4
共 8 颗星：2 颗为 2 等，4 颗为 4 等，2 颗为 5 等					
在脚爪座附近					
在北爪北面三星中偏西的一颗	199	30	北 9	0	5
在东面两星中偏南的一颗	207	0	北 6	40	4
这两星中偏北的一颗	207	40	北 9	15	4
在两爪之间三星中东面的一颗	205	50	北 5	30	6
在西面其他两星中偏北的一颗	203	40	北 2	0	4
偏南的一颗	204	30	北 1	30	5
在南爪之下三星中偏西的一颗	196	20	南 7	30	3
在东面其他两星中偏北的一颗	204	30	南 8	10	4
偏南的一颗	205	20	南 9	40	4
星座外面的 9 颗星：1 颗为 3 等，5 颗为 4 等，2 颗为 5 等，1 颗为 6 等					
天蝎					
在前额三颗亮星中北面的一颗	209	40	北 1	20	亮于 3
中间的一颗	209	0	南 1	40	3
三星中南面的一颗	209	0	南 5	0	3
更偏南在脚上	209	20	南 7	50	3
在两颗密接星中北面的亮星	210	20	北 1	40	4
南面的一颗	210	40	北 0	30	4
在蝎身上三颗亮星中西面的一颗	214	0	南 3	45	3
居中的红星，称为心宿二①	216	0	南 4	0	亮于 2
三星中东面的一颗	217	50	南 5	30	3
在最后脚爪的两星中西面的一颗	212	40	南 6	10	5
东面的一颗	213	50	南 6	40	5
在蝎身第一段中	221	50	南 11	0	3
在第二段中	222	10	南 15	0	4
在第三段的双星中北面的一颗	223	20	南 18	40	4
双星中南面的一颗	223	30	南 18	0	3
在第四段中(100)	226	30	南 19	30	3
在第五段中	231	30	南 18	50	3
在第六段中	233	50	南 16	40	3
在第七段中靠近蝎螫的星	232	20	南 15	10	3
在螫内两星中东面的一颗	230	50	南 13	20	5
西面的一颗	230	20	南 13	30	4
共 21 颗星：1 颗为 2 等，13 颗为 3 等，5 颗为 4 等，2 颗为 5 等					
在天蝎座附近					
在蝎螫东面的云雾状恒星	234	30	南 13	15	云雾状
在螫子北面两星中偏西一颗	228	50	南 0	10	5
偏东一颗	232	50	南 4	10	5
星座外面的三颗星：2 颗为 5 等，1 颗为云雾状					
人马					
在箭梢	237	50	南 6	30	3
在左手紧握处	241	0	南 6	30	3
在弓的南面	241	20	南 10	50	3
在弓的北面两星中偏南一颗	242	20	南 1	30	3
往北在弓梢处	240	0	北 2	50	4
在左肩	248	40	南 3	10	3
在上面一颗星之西，在箭上	246	20	南 3	50	4

星　座	黄经		黄纬		星等
	度	分	度	分	
在眼中双重云雾状星	248	30	北 0	45	云雾状
在头部三星中偏西一颗	249	0	北 2	10	4
中间一颗	251	0	北 1	30	亮于 4
偏东一颗	252	30	北 2	0	4
在外衣北部三星中偏南一颗	254	40	北 2	50	4
中间一颗	255	40	北 4	30	4
三星中偏北一颗	256	10	北 6	30	4
上述三星之东的暗星	259	0	北 5	30	6
在外衣南部两星中偏北一颗	262	50	北 5	50	5
偏南一颗	261	0	北 2	0	5
在右肩	255	40	南 1	50	5
在右肘	258	10	南 2	50	5
在肩胛	253	20	南 2	30	5
在背部	251	0	南 4	30	亮于 4
在腋窝下面	249	40	南 6	45	3
在左前腿跗关节	251	0	南 23	0	2
在同一条腿的膝部	250	20	南 18	0	2
在右前腿跗关节	240	0	南 13	0	3
在左肩胛	260	40	南 13	30	3
在右前腿的膝部	260	0	南 20	10	3
在尾部起点北边四颗星中偏西一颗(101)	261	0	南 4	50	3
在同一边偏东一颗	261	10	南 4	50	3
在南边偏西一颗	261	50	南 5	50	3
在同一边偏东一颗	263		南 6	30	3
共 31 颗：2 颗为 2 等，9 颗为 3 等，9 颗为 4 等，8 颗为 5 等，2 颗为 6 等，1 颗为云雾状					
摩羯					
在西角三星中北面一颗	270	40	北 7	30	3
中间一颗	271	0	北 6	40	6
三星中南面一颗	270	40	北 5	0	3
在东角尖	272	20	北 8	0	6
在张嘴三星中南面一颗	272	20	南 0	45	6
其他两星中西面一颗	272	0	北 1	45	6
东面一颗	272	0	北 1	30	6
在右眼下面	270	30	北 0	40	5
在颈部两星中北面一颗	275	0	北 4	50	6
南面一颗	275	10	南 0	50	5
在右膝	274	0	南 6	30	4
在弯曲的左膝	275	0	南 8	40	4
在左肩	280	0	南 7	40	4
在腹部下面两颗密接星中偏西一颗	283	30	南 6	50	4
偏东一颗	283	40	南 6	0	5
在兽身中部三星中偏东一颗	282	0	南 4	15	5
在偏西的其他两星中南面一颗	280	0	南 4	0	5
这两星中北面一颗	280	0	南 2	50	5
在背部两星中西面一颗(102)	280	0	南 0	0	4
东面一颗	284	20	南 0	50	4
在条笼南面两星中偏西一颗	286	40	南 4	45	4
偏东一颗	288	20	南 4	30	4
在尾部起点两星中偏西一颗(103)	288	10	南 2	10	3
偏东一颗	289	40	南 2	0	3
在尾巴北部四星中偏西一颗	290	10	南 2	20	4

---

① 即天蝎座 α 星。

星 座	黄经		黄纬			星等
	度	分		度	分	
其他三星中偏南一颗	292	0	南	5	0	5
中间一颗	291	0	南	2	50	5
偏北一颗,在尾梢	292	0	北	4	20	5
共28颗星:4颗为3等,9颗为4等,9颗为5等,6颗为6等						

宝瓶

星 座	黄经 度	分	黄纬	度	分	星等
在头部	293	40	北	15	45	5
在右肩,较亮一颗	299	44	北	11	0	3
较暗一颗	298	30	北	9	40	5
在左肩	290	0	北	8	50	3
在腋窝下面	290	40	北	6	15	5
在左手下面外衣上三星中偏东一颗	280	0	北	5	30	3
中间一颗	279	30	北	8	0	4
三星中偏西一颗	278	0	北	8	30	3
在右肘	302	50	北	8	45	3
在右手,偏北一颗	303	0	北	10	45	3
在偏南其他两星中西面一颗	305	20	北	9	0	3
东面一颗	306	40	北	8	30	3
在右臀两星密接星中偏西一颗	299	30	北	3	0	4
偏东一颗	300	20	北	2	10	5
在右臀	302	0	南	0	50	4
在左臀两星中偏南一颗	295	0	南	1	40	4
偏北一颗	295	30	北	4	0	6
在右胫,偏南一颗	305	0	南	7	30	5
偏北一颗	304	40	南	5	0	4
在左臀	301	0	南	5	40	5
在左胫两星中偏南一颗	300	40	南	10	0	5
在用手倾出水中的第一颗星	303	20	北	2	0	4
向东,偏南	308	10	北	0	10	4
向东,在水流第一弯	311	0	南	1	10	4
在上一颗星东面	313	20	南	0	30	4
在第二弯	313	50	南	1	40	4
在东面两星中偏北一颗	312	30	南	3	30	4
偏南一颗	312	50	南	4	10	4
往南甚远处	314	10	南	8	15	5
在上述两星之东两颗紧接恒星中偏西一颗	316	0	南	11	0	5
偏东一颗	316	30	南	10	50	5
在水流第三弯三颗星中偏北一颗	315	0	南	14	0	5
中间一颗	316	0	南	14	45	5
三星中偏东一颗	316	30	南	15	40	5
在东面形状相似三星中偏北一颗	310	20	南	14	10	4
中间一颗	310	50	南	15	0	4
三星中偏南一颗	311	40	南	15	45	4
在最后一弯三星中偏西一颗	305	10	南	14	50	4
在偏东两星中偏南面一颗	306	0	南	15	20	4
北面一颗	306	30	南	14	0	4
在水中最后一星,也是在南鱼口中之星	300	20	南	23	0	1
共42颗星:1颗为1等,9颗为3等,18颗为4等,13颗为5等,1颗为6等						

在宝瓶座附近

星 座	黄经 度	分	黄纬	度	分	星等
在水弯东面三星中偏西的一颗	320	0	南	15	30	4
其他内星中偏北一颗	323	0	南	14	20	4

星 座	黄经 度	分	黄纬	度	分	星等
这两星中偏南一颗	322	20	南	18	15	4
共3颗星:都亮于4等						

双鱼

西鱼:

星 座	黄经 度	分	黄纬	度	分	星等
在嘴部	315	0	北	9	15	4
在后脑两星中偏南一颗	317	30	北	7	30	亮于4
偏北一颗[104]	321	30	北	9	30	4
在背部两星中偏西一颗	319	20	北	9	0	4
偏东一颗	324	0	北	7	0	4
在腹部西面一颗	319	20	北	4	30	4
东面一颗	323	0	北	2	30	4
在这条鱼的尾部	329	0	北	6	20	4
沿鱼身从尾部开始第一星	334	20	北	5	45	6
东面一颗	336	30	北	2	45	6
在上述两星之东三颗亮星中偏西一颗	340	30	北	2	15	4
中间一颗	343	50	北	1	10	4
偏东一颗	346	20	南	1	20	4
在弯曲处两小星北面一颗	345	40	南	2	0	6
南面一颗	346	20	南	5	0	6
在弯曲处东面三星中偏西一颗	350	20	南	2	20	4
中间一颗	352	0	南	4	40	4
偏东一颗	354	0	南	7	45	4
在两线交点	356	0	南	8	30	3
在北线上,在交点西面	354	0	南	4	20	4
在上面一颗星东面三星中偏南一颗	353	0	北	1	30	5
中间一颗	353	40	北	5	20	3
三星中偏北,即为线上最后一颗	353	50	北	9	0	4

东鱼:

星 座	黄经 度	分	黄纬	度	分	星等
嘴部两星中北面一颗	355	20	北	21	45	5
南面一颗	355	0	北	21	30	5
在头部三小星中东面一颗	352	0	北	20	0	6
中间一颗	351	0	北	19	50	6
三星中西面一颗	350	20	北	23	0	6
在南鳍三星中西面一颗,靠近仙女左肘	349	0	北	14	20	4
中间一颗	349	40	北	13	0	4
三星中东面一颗	351	0	北	12	0	4
在腹部两星中北面一颗	355	30	北	17	0	4
更南一颗	352	40	北	15	20	4
在东鳍,靠近尾部	353	20	北	11	45	4
共34颗星:2颗为3等,22颗为4等,3颗为5等,7颗为6等						

在双鱼座附近

星 座	黄经 度	分	黄纬	度	分	星等
在西鱼下面四边形北边两星中偏西一颗	324	30	南	2	40	4
偏东一颗	325	35	南	2	30	4
在南边两星中偏西一颗	324	0	南	5	50	4
偏东一颗	325	40	南	5	30	4
星座外面的4颗星:都为4等						

因此,在黄道区共计有346颗星:5颗为1等,9颗为2等,64颗为3等,133颗为4等,105颗为5等,27颗为6等,3颗为云雾状。除此而外还有发星。我在前面谈到过,天文学家科隆(Conon)称之为"贝列尼塞之发"[105]。

三、南天区

星　座	黄经 度	黄经 分	黄纬 南	黄纬 度	黄纬 分	星等
鲸鱼						
在鼻孔尖端	11	0	南	7	45	4
在颚部三星中东面一颗	11	0	南	11	20	3
中间一颗,在嘴正中	6	0	南	11	30	3
三星西面一颗,在面颊上	3	50	南	14	0	3
在眼中	4	0	南	8	10	4
在头发中,偏北	5	30	南	6	20	4
在鬃毛中,偏西	1	0	南	4	10	4
在胸部四星中偏西两星的北面一颗	355	20	南	24	30	4
南面一颗	356	40	南	28	0	4
偏东两星的北面一颗	0	0	南	25	10	4
南面一颗	0	20	南	27	30	3
在鱼身三星的中间一颗	345	20	南	25	20	4
南面一颗	346	20	南	30	30	4
三星中北面一颗	348	20	南	20	0	4
靠近尾部两星中东面一颗	343	0	南	15	20	3
西面一颗	338	20	南	15	40	3
在尾部四边形中东面两星偏北一颗	335	0	南	11	40	5
偏南一颗	334	0	南	13	40	5
西面其余两星中偏北一颗	332	40	南	13	0	5
偏南一颗	332	20	南	14	0	5
在尾巴北梢	327	40	南	9	30	3
在尾巴南梢	329	0	南	20	20	3
共 22 颗星:10 颗为 3 等,8 颗为 4 等,4 颗为 5 等						
猎户						
在头部的云雾状星	50	20	南	16	30	云雾状
在右肩的亮红星	55	20	南	17	0	1
在左肩	43	40	南	17	30	亮于2
在前面一星之东	48	20	南	18	0	暗于4
在右肘	57	40	南	14	30	4
在右前臂	59	40	南	11	50	6
在右手四星的南边两星中偏东一颗	59	50	南	10	40	4
偏西一颗	59	20	南	9	45	4
北边两星中偏东一颗	60	40	南	8	15	6
同一边偏西一颗	59	0	南	8	15	6
在棍子上两星中偏西一颗	55	0	南	3	45	5
偏东一颗	57	40	南	3	15	5
在背部成一条直线的四星中东面一颗	50	50	南	19	40	4
向西,第二颗	49	40	南	20	0	4
向西,第三颗	48	40	南	20	20	4
向西,第四颗	47	30	南	20	30	4
在盾牌上九星中最偏北一颗	43	50	南	8	0	4
第二颗	42	40	南	8	10	4
第三颗	41	20	南	10	15	4
第四颗	39	40	南	12	50	4
第五颗	38	30	南	14	15	4
第六颗	37	50	南	15	50	3
第七颗	38	10	南	17	10	4
第八颗	38	40	南	20	20	4
这些星中余下的最偏南一颗	39	40	南	21	30	3

星　座	黄经 度	黄经 分	黄纬 南	黄纬 度	黄纬 分	星等
在腰带上三颗亮星中偏西一颗	48	40	南	24	10	2
中间一颗	50	40	南	24	50	2
在成一直线的三星中偏东一颗	52	40	南	25	30	2
在剑柄	47	10	南	25	50	3
在剑上三星中北面一颗	50	10	南	28	40	4
中间一颗	50	0	南	29	30	3
南面一颗	50	20	南	29	50	暗于3
在剑梢两星中东面一颗	51	10	南	30	30	4
西面一颗	49	30	南	30	50	4
在左脚的亮星,也在波江座	42	30	南	31	30	1
在左胫	44	20	南	30	15	亮于4
在左脚后跟	46	40	南	31	10	4
在右膝	53	30	南	33	30	3
共 38 颗星:2 颗为 1 等,4 颗为 2 等,8 颗为 3 等,15 颗为 4 等,3 颗为 5 等,5 颗为 6 等,还有一颗为云雾状						
波江						
在猎户左脚外面,在波江的起点	41	40	南	31	50	4
在猎户腿弯处,最偏北的一颗星	42	10	南	28	15	4
在上面一颗星东面两星中偏东一颗	41	20	南	29	50	4
偏西一颗	38	0	南	28	15	4
在其次两星中偏东一颗	36	30	南	25	15	4
偏西一颗	33	30	南	25	20	4
在上面一颗星之后三星中偏东一颗	29	40	南	26	0	4
中间一颗	29	0	南	27	0	4
三星中偏西一颗	26	10	南	27	50	4
在甚远处四星中东面一颗	20	20	南	32	50	3
在上面一星之西	18	0	南	31	0	4
向西,第三颗星	17	30	南	28	50	3
四星中最偏西一颗	15	30	南	28	0	3
在其他四星中,同样在东面的一颗	10	10	南	25	30	3
在上面一星之西	8	10	南	23	50	4
比上面一星更偏西	5	30	南	23	50	3
四星中最偏西一颗	3	50	南	23	15	4
在波江弯曲处,与鲸鱼胸部相接	358	30	南	32	10	4
在上面一星之东	359	10	南	34	50	4
在东面三星中偏西一颗	2	10	南	38	30	4
中间一颗	7	10	南	38	10	4
三星中偏东一颗	10	50	南	39	0	5
在四边形西面两星中偏北一颗	14	40	南	41	30	4
偏南一颗	14	50	南	42	30	4
在东边的偏西一颗	15	30	南	43	20	4
这四星中东面一颗	18	0	南	43	20	4
朝东两密接恒星中北面一颗[106]	27	30	南	50	20	4
偏南一颗	28	20	南	51	45	4
在弯曲处两星东面一颗	21	30	南	53	50	4
西面一颗	19	10	南	53	10	4
在剩余范围内三星中东面一颗	11	10	南	53	0	4
中间一颗	8	10	南	52	0	4
三星中西面一颗	5	10	南	51	30	4
在波江终了处的亮星	353	30	南	53	30	1
共 34 颗星:1 颗为 1 等,5 颗为 3 等,27 颗为 4 等,1 颗为 5 等						

星　　　座	黄经		黄纬		星等
	度	分		度	分	

天兔

星　　　座	黄经度	分		黄纬度	分	星等
在两耳边形四边形西边两星中偏北一颗	43	0	南	35	0	5
偏南一颗	43	10	南	36	30	5
东边两星中偏北一颗	44	40	南	35	30	5
偏南一颗	44	40	南	36	40	5
在下巴 (107)	42	30	南	39	40	亮于4
在左前脚末端	39	30	南	45	15	亮于4
在兔身中央	48	50	南	41	30	3
在腹部下面	48	10	南	44	20	3
在后脚两星中北面一颗	54	20	南	44	0	4
偏南一颗	52	20	南	45	50	4
在腰部	53	20	南	38	20	4
在尾梢 (108)	56	0	南	38	10	4

共12颗星:2颗为3等,6颗为4等,4颗为5等

大犬

星　　　座	黄经度	分		黄纬度	分	星等
在嘴部最亮的恒星称为"犬星"①	71	0	南	39	10	最亮的1等星
在耳朵处	73	0	南	35	0	4
在头部	74	40	南	36	30	4
在颈部两星中北面一颗	76	40	南	37	45	4
南面一颗	78	40	南	40	0	4
在胸部	73	50	南	42	30	5
在右膝两星中北面一颗	69	30	南	41	15	5
南面一颗	69	20	南	41	20	5
在左膝两星中西面一颗	68	0	南	46	0	5
东面一颗	69	30	南	45	50	5
在左肩两星中偏东一颗	78	0	南	46	0	4
偏西一颗	75	0	南	47	0	5
在左臀	80	0	南	48	45	暗于3
在腹部下面大腿之间	77	0	南	51	30	3
在右脚背	76	20	南	55	10	4
在右脚尖 (109)	77	0	南	55	40	3
在尾梢 (110)	85	30	南	50	30	暗于3

共18颗星:1颗为1等,5颗为3等,5颗为4等,7颗为5等

在大犬座附近

星　　　座	黄经度	分		黄纬度	分	星等
大犬头部北面	72	50	南	25	15	4
在后脚下面一条直线上南面的星	63	20	南	60	30	4
偏北一星	64	40	南	58	45	4
比上面一星更偏北	66	20	南	57	0	4
这四星中最后的、最偏北的一颗	67	30	南	56	0	4
在西面几乎成一条直线三星中偏西一颗	50	20	南	55	30	4
中间一颗	53	40	南	57	40	4
三星中偏东一颗	55	40	南	59	30	4
在上面一星之下两亮星中东面一颗 (111)	52	20	南	59	40	2
西面一颗	49	20	南	57	40	2
最后一颗,比上述各星都偏南	45	30	南	59	30	4

共11颗星:2颗为2等,9颗为4等

小犬

星　　　座	黄经度	分		黄纬度	分	星等
在颈部	78	20	南	14	0	4
在大腿处的亮星:南河三②	82	30	南	16	10	1

共2颗星:1颗为1等,1颗为4等

南船

星　　　座	黄经度	分		黄纬度	分	星等
在船尾两星中西面一颗	93	40	南	42	40	5
东面一颗	97	40	南	43	20	3
在船尾两星中北面一颗	92	10	南	45	0	4
南面一颗	92	10	南	46	0	4
在上面两星之西	88	40	南	45	30	4
盾牌中央的亮星	89	40	南	47	15	4
在盾牌下面三星中偏西一颗	88	40	南	49	45	4
偏东一颗	92	40	南	49	50	4
三星的中间一颗	91	50	南	49	15	4
在舵尾	97	20	南	49	50	4
在船尾龙骨两星中北面一颗	87	20	南	53	0	4
南面一颗	87	20	南	58	30	3
在船尾甲板上偏北一星	93	30	南	53	30	5
在同一甲板上三星中西面一颗	95	30	南	58	30	5
中间一颗	96	40	南	57	15	4
东面一颗	99	50	南	57	45	4
横列东面的亮星	104	30	南	58	20	2
在上面一星之下两颗暗星中偏西一颗	101	30	南	60	0	5
偏东一颗	104	20	南	59	20	5
在前述亮星之上两星中西面一颗	106	30	南	56	40	4
东面一颗	107	40	南	57	0	4
在小盾牌和樯脚三星中北面一颗	119	0	南	51	30	亮于4
中间一颗	119	30	南	55	30	亮于4
三星中南面一颗	117	20	南	57	10	4
在上面一星之下密近两星中偏北一颗	122	30	南	60	0	4
偏南一颗	122	30	南	61	15	4
在樯杆中部两星中偏南一颗	113	30	南	51	30	4
偏北一颗	112	40	南	49	0	4
在帆顶两星中西面一颗 (112)	111	20	南	43	20	4
东面一颗	112	20	南	43	30	4
在第三星下面,盾牌东面	98	30	南	54	30	暗于2
在甲板接合处	100	50	南	51	15	2
在位于龙甲上的桨之间	95	0	南	63	0	4
在上面一星之东的暗星	102	20	南	64	30	0
在上面一星之东,甲板上的亮星	113	20	南	63	50	2
偏南,在龙骨下面的亮星	121	50	南	69	40	2
在上面一星之东三星中偏西一颗	128	30	南	65	40	3
中间一颗	134	40	南	65	50	3
偏东一颗	139	20	南	65	50	3
在东面接合处两星中偏西一颗	144	20	南	62	50	3
偏东一颗	151	20	南	62	15	3
在西北桨上偏西一星	57	20	南	65	50	亮于4
偏东一星	73	30	南	65	40	亮于3
在其余一桨上西面一星,称为老人星③(113)	70	30	南	75	0	1

---

① 又称天狼星(即大犬座α星)。

② 即小犬座α星。

③ 即船底座α星。

星座	黄经 度	分		黄纬 度	分	星等
其余一星,在上面一星东面(114)	82	20	南	71	50	亮于3
共45颗星:1颗为1等,6颗为2等,8颗为3等,22颗为4等,7颗为5等,1颗为6等						
长蛇						
在头部五星的西面两星中,在鼻孔中的偏南一星	97	20	南	15	0	4
两星中在眼部偏北一星	98	40	南	13	40	4
两星中在张嘴中偏南一星	98	50	南	14	45	4
在上述各星之东,在面颊上	100	50	南	12	15	4
在颈部开端处两的偏西一颗	103	40	南	11	50	5
偏东一颗	106	40	南	13	30	4
在颈部弯曲处三星的中间一颗	111	40	南	15	20	4
在上面一星之东	114	0	南	14	30	4
最偏南一星	111	40	南	17	10	4
在南面两颗密近恒星中偏北的暗星	112	30	南	19	45	6
这两星中在东南面的亮星(115)	113	20	南	20	30	2
在颈部弯曲处之东三星中偏西一颗	119	0	南	26	30	4
偏东一颗	124	30	南	23	15	4
这三星的中间一颗	122	0	南	26	0	4
在一条直线上三星中西面一颗	131	0	南	24	30	3
中间一颗	133	40	南	23	0	4
东面一颗	136	0	南	22	0	4
在巨爵底部下面两星中偏北一颗	144	50	南	25	45	4
偏南一颗	145	40	南	30	0	4
在上面一星东面三角形中偏西一颗	155	30	南	31	20	4
这些星中偏南一颗	157	50	南	34	10	4
在同样三星中偏东一颗	159	30	南	31	40	3
在乌鸦东面,靠近尾部	173	20	南	13	30	4
在尾梢	186	50	南	17	30	4
共25颗星:1颗为2等,3颗为3等,19颗为4等,1颗为5等,1颗为6等						
在长蛇座附近						
在头部南面	96	0	南	23	15	3
在颈部各星之东	124	20	南	26	0	3
星座外面的两颗星均为3等						
巨爵						
在杯底,也在长蛇	139	40	南	23	0	4
在杯中两星的南面一颗	146	0	南	19	30	4
这两星中北面一颗	143	30	南	18	0	4
在杯嘴南边缘(116)	150	20	南	18	30	亮于4
北边缘	142	40	南	13	40	4
在南柄	152	30	南	16	30	暗于4
北柄	145	0	南	11	50	4
共7颗星均为4等						
乌鸦						
在嘴部,也在长蛇	158	40	南	21	30	3
在颈部	157	40	南	19	40	3
在胸部	160	0	南	18	10	5
在右、西翼	160	50	南	14	50	3
在东翼两星中西面一颗	160	0	南	12	30	3
东面一颗	161	20	南	11	45	4

星座	黄经 度	分		黄纬 度	分	星等
在脚尖,也在长蛇	163	50	南	18	10	3
共7颗星:5颗为3等,1颗为4等,1颗为5等						
半人马						
在头部四星中最偏南一颗	183	50	南	21	20	5
偏北一星	183	20	南	13	50	5
在中间两星中偏西一颗	182	30	南	20	30	5
偏东一颗,即四星中最后一颗	183	20	南	20	0	5
在左、西肩	179	30	南	25	30	3
在右肩	189	0	南	22	30	3
在背部左边	182	30	南	17	30	4
在盾牌四星的西面两星中偏北一颗	191	30	南	22	30	4
偏南一颗	192	30	南	23	45	4
在其余两星中在盾牌顶部一颗	195	0	南	18	15	4
偏南一颗(117)	196	50	南	20	50	4
在右边三星中偏西一颗	186	40	南	28	20	4
中间一颗	187	20	南	29	20	4
偏东一颗	188	30	南	28	0	4
在右臂	189	40	南	26	30	4
在右肘	196	10	南	25	15	3
在右手尖端	200	50	南	24	0	4
在人体开始处的亮星	191	20	南	33	30	4
两颗暗星中东面一颗	191	0	南	31	0	5
西面一颗	189	0	南	30	20	5
在背部关节处	185	0	南	33	50	5
在上面一星之西,在马背上	182	30	南	37	30	5
在腹股沟三星中东面一颗	179	10	南	40	0	3
中间一颗	178	20	南	40	20	4
三星中西面一颗	176	0	南	41	0	5
在右臂两颗密近恒星中西面一颗	176	0	南	46	10	2
东面一颗	176	40	南	46	45	4
在马翼下面胸部	191	40	南	40	45	4
在腹部两星中偏西一颗(118)	179	50	南	43	0	2
偏一一颗(119)	181	0	南	43	45	3
在右脚背	183	20	南	51	10	2
在同脚小腿	188	40	南	51	40	2
在左脚背(120)	188	40	南	55	10	4
在同脚肌内下面	184	0	南	55	40	4
在右前脚顶部(121)	181	40	南	41	10	1
在左膝	197	30	南	45	20	2
在右大腿之下星座外面	188	0	南	49	10	3
共37颗星:1颗为1等,5颗为2等,7颗为3等,15颗为4等,9颗为5等						
半人马所捕之兽①						
在后脚顶部,靠近半人马之手	201	20	南	24	50	3
在同脚之背	199	10	南	20	10	3
肩部两星中西面一颗	204	20	南	21	15	4
东面一颗	207	30	南	21	0	4
在兽身中部	206	20	南	25	0	4
在腹部	203	30	南	27	0	5
在臀部	204	10	南	29	0	5
在臀部关节两星中北面一颗	208	0	南	28	30	5
南面一颗	207	0	南	30	0	5
在腰部上端	208	40	南	33	10	5

① 现为豺狼座。

星　座	黄经		黄纬			星等
	度	分		度	分	
在尾梢三星中偏南一颗	195	20	南	31	20	5
中间一颗	195	10	南	30	0	4
三星中偏北一颗	196	20	南	29	20	4
在咽喉处两星中偏南一颗	212	40	南	15	20	4
偏北一颗	212	40	南	15	20	4
在张嘴处两星中西面一颗	209	0	南	13	30	4
东面一颗	210	0	南	12	50	4
在前脚两星中南面一颗	240	40	南	11	30	4
偏北一颗	239	50	南	10	40	4

共 19 颗星:2 颗为 3 等,11 颗为 4 等,6 颗为 5 等

天炉

星座	度	分		度	分	星等
在底部两星中偏北一颗	231	0	南	22	40	5
偏南一颗[122]	233	40	南	25	45	4
在小祭坛中央	229	30	南	26	30	4
在火盆中三星的偏北一颗	224	0	南	30	20	5
在密近两星中南面一颗	228	30	南	34	10	4
北面一颗	228	20	南	33	20	4
在炉火中央	224	10	南	34	10	4

共 7 颗星:5 颗为 4 等,2 颗为 5 等

南冕

星座	度	分		度	分	星等
在南边缘外面,向西	242	30	南	21	30	4
在上一颗星之东,在冕内	245	0	南	21	0	5
在上一颗星之东	246	30	南	20	20	5
更偏东	248	10	南	20	0	4
在上一颗星之东,在人马膝部之西	249	30	南	18	30	5
向北,在膝部的亮星	250	40	南	17	10	4
偏北	250	10	南	16	0	4
更偏北	249	50	南	15	20	4
在北边缘两星中东面一颗	248	30	南	15	50	6
西面一颗	248	0	南	14	50	6

星　座	黄经		黄纬			星等
	度	分		度	分	
在上面两星之西甚远处	245	10	南	14	40	5
更偏西	243[①]	0	南	15	50	5
偏南,剩余一星	242	0	南	18	30	5

共 13 颗星:5 颗为 4 等,6 颗为 5 等,2 颗为 6 等

南鱼

星座	度	分		度	分	星等
在嘴部,即在波江边缘	300	20	南	23	0	1
在头部三星中西面一颗	294	0	南	21	20	4
中间一颗	297	30	南	22	15	4
东面一颗	299	0	南	22	30	4
在鳃部	297	40	南	16	15	4
在南鳍和背部	288	30	南	19	30	5
腹部两星偏东一颗	294	30	南	15	10	5
偏西一颗	292	10	南	14	30	4
在北鳍三星中东面一颗	288	30	南	15	15	4
中间一颗	285	10	南	16	30	4
三星中西面一颗	284	20	南	18	10	4
在尾梢[123]	289	20	南	22	15	4

不包括第一颗,共 11 颗星:9 颗为 4 等,2 颗为 5 等

在南鱼座附近

星座	度	分		度	分	星等
在鱼身西面的亮星中偏西一颗	271	20	南	22	20	3
中间一颗	274	30	南	22	10	3
三星中偏东一颗	277	20	南	21	0	3
在上面一星西面的暗星	275	20	南	20	50	5
在北面其余星中偏南一颗	277	10	南	16	0	4
偏北一颗	277	10	南	14	50	4

共 6 颗星:3 颗为 3 等,2 颗为 4 等,1 颗为 5 等

在南天区共有 316 颗星:7 颗为 1 等,18 颗为 2 等,60 颗为 3 等,167 颗为 4 等,54 颗为 5 等,9 颗为 6 等,1 颗为云雾状。因此,总共 1022 颗星:15 颗为 1 等,45 颗为 2 等,208 颗为 3 等,474 颗为 4 等,216 颗为 5 等,50 颗为 6 等,9 颗暗弱,5 颗为云雾状。

---

① 　英译本为 343,有误,据俄译本改正。

第三卷

· Volume Three ·

当他（喜帕恰斯）更加专心致志地测定一年的长度时，他发现以恒星为基准测出的一年比以二分点或二至点为基准的一年要长。于是他想到，恒星也在沿黄道运动，但这种极为缓慢的运动无法立即察觉〔托勒密，《至大论》，Ⅲ，1〕。

✠ NICOLAVS COPERNICVS

Nat. Aº 1473. Ob. 1543.

Borussus, Mathemat. Tornaeus

Non docet instabiles Copernicus ætheris orbes,
Sed terræ instabiles arguit ille uices.

第1章　二分点与二至点的岁差

在描述了恒星的现象之后，我应当转而讨论与周年运转有关的课题。我首先要讨论二分点的移动，由于有这种移动可以认为恒星也在运动。（正如我已经多次谈到的〔Ⅱ，1〕，我随时想到由地球自转产生的圆圈和极点在天穹上以相似的形状和同样的方式出现，而这些正是下面要讨论的问题。）〔这些话是哥白尼在对开纸 71ʳ 边缘写下的，但后来被删掉了。〕

我已经发现，古代天文学家对于从一个分点或至点量起的回归年或自然年以及以一颗恒星为基准测得的年，二者不予区分。因此他们认为以南河三升起为起点的奥林匹克年[1] 与从一个分点量起的年是一回事（因为那时还没有发现二者之间的差额）。

罗德斯城的喜帕恰斯是一个敏锐非凡的人，他首先察觉这两种年是不一样的。当他（喜帕恰斯）更加专心致志地测定一年的长度时，他发现以恒星为基准测出的一年比以二分点或二至点为基准的一年要长。于是他想到，恒星也在沿黄道运动，但这种极为缓慢的运动无法立即察觉〔托勒密，《至大论》，Ⅲ，1〕。可是随着时间的推移，现在这已变得绝对清楚了。由于这个缘故，黄道各宫和恒星目前的出没情况与古人的记载迥然不同了，并且黄道十二宫已经从原来与它们的名称和位置相符的星座移动了相当长的一段距离了。

进一步说，还发现这种运动是不均匀的。为了阐明这个不均匀性，已经提出各种不同的解释。按有些人的想法，处于悬浮状态的宇宙具有某种振动，这就像我们所发现的行星黄纬的一种运动〔Ⅳ，2〕。在每一边的固定极限范围内，在前进之后的某个时候会出现后退，而在两个方向上对平均位置的偏离都不超过 8°[2]。但是这个现已湮没无闻的观念不能流传下来。这主要的原因是白羊座第一点现在与春分点的距离已经超过 8°的 3倍，而这已经是完全清楚的了。对其他恒星来说情况是一样的，而与此同时在这么多世纪中根本察觉不出任何回归的痕迹。另外一些人确实认为恒星天球不断向前运动，但速率不等。可是他们并没有建立明确的图像。此外，自然界的另一奇迹也随同出现：目前黄赤交角不及托勒密以前那样大，而这一点我在前面已经谈过了。

为了解释这些观测事实，有人设想出第九层天球，还有人想到第十层，他们认为上述现象可以在这样的天球上显现出来。然而他们并不能达成自己的愿望。第十一层天球也已问世[3]，似乎这样多圆球仍然嫌不够。只要乞灵于地球的运动，我可以说明这些球与恒星天球毫无联系，而且很容易论证这么多的球都是多余的。正如我在第一卷第十一章中已经部分说明了的，两种运转（我指的是倾角与地心的周年运转）并不刚好相等，前者的周期比后者稍短一些。于是，二分点与二至点似乎都向前运动，这就是理所当然的了。原因并不是恒星天球在向东移动，而是赤道向西移动；赤道对黄道面的倾角与地球

▶ 哥白尼画像。在这幅画像中可以看出哥白尼的鼻子早年曾受过伤。

轴线的倾角成正比。如果说赤道倾斜于黄道,这比说黄道倾斜于赤道更适当一些(因为是一件较小的东西与较大的东西相比)。实际上,黄道(它是在日地距离处由周年运转扫描出的轨道)比赤道(我在〔Ⅰ,11〕中已经说明,是由地球绕轴的周日运动产生的)大得多。这样一来,那些在二分点的交点与整个黄赤交角一起,看起来在时间进程中都跑在前头,而恒星挪在后面。以前的天文学家不了解这种运动的测量以及它的变化的解释。原因是没有预料到它的运转极为缓慢,以致这种运转周期目前仍未测定出来。自从人类首次发现以来,在漫长的岁月中它的运行还不到一个圆周的 $\frac{1}{15}$。尽管如此,我要用我所知道的从古至今的观测史来阐明这件事情。

第 2 章 证明二分点与二至点岁差不均匀的观测史

在卡利帕斯(Callipus)所说的第一个 76 年周期中及其第 36 年(即亚历山大大帝逝世后的第 30 年),亚历山大城的提摩恰里斯(Timocharis)(他是第一个留心观察恒星位置的人)报告说,室女所持的谷穗[①]与夏至点的距离为 $82\frac{1}{3}°$,黄纬为南纬 $2°$[(4)]。天蝎前额三颗星中最偏北的一颗,也是黄道这一宫的第一星,当时的黄纬为北纬 $1\frac{1}{3}°$,与秋分点的距离为 $32°$。在同一周期的第 48 年,他又发现室女的谷穗与夏至点的距离为 $82\frac{1}{2}°$,而黄纬为同一数值。但是在第三个卡利帕斯周期的第 50 年,即亚历山大死后的第 196 年,喜帕恰斯测出狮子胸部一颗称为轩辕十四的恒星[(5)]是在夏至点之后 $29°50'$。后来在特拉强(Trajan)皇帝在位的第一年,即是基督诞生后第 99 年和亚历山大死后第 422 年[(6)],罗马几何学家门涅拉斯报告说,室女谷穗与夏至点[(7)]的经度距离为 $86\frac{1}{4}°$,而天蝎前额的星离秋分点[(8)]为 $35\frac{11}{12}°$。继他们之后,在前面提到过的皮厄斯·安东尼厄斯的第二年〔Ⅱ,14〕,即亚历山大逝世后第 462 年[(9)],托勒密得出狮子座轩辕十四与夏至点的经度距离为 $32\frac{1}{2}°$,而谷穗和前面谈到的天蝎前额的星与秋分点[(10)]的距离各为 $86\frac{1}{2}°$ 和 $36\frac{1}{6}°$。正如前面的表所指出的,黄纬毫无变化。我是完全照那些天文学家的报告来回顾这些测量的。

但是在这以后过了很长时间,即到亚历山大死后 1202 年,拉喀的阿耳·巴塔尼[(11)]才进行下一次观测。这是我们完全可以信赖的观测。在那一年,狮子座的轩辕十四看起来离夏至点已达 $44°5'$,而天蝎额上的星距秋分点为 $47°50'$。对所有这些观测来说,每颗星的纬度都依旧不变,于是对这一点来说天文学家不再有任何怀疑了。

后来在公元 1525 年,这按罗马历是在一次闰年之后的第一年,也是在亚历山大死后第 1849 个埃及年[(12)],我在普鲁士的佛罗蒙波克(Frombork)也观测了上面多次提到的谷穗。它在子午圈上的最大高度约为 $27°$[(13)]。但我测得[(14)]佛罗蒙波克的纬度为 $54°19\frac{1}{2}'$[(15)]。因此可立即求得从赤道算起谷穗的赤纬为 $8°40'$。于是它的位置可确定如下。

我同时通过黄道和赤道的极点画子午圈 $ABCD$。令它与赤道面相交于直径 AEC,并与黄道面相交于直径 BED。令黄道的北极为 F,它的轴线为 FEG。令 B 为摩羯宫的第

---

① 即室女座 α 星,又称角宿一。

一点,而 D 为巨蟹宫第一点。取 BH 弧等于恒星的南纬,即 $2°$。从 H 点画平行于 BD 的 HL。令 HL 与黄道轴相交于 L,与赤道相交于 K。还按恒星的南赤纬取 MA 为 $8°40'$ 的弧。从 M 点画 MN 与 AC 平行。MN 与平行于黄道的 HIL 相交。令 MN 与 HIL 相交于 O 点。与 MN 垂直的直线 OP 等于两倍赤纬 AM 所对弦的一半。但是以 FG、HL 和 MN 为直径的圆周都垂直于平面 $ABCD$。按欧几里得《几何原本》,XI,19,它们的交线都在 O 和 I 点垂直于同一平面。按该书命题 6,这些交线相互平行。进一步说,I 为以 HL 作直径的圆的中心。因此 OI 应等于在直径为 HL 的圆上相似于恒星与天秤座第一点经度距离两倍的弧所对的弦之一半。这就是我们所求的弧。

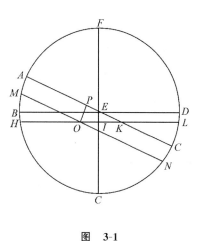

图 3-1

这段弧可按下列方法求得。内错角 OKP 和 AEB 相等,而 OPK 为直角。于是 OP 与 OK 之比等于两倍 AB 所对的半弦与 BE 之比以及两倍 AH 所对半弦与 HIK 之比,这是因为有关的三角形都与 OPK 相似。但 AB 为 $23°28\frac{1}{2}'$;而取 BE 为100 000时,两倍 AB 所对半弦为39 832单位。ABH 为 $25°28\frac{1}{2}'$;两倍 ABH 所对半弦为43 010[16]。两倍赤纬所对半弦 MA 为15 069单位[17]。因此可知整个 HIK 是107 978单位;OK 是37 831单位[18],而余量 HO 是70 147[19]。但是两倍 HOI 所对圆弧 HGL 为 $176°$。取 BE 为100 000时,HOI 应为99 939单位[20]。因此余量 OI 应为29 792[21]。但取 HOI 为半径并等于100 000单位时,OI 会等于29 810单位[22],与之相应的圆弧约为 $17°21'$[23]。这是室女的谷穗与天秤座第一点之间的距离,此即为恒星的位置。

也是在 10 年前,即在1515[24],我测得其赤纬为 $8°36'$,而它的位置在距天秤座第一点 $17°14'$ 处。可是据托勒密的报告,它的赤纬仅为 $\frac{1}{2}°$〔《至大论》,VII,3〕。因此它的位置应在室女座内,在 $26°40'$ 处,这比早期的观测要精确一些。

于是看来完全清楚,从提摩恰里斯到托勒密,实际上在整个 432 年期间[25],二分点和二至点每 100 年正规飘移 $1°$,它们的移动量与时间的比值固定不变,因而在整个那段时期中移动了 $4\frac{1}{3}°$[26]。就夏至点与狮子座巴西里斯卡斯星(Basiliscus)之间的距离来说,在从喜帕恰斯到托勒密的 266 年间,由比较也可知道二分点移动了 $2\frac{2}{3}°$[27]。与时间相比也可求得,它们在 100 年内向前飘移了 $1°$。另外,在天蝎前额顶上的那颗星,在从阿耳·巴塔尼到门涅拉斯,在 782 年间[28]移动了 $11°55'$。可以看出,移动 $1°$ 的时间不是 100 年,而是 66 年[29]。进一步说,在从托勒密到阿耳·巴塔尼的 741 年中[30],只需 65 年就能动 $1°$[31]。最后,如果把余下的 645 年期间[32]与我观测到的 $9°11'$ 的差额[33]合在一起考虑,$1°$ 就需要 71 年。因此在托勒密之前的 400 年间,二分点的岁差显然小于从托勒密到阿耳·巴塔尼的时期,而这段时期的岁差也比从阿耳·巴塔尼到现在要大[34]。

与此相似,对黄赤交角的运动也发现有差异。萨摩斯的阿里斯塔尔恰斯求得黄赤交角为 $23°51'20''$[35],这与托勒密的数值一样;阿耳·巴塔尼得出 $23°36'$;在他之后 190 年西班牙人阿耳·查尔卡里(Al-Zarkali)得到 $23°34'$;在 230 年后犹太人普罗法提阿斯(Profatius)所得数值约小 $2'$[36]。但是到现在,发现它不大于 $23°28\frac{1}{2}'$[37]。因此也明显可知,从阿里斯塔尔恰斯到托勒密,变化为极小,但从托勒密到阿耳·巴塔尼达到极大[38]。

第3章 可以说明二分点和黄赤交角移动的假设

于是从上述似乎已很清楚,二分点和二至点以不均匀的速率移动。对此最好的解释也许就是地轴和赤道两极的某种飘移。从地球在运动的假设似乎应得出这样的结果。恒星的黄纬是固定的,这证明黄道显然是永远不变的,可是赤道在飘移。我已经说过〔Ⅰ,11〕,如果地轴的运动与地心运动简单而精确地相符,那么二分点和二至点的岁差就绝对不会出现。然而因为这两种运动互不相同,并且它们的差异是可变的,所以二至点和二分点就以一种不均匀的运动跑到恒星位置的前头。对倾角的运动来说,情况与此相同。这种运动会引起黄道倾角的变化,而这种变化也是不均匀的。这个倾角本来更应当说成是赤道倾角。

因为在一个球面上的两极和圆周是相互有关并且相适应的,所以两种运动都需要纯粹由极点来完成,这就像是不断摇荡的摆动。一种运动是使极点在交角附近上下起伏,从而改变圆周的倾角。另一种运动在两个方向产生交叉运动,于是出现二分点与二至点的岁差增加和减少。我把这些运动称为"天平动",因为它们好像是沿同一路线在两个端点之间来回振荡的物体,在中间运动较快,而在两端最慢。我们在后面会谈到〔Ⅵ,2〕,行星的黄纬一般会呈现这种运动。进而言之,上述两种运动的周期不同,因为二分点不均匀性的两个周期等于黄赤交角的一个周期。对每一种看起来不均匀的运动都需要假定有一个平均量,用这个量可以掌握不均匀的图像。与此相似,在此当然也需要假设有平均的极点和平均的赤道,以及平均的二分点和二至点。每当地球的两极和赤道圈转到这些平均位置的任何一边但仍在固定的极限之内时,那些匀速运动看起来就是不均匀的了。于是那两种天平动互相结合起来,使地球的两极随时间的推移扫描出与一顶扭曲的小王冠相似的线条。

但是这些事情很难用言语说清楚。因此我担心用耳朵听不会懂得,还需要用眼睛看。所以让我们在一个球面上画出黄道 $ABCD$。令它的北极为 E,摩羯宫第一点为 A,巨蟹座第一点为 C,白羊宫第一点为 B,而天秤宫第一点为 D。通过 A、C 两点以及极点 E,画圆周 AEC。令黄道北极与赤道北极之间的最长距离为 EF,最短距离为 EG,极点的平均位置在 I。绕 I 点画赤道 BHD。这可称为平均赤道,B 和 D 为平均二分点。令这一切都绕极点 E 不断地做缓慢的匀速运动,我已说过〔Ⅲ,1〕这种运动与恒星天球上黄道各宫的次序相反。对地球两极假定有两种相互作用的运动,就像摇动物体的运动。这两种运动之一出现在极限 F 和 G 之间,后面将称为"非均匀运动",即是倾角不均匀性的运动。对另一种从领先到落后,又从落后到领先交替进行的运动,我将称之为"二分点非均匀性"。它比第一种运动快一倍。这两种运动在地球两极汇聚,使极点产生奇妙的偏转。

首先令地球北极位于 F。绕它画出的赤道会通过相同的交点 B 和 D,即通过圆周 $AFEC$ 的两极。但是这个赤道会使黄赤交角变大一些,增大量与弧 FI 成正比。当地极从这个假定的起点向位于 I 处的平均倾角转移时,另一种运动介入了,它不容许极点直接沿 FI 移动。与此相反,第二种运动使极点兜圈子,在极不规则的途径上移动。令极点

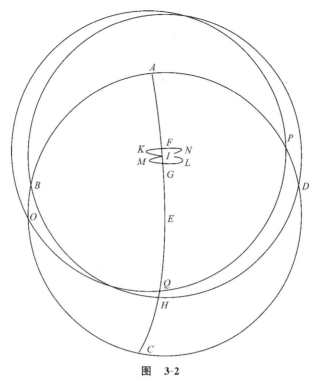

图 3-2

在 K。绕这一点的视赤道为 OQP，它与黄道的交点不是 B，而是在 B 后面的 O。二分点的岁差以与 BO 成正比的量减少。在这一点转向并朝前进，两种运动联合并同时作用会使极点到达平均位置 I。视赤道与均匀或平均赤道完全相合。当地极通过此点时，它继续向前进。它把视赤道与平均赤道区分开，并使二分点的进动达到另一极端 L。当地极在这一位置转向时，它减掉刚才给二分点加上的量，直至到达 G 点为止。在这里它使黄赤交角在同一交点 B 成为极小，在此二分点和二至点的运动再次变成很慢，这与在 F 点的情况几乎正好一样。这时它们的不均匀性显然经历了一个周期，因为它从平均位置先后到达两个端点。但是黄赤交角的变化只经过了半个周期，即从最大变为最小倾角。随后当地极朝后退时，它会到达最外端点 M。当它从那里转向时，它又一次与平均位置 I 相合。当它再度向前进时，它通过端点 N，并最后扫出我称之为扭曲线的 FKILGMINF[39]。因此明显可知，在黄赤交角变化一周中，地极向前进两次到达端点，并两次朝后退到达端点[40]。

第 4 章　振动或天平动如何由圆周运动形成

我在后面要阐明这一运动与现象是符合的〔Ⅲ，6〕。但与此同时有人会问，怎样可以把这些天平动理解为均匀运动，因为我们在开始时〔Ⅰ，4〕谈到过天体运动是均匀的或者是由均匀的圆周运动合成的。然而在这一事例中两个运动都是在它们的界限内的简谐运动，于是必然出现运动的停顿。我确实愿意承认它们是成对出现的，但是用下面的方法可以证明振荡运动是由均匀运动合成的。

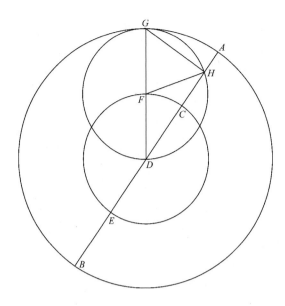

图　3-3

设有一条直线 AB，它被 C、D、E 三点分为四等分。绕 D 点用同一中心和在同一平面内画圆周 ADB 和 CDE。在内圆圆周上取任意点 F。以 F 为中心，FD 为半径画圆 GHD。令它与直线 AB 相交于 H 点。作直径 DFG。应当证明由于 GHD 和 CFE 两圆共同作用所引起的成对运动，可动点 H 在同一直线 AB 的两个方向上来回滑动。如果 H 在离开 F 的相反方向向上运动并移到两倍远处，这种情况就会发生。同一个角 CDF 既位于圆 CFE 的中心，又在 GHD 圆周上，此角在两个相等的圆上截出两段弧 FC 和 GH，而 GH 为 FC 的两倍。假设在某一时刻 ACD 和 DFG 两条直线重合，这时动点 H 在 G 与 A 处相合，而 F 是在 C 处相合。然而圆心 F 沿 FC 向右移动，而 H 沿 GH 弧向左移动了两倍于 CF 的距离，或者这两个方向都可反转。于是直线 AB 可以成为 H 的轨迹。否则就会出现局部大于整体的情况。我相信这是容易了解的。受折线 DFH（它等于 AD）牵引，H 离开其原来位置 A，移动了一段长度 AH。此距离为直径 DFG 超过弦 DH 的长度。就这样，H 会被带到圆心 D。这种情况出现时，圆 DHG 与直线 AB 相切，而 GD 就自然垂直于 AB。随后 H 将到达另一端点 B，并由于同样原因从此点再度返回。

在手稿对开纸 75ʳ，第四章原来结尾处有以下一段话，后来被哥白尼删掉了：

有些人[41]称此为"沿圆周宽度的运动"，即沿直径的运动。稍后我将阐明〔Ⅲ，5〕，这些运动的周期和大小都可从圆周长度求得。此外，在此应顺便提到，如果 HG 和 CF 两圆不等，而其他一切条件不变，则这些运动扫描出的不是一条直线，而是一条圆锥或圆柱截线，数学家称之为"椭圆"。然而这些问题我将另行讨论。[42]

因此显然可知，从两个像这样一同起作用的圆周运动，可以合成一个直线运动，还可从均匀运动合成振动及不均匀运动。证讫。

从以上论证可知，直线 GH 总是垂直于 AB，这是因为直线 DH 和 HG 在一个半圆内张出直角。因此 GH 为两倍 AG 弧所对弦的一半。另一直线 DH 为从一个象限减去 AG 所余弧的两倍所对弦之一半，这是因为圆 AGB 的直径为 HGD 的两倍。

第5章 二分点岁差和黄赤交角不均匀的证明

因此有些人称此为"沿圆周宽度的运动"，即沿直径的运动。可是他们用圆周来处理它的周期和均匀性，而用弦长来表示它的大小。于是它看起来是非均匀的，近圆心快一些而在圆周附近慢一些，这是很容易证明的。

令 ABC 为一个半圆，其中心在 D，直径为 ADC。把半圆等分于 B 点。截取相等的弧 AE 与 BF，并从 F 和 E 两点向 ADC 作垂线 EG 和 FK。两倍 DK 与两倍 BF 相对，而两倍 EG 与两倍 AE 相对。因此 DK 与 EG 相等。但是按欧几里得《几何原本》，Ⅲ，7，AG 小于 GE，于是也小于 DK。但因 AE 与 BF 两弧相等，扫过 GA 与 KD 的时间是一样的。因此在靠近圆周的 A 处，运动比在圆心 D 附近慢一些。

既然这已证明，把地球中心放在 L，于是直线 LD 垂直于 ABC，即半圆面。通过 A 和 C 两点，以 L 为圆心，画圆弧 AMC。延长直线 LDM。因此半圆 ABC 的极点在 M，而 ADC 为圆的交线。连接 LA 与 LC。同样连接 LK 与 LG；把它们作为直线延长，令其与弧 AMC 相交于 N 与 O。LDK 为直角。则角 LKD 为锐角，因此 LK 线长于 LD。还有，在两个钝角三角形中，LG 边长于 LK 边，而 LA 长于 LG。

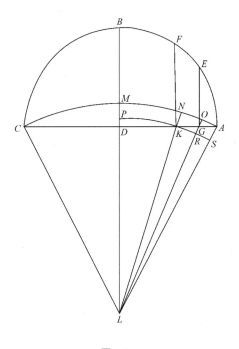

图 3-4

以 L 为中心和 LK 为半径画的圆会超出 LD，但会与其余两条线 LG 和 LA 相交。令此圆为 $PKRS$[43]。三角形 LDK 小于扇形 LPK。但是三角形 LGA 大于扇形 LRS。因此三角形 LDK 与扇形 LPK 之比小于三角形 LGA 与扇形 LRS 之比。与此相似，三角形 LDK 与三角形 LGA 之比也小于扇形 LPK 与扇形 LRS 之比。按欧几里得《几何原本》，Ⅵ，1，底边 DK 与底边 AG 之比等于三角形 LKD 与三角形 LGA 之比。然而扇形与扇形之比等于角 DLK 与角 RLS 之比，或弧 MN 与弧 OA 之比。因此 DK 与 GA 之比小于 MN 与 OA 之比。但是我已经证明 DK 大于 GA，于是 MN 更大于 OA。地极在沿非均匀角的相等弧 AE 和 BF 移动时，已知用相同的时间扫过 MN 和 OA。证讫。

可是黄赤交角的极大值与极小值之差非常小，不超过⅖°。因此曲线 AMC 与直线 ADC 之差也难以察觉。如果我们只用直线 ADC 和半圆 ABC 来进行运算，也不会有误差。对于影响二分点的地极的另一种运动，情况与此相同，因为它不到½°，这将在下面说明。

再次令 $ABCD$ 为通过黄道与平均赤道极点的圆。我们可以称此圆为"巨蟹宫的平均分至圈"。令黄道的一半为 DEB。令平均赤道为 AEC。令它们相交于 E 点，该处应为平均的分点。令赤道的极点为 F，通过该点作大圆 FET。于是这应为平均的或均匀的二分圈。为了便于证明，让我们把二分点的天平动与黄赤交角的天平动分离开来。在二分圈 EF 上截出弧 FG。可以认为赤道的视极点 G 从平均极点 F，移动了一段距离 FG。以 G 为极，作视赤道的半圆 $ALKC$。它与黄道相交于 L。因此 L 点会成为视分点。它与平均分点的距离应为弧 LE，这由 EK 与 FG 的相等关系决定。但是我们可以取 K 为一个极点，并作圆 AGC。我们也可假定在天平动 FG 出现时，赤道的极点并不在真的极点 G 上；与此相反，在第二种天平动的影响下，它沿弧 GO 转向黄道倾角。因此，尽管黄道 BED 仍然固定不动，真正视赤道会按极点 O 的移位而飘移。与此相同，视赤道的交点 L 的运动在平均分点 E 周围较快，而在两端点处最慢，这与前面〔Ⅲ，3〕已经说明的极点天平动近似成正比。这一发现是有价值的。

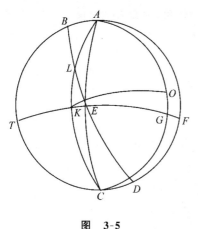

图 3-5

第6章 二分点岁差与黄道倾角的均匀行度

每一个看来为非均匀的圆周运动都具有四个分界区域。在一个区域内运动看来很慢，在另一个区域却很快，这些都是端点区域；而在它们之间，运动为中速。在减速终了和加速开始时，运动的平均速度转变方向，从平均值增加到最高速率，又从高速率转向平均值，然后在其余部分由平均速率回到原来的低速率。这些论述使人知道在一定时刻，非均匀性或反常现象出现在圆周的哪一部分。从这些性质还可以了解非均匀性的循环。

举例来说，在一个划为四等分的圆周中令 A 为最慢的位置，B 为加速时的平均速度，C 为加速终了并开始减速的速度，而 D 为出现减速时的平均速度。前面〔Ⅲ,2〕已经提到，从提摩恰里斯到托勒密发现二分点进动的视行度比其他一切时候都慢。在那段时期的中间部分，阿里斯泰拉斯（Aristyllus）[44]、喜帕恰斯、阿格里巴（Agrippa）[45]和门涅拉斯都由观测发现，二分点进动的视行度是有规则的和匀速的。因此这证明，那时二分点视行度正是最慢的。在那段时间的中期，二分点视行度开始加速。那时减速停止，与加速开始结合起来，二者相互抵消使当时的行度看来是匀速的。因此提摩恰里斯的观测应当是在圆周的最后一部分，即 DA 范围内。但是托勒密的观测应落到第一象限 AB 中。进而言之，在从托勒密到拉喀的阿耳·巴塔尼

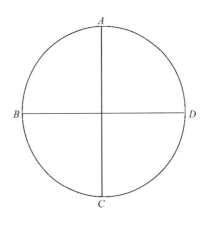

图　3-6

这个第二时期，发现行度比第三时期快一些。于是这表明最高速度，即 C 点，是在第二时期出现的。非均匀角现在进入圆周的第三象限 CD 中。在一直延续到现在的第三时期中，非均匀角的循环接近完成，并返回它在提摩恰里斯时期开始时的位置。在通常的 $360°$ 系统中，我们可以从提摩恰里斯到现在求得完整的周期为 1819 年[46]。按比例来说，在 432 年[47]中可得圆弧为 $85\frac{1}{2}°$，而在 742 年[48]中为 $146°51'$，在其余的 645 年[49]剩下的弧长为 $127°39'$。我由简单的推测立即得出这些结果。但是我用更精确的计算重新进行检验，算出它们与观测的符合程度。我发现在 1819 个埃及年中，非均匀角的行度已经完成一周，并超过了 $21°24'$，一个周期只包括 1717 埃及年[50]。由这样的计算可以定出圆周的第一段为 $90°35'$，第二段为 $155°34'$，而在 543 年中第三段将包含圆周余下的 $113°51'$[51]。

在用这种方法得出这些结果后，二分点进动的平均行度也就变得清楚了。它在同样的 1717 年中为 $23°57'$，而在这段时期中整个非均匀性恢复到原来的状态。在 1819 年中，视行度约为 $25°1'$。1717 年与 1819 年相差 102 年[52]，在提摩恰里斯之后 102 年间视行度应约为 $1°4'$。这也许比在 100 年中完成 $1°$ 要稍大一些，而后一情况出现在行度减少但尚未达到减速终了之时。因此，如果从 $25°1'$[53]减去 $1\frac{1}{15}°$，余量就是我所谈到过的在 1717 埃及年中的平均和均匀行度，而这等于 $23°57'$ 的非均匀和视行度。由此可知，二分点进动的整个均匀运转共需 25 816 年。在这个时期内，非均匀角共完成了大约 $15\frac{1}{28}$ 周[54]。

这个计算结果与黄赤交角的行度也是一致的。我已说过，黄赤交角的行度比二分点进动慢一倍〔Ⅲ,3〕。托勒密报告说，自撒摩斯的阿里斯塔尔恰斯[55]以来到他之前的 400 年间，$23°51'20''$ 的黄赤交角毫无变化。于是这表明，当时黄赤交角几乎稳定在极大值附近，而在那时二分点进动的行度当然也最慢。目前又接近恢复到慢的行度。然而轴线的

倾角并不是与此类似地正在转变为极大值,而是成为极小值。我已说过〔Ⅲ,2〕,阿耳·巴塔尼求得在中间这段时期的倾角为23°35′[56];在他之后190年西班牙人阿耳·查尔卡里得出23°34′;而在230年后犹太人普罗法提阿斯用同样方法求出的数值约小2′。最后,谈到当代,我由已往30年间的频繁观测[57]求得它的值约为23°28⅖′。紧接在我前面的乔治·皮尔巴赫(George Peurbach)和约翰尼斯·瑞几蒙塔纳斯(Johannes Regiomontanus)测定的结果,与我的数值相差甚微。

> 早期手稿:
>
> 在公元1460年乔治·皮尔巴赫报告说,倾角为23°,这与前面提到的天文学家们的结果相合,但还只需加上28′[58];在1491年多门尼科·玛丽亚·达·诺法拉(Domenico Maria da Novara)[59]报告说,在整度数后应加上的尾数大于29′;根据约翰尼斯·瑞几蒙塔纳斯,应为23°28½′。(哥白尼在正文中本来引用了皮尔巴赫和诺法拉,随后在页边空白处加上对瑞几蒙塔纳斯的评述。后来他删掉了皮尔巴赫-诺法拉的一段话,但是忘记把瑞几蒙塔纳斯划掉。)

在此又完全清楚,在托勒密之后900年间黄赤交角的变化比其他任何时候都大。因此,既然已知岁差变异的周期为1717年,黄赤交角变化周期的一半也是这样长,则整个周期为3434年。如果用3434年来除360°,或者用1717年来除180°,便得非均匀角的年行度为6′17″24‴9⁗。再用365日来除这个数,则得日行度为1″2‴2⁗。与此相似,用1717年来除二分点进动的平均行度——这一数值曾为23°57′,则年行度为50″12‴5⁗,而用365天来除这一数值,应得日行度为8‴15⁗。

为了使这些行度更为清楚,并在需要时便于检索,下面我用表格或目录来表示它们。对年行度可以连续和等量相加。如果一数超过60,则使一度的分数或整度数加一。为方便计算,我把这些表扩充到60年。在60年间出现的是同一套数字(只需更换度或度的分数的名称)。譬如原来的一秒变成一分,等等。用这一诀窍并用这些只有两个项目的简表,我们可以对直至3600年间所需年份求得和推出均匀行度。对日数来说,情况与此相同。

可是在计算天体运动时,我随时都用埃及年。在各种民用年中,只有埃及年是匀称的。测量单位应当与被测量相协调。在罗马年、希腊年和波斯年中,都没有这种程度的和谐。这些历法都有置闰,但方式不一,由各民族自行确定。可是埃及年有确切的日数,即365,毫无含糊之处。这样多日子组成12个等长的月份。按埃及人自己的名称,这些月份依次为:Thoth, Phaophi, Athyr, Choiach, Tybi, Mechyr, Phamenoth, Pharmuthi, Pachon, Pauni, Ephiphi和Mesori。这些月份组成各有60天的6组,而其余5天称为闰日。由于这个缘故,埃及年对于均匀行度的计算最为便当。通过日期互换,其他的年都容易归化为埃及年。

按年份和60年周期计算的二分点岁差的均匀行度(60) 基督纪元 50°32′

年	黄 经					年	黄 经				
	60°	°	′	″	‴		60°	°	′	″	‴
1	0	0	0	50	12	31	0	0	25	56	14
2	0	0	1	40	24	32	0	0	26	46	26
3	0	0	2	30	36	33	0	0	27	36	38
4	0	0	3	20	48	34	0	0	28	26	50
5	0	0	4	11	0	35	0	0	29	17	2
6	0	0	5	1	12	36	0	0	30	7	15
7	0	0	5	51	24	37	0	0	30	57	27
8	0	0	6	41	36	38	0	0	31	47	39
9	0	0	7	31	48	39	0	0	32	37	51
10	0	0	8	22	0	40	0	0	33	28	3
11	0	0	9	12	12	41	0	0	34	18	15
12	0	0	10	2	25	42	0	0	35	8	27
13	0	0	10	52	37	43	0	0	35	58	39
14	0	0	11	42	49	44	0	0	36	48	51
15	0	0	12	33	1	45	0	0	37	39	3
16	0	0	13	23	13	46	0	0	38	29	15
17	0	0	14	13	25	47	0	0	39	19	27
18	0	0	15	3	37	48	0	0	40	9	40
19	0	0	15	53	49	49	0	0	40	59	52
20	0	0	16	44	1	50	0	0	41	50	4
21	0	0	17	34	13	51	0	0	42	40	16
22	0	0	18	24	25	52	0	0	43	30	28
23	0	0	19	14	37	53	0	0	44	20	40
24	0	0	20	4	50	54	0	0	45	10	52
25	0	0	20	55	2	55	0	0	46	1	4
26	0	0	21	45	14	56	0	0	46	51	16
27	0	0	22	35	26	57	0	0	47	41	28
28	0	0	23	25	38	58	0	0	48	31	40
29	0	0	24	15	50	59	0	0	49	21	52
30	0	0	25	6	2	60	0	0	50	12	5

按日和60日周期计算的二分点岁差的均匀行度

日	行 度					日	行 度				
	60°	°	′	″	‴		60°	°	′	″	‴
1	0	0	0	0	8	31	0	0	0	4	15
2	0	0	0	0	16	32	0	0	0	4	24
3	0	0	0	0	24	33	0	0	0	4	32
4	0	0	0	0	33	34	0	0	0	4	40
5	0	0	0	0	41	35	0	0	0	4	48
6	0	0	0	0	49	36	0	0	0	4	57
7	0	0	0	0	57	37	0	0	0	5	5
8	0	0	0	1	6	38	0	0	0	5	13
9	0	0	0	1	14	39	0	0	0	5	21
10	0	0	0	1	22	40	0	0	0	5	30
11	0	0	0	1	30	41	0	0	0	5	38
12	0	0	0	1	39	42	0	0	0	5	46
13	0	0	0	1	47	43	0	0	0	5	54
14	0	0	0	1	55	44	0	0	0	6	3
15	0	0	0	2	3	45	0	0	0	6	11
16	0	0	0	2	12	46	0	0	0	6	19
17	0	0	0	2	20	47	0	0	0	6	27
18	0	0	0	2	28	48	0	0	0	6	36
19	0	0	0	2	36	49	0	0	0	6	44
20	0	0	0	2	45	50	0	0	0	6	52
21	0	0	0	2	53	51	0	0	0	7	0
22	0	0	0	3	1	52	0	0	0	7	9
23	0	0	0	3	9	53	0	0	0	7	17
24	0	0	0	3	18	54	0	0	0	7	25
25	0	0	0	3	26	55	0	0	0	7	33
26	0	0	0	3	34	56	0	0	0	7	42
27	0	0	0	3	42	57	0	0	0	7	50
28	0	0	0	3	51	58	0	0	0	7	58
29	0	0	0	3	59	59	0	0	0	8	6
30	0	0	0	4	7	60	0	0	0	8	15

按年份和60年周期计算的二分点非均匀行度 基督纪元 6°45′													按日和60日周期计算的二分点非均匀行度												

	年	行		度			年	行		度			日	行		度			日	行		度		
		60°	°	′	″	‴		60°	°	′	″	‴		60°	°	′	″	‴		60°	°	′	″	‴
	1	0	0	6	17	24	31	0	3	14	59	28	1	0	0	0	1	2	31	0	0	0	32	3
	2	0	0	12	34	48	32	0	3	21	16	53	2	0	0	0	2	4	32	0	0	0	33	5
	3	0	0	18	52	12	33	0	3	27	34	16	3	0	0	0	3	6	33	0	0	0	34	7
	4	0	0	25	9	36	34	0	3	33	51	41	4	0	0	0	4	8	34	0	0	0	35	9
5	5	0	0	31	27	0	35	0	3	40	9	5	5	0	0	0	5	10	35	0	0	0	36	11
	6	0	0	37	44	24	36	0	3	46	26	29	6	0	0	0	6	12	36	0	0	0	37	13
	7	0	0	44	1	49	37	0	3	52	43	53	7	0	0	0	7	14	37	0	0	0	38	15
	8	0	0	50	19	13	38	0	3	59	1	17	8	0	0	0	8	16	38	0	0	0	39	17
	9	0	0	56	36	37	39	0	4	5	18	42	9	0	0	0	9	18	39	0	0	0	40	19
10	10	0	1	2	54	1	40	0	4	11	36	6	10	0	0	0	10	20	40	0	0	0	41	21
	11	0	1	9	11	25	41	0	4	17	53	30	11	0	0	0	11	22	41	0	0	0	42	23
	12	0	1	15	28	49	42	0	4	24	10	54	12	0	0	0	12	24	42	0	0	0	43	25
	13	0	1	21	46	13	43	0	4	30	28	18	13	0	0	0	13	26	43	0	0	0	44	27
	14	0	1	28	3	38	44	0	4	36	45	42	14	0	0	0	14	28	44	0	0	0	45	29
15	15	0	1	34	21	2	45	0	4	43	3	6	15	0	0	0	15	30	45	0	0	0	46	31
	16	0	1	40	38	26	46	0	4	49	20	31	16	0	0	0	16	32	46	0	0	0	47	33
	17	0	1	46	55	50	47	0	4	55	37	55	17	0	0	0	17	34	47	0	0	0	48	35
	18	0	1	53	13	14	48	0	5	1	55	19	18	0	0	0	18	36	48	0	0	0	49	37
	19	0	1	59	30	38	49	0	5	8	12	43	19	0	0	0	19	38	49	0	0	0	50	39
20	20	0	2	5	48	3	50	0	5	14	30	7	20	0	0	0	20	40	50	0	0	0	51	41
	21	0	2	12	5	27	51	0	5	20	47	31	21	0	0	0	21	42	51	0	0	0	52	43
	22	0	2	18	22	51	52	0	5	27	4	55	22	0	0	0	22	44	52	0	0	0	53	45
	23	0	2	24	40	15	53	0	5	33	22	20	23	0	0	0	23	46	53	0	0	0	54	47
	24	0	2	30	57	39	54	0	5	39	39	44	24	0	0	0	24	48	54	0	0	0	55	49
25	25	0	2	37	15	3	55	0	5	45	57	8	25	0	0	0	25	50	55	0	0	0	56	51
	26	0	2	43	32	27	56	0	5	52	14	32	26	0	0	0	26	52	56	0	0	0	57	53
	27	0	2	49	49	52	57	0	5	58	31	56	27	0	0	0	27	54	57	0	0	0	58	55
	28	0	2	56	7	16	58	0	6	4	49	20	28	0	0	0	28	56	58	0	0	0	59	57
	29	0	3	2	24	40	59	0	6	11	6	45	29	0	0	0	29	58	59	0	0	1	0	59
30	30	0	3	8	42	4	60	0	6	17	24	9	30	0	0	0	31	1	60	0	0	1	2	2

第7章　二分点的平均岁差与视岁差的最大差值有多大

早期手稿:哥白尼原来用下面一段话作为Ⅲ,7的开始,但后来他把这段话删掉了。

既然我已经力求阐明二分点岁差的均匀和平均行度,我应该问道它与视行度之间的最大差值有多大。用这个最大差值,我就容易求得个别差值。二倍非均匀角(即从提摩恰里斯到托勒密的432年中的二分点非均匀角)显然为90°35′〔Ⅲ,6〕。但是岁差的平均行度为6°[61],而视行度为4°20′。二者之间的差值为1°40′[62]。我已经确定慢行度的最后阶段和加速过程的开始是在这一时段的中期。因此在该时期,平均行度应当与视行度相合,而视分点与平均分点相合。于是在那个界限的两边,各有一半和相等的距离,我指的是45°17½′。与此相似可得视分点与平均分点的差值为50′[63]。

在上面已经阐明平均行度之后,我们现在应当问二分点的均匀行度与视行度之间的最大差值有多大,或者问异常行度运转的小圆的直径有多大。如果这已知,就容易定出这些行度之间的其他差值。前面已经指出〔Ⅲ,2〕,从提摩恰里斯的第一次观测到托勒密于安东尼纳斯第二年的观测,共历时432年。在那段时期中平均行度为6°,但是视行度为4°20′。它们的差值是1°40′。进而言之,二倍非均匀角的行度是90°35′。此外,在前面已经知道〔Ⅲ,6〕,在这一时段的中期或在其前后视行度达到最慢的程度。在这一时段中它应当与平均行度相符,而真二分点和平均二分点都应当是在大圆的相同交点上。因此,如果把行度和时间都分为两半,则在每一边非均匀与均匀行度的差值应为⅚。这些差值在每一边都是在近点角圆弧的45°17½′之内。

既然这些事情都已按上述方法确定下来[64],现在令ABC为黄道的一段弧,DBE为平均赤道,并令B为视二分点(无论是白羊宫还是天平宫)的平均交点。通过DBE的两极,画FB。在ABC的两边各取一段等于⅚°的弧BI和BK,于是整个IBK为1°40′。此外,作与FB(延长到FBH)相交成直角的两段视赤道弧IG与HK。虽然IG和HK的极点一般都是在BF圆之外,我还是说成"直角",这是因为倾角的行度本身会混淆,而这在

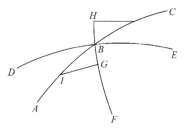

图 3-7

假设中已经谈到了〔Ⅲ,3〕。但由于距离很短,顶多不超过一个直角的$^1/_{450}$(=12′)。就感觉来说,我不妨把这些角度当作直角来处理,由此不会产生误差。在三角形IBG中,已知角IBG为66°20′,余角DBA为23°40′,此即平均的黄赤交角。BGI是直角。此外,角BIG几乎正好等于其内错角IBD。已知边IB为50′。因此平均赤道和视赤道的极点之间的距离BG等于20′。与此相似,在三角形BHK中,BHK和HBK两角分别等于IGB和IBG① 两角,而边BK等于边BI。BH也应等于BG的20′[65]。可是这一切都与非常

---

① 原文为IBG和IGB。

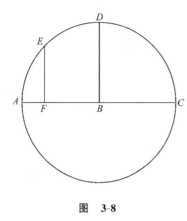

图　3-8

小的,不超过黄道 1½° 的数量有关。对于这些数量,直线实际上等于它们所对的圆弧,差额不过一秒的六十分之几。然而我满足于准到分,因此如果我用直线代替圆弧,也不会出差错。GB 和 BH 正比于 IB 和 BK,并且无论对两极还是对两个交点处的行度来说,同样的比值都适用。

令 ABC 为黄道的一部分。令 B 为在它上面的一个分点。以此点为极,画半圆 ADC,并与黄道相交于 A、C 两点。从黄道极点作 DB 线,它等分我们所画的半圆于 D。可认为 D 是减速的终点和加速的起点。在象限 AD 中,截取 45°17½′ 的弧段 DE。通过 E 点,从黄道极点作 EF,并令 BF 为 50′。从这些线段要求得整个 BFA。显然可知,两倍 BF 与两倍的 DE 弧段相对。但是 BF 的 7101 单位与 AFB 的 10 000 之比,等于 BF 的 50′ 与 AFB 的 70′ 之比[66]。因此可得 AB 为 1°10′。这是二分点的平均行度与视行度的最大差值。此即我们所求,也是从极点的最大偏离 28′ 应得出的结果。在赤道的交点,这 28′ 与二分点非均匀角(我称之为"二倍非均匀角",以别于黄赤交角的"非均匀角")的 70′ 相对应。

第 8 章　这些行度之间的个别差值和表示这些差值的表

现在已知 AB 为 70′,这样的弧与其所对直线的长度似无差异。因此要表示平均行度与视行度之间任何其他个别差值,都不难做到。这些差值相减或相加,可以确定出现的次序。希腊人把这些差值称为"行差"(prosthapharses),而现代人称之为"差"(equations)。我采用希腊名词,因为它较为适宜。

设 ED 为 3°,则按 AB 与弦 BF 之比可得行差 BF 为 4′;对 6°,则为 7′;对 9°,则为 11′[67];等等。我相信,我们对黄赤交角的飘移也应这样运算;而我已说过〔Ⅲ,5〕,从极大到极小所得数值为 24′。在一个单独变异的半圆中,这 24′ 需要经历 1717 年。在圆周的一个象限中,这段历程的一半为 12′。取黄赤交角为 23°40′ 时,这个非均匀角的小圆之极点将在该处。我已谈到过,用这种方法可得差值的其余部分几乎正好与前面所谈的成正比,而这可从附表看出。

通过这些论证,可用各种不同的方式把视行度结合起来。然而最令人满意的办法是把每个行差单独考虑。这样做的结果是使行度的计算比较容易理解,并与前面已经论证的解释更为相符。于是我编制一个 60 行的表,每隔 3° 为一行。这样编排不占大量篇幅,也不是太简略。对其他类似情况,我也将采用这一办法。下面的表只有四栏。前两栏为两个半圆的度数。我称这些度数为"公共数",因为该数本身给出黄赤交角,而它的两倍可给出二分点的行差,其起点可认为是加速的开始。第三栏为与每隔 3° 相应的二分点行差。应当把这些行差与平均行度相加,或从平均行度中减掉这些行差,而我从位于春分点的白羊宫头部第一星开始计量平均行度。相减的行差与较小半圆的近点角或第一栏有关,而相加行差与第二栏或下一个半圆有关。最后,末尾一栏载有分数,称为"黄赤交角比例之间的差值",最大可达 60。我用 60 来代替黄赤交角的极大值超过极小值的 24′。对于其余的超过部分,我用相同的比值来调节其分数[68]。因此对非均匀角的起点和终点我都取 60。但是当超过部分为 22′ 时(例如在近点角为 33° 时),我用 55 来代替 22′[69]。因此在非均匀角为 48° 时,我对 20′ 取 50,其余类推。附表采用这样的做法。

二分点行差与黄赤交角表										
公共数		二分点行差		黄赤交角比例		公共数		二分点行差		黄赤交角比例
度	度	度	分	分数		度	度	度	分	分数
3	357	0	4	60		93	267	1	10	28
6	354	0	7	60		96	264	1	10	27
9	351	0	11	60		99	261	1	9	25
12	348	0	14	59		102	258	1	9	24
15	345	0	18	59		105	255	1	8	22	5
18	342	0	21	59		108	252	1	7	21	
21	339	0	25	58		111	249	1	5	19	
24	336	0	28	57		114	246	1	4	18	
27	333	0	32	56		117	243	1	2	16	
30	330	0	35	56		120	240	1	1	15	10
33	327	0	38	55		123	237	0	59	14	
36	324	0	41	54		126	234	0	56	12	
39	321	0	44	53		129	231	0	54	11	
42	318	0	47	52		132	228	0	52	10	
45	315	0	49	51		135	225	0	49	9	15
48	312	0	52	50		138	222	0	47	8	
51	309	0	54	49		141	219	0	44	7	
54	306	0	56	48		144	216	0	41	6	
57	303	0	59	46		147	213	0	38	5	
60	300	1	1	45		150	210	0	35	4	20
63	297	1	2	44		153	207	0	32	3	
66	294	1	4	42		156	204	0	28	3	
69	291	1	5	41		159	201	0	25	2	
72	288	1	7	39		162	198	0	21	1	
75	285	1	8	38		165	195	0	18	1	25
78	282	1	9	36		168	192	0	14	1	
81	279	1	9	35		171	189	0	11	0	
84	276	1	10	33		174	186	0	7	0	
87	273	1	10	32		177	183	0	4	0	
90	270	1	10	30		180	180	0	0	0	30

第9章 二分点岁差讨论的回顾与改进

按我的猜测和假设，非均衡行度的加速是在第一卡利帕斯时期第三十六年与皮厄斯·安东尼厄斯第二年当中开始出现的。（照我的说法，这是异常行度的起点）因此我还应当考察，我的猜想是否正确，是否与观测相符。

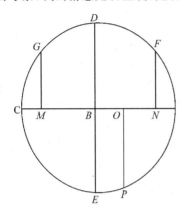

图 3-9

让我们回想起提摩恰里斯、托勒密以及拉喀的阿耳·巴塔尼所观测的那三颗星。在第一段时间里（从提摩恰里斯到托勒密），显然为 432 个埃及年，而在第二时期（从托勒密到阿耳·巴塔尼）为 742 年[70]。在第一时期中，均匀行度为 6°，非均匀行度为 4°20′，即从均匀行度减去 1°40′，而非均匀角的两倍为 90°35′。在第二时期中，均匀行度是 10°21′[71]，非均匀行度是 11½°[72]，即对均匀行度加上 1°9′，而两倍非均匀角为 155°34′[73]。

和以前一样，令 ABC 为黄道的一段弧。令 B 为平春分点。以 B 为极，画小圆 ADCE，弧 AB 为 1°10′。设 B 朝 A（即向前）作均匀运动。令 A 为 B 在离开可变分点前行时所达到最大偏离的西面极限，并令 C 为 B 偏离可变分点的东面极限。此外，从黄道极通过 B 点作直线 DBE。与黄道在一起，DBE 把圆 ADCE 四等分，因为两个圆通过其极点相互正交。在半圆 ADC 上运动为后行，而在另一半圆 CEA 为前行。因此，由于 B 的运行的反映，视分点减速运行的中点为 D。在另一方面，因为在相同方向上的运动互相增强，最大速率出现在 E。此外，在 D 点前后各取弧 FD 和 DG，它们都为 45°17½′。令 F 为非均匀运动的第一终点，即提摩恰里斯终点；G 为第二终点——托勒密终点；而 P 为第三终点——阿耳·巴塔尼终点。通过这些点（F、G、P）并通过黄道两极作大圆 FN、GM 与 OP，它们在小圈 ADCE 之内都很像是直线。于是，小圈 ADCE 为 360°，则弧 FDG 为 90°35′，这使平均行度减少 MN 的 1°40′，而 ABC 为 2°20′。GCEP 应为 155°34′，这使平均行度增加 MO 的 1°9′。由此可知，剩余部分 PAF 为 113°51′〔=360°−（90°35′+155°34′）〕，这会使平均行度增加余量 ON 的 31′〔=MN−MO=1°40′−1°9′〕，而与此相似 AB 为 70′。整个弧 DGCEP 应为 200°51½′〔=45°17½′+155°34′〕，而超出半圆部分 EP 为 20°51½′。于是，按圆周弦表，若 AB 为 1000，则直线 BO 为 356 单位。但是如果 AB 为 70′，BO 约为 24′，而 BM 可取为 50′。因此整个 MBO 为 74′，而余量 NO 为 26′[74]。但是从前 MBO 为 1°9′，余量 NO 为 31′。在后面的情况下〔31′−26′〕，有 5′ 的短缺；而在前面的情况下〔74′−69′〕，这是余额。因此应当旋转小圈 ADCE，来调节两种情况[75]。如果取弧 DG 为 42½°，于是另一段弧 DF 为 48°5′[76]，这时就出现上述情况。下面会谈到，用这样的办法可以改正这两种误差；对其他各种数据来说，情况也是这样。从 D 点（即减速过程的极限点）开始，在第一时段的非均匀运动包含长达 311°55′[77] 的整个 DGCEPAF 弧；在第二时段为

DG，长 $42\frac{1}{2}°$；而在第三时段为 $DGCEP$，长 $198°4'$[78]。按上述论证，在第一时段中 BN 为 $52'$ 的正行差[79]，而 AB 为 $70'$；在第二时段中 MB 为 $47\frac{1}{2}'$ 的负行差；而在第三时段中 BO 又是约为 $21'$ 的相加行差。因此在第一时段中整个 MN 长为 $1°40'$，而在第二时段中整个 MBO 为 $1°9'$，都与观测相等。于是在第一时段中非均匀角显然为 $155°57\frac{1}{2}'$，在第二时段中为 $21°15'$，而在第三时段中为 $99°2'$[80]。证讫[81]。

第 10 章　黄赤交角的最大变化有多大

　　我对黄赤交角变化的讨论可用同样方法证实，并可认为是确切的。从托勒密的著作可知，在安东尼厄斯［皮厄斯］第二年，经过改正的非均匀角为 $21\frac{1}{4}°$。由此可得最大的黄赤交角为 $23°51'20''$。从那时到我观测的时候约有 1387 年[82]，对这段时间可以算出非均匀角为 $144°4'$[83]，而这时的黄赤交角可求得约为 $23°28\frac{2}{3}'$。

　　在此基础上重画黄道弧 ABC，由于它很短，可认为是直线。和前面一样，以 B 为极点在 ABC 上重画非均匀角的小半圆。令 A 为最大倾角的界限，C 为最小倾角的界限，我们要寻求的正是它们之间的差额。于是在小圆圈上取 AE 为长 $21°15'$ 的弧段。在象限中其余部分 ED 应为 $68°45'$，整个 EDF 可算出为 $144°4'$，由相减得出 DF 为 $75°19'$[84]。作与直径

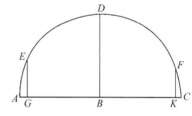

图　3-10

ABC 垂直的 EG 和 FK。由于从托勒密时代至现在黄赤交角的变化，可以把 GK 认作长度为 $22'56''$ 的大圆弧。但是与直线相似的 GB 为两倍 ED 或其相等弧所对弦的一半。如果取直径 AC 为 2000，则 GB 为 932 单位。KB 为两倍 DF 所对弦的一半，以相同单位表示应为 967。以上两线段之和 GK 为 1899 单位[85]（AC 为 2000）。可是如果取 GK 为 $22'56''$，则最大与最小黄赤交角之差 AC 约为 $24'$[86]，此即我们所求的差值。因此显然可知，在提摩恰里斯与托勒密之间黄赤交角为极大，达到 $23°52'$，而现在它正在接近其极小值，即 $23°28'$。运用前面对岁差阐述过的同样方法〔Ⅲ，8〕，还可得出在任何中间时期的黄赤交角。

第 11 章　二分点均匀行度的历元与非均匀角的测定

　　既然我已经用这种方式阐述了这一切课题，剩下的事情是要测定在任一时刻相对于春分点运动来说计算所取的位置，一些学者称之为"历元"。这种计算的绝对起点是托勒密〔《至大论》，Ⅲ，7〕确立的，他把它取作巴比伦的纳波纳萨尔（Nabonassar）[87]登基之时。由于姓氏相似造成的误解，大多数学者把他认作涅布恰聂萨尔（Nebuchadnessar）。细察年表并按托勒密的计算[88]，涅布恰聂萨尔的年代要晚得多。历史学家认为，纳波纳萨尔的继位人是迦勒底国王夏耳曼涅塞尔（Shalmaneser）[89]。但是最好是采用更为人们所知

的时间,我曾经想到从第一届奥林匹克运动会算起是合适的,而这是在纳波纳萨尔之前28年[90]。根据森索里纳斯(Censorinus)和其他公认权威的记载[91],那届运动会从夏至日开始举行,对希腊人来说天狼星在那一天升起,这是对奥林匹克运动的庆贺。根据对推算天体行度所必需的更精确的年代计算,从第一届奥运会期间希腊历祭月[92]第一天中午起到纳波纳萨尔时期埃及历元旦的中午为止,共有27年又247天。从那时起至亚历山大大帝之死共有424个埃及年。从亚历山大大帝之死到尤里乌斯·恺撒(Julius Caesar)年代开始之时[93],即他所创立的第一年元月1日前的午夜[94],总计为278埃及年零118½日。在他第三次担任执政官时,他以高级神父的名义创立了这个年代。他的同僚是玛尔喀斯·艾密廖斯·列比杜斯(Marcus Aemilius Lepidus)。遵照尤里乌斯·恺撒所颁布的命令,在这一年之后的年份都称为"尤里乌斯年"[95]。从恺撒第四次担任执政官到奥克塔凡·奥古斯塔斯(Octavian Augustus),按罗马人的计算,至元月1日共有18个这样的年份。尽管是在元月17日,经蒙思蒂阿斯·普朗卡斯(Munstius Plancus)[96]建议,元老院和其他公民授予被神化的尤里乌斯·恺撒的儿子以奥古斯塔斯皇帝的尊号[97]。这时尤里乌斯·恺撒第七次出任执政官。他的同僚为玛尔喀斯·维普萨尼奥斯·阿格里巴(Marcus Vipsanius Agripa)。在这之前两年,在安东尼(Antony)和克娄利奥巴特拉(Cleopatra)①去世后,埃及归罗马统治。可是埃及人认为到元旦(对罗马人来说是8月30日)正午共为15年又246½天。因此,从奥古斯塔斯到基督纪年(也从元月份起始),罗马人认为有27年,而埃及人按他们的历法是29年零130½日。从那时起到皮厄斯·安东尼厄斯第二年(克劳迪阿斯·托勒密在这一年把他自己观测到的恒星位置编列成表[98]),共有138个罗马年又55天。对埃及人来说,这还须加上34天[99]。从第一届奥运会到这个时候,总共有913年101天[100]。在这段时期中,两分点的均匀岁差为12°44′,而非均匀角为95°44′[101]。但是现在已经知道〔托勒密,《至大论》,Ⅷ,5〕,在安东尼厄斯·皮厄斯第二年春分点就比白羊座头部第一星超前6°40′。因为那时二倍非均匀角为42½°〔Ⅲ,9〕,均匀行度与视行度的相减差值为48′[102]。当按这个差值使视行度成为6°40′时,春分点的平位置可定为7°28′。如果对这个位置加上一个圆周的360°并从和数减去12°44′,则在第一届奥运会时(它的开幕是在雅典祭月第一天的正午),春分点的平位置在354°44′,因此它比白羊座第一星挪后5°16′〔=360°-354°44′〕。与此类似,如果从非均匀角的21°15′减掉95°45′[103],则作为奥运会同一开始时间的余量为285°30′[104],这是非均匀角的位置。此外,加上在各个时期内出现的行度,并在累积满360°时扣除这个数量,则可得出下列位置或历元。在亚历山大大帝时期,均匀行度为1°2′而非均匀角为332°52′;在恺撒大帝时期,均匀行度为4°55′,非均匀角为2°2′;在基督时期,均匀行度的位置是5°32′[105],非均匀角为6°45′;对其他时期也是这样,可对该时期任一起点得出行度的历元。

第 12 章 春分点岁差和黄赤交角的计算

于是,每当我们需要求得春分点位置时,如果从所选起点到已知时刻的各年不是等

---

① 公元前51—前30年的埃及女王。

长的(常用的罗马年便是如此),应将其换算为等长的年份或埃及年。按我已经提到的理由〔接近Ⅲ,6末尾处〕,我在下面只使用埃及年。

在年数超过60的情况下,可将这数目划分为60年的周期。在对这样的60年周期查阅二分点行度表〔在Ⅲ,6后面〕时,在行度项下第一栏可视作多余而忽略不计。从第二栏即度数栏查起,如果栏内载有数值,便可取用该数以及剩余的度数和弧分数的60倍。于是,再次查表时,对去掉60年整周后剩余的年数,可取成组的60再加上从第一栏起所载的度数和分数。对于日期和60天的周期,如果想按日子及其分数表对它们加上均匀行度,也可采用同样办法。然而在进行这一运算时,日子的分数甚至若干整天都可忽略不计。这是因为这些行度很慢,逐日行度仅为几弧秒或六十分之几弧秒。把各类数值分别相加并把6组60°的每一组去掉,这样可使表中所载数值和历元结合起来。如果总计大于360°,则对给定的时刻可得春分点的平位置以及它超前于白羊宫第一星的距离,亦即这颗星落后于春分点的距离。

用同样的方法可求出非均匀角。用非均匀角可求得行差表〔在Ⅲ,8之后〕最后一栏所载的比例分数,这些数字暂时不用。然后,用二倍非均匀角可由同表的第三栏求出行差,即是真行度与平均行度相差的度数和分数。如果二倍非均匀角小于半圆,则应从平均行度中减去行差。但若二倍非均匀角大于180°即超过半圆,则须使行差与平均行度相加。这样求得的和或差含有春分点的真岁差或视岁差,亦即在该时刻白羊座第一星与春分点的距离。但如果你要求的是其他任何恒星的位置,则可加上星表中所载这颗星的黄经。

因为举例往往可使运算变得更清楚,让我们设法求出公元1525年4月16日春分点的真位置、它与室女星座中穗的距离以及黄赤交角。从基督纪元开始到这个时候,共有1524个罗马年又106天。在这段期间共有381个闰日,即1年零16天。以等长的年度计量,这一整段时期变为1525年和122天,等于25个60年周期加上25年,还有两个60日周期再加2天。在均匀行度表〔在Ⅲ,6末尾〕中,25个60年周期对应于20′55′2″;25年相应于20′55″;2个60日周期与16″对应;而剩下的2天为六十分之几秒。所有这些数值与等于5°32′的历元〔见Ⅲ,11末尾〕叠加在一起,总计为26°48′[106],此即春分点的平岁差。

与此相似,在25个60年周期中,非均匀角的行度为两个60°加上37°15′3″;在25年中为2°37′15″;在2个60天周期中为2′4″;而2天为2″。这些数值与等于6°45′的历元〔见Ⅲ,11末尾〕合在一起,共达两个60°加上46°40′[107],这即是非均匀角。在行差表〔见Ⅲ,8末尾〕的最后一栏中与上列数值对应的比例分数,应当保留下来以便确定黄赤交角,而在这一例子中仅为1′。二倍非均匀角为5个60°加上33°20′[108],对此我求得行差为32′。因为二倍非均匀角比半圆大,这一行差为正行差。把这一行差与平均行度相加,则得春分点的真岁差和视岁差为27°21′[109]。最后,我把这个数值加上170°(即室女宫的穗与白羊宫第一星的距离),则得穗相对于春分点的位置〔197°21′〕为在东面天秤宫内17°21′[110]。在我观测时便是这个位置〔在Ⅲ,2已报告过〕。

黄赤交角和赤纬都遵循下列规则。当比例分数达到60时,应把赤纬表〔在Ⅱ,3末尾〕所载的增加量(我指的是最大与最小黄赤交角之差)与各个赤纬度数相加。但在本例中,有一个比例分数只使黄赤交角增加24″。因此这时表中所载黄道分度的赤纬没有变化。这是因为目前最小黄赤交角正在出现，而在其他时候赤纬可以有较易察觉的变化。

例如取非均匀角为 99°[111]（在基督纪元后 880 个埃及年，情况便是如此），与之相应的是 25 比例分数[112]。但是 60′：24′（24′为最大与最小黄赤交角之差）＝25′：10′。把这个 10′与 28′相加，和数成为 23°38′，这即是当时的黄赤交角。如果我还相知道黄道上任何分度的赤纬，例如对金牛座内 3°，距春分点 33°，我在黄道分度赤纬表〔在 Ⅱ，3 末尾〕查得 12°32′，差值为 12′。但是 60：25＝12：5。把这 5′加到赤纬度数中去，就对黄道的 33°求得总和为 12°37′。对黄赤交角所使用的方法同样可用于赤经（除非采用球面三角形之比）。不同之处是每次都应从赤经中减去与黄赤交角相加的量，这样才能使一切结果在年代上更为精确。

第 13 章　太阳年的长度和非均匀性

我曾经说过〔见 Ⅲ，3 开始处〕，二分点和二至点的进动是地轴倾斜的结果，这样的进动也可用地心的周年运动（它在太阳的运行上表现出来）来证实。我现在需要讨论这一论断。无论用二分点还是二至点来推算，一年的长度都在变化。这种情况必然发生，因为这些基点都呈现不均匀的移动，而这些现象相互有关。

因此我们应当把季节年与恒星年区分开来，并对它们下定义。我把周年四季的年份称为"自然年"或"季节年"，而回返到某一恒星的年叫做"恒星年"。自然年又称"回归年"，古代的观测已经十分清楚地表明，它是非均匀的。按卡利帕斯、萨摩斯的阿里斯塔尔恰斯[113]以及西拉卡斯的阿基米德等人的测定结果，这种年度除 365 个整日处还含有四分之一天〔¼ᵈ〕。他们按雅典的做法取夏至为一年的开始。然而克劳迪阿斯·托勒密认识到，精密确定一个至点是困难的和没有把握的。他对他们的观测并不完全相信，就信赖喜帕恰斯。后者在罗德斯城不仅对太阳的二至点，并且对二分点也留下记录。他宣称 ¼ᵈ 缺了一小部分。后来托勒密用下列方法确定这是 1/300ᵈ〔《至大论》，Ⅲ，1〕。

他采用喜帕恰斯于亚历山大大帝死后第 177 年的第三个闰日的午夜，在亚历山大城非常精确观测到的秋分。在这一天之后是埃及历的第四个闰日。随后托勒密引用另一个秋分点。这是他自己在亚历山大城观测到的，时间是在皮厄斯·安东尼厄斯第三年（即是亚历山大大帝死后第 463 年）埃及历 3 月 9 日日出后约一小时。于是可知在这次观测与喜帕恰斯的观测之间，共有 285 个埃及年，70 日和 7⅕ 小时[114]。在另一方面，如果一个回归年比 365 整日多 ¼ᵈ，就应当为 71 日和 6 小时[115]。因此，在 285 年中缺少了 ¹⁹⁄₂₀ᵈ[116]。由此可知，在 300 年中应去掉一天。

托勒密从春分点也得出相同的结论。他回想起喜帕恰斯在亚历山大大帝之后第 178 年埃及历 6 月 27 日在日出时报告的那一春分点。托勒密本人发现了亚历山大大帝之后第 463 年的春分点，这是在埃及历 9 月 7 日午后一小时稍多一点。在 285 年中，同样也缺少 ¹⁹⁄₂₀ᵈ。借助于这一资料，托勒密量得一个回归年为 365 天加上一天的 14 分 48 秒[117]。

后来在叙利亚的拉喀，阿耳·巴塔尼同样勤奋地观测了亚历山大死后第 1206 年的秋分点。他发现这发生在埃及历 9 月 7 日夜间约 7⅔ 小时，即是 8 日黎明前 4⅓ 小时[118]。

随后他把自己的观测与托勒密于皮厄斯·安东尼厄斯第三年日出后 1 小时在亚历山大城的观测加以对比。亚历山大城是在拉喀之西 10°〔$=\frac{2}{3}^{h}$〕。他把托勒密的观测归化到自己在拉喀的经度[119]，在该处托勒密的秋分应该是在日出后 $1\frac{2}{3}$ 小时〔$1^{h}+\frac{2}{3}^{h}$〕发生。因此，在 743〔1206－463〕个等长年份的时期中多出了 178 日 $17\frac{3}{5}$ 小时，而不是由 $\frac{1}{4}$ 天积累出的总数 $185\frac{3}{4}$ 日。因为缺少 7 天又 $\frac{2}{5}$ 小时〔$185^{d}18^{h}-178^{d}17\frac{3}{5}^{h}$〕，显然可见 $\frac{1}{4}^{d}$ 应少掉 $\frac{1}{106}^{d}$。于是他把 7 日 $\frac{2}{5}$ 小时除以 743(即年份数)，得到的商为 13 分 36 秒[120]。从 $\frac{1}{4}^{d}$ 减去这个数量，他指出一个自然年包含 365 日 5 小时 46 分 24 秒〔$+13^{m}36^{s}=6^{h}$〕。

我于公元 1515 年 9 月 14 日在佛罗蒙波克〔亦称"吉诺波里斯"(Gynopolis)[121]〕也观测了秋分点。这是亚历山大死后第 1840 个埃及年的 2 月 6 日日出后 $\frac{1}{2}$ 小时[122]。然而拉喀位于我所在地区以东约 25°处，这相当于 $1\frac{2}{3}$ 小时。因此，在我和阿耳·巴塔尼所观测的秋分点之间的时期内，超过 633 个埃及年的时间为 153 日 $6\frac{3}{4}$ 小时，而不是 158 日 6 小时。因为亚历山大城和我们地区的时间差约为 1 小时，从托勒密在亚历山大城进行的那次观测到我的观测，如果换算到同一地点，共有 1376 个埃及年 332 日又 $\frac{1}{2}$ 小时[123]。因此，在从阿耳·巴塔尼的时代到现在的 633 年中缺少了 4 天又 $22\frac{3}{4}$ 小时，即是在 128 年[124]中缺 1 天。另外，在从托勒密以来的 1376 年间缺了约 12 天[125]，即在 115 年[126]中少 1 天。就这两个例子来说，年份都不是等长的。

我还观测了第二年即 1516 年的春分点，这出现在 3 月 11 日前的午夜之后 $4\frac{1}{3}$ 小时[127]。从托勒密的春分点(亚历山大城与我们所在地的经度已予比较)以来，共有 1376 个埃及年加上 332 日[128]和 $16\frac{1}{3}$ 小时[129]。于是也很清楚，春分点与秋分点之间的时间也非等长。这样所取的太阳年就远非等长的了。

就秋分点来说，通过与均匀分布的年度的比较可以知道(这在前面已经指出)，从托勒密到现在 $\frac{1}{4}^{d}$ 缺少 $\frac{1}{115}^{d}$。这种短缺与阿耳·巴塔尼的秋分点相差半天。在另一方面，对于从阿耳·巴塔尼到我们这段时期符合实际的情况(那时 $\frac{1}{4}^{d}$ 应当少 $\frac{1}{128}^{d}$)，对托勒密却不适宜。计算结果比他所观测到的分点超前一整天还多，而比起喜帕恰斯的观测超前两天多。与此相似，根据从托勒密到阿耳·巴塔尼这段时期的观测所做的计算，比喜帕恰斯的分点超过两天。

因此，从恒星天球可以更精确地推算出太阳年的均匀长度。这是撒彼特·伊恩·克拉(Thabit ibn Qurra)首先发现的[130]。他求得它的长度为 365 天加上 1 天的 15 分和 1 天的 23 秒，即大约为 6 小时 9 分 12 秒[131]。他的论证也许是根据下面的事实：在二分点和二至点重复出现较慢时，一个年度看起来比它们重现较快时要长一些，并且按一定的比值变化。除非对于恒星天球来说有一个均匀的长度，否则这种情况不可能发生。因此在这件事情上我们不必管托勒密。就他想来，用太阳返回任一恒星来测量太阳的年度均匀行度，这是荒唐的和古怪的。他认为这并不比用木星或土星来进行此项测量更为适宜〔《至大论》，Ⅲ，1〕。这样一来就容易解释，为什么在托勒密之前回归年长一些，而在他以后缩短了一些，并且减少的程度在变化。

但是对恒星年来说，也可能有一种变化。然而它是有限的并比我刚才解释的那种变化要小得多。原因是地心的这种相同的运动(它表现为太阳的运动)也是不均匀的，并具有另一种双重的变化。这些变化中的第一个是简单的，以一年为周期。第二个变化不能立即察觉，需要经过很长时间才能发现，而它的改变引起第一个变化的偏差。因此等长年的计算既非容易事，也难以理解。假设有人想仅凭与一颗位置已知恒星的一定距离，推求出等长年。以月亮作中介物，这用一架星盘便可以办到。我在谈到狮子座的轩辕十四时已经解释了这个方法〔Ⅱ，14〕。变化不能完全避免，除非当时由于地球的运动，太阳没有行差，或者在两个基点都有相似的和相等的行差。如果不出现这种情况，并且如果基点的不均匀性有某种变化，那么显然可知，在相等时间内肯定不会出现均匀的运转。在另一方面，如果在两个基点把整个变化都成比例地相减或相加，这个过程就会是完全正确的。

进一步说，要想了解不均匀性就需要预先知道平均行度。我们寻求这个数量就像阿基米德化圆为方一样[132]。但是为了最终解决这个问题，我发现视不均匀性一共有 4 个原因。第一个是二分点岁差的不均匀性，对此我已经解释过了〔Ⅲ，3〕。第二个是就我们看来太阳在黄道弧上运行的不均匀性，这几乎整年都不均匀。这还受制于第三个因素的变化，这个因素我将称为"第二种差"。最后是第四个原因，它使地心的高、低两拱点移动，这将在后面说明〔Ⅲ，20〕。在这 4 个原因中，托勒密《至大论》，Ⅲ，4〕只知道第二个。这个原因本身不能引起周年的不均匀性，而只有在与其他原因结合在一起时才能做到这一点。然而为了表明均匀性与太阳视运行之间的差别，似乎不必要对一年的长度做绝对精确的测量。与此相反，要表明这种差别只需把一年的长度取为 365¼ 日就够精确了。在这段时间内第一种偏差的运行可以完成。对于一个完整圆周所缺的那一点，在并入一个较小数量时完全消失了。但为了推理完整和便于想象，我现在提出地心的周年运转为均匀运动。在后面我将根据所需的证明〔Ⅲ，15〕来区分均匀运动和视运动，对均匀运动加以补充。

第 14 章 地心运转的均匀化和平均行度

我已经发现，一个均匀年的长度只比撒彼特·伊恩·克拉的数值〔Ⅲ，13〕长 1 $\frac{10}{60}$ 日秒[133]。所以它是 365 天加上 15 个日分①、24 个日秒和 10 个六十分之一日秒[134]，等于 6 个均匀小时、9 分、40 秒[135]。一年的准确的均匀性显然与恒星天球有联系。因此，用 365 天乘上一个圆周的 360°，并把所得积除以 365 天、15 日分、24 $\frac{10}{60}$ 日秒，我们就得出在一个埃及年中的行度为 5×60°+59°44′49″7‴4⁗。经过 60 个这样的年度，在消除整圆周后，行度为 5×60°+44°49′7‴4⁗。此外，如果用 365 天来除年行度，则得日行度为 59′8″11‴22⁗。对这一数值加上二分点的平均和均匀岁差〔Ⅲ，6〕，也可得出在一个回归年中的均匀年行度为 5×6°+59°45′39″19‴9⁗，而日行度为 59′8″19‴37⁗[136]。由于这个缘故，我们可以用熟悉的说法把前者称为"简单均匀的"太阳行度，而称后者为"复合均匀的"行度。正如我对二分点岁差所做的那样〔见Ⅲ，6 末尾〕，我把这些名称也列入下表。附于这些表之后的是太阳近点角的均匀行度，这是我在后面〔Ⅲ，18〕要讨论的一个课题。

---

① 哥白尼及其同时代人有时采用 60 进位制，把 1 日分为 60 个日分，1 个日分分为 60 个日秒。

逐年和60年周期的太阳简单均匀行度表
基督纪元 272°31′

年	60°	°	′	″	‴	年	60°	°	′	″	‴
1	5	59	44	49	7	31	5	52	9	22	39
2	5	59	29	38	14	32	5	51	54	11	46
3	5	59	14	27	21	33	5	51	39	0	53
4	5	58	59	16	28	34	5	51	23	50	0
5	5	58	44	5	35	35	5	51	8	39	7
6	5	58	28	54	42	36	5	50	53	28	14
7	5	58	13	43	49	37	5	50	38	17	21
8	5	57	58	32	56	38	5	50	23	6	28
9	5	57	43	22	3	39	5	50	7	55	35
10	5	57	28	11	10	40	5	49	52	44	42
11	5	57	13	0	17	41	5	49	37	33	49
12	5	56	57	49	24	42	5	49	22	22	56
13	5	56	42	38	31	43	5	49	7	12	3
14	5	56	27	27	38	44	5	48	52	1	10
15	5	56	12	16	46	45	5	48	36	50	18
16	5	55	57	5	53	46	5	48	21	39	25
17	5	55	41	55	0	47	5	48	6	28	32
18	5	55	26	44	7	48	5	47	51	17	39
19	5	55	11	33	14	49	5	47	36	6	46
20	5	54	56	22	21	50	5	47	20	55	53
21	5	54	41	11	28	51	5	47	5	45	0
22	5	54	26	0	35	52	5	46	50	34	7
23	5	54	10	49	42	53	5	46	35	23	14
24	5	53	55	38	49	54	5	46	20	12	21
25	5	53	40	27	56	55	5	46	5	1	28
26	5	53	25	17	3	56	5	45	49	50	35
27	5	53	10	6	10	57	5	45	34	39	42
28	5	52	54	55	17	58	5	45	19	28	49
29	5	52	39	44	24	59	5	45	4	17	56
30	5	52	24	33	32	60	5	44	49	7	4

逐日、60日周期和1日中分数的太阳简单均匀行度表

日	60°	°	′	″	‴	日	60°	°	′	″	‴
1	0	0	59	8	11	31	0	30	33	13	52
2	0	1	58	16	22	32	0	31	32	22	3
3	0	2	57	24	34	33	0	32	31	30	15
4	0	3	56	32	45	34	0	33	30	38	26
5	0	4	55	40	56	35	0	34	29	46	37
6	0	5	54	49	8	36	0	35	28	54	49
7	0	6	53	57	19	37	0	36	28	3	0
8	0	7	53	5	30	38	0	37	27	11	11
9	0	8	52	13	42	39	0	38	26	19	23
10	0	9	51	21	53	40	0	39	25	27	34
11	0	10	50	30	5	41	0	40	24	35	45
12	0	11	49	38	16	42	0	41	23	43	57
13	0	12	48	46	27	43	0	42	22	52	8
14	0	13	47	54	39	44	0	43	22	0	20
15	0	14	47	2	50	45	0	44	21	8	31
16	0	15	46	11	1	46	0	45	20	16	42
17	0	16	45	19	13	47	0	46	19	24	54
18	0	17	44	27	24	48	0	47	18	33	5
19	0	18	43	35	35	49	0	48	17	41	16
20	0	19	42	43	47	50	0	49	16	49	28
21	0	20	41	51	58	51	0	50	16	57	39
22	0	21	41	0	9	52	0	51	15	5	50
23	0	22	40	8	21	53	0	52	14	14	2
24	0	23	39	16	32	54	0	53	13	22	13
25	0	24	38	24	44	55	0	54	12	30	25
26	0	25	37	32	55	56	0	55	11	38	36
27	0	26	36	41	6	57	0	56	10	46	47
28	0	27	35	49	18	58	0	57	10	54	59
29	0	28	34	57	29	59	0	58	9	3	10
30	0	29	34	5	41	60	0	59	9	11	22

逐年和60年周期的太阳复合均匀行度表

埃及年	60°	°	′	″	‴	埃及年	60°	°	′	″	‴
1	5	59	45	39	19	31	5	52	35	18	53
2	5	59	31	18	38	32	5	52	20	58	12
3	5	59	16	57	57	33	5	52	6	37	31
4	5	59	2	37	16	34	5	51	52	16	51
5	5	58	48	16	35	35	5	51	37	56	10
6	5	58	33	55	54	36	5	51	23	35	29
7	5	58	19	35	14	37	5	51	9	14	48
8	5	58	5	14	33	38	5	50	54	54	7
9	5	57	50	53	52	39	5	50	40	33	26
10	5	57	36	33	11	40	5	50	26	12	46
11	5	57	22	12	30	41	5	50	11	52	5
12	5	57	7	51	49	42	5	49	57	31	24
13	5	56	53	31	8	43	5	49	43	10	43
14	5	56	39	10	28	44	5	49	28	50	2
15	5	56	24	49	47	45	5	49	14	29	21

逐日、60日周期和1日中分数的太阳复合均匀行度表

日	60°	°	′	″	‴	日	60°	°	′	″	‴
1	0	0	59	8	19	31	0	30	33	18	8
2	0	1	58	16	39	32	0	31	32	26	27
3	0	2	57	24	58	33	0	32	31	34	47
4	0	3	56	33	18	34	0	33	30	43	6
5	0	4	55	41	38	35	0	34	29	51	26
6	0	5	54	49	57	36	0	35	28	59	46
7	0	6	53	58	17	37	0	36	28	8	5
8	0	7	53	6	36	38	0	37	27	16	25
9	0	8	52	14	56	39	0	38	26	24	45
10	0	9	51	23	16	40	0	39	25	33	4
11	0	10	50	31	35	41	0	40	24	41	24
12	0	11	49	39	55	42	0	41	23	49	43
13	0	12	48	48	15	43	0	42	22	58	3
14	0	13	47	56	34	44	0	43	22	6	23
15	0	14	47	4	54	45	0	44	21	14	42

逐年和60年周期的太阳复合均匀行度表

埃及年	60°	°	′	″	‴	埃及年	60°	°	′	″	‴
16	5	56	10	29	6	46	5	49	0	8	40
17	5	55	56	8	25	47	5	48	45	48	0
18	5	55	41	47	44	48	5	48	31	27	19
19	5	55	27	27	3	49	5	48	17	6	38
20	5	55	13	6	23	50	5	48	2	45	57
21	5	54	58	45	42	51	5	47	48	25	16
22	5	54	44	25	1	52	5	47	34	4	35
23	5	54	30	4	20	53	5	47	19	43	54
24	5	54	15	43	39	54	5	47	5	23	14
25	5	54	1	22	58	55	5	46	51	2	33
26	5	53	47	2	17	56	5	46	36	41	52
27	5	53	32	41	37	57	5	46	22	21	11
28	5	53	18	20	56	58	5	46	8	0	30
29	5	53	4	0	15	59	5	45	53	39	49
30	5	52	49	39	34	60	5	45	39	19	9

逐日、60日周期和1日中分数的太阳复合均匀行度表

日	60°	°	′	″	‴	日	60°	°	′	″	‴
16	0	15	46	13	13	46	0	45	20	23	2
17	0	16	45	21	33	47	0	46	19	31	21
18	0	17	44	29	53	48	0	47	18	39	41
19	0	18	43	38	12	49	0	48	17	48	1
20	0	19	42	46	32	50	0	49	16	56	20
21	0	20	41	54	51	51	0	50	16	4	40
22	0	21	41	3	11	52	0	51	15	13	0
23	0	22	40	11	31	53	0	52	14	21	19
24	0	23	39	19	50	54	0	53	13	29	39
25	0	24	38	28	10	55	0	54	12	37	58
26	0	25	37	36	30	56	0	55	11	46	18
27	0	26	36	44	49	57	0	56	10	54	38
28	0	27	35	53	9	58	0	57	10	2	57
29	0	28	35	1	28	59	0	58	9	11	17
30	0	29	34	9	48	60	0	59	8	19	37

逐年和60年周期的太阳近点角均匀行度表
基督纪元211°19′

埃及年	60°	°	′	″	‴	埃及年	60°	°	′	″	‴
1	5	59	44	24	46	31	5	51	56	48	11
2	5	59	28	49	33	32	5	51	41	12	58
3	5	59	13	14	20	33	5	51	25	37	45
4	5	58	57	39	7	34	5	51	10	2	32
5	5	58	42	3	54	35	5	50	54	27	19
6	5	58	26	28	41	36	5	50	38	52	6
7	5	58	10	53	27	37	5	50	23	16	52
8	5	57	55	18	14	38	5	50	7	41	39
9	5	57	39	43	1	39	5	49	52	6	26
10	5	57	24	7	48	40	5	49	36	31	13
11	5	57	8	32	35	41	5	49	20	56	0
12	5	56	52	57	22	42	5	49	5	20	47
13	5	56	37	22	8	43	5	48	49	45	33
14	5	56	21	46	55	44	5	48	34	10	20
15	5	56	6	11	42	45	5	48	18	35	7
16	5	55	50	36	29	46	5	48	2	59	54
17	5	55	35	1	16	47	5	47	47	24	41
18	5	55	19	26	3	48	5	47	31	49	28
19	5	55	3	50	49	49	5	47	16	14	14
20	5	54	48	15	36	50	5	47	0	39	1
21	5	54	32	40	23	51	5	46	45	3	48
22	5	54	17	5	10	52	5	46	29	28	35
23	5	54	1	29	57	53	5	46	13	53	22
24	5	53	45	54	44	54	5	45	58	18	9
25	5	53	30	19	30	55	5	45	42	42	55
26	5	53	14	44	17	56	5	45	27	7	42
27	5	52	59	9	4	57	5	45	11	32	29
28	5	52	43	33	51	58	5	44	55	57	16
29	5	52	27	58	38	59	5	44	40	22	3
30	5	52	12	23	25	60	5	44	24	46	50

逐日、60日周期的太阳近点角

日	60°	°	′	″	‴	日	60°	°	′	″	‴
1	0	0	59	8	7	31	0	30	33	11	48
2	0	1	58	16	14	32	0	31	32	19	55
3	0	2	57	24	22	33	0	32	31	28	3
4	0	3	56	32	59	34	0	33	30	36	10
5	0	4	55	40	36	35	0	34	29	44	17
6	0	5	54	48	44	36	0	35	28	52	25
7	0	6	53	56	51	37	0	36	28	0	32
8	0	7	53	4	58	38	0	37	27	8	39
9	0	8	52	13	6	39	0	38	26	16	47
10	0	9	51	21	13	40	0	39	25	24	54
11	0	10	50	29	21	41	0	40	24	33	2
12	0	11	49	37	28	42	0	41	23	41	9
13	0	12	48	45	35	43	0	42	22	49	16
14	0	13	47	53	43	44	0	43	21	57	24
15	0	14	47	1	50	45	0	44	21	5	31
16	0	15	46	9	57	46	0	45	20	13	38
17	0	16	45	18	12	47	0	46	19	21	46
18	0	17	44	26	12	48	0	47	18	29	53
19	0	18	43	34	19	49	0	48	17	38	0
20	0	19	42	42	27	50	0	49	16	46	8
21	0	20	41	50	34	51	0	50	15	54	15
22	0	21	40	58	42	52	0	51	15	2	23
23	0	22	40	6	49	53	0	52	14	10	30
24	0	23	39	14	56	54	0	53	13	18	37
25	0	24	38	23	4	55	0	54	12	26	45
26	0	25	37	31	11	56	0	55	11	34	52
27	0	26	36	39	18	57	0	56	10	42	59
28	0	27	35	47	26	58	0	57	9	51	7
29	0	28	34	55	33	59	0	58	9	59	14
30	0	29	34	3	41	60	0	59	8	7	22

第15章　证明太阳视运动不均匀性的初步定理(137)

然而，为了更好地理解太阳视运动的不均匀性，我甚至要更明确地证明，如果太阳位于宇宙的中心，地球以它为中心运转，假如像我已经说过的那样〔Ⅰ,5,10〕，日地距离与浩瀚的恒星天球相比是微不足道的，则对该球上任一点或恒星来说太阳的运行看来是均匀的。

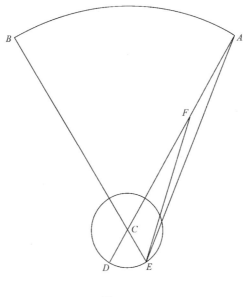

图　3-11

令 AB 为在黄道位置上宇宙的一段大圆。令 C 为其中心，太阳位于此点。与日地距离 CD 相比，宇宙的高度非常大。以 CD 为半径，在黄道的同一平面内画圆 DE，这是地心周年运转的圆圈。我要说的是对于圆 AB 上的任一已知点或恒星来说，太阳看来是在做均匀的运动。令此点为 A，即从地球望见太阳的位置。令地球在 D。画 ACD。设地球沿任一圆弧 DE 运动。从地球运动的终点 E 画 AE 和 BE。于是现在从 E 来看太阳是在 B 点。因为 AC 比起 CD 或其相等量 CE 大得非常多，AE 也会远大于 CE。在 AC 上取任意点 F，并联结 EF。于是从底边的两端点 C 和 E 向 A 画的两条直线，都落到三角形 EFC 之外。因此，按欧几里得《几何原本》，Ⅰ,21 的逆定理，角 FAE 小于角 EFC。当两条直线都极度延伸时，它们最后形成的 CAE 是一个非常锐的角，以致无法察觉。CAE 为角 BCA 超过角 AEC 的差额。因为这一差额非常小，这两角似乎相等。AC 和 AE 两条线似乎平行，于是对于恒星天体上任何一点来说太阳似乎在均匀地运动，犹如它在绕中心 E 运转。证讫。

删节本：

然而它的不均匀性可用两个方法加以解释。或许是地心的圆形轨道与太阳并非同心，或许是宇宙……

　　然而,太阳的运动可以论证为非均匀的,因为地心在周年运转中并不正好绕太阳中心运动。这自然可以用两个方法加以解释。或者用一个偏心圆,即中心与太阳中心不相合的圆;或者用一个同心圆上的本轮〔同心圆的中心与太阳中心相合,它起到均轮的作用〕。

　　利用偏心圆可作如下解释[138]。令 ABCD 为黄道面上的一个偏心圆。令它的中心 E 与太阳或宇宙的中心 F,有一段不可忽略的距离。设偏心圆的直径 AEFD 通过这两个中心。令 A 为远心点[139],拉丁文称之为"高拱点",即离宇宙中心最远的位置。在另一方面,令 D 为近心点,即"低拱点",这是距宇宙中心最近的地方。当地球在圆周 ABCD 上绕中心 E 作均匀运动时,从 F 点望去(我刚才谈到)它的运动是不均匀的。取相等弧 AB 与 CD,画直线 BE、CE、BF 和 CF。角 AEB 与角 CED 应相等,它们绕中心 E 截出相等的圆弧。然而观测到的角 CFD 是一个外角,它大于内角 CED。因此,角 CFD 也大于与角 CED 相等的角 AEB。但是角 AEB 作为一个外角,同样大于内角 AFB[140]。角 CFD 比角 AFB 大得更多一些。但因 AB 和 CD 两弧相等,上述两角是在相同时间内形成的。因此,绕 E 点的均匀运动会成为绕 F 点的非均匀运动。

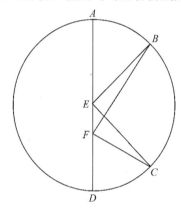

图　3-12

　　用更简单的方法可以得出同样的结果。因为弧 AB 离 F 点比弧 CD 远一些,按欧几里得《几何原本》,Ⅲ,7,与这些弧相截的直线 AF 和 BF 比起 CF 和 DF 要长一些[141]。在光学中已经证明,同样大小的物体在近处比远处看起来要大一些。因此,关于偏心圆的命题成立。

　　〔下列旁注的位置不对,后来删去了,但被编者恢复:

　　如果地球在 F 点静止不动而太阳在圆周 ABC 上运动,则证明完全相同。托勒密和其他学者的著作都如此论述。〕

　　利用同心圆上的本轮可以得出同样结果。设太阳所在的宇宙中心 E 也是同心圆 ABCD 的中心。令 A 为在同一平面上的本轮 FG 的中心。通过两个中心画直线 CEAF,F 为本轮的远心点,I 为其近心点。于是明显可知,在 A 处出现均匀运动,而在本轮 FG 上为不均匀运动。假设 A 向 B 运动,即沿黄道十二宫方向运动,而地心从远心点沿相反方向运动。在近心点 I 看来,E 的运动快一些,因为 A 和 I 是在相同方向上运动。在另一方面,在远日心 F 看来,E 的运动慢一些,因为它是由两个反方向运动的超出部分形成的。当地球位于 G 处时,它会超过均匀运动;而当它位于 K 处时,它会落在后面。在这两种情况下,差额各为弧 AG 或 AK。由于有这样的差额,于是太阳的运动看来是不均匀的。

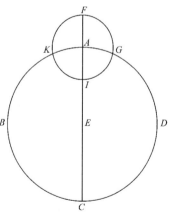

图　3-13

　　然而本轮的一切功能都可以同样地由偏心圆完成。行星在本轮上运行时,它在同一平面上扫描出与同心圆相等的偏心圆。偏心圆中心与同心圆中心的距离等于本轮半径的长度。而这种情况可用 3 种方法实现。

假设在同心圆上的本轮和在本轮上的行星所作的运转是相等的,但方向相反。于是行星的运动扫描出一个固定的偏心圆,其远心点与近心点的位置不变。令 ABC 为一同心圆, D 为宇宙中心,而 ADC 为一条直径。假定当本轮在 A 处时,行星位于本轮的远心点上。令此点为 G,并令本轮的半径落在直线 DAG 上。取 AB 为同心圆的一段弧。以 B 为中心,取半径等于 AG,画本轮 EF。画直线 DB 和 EB。取弧 EF 与 AB 相似,但方向相反。把行星或地球放在 F 处,并连接 BF。在 AD 上取线段 DK 等于 BF。于是角 EBF 和角 BDA 相等,并且因此 BF 与 DK 既平行又相等。按欧氏著作I,33,与既平行又相等的直线连接的直线,也是平行和相等的。因此 DK 和 AG 取为相等,而 AK 为共同的附加线段,所以 GAK 等于 AKD,因此也都等于 KF。于是以 K 为中心 KAG 为半径所绘的圆,应通过 F 点。由于 AB 与 EF 的合成运动,F 扫描出一个与同心圆相等的偏心圆,也应是固定的。(因为角 EBF 与角 BDK 相等,BF 和 AD 总是平行的。〔这句话后来被删掉〕)由于这个缘故,当本轮在作与同心圆相等的运转时,这样描出的偏心圆的拱点应当保持不变的位置。

但是如果本轮中心与本轮圆周所作的运转不相等,则行星的运动不再扫描出一个固定的偏心圆。现在的情况是,偏心圆的中心与拱点沿与黄道十二宫相反或相同的方向移动,这视行星运动比其本轮中心快或慢而定。设角 EBF 大于角 BDA,但作角 BDM,使之与角 EBF 相等。同样可以证明,如果在直线 DM 上取 DL 与 BF 相等,则以 L 为中心,以等于 AD 的 LMN 为半径所作的圆,会通过行星所在的 F 点。于是,行星的合成运动显然扫描出偏心圆上的一段弧 NF,而与此同时偏心圆的远心点从 G 点开始沿与黄道宫相反方向的弧 GN 上运动。与此相反,如果行星在本轮上的运动比本轮中心的运动慢,于是在本轮中心运动时,偏心轮中心沿黄道宫的方向移动。举例来说,如果角 EBF 小于角 BDA,但等于角 BDM,则显然会出现我所说的情况。

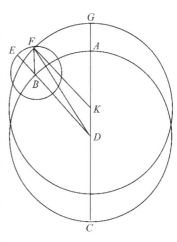

图 3-14

从上述分析明显可知,无论是用一个同心圆上的本轮还是用与一个与同心圆相等的偏心圆,都可得出同样的视不均匀性。只要它们的中心之间的距离等于本轮的半径,上述两种情况没有差别。

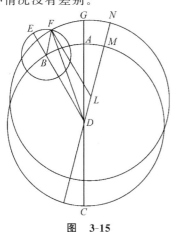

图 3-15

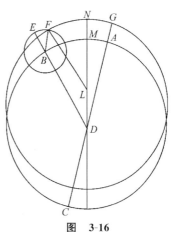

图 3-16

因此不容易确定在天体上存在的是哪一种情况[142]。就托勒密来说,他认为偏心圆模型是适用的。按他的想法〔《至大论》,Ⅲ,4〕,这种模型有一种简单的偏差,并且拱点的位置是固定不变的,太阳的情况就是如此。可是月亮和其他 5 颗行星以双重或多重不均匀性运行,他对它们采用了偏心本轮。而且用这些模型容易说明在什么时候均匀行度和视行度的差值为最大。对偏心圆模型来说,这是在行星位于高、低两拱点之间的时候;而按本轮模型,这是在行星与均轮相接触之时。这是托勒密所阐明的〔《至大论》,Ⅲ,3〕。

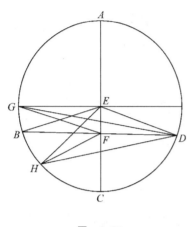

图 3-17

对偏心圆的情况可以证明如下。令偏心圆为 $ABCD$,中心为 E,而 AEC 为通过太阳(位于不在中心的 F 点)的直径。通过 F 画垂直于直径 AEC 的直线 BFD。连接 BE 与 ED。令 A 为远日点,C 为近日点,B 和 D 为它们之间的视中点。显然可知,三角形 BEF 的外角 AEB 代表均匀运动,而内角 EFB 代表视运动。它们之差为角 EBF。我想说明从圆周上一点与直线 EF 连接成的角不可能大于角 B 或角 D。在 B 的前后各取一点 G 和 H。连接 GD、GE、GF 以及 HE、HF、HD。于是距中心较近的 FG 长于 DF。因此角 GDF 大于角 DGF[143]。但是角 EDG 和角 EGD 相等(因为与底边 DG 合成角度的两边 EG 和 ED 相等)。因此,与角 EBF 相等的角 EDF 大于角 EGF。同样可以证明 DF 也比 FH 长,而角 FHD 大于角 FDH。但是,因为 EH 等于 ED,角 EHD 等于角 EDH。因此与角 EBF 相等的剩余角 EDF,也大于剩余角 EHF。于是从任何一点画向直线 EF 所成的角都不大于从 B、D 两点所组成的角。由此可知,均匀运动与视运动的最大差值出现在远日点与近日点之间的视中点。

第 16 章 太阳的视不均匀性

上述的一般论证不仅对太阳现象,而且对其他天体的不均匀性也适用。现在我只讨论日地现象。在这一课题上,我先谈托勒密和其他古代学者传授给我们的知识,接着谈在近代从经验学到的东西。

托勒密发现,从春分到夏至有 94½ 日,而从夏至到秋分为 92½ 日〔《至大论》,Ⅲ,4〕。根据时间长度可知,当时在第一时段中平均和均匀行度为 93°9′[144],而在第二时段为 91°11′。我们用这些数值来划分代表一年的圆周。令此圆周为 $ABCD$,中心在 E,表示第一时段的 $AB=93°9$,而表示第二时段的 $BC=91°11′$。设春分点从 A 观测,夏至点从 B 观测,秋分点从 C 观测,冬至点从 D 观测。连接 AC 与 BD,这两条直线于太阳所在的 F 点相交成直角。于是弧 ABC 大于半圆,AB 也大于 BC。托勒密由此推断出〔《至大论》,Ⅲ,4〕,圆心 E 位于直线 BF 与 FA 之间,而远日点是在春分点与夏至点之间。通过中心 E 画平行于 AFC 的 IEG,它与 BFD 相交于 L。画平行于 BFD 的 HEK,在 M 穿过 AF。由此形成矩

形 *LEMF*。它的对角线 *FE* 可延伸成直线 *FEN*,这表示出地球与太阳的最大距离以及远日点的位置 *N*。因为弧 *ABC* 为 184°20′〔=93°9′+91°11′〕,*AH* 是它的一半,为 92°10′。如果从 *AGB* 减去这个量,剩下的 *HB* 为 59′〔=93°9′−92°10′〕。而从 *AH*〔=92°10′〕减掉圆周的一个象限 *HG*〔90°〕,则余量 *AG* 为 2°10′。取半径为 10 000,则与弧 *AG* 的两倍所对的弦的一半(等于 *LF*)为 378 单位[145]。与弧 *BH* 的两倍所对弦的一半(等于 *LE*)为 172 个相同的单位[146]。因此三角形 *ELF* 的两边已知,斜边 *EF* 为 414 个相同单位[147],即约为半径 *NE*(等于 10 000)的 $\frac{1}{24}$[148]。但 *EF*：*EL* 等于半径 *NE* 与两倍 *NH* 弧所对弦的一半之比[149]。因

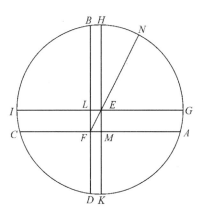

图 3-18

此可知 *NH* 为 24½°,这即是角 *NEH*,而视行度角 *LFE* 也与之相等。由此可知,这是在托勒密之前高拱点超过夏至点的距离。

此外,*IK* 是圆周的一个象限。从它减去等于 *AG*〔2°10′〕的 *IC* 以及等于 *HB*〔59′〕的 *DK*,余量 *CD* 为 86°51′〔=90°−3°9′〕。把这个量从 *CDA*〔175°40′=360°−184°20′〕中减掉,剩下的 *DA* 为 88°49′〔=175°40′−86°51′〕。但是 88⅛ 日对应于 86°51′,而与 88°49′ 相应的是 90 日加上 ⅛ 日=3 小时[150]。在这两段时间内,如果用地球的均匀行度来表示,就我们看来太阳从秋分点移动到冬至点,并在一年中余下的时间里从冬至点返回春分点。

托勒密声明〔《至大论》,Ⅲ,4〕,他也求得这些数值,并与在他之前喜帕恰斯所得结果没有差异。因此他认为,高拱点后来仍会停留在夏至点前面 24½° 处,而偏心率〔我提到过,为半径的 $\frac{1}{24}$〕将永远不变。现在已经发现,这两个数值都已改变,而差值可以察觉出来。

按阿耳·巴塔尼的记载,从春分到夏至为 93^d35^dm,而到秋分为 186^d37^dm。他用这些数值并按托勒密的方法推导出的偏心率不大于 346 单位(半径为 10 000)。西班牙人阿耳·查尔卡里求得的偏心率与阿耳·巴塔尼相符[151],但远日点是在至点前 12°10′,而阿耳·巴塔尼认为是在同一至点前 7°43′。从这些结果可以推断出,地心的运动还有另一种不均匀性,而现代的观测也证实了这一点。

在我致力于这些课题研究的十几年间[152]里,尤其是在公元 1515 年,我求得从春分点到秋分点共有 186^d5½^dm[153]。有些学者怀疑我的前人测定二至点有时会犯错误。为了避免这样的差错,我在自己的研究中增加了一些其他的太阳位置。这些位置(诸如金牛、室女、狮子、天蝎和宝瓶等宫的中点[154])和二分点一样,都不难测定。于是我求得从秋分点至天蝎宫中点为 45^d16^dm,而到春分点为 178^d53½^dm。

在第一段时间中均匀行度为 44°37′,而在第二段时间中为 176°19′[155]。根据这样的资料,重绘圆周 *ABCD*[156]。令 *A* 为在春分时太阳出现的点,*B* 为观测到秋分的点,*C* 为天蝎宫的中点。连接 *AB* 与 *CD*,这两条线相交于太阳中心 *F*。画 *AC*。弧 *CB* 已知,为 44°37′。于是取 360°=2 直角,可以表示出角 *BAC*。取 360°=4 直角,则得视行度角 *BFC* 为 45°[157];但若取 360°=2 直角,则角 *BFC*=90°。于是截出弧 *AD* 的剩余角 *ACD*〔=*BFC*−

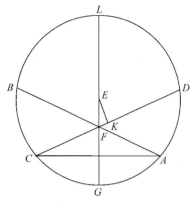

图 3-19

BAC〕为 $45°23'$〔$=90°-44°37'$〕。但是整个弧长 ACB $=176°19'$。从 ACB 减去 BC,余量为 $AC=131°42$〔$=176°19'-44°37'$〕。把这个数值与 AD〔$=45°23'$〕相加,其和为弧 $CAD=177°5\frac{1}{2}'$[158]。因此,由于 ACB($=176°19'$)和 CAD 这两段弧都小于半圆,圆心显然在圆周的其余部分即 BD 之内。令圆心为 E,并通过 F 画直径 $LEFG$。令 L 为远日点,G 为近日点。作 EK 垂直于 CFD。取直径$=200\ 000$,则由表可查出已知弧所对的弦为:$AC=182\ 494$ 和 $CFD=199\ 934$ 单位。于是三角形 ACF 的各个角都已知。按平面三角形的定理一〔Ⅰ,13〕,各边的比值也可知:取 $AC=182\ 494$,则 $CF=97\ 967$ 单位。因此,FD〔$=CFD-CF=199\ 934-97\ 967=101\ 967$〕超过 CFD 的一半〔$=199\ 934\div2$ 或 $99\ 967$〕,多余部分为 $FK=2000$ 个相同单位〔$101\ 967-99\ 967$〕。弧段 CAD〔$\cong177°6'$[159]〕比半圆少$2°54'$。此弧所对弦的一半等于 EK,为 2534 单位。因此在三角形 EFK 中,形成直角的两边 FK 和 KE 都可知。在已知的边与角中,取 EL 为 $10\ 000$ 则 EF 为 323[160]单位;取 $360°=4$ 直角,则角 EFK 为 $51\frac{2}{3}°$。因此,整个角 AFL〔$=EFK+(AFD=BFC=45°)$〕为 $96\frac{2}{3}°$〔$=51\frac{2}{3}°+45$〕,而补角 BFL〔$=180°-AFL$〕为$83\frac{1}{3}°$。如果取 EL 为 60 单位,则 EF 约为 1 单位和 1 单位的 56 分[161]。在过去这是太阳与圆心的距离,现在变为还不到 $\frac{1}{31}$[162],而对托勒密来说它似乎是 $\frac{1}{24}$。还应谈到,远日点那时是在夏至点之前 $24\frac{1}{2}°$,而现在落在它后面 $6\frac{2}{3}°$。

第17章　太阳的第一种差和周年差及其特殊变化的解释

既然在太阳的偏差中已经发现了几种变化,我想自己应当首先阐述了解得最多的周年变化。为此目的,重画圆周 ABC,其中心为 E,直径为 AEC,远日点为 A,近日点为 C,而太阳在 D。前面已经证明〔Ⅲ,15〕,均匀行度与视行度的最大差值出现在两个拱点之间的视中点。由于这个缘故,在 AEC 上作垂线 BD,与圆周相交于 B。连接 BE。在直角三角形 BDE 中,有两边已知,即圆的半径 BE 以及太阳与圆心的距离 DE。因此三角形的各角均可知,其中角 DBE 为均匀行度角 BEA 与直角 EDB〔视行度角〕之差。

然而在 DE 增减的范围内,三角形的整个形状已经改变。在托勒密之前,角 B 为 $2°23'$,在阿耳·巴塔尼和阿耳·查尔卡里的时代为 $1°59'$,而现在它是 $1°51'$。托勒密测出〔《至大论》,Ⅲ,4〕,角 AEB 所截出的弧 AB 为$92°23'$,而 BC 为 $87°37'$;阿耳·巴塔尼求得 AB 为 $91°59'$,BC 为 $88°1'$;而现在 AB 等于 $91°51'$,BC 等于 $88°9'$。

有了这些事实,其余的变化都明显可知。在第二图中取任一其他的弧 AB,使 BED 的补角 AEB 以及两边 BE 与 ED 已知。利用平面三角形的一些定理,行差角 EBD 以及均匀行度与视行度之差均可知。由于上面刚提到的 ED 边的变化,这些差值也应当改变。

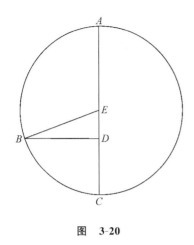

图 3-20

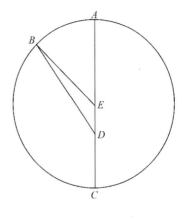

图 3-21

第18章 黄经均匀行度的分析

上述对太阳的周年差的解释,并不是以前面已经阐明的简单变化为基础,而是根据一种在长时期中发现的并与简单变化混为一体的变化。我在后面〔Ⅲ,20〕将把这两种变化区分开来。与此同时,可以用更高的数值精度来确定地心的平均和均匀行度。它与非均匀变化区别得愈好,它延伸的时期就愈长。下面进行这项研究。

我采用喜帕恰斯于卡利帕斯第三王朝第 32 年在亚历山大城观测到的秋分点。前面已提到〔Ⅲ,13〕,这是在亚历山大大帝死后第 177 年,在五个闰日中的第三个的午夜,接着就是第四闰日。但因亚历山大城是在克拉科夫之东,经度差约一小时,那时克拉科夫的时间约为午夜前一小时。因此,根据上面谈到的计算,秋分点在恒星天球上的位置为距白羊宫起点 176°10′处,而这是太阳的视位置,它与高拱点的距离为 114½°〔=24°30′+90°〕。为了

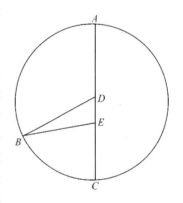

图 3-22

说明这一情况,绕中心 D 画圆周 ABC[163],这是地心所扫描出的圆周。令 ADC 为直径,太阳在直径上的 E 点,远日点在 A,而近日点在 C。令 B 为秋分时太阳所在的点。画直线 BD 与 BE。于是太阳与远日点的视距离,即角 DEB 为 144½°。取 BD=10 000,则当时 DE 为 416 单位。因此,根据平面三角形的定理四〔Ⅱ,E〕,三角形 BDE 的各角均可求得。角 DBE,即角 BED 与角 BDA 之差,为 2°10′。角 BED=114°30′,则角 BDA 为 116°40′〔114°30′+2°10′〕。因此,太阳在恒星天球上的平均或均匀位置与白羊宫起点的距离为 178°20′〔176°10′+2°10′〕。

我把自己对秋分点的观测和这次观测对比。我是在与克拉科夫位于同一条子午线上的佛罗蒙波克,于公元 1515 年 9 月 14 日进行观测的。这是在亚历山大大帝死后第 1840 年埃及历 2 月 6 日日出后半小时〔Ⅲ,13〕。根据前面的分析〔Ⅲ,16 末尾〕,按计算和

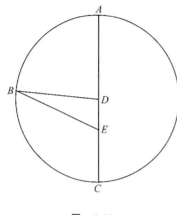

图 3-23

观测结果,那时秋分点的位置是在恒星天球上 152°45′,与高拱点的距离为 83°20′。取 180°＝2 直角,作角 BEA ＝83°20′。在三角形 BDE 中,有两边已知,即 BD＝ 10 000单位和 DE＝323[164] 单位。按平面三角形的定理四 〔Ⅱ,E〕,角 DBE 约为 1°50′。取 360°＝2 直角,如果三角形 BDE 有一个外接圆,则角 BED 会截出长为166°40′的一段弧。取直径＝20 000,则边 BD 应为 19,864 单位。按 BD 与 DE 的已知比值,可以定出 DE 的长度约为 640 个相同单位。DE 在圆周上所张的角 DBE＝3°40′,但中心角为1°50′〔＝3°40′÷2〕。这是当时的行差,即均匀行度与视行度的差值。把这个值与角 BED＝83°20′ 相加,即可得出角 BDA 和弧 AB＝85°10′〔83°20′＋1°50′〕,这是从远日点算起的均匀行度距离。因此太阳在恒星天球上的平位置为 154°35′〔＝152°45′＋1°50′〕。在两次观测之间共有 1662 埃及年加上 37 天、18 日分和 45 日秒[165]。除去 1660 次完整的运转外,平均和均匀行度约为 336°15′。这与我在均匀行度表〔在Ⅲ,14 后面〕中记下的数目相符。

第 19 章　太阳均匀行度的位置与历元的确定

从亚历山大大帝之死到喜帕恰斯的观测,经历的时间共为 176 年 362 日和 27½ 日分[166]。在这段时间中的平均行度可算出为 312°43′[167]。从喜帕恰斯所测出的 178°20′〔Ⅲ,18〕减去这一数值,再补上一个圆周的 360°,余量为 225°37′〔360°＋178°20′＝538°20′－312°43′＝225°37′〕。这是对克拉科夫和我的观测地点佛罗蒙波克的子午线,对埃及历元旦和对从亚历山大大帝逝世开始的纪元所定的位置。从那时起到尤里乌斯·恺撒的罗马纪元,在 278 年又 118½ 日中,在去掉整周运转后的平均行度为46°27′。把这一数值与亚历山大大帝时的位置相加〔225°37′＋46°27′〕,其和为 272°4′。这是在元旦前的午夜〔罗马年和日按习惯从这里算起〕,对恺撒时代求得的位置。后来过 45 年又 12 天,即是在亚历山大大帝死后 323 年 130½ 日〔278ʸ118½ᵈ＋45ʸ12ᵈ〕,272°31′成为基督纪元的位置。基督诞生于第 194 届奥林匹克会期的第 3 年〔193×4＝772＋3〕。从第一届奥林匹克会期的起点到基督诞生之年元旦前的午夜,共有 775 年 12½ 日。由此还可以定出第一届奥林匹克会期时的位置在96°16′,这是在祭月的第一天中午[168],现在与这一天相当的日子是罗马历 7 月 1 日。这样便可求得简单太阳行度的历元与恒星天球的关系。进而言之,使用二分点岁差可以得出复合行度的位置。对奥林匹克会期的起点来说,与简单位置相应的复合位置为 90°59′〔＝96°16′－5°16′①;Ⅲ,11,末尾〕;对亚历山大时期之初为 226°38′〔＝225°37′＋1°2′②〕;对

----

① 应为 5°17′。

② 应为 1°1′。

恺撒时期之初为 276°59′〔272°4′＋4°55′〕；而对基督纪元为 278°2′〔＝272°31′＋5°32′①〕。我已经提到过，所有这些位置都已归化到克拉科夫的子午线。

第20章　拱点飘移对太阳造成的第二种差和双重差

太阳拱点的飘移现在成为一个更为尖锐的问题。这是因为尽管托勒密认为拱点是固定的，其他人[169]却设想它伴随恒星天球在运转，这与他们所主张的恒星也在运动的学说是一致的。阿耳·查尔卡里认为这种运动是不均匀的，有时甚至会倒行。他的依据是下列事实。前面已经提到〔Ⅲ，16〕，阿耳·巴塔尼发现远日点是在至点前 7°43′ 处。在托勒密之后 740 年间它几乎向前移动了 17°〔≅24°30′－7°43′〕。在阿耳·查尔卡里看来，在这以后 193 年中它后退了约 4½°〔≅12°10′－7°43′〕。因此他相信，周年运动轨道的中心还有一种额外的在一个小圆周上的运动。这样一来，远地点[170]时前时后地偏转，而从轨道中心到宇宙中心的距离在变化。

阿耳·查尔卡里的想法是非常灵巧的，但没有为人们所承认，这是因为它与其他的发现整个说来并不相符。让我们考虑那种运动的各个阶段。在托勒密之前一段时间内，它静止不动。在 740 年或在这样长的时期前后，它前进了 17°。然后在 200 年中它后退了 4°或 5°。从那以后直至现在，它又向前运动。在整个这段时期中没有出现另外的逆行，也找不到一些留点。当运动方向反转时，留点应出现在运动轨道的两端边界处。既然逆行和留点都没有，这说明不可能是规则的圆周运动。因此许多专家认为，那些天文学家（即阿耳·巴塔尼和阿耳·查尔卡里）的观测有某种错谬[171]。可是他们两人都是熟练和细心的实干家，因此应当采用哪一种说法是难以确定的。

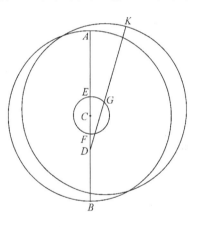

图　3-24

就我来说，我承认太阳的远地点最难确定，因为对这个位置，我们是从某些细小的、几乎无法察觉的微量去推求很大的数量。在近地点和远地点一整度的变化仅能引起 2′左右的行差。在另一方面，在中间的距离处 1′可以有 5°或 6°的相应变化。于是一个微小的误差可以发展成很大的差错。所以，甚至把远地点取在巨蟹宫内 6⅔°[172]处〔Ⅲ，16〕，我也不能满足于相信测时仪器，除非我的结果还能为日月食所证实。仪器中所蕴藏的任何误差都肯定会由日月食揭露出来。因此，从运动的整个情况可以断定，运动很可能是顺行的，但它是不均匀的。在从喜帕恰斯到托勒密那段停留时间之后[173]，远地点是在连续地、有规则地向前运动，直到现在仍然如此。在阿耳·巴塔尼与阿耳·查尔卡里之间由于一种错误（可以认为如此），才出现例外情况，这是因为其他一切都仍然相符。与此相似，太阳的行差

---

① 应为 5°31′。

也继续不断地减少。它似乎也呈现出相同的圆周图像,并且两种不均匀性都与黄赤交角的第一种即非均匀角,或与一种相似的不规则性类似。

为了更清楚地说明这种情况,在黄道面上画圆周 AB,其中心在 C,直径为 ACB,取太阳为宇宙中心并位于 ACB 上的 D 处。以 C 为中心,画另一个较小的,不包含太阳的圆周 EF。令地心周年运转的中心在这个小圆周上很缓慢地向前移动。于是小圆圈 EF 与直线 AD 一同前进,而周年运转的中心沿 EF 顺行,两种运动都非常缓慢。这样一来,年运动轨道的中心与太阳的距离有时最大,即为 DE,有时最小,为 DF。它的运动在 E 处较慢,在 F 处较快。在小圆的中间弧段,周年轨道的中心使两个中心的距离时增时减,并使高拱点朝着位于直线 ACD 上的拱点或远日点(它可认作平远日点)交替地前进或后退。取弧线 EG。以 G 为圆心,画一个与 AB 相等的圆周。于是高拱点位于直线 DGK 上,而按欧氏著作(Ⅲ,8),距离 DG 短于 DE。这些关系可以按这种方法用偏心的偏心圆来阐明,而在下面用本轮的本轮也可进行论证。

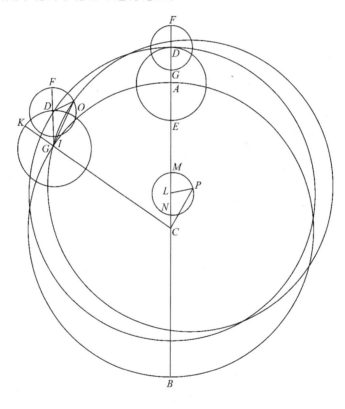

图　3-25

令 AB 为与宇宙和与太阳同心的圆。令 ACB 为高拱点所在的直径。以 A 为中心,作本轮 DE。再以 D 为中心,作小本轮 FG,地球就在它上面动转。设这一切图形都在黄道面上。设第一本轮是顺行的,大约每年运转一次。设第二本轮,即 D,也是一年转一周,但却是逆行的。设两个本轮对直线 *AC* 的运转次数相等。此外,地心在逆行离开 *F* 时使 *D* 的运动略有增加。因此,当地球在 *F* 时,它显然会使太阳的远地点成为极大;而它在 *G* 时,太阳远地点极小。进一步说,在小本轮 *FG* 的中间弧段,它可使远地点朝平均远地点顺行或逆行,加速或减速,速度变化的程度增加或减少。于是运动看起来是不均匀的,这正是前面用本轮和偏心圆所证明的情况。

现在取圆弧 *AI*。以 *I* 为中心,重绘本轮上的本轮。连接 *CI*,并使之沿直线 *CIK* 延长。由于转动数相等,角 *KID* 应等于角 *ACI*。因此,正如我在前面已经证明的〔Ⅲ, 15〕,*D* 点将以 *L* 为中心,以 *CL*=*DI* 为偏心距描出一个与同心圆 *AB* 相等的偏心圆。*F* 也会描出自己的偏心圆,其偏心距为 *CLM*=*IDF*;而 *G* 也是如此,其偏心距为 *IG*=*CN*。假设在这段时间内地心在其自己的本轮(即第二本轮)上,已经越过任意一段弧 *FO*。*O* 会描出一个偏心圆,其中心不是在直线 *AC* 上,而是在一条与 *DO* 平行的直线(例如 *LP*)上。如果连接 *OI* 与 *CP*,则它们彼此相等,但都小于 *IF* 与 *CM*。按欧氏著作(Ⅰ,8),角 *DIO* 应等于角 *LCP*。因此,就我们看来,在直线 *CP* 上的太阳远地点走在 *A* 的前面。

于是也很清楚,用偏心本轮得到的是同样结果。在前面的图形中,只须用小本轮 *D* 以 *L* 为中心描出偏心圆。设地心在前述条件下(即略微超过周年运转)沿弧线 *FO* 运行。它以 *P* 为中心描出第二个圆,而这一圆对第一偏心圆来说也是偏心的。在此之后还会出现相同现象。因为这样多的图像都导致相同的结果[174],我无法轻易地说哪一个是真实的。除非计算与现象永远相符,才能使人相信有一种图像是真实的。

第 21 章　太阳的第二种差的变化有多大

我们已经了解到〔Ⅲ,20〕,在黄赤交角或与之类似的某种量的第一种差和非均角之后,还有第二种差。因此,除非受到以前观测者的某种误差的影响,我们可以准确地求得它的变化。我们算出在公元 1515 年的近点角约为 165°39′,而往前计算可得其起点约在公元前 64 年。从那时到现在总共为 1580 年。我发现,在近点角起始时偏心距为极大值,等于 417[175]单位(取半径=10 000)。在另一方面,已经阐明我们的偏心距为 323[176]单位。

令 *AB* 为一条直线,线上的 *B* 为太阳,也是宇宙的中心。令最大偏心距为 *AB*,而最小偏心距为 *DB*。以 *AD* 为直径,作一个小圆。在小圆上取弧 *AC* 来代表近点角,它过去为 165°39′。在近点角的起点 *A*,已经求得 *AB* 为 417 单位。在另一方面,现在 *BC* 为 323 单位。于是在三角形 *ABC* 中,*AB* 与 *BC* 均已知。一个角 *CAD* 也已知,这是因为从半圆减去弧 *AC*〔=165°39′〕则弧 *CD*=14°21′。因此,按平面三角形的定理,剩下的边 *AC* 也可

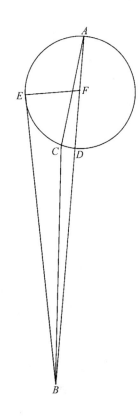

图　3-26

知。远日点的平均行度与非均匀行度之差，即角 *ABC* 也可知。由于 *AC* 所对的弧已知，圆 *ACD* 的直径 *AD* 就可以求得。取三角形外接圆的直径为 100 000，则从角 *CAD*=14°21′，可得 *CB*=2486[177] 单位。*BC*：*AB* 的比值给出 *AB*=3225 个相同的单位。*AB* 所对的角为 *ACB*=341°26′。取 360°=2 直角，则剩下的角为 *CBD*=4°13′〔=360°−(341°26′+14°21′)=355°47′〕，这是 *AC*=735[178] 单位时所对的角。因此，当 *AB*=417 单位时，可以求得 *AC* 约为 95[179] 单位。因 *AC* 所对的弧已知，它与直径 *AD* 的比值可知。因此，若 *ADB*=417，可得 *AD* 为 96 单位。剩余部分 *DB*〔=*ADB*−*AD*=417−96〕=321[180] 单位，这是偏心距的最小限度。以前在圆周上求得的角 *CBD* 为 4°13′[181]，而在中心为 2°6½′。它是从 *AB* 绕中心 *B* 的均匀行度所应减去的行差。

画直线 *BE* 与圆周相切于 *E* 点。取 *F* 为中心，并连接 *EF*。在直角三角形 *BEF* 中，已知边 *EF* 为 48 单位〔=½×96=直径 *AD* 的长度〕，而 *BDF* 为 369 单位〔*FD*=48+321=*DB*〕。用半径 *FDB*=10 000 的单位，则 *EF*=1300[182]。这是两倍角 *EBF* 所对弦的一半。取 360°=4 直角，则角 *EBF* 为 7°28′[183]，这是均匀行度 *F* 与视行度 *E* 之间的最大行差。

于是可以求得所有其他的个别差值。设角 *AFE*=6°。我们有一个三角形，其边 *EF* 和 *FB* 以及角 *EFB* 均已知。由此可得行差 *EBF* 为 41′。但若角 *AFE*=12°，可得行差=1°23′；若为 18°，则得 2°3′[184]；用这一方法对其余情况如此类推。这在前面论述周年行差时〔Ⅲ，17〕已经谈过了。

第 22 章　怎样推求太阳远地点的均匀与非均匀行度

按埃及人的记载，最大偏心距与非均匀角起点相吻合的时间，是在第 178 届奥林匹克会期的第 3 年，即是亚历山大大帝死后的第 259 年〔公元前 64 年；Ⅲ，21〕。那时远地点的真位置和平位置都在双子宫内 5½°，即距春分点 65½°处。真春分点岁差〔这与当时的平岁差相符〕为 4°38′。从 65½°减去这一数值，余量为 60°52′，是从白羊宫起点量起的远地点位置。然而，在第 573 届奥林匹克会期的第二年，即公元 1515 年，发现远地点位置是在巨蟹宫内 6⅔°处[185]。算出的春分点岁差为 27¼°。如果从 96⅔°减去这个数目，剩余的 69°25′。那时时的第一近点角为 165°39′。过去认为行差〔即真位置超出平位置的量〕

为 2°7′〔≌2°6½；Ⅲ，21〕。因此当时所知的太阳远地点的平位置为 71°32′〔＝69°25′＋2°7′〕[186]。于是在 1580 个均匀埃及年中，远地点的平均和均匀行度为 10°41′〔≌71°32′－60°52′〕[187]。用年份数来除这个数目，便得年变率为 24″20‴14⁗。

第 23 章　太阳近点角的测量及其位置的确定

如果从过去为 359°44′49″7‴4⁗〔Ⅲ，14〕的简单年行度减掉上面的数字，则余量 359°44′24″46‴50⁗为近点角的年均匀行度。进一步说，用 365 除这个余量，则得日变率为 59′8″7‴2⁗，这与前面的表〔在Ⅲ，14 末尾〕所载数值相符。于是可以得出从第一个奥林匹克会期算起的各个可验证历元的位置。前面已阐明，在第 573 个奥林匹克会期第二年 9 月 14 日日出后半小时的平太阳远地点是在 71°37′，由此可得当时的平太阳距离为 83°3′〔71°32′＋83°3′＝154°35′；Ⅲ，18〕。从第一届奥运会以来已有 2290 个埃及年 281 日和 46 日分[188]。在去掉整圈之后，在这段时间中近日点的行度为 42°49′[189]。从 83°3′减掉这个数字，余量为 40°14′，即为在第一个奥林匹克会期时近日点的位置。按与前面相同的方法，可求得在亚历山大历元时的位置为 166°38′，恺撒时为 211°11′，在基督时为 211°19′。

第 24 章　太阳均匀行度和视行度变化的表格显示

上面已经论述了太阳的均匀行度和视行度的变化。为了更便于使用，我将用一个表来显示这些变化，表格共有 60 行和 6 栏。前两栏所载为在两个半圆〔我指的是从 0°至 180°的上升半圆和从 360°至 180°的下降半圆〕内年变异的度数，这与我在前面对二分点行度的行差〔见Ⅲ，8 末尾〕的做法一样，也以 3°为间距列出。第三栏记载太阳远地点行度或近点角的变化的度数与分数。每隔 3°有一个变化值，最大约为 7½°。第四栏提供比例分数，最大为 60。当年近点角行差大于由太阳与宇宙中心最短距离所产生的行度时，比例分数应与第六栏所载年近点角行差的增加值一起计算。因为这些行差的最大增加值为 32′，其六十分之一为 32″。用上面已经阐明的方法〔Ⅲ，21〕，我将从偏心距推求增加值的大小。按这样的数值我每隔 3°给出六十分之几的数目。根据太阳与宇宙中心最短距离所求得的个别行差的年变化和第一变化，载入第五栏。第六栏也是最后一栏，给出在偏心距为极大时所出现的这些行差的增加值。表格见下。

太阳行差表

	公共数		中心行差		比例分数	轨道行差		增加值
	度	度	度	分		度	分	分
	3	357	0	21	60	0	6	1
	6	354	0	41	60	0	11	3
	9	351	1	2	60	0	17	4
	12	348	1	23	60	0	22	6
5	15	345	1	44	60	0	27	7
	18	342	2	5	59	0	33	9
	21	339	2	25	59	0	38	11
	24	336	2	46	59	0	43	13
	27	333	3	5	58	0	48	14
10	30	330	3	24	57	0	53	16
	33	327	3	43	57	0	58	17
	36	324	4	2	56	1	3	18
	39	321	4	20	55	1	7	20
	42	318	4	37	54	1	12	21
15	45	315	4	53	53	1	16	22
	48	312	5	8	51	1	20	23
	51	309	5	23	50	1	24	24
	54	306	5	36	49	1	28	25
	57	303	5	50	47	1	31	27
20	60	300	6	3	46	1	34	28
	63	297	6	15	44	1	37	29
	66	294	6	27	42	1	39	29
	69	291	6	37	41	1	42	30
	72	288	6	46	40	1	44	30
25	75	285	6	53	39	1	46	30
	78	282	7	1	38	1	48	31
	81	279	7	8	36	1	49	31
	84	276	7	14	35	1	49	31
	87	273	7	20	33	1	50	31
30	90	270	7	25	32	1	50	32

太阳行差表

公共数		中心行差		比例分数	轨道行差		增加值
度	度	度	分		度	分	分
93	267	7	28	30	1	50	32
96	264	7	28	29	1	50	33
99	261	7	28	27	1	50	32
102	258	7	27	26	1	49	32
105	255	7	25	24	1	48	31
108	252	7	22	23	1	47	31
111	249	7	17	21	1	45	31
114	246	7	10	20	1	43	30
117	243	7	2	18	1	40	30
120	240	6	52	16	1	38	29
123	237	6	42	15	1	35	28
126	234	6	32	14	1	32	27
129	231	6	17	12	1	29	25
132	228	6	5	11	1	25	24
135	225	5	45	10	1	21	23
138	222	5	30	9	1	17	22
141	219	5	13	7	1	12	21
144	216	4	54	6	1	7	20
147	213	4	32	5	1	3	18
150	210	4	12	4	0	58	17
153	207	3	48	3	0	53	14
156	204	3	25	3	0	47	13
159	201	3	2	2	0	42	12
162	198	2	39	1	0	36	10
165	195	2	13	1	0	30	9
168	192	1	48	1	0	24	7
171	189	1	21	0	0	18	5
174	186	0	53	0	0	12	4
177	183	0	27	0	0	6	2
180	180	0	0	0	0	0	0

第25章 视太阳的计算

怎样用上面的表对任一指定的时刻计算太阳的视位置,我相信已经完全说明了。照我在前面解释过的做法〔Ⅲ,12〕,对该时刻与第一、简单变异一起在表中查找春分点的真位置或其岁差。接着从均匀行度表〔在Ⅲ,14之末〕找到地心的平均简单行度(如果你愿意,也可称之为太阳的行度)以及年度变异。把这些数值与它们已经定出的历元〔在Ⅲ,23中给出〕相加。然后除上表第一或第二栏所载第一、简单变异数目或一个邻近数目外,你还可以在第三栏中找出年度变异的相应行差。查出列在旁边的比例分数。如果年度变异的粗值小于半圆或出现在第一栏内,则把行差与年度变异相加;否则从年度变异粗值中减去行差。差或和即为经过改正的太阳变异。用它便可得出第五栏所载的年度轨道的行差,及与之相应的增加值。把这一增加值与原来已查出的比例分数结合起来,便得到总应与轨道行差相加的一个数量。其和即为改正行差。如果年度变异可在第一栏查到即小于半圆,则应从太阳平位置减掉改正行差。与此相反,如果年度变异大于半圆或出现在公共数第二栏内,则须把改正行差与太阳平位置相加。如此求得的差或和给出从白羊星座开始处量起的太阳真位置。最后,如果与太阳真位置相加,则春分点真岁差可以立即给出太阳相对于一个分点的位置,以及在黄道各宫中和按黄道度数计量的太阳位置。

如果你想用另一种方法求得这一结果,则可不用简度行度而取均匀复合行度。进行上述各项操作,只是不用岁差本身而用春分点岁差的行差,视情况需要而加或减。用这种方法可根据古代和现代记录,由地球行度对视太阳[190]进行计算。进一步说,将来的行度也可假定为已知。

然而我也并非不知道,假若有任何人认为周年运转的中心是静止的并位于宇宙中心,而太阳以与我对偏心圆中心所说明过的[Ⅲ,20]的两种相似和相等的行度运动,则一切现象都与前面一样——数目和证明均相同。尤其是对于与太阳有关的现象(除位置外),没有任何东西会变化。在这种情况下地心绕宇宙中心的运动会成为规则的和简单的(其余两种运动可认为居于太阳)。由于这个缘故,对于这两个位置中哪一个为宇宙中心,仍然是一个疑问。我在开始时模棱两可地谈到,宇宙中心是太阳[Ⅰ,9,10]或在太阳附近[Ⅰ,10]。可是在论述 5 个行星时[Ⅴ,4],我将进一步讨论这个问题。如果我对视太阳所作的计算是可靠的而绝非不值得相信的,这就足够了。根据这一想法,我在该处也将尽我所能来做出决断。

第 26 章　νυχθημερον,即可变的自然日

关于太阳,还应讨论自然日的变化。自然日是包含 24 个相等小时的周期。直到现在,我们仍然使用它来对天体运动进行普遍和精确的测量。然而各个民族对这一日子有不同的定义:巴比伦人和古希伯莱人取作两次日出之间的时间,对雅典人来说是两次日没之间的时间,罗马人取作从午夜至午夜,而埃及人是由正午到正午。

很清楚,在这一周期内除地球本身旋转一次所需时间外,还应加上它对太阳视运动周年运转的时间。但是这段附加时间是可变的。这首先是由于太阳的视行度在变;其次是因为自然日与地球绕赤道两极的自转有关,而周年运转沿黄道进行。由于这些缘故,该段视时间不能用于运动的普遍和精确测量。这是因为自然日不均匀,而在每个细节上互不相同。因此便需要从这些日子中挑选出某一种平均和均匀的日子,并可用它精确地测定均匀行度。

在一整年中地球绕两极共作 365 次自转。此外,由于太阳的视运动使日子加长,还须增加大约一次完整的自转。因此自然日比均匀日长出该附加自转周的 $1/365$。于是我们应当对均匀日做出定义,并把它与非均匀的视日区分开来。我把包含赤道的一次完整自转,加上在那段时间内太阳在其均匀行度中看起来所经历的一段,称为"均匀日"。作为对比,我把包括赤道自转的 360° 加上与太阳视运动一起在地平圈或子午圈上升起的一段,叫做"非均匀视日"。虽然这些均匀与非均匀日子的差异非常小,起初无法察觉,然而把几天合在一起考虑,差值迭回就可以察觉了。

这种现象有两个成因:视太阳的非均匀性和倾斜黄道的非均匀升起。第一个原因是由

太阳的非均匀视行度引起的,前面已经阐明〔Ⅲ,16—17〕。托勒密认为〔《至大论》,Ⅲ,9〕,在两个平拱点之间,在中点为高拱点的半圆上,度数比黄道上少了 4¾ 时度。在包含低拱点的另一个半圆上,却多出同一数目。因此一个半圆比另一个半圆的全部超出量为 9½ 时度。

但是对第二个原因(与出没有关的原因)来说,分含二至点的两个半圆之间有非常大的差异。这是最短日与最长日之间的差值。它的变化极大,每一地区各有其特殊情况。而在另一方面,与中午或午夜有关的差值却到处都不超出 4 个极限。从金牛座由 16°处到狮子座内 14°处,跨越子午圈共有 88°,约为 93 时度。从狮子座内 14°到天蝎座内 16°,越过子午圈的 92°为 87 时度。于是后一种情况缺少 5 时度〔92°−87°〕,而前一种情况多出同一数目〔93°−88°〕。这样一来,第一时段的日子总计比第二时段超出 10 时度＝⅔ 小时。另一半圆的情况与此相似,只是两个正好对立的极限反转过来。

天文学家决定取正午或午夜,而不取日出或日没,作为自然日的起点。这是因为与地平圈有关的不均匀性较为复杂,它可长达几小时。更有进者,它并非各地一样,而是随天球倾角作复杂变化。与此相反,与子午圈有关的不均匀性都是到处一样,因而较为简单。

在托勒密之前,当时从宝瓶座中部开始减少,而从天蝎座起点开始增加,由于上述两个原因(太阳行度的视不均匀性和过子午圈的不均匀性)所出现的整个差值达 8⅓ 时度〔《至大论》,Ⅲ,9〕。到现在,减少扩展到从宝瓶座内 20°左右到天蝎座内 10°,而增加是由天蝎座内 10°延伸到宝瓶座内 20°处,差值已经缩小为 7°48′时度。由于近地点和偏心度是可变的,这些现象也随时间变化。

最后,如果把二分点岁差的最大变化也考虑在内,则自然日的非均匀度可以在几年内超过 10 时度。其中日子非均匀性的第三个原因还一直隐而未现。对于平均和均匀分点来说,已经发现赤道的自转是均匀的,但是对于并非完全均匀的二分点(这在过去已经十分清楚),情况就不如此。较长的日子有时可比较短日子超出十时分的两倍,即 1⅓ 小时。由于太阳的视年行度以及其他行星较慢的行度,这些现象在过去也许可以忽视,而不致有明显的误差。但是不应当把它们全然忽略,这是因为月亮的行度很快,可以引起⅚°的差异。

用下述的使各种变化联系起来的方法,可以比较均匀时和视非均匀时。选出任何一段时间。对该时段的两个极限(我指的是开始和终了),可以由我称之为太阳复合均匀行度所产生的平春分点,求得太阳的平均位移。还可得出距真春分点的真视位移。测定在正午或午夜赤经经过了多少时度,或者定出从第一真位置到第二真位置的赤经之间有多少时度。如果时度等于两个平位置之间的度数,则已知的视时间等于平时间。如果时度较多,就把多余量与已知时间相加。与此相反,如果时度较少,就从视时间中减去差值。这样做的结果是,我们可以从和或差得到归化为均匀时的时间。这时取每一时度为四分钟或六十分之一日的十秒〔10ᵈˢ〕。然而,如果均匀时已知而你想求得与之相当的视时间为多少,则可按相反程序运算。

我们对第一届奥林匹克会期求得在雅典历元旦的正午,太阳与平春分点的平均距离为 90°59′〔Ⅲ,19〕,而与视分点的平均距离为在巨蟹宫内 0°36′[191]。从基督纪元年代以来,太阳的平均行度为在山羊宫内 8°2′〔＝278°2′;Ⅲ,19〕,而真行度为在同一宫内 8°48′。因此,在从巨蟹宫内 0°36′到山羊宫内 8°48′的正球上升起了 178 时度 54′,这比平位置之间的距离超过了 1 时度 51′＝7 分钟[192]。对其余部分来说计算程序相同。由此可对月球的运动进行非常精确的检验。下一卷将讨论月球的运动。

第四卷

· Volume Four ·

在上一卷中我竭尽自己有限的才能解释了由地球绕日运动所引起的现象。我现在试图用同样过程来分析所有行星的运动。首先摆在我面前的是月球运动的问题。

引　言

在上一卷中我竭尽自己有限的才能解释了由地球绕日运动所引起的现象。我现在试图用同样过程来分析所有行星的运动。首先摆在我面前的是月球运动的问题。这必然如此，因为从原则上来说，任何星体的位置都是通过昼夜均可见的月亮才能确定和验证的。其次，在一切天体中只有月球的运转与地心有最密切的联系[1]，尽管月球运转非常不规则。因此，月球本身并不能表明地球在运动，也许周日自转除外。更是由于这个缘故，在过去人们相信地球位于宇宙之中心，并且是一切运转的中心。在阐述月球的运动时，我并不反对古人关于月亮绕地球运行时的信念。但是我还将提出某些与我们的前人大相径庭而与实际情况更为符合的论点。利用这些论点，我能够在可能范围内更有把握地确定月球运动，以便更清楚地了解月亮的奥秘。

第1章　古人关于太阴圆周的假说

月球运动具有下列性质：它不在黄道带的中圆上，而在自己的圆周上运行。这个圆周倾斜于中圆，把它平分，同时又为中圆所平分，该圆周跨越中圆伸入两个半球。这些现象很像太阳周年运行中的回归线。自然，年之于太阳有如月之于月亮。有些天文学家把交接处的平均位置称为"黄道点"，另一些人则称之为"交点"。太阳和月亮在这些点上所显示的合与冲都称为"黄道现象"。日食和月食出现在这些点上，而除这些点外两个圆没有其他公共点。当月亮走向其他位置时，其结果是这两个发光体不会挡住彼此的光线。在另一方面，当它们通过交点时，彼此并无阻碍。

进一步说，这个倾斜的太阴圆周，和属于它的 4 个基点一起绕地心均匀运行，每天移动约 3′，19 年运转一周。就我们看来，月亮在这个圆周及其平面上随时都向东移动。可是，有时它的行度很小，有时却很大。当月球运行转慢时，它比较高；而在运行较快时，它离地球近一些。由于月亮距地球很近，它的这种变化比起其他任何天体都更容易察觉。

在过去用一个本轮来解释这个现象。当月亮沿本轮的上半部运行时，其速率小于平均速率；与此相反，当月亮通过本轮的下半周时，它的速率超过平均速率。然而，在前面已经论证过〔Ⅲ，15〕，用本轮所取得的结果，借助于偏心圆也能得出。但过去取本轮是因为月亮看来呈现出两重的不均匀性。当它位于本轮的高或低拱点时，看不出与均匀运行

◀ 在 1651 年的一部天文学著作封面中，司天女神正手执天秤衡量第谷与哥白尼体系——天秤的倾斜表明第谷体系更重，而托勒密体系则已被弃于女神脚下。

有何差别。在另一方面，当它是在本轮与均轮的交点附近时，与均匀运动的差异出现了，而这种差异并非单纯的。对上弦月和下弦月来说，差异比满月或新月大得多，而这种变化出现的方式是固定的和有规则的。由于这个缘故，以前认为本轮在其上面运动的均轮

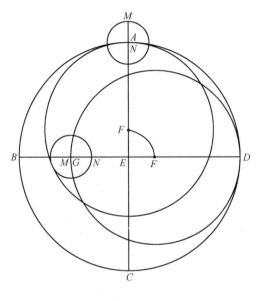

图　4-1

并不与地球同心。与此相反，人们在过去承认的是一种偏心本轮。月亮按下述规则在本轮上运动：当太阳和月亮是在平均的冲与合时，本轮位于偏心圆的远地点；而当月亮是冲与合之间，即在与它们相距一个象限时，本轮位于偏心圆的近地点。结果是得出在相反方向上有两个绕地心均匀运动这样一种概念。这即是说，一个本轮向东运转，偏向圆中心与两个拱点都向西运动，而太阳平位置的方向线总是在它们之间。在这种情况下，本轮每个月在偏心圆心上运转两次。

为了使这种图像一目了然，令与地球同心的偏斜太阴圆圈为 ABCD，它被两条直径 AEC 和 BED 四等分。令地心为 E。令日月的平均合点位于直线 AC 上，并令中心为 F 的偏心圆的远地点以及本轮 MN 的中心都同时在同一位置。

设偏心圆的远地点向西运动，本轮向东运动，而二者的位移量相等。用与太阳的平合或对太阳的平冲来测量，它们都绕 E 作相等的周月运转。令太阳的平位置线 AEC 随时位于它们之间，并令月亮从本轮的远地点也向西运动。在这样的安排下，可以认为一切现象都井然有序了。在半个月的时间内，本轮离开太阳运转半周，但从偏心圆的远地点开始转了一整周。其结果是，在这段时间的一半，即大约在半月时，本轮和偏心圆的远地点分别位于直径 BD 上相对的两端，同时偏心圆上的本轮是在近地点，即在 G 点。该处距地球较近，不均匀性的变化较大，须知在不同距离处看同样大小的物体，则在愈近处看物体愈大[2]。因此，当本轮在 A 时，变化最小；而本轮在 G 时，变化最大。本轮直径 MN 与线段 AE 的比值为最小，而与 GE 的比值比与在其他位置一切别的线段的比值都大。在从地心画向偏心圆上各点的所有线段中，GE 为最短，而 AE 或与之相当的 DE 为最长。

第 2 章　那些假说的缺陷

我们的前人假设用这种圆周的结合，可以取得与月球现象一致的结果。但是如果我们更仔细地分析情况，就会发现这个假设既不够适宜，也并不妥当，而我们可以用推理和感觉来证明这一点。当我们的前人宣称本轮中心绕地心的运动为均匀的时候，他们也应该承认它在自己（即它所扫描的）偏心圆上的运动是不均匀的。

举例来说，取角 $AEB＝45°$，即为直角的一半，并等于 AED，则整个角 BED 为直角。把本轮的中心取在 G，并连接 GF。角 GFD 为外角，显然大于与之相对的内角 GEF。因此，尽管 DAB 和 DG 两段弧是在相同时间内扫描出来的，它们也不相等。因为 DAB 是一个象限，由本轮中心同时扫出的 DG 就大于一个象限。但是已经证明〔Ⅳ，1 末尾〕，在半月时 DAB 和 DG 都是半圆。因此，本轮在它所扫描出的偏心圆上的运动是不均匀的。但如果情况是这样，我们该怎样对待天体运动均匀只是看起来似乎不均匀这一格言[3] 呢？假如看来本轮为均匀的运动实际上是不均匀的，则它的出现对一个已经确立的原则和假设是绝对的抵触。但是假定你说本轮对地心做均匀运动，并说这足以保证均匀性，那么对于在外面圆圈上并不存在，而在本轮自身的偏心圆上却出现的本轮运动来说，这是怎样一种均匀性呢？

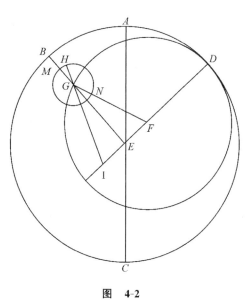

图　4-2

我对月球在本轮上的均匀运动也感到困惑难解。我的前人决定把这种运动解释为与地心无关。用本轮中心量度的均匀运动按理说应与地心有关，即与直线 EGM 有关。但是他们把月球在本轮上的均匀运动与另外的某一点[4] 联系起来。地球位于该点与偏心圆中点之间，而直线 IGH 可以用作月球在本轮上均匀运动的指示器。这本身也足以证明这种运动的非均匀性,这是部分地由这一假设得出的现象所需要的结论。因此,月球在其本轮上的运动也是非均匀的。如果我们现在想把视不均匀性建立在真正不均匀运动的基础上,那么我们论证的实质如何就显而易见了[5]。难道我们只想为那些诬蔑这门科学的人提供机会吗?

其次,经验和我们的感觉本身都向我们表明,月亮的视差与各个圆的比值所给出的视差不一样。这种视差称为"交换视差"。由于月亮离地球近,而地球的大小也不容忽视,因而出现这种视差。从地球表面和中心画到月球的直线并不平行,而在月球上相交成一个可以测定的角度。于是在这两条线上看月亮的出现会不一致。对于那些在弯曲的地面上从侧面看月亮的人们,以及沿地心方向或直接指着月球下方观月的人来说,月亮的位置各异。因此这样的视差随月地距离而变。天文学家们一致认为,如果取地球半径=1,则最大距离为64⅙单位[6][①]。按我们的前人的模型,最小距离应为33单位又33′[②]。这样一来,月亮可以向我们靠近到几乎一半的地方。由此得到的比值就要求在最远和最近距离处的视差相差几乎为1:2。然而,按我的观测结果,甚至当月亮是在本轮的近地点时,上弦和下弦的视差,与在日月食时出现的视差相差微乎其微,或完全一样。对此我在适当的地方〔Ⅳ,22〕将做出有说服力的证明。月球这个天体本身最能显示出这一差错,即认为月球直径有时看来会大一倍,有时竟又小一倍[7]。既然圆面积之比等于直径平方之比,则在方照时即在距地球最近时,假设月亮的整个圆面发光,它应为与太阳相冲时的四倍大[8]。但因在方照时月亮以一半圆面发光,它仍应发出比在该位置的满月多一倍的光。虽然情况显然与此相反,如果有人不满足于一般的目视观察,而想用一架喜帕恰斯的屈光镜或任何别的测量月球直径的仪器[9]来观测,他就会发现月亮的变化只有无偏心圆本轮所要求的那样大。因此,在通过月亮位置研究恒星时,门涅拉斯和提摩恰里斯毫不犹豫地随时都取月球直径为同一数值,即½°。在他们看来,月亮总是这样大。

第3章 关于月球运动的另一种见解

因此完全清楚,本轮看起来时大时小并非由于偏心圆,而是因为另有一套圆圈。令AB为一个本轮,我将称之为第一本轮和大本轮。令C为它的中心,D为地球中心,从地心画直线DC至本轮的高拱点A。以A为心,作另一个较小的本轮EF[10]。令所有这些图形都在与月亮的偏斜圆周相同的平面上。令C向东运动,但A向西运动。在另一方面,让月亮从EF上部的F点朝东移动,但仍保持下面的图像:当DC与太阳的平位置联为一条直线时,月亮总是离中心C最近,即在E点;然而在两弦时,它距中心C最远,位于

① 俄译本为74⅙单位。
② 指33 33/60单位。

F 点。

我要说明,月亮的现象与这个模型相符。由此模型可知,月亮每个月在小本轮 EF 上运转两次,而在这段时间内 C 有一次回到太阳处。当月亮为新月和满月时,看起来它扫描出最小的圆,即半径为 CE 的圆。在另一方面,月亮在两弦时描出最大的圆,其半径为 CF。因此,在前面的位置上,月亮的均匀行度与视行度之差较小,而在后面的位置上差值较大。在这些情况下月亮绕中心 C 通过相似的,但却是不相等的弧段。第一本轮的中心 C 总是在一个与地球同心的圆上。因此,月亮所呈现的视差没有很大变化,并且只与本轮有关。由此很容易解释,为什么月亮的大小看起来实际上不变。与月球运动有关的其他一切现象,都应当与观测到的情况正好一样。

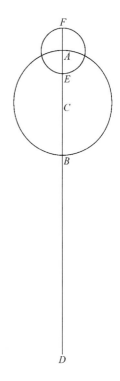

图 4-3

我在后面将用自己的假设来论证这种一致性。但是如果能够保持所需的比值,用偏心圆可以再一次得出同样的现象,就像我对太阳所做的那样〔Ⅲ,15〕。然而,我和前面一样〔Ⅲ,13—14〕,也将从均匀运动谈起,因为如果不讲均匀运动,非均匀运动也无法弄清楚。因为有前面提到的视差,困难的问题出现了。由于有视差,不能用星盘或其他任何仪器来观测月球的位置。但是在这个问题上,以仁慈为怀的大自然也照顾到人类的愿望。这表现在利用月食来测定月球的位置比用仪器更为可靠,并且不必怀疑有误差[11]。当宇宙的其余部分是明亮的并充满阳光时,黑暗部分显然只不过是地球的阴影。地影呈锥形,结尾为一点。在月球与地影相遇时,它变成暗黑的;而当它沉浸在阴影之中时,它毫无疑问是在与太阳相对的位置上。与此相反,由月球位于日地之间所引起的日食,却不能为月球位置提供精确的依据。对地心来说,日食出现在太阳与月亮的合;但于由前面提到的视差,就我们看来合已成过去或尚未发生。因此,在各个国家看来,同一次日食的食分和持续时间都不一样,日食的详情也不相似。与此不同,月食却不呈现这样的障碍。在各地看来,它们都一样,这是因为阴影的轴线是在从太阳经过地心的方向上。因此对于用最高精度的计算以确定月球的运动来说,月食是最适合的了。

第4章 月球的运转及其行度的详情

在最早的天文学家中,力求把这一课题的数学知识传给后代的是雅典人默冬(Meton)。在他精力最旺盛的时期,大约在第 87[12] 届奥林匹克会期,即他宣称在 19 个太阳年中有 235 个月。于是这个长周期称为默冬的 εννεαδεκατεριs[13],即 19 年周期。这个数字广泛流传，在雅典和其他很著名城市的市场上都把它展示出来。甚至到现在，这个数目还为人们普遍接受，因为相信它以一个精密的次序把月份的起点和终点确定下来，并且它还使 365¼ 日的太阳年与月份可以通约。由它产生卡利帕斯的 76 年周期。在这个周期中有 19 个闰日。该周期称为"卡利帕斯章"。但是喜帕恰斯灵巧地发现了，在 304 年[14]中多出了一天，而这可由使每个太阳年缩短 $1/300$ 天改正过来。于是有些天文学家把这个包含 3760[15] 个月的长周期称为"喜帕恰斯章"。

上面对这些计算的描述是太简单也太粗略了，须知这还是近点角与黄纬周期的问题。因此喜帕恰斯进一步研究了这些课题〔《至大论》，Ⅳ，2—3〕。他把自己非常精确的月食观测记录与巴比伦人流传下来的记录进行对比。他定出月份与近点角循环同时完成的周期为 345 埃及年 82 天 1 小时。在这期间共有 4267 月和 4573 次近点角循环。把这一时期的日数，即 126007 日又一小时，除以月份数，便得 1 月 = 29 日 $31'50''8'''9''''20'''''$。由这一结果还可求得在任何时刻的行度。把周月运转的 360° 除以一个月的长度，便得月亮离开太阳的日行度为 $12°11'26''41'''20''''18'''''$。这个数目乘以 365，给出年行度为 12 次运转再加 $129°37'21''28'''29''''$。4267 月与 4573 次近点角循环为可公约数，其公共因子为 17。化为最低项，它们的比值是 251∶269。按欧式著作，Ⅴ，15，由此可得月亮行度与近点角行度之比。把月球行度乘以 269，并把乘积除以 251，便得近点角的年行度为 13 整周再加 $88°43'8''40'''20''''$。因此，日行度为 $13°3'53''56'''29''''$。

黄纬的循环具有不同的格律，因为它与近点角回归的精确时间不相符。只有当前后两次月食的一切方面都相似和相等（例如在同一边的两个阴暗区域相等），我指的是食分与食延时间均如此，我们才能说月亮回到了原来的纬度。这出现在月球与高、低拱点的距离相等的时候。此时月球在相同时间内穿过相等的阴影。喜帕恰斯认为这种情况在 5458 个月内发生一次，而这段时间相当于 5923 次黄纬循环。和其他行度一样，由这一比值也可以弄清楚以年和日计量的确切的黄纬行度。当我们把月亮离开太阳的行度乘以 5923 月，并把乘积除以 5458，便得一年内月球的黄纬行度为 13 圈外加 $148°42'46''49'''3''''$，而一日内的行度为 $13°13'45''39'''40''''$。喜帕恰斯用这个方法算出月球的均匀行度，而在他之前还没有人更精密地推算过。虽然如此，在以后几世纪中了解到这些行度的测定并非完全准确。托勒密求得与喜帕恰斯相同的离开太阳的行度。可是托勒密的近点角年行度值比喜帕恰斯低了 $1''11'''39''''$，而纬度年行度高出 $53'''41''''$。经过更长时间我才发现，喜帕恰斯的平均年行度值低了 $1''2'''49''''$，而对近点角来说他的数值只少 $24'''49''''$。他的纬度行度高了 $1''1'''42''''$。因此，月球与地球的年平均行度相差 $129°37'22''32'''40''''$，近点角行度相差 $88°43'9''5'''9''''$，而黄纬行度相差 $148°42'45''17'''21''''$。

埃及年	行度					埃及年	行度				
	60°	°	′	″	‴		60°	°	′	″	‴
1	2	9	37	22	36	31	0	58	18	40	48
2	4	19	14	45	12	32	3	7	56	3	25
3	0	28	52	7	49	33	5	17	33	26	1
4	2	38	29	30	25	34	1	27	10	48	38
5	4	48	6	53	2	35	3	36	48	11	14
6	0	57	44	15	38	36	5	46	25	33	51
7	3	7	21	38	14	37	1	56	2	56	27
8	5	16	59	0	51	38	4	5	40	19	3
9	1	26	36	23	27	39	0	15	17	41	40
10	3	36	13	46	4	40	2	24	55	4	16
11	5	45	51	8	40	41	4	34	32	26	53
12	1	55	28	31	17	42	0	44	9	49	29
13	4	5	5	53	53	43	2	53	47	12	5
14	0	14	43	16	29	44	5	3	24	34	42
15	2	24	20	39	6	45	1	13	1	57	18
16	4	33	58	1	42	46	3	22	39	19	55
17	0	43	35	24	19	47	5	32	16	42	31
18	2	53	12	46	55	48	1	41	54	5	8
19	5	2	50	9	31	49	3	51	31	27	44
20	1	12	27	32	8	50	0	1	8	50	20
21	3	22	4	54	44	51	2	10	46	12	57
22	5	31	42	17	21	52	4	20	23	35	33
23	1	41	19	39	57	53	0	30	0	58	10
24	3	50	57	2	34	54	2	39	38	20	46
25	0	0	34	25	10	55	4	49	15	43	22
26	2	10	11	47	46	56	0	58	53	5	59
27	4	19	49	10	23	57	3	8	30	28	35
28	0	29	26	32	59	58	5	18	7	51	12
29	2	39	3	55	36	59	1	27	45	13	48
30	4	48	41	18	12	60	3	37	22	36	25

60 年周期内逐年的月球行度　基督纪元 209°58′

日	行度					日	行度					
	60°	°	′	″	‴		60°	°	′	″	‴	
1	0	12	11	26	41	31	6	17	54	47	26	
2	0	24	22	53	23	32	6	30	6	14	8	
3	0	36	34	20	4	33	6	42	17	40	49	
4	0	48	45	46	46	34	6	54	29	7	31	
5	1	0	57	13	27	35	7	6	40	34	12	5
6	1	13	8	40	9	36	7	18	52	0	54	
7	1	25	20	6	50	37	7	31	3	27	35	
8	1	37	31	33	32	38	7	43	14	54	17	
9	1	49	43	0	13	39	7	55	26	20	58	
10	2	1	54	26	55	40	8	7	37	47	40	10
11	2	14	5	53	36	41	8	19	49	14	21	
12	2	26	17	20	18	42	8	32	0	41	3	
13	2	38	28	47	0	43	8	44	12	7	44	
14	2	50	40	13	41	44	8	56	23	34	26	
15	3	2	51	40	22	45	9	8	35	1	7	15
16	3	15	3	7	4	46	9	20	46	27	48	
17	3	27	14	33	45	47	9	32	57	54	30	
18	3	39	26	0	27	48	9	45	9	21	12	
19	3	51	37	27	8	49	9	57	20	47	53	
20	4	3	48	53	50	50	10	9	32	14	35	20
21	4	16	0	20	31	51	10	21	43	41	16	
22	4	28	11	47	13	52	10	33	55	7	58	
23	4	40	23	13	54	53	10	46	6	34	40	
24	4	52	34	40	36	54	10	58	18	1	21	
25	5	4	46	7	17	55	11	10	29	28	2	25
26	5	16	57	33	59	56	11	22	40	54	43	
27	5	29	9	0	40	57	11	34	52	21	25	
28	5	41	20	27	22	58	11	47	3	48	7	
29	5	53	31	54	3	59	11	59	15	14	48	
30	6	5	43	20	45	60	12	11	26	41	31	30

60 日周期内逐日和日-分的月球行度

续表

60年周期逐年的月球近点角行度											
年份	行度					年份	行度				
	60°	°	′	″	‴		60°	°	′	″	‴
1	1	28	43	9	7	31	3	50	17	42	44
2	2	57	26	18	14	32	5	19	0	51	52
3	4	26	9	27	21	33	0	47	44	0	59
4	5	54	52	36	29	34	2	16	27	10	6
5	1	23	35	45	36	35	3	45	10	19	13
6	2	52	18	54	43	36	5	13	53	28	21
7	4	21	2	3	50	37	0	42	36	37	28
8	5	49	45	12	58	38	2	11	19	46	35
9	1	18	28	22	5	39	3	40	2	55	42
10	2	47	11	31	12	40	5	8	46	4	50
11	4	15	54	40	19	41	0	37	29	13	57
12	5	44	37	49	27	42	2	6	12	23	4
13	1	13	20	58	34	43	3	34	55	32	11
14	2	42	4	7	41	44	5	3	38	41	19
15	4	10	47	16	48	45	0	32	21	50	26
16	5	39	30	25	56	46	2	1	4	59	33
17	1	8	13	35	3	47	3	29	48	8	40
18	2	36	56	44	10	48	4	58	31	17	48
19	4	5	39	53	17	49	0	27	14	26	55
20	5	34	23	2	25	50	1	55	57	36	2
21	1	3	6	11	32	51	3	24	40	45	9
22	2	31	49	20	39	52	4	53	23	54	17
23	4	0	32	29	46	53	0	22	7	3	24
24	5	29	15	38	54	54	1	50	50	12	31
25	0	57	58	48	1	55	3	19	33	21	38
26	2	26	41	57	8	56	4	48	16	30	46
27	3	55	25	6	15	57	0	16	59	39	53
28	5	24	8	15	23	58	1	45	42	49	0
29	0	52	51	24	30	59	3	14	25	58	7
30	2	21	34	33	37	60	4	43	9	7	15

60日周期内逐日和日-分的月球近点角行度											
日	行度					日	行度				
	60°	°	′	″	‴		60°	°	′	″	‴
1	0	13	3	53	56	31	6	45	0	52	11
2	0	26	7	47	53	32	6	58	4	46	8
3	0	39	11	41	49	33	7	11	8	40	4
4	0	52	15	35	46	34	7	24	12	34	1
5	1	5	19	29	42	35	7	37	16	27	57
6	1	18	23	23	39	36	7	50	20	21	54
7	1	31	27	17	35	37	8	3	24	15	50
8	1	44	31	11	32	38	8	16	28	9	47
9	1	57	35	5	28	39	8	29	32	3	43
10	2	10	38	59	25	40	8	42	35	57	40
11	2	23	42	53	21	41	8	55	39	51	36
12	2	36	46	47	18	42	9	8	43	45	33
13	2	49	50	41	14	43	9	21	47	39	29
14	3	2	54	35	11	44	9	34	51	33	26
15	3	15	58	29	7	45	9	47	55	27	22
16	3	29	2	23	4	46	10	0	59	21	19
17	3	42	6	17	0	47	10	14	3	15	15
18	3	55	10	10	57	48	10	27	7	9	12
19	4	8	14	4	53	49	10	40	11	3	8
20	4	21	17	58	50	50	10	53	14	57	5
21	4	34	21	52	46	51	11	6	18	51	1
22	4	47	25	46	43	52	11	19	22	44	58
23	5	0	29	40	39	53	11	32	26	38	54
24	5	13	33	34	36	54	11	45	30	32	51
25	5	26	37	28	32	55	11	58	34	26	47
26	5	39	41	22	29	56	12	11	38	20	44
27	5	52	45	16	25	57	12	24	42	14	40
28	6	5	49	10	22	58	12	37	46	8	37
29	6	18	53	4	18	59	12	50	50	2	33
30	6	31	56	58	15	60	13	3	53	56	30

续表

60年周期内逐年的月球黄纬行度 基督元年 129°45′											
年份	行	度				年份	行	度			
	60°	°	′	″	‴		60°	°	′	″	‴
1	2	28	42	45	17	31	4	50	5	23	57
2	4	57	25	30	34	32	1	18	48	9	14
3	1	26	8	15	52	33	3	47	30	54	32
4	3	54	51	1	9	34	0	16	13	39	48
5	0	23	33	46	26	35	2	44	56	25	6
6	2	52	16	31	44	36	5	13	39	10	24
7	5	20	59	17	1	37	1	42	21	55	41
8	1	49	42	2	18	38	4	11	4	40	58
9	4	18	24	47	36	39	0	39	47	26	16
10	0	47	7	32	53	40	3	8	30	11	33
11	3	15	50	18	10	41	5	37	12	56	50
12	5	44	33	3	28	42	2	5	55	42	8
13	2	13	15	48	45	43	4	34	38	27	25
14	4	41	58	34	2	44	1	3	21	12	42
15	1	10	41	19	20	45	3	32	3	58	0
16	3	39	24	4	37	46	0	0	46	43	17
17	0	8	7	49	54	47	2	29	29	28	34
18	2	36	49	35	12	48	4	58	12	13	52
19	5	5	32	20	29	49	1	26	54	59	8
20	1	34	15	5	46	50	3	55	37	44	26
21	4	2	57	51	4	51	0	24	20	29	44
22	0	31	40	36	21	52	2	53	3	15	1
23	3	0	23	21	38	53	5	21	46	0	18
24	5	29	6	6	56	54	1	50	28	45	36
25	1	57	48	52	13	55	4	19	11	30	53
26	4	26	31	37	30	56	0	47	54	16	10
27	0	55	14	22	48	57	3	16	37	1	28
28	3	23	57	8	5	58	5	45	19	46	45
29	5	52	39	53	22	59	2	14	2	32	2
30	2	21	22	38	40	60	4	42	45	17	21

60日周期内逐日和日-分的月球黄纬行度												
日	行	度				日	行	度				
	60°	°	′	″	‴		60°	°	′	″	‴	
1	0	13	13	45	39	31	6	50	6	35	20	
2	0	26	27	31	18	32	7	3	20	20	59	
3	0	39	41	16	58	33	7	16	34	6	39	
4	0	52	55	2	37	34	7	29	47	52	18	
5	1	6	8	48	16	35	7	43	1	37	58	5
6	1	19	22	33	56	36	7	56	15	23	37	
7	1	32	36	19	35	37	8	9	29	9	16	
8	1	45	50	5	14	38	8	22	42	54	56	
9	1	59	3	50	54	39	8	35	56	40	35	
10	2	12	17	36	33	40	8	49	10	26	14	10
11	2	25	31	22	13	41	9	2	24	11	54	
12	2	38	45	7	52	42	9	15	37	57	33	
13	2	51	58	53	31	43	9	28	51	43	13	
14	3	5	12	39	11	44	9	42	5	28	52	
15	3	18	26	24	50	45	9	55	19	14	31	15
16	3	31	40	10	29	46	10	8	33	0	11	
17	3	44	53	56	9	47	10	21	46	45	50	
18	3	58	7	41	48	48	10	35	0	31	29	
19	4	11	21	27	28	49	10	48	14	17	9	
20	4	24	35	13	7	50	11	1	28	2	48	20
21	4	37	48	58	46	51	11	14	41	48	28	
22	4	51	2	44	26	52	11	27	55	34	7	
23	5	4	16	30	5	53	11	41	9	19	46	
24	5	17	30	15	44	54	11	54	23	5	26	
25	5	30	44	1	24	55	12	7	36	51	5	25
26	5	43	57	47	3	56	12	20	50	36	44	
27	5	57	11	32	43	57	12	34	4	22	24	
28	6	10	25	18	22	58	12	47	18	8	3	
29	6	23	39	4	1	59	13	0	31	53	43	
30	6	36	52	49	41	60	13	13	45	39	22	30

第5章 在朔望出现的月球第一种差的说明

我已经尽自己目前所能掌握的限度，讲述了月球的均匀运动。现在我应当着手研讨非均匀性理论，我将用一个本轮来阐述这个理论。我首先要谈到在与太阳的合与冲时出现的非均匀性。古代天文学家用绝妙的技巧，通过每组3次的月食来研究这个差。我也将遵循他们为我们创立的这一方法。我将采用托勒密所仔细观测的3次月食。我把它们与另外3次同样精确观测的月食进行对比，以便检验上面论述的均匀运动是否正确。在研究这些运动时，我将像古人那样，把太阳和月亮离开春分点的平均行度取为均匀的。这是因为在这样短的时间内，甚至在10年内，也察觉不出二分点的不均匀岁差所引起的不规则性。

托勒密〔《至大论》，Ⅳ，6〕所取的第一次月食发生在哈德里安（Hadrian）皇帝执政第17年埃及历10月20日结束之后。这是在公元133年5月6日=5月7日的前一天。月食为全食。它的食甚时刻为亚历山大城的午夜之前¾均匀小时。但是在佛罗蒙波克或克拉科夫，它应在5月7日前的午夜之前的1¾小时。太阳当时是在金牛宫内13¼°，但按其平均行度应在金牛宫内12°21′。

托勒密说，第二次月食出现在哈德里安第19年埃及历4月2日终了之后。这是公元134年10月20日。阴影区从北面开始扩展到月球直径的⅚。在亚历山大，食甚是在午夜前1均匀小时；但在克拉科夫为2小时。当时太阳是在天秤宫内25⅙°，但按其平均行度是在该宫内26°43′。

第三次月食发生在哈德里安20年埃及历8月19日完结之后。这即为公元136[16]年3月6日结束后。月亮的阴影又一次是在北边，达到直径一半处。在亚历山大的食甚为在3月7日前午夜之后4个均匀小时，但在克拉科夫为3小时。太阳那时在双鱼宫中14°5′，可是按平均行度为双鱼宫中11°44′。

在第一次和第二次月食之间的那段时间，月亮显然移动了和太阳视行度相同的距离，即161°55′（我要说明，整周已经去掉）；而在第二与第三次月食之间，为138°55′[17]。按视行度计算，第一段时间为1年166日又23¾均匀小时[18]，但改正后为23⅝小时。第二时段为1年137日加上5小时，但改为5½小时[19]。在第一时段中太阳和月亮的联合均匀行度，在去掉整圈后为169°37′[20]，而月球近点角的行度为110°21′[21]。与此相似，在第二时期内的太阳与月亮联合行度为137°34′[22]，而月球的近点角行度是81°36′[23]。于是显然可知，在第一时段中本轮的110°21′从月球平均行度减去7°42′[24]；而在第二时段，本轮的81°36′给月球平均行度加上1°21′[25]。

既然这一情况已经确定，画月球的本轮ABC。在它上面令第一次月食在A，第二次在B，而最后一次在C。把月亮的行度也取在这一方向上，即在本轮上部为向西。令弧AB=110°21′。我已说过，它从月球在黄道上的平均行度减去7°42′。令BC=81°36′，它给月球在黄道上的平均行度加上1°21′。圆周的其余部分CA〔360°−（110°21′+81°36′）〕应为168°3′，它使行差的余量6°21′增大〔1°21′+6°21′=7°42′〕。因为弧BC和CA是附加的,并且都比半圆短,本轮的高拱点不在这两段弧上。它应在 AB 上。

取 D 为地球中心,本轮绕它均匀运转。从 D 向月食点画直线 DA、DB 和 DC。连接 BC、BE 与 CE。取 $180° = 2$ 直角,则弧 AB 在黄道上所对角为 $7°42'$,角 ADB 应为 $7°42'$,但在 $360° = 2$ 直角时为 $15°24'$〔$= 2 \times 7°42'$〕。用同样的分度,在圆周上的角 $AEB = 110°21'$,而它是三角形 BDE 的外角。于是可知角 EBD 为 $94°57'$〔$= 110°21' - 15°24'$〕。当三角形各角已知时,其边均可求得。取三角形外接圆的直径 $= 200\,000$,则 $DE = 147\,396$ 单位,而 $BE = 26\,798$ 单位。此外,取 $180° = 2$ 直角时,因弧 AEC 在黄道上所对角为 $6°21'$,角 EDC 应为 $6°21'$,但在 $360° = 2$ 直角时它为 $12°42'$。以这样的分度表示,角 $AEC = 191°57'$〔$110°21' + 81°36'$〕。作为三角形 CDE 的外角,从它减去角 D 后,即得用同样分度表出的第三角 $ECD = 179°15'$〔$191°57' - 12°42'$〕。因此,在外接圆直径 $= 200\,000$ 时,可得边 DE 与 CE 各为 $199\,996$ 和 $22\,120$ 单位。但是以 $DE = 147\,396$ 和 $BE = 26\,798$ 的单位表示,则 $CE = 16\,302$。因此在三角形 BEC 中,又一次有 BE 与 EC 两边已知,而角 $E = 81°36' =$ 弧 BC。根据平面三角定理,还可求得第三边 $BC = 17\,960$ 个相同单位。当本轮直径 $= 200\,000$ 单位时,与 $81°36'$ 的弧相对的弦 BC 为 $130\,684$ 单位。至于呈已知比率的其他直线,则有 $ED = 1\,072\,684$ 和 $CE = 118\,637$(单位与前面相同),而弧 $CE = 72°46'10''$。但是按图形,弧 $CEA = 168°3'$。因此余量 $EA = 95°16'50''$〔$= 168°3' - 72°46'10''$〕,而它所对的弦 $= 147\,786$ 单位。于是以相同单位表示,整个直线 $AED = 1\,220\,470^{(26)}$〔$= 147\,786 + 1\,072\,684$〕。但因弧段 EA 小于半圆,本轮中心不在它里面,而在其余弧段 $ABCE$ 之内。

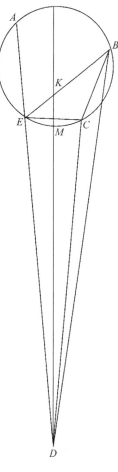

图 4-4

令本轮中心为 K。通过两个拱点画 $DMKL$。令 L 为高拱点,而 M 为低拱点。按欧氏著作,Ⅲ,30,$AD \times DE$ 所成矩形 $= LD \times DM$ 所成矩形。但 K 为圆的直径 LM 的中点,而 DM 为延长的直线。因此矩形 $LD \times DM + (KM)^2 = (DK)^{2(27)}$。于是在取 $LK = 100\,000$ 时,可得 DK 的长度为 $1\,148\,556$。以 $DKL = 100\,000$ 的单位表示,LK 应为 8706,此即本轮的半径。

在完成这些步骤之后,画 AD 的垂线 KNO。直线 KD、DE 和 EA 的相互比值都以 $LK = 100\,000$ 为单位表出。用同样单位,$NE = \frac{1}{2}(AE$〔$= 147\,786$〕$) = 73\,893$。因此整个直线 $DEN = 1\,146\,577$〔$= DE + EN = 1\,072\,684 + 73\,893$〕。但在三角形 DKN 中,DK 和 ND 两边已知,而 N 为直角,因此中心角 $NKD = 86°38\frac{1}{2}' =$ 弧 MEO。半圆的其余弧段 $LAO = 93°21\frac{1}{2}'$〔$= 180° - 86°38\frac{1}{2}'$〕。从 LAO 减去 $AO = \frac{1}{2} AOE$〔$= 95°16'50''$〕$= 47°38\frac{1}{2}'$。余量 $LA = 45°43'$〔$= 93°21\frac{1}{2}' - 47°38\frac{1}{2}'$〕。这是在第一次月食时月球的近点角,即它与本轮高拱点的距离。但是整个 $AB = 110°21'$。因此,余量 $LB =$ 第二次月食的近点角 $= 64°38'$〔$= 110°21' - 45°43'$〕。在第三次月食出现处,整个弧 $LBC = 146°14'$〔$=$

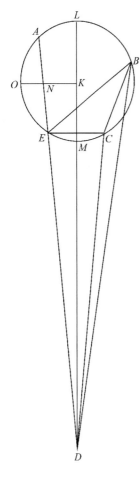

图 4-5

$64°38'+81°36'$〕。取 $360°=4$ 直角，则角 $DKN=86°38'$。从直角减掉此角，则余角显然为 $KDN=3°22'$〔$=90°-86°38'$〕。这是在第一次月食中由近点角增加的行差。但是整个角 $ADB=7°42'$。因此余量 $LDB=4°20'$。这是在第二次月食时弧 LB 从月球均匀行度中减去的量。角 $BDC=1°21'$。因此余量 $CDM=2°59'$[28]，即为在第三次月食时弧 LBC 所减掉的行差。因此在第一次月食时月球的平位置（即中心 K）为在天蝎宫内 $9°53'$〔$=13°15'-3°22'$〕，这是由于它的视位置是在天蝎宫中 $13°15'$。我要说明，这与太阳在金牛宫里的位置刚好相对。用同样的方法可知，在第二次月食时月球的平位置为在白羊宫内 $29\frac{1}{2}°$〔$=$天秤宫 $25\frac{1}{6}°+180°+4°20'$〕，而第三次月食时是在室女宫中 $17°4'$〔双鱼宫 $14°5'+180°+2°59'$〕。在第一次月食时月球与太阳的均匀距离为 $177°33'$，第二次为 $182°47'$，而最后一次为 $185°20'$[29]。以上所述为托勒密的推算程序〔《至大论》，Ⅳ，6〕。

现在让我仿效他的例子，研究第二组的三次月食。我和他一样，对这里月食进行了很精细的观测。第一次发生在公元 1511 年 10 月 6 日末尾。月亮在午夜前 $1\frac{1}{8}$ 均匀小时开始被掩食，而在午夜后 $2\frac{1}{8}$ 小时复圆。于是食甚是在 10 月 7 日前的午夜之后的 $\frac{7}{12}$ 小时[30]。这是一次月全食。当时太阳是在天秤宫内 $22°25'$，但按其均匀行度为在天秤宫中 $24°13'$。

我于公元 1522 年 9 月 5 日末观测第二次月食。这也是一次全食。它开始于午夜前 $\frac{2}{5}$ 均匀小时[31]，但食甚是在 9 月 6 日前面的午夜之后 $1\frac{1}{5}$ 小时。太阳位于室女宫内 $22\frac{1}{5}°$，但按其均匀行度是在室女宫中 $23°59'$ 处。

第三次月食出现在公元 1523 年 8 月 25 日末。它开始于午夜后 $2\frac{1}{5}$ 小时。这还是一次全食，食甚是在 8 月 26 日之前午夜以后 $4\frac{5}{12}$ 小时。当时太阳在室女宫中 $11°21'$，但按平均行度为在室女宫内 $13°2'$ 处。

又一次出现这种情况，在第一次和第二次月食之间日月真位置移动的距离显然为 $329°47'$[32]，而在第二、三次月食之间为 $349°9'$[33]。从第一次到第二次月食的时间为 10 均匀年 337 日，按视时间再加 $\frac{3}{4}$ 小时[34]，但按改正均匀时间为 $\frac{4}{5}$ 小时。由第二次至第三次月食，共有 354 日，外加 3 小时 5 分钟[35]，但按均匀时应加 3 小时 9 分钟。在第一段时间中，在去掉整圈之后的日月联合平均行度达 $334°47'$[36]，而月球近点角行度为 $250°36'$[37]，从均匀行度中约需减去 $5°$〔$334°47'-329°47'$〕。在第二时段内，日月联合平均行度为 $346°10'$[38]，而月球近点角行度为 $306°43'$[39]，对平均行度应增加 $2°59'$〔$+346°10'=349°9'$〕。

现在令 ABC 为本轮。令 A 为在第一次月食食甚时月球的位置，B 为在第二次，C 为在第三次的位置。可以认为本轮从 C 向 B，又从 B 向 A 运转；这即是说它的上半圈向西，而下半圈向东运动。令弧 $ACB=250°36'$。我已说过，它在第一段时间从月球的平均行度减去 5°。令弧 $BAC=306°43'$，这使月球平均行度增加 $2°59'$。因此，余量为弧 $AC=197°19'$[40]，减掉剩余的 $2°1'$[41]。因为 AC 大于半圆并且是应减去的，它必然包含高拱点。这不可能为 BA 或 CBA。这两个弧段中每一个都小于半圆并且是应增加的，而最慢的运动出现在远地点附近。

在与它相对处取 D 为地球中心。连接 AD、DB、DEC、AB、AE 和 EB。关于三角形 DBE，已知外角 $CEB=53°17'=$ 弧 CB，这是从圆周减掉 BAC 后的余量。在中心的角 $BDE=2°59'$，但在圆周上 $=5°58'$。因此剩下的角 $EBD=47°19'$[42]〔$=53°17'-5°58'$〕。由此可知，若取三角形外接圆的半径 $=10\,000$，则边 $BE=1042$ 单位，而边 $DE=8024$ 单位。同样可得角 $AEC=197°19'$，因为它截出弧段 AC。角 ADC 在中心 $=2°1'$，但在圆周上 $=4°2'$。因此，取 $360°=2$ 直角时，在三角形 ADE 中剩余的角 $DAE=193°17'$。于是各边也可知。以三角形 ADE 的外接圆半径 $=10\,000$ 为单位，$AE=702$ 和 $DE=19\,865$。但是以 $DE=8024$ 和 $EB=1042$ 为单位，则 $AE=283$[43]。

于是又一次在三角形 ABE 中 AE 与 EB 两边已知，并在取 $360°=2$ 直角时，已知整个角 $AEB=250°36'$。于是，根据平面三角定理，若取 $EB=1042$，则 $AB=1227$ 单位。因此可以求得 AB、EB 及 ED 这三个线段的比值。以本轮半径 $=10\,000$ 为单位，并已知弧 AB 所对弦长为 $16\,323$，则由上述比值可知 $ED=106\,751$ 和 $EB=13\,853$。于是还可得弧 $EB=87°41'$。把它与 BC〔$53°17'$〕相加，则得整个 $EBC=140°58'$。它所对的弦 $CE=18\,851$ 单位，而整个 $CED=125\,602$ 单位〔$=ED+CE=106\,751+18\,851$〕。

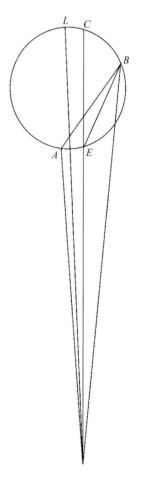

现在考虑本轮中心。因为 EAC 大于半圆，本轮中心应当落到该弧段内。令中心为 F。I 为低拱点，G 为高拱点，通过这两个拱点作直线 $DIFG$。显然又一次得到，矩形 $CD\times DE=$ 矩形 $GD\times DI$。但是矩形 $GD\times DI+(FI)^2=(DF)^2$。因此，取 $FG=10\,000$，则可得 DIF 的长度 $=116\,226$ 单位。于是，以 $DF=100\,000$ 为单位，则 $FG=8604$ 单位[44]。这与我所查到的自托勒密以来在我之前的大多数其他天文学家[45]所报告的结果相符。

从中心 F 作 FL 垂直于 EC，使之延长为直线 FLM，并等分 CE 于 L 点。直线 $ED=106\,751$ 单位。CE 之半 $=LE=9426$ 单位。取 $FG=10\,000$ 和 $DF=116\,226$，则总和 $DEL=116\,177$ 单位。因此在三角形 DFL 中，DF 及 DL 两边已知。还已知角 $DFL=88°21'$，于是得剩余角 $FDL=1°39'$。同样已知弧 $IEM=88°21'$。$MC=\frac{1}{2}$ EBC〔$=140°58'$〕$=70°29'$。整个 $IMC=158°50'$〔$=88°21'+70°29'$〕。半圆的剩余部分 $=GC=21°10'$〔$=180°-158°50'$〕。

图 4-6

这是在第三次月食时月球与本轮远地点的距离，或近点角的数量。对第二次月食，$GCB=74°27'$〔$=GC+CB=21°10'+53°17'$〕。对第一次月食，整个弧 $GBA=183°51'$〔$=$

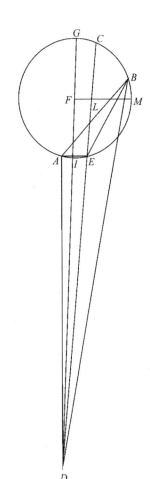

图 4-7

$GB + BA = 74°27' + 109°24' (= 360° - 250°36')$〕。进而言之，在第三次月食时中心角 $IDE = 1°39'$，此为相减行差。在第二次月食时，角 IDB 也是一个相减行差，它整个 $= 4°38'$，所含 $GDC = 1°39'$ 和 $CDB = 2°59'$。因此，从整个角 $ADB = 5°$ 减掉 IDB，余量为 $ADI = 22'$，它在第一次月食时加到均匀行度中去。于是在那次月食时，月球的均匀位置是在白羊宫中 $22°3'$，但它的视位置为 $22°25'$。当时太阳在天秤宫（即相对的黄道宫）内，而度数相同。依此还可求得，在第二次月食时月球的平位置是在双鱼宫中 $26°50'$，而第三次月食时在双鱼宫内 $13°$。月球的平行度可与地球的年行度[46]区分开。在第一、二、三次月食时，月球的平行度各为 $177°51'$、$182°51'$ 和 $179°58'$[47]。

第 6 章　关于月球黄经或近点角　均匀行度之论述的验证

我们对月食已经谈到的内容，也可用来检验上面关于月球均匀行度的论述是否正确。在第一组月食中，已经求得在第二次月食时月亮与太阳的距离为 $182°47'$，而近点角为 $64°38'$。在我们所观测的后一组月食中，在第二次月食时月球离开太阳的行度为 $182°51'$，而近点角为 $74°27'$。明显可知，中间这段时期共有 17 166 整月加上大约 4 分钟，而在消除整周后近点角的行度为 $9°49'$〔$= 74°27' - 64°38'$〕。从哈德里安 19 年埃及历 4 月 2 日，在该月 3 日前面的午夜之前 2 小时，直至公元 1522 年 9 月 5 日上午 1∶20，共历 1388 个埃及年 302 日，加上视时间 $3\frac{1}{3}$ 小时[48] ＝ 均匀时 3^h34^m。在这段时期中，除 17 165 个均匀月的完整运转外，喜帕恰斯与托勒密认为还应有 $359°38'$。在另一方面，喜帕恰斯指出近点角为 $9°39'$，而托勒密认为是 $9°11'$。他们两人都提出月球行度缺少 $26'$〔$= 360°4' - 359°38'$〕；与此同时，按托勒密的结果，近点角少了 $38'$〔$= 9°49' - 9°11'$〕，而按喜帕恰斯则少 $10'$〔$9°49' - 9°39'$〕。当这些差额已补上时，结果与上述计算相符。

第 7 章　月球黄经和近点角的历元

在此也和前面〔Ⅲ，23〕一样，我应当对下列纪元已确定的开端测定月球黄经和近点角的位置：奥林匹克会期、亚历山大大帝、恺撒大帝、基督以及所需的任何其他纪元。在三个古代月食中，让我们考虑第二个。它发生在哈德里安 19 年埃及历 4 月 2 日，在亚历山大城是在午夜前 1 个均匀小时，而对我们在克拉科夫经度则为 2 小时。从基督纪元开始到这一时刻，我们发现共有 133 埃及年，325 日，再加约数为 22 小时，但精确数为 21 小时 37 分钟[49]。按我的计算结果，在这段时间中月球的行度为 332°49′[50]，而近点角行度为 217°32′[51]。从在月食时求得的相应数字分别减去这两个数字，对月球与太阳的平距离来说余数为 209°58′，而对近点角来说为 207°7′[52]。这些都属于基督纪元开始时 1 月 1 日前的午夜。

在这个基督历元之前，共有 193 个奥林匹克会期又 2 年 194½ 日 = 775 埃及年 12 日加上 ½ 日[53]，但准确时间为 12 小时 11 分钟。与此相似，从亚历山大大帝之死到基督诞生，共计有 323 埃及年 130 日外加视时 ½ 日[54]，但准确时间为 12 小时 16 分钟。由恺撒到基督有 45 埃及年和 12 日[55]，而对这段时间的均匀时与视时的计算结果相符。

与这些时间间隔相应的行度，可按各自的类型从公元纪年的位置中减去。对第一届奥林匹克会期祭月 1 日正午，我们求得月亮与太阳的平均距离为 39°48′，而近点角为 46°20′；对亚历山大纪元 1 月 1 日中午，月球与太阳的距离为 310°44′，近点角为 85°41′；对尤里乌斯·恺撒纪元，在 1 月 1 日前的午夜，月亮离太阳的距离为 350°39′，而近点角为 17°58′。所有这些数值都已归化到克拉科夫的经度线。我的观测主要都是在吉诺波里斯（现在一般称为佛罗蒙波克[56]）进行的。该城位于维斯杜拉（Vistula）河口。并在克拉科夫的经度线上。这是我从在该两地同时进行的日月食观测了解到的[57]。马其顿的戴尔哈恰姆（Dyrrhachi-um）[58]〔古代称为埃皮丹纳斯（Epidamnus）〕也位于这一条经度线上。

第8章　月球的第二种差以及第一本轮与第二本轮的比值

对月球的均匀行度及其第一种差，已经解释如上。现在我应当研究第一本轮与第二本轮的比值以及它们二者与地心的距离。我已说过，月亮的平行度与视行度之间最大的差出现在高、低拱点之间，即在两弦点上，这时上弦或下弦月皆为半月。古代人〔托勒密，《至大论》，Ⅴ，3〕也报告说，这个差可达 7⅔°。他们测定了半月最接近本轮平距离的时刻。由上面谈到的计算容易了解，这出现在从地心所画切线附近。因为这时月亮与出或没处相距约为黄道 90°，他们避免了由视差可能产生的黄经行度误差。在这个时候，通过地平圈的天顶的圆与黄道正交，不会引起黄经变化，但变化完全出现在黄纬上。因此他们使用一种称为星盘的仪器，来测定月球与太阳的距离。在进行比较之后，发现月亮偏离平均行度的变化为我所说过的 7⅔°，而不是 5°。

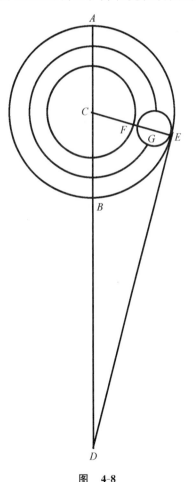

图　4-8

现在以 *C* 为心画本轮 *AB*。从地心 *D* 画直线 *DBCA*。令本轮的远地点为 *A*，而近在点为 *B*。画本轮的切线 *DE*，并连接 *CE*。在切线上行差最大。在这种情况下令它为 7°40′＝角 *BDE*。出现在圆 *AB* 的切点处的 *CED* 为直角。因此，取半径 *CE*＝10 000 时，*CE* 为 1334 单位[59]。但在朔望时，这个距离要小得多，约为 861 个相同单位。把 *CE* 分开，令 *CF*＝860 单位。*F* 绕同一中心 *C* 描出新月和满月所在圆圈。因此余量 *FE*＝474 单位〔＝1344－860〕为第二本轮的直径。等分 *FE* 于中点 *G*。整个线段 *CFG*＝1097 单位〔＝*CF*＋*FG*〕为第二本轮中心所描出的圆的直径。于是以 *CD*＝10 000 为单位，比值 *CG*：*GE*＝1097：237。

第 9 章　表现为月球离开第一本轮高拱点的非均匀运动的剩余变化

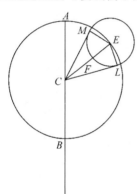

图　4-9

上述论证还可使我们了解，月球在其第一本轮上如何不均匀地运动，最大不等量出现在月亮为新月或凸月以及半月时。又一次令 *AB* 为由第二本轮中心的平均运动所描出的第一本轮。令第一本轮的中心为 *C*，其高拱点为 *A*，而低拱点为 *B*。在圆周上取任意点 *E*，并连接 *CE*。令 *CE*：*EF*＝1097：237。以 *E* 为心，*EF* 为半径，作第二本轮。在两边画与它相切的直线 *CL* 与 *CM*。令小本轮由 *A* 向 *E* 运动，即是在第一本轮的上半部向西移动。令月球从 *F* 向 *L*，也是朝西面动。*AE* 运动是均匀的，第二本轮通过 *FL* 的运动显然使均匀运动增加了弧段 *FL*[60]，而当它通过 *MF* 时从它减去这一段。在三角形 *CEL* 中，*L* 为直角。在 *CE*＝1097 时，*EL*＝237 单位[61]。以 *CE*＝10 000 为单位，则 *EL*＝2160。因 *ECL* 与 *ECM* 两三角形相似并相等，*EL* 所对的角 *ECL* 按表＝12°28′[62]＝角 *MCF*。这是月球偏离第一本轮高拱点的最大差。这出现在月球平行度偏离地球平行度线两边各 38°46′的时候。因此，当月亮与太阳的平距离为 38°46′并且月亮是在平冲任一边同样距离处时，十分明显会发生这些最大的行差。

第 10 章　如何从给定的均匀行度推求月球的视行度

在处理了这一切课题之后，我现在想用一个图形来表明，月球的那些均匀行度如何能产生等于已经给定的均匀行度的视行度。我从喜帕恰斯的观测中选出一个例子，用它可以看出理论能为经验所证实〔托勒密，《至大论》，V，5〕。

在亚历山大死后第197年埃及历10月17日白昼$9\frac{1}{3}$时[63]，喜帕恰斯于罗德岛用一个星盘观测太阳和月亮，测出它们相距$48\frac{1}{10}°$[64]，月亮是在太阳之后。他想到太阳的位置是在巨蟹宫内$10\frac{9}{10}°$，因此月亮位于狮子宫里29°。当时天蝎宫中29°刚好升起，而对罗德岛来说室女宫内10°正在中天，在该地看北天极的高度为36°〔托勒密，《至大论》，Ⅱ，2〕。从这一情况明显可知，位于黄道上距地平约90°的月球[65]，当时在经度上没有视差，至少可认为视差无法察觉。这次观测是在17日下午，于$3\frac{1}{3}$时[66]＝罗德岛的4均匀小时进行的。因为罗德岛离我们比亚历山大城近$\frac{1}{6}$小时[67]，这在克拉科夫应为$3\frac{1}{6}$均匀小时。自亚历山大逝世共有196年286日[68]加上$3\frac{1}{6}$简单小时，但约为$3\frac{1}{3}$相等小时。这时太阳在其平均行度中到达巨蟹宫内12°3′[69]，但按其视行度为在巨蟹宫中10°40′处。于是显然可知，月亮实际上是在狮子宫内28°37′。按我的计算结果，当时月球在周月运转中的均匀行度为45°5′[70]，而离高拱点的近点角为333°。

在心目中有这一例子，我们以C为心画第一本轮AB。把它的直径ACB延长为直线ABD，直至地球中心。在本轮上取弧段ABE＝333°。连接CE，并在F点把它分开。取EC＝1097，于是EF＝237单位。以E为心，EF为半径，作本轮上的小本轮FG。令月球位于G点，而弧FG＝90°10′＝离开太阳均匀行度的两倍＝45°5′[71]。连接CG、EG及DG。在三角形CEG中，两边已知，即CE＝1097和EG＝EF＝237，而角GEC＝90°10′。于是，按平面三角定理，可知剩余边CG＝1123个相同单位，此外还可求得角ECG＝12°11′。由此还可得出弧EI以及近点角的相加行差，于是整个$ABEI$＝345°11′〔ABE＋EI＝333°＋12°11′〕。剩余的角GCA＝14°49′〔＝360°－345°11′〕＝月球与本轮AB的高拱点之间的真距离，于是角BCG＝165°11′〔＝180°－14°49′〕。在三角形GDC中也有两边已知，即取CD＝10 000时GC＝1123单位，还已知角GCD＝165°11′。从它们也可求得角CDG＝1°29′以及与月球平均行度相加的行差。结果是月球离太阳平均行度的真距离＝46°34′〔＝45°5′＋1°29′〕，此外月球的视位置是在狮子宫内28°37′处，与太阳的真位置相差47°57′[72]，这比喜帕恰斯观测结果少了9′〔＝48°6′－47°57′〕。

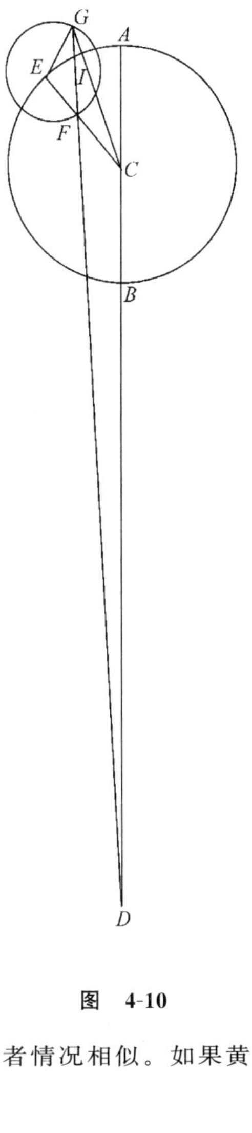

图 4-10

可是，谁也不要由于这个缘故而猜想要不是他的研究就是我的计算有错。虽然有小的差异，然而我将证明无论他还是我都没有犯错误，真实情况就是如此。我们应当记住，月球运转的圆周是倾斜的。接着我们应当承认，它在黄道上，特别是在南、北两个极限以及两个交点的中点附近，产生某种黄经的不等量。这种情况非常像我在谈自然日的非均匀性时〔Ⅲ，26〕所解释过的黄赤交角。托勒密断言月球轨道倾斜于黄道〔《至大论》，V，5〕。如果我们把上述关系赋予月球轨道，就会出现在那些位置上这些关系在黄道上引起7′的经度差，在加倍时＝14′。这可以是增加量或减少量，二者情况相似。如果黄纬的北限或南限是在太阳与月亮的中点上,则它们相距一个象限时,在黄道上所截出的弧段比月球轨道上的一个象限大 14′。与此相反,在另一象限上交点是中点,通过黄道两极的圆圈截出比一个象限少了相同数量的弧段。这就是目前的情况。月球是在南限和它与黄道的升交点(当代人把这个交点称为"天龙之头"[73])之间的中点附近。太阳已经通过另一个交点,即降交点(当代人称之为"天龙之尾"[74])。因此,如果在倾斜圆圈上的 47°57′ 的月球距离对黄道来说至少增加了 7′,此外临没的太阳也引起某种相减的视差,这是不足为奇的。在讲解视差时〔Ⅳ,16〕,将对这些问题作更充分的讨论。喜帕恰斯用仪器测出的日、月两发光体之间 48°6′ 的距离,就现在而言与我的计算结果十分接近,而就过去来说是完全相符的。

第 11 章　月球行差或归一化的表格显示

关于月球行度的计算方法,我相信从下面的例子一般说来可以了解。在三角形 CEG 中,GE 和 CE 两边总是不变的。角 GEC 经常变化,然而是已知的。通过此角可以求得剩余的边 GC 以及角 ECG。ECG 是使近点角归一化的行差。其次,当三角形 CDG 中的两边 DC 与 CG 以及角 DCE 的数值均已定出后,用同样方法可以求得在地心的角 D。此角为均匀行度与真行度之差。

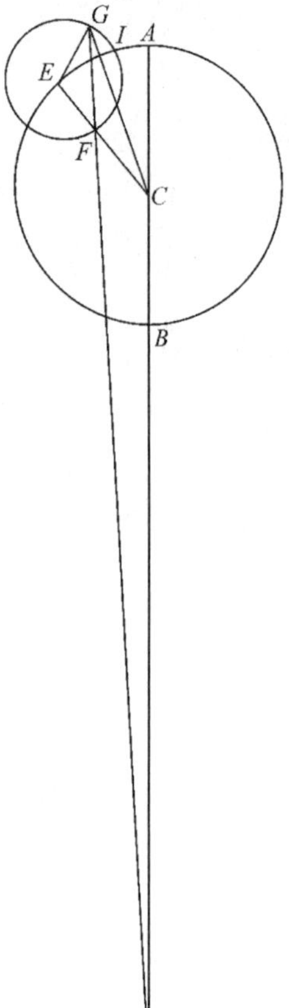

为了使这一资料更便于查找,我在下面编了一个六栏的行度表。前两栏为均轮的公共数,第三栏为由小本轮每月两次自转所产生的行差,它改变了第一近点角的均匀性。然后让下一栏暂时空着,以后再填进数字,我要谈到第五栏。这一栏载有在日和月平合与冲时第一本轮也是较大本轮的行差。这些行差的最大值为 4°56′。倒数第二栏所载为在半月时出现的行差超过第四栏中行差的数值。在这些数值中最大的是 2°44′〔=7°40′−4°56′〕。为了确定其他的超过数值,按下列比值算出了比例分数。取最大的超过数值 2°44′ 为 60′,按此可求得在小本轮与从地心所画直线的切点上出现的任何其他余数。于是在同一例子中〔Ⅳ,10〕,取 CD=10 000,我们曾求得线段 CG=1123 单位。这使在小本轮切点的最大行差成为 6°29′,比第一极大超过 1°33′〔+4°56′=6°29′〕。但是 2°44′∶1°33′=60′∶34′[75]。于是我们得出在小本轮半圆处出现的余数与由给定的 90°10′[76] 弧段所引起的余数之比。因此在表中与 90°相对处我将写下 34′。按此办法可对表中所载同一圆上的每一弧段求得比例分数。这些数字记录在空白的第四栏中。最后,在最末一栏中我加上南、北黄纬度数,这将在后面讨论〔Ⅳ 13—14〕。计算程序的方便和实际使用情况,使我认为应当保留这样的安排。

图　4-11

月球行差表

公共数 °	′	第二本轮行差 °	′	比例分数	第一本轮行差 °	′	增加量 °	′	北纬 °	′
3	357	0	51	0	0	14	0	7	4	59
6	354	1	40	0	0	28	0	14	4	58
9	351	2	28	1	0	43	0	21	4	56
12	348	3	15	1	0	57	0	28	4	53
15	345	4	1	2	1	11	0	35	4	50
18	342	4	47	3	1	24	0	43	4	45
21	339	5	31	3	1	38	0	50	4	40
24	336	6	13	4	1	51	0	56	4	34
27	333	6	54	5	2	5	1	4	4	27
30	330	7	34	5	2	17	1	12	4	20
33	327	8	10	6	2	30	1	18	4	12
36	324	8	44	7	2	42	1	25	4	3
39	321	9	16	8	2	54	1	30	3	53
42	318	9	47	10	3	6	1	37	3	43
45	315	10	14	11	3	17	1	42	3	32
48	312	10	30	12	3	27	1	48	3	20
51	309	11	0	13	3	38	1	52	3	8
54	306	11	21	15	3	47	1	57	2	56
57	303	11	38	16	3	56	2	2	2	44
60	300	11	50	18	4	5	2	6	2	30
63	297	12	2	19	4	13	2	10	2	16
66	294	12	12	21	4	20	2	15	2	2
69	291	12	18	22	4	27	2	18	1	47
72	288	12	23	24	4	33	2	21	1	33
75	285	12	27	25	4	39	2	25	1	18
78	282	12	28	27	4	43	2	28	1	2
81	279	12	26	28	4	47	2	30	0	47
84	276	12	23	30	4	51	2	34	0	31
87	723	12	17	32	4	53	2	37	0	16
90	270	12	12	34	4	55	2	40	0	0

月球行差表

公共数 °	′	第二本轮行差 °	′	比例分数	第一本轮行差 °	′	增加量 °	′	南纬 °	′	
93	267	12	3	35	4	56	2	42	0	16	
96	264	11	53	37	4	56	2	42	0	31	
99	261	11	41	38	4	55	2	43	0	47	
102	258	11	27	39	4	54	2	43	1	2	
105	255	11	10	41	4	51	2	44	1	18	5
108	252	10	52	42	4	48	2	44	1	33	
111	249	10	35	43	4	44	2	43	1	47	
114	246	10	17	45	4	39	2	41	2	2	
117	243	9	57	46	4	34	2	38	2	16	
120	240	9	35	47	4	27	2	35	2	30	10
123	237	9	13	48	4	20	2	31	2	44	
126	234	8	50	49	4	11	2	27	2	56	
129	231	8	25	50	4	2	2	22	3	9	
132	228	7	59	51	3	53	2	18	3	21	
135	225	7	33	52	3	42	2	13	3	32	15
138	222	7	7	53	3	31	2	8	3	43	
141	219	6	38	54	3	19	2	1	3	53	
144	216	6	9	55	3	7	1	53	4	3	
147	213	5	40	56	2	53	1	46	4	12	
150	210	5	11	57	2	40	1	37	4	20	20
153	207	4	42	57	2	25	1	28	4	27	
156	204	4	11	58	2	10	1	20	4	34	
159	201	3	41	58	1	55	1	12	4	40	
162	198	3	10	59	1	39	1	4	4	45	
165	195	2	39	59	1	23	0	53	4	50	25
168	192	2	7	59	1	7	0	43	4	53	
171	189	1	36	60	0	51	0	33	4	56	
174	186	1	4	60	0	34	0	22	4	58	
177	183	0	32	60	0	17	0	11	4	59	
180	180	0	0	60	0	0	0	0	5	0	30

第 12 章　月球行度的计算

由以上的论证,月球行度的计算方法明显可知,兹叙述如下。先把我们对求月球位置所提出的时刻化为均匀时。和对太阳的做法〔Ⅲ,25〕一样,通过均匀时可以推求月球黄经、近点角以及黄纬的平均行度。我紧接在下面将要解释〔Ⅳ,13〕,如果从基督纪元或任何其他历元求出月球的纬度。我们要确定在指定时刻每种行度的位置。于是在表中应查出月亮的均匀距角,即其与太阳距离的两倍。记下第三栏的近似行差和相应的比例分数。如果我们起始所用数字载于第一栏,即小于180°,则应把行差与月球近点角相加。但若该数大于180°,即是在第二栏,应从近点角减去行差。于是求得月球的归一化近点角及其与第一本轮高拱点的真距离。用此数值再次查表,从第五栏得出与之相应的行差以及随之而来的第六栏的余量。这是第二本轮对第一本轮增加的余量。它的比例部分由求得的分数与60弧分之比算出,总是与该行差相加。如果归一化的近点角小于180°或半圆,应把如此求得的和从经纬度的平均行度中减掉;若近点角大于180°,则应与之相加。用这种方法可以求得月球与太阳平位置之间的真距离以及月球纬度的归一化行度。因此,无论从白羊宫第一星通过太阳的简单行度算起,还是从受岁差影响的春分点通过太阳的复合行度算起,月球的真距离都不会有误差。最后,利用表中第七栏即最后一栏所载的黄纬的归一化行度,可以得到月球偏离黄道的黄纬数。当经度[77]行度可在表中第一部分找到,即在它小于90°或大于270°时,这个黄纬为北纬。否则它为南纬。因此,月球会从北面下降至180°,随后又从它的南限上升,直至它经历完轨道上的其余分度。可以认为月亮绕地心的视运动与地心绕太阳的运动,具有同样多的特征。

第 13 章　如何分析和论证月球的黄纬行度

现在我还应当描述月球的纬度行度。因为受到更多的限制,这种行度更难发现。像我以前谈过的〔Ⅳ,4〕,假设有两次月食在一切方面都相似和相等,即是说暗黑区域占有相同的北面或南面位置,月亮在同一个升交点或降交点附近,并且它与地球或与高拱点的距离也相等。如果两次月食如此相符,就可以说月球在其真运动中已经走完了完整的纬度圈。地球的影子是圆锥形的。如果一个直立圆锥被一个与其底面平行的平面切开,则截面为圆形。当与底面的距离较大时,圆周较小;而与底面的距离较小时,圆周较大;于是在相等距离处的圆周相等。因此,在与地球相等距离处,月亮通过阴影的相等圆周,于是在我们看来呈现出相同的月面。结果就是这样,当月亮在同一边与阴影中心相等距离处显现出相等部分时,我们就知道月球纬度相等。由此必然得知,月球已经返回原先的纬度位置,而尤其是在两个位置相符时,月球在前后两个时刻与同一交点的距离相等。月亮或地球的靠近或离开会改变阴影的整个大小。然而这种变化很小,几乎察觉不出来。因此,正如前面对太阳所谈的那样〔Ⅲ,20〕,两次月食之间经历的时间愈长,我们便能更准确地得出月球的黄纬行度。

但是在这些方面都相吻合的两次食是很罕见的(我至今还从未遇见过)。

然而我知道,这还可以用另外一种方法来做到。假设其他条件不变,月亮可以在相反的两边和在相对的交点附近被掩食。这表明,月球在第二次食的位置与第一次正好相对,并且除整圈外它多走了半个圆周。这似乎可以满足本课题的研究。于是我找到了两次几乎刚好有这种关系的月食。

按克劳迪阿斯·托勒密的说法〔《至大论》,Ⅵ,5〕,第一次月食发生在托勒密·费洛米特尔(Ptolemy Philometer)7 年(=亚历山大死后第 150 年)埃及历 7 月 27 日之后和 28日之前夜晚。就亚历山大城夜晚季节时而言,月食从 8 点初开始,至 10 点末结束。这次月食发生在降交点附近,在食分最大时从北面算起掩掉月亮直径的 $\frac{7}{12}$。因为当时太阳是在金牛宫内 6°[78],食甚时刻为在午夜之后 2 季节时[79](按托勒密的资料)=均匀时 2$\frac{1}{3}$点钟。在克拉科夫应为均匀时 1$\frac{1}{3}$点钟。

我在与克拉科夫相同的经度线上,于公元 1509 年 6 月 2 日观测了第二次月食。当时太阳是在双子宫内 21°处。食甚时间为在那天午后均匀时 11$\frac{3}{4}$点钟[80]。月面南部约占直径的 $\frac{8}{12}$被食掉。月食出现在升交点附近。

因为从亚历山大纪元到第一次月食,历时 149 埃及年 206 日,在亚历山大城再加 14$\frac{1}{3}$小时[81]。然而在克拉科夫应为地方时 13$\frac{1}{3}$小时,而均匀时为 13$\frac{1}{6}$小时[82]。按我的计算结果,那时近点角的均匀位置为 163°33′,这与托勒密的结果〔=163°40′〕几乎完全一样。我还得出行差为 1°23′[83],月球的真位置比其均匀位置少这一数量。从同样的已经确定的亚历山大纪元到第二次月食,共有 1832 埃及年 295 日,加上视时间 11 小时 45 分=均匀时间 11 小时 55 分[84]。因此月球的均匀行度为 182°18′[85];近点角位置为 159°55′[86];归一化后为 161°13′;行差(即均匀行度小于视行度的差值)为 1°44′[87]。

在两次月食时,月球显然位于与地球相等距离处,而太阳都是在远地点附近[88],但是掩食区域有一个食分之差[89]。我在后面将说明〔Ⅳ,18〕,月亮的直径①一般约为 $\frac{1}{2}$°。一个食分=直径的 $\frac{1}{12}$=2$\frac{1}{2}$′,这在两个交点附近的月球倾斜圆圈上大约相当于 $\frac{1}{2}$°。月球在第二次食时离开升交点,比在第一次食时离开降交点要远 $\frac{1}{2}$°[90]。于是完全清楚,在扣除整圈外月球的纬度真行度为 179$\frac{1}{2}$°[91]。但是在两次月食之间,月球的近点角使均匀行度增加 21′,两个行差也相差这样多〔1°44′-1°23′〕。因此可得除整圈外月球的黄纬均匀行度为 179°51′〔=179°30′+21′〕。两次月食相隔的时间为 1683 年 88 日,再加视时间 22 小时 25 分[92],均匀时间与此相同。在这段时间中,除完成 22 577 次均匀运转[93]外还有179°51′,这与我刚才提到的数值相符。

第 14 章　月球黄纬近点角的位置

为了也对前面采用的历元确定这个行度的位置,现在我还是选取两次月食。它们的出现既不在同一交点上,也不像上面的例子〔Ⅳ,13〕是在正好相反的区域,而是在北面或

---

①　指月亮的视角直径。

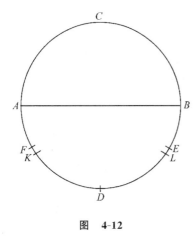

图　4-12

南面的相同区域（我已说过，其他一切条件都满足）。按照托勒密的做法〔《至大论》，Ⅳ，9〕，我们用这样的月食可以达到自己的目的，而没有误差。

我在研究月球的其他行度时也采用过的〔Ⅳ，5〕第一次月食，即是我谈到过的为克洛狄阿斯·托勒密所观测到的月食。它发生于哈德里安 19 年埃及历 4 月 2 日末，在亚历山大城为 3 日前午夜之前均匀时一小时。在克拉科夫应为午夜前 2 小时。食甚时在北面食掉直径的 ⅚ ＝ 10 食分。那时太阳在天秤宫内 25°10′处。月球近点角的位置为 64°38′，它的相减行差为 4°21′。月食发生在降交点附近。

我在罗马也很仔细地观测了第二次月食。它发生于公元 1500 年 11 月 6 日，在这一天开始时的午夜之后两小时。在位于东面 5°[94]的克拉科夫，这是在午夜之后 2⅛ 小时[95]。太阳是在天蝎宫内 23°16′处。和前次一样，北面 10 个食分被掩食。从亚历山大死后共经历了 1824 埃及年 84 日，加上视时间 14 小时 20 分[96]，而均匀时为 14 小时 16 分。月球的平均行度为 174°14′；月球近点角为 294°44′[97]，归一化后为 291°35′。相加行差是 4°28′。

显然可知，在这两次月食时月球与高拱点的距离几乎相等。两次太阳都在其中拱点附近[98]，而阴影的范围等于 10 食分。这些事实表明，月球在南纬[99]，黄纬相等，因而月球与交点的距离相等。在后一次月食时交点为升交点，在前一次为降交点。在两次月食之间共有 1366 埃及年 358 日，外加视时间 4 小时 20 分，但均匀时间为 4 小时 24 分[100]。在这段时期中黄纬的平均行度为 159°55′[101]。

在月球的倾斜圆周中令直径 AB 为与黄道的交线。令 C 为北限，而 D 为南限；A 为降交点，而 B 为升交点。在南面区域截取两个相等弧段 AF 与 BE，第一次食发生在 F 点，而第二次在 E 点。此外，令 FK 为第一次食时的相减行差，而 EL 为第二次食时的相加行差。弧 KL ＝ 159°55′。把它加上 FK ＝ 4°20′ 以及 EL ＝ 4°28′。整个弧 FKLE ＝ 168°43′，而半圆的其余部分 ＝ 11°17′。它的一半 ＝ 5°39′＝ AF ＝ BE，即为月球与交点 A、B 之间的真距离，因此 AFK ＝ 9°59′〔＝ 4°20′＋5°39′〕。于是明显可知 CAFK ＝ 纬度平位置与北限之间的距离 ＝ 99°59′〔＝ 90°＋9°59′〕。从亚历山大逝世至托勒密在这一位置进行这次观测，历时 457 埃及年 91 日，加上视时间 10 小时[102]，但均匀时间为 9 小时 54 分。在这段时期中黄纬平均行度为 50°59′。从 99°59′减去这个数字，余量为 49°。这是在克拉科夫经度线上，按亚历山大纪元的埃及历元旦正午。

于是按时间差，可以对一切其他纪元得出从北限（我把它取作行度的起点）算起的月球黄纬行度的位置。从第一届奥运会到亚历山大之死，共历 451 埃及年和 247 日[103]。为了使时间归一化，须从这段时间减去 7 分钟。在这个时段中黄纬行度 ＝ 136°57′。此外，从第一届奥运会到恺撒纪元共历时 730 埃及年和 12 小时[104]。为使时间归一化，还应加上 10 分钟。在这段时期中，均匀行度 ＝ 206°53′。从那时到基督纪元为 45 年又 12 日。从 49°减去 136°57′，再补上一个圆周的 360°，余数 ＝ 272°3′，这是在第一个奥林匹克会期第一年祭月第一天的正午。又一次给这个数字加上 206°53′，其和〔272°3′＋206°53′＝478°56′－360°〕＝118°56′，这是尤里乌斯纪元元旦前的午夜。最后，加 10°49′，其和＝129°45′，此为基督纪元的位置，也是在元旦前的午夜。

第 15 章 视差仪的研制

取圆周＝360°，则月球的最大黄纬（对应于白道与黄道的交角）＝5°。命运没有赐给我进行这种观测的机会，克洛狄阿斯·托勒密的遭遇也是如此，这是受月球视差的影响。在北极高度为 30°58′的亚历山大港，他注视着即将来临的月亮最接近天顶的时刻，这时月亮是在巨蟹宫的起点并在北限处。他能够预先确定这个时刻〔《至大论》，Ⅴ，12〕。借助于一种专用于测定月球视差的装置（他称之为"视差仪"(105)），他在那个时候求得月亮与天顶的最短距离仅为 2⅛°。纵使这个距离受到任何视差的影响，对如此短的距离来说影响必然非常小。于是从 30°58′减去 2⅛°，余量为 28°50½′。这个数字比最大的黄赤交角（当时为 23°51′20″）超出约 5 个整度。最后，还发现这个月球黄纬与其他特征至今仍相符。

视差仪含有三个标尺。其中两个的长度相等，至少为 4 腕尺[1]，而第三个尺子长一些。长尺与一把短尺用轴钉或栓分别与第三尺各一端相连。钉和栓的孔都打得很好；尺子可在同一平面内移动，而不会在连接处摇晃。从接口中心画一条贯穿整个长尺的直线。在这条直线上尽可能精确地量出与两个接口距离长度相等的线段。把这个线段分为 1000 等份；如果办得到，分为更多等份。用同样单位把标尺其余部分继续等分，直至得到 1414 个单位。这是半径为 1000 单位的圆所内接的正方形的边长。这个标尺的其余部分是多余的，可以截掉。在另一标尺上也从接口中心画一条直线，其长度为 1000 单位，即等于两个接口中心的距离。在这个标尺的一边装上目镜。和一般的屈光镜一样，视线从目镜穿过。视线在穿越目镜时并不偏离沿标尺已经画好的直线，但目镜都与它等距。当这条线向长尺移动时，应使它的端点接触到刻度线。这样的三根标尺形成一个等腰三角形，其底边为分度线。这样便竖起一个支撑和修饰得很好的、牢固的杆子。用铰链把有两个接口的标尺固定在杆子上。仪器可以像一扇门那样绕铰链旋转。但是通过标尺接口中心的直线总是铅垂的，它指向天顶，好像是地平圈的轴线。因此，如果你想求一颗星与天顶的距离，便可在通过标尺目镜的直线上看这颗星。把带有分度线的标尺放在下面，你可以求得视线与地平圈轴线的夹角所对的长度单位数（取圆周直径＝20 000）。从圆周弦表，便可得出所需的恒星与天顶之间大圆的弧长。

第 16 章 如何求得月球的视差

我已说过〔Ⅳ，15〕，托勒密用这个仪器测得月亮的最大纬度＝5°。后来把注意力转向

---

① 腕尺（cubit）为古代的一种长度单位，即由肘至中指端的长度，约为 18—22 英寸。

月球视差的测定,他说〔《至大论》,Ⅴ,13〕他在亚历山大港求得月球视差为 1°7′。当时太阳是在天秤宫内 5°28′处[106],月亮与太阳的平距离＝78°13′,均匀近点角＝262°20′,纬度行度＝354°40′,相加行差＝7°26′,因此月球的位置为在摩羯宫中 3°9′处,归一化的黄纬行度＝2°6′,月球的北纬度＝4°59′,它的赤纬＝23°49′,而亚历山大港的纬度＝30°58′。他说,月球在子午线附近用仪器观测距天顶为 50°55′,即比计算所需数值多出 1°7′[107]。他在了解这一情况后,按古人的偏心本轮月球理论,求得当时月球与地心的距离为 39 单位又 45 分(取地球半径＝1 单位)。然后他论证由圆周比值推导出的结果。举例来说,月亮与地球的最长距离(他们认为这出现在位于本轮远地点的新月和满月)为 64 单位再加 10 分(＝一单位的⅙)。但是月地间的最短距离(出现在两弦,这时半月位于本轮的近地点)仅为 33 单位又 33 分。于是他还求得出现在距天顶 90°处的视差:最小值＝53′34″,而最大值＝1°43′。(从他由此推导出的结果,可以对此有更完整的了解)。

但是现在对于希望考虑这一问题的人来说,情况显然已经完全不同了,而我已经多次发现这一点。然而我还是要叙述两项观测,它们又一次表明我的月球理论比他们的更为精确,因为可以发现我的理论与现象符合较好并且不会引起疑问。

公元 1522 年 9 月 27 日午后 5⅔均匀小时,在佛罗蒙波克大约为日落时,我通过视差仪在子午线上看到月亮中心并测得它与天顶的距离＝82°50′。从基督纪元开始到这个时刻,共有 1522 埃及年 284 日再加视时间 17⅔小时[108],但按均匀时间为 17 小时 24 分钟。由此可以算出太阳的视位置为在天秤宫内 13°29′处。月球与太阳的均匀距离＝87°6′,均匀近点角＝357°39′,真近点角＝358°40′以及相加行差＝7′。因此月球的真位置是在摩羯宫中 12°33′处。从北限算起纬度的平均行度＝197°1′,纬度的真行度＝197°8′〔＝197°1′＋7′〕,月球的南纬度＝4°47′,赤纬＝27°41′,此外我的观测地点的纬度＝54°19′[109]。把这个数值与月球赤纬相加,可得月亮与天顶的真距离＝82°〔＝54°19′＋27°41′〕。因此在视天顶距 82°50′中多余的 50′为视差。按托勒密的学说,这应为 1°17′。

除此而外,我于公元 1524 年 8 月 7 日下午 6 时在同一地点进行了另一次观测。我用同样仪器看见月亮是在离天顶 81°55′处。从基督纪元之初至这个时刻,共历 1524 埃及年 234 日和视时间 18 小时[110]〔按均匀时间也是 18 小时〕。可以算出太阳位置是在狮子宫里 24°14′处,日月之间的平均距离＝97°5′,均匀近点角＝242°10′,改正近点角＝239°40′,这使平均行度大约增加 7°。因此月球的真位置为在人马宫内 9°39′处,黄纬平均行度＝193°19′,黄纬真行度＝200°17′,月球的南黄纬＝4°41′,而它的南赤纬＝26°36′。把这个数值与观测地的纬度(＝54°19′)相加,其和＝月球与地平圈极点的距离＝80°55′〔＝26°36′＋54°19′〕。但实际上是 81°55′。因此多余的 1°属于月球视差。按托勒密和我的前人们的想法,月球视差应为 1°38′,这样才能与他们的理论所要求的计算结果相符。

第 17 章　月地距离的测定以及取地球半径＝1 时月地距离的数值

有了上述情况,月亮与地球距离的大小就明显可知了。没有这个距离,便无法对视差求得确切数值,这是因为该两数量彼此有关。月地距离可以测定如下。

令 AB 为地球的一个大圆,其中心在 C。绕 C 点作另一圆圈 DE,与之相比地球的圆并非太小。令 D 为地平圈的极点。把月球中心取为 E,它与天顶的距离 DE 已知。在Ⅳ,16 的第一项观测中,角 $DAE=82°50'$,由计算求得的 ACE 仅为 $82°$,而它们之差 $AEC=50'$=视差。于是三角形 ACE 的角均已知,因而各边可知。因角 CAE 已知〔$97°10'=180°-82°50'$〕,取三角形 AEC 外接圆的直径=100 000,则边 $CE=99\ 219$ 单位。用这种单位,$AC=1454$

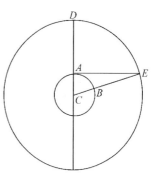

图　4-13

$=\frac{1}{68}CE$。取地球半径 $AC=1$,则 $CE\cong68$ 单位[111]。这是在第一次观测时月球与地球中心的距离。

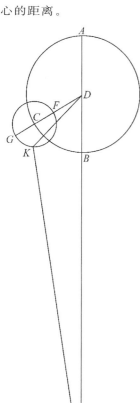

图　4-14

但是在Ⅳ,16 的第二项观测中测得的角 $DAE=81°55'$,算出的角 $ACE=88°55'$,于是得差值即角 $AEC=60'$。因此在取三角形外接圆直径=100 000 时,边 $EC=99\ 027$ 单位,而 $AC=1891$ 单位[112]。于是在取地球半径 $AC=1$ 时,可得月球与地心的距离 $CE=56$ 单位 42 分[113]。

现在令月球的大本轮为 ABC,其中心为 D。取 E 为地心,由它画直线 $EBDA$ 至远地点 A,而近地点在 B。按Ⅳ,16 中哥白尼的第二项观测可算出月球均匀近点角,依此量出弧 $ABC=242°10'$。以 C 为心,作第二本轮 FGK。在它上面取弧 $FGK=194°10'$[114]=月球与太阳距离的两倍〔$=2×97°5'$〕。连接 DK,它使近点角减少 $2°27'$,并使 $KDB=$归一化近点角 $=59°43'$[115]。整个角 $CDB=62°10'$〔$59°43'+2°27'$〕,为超出一个半圆的部分〔因 $ABC=242°10'=62°10'+180°$〕。角 $BEK=7°$。因此在三角形 KDE 中各角均已知,其度数按 $180°=2$ 直角给出。取三角形 KDE 外接圆直径=100 000,则各边长度也可知:$DE=91\ 856$ 单位,而 $EK=86\ 354$ 单位。但以 $DE=100\ 000$ 为单位时,$KE=94\ 010$ 单位[116]。然而前面已经证明,$DF=8600$ 单位,而整条直线 $DFG=13\ 340$ 单位。按在本节上面已经定出的比值,在取地球半径=1 单位时,$EK=56\ ^{42}/_{60}$ 单位[117]。因此用同样单位可得 $DE=60\ ^{18}/_{60}$,$DF=5\ ^{11}/_{60}$,$DFG=8\ ^2/_{60}$,并且如果连接为直线则整个 $EDG=68\frac{1}{3}$ 单位〔$60^p18'+8^p2'$〕=半月的最大高度。从 ED 减去 DG〔$61^p18'-8^p2'$〕,余 $52\ ^{17}/_{60}$[118],这是半月与地球的最小距离。还有整个 EDF,即满月和新月的高度,在极大时=$65\frac{1}{2}$ 单位〔$60^p18'+5°11'\cong65°30'$〕,而在减去 DF 时其极小值=$55\ ^8/_{60}$ 单位[119]〔$60^p18'-5^p11'$〕。在Ⅳ,16 中谈到其他人,尤其由于居住地区的缘故对月球视差并不完

全了解的人,认为满月和新月离地球的最大距离竟达 $64\,^{10}/_{60}$,我们不必对此感到惊异。在靠近地平圈时月球视差显然接近其完整数值,这使我对月球视差了解得比较充分。然而我发现,这种差别所引起的视差变化不超过 $1'$。

第 18 章　月球的直径以及在月球通过处地影的直径

因为月球和地影的视直径也都随月地距离变化,这些问题的讨论也是重要的。诚然,用喜帕恰斯的屈光镜可以正确地测定太阳和月球的直径。然而可以认为,通过一些特殊的、月球与其高、低拱点等距的月食,可以更加精确得多地测出月球的直径。如果在那些时刻太阳处于相似的位置,于是月球两次所穿过的影圈相等(除非被掩食的区域是在不同地方),则上述情况尤为属实。显然可知,把阴影区域以及月球宽度相互对比,其差异表示月球直径在绕地心的圆周上所对的弧段有多大。当这已知时,阴影的半径也可立即求得。这可用一个例子来说明。

假设在发生较早的一次月食的食甚时,有 3 个食分(即月亮直径的 12 分之 3)被掩食掉,此时月球宽度为 $47'54''$;而在第二次月食时,食分为 10,宽度为 $29'37''$。阴影区域之差为 7 个食分〔$=10-3$〕,宽度差为 $18'17''$〔$47'54''-29'37''$〕。作为对比,12 食分相应于月亮直径所张的角 $31'20''$。因此在第一次食的食甚时,月心显然是在阴影区之外四分之一直径处(阴影区为 3 食分),这对应于宽度 $7'50''$〔$=31'20''\div4$〕。如果把这个数值从整个宽度的 $47'54''$ 中减去,余量 $=40'4''$〔$=47'54''-7'50''$〕=阴影区的半径。与此相似,在第二次月食中,阴影区比月球宽度还多出月亮直径的 ⅓〔阴影区为 10 食分 = ½ 加上 ½($=⅓$)〕$=10'27''$〔$\cong31'20''\div3$〕。把这加上 $29'37''$,其和仍为 $40'4''$ = 阴影区的半径。托勒密认为,当太阳与月亮相合或冲时,即在距地球最远时,月亮的直径 $=31⅓'$。他说用喜帕恰斯的屈光镜求得太阳的直径与此相等,但阴影区的直径 $=1°21⅓'$。他认为这两个数值之比 $=13:5=2⅗:1$〔《至大论》,Ⅴ,14〕。

第 19 章　如何同时推求日和月与地球的距离、它们的直径以及在月球通过处地影的直径及其轴线

太阳也显示出一定的视差。因为它很微小,除非日和月与地球的距离、它们的直径以及在月球通过处地影的直径及其轴线都相互有关,否则太阳视差很难察觉。因为这些数量在理论论证中可相互推求。首先,我要描述托勒密关于这些数量的结论以及他推求它们的方法〔《至大论》,Ⅴ,15〕。我将从这一资料中选择出看来是完全正确的部分。

他取太阳的视直径 $=31⅓'$,他固定不变地采用这一数值。他令它等于在远地点的满月和新月的直径。取地球半径 $=1^p$,他说这时月地距离为 $64\,^{10}/_{60}{}^p$。于是他用以下方法推求其他的数量。

令 ABC 为太阳球体上的一个圆圈,太阳中心为 D。令 EFG 为在离太阳最远处的地球上的一个圆,而地球自身的中心在 K。令 AG 和 CE 为与两个圆都相切的直线,令它们延长时相交于 S,此即地影的端点。通过太阳与地球的中心画直线 DKS。还画 AK 及 KC。连接 AC 和 GE,由于距离遥远,它们与直径并无差异。在 DKS 线上,在满月和新月的位置上(按托勒密的见解,取 $EK=1$ 时,在远地点处的月地距离 $=64^{10}\!/_{60}{}^{\text{P}}$),取 $LK=KM$。令 QMR 为在同样条件下在月球通过处地影的直径。令 NLO 为与 DK 垂直的月球直径,并把它延长为 LOP。

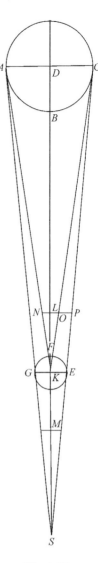

图 4-15

第一个问题为求出 $DK:KE$ 的比值。取 4 直角 $=360°$,则 $NKO=31\frac{1}{3}{}'$,它的一半 $=LKO=15\frac{2}{3}{}'$。L 为直角。因此三角形 LKO 的角均已知,两边的比值 $KL:LO$ 也已知。当 $LK=64°10'$ 或 $KE=1^{\text{P}}$ 时,长度 $LO=17'33''$。因为 $LO:MR=5:13$,用同样单位表示 $MR=45'38''$。LOP 和 MR 与 KE 的距离相等,并与 KE 平行。因此 $LOP+MR=2KE$。从 $2KE〔=2^{\text{P}}〕$ 减去 $MR+LO〔45'38''+17'33''=1^{\text{P}}3'11''〕$,余量为 $OP=56'49''$。按欧氏著作,Ⅵ,2,$EC:PC=KC:OC=KD:LD=KE:OP=60':56'49''$。与此相似,当整个 $DLK=1^{\text{P}}$ 时,可知 $LD=56'49''^{(120)}$。因此余量 $KL=3'11''〔=1^{\text{P}}-56''49'〕$。但取 $KL=64^{\text{P}}10'$ 和 $FK=1^{\text{P}}$ 的单位,则整个 $KD=1210^{\text{P}(121)}$。已经证明用这样的单位,$MR=45'38''$。由此可以求得比值 $KE:MR〔60':45'38''〕$ 和 $KMS:MS$。还可得出在整个 KMS 中,$KM=14'22''〔=60'-45'38''〕$。另一种作法是,以 $KM=64^{\text{P}}10'$ 为单位,整个 $KMS=268^{\text{P}(122)}=$ 地影轴线长度。以上所述为托勒密的做法。

但是在托勒密之后,其他天文学家发现上述结论与现象符合得不够好,并且对这些课题还另有发现。然而他们承认满月和新月与地球的最大距离 $=64^{\text{P}}10'$,而太阳在远地点的视直径 $=31\frac{1}{3}{}'$。他们也同意托勒密所说,在月球通过处地影直径与月球直径之比为 13:5。可是他们否认在该处月亮的视直径大于 $29\frac{1}{2}{}'$。因此他们取地影直径约为 $1°16\frac{3}{4}{}'^{(123)}$。于是他们认为,由此可知在远地点处的日地距离 $=1146^{\text{P}}$,而地影轴长 $=254^{\text{P}}$(地球半径 $=1^{\text{P}}$)。他们认定这些数值来自拉喀城的科学家阿耳·巴塔尼[(124)],然而这些数值无论如何也不能协调一致。

为了调节和改正它们,我取在远地点处的太阳视直径 $=31'40''^{(125)}$,这是因为它现在比托勒密之前应当大一些;在高拱点的满月或新月的视直径 $=30'$;在月球通过处的地影直径 $=80\frac{3}{5}{}'$(现在了解到这两个数字的比值略大于 5:13,可取为 150:403〔$\cong5:13\frac{2}{5}$〕);除非月地距离小于 62 个地球半径,否则在远地点处的太阳不能整个被月亮掩住;此外在与太阳相合或冲时月亮离地球的最大距离 $=65\frac{1}{2}$ 地球半径〔Ⅳ,17〕。在采用这些数值时,看来它们不仅相互之间以及与其他现象刚好协调一致,还与观测到的日月食相符。于是,按以上的论证,可知在取地球半径 $KE=1$ 单位时,以该单位的分数表示有 $LO=$

$17'8''$，$MR=46'1''$〔$\cong 17'8'' \times 2.7$〕，因此 $OP=56'51''$〔$=2^p-(17'8''+46'1'')$〕；若取 $LK=$
$65\frac{1}{2}^p$，则整个 $DLK=$太阳在远地点时与地球的距离$=1179^p$，此外 $KMS=$地影的轴长
$=265^p$。

第20章　日、月、地三个天体的大小及其比较[126]

因此也显然可知 $KL=\frac{KD}{18}$[127] 和 $LO=\frac{DC}{18}$。但取 $KE=1^p$ 时，$18\times LO\cong 5^p27'$[128]。
另外有一种作法，因 $SK:KE=265:1$，便可得出整个 $SKD:DC=1444$[129]$:5^p27'$，这
是由于有关各边的比值相等[130]。此即为太阳与地球的直径之比。球体体积之比等于其
直径的立方之比。于是$(5^p27')^3=161\frac{7}{8}$[131]，这是太阳大于地球的倍数。

此外，取 $KE=1^p$ 时，月球半径$=17'9''$[132]。因此地球直径与月球直径之比为$7:2=3$
$\frac{1}{2}:1$〔这是 3.498：1 的近似值〕。求出这个比值的三次方，便可知地球为月球的 $42\frac{7}{8}$
倍，因而太阳是月球的 6937 倍[133]。

第21章　太阳的视直径和视差

同样的物体在离我们较远时比较近时看起来小一些[134]。因此日、月和地影都随与
地球的不同距离而变，这和视差变化的情况一样。根据上面得出的结果，对任何距离
都容易测定这一切变化。首先，对太阳来说，这是很清楚的。我已经阐明〔Ⅲ，21〕，若
取周年运转轨道的半径$=10\ 000^p$，则地球与太阳的最长距离$=10\ 322^p$[135]。在周年运
转轨道直径的另一部分，在地球最接近太阳时距离$=9678^p$〔$=10\ 000-322$〕。因此，若
取高拱点$=1179$ 地球半径〔Ⅲ，19〕，则低拱点$=1105$，而平拱点$=1142$[136]。用 1179
除 1 000 000，则可知在直角三角形中 848^p[137] 所对的最小角$=2'55''$，这是出现在地平
附近的最大视差。与此相似，用 $1105(=$最短距离$)$除 1 000 000，即得 905^p[138]，所张角
为 $3'7''=$在低拱点的最大视差。但是已经说明〔Ⅳ，20〕，太阳直径$=5\ \frac{27}{60}$地球直径，并
且在高拱点所张角$=31'48''$[139]。须知 $1179:5\ \frac{27}{60}=2\ 000\ 000:9245=$轨道直径：
$31'48''$所对边长。因此在最短距离$(=1105$ 地球半径$)$处，太阳的视直径$=33'54''$。于
是这些数值之差〔$33'54''-31'48''$〕为 $2'6''$，但是视差之差仅为 $12''$〔$3'7''-2'55''$〕。由于
这两个差值都很小，托勒密〔《至大论》，Ⅴ，17〕认为它们可以忽略不计，他的理由是感
官很难察觉 $1'$ 或 $2'$，而对弧秒来说就更难察觉了。因此，如果我们到处都取太阳的最
大视差$=3'$[140]，我们似乎不会出任何差错。但是我将从太阳的平均距离或者（像某些
天文学家[141] 所作的那样）从太阳的小时视行度，来求太阳的平均视直径。他们认为太
阳的小时视行度与其直径之比等于$5:66=1:13\frac{1}{5}$[142]。小时视行度与太阳的距离几
乎成正比。

第 22 章　月球的可变视直径及其视差

作为最近的天体，月球的视直径和视差都会有较大变化，这是显而易见的。当月亮为新月和满月时，它离地球的最大距离＝65½地球半径，而根据前面的论证〔Ⅳ，17〕，最小距离＝55 $\frac{8}{60}$。对半月而言，最大距离＝68 $\frac{21}{60}$(143)，而最小距离＝52 $\frac{17}{60}$ 地球半径。因此，用在四个极限处的月地距离来除地球的半径，便可得到在出没时月球的视差；在月球最远时，对半月为 50'18"，而对满月和新月为 52'24"；在月球最近时，对满月和新月为62'21"，而对半月为 65'45"。

有了这些视差，月亮的视直径也明显可知。前面已经阐明〔Ⅳ，20〕，地球直径∶月球直径的比值＝7∶2。于是可得，地球半径∶月球直径＝7∶4，并且这也是视差与月亮视直径之比。这是因为在同一次月亮经天时，求出较大视差角的直线与求出视直径的直线毫无差别。角度与它们所对的弦几乎成正比，它们之间没有任何可以察觉的差异。从这个简明的结论显然可知，在上述视差第一极限处，月亮的视直径＝28 ¾'；在第二极限处约为30'；在第三极限处为 35'38"；而在最后极限处是37'34"。按照托勒密和其他人的理论，最后一个数值应当几乎为 1°，并且这时一半表面发光的月亮投射到地球上的光应该和满月一样多(144)。

第 23 章　地影变化可达什么程度

我在前面还说过〔Ⅳ，19〕，地影直径与月球直径的比值＝430∶150。因此，当太阳在远地点时，对满月和新月来说，最小的地影直径＝80'36"，最大值＝95'44"，于是最大差值＝15'8"〔＝95'44"－80'36"〕。甚至当月球通过相同位置时，不同的日地距离也会使地影有以下的变化。

和前面的图形一样，再次画通过太阳中心和地球中心的直线 DKS，以及切线 CES。连接 DC 与 KE。已经阐明，当距离 DK＝1179地球半径和 KM＝62 地球半径时，MR＝地影半径＝地球半径 KE 的46 $\frac{1}{60}$'，[①] 由连接 K 和 R 所成的角 MKR＝地影视角半径＝42'32"，而KMS＝地影轴长＝265 地球半径。

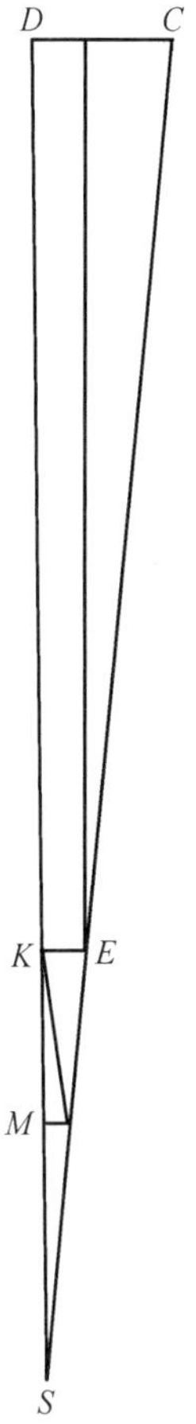

但是当地球最接近太阳时，DK＝1105 地球半径，可按以下方法计算在相同的月球通过处的地影。画 EZ 平行于 DK。CZ∶ZE＝EK∶KS(145)。但 CZ＝4 $\frac{27}{60}$ 地球半径，还有 ZE＝1105 地球半径。因为 KZ是平行四边形，ZE 与余量 DZ〔＝CD－CZ＝5 $\frac{27}{60}$－4 $\frac{27}{60}$＝1〕各等于DK 与 KE〔＝1〕。于是 KS＝248 $\frac{19}{60}$ 地球半径。但 KM＝62 地球半

图中标注 D、C、K、E、M、S

图 4-16

---

① 取 KE＝60'，则 MR＝46°60'。

径,因此余量 $MS=186\frac{19}{60}$ 地球半径〔$=248^{p}19'-62^{p}$〕。但因 $SM:MR=SK:KE$,所以 $MR=$ 地球半径的 $45\frac{1}{60}'^{(146)}$,并且 $MKR=$ 地球视角半径$=41'35''$。

由于这个缘故,便出现下列情况。取 $360°=4$ 直角和 $KE=1^{p}$ 时,在相同的月球通过处,由太阳和地球的接近或离去所引起的地影直径的变化顶多为 $\frac{1}{60}'$,这看起来为 $57''^{(147)}$。进而言之,在第一种情况下〔$46'1''$〕地影直径与月球直径之比大于 $13:5$;而在第二种情况下〔$45'1''$〕却小于 $13:5$。可以认为 $13:5$ 是平均值。因此,如果为了减少工作量和遵循古人的见解,到处都采用同一数量,我们就要犯不可忽略的差错。

第24章　在地平经圈上日月各视差值的表格显示

现在在确定太阳和月亮的每个单独的视差时也没有疑问了。重画地球圆周上的弧段 AB,它通过地平圈的极点,地球中心为 C。令 DE 为在同一平面内的白道,FG 为太阳轨道,CDF 为通过地平圈极点的直线,而令太阳与月亮的真位置在直线 CEG 上。画 AG 和 AE 为指向这些位置的视线。

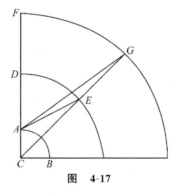

图　4-17

于是太阳视差由角 AGC 表示,而月亮视差由角 AEC 表示。进而言之,太阳和月亮视差之差可由角 GAE 量出,而 $GAE=AGC$ 与 AEC 两角之差。现在取 ACG 为可以与那些角对比的角度,并令 ACG 例如为 $30°$。根据平面三角定理,当我们在 $AC=1^{p}$ 时取直线 $CG=1142^{p}$,则显然可得角 $AGC=$ 太阳真高度与视高度之差$=1\frac{1}{2}'$。但是当角 $ACG=60°$ 时,$AGC=2'36''$。与此相似,对角 ACG 的其他数值,太阳视差也明显可知。

但是对月亮来说,可用它的四个极限。取 $360°=4$ 直角,可令角 DCE 或弧 $DE=30°$;当月地距离为极大时,取 $CA=1^{p}$,则我已说过〔IV,22〕$CE=68^{p}21'$。于是在三角形 ACE 中,AC 与 CE 两边以及角 ACE 均已知。因此可以求得 $AEC=$ 视差角$=25'28''$。当 $CE=65\frac{1}{2}^{p}$ 时,角 $AEC=26'36''$。与此相似,在第三极限处,$CE=55^{p}8'$,此时视差角 $AEC=31'42''$。最后,在月球距地球最近处,即当 $CE=52^{p}17'$ 时,角 $AEC=33'27''$,进一步说,当弧 $DE=60°$ 时,按同样次序可得视差为:第一,$43'55''$;第二,$45'51''$;第三,$54\frac{1}{2}'$ 和第四,$57\frac{1}{2}'$。

我将按下列表中的次序写下所有这些数值。为了更便于使用,和其他表相似,我把它扩充成一组 30 行,但间距为 6°。这些度数可以理解为从天顶算起的度数(极大值为 90°)的两倍。我把表安排成 9 栏。第一栏和第二栏所载为圆周的公共数。我把太阳视差安置在第三栏。在这之后是月球视差〔第四至九栏〕。第四栏显示最小视差(当半月在远地点时出现)小于下一栏中的视差(在满月和新月时出现)的差值。由位于近地点的满月和新月所产生的视差见第六栏。接着在第七栏中出现的分数,为最靠近我们的半月的视差超过它们附近视差的差值。剩下最末两栏所载为比例分数,在计算四个极限之间的视差时可用这些比例分数。我还将解释这些分数,首先是在远地点附近的分数,然后是落到前两个极限〔月亮分别位于两弦和朔望的远地点〕之间的分数。解释见下。

我令圆周 AB 为月球的第一本轮,中心为 C。取 D 为地球中心,画直线 $DBCA$。以远地点 A 为心,描出第二本轮 EFG。截取弧段 $EG=60°$。连接 AG 与 CG。前面已经阐明〔Ⅳ,17〕,直线 CE = 5 $\frac{11}{60}$ 地球半径。此外,$DC=60$ $\frac{18}{60}$ 地球半径,$EF=2$ $\frac{51}{60}$ 地球半径[148]。因此在三角形 ACG 中,边 $GA=1^p25'$,边 $AC=6^p36'$[149],还有这两边所夹的角 CAG 也已知。于是按平面三角定理,以同样单位表示,第三边 $CG=6^p7'$。由此可知,如果换成直线则整个 DCG,或与之相当的 DCL = $66^p25'$〔=$60^p18'+6^p7'$〕,但是 $DCE=65$ $\frac{1}{2}^p$〔=$60^p18'+5^p11'$〕。于是余量〔$DCL-DCE$〕=$EL \cong 55\frac{1}{2}'$〔$\cong 66^p25'-65^p30'$〕。

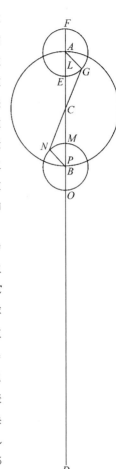

图 4-18

通过这个已知的比率,当 $DCE=60^p$ 时,用同样单位可得 $EF=2^p37'$ 和 $EL \cong 18'$[150]。我把这个数值放在表中第 8 栏内[151],与第一栏的 60° 相对应。

对于近地点 B,我将作类似的论证。以它为心,取角 $MBN=60°$[152],重画第二本轮 MNO。如上面一样,三角形 BCN 的各边与角均可知。取地球半径=1^p 时,用同样方法可得多余线段 $MP \cong 55\frac{1}{2}'$。取相同单位,$DBM=55^p8'$。然而,如果 $DBM=60°$,则用这样的单位可得 $MBO=3^p7'$,而多余线段 $MP=55'$。但是 $3^p7':55'=60:18$[153]。我们得到与前面对远地点相同的结果。两次所得多余线段相差只有几秒。对其他情况我也采取这样的算法,得出的结果填入表中第八栏。但如果不用这些数值,而用行差表〔在Ⅳ,11 末〕中比例分数栏所列数值,也不会有任何差错,这是因为两套数值几乎一样,并且都是很小的量。

剩下要考虑的是中间极限,即第二极限与第三极限之间的

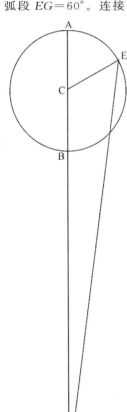

图 4-19

比例分数。现在令满月和新月扫描出第一本轮 AB，其中心为 C。取 D 为地球中心，并画直线 $DBCA$。从远地点 A 开始截取一段弧，例如 $AE=60°$。连接 DE 与 CE。于是有三角形 DCE，其两边已知：$CD=60°19'$[(154)]，$CE=5°11'$。还已知内角 $DCE=180°-ACE$。根据三角定理，$DE=63°4'$。但是整个 $DBA=65\frac{1}{2}$，比 ED 超出 $2°27'$〔$\cong65°30'-63°4'$〕。但〔$2\times CE=$〕$AB=10°22'$，与 $2°27'$ 之比 $=60:14$[(155)]。这可列入表中第 9 栏，与 $60°$ 相对应。以此为例，我已完成剩下的问题并作成了下面的表。我还加上另一个表，即日、月和地影半径表，以便尽可能地使用这些资料。

	日月视差表									
	公共数	太阳视差		为求得在第一极限的视差,应从在第二极限的月球视差减去的差值		在第二极限的月球视差		在第三极限的月球视差		为求得在第四极限的视差应给在第三极限的月球视差加上的差值		比例分数	
												小本轮	大本轮
	6	354	0	10	0	7	2	46	3	18	0	12	0	0
	12	348	0	19	0	14	5	33	6	36	0	23	1	0
	18	342	0	29	0	21	8	19	9	53	0	34	3	1
	24	336	0	38	0	28	11	4	13	10	0	45	4	2
5	30	330	0	47	0	35	13	49	16	26	0	56	5	3
	36	324	0	56	0	42	16	32	19	40	1	6	7	5
	42	318	1	5	0	48	19	5	22	47	1	16	10	7
	48	312	1	13	0	55	21	39	25	47	1	26	12	9
	54	306	1	22	1	1	24	9	28	49	1	35	15	12
10	60	300	1	31	1	8	26	36	31	42	1	45	18	14
	66	294	1	39	1	14	28	57	34	31	1	54	21	17
	72	288	1	46	1	19	31	14	37	14	2	3	24	20
	78	282	1	53	1	24	33	25	39	50	2	11	27	23
	84	276	2	0	1	29	35	31	42	19	2	19	30	26
15	90	270	2	7	1	34	37	31	44	40	2	26	34	29
	96	264	2	13	1	39	39	24	46	54	2	33	37	32
	102	258	2	20	1	44	41	10	49	0	2	40	39	35
	108	252	2	26	1	48	42	50	50	59	2	46	42	38
	114	246	2	31	1	52	44	24	52	49	2	53	45	41
20	120	240	2	36	1	56	45	51	54	30	3	0	47	44
	126	234	2	40	2	0	47	8	56	2	3	6	49	47
	132	228	2	44	2	2	48	15	57	23	3	11	51	49
	138	222	2	49	2	3	49	15	58	36	3	14	53	52
	144	216	2	52	2	4	50	10	59	39	3	17	55	54
25	150	210	2	54	2	4	50	55	60	31	3	20	57	56
	156	204	2	56	2	5	51	29	61	12	3	22	58	57
	162	198	2	58	2	5	51	56	61	47	3	23	59	58
	168	192	2	59	2	6	52	13	62	9	3	23	59	59
	174	186	3	0	2	6	52	22	62	19	3	24	60	60
30	180	180	3	0	2	6	52	24	62	21	3	24	60	60

日、月和地影半径表

公共数		太阳半径		月球半径		地影半径		地影的变化	
°	°	′	″	′	″	′	″	分　数	
6	354	15	50	15	0	40	18	0	
12	348	15	50	15	1	40	21	0	
18	342	15	51	15	3	40	26	1	
24	336	15	52	15	6	40	34	2	
30	330	15	53	15	9	40	42	3	5
36	324	15	55	15	14	40	56	4	
42	318	15	57	15	19	41	10	6	
48	312	16	0	15	25	41	26	9	
54	306	16	3	15	32	41	44	11	
60	300	16	6	15	39	42	2	14	10
66	294	16	9	15	47	42	24	16	
72	288	16	12	15	56	42	40	19	
78	282	16	15	16	5	43	13	22	
84	276	16	19	16	13	43	34	25	
90	270	16	22	16	22	43	58	27	15
96	264	16	26	16	30	44	20	31	
102	258	16	29	16	39	44	44	33	
108	252	16	32	16	47	45	6	36	
114	246	16	36	16	55	45	20	39	
120	240	16	39	17	4	45	52	42	20
126	234	16	42	17	12	46	13	45	
132	228	16	45	17	19	46	32	47	
138	222	16	48	17	26	46	51	49	
144	216	16	50	17	32	47	7	51	
150	210	16	53	17	38	47	23	53	25
156	204	16	54	17	41	47	31	54	
162	198	16	55	17	44	47	39	55	
168	192	16	56	17	46	47	44	56	
174	186	16	57	17	48	47	49	56	
180	180	16	57	17	49	47	52	57	30

第 25 章　太阳和月球视差的计算

我还要简略解释用表计算日月视差的方法。对太阳的天顶距或月亮的两倍天顶距，由表查出相应的视差。对太阳只查一个数值，而对月亮需按其四个极限分别得出视差。此外，对月亮离太阳的行度或距离的两倍，从比例分数的第一栏即表中第八栏查出比例分数。用这些比例分数对第一和最后共两个极限求出多余量（以 60 的比例部分表示）。从系列中的下一个视差〔即在第二极限的视差〕减去第一个 60 的比例部分，并把第二个与倒数第二个极限的视差相加。用这种算法可以求得归化到远地点或近地点的一对月球视差，小本轮使它们增大或减少。然后由月球近点角可从最后一栏查出比例分数。接着用这些比例分数可以对刚才求出的视差之差值求得比例部分。把这个 60 的比例部分与第一个归化视差（即在远地点的视差）相加。所得结果为对指定地点和时间所求的月球视差。下面是一个例子。

令月亮的天顶距＝54°，月亮的平均行度＝15°，而它的近点角归一化行度＝100°。我希望用表求得月球视差。使月亮天顶距度数加倍，成为 108°。在表中与 108°相应的，在第二极限超过第一极限的多余量为 1′48″，在第二极限的视差＝42′50″，在第三极限的视差＝50′59″，第四极限的视差超过第三极限的部分＝2′46″。我逐一记下这些数值。在加倍后月亮的行度＝30°。对这一数值我从比例分数的第一栏查得 5′。我把这个 5′取作在第二极限比第一极限多余量的 60 的比例部分＝9″〔1′48″×⁵⁄₆₀＝9″〕。从第二极限处的视差 42′50″减去 9″。余量为 42′41″。与此相似，对第二个多余量＝2′46″，比例部分＝14″〔2′46″×½＝14″〕。把这14″与在第三极限[156]的视差（＝50′59″）相加，其和＝51′13″。这些视差的差值＝8′32″〔＝51′13″−42′41″〕。然后，按归一化近点角的度数〔100〕，由最后一栏可得比例分数＝34[157]。用这个数值我求得 8′32″的差值的比例部分＝4′50″〔＝8′32″×³⁴⁄₆₀〕。把这个 4′50″与第一改正视差〔42′41″〕相加，其和为 47′31″。此即所求在地平经圈上的月球视差。

然而任何月球视差与满月和新月的视差都相差很少，因此如果我们到处都取中间极限间的数值可认为足够精确了。这些视差对日月食预报特别需要。对其余的不值得作广泛的研究。也许可以认为进行这样的研究不是为了实用，而是猎奇。

第 26 章　如何分离黄经和黄纬视差

把视差分离为黄经和黄纬视差是容易的。日月之间的距离可用相互交叉的黄道和地平经圈上的弧段与角度来度量。当地平经圈与黄道正交时，它显然不会产生黄经视差。与此相反，因为纬度圈与地平经圈是一致的；整个视差都在纬度上面。但在另一方面，当黄道与地平圈正交并与地平经圈相合时，如果这时月球黄纬为零，它只是在经度上有视差。但如果它的黄纬不为零，它在经度上也有一定的视差。令 *ABC* 为与地平圈正交的黄道。令 *A* 为地平圈的极。于是 *ABC* 与月球的地平经圈相符，而月球黄纬为零。

如果月球的位置为 B，它的整个视差 BC 都是在经度方向上。

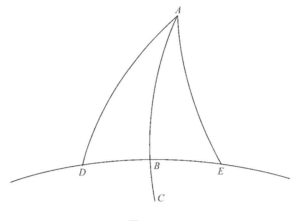

图　4-20

但是假设月球纬度也不为零。通过黄道两极画圆 DBE，并取 DB 或 $BE=$ 月球的纬度。显然，无论 AD 边还是 AE 边都不等于 AB。因为 DA 与 AE 两圆都不通过 DBE 的极点，D 和 E 都不是直角。视差和纬度也有一定的关系；月亮愈接近天顶，这种关系愈显著。在三角形 ADE 的底边 DE 固定不变时，则 AD 与 AE 两边愈短，它们与底边所成的角愈锐。月亮离开天顶移动愈远，这两个角就愈接近直角。

现在令月球的地平经圈 DBE 与黄道 ABC 斜交。令月球的黄纬为零；当它位于与黄道的交点 B 时，情况便如此。令 BE 为在地平经圈上的视差。在通过 ABC 的两极的圆上画弧 EF。于是在三角形 BEF 中，角 EBF 已知（前面已证明），F 为直角，而边 BE 也已知。根据球面三角定理，其余两边 BF 和 FE 均可知。与视差 BE 相对应，纬度为 FE，而经度为 BF。然而由于它们都很小，BE、EF 和 FB 与直线相差很少，无法察觉。因此如果把这个直角三角形当作直线三角形，计算会由此而变得容易，而我们也不会出差错。

图　4-21

当月球黄纬不为零时，计算较为困难。重画黄道 ABC，它与通过地平圈两极的圆 DB 斜交。令 B 为月球在经度上的位置。令它的纬度在北面为 BF，在南面为 BE。从天顶向月球作地平经圈 DEK 与 DFC，视差 EK 和 FG 在它们上面。月亮的经度和纬度真位置为 E 与 F 两点。但是看起来它是在 K 和 G。从这两点画垂直于黄道 ABC 的弧 KM 及 LG[158]。月球的黄经、黄纬以及所在区域的纬度均已知。因此在三角形 DEB 中，DB 和 BE 两边以及黄道与地平经圈的交角 ABD 均可知。把 ABD 与直角 ABE 相加，可得整个角 DBE。于是剩下的边 DE 以及角 DEB 都可求得。

与此相似，在三角形 DBF 中 DB 与 BF 两边以及从直角〔ABF〕减去角 ABD 所剩下的角 DBF 均已知。于是 DF 和角 DFB 都可知。因此由表可以得出 DE 与 DF 两段弧上的视差 EK 和 FG。还可求得月亮的真天顶距 DE 或 DF 以及视天顶距 DEK 或 DFG。

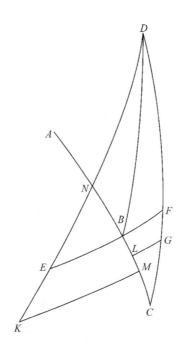

图 4-22

但是 *DE* 与黄道相交于 *N* 点。在三角形 *EBN* 中，*NBE* 为直角，角 *NEB* 已知，于是底边 *BE* 可知。剩下的角 *BNE* 以及剩下的 *BN* 与 *NE* 两边均可求得。与此相似，在整个三角形 *NKM* 中从已知角 *M* 与 *N* 以及整个 *KEN* 边，可得出底边 *KM*。这是月球的视南纬。它超过 *EB* 的量为黄纬视差。剩下的边 *NBM* 可知。从 *NBM* 减去 *NB*，余量 *BM* 为黄经视差。

与此相似，在北面的三角形 *BFC* 中，*B* 为直角，而边 *BF* 与角 *BFC* 已知。因此剩下的两边 *BLC* 与 *FGC* 以及剩下的角 *C* 均可知。从 *FGC* 减掉 *FG* 所余 *GC*，为三角形 *GLC* 的已知边。在此三角形中 *CLG* 为直角，并且角 *LCG* 已知。于是剩下的两边 *GL* 与 *LC* 可知。从 *BC* 减去 *LC* 的余量也可求得，这是黄经视差 *BL*。还有视黄纬 *GL* 亦可知，其视差为真黄纬 *BF* 超出 *GL* 的量。

然而（你可以了解到）这种对很小数量进行的计算，耗费大量劳力而收效甚微。用角 *ABD* 代替 *DCB*、*DBF* 代替 *DEB*，并（像前面那样）忽略月球黄纬而总是用平均弧 *DB* 取代弧 *DE* 与 *EF*，这样已足够精确。尤其在地球的北半球地区，这样做不会有任何明显的误差。在另一方面，在最南地区，当月球黄纬为最大值 5°于是 *B* 位于天顶，并当月亮距地球最近时，差值约为 6′。但是在食时，月球与太阳相合，其黄纬不超过 1½°，差值仅为 1¾′。因此由这些论证显然可知，在黄道的东象限，黄经视差应与月球真位置相加；而在另一象限，应从月球真位置减去黄经视差，这样才能得到月亮的视黄经。通过黄纬视差可以得出月亮的视黄纬。如果它们是在黄道的同一侧，则使之相加。但要是它们位于黄道的相反两侧，则从较大量减去较小量，而余量为在与较大量同一侧的视黄纬。

第 27 章　关于月球视差论述的证实

上面〔Ⅳ，22，24—26〕讲述的月球视差，与观测事实相符。对此我可以根据许多其他的观测〔例如我于公元 1497 年 3 月 9 日日没后在波伦亚（Bologna）①所作的一次观测〕来断言。我观看月掩毕星团中的亮星毕宿五[(159)]。② 在等待之后，我看见这颗星与月轮的暗边接触。在夜晚第五小时〔＝午后 11 点钟〕末尾星光在月亮两角之间消失。它离南面的角近了月亮宽度或直径有⅓左右。可以算出它是在双子宫内 2°52′和南纬 5⅙°处。因此显然可知，月亮中心看起来是在恒星西面半个月亮直径处。由此可知，它的视位置为黄经 2°36′〔在双子宫内＝2°52′－½（32′）〕和黄纬 5°6′左右[(160)]。因为从基督纪元开始时算起，共经历 1497 埃及年 76 日，在波伦亚再加上 23 小时[(161)]。然而在更偏东几乎 9°的克拉科夫[(162)]，因为太阳是在双鱼宫中 28½°处。附加的时间应为 23 小时 36 分[(163)]，对均匀时再加 4 分。于是月亮离太阳的均匀距离为 74°，月球的归一化近点角为 111°10′，真位置为在双子宫内 3°24′，黄纬为南纬 4°35′，而黄纬真行度为 203°41′。还应谈到，在波伦亚那时天蝎宫内 26°正以 59⅙°的角度升起，月亮距天顶 84°，地平经圈与黄道的交角约为 29°，月球的黄经视差为 51′[(164)]，而黄纬视差是 30′。这些数值与观测完全相符，这使任何人都不必怀疑我的假设以及根据它们所作论断的正确性。

第 28 章　日月的平合与平冲

由上面对日月运行的论述，可以建立研究它们的合与冲的方法。对任何一个我们认为冲或合即将发生的时刻，需要查出月球的均匀行度。如果我们发现行度正好是一个整圈，就有一次合；如果为半圈，月亮在冲时为满月。但因很少有这样的精度，应当检验两个天体之间的距离。用月亮的逐日行度来除这个距离，就可按行度是有余还是不足，而分别求得自上次朔望以来或到下次朔望之间的时间。然后对这个时间查出行度与位置，用它们可以算出真的新月和满月，并按下述方法〔Ⅳ，30〕可以把有食发生的合与其他的合区分开。一旦确定了这些月相，便可把它们外推到任何其他月份，并用一个十二月份表对若干年连续进行。这个表载有分部时刻、日月近点角的均匀行度以及月球黄纬的均匀行度。它们的每一个数值都与前面求得的个别均匀值有联系。但是对于太阳近点角，为了立即求得其数值，我将以其归一化形式作适当的记录。由于它的起点（即其高拱点）移动缓慢，在一年甚至几年内都察觉不出它的不均匀性。

---

① 意大利一城市名。

② 即金牛座 α 星。

月份	分部时间				月球近点角行度				月球黄纬行度			
	日	日-分	日-秒	六十分之日秒	60°	°	′	″	60°	°	′	″
1	29	31	50	9	0	25	49	0	0	30	40	14
2	59	3	40	18	0	51	38	0	1	1	20	28
3	88	35	30	27	1	17	27	1	1	32	0	42
4	118	7	20	36	1	43	16	1	2	2	40	56
5	147	39	10	45	2	9	5	2	2	33	21	10
6	177	11	0	54	2	34	54	2	3	4	1	24
7	206	42	51	3	3	0	43	2	3	34	41	38
8	236	14	41	12	3	26	32	3	4	5	21	52
9	265	46	31	21	3	52	21	3	4	36	2	6
10	295	18	21	30	4	18	10	3	5	6	42	20
11	324	50	11	39	4	43	59	4	5	37	22	34
12	354	22	1	48	5	9	48	4	0	8	2	48

满月与新月之间的半个月												
	14	45	55	4 $\frac{1}{2}$	3	12	54	30	3	15	20	7

太阳近点角行度

月份	60°	°	′	″		月份	60°	°	′	″
1	0	29	6	18		7	3	23	44	7
2	0	58	12	36		8	3	52	50	25
3	1	27	18	54		9	4	21	56	43
4	1	56	25	12		10	4	51	3	1
5	2	25	31	31		11	5	20	9	20
6	2	54	37	49		12	5	49	15	38

半个月				
	$\frac{1}{2}$	0	14	33	9

第29章 日月真合与真冲的研究

在按上述方法求得这些天体的平均合或冲的时刻以及它们的行度之后,为了找出它们的真朔望点,还需知道它们彼此在东面或西面的真距离。如果在一次平均合或冲时月亮是在太阳的西面,则显然会出现一次真朔望。如果太阳在月亮的西面,则所求的真朔望已经出现过了。这些顺序可以由两个天体的行差弄清楚。如果它们的行差都为零或相等并且符号相同(即都是相加的或相减的),则真合或真冲显然与平均朔望在同一时刻出现。但假如行差同号而不相等,它们之差给出两个天体的距离。相加或相减行差较大的天体是在另一天体之西或东。但当行差反号时,具有相减行差的天体更偏西得多,这是因为由行差之和可得两天体的距离。对于这个距离,我们愿意考虑在多少个完整小时内月亮能够通过它(对每一度距离取 2 小时)。

如果两天体间距离约为 6°,可以对这个度数取 12 小时。然后在这样定出的时间内求月亮与太阳的真距离。这容易求出,因为已知在 2 小时内月球的平均行度 = 1°1′,而在满月与新月附近月球近点角每小时的真行度 ≅ 50′。在 6 小时中,均匀行度可达 3°3′〔= 3 × 1°1′〕,而近点角真行度为 5°〔= 6 × 50′〕。用这些数字,可以由月球行差表〔在Ⅳ、11 末〕查出行差的差值。如果近点角是在圆周的下半部,则差值与平均行度相加。如果是在上半部,则减去差值。求得的和或差为月球在所取时间内的真行度。如果这个行度等于前面定出的距离,它已经足够精确了。否则应把这一距离与估计的小时数相乘,并除以该行度。或者使距离除以已经求得的每小时真行度。商数为以小时和分钟计的平均合冲与真合冲之间的真时间差。如果月亮是在太阳(或与太阳刚好相对位置)的西面,则把这个时间差与平均合或冲的时刻相加。要是月亮在这些位置之东,应减去这一差值。如此便求得真合或真冲的时刻。

然而我认为,太阳的不均匀性也会引起一定数量的增减。但是这个量完全可以忽略,因为在整个时间中甚至在朔望当两天体距离为极大(超过 7°)时,它还不到 1′。这种确定朔望月的方法较为可靠。由于月亮的行度不固定,甚至每小时都在变化,那些纯粹靠月球每小时行度(称为"小时余量")进行计算的人[165]有时会出差错,于是不得不重复作计算。因此,为了求得一次真合或真冲的时刻,应当确定黄纬真行度以便得出月球黄纬,另外还需确定太阳与春分点的真距离,即太阳在与月亮位置所在的同一个黄道宫或正好相对的黄道宫中的距离。

用这种方法可以求得在克拉科夫经线上的平时或均匀时,并用前面阐述的方法可使之归化为视时。但是如果要对克拉科夫以外某一地点测定这些现象,则需考虑该地的经度。对经度的每一度取 4 分钟,并对经度的每一分取 4 秒钟[166]。如果该地偏东,则把这些时间与在克拉科夫的时刻相加;如果偏西,则减去这些时间。差数或和数是日月真合或真冲的时刻。

第30章　如何区分在食时出现的与其他的日月合冲

对月亮来说，容易确定在朔望时是否有食，如果月球黄纬小于月亮与地影直径之和的一半，则月亮会被掩食；但若其黄纬大于该两直径之和的一半，则它不会被掩食。

然而太阳的情况却令人极为困惑难解，这是因为太阳和月球的视差都牵涉在内，它们往往使视合与真合不一样。因此我们研究在真合时太阳和月亮的黄经差。在真合前一小时于黄道东面象限内，或者在真合后一小时于黄道西面象限内，我们测定月亮离太阳的视黄经距离，这样便可求出在一小时内月亮看起来离开太阳移动了多远。用这个一小时的行度来除经度差，就可求得真合与视合的时间差。在黄道东部，从真合的时刻减去这个时间差；而在西部则应相加（因为在前面情况下视合的出现早于真合，而在后面情况下则晚于真合）。结果是求得所需的视合时刻。然后对这一时刻，在减掉太阳视差之后计算月球与太阳的黄纬视距离，或在视合时太阳与月亮中心之间的距离。如果这一纬度大于日月直径之和的一半，则太阳不会被掩食；要是这个纬度小于该两直径之和的一半，则有日食发生。由这些结论清楚可知，如果在真合时月球没有黄经视差，则真合与视合一致。这出现在黄道上由东或由西量约90°处。

第31章　日月食的食分

在了解到一次日食或月食将要发生之后，我们不难知道食分有多大。对太阳来说，可用在视合时日月纬度的视差值。如果把这一纬度从日月直径之和的一半减去，余值为在直径上度量的太阳被掩食部分。用12乘这个余量，而乘积除以太阳直径，则得太阳的食分数。但若日月之间无纬度差，则整个太阳被食，或者被月球掩食到最大限度。

对于月食可用几乎完全相同的方法处理，只是不用视黄纬而取简单黄纬。把它从日月直径之和的一半减去，如果月球黄纬并不比两直径之和的一半小一个月亮直径，则差值为月亮的被食部分。如果月球黄纬小于该和之半为一个月亮直径，则整个月面被食。进而言之，黄纬较小则使月球在地影中停留的时间加长。当黄纬为零时，这个时间达到极大值。我相信这一点对考虑这个问题的人来说是一清二楚的。此外，对于月偏食，用12乘被食部分并用月亮直径除这个乘积，便得到食分数。这与对太阳已说明的做法完全一样。

第32章　预测食延时间

剩下的问题是一次食会延续多久。对此应当指出，我们把日、月和地影之间的圆弧都当作直线处理。这是由于它们都很小，似乎与直线并无差异。

于是可取日心或地影中心在 A 点,而直线 BC 为月球的途径。令 B 为在初亏即月亮刚与太阳或地影接触时月亮的中心,而 C 为在复圆时的月心。连接 AB 与 AC。作 BC 的垂线 AD。当月心在 D 时,这显然是食中点①。AD 比从 A 向 BC 所作的其他线都短。因为 $AB=AC$,故 $BD=DC$。在一次日食时,AB 和 AC 中任何一段线都等于日月直径之和的一半;而在月食时,它们均等于月亮和

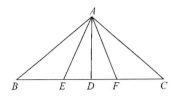

图 4-23

地影直径之和的一半。AD 为在食甚时月球的真黄纬或视黄纬。$(AB)^2-(AD)^2=(BD)^2$。因此可得 BD 的长度。把这个长度除以月食时月亮的每小时真行度,或除以日食时月亮的每小时视行度,便可求得食延时间长度的一半。

然而月亮往往在地影中点滞留。我已经说过〔Ⅳ,31〕,这种情况出现在月亮与地影直径之和的一半超过月球黄纬的量大于月亮直径的时候。于是取 E 为月球开始完全进入地影时(即月球从里面接触地影边界时)月亮的中心,而 F 为月球开始离开地影时(即月球从里面第二次接触地影边界时)月亮的中心。连接 AE 和 AF。于是和前面一样,ED 与 DF 显然代表通过地影时间的一半。已知 AD 为月球纬度,而 AE 或 AF 为地影半径超过月球半径的量。因此可定出 ED 或 DF。把它们中任一个再次除以月亮每小时的真行度,则得我们所求的通过地影时间之半。

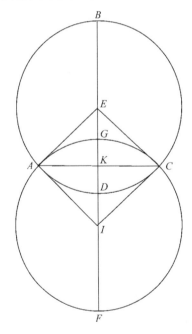

图 4-24

然而在此应当指出,当月亮在白道上运行时,它在黄道上显示的黄经度数并不正好等于白道上的度数(用通过黄道两极的圆圈量出度数)。然而差值极小。在离与黄道交点为最大距离即 $12°$ 度处,在接近日月食最外极限处,该两圆上的弧长彼此相差不到 $2'=\frac{1}{15}$ 小时[167]。由于这个缘故,我经常用它们中的一个代替另一个,似乎它们是完全一样的。与此相似,虽然月球纬度随时在增加或减少,我对一次食的两个极限以及中点都用同一个月球黄纬。由于月球黄纬的增减变化,掩始区与掩终区并非绝对相等。但从另一方面来说,它们的差异极小,因此耗费时间以更大程度来研究这些细节问题似乎毫无用处。按上述方法,日月食的时刻、食延时间和食分都根据日月直径求得。

但是按许多天文学家[168]的意见,掩食区域应当根据表面而不是直径来确定,这是因为被食的是表面,而非直线。按此可令太阳或地影的圆周为 $ABCD$,其中心为 E。令月亮圆周为 $AFCG$,其中心在 I。令这两圆相交于 A、C 两点。通过两个圆心画直线 $BEIF$。连接 AE、EC、AI 与 IC。画 AKC 垂直于 BF。我们希望从这些圆周定出被食表面 $ADCG$ 的大小,或者在偏食的情况下确定它为

_____

① 即食甚点。

太阳或月亮整个圆面积的十二分之几。

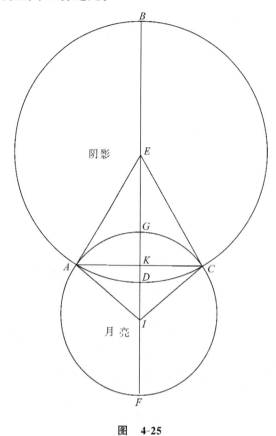

图 4-25

于是由上述,两圆半径 AE 和 AI 已知。还有 EI,即两个圆心的距离＝月球黄纬。因此在三角形 AEI 中各边都已知,并按前面的证明各角均可知。EIC 与 AEI 相似并相等。于是在取圆周周长＝360°时,可以求得弧 ADC 与 AGC 的度数。按西拉库斯(Syracuse)的阿基米德所著《圆周的度量》,周长与直径之比小于 3⅐：1,但大于 3 ¹⁰⁄₇₁：1。托勒密在这两个数值之间取比值 3ᴾ8′30″：1ᴾ[169]。按这一比值,弧 AGC 和 ADC 也可用与两个直径或与 AE 及 AI 相同的单位表出。由 EA 与 AD 以及由 IA 与 AG 包含的面积,各等于扇形 AEC 和 AIC。

但在等腰三角形 AEC 与 AIC 中,公共底边 AKC 已知,于是两条垂线 EK 和 KI 也已知。因此可得乘积 AK×KE 为三角形 AEC 的面积,同样有乘积 AK×KI＝三角形 ACI 的面积。把两个三角形从其所在扇形减去〔扇形 EADC－△AEC,扇形 AGCI－△ACI〕,余量 AGC 和 ACD 为两个圆的弓形部分。这两部分之和为所求的整个 ADCG。还可求得在日食时由 BE 与 BAD 或在月食时由 FI 与 FAG 定出的整个圆面积。于是无论是太阳还是月亮的整个圆面的十二分之几为被食区域 ADCG 所占有,这个数值也清楚可知了。

其他天文学家[170]对以上问题作了更详尽的论证。这对月球来说目前已足够了。现在我急于论证其他五个天体的运行,这是以下两卷的主题。

《天体运行论》第四卷终[171]

雅典卫城著名的帕提侬神庙遗址。神庙建于公元前447—前432年,因祭祀女神雅典娜·帕提侬而得名,是古希腊全盛时期建筑和雕刻的主要代表。

14—16世纪,在欧洲兴起了以复兴古希腊、古罗马文化为口号的文艺复兴运动。

哥白尼精通希腊文,阅读了大量的古希腊文献。在这些古希腊著作中,既有毕达哥拉斯的"中心火",也有阿里斯塔克明确的"日心说"观点。

哥白尼受此启发,提出了自己科学的"日心说"。古希腊的"日心说"只是一种猜想,哥白尼则给出了一个定量化的日心说体系。与地心说相比,这个体系更加简洁、协调。

毕达哥拉斯(Pythagoras,前580前至前570之间—约前500),古希腊哲学家、数学家。

阿里斯塔克(Aristarchus,前315—前230)指出,恒心与太阳是不动的,而地球则绕太阳做圆周运动。

公元前400年左右的雅典浮雕

根据哥白尼宇宙体系制作的浑天仪

《天体运行论》第一版

哥白尼早在 1530 年就完成了《天体运行论》的写作，但是由于担心日心说与圣经教义相违背，迟迟不肯发表。直到 1543 年哥白尼去世前，《天体运行论》第一版才出版。

哥白尼去世后葬在弗龙堡教堂，但是没有留下墓碑。400 多年来，人们一直在寻找哥白尼的遗骸。

《天体运行论》第一版标题页，上面有后人做的批注。

《天体运行论》第二版扉页中的插图。这幅图表达的是圣经耶利米书第 23 章 29 节的内容：

耶和华说："难道我的话不是既像火又像能粉碎磐石的大锤吗？"

版画《窥探宇宙的奥秘》

哥白尼画像

虽然哥白尼日心学说与《圣经》中的地心体系相矛盾,但哥白尼本人并不反对天主教,而是一个虔诚的天主教徒和神职人员。

油画《哥白尼与上帝的对话》

Hven岛地图

丹麦国王将哥本哈根外海的小岛(Hven Island)赐予第谷。第谷在这个小岛上建立了乌拉尼堡,进行天文观测。第谷的观测资料后来为开普勒所利用,发现了著名的行星运动三定律。

第谷(Tycho Brahe,1546—1601),丹麦天文学家。在哥白尼之后提出了介于地心说和日心说的折中体系,并把假想的天球从天穹中永远地废除了。

乌拉尼堡

布鲁诺(Giordano Bruno,1548—1600)

布鲁诺不遗余力地宣传并发展了哥白尼学说。在哥白尼体系中,太阳是宇宙的中心,布鲁诺进一步提出,宇宙是无边无际的,太阳也不是宇宙的中心。

1600 年, 宗教裁判所以 8 项异端罪名将布鲁诺烧死在罗马鲜花广场。

宗教裁判所火刑处死异端时的情形

伽利略通过自己制造的望远镜发现了许多前人所没有观测到的天文现象，验证了哥白尼学说的正确性。

右图是 1609 年伽利略在威尼斯向官员们演示自己制造的望远镜。

《天体运行论》在出版后的 70 年间，虽然遭到马丁路德的斥责，但未引起罗马教廷的注意。后因布鲁诺和伽利略公开宣传日心地动说，危及教会的思想统治，罗马教廷才开始对这些科学家加以迫害，并于公元 1616 年把《天体运行论》列为禁书。

中世纪教会焚毁禁书时的情形

伽利略于 1632 年出版了《关于托勒密和哥白尼两大世界体系的对话》（简称《对话》）。《对话》的出版对于宣传哥白尼学说起到了重要作用，使其真正战胜地心说，从此为世人所普遍接受。右图是《对话》的卷首页插画。

哥白尼的日心说是天文学上的一次伟大革命，也是第一次科学革命的开端，从此自然研究便开始从神学中解放出来。

月球上以哥白尼命名的环形山

波兰科学院内的哥白尼塑像

第五卷

· Volume Five ·

　　在第一卷〔第九章〕中我阐明它们的天球的中心并非靠近地球而是在太阳附近，那时我已一般地谈到，这些天球的次序和大小都与地球的运动有关，并呈现出显著的一致性和精确的对称性。于是现在我要做的是逐个地和更明确地证实这些论断，并努力完成我的诺言。

引　言

到这里为止我已尽最大努力讨论了地球绕太阳的运行〔第三卷〕和月球绕地球的运行〔第四卷〕。现在我着手处理五个行星的运动。在第一卷〔第九章〕中我阐明它们的天球的中心并非靠近地球而是在太阳附近，那时我已一般地谈到，这些天球的次序和大小都与地球的运动有关，并呈现出显著的一致性和精确的对称性。于是现在我要做的是逐个地和更明确地证实这些论断，并努力完成我的诺言。特别应提到的是，我不仅要采用古代的还有现代的天象观测，而这些观测可使上述运动的理论变得更为可靠。

V，1 开始的早期译文[1]：

行星以不同的方式在黄经和黄纬上运行，它们的变化是不均匀的，并且在均匀运行的两边都可以观测到。因此需要阐明行星的平均和均匀运行，由此可以了解其非均匀性的变化。然而为了确定均匀运行，必须知道运转周期。运转周期意味着一种非均匀性已经返回与以前相似的状态。我在前面对太阳和月球正是这样做的〔Ⅲ，13；Ⅳ，3〕。

在柏拉图的著作《蒂迈欧篇》中，五个行星各按其特征命名。土星称为"Phaenon"，这犹如说"明亮"或"可见"，因为它的不可见时间比其他行星少，在太阳的光芒消失后最先出现。木星因其光跃夺目而称为"Phaeton"。火星由于其火红光彩而命名为"Pyrois"。金星有时称为"Phosphorus"，有时称为"Hesperus"，即"晨星"或"昏星"，这视其在清晨或黄昏出现而定。最后，水星名为"Stilbon"，这是由于它的闪烁和光线微弱。

这些天体在黄经和黄纬上的运行都比月亮更不规则。

第1章　行星的运行和平均行度

它们在黄经上显示出两种完全不同的运动。一种由上述的地球运动引起，而另一种为每颗行星的自行。我已经决定把第一种称为视差动。这没有任何不当之处，因为它引起行星的留、恢复顺行以及逆行。行星总是按其自身运动向前进[2]，由此看来这些现象并

◀ 开普勒(Johannes Kepler，1571—1630) 德国天文学家。他总结第谷的观测资料，发现行星沿椭圆轨道运行，提出行星运动三定律，著有《哥白尼天文学概要》等。

非由于行星自身运动出了差错,而由地球运动所产生的一种视差所引起。视差的大小随行星天球而异。

　　显然可知,只有在土星、木星与火星于日出时升起的情况下,我们才能看见它们的真位置。这出现在它们逆行的中点附近。在这个时候,它们位于通过太阳平位置与地球的直线上,并且不受视差的影响。然而金星和水星受另一种关系的支配。当它们与太阳相合时,就完全淹没在太阳的光芒中,而只有在太阳两侧大距的位置上才能被我们看见。因此决不会在没有这种视差的情况下找到它们。由此可知,每颗行星都有自己的视差运转,我指的是地球相对于行星的运动。这两个天体相互作视差运转。

　　　　手稿中删去下列一段:

　　　　　按这种方式结合起来,两个天体的运动显示出相互联系,并且它们与地球(你也可以说是太阳)的简单运动合并在一起。这是因为在整个这本书中,首先是在此应当记住,一般对太阳运动[3]所说的一切都可理解为指的是地球。

　　我认为视差运动不是别的,而是地球均匀运动超过行星运动(土星、木星和火星属于这种情况)或被行星运动超过(金星与水星便如此)的差值。但是发现这些视差动周期不均匀,有显著的不规则性。于是古人认识到,这些行星的运行也是不均匀的,并且它们的轨道具有拱点,而不均匀性在拱点开始出现。他们相信拱点在恒星天球上具有永远不变的位置。这种想法为探求行星的平均行度与均匀周期开阔了道路。当他们记录到一个行星在离太阳或一颗恒星某一精确距离处的位置,并了解到了一段时间之后该行星到达离太阳为相似距离的同一位置时,在他们看来行星已经经历了它的一整套不均匀性并在一切方面都恢复到以前与地球的关系。于是用经过的这段时间他们可以算出完整均匀运转的次数,从而球得行星运动的详细情况。

　　托勒密〔《至大论》,Ⅸ,3〕使用太阳年来描述这些运动,他自称这些资料得自喜帕恰斯。但是他主张太阳年从一个分点或至点量起。然而现在已经完全清楚,这样的年份并非完全均匀。因此我将采用恒星测量的年份。我用这样的年份以更大的精度重新测定了五个行星的行度。根据我的发现,这些行度现在不足或有余,情况如下。

　　在我所称为的视差动中,地球返回土星方向57次需要59个太阳年加上1日6日-分和大约48日-秒;在这段时间内行星在其自身运动中完成了两次运转加上1°6′6″。地球在71太阳年减去5日45日-分27日-秒中经过木星附近65次[4];在这个时段中行星由自身运动共运转6次减去5°41′2½″。对火星而言,在79太阳年2月27日-分3日-秒内视差运转共37次;这时行星本身运转为42个周期加上2°24′56″。在8太阳年减2日26日-分46日-秒内,金星五次接近运动中的地球;在这一时期中它绕太阳转动13次减2°24′40″。最后,在46太阳年加34日-分23日-秒内,水星完成145次视差运转,在这段时间中它 191 次加 31′和大约 23″赶上运动中的地球并和它一起绕太阳旋转。因此对每个行星来说,一次视差运转所离时间为:

土星——378 日 5 日-分　　　32 日-秒　　　11 日-毫①

木星——398　　23　　　　　　2　　　　　　56

火星——779　　56　　　　　　19　　　　　　7

金星——583　　55　　　　　　17　　　　　　24

水星——115　　52　　　　　　42　　　　　　12

把上列数值换算为度数(一个圆周为 360 度)乘上 365,然后把乘积除以已知的日数及日子的分数,则得年行度为:

土星——347°　　32′　　　2″　　　54‴　　　12⁗

木星——329　　25　　　8　　　15　　　6

火星——168　　28　　29　　13　　12

金星——225　　 1　　48　　54　　30

水星——　53　　56　　46　　54　　40(在三次运转之后)。

取以上数值的 1/365,即得日行度为

土星——0°　　57′　　　7″　　　44‴　　　0⁗

木星——0　　54　　 9　　　3　　　49

火星——0　　27　　41　　40　　　8

金星——0　　36　　59⁽⁵⁾　　28　　35

水星——3　　 6　　24　　 7　　43

仿照太阳和月亮的平均行度表〔在Ⅲ,14 和Ⅳ,4 末尾〕,可以列出下面的行星行度表。可是我想没有必要用这种方式把行星的自行也列成表。这是因为从太阳的平均行度减去表中行度,便可求得行星自行。早在Ⅴ,1 中我已说过,行星自行是太阳平均行度的一个成分。然而如果任何人对这些安排感到不满足,他可以按自己的愿望建立其他表格。对于恒星天球来说,年自行量为:

土星——　12°　　12′　　46″　　12‴　　52⁗

木星——　30　　19　　40　　51　　58

火星——191　　16　　19　　53　　52

但是对金星与水星来说,因为我们看不出它们的年自行量,可以使用太阳的行度,并用它建立一个测定和表现这两颗行星视位置的方法。情况见下。

---

① 原文为"day-third",也是一个时间单位意为六十分之一个日-秒。

木星在60年周期内逐年的视差动　基督纪元 205°49′

	埃及年	黄经					埃及年	黄经				
		60°	°	′	″	‴		60°	°	′	″	‴
	1	5	47	32	3	9	31	5	33	33	37	59
	2	5	35	4	6	19	32	5	21	5	41	9
	3	5	22	36	9	29	33	5	8	37	44	19
	4	5	10	8	12	38	34	4	56	9	47	28
5	5	4	57	40	15	48	35	4	43	41	50	38
	6	4	45	12	18	58	36	4	31	13	53	48
	7	4	32	44	22	7	37	4	18	45	56	57
	8	4	20	16	25	17	38	4	6	18	0	7
	9	4	7	48	28	27	39	3	53	50	3	17
10	10	3	55	20	31	36	40	3	41	22	6	26
	11	3	42	52	34	46	41	3	28	54	9	36
	12	3	30	24	37	56	42	3	16	26	12	46
	13	3	17	56	41	5	43	3	3	58	15	55
	14	3	5	28	44	15	44	2	51	30	19	5
15	15	2	53	0	47	25	45	2	39	2	22	15
	16	2	40	32	50	34	46	2	26	34	25	24
	17	2	28	4	53	44	47	2	14	6	28	34
	18	2	15	36	56	54	48	2	1	38	31	44
	19	2	3	9	0	3	49	1	49	10	34	53
20	20	1	50	41	3	13	50	1	36	42	38	3
	21	1	38	13	6	23	51	1	24	14	41	13
	22	1	25	45	9	32	52	1	11	46	44	22
	23	1	13	17	12	42	53	0	59	18	47	32
	24	1	0	49	15	52	54	0	46	50	50	42
25	25	0	48	21	19	1	55	0	34	22	53	51
	26	0	35	53	22	11	56	0	21	54	57	1
	27	0	23	25	25	21	57	0	9	27	0	11
	28	0	10	57	28	30	58	5	56	59	3	20
	29	5	58	29	31	40	59	5	44	31	6	30
30	30	5	46	1	34	50	60	5	32	3	9	40

木星在60日周期内逐日和日分数的视差动

日	行		度			日	行		度		
	60°	°	′	″	‴		60°	°	′	″	‴
1	0	0	57	7	44	31	0	29	30	59	46
2	0	1	54	15	28	32	0	30	28	7	30
3	0	2	51	23	12	33	0	31	25	15	14
4	0	3	48	30	56	34	0	32	22	22	58
5	0	4	45	38	40	35	0	33	19	30	42
6	0	5	42	46	24	36	0	34	16	38	26
7	0	6	39	54	8	37	0	35	13	46	1
8	0	7	37	1	52	38	0	36	10	53	55
9	0	8	34	9	36	39	0	37	8	1	39
10	0	9	31	17	20	40	0	38	5	9	23
11	0	10	28	25	4	41	0	39	2	17	7
12	0	11	25	32	49	42	0	39	59	24	51
13	0	12	22	40	33	43	0	40	56	32	35
14	0	13	19	48	17	44	0	41	53	40	19
15	0	14	16	56	1	45	0	42	50	48	3
16	0	15	14	3	45	46	0	43	47	55	47
17	0	16	11	11	29	47	0	44	45	3	31
18	0	17	8	19	13	48	0	45	42	11	16
19	0	18	5	26	57	49	0	46	39	19	0
20	0	19	2	34	41	50	0	47	36	26	44
21	0	19	59	42	25	51	0	48	33	34	28
22	0	20	56	50	9	52	0	49	30	42	12
23	0	21	53	57	53	53	0	50	27	49	56
24	0	22	51	5	38	54	0	51	24	57	40
25	0	23	48	13	22	55	0	52	22	5	24
26	0	24	45	21	6	56	0	53	19	13	8
27	0	25	42	28	50	57	0	54	16	20	52
28	0	26	39	36	34	58	0	55	13	28	36
29	0	27	36	44	18	59	0	56	10	36	20
30	0	28	33	52	2	60	0	57	7	44	5

续表

埃及年	行	度				埃及年	行	度			
	60°	°	′	″	‴		60°	°	′	″	‴
1	5	29	25	8	15	31	2	11	59	15	48
2	4	58	50	16	30	32	1	41	24	24	3
3	4	28	15	24	45	33	1	10	49	32	18
4	3	57	40	33	0	34	0	40	14	40	33
5	3	27	5	41	15	35	0	9	39	48	48
6	2	56	30	49	30	36	5	39	4	57	3
7	2	25	55	57	45	37	5	8	30	5	18
8	1	55	21	6	0	38	4	37	55	13	33
9	1	24	46	14	15	39	4	7	20	21	48
10	0	54	11	22	31	40	3	36	45	30	4
11	0	23	36	30	46	41	3	6	10	38	19
12	5	53	1	39	1	42	2	35	35	46	34
13	5	22	26	47	16	43	2	5	0	54	49
14	4	51	51	55	31	44	1	34	26	3	4
15	4	21	17	3	46	45	1	3	51	11	19
16	3	50	42	12	1	46	0	33	16	19	34
17	3	20	7	20	16	47	0	2	41	27	49
18	2	49	32	28	31	48	5	32	5	36	4
19	2	18	57	36	46	49	5	1	31	44	19
20	1	48	22	45	2	50	4	30	56	52	34
21	1	17	47	53	17	51	4	0	22	0	50
22	0	47	13	1	32	52	3	29	47	9	5
23	0	16	38	9	47	53	2	59	12	17	20
24	5	46	3	18	2	54	2	28	37	25	35
25	5	15	28	26	17	55	1	58	2	33	50
26	4	44	53	34	32	56	1	27	27	42	5
27	4	14	18	42	47	57	0	56	52	50	20
28	3	43	43	51	2	58	0	26	17	58	35
29	3	13	8	59	17	59	5	55	43	6	50
30	2	42	34	7	33	60	5	25	8	15	6

土星在60年周期内逐年的视差动　基督纪元98°16′

日	行	度				日	行	度				
	60°	°	′	″	‴		60°	°	′	″	‴	
1	0	0	54	9	3	31	0	27	58	40	58	
2	0	1	48	18	7	32	0	28	52	50	2	
3	0	2	42	27	11	33	0	29	46	59	5	
4	0	3	36	36	15	34	0	30	41	8	9	
5	0	4	30	45	19	35	0	31	35	17	13	5
6	0	5	24	54	22	36	0	32	29	26	17	
7	0	6	19	3	26	37	0	33	23	35	21	
8	0	7	13	12	30	38	0	34	17	44	35	
9	0	8	7	21	34	39	0	35	11	53	29	
10	0	9	1	30	38	40	0	36	6	2	32	10
11	0	9	55	39	41	41	0	37	0	11	36	
12	0	10	49	48	45	42	0	37	54	20	40	
13	0	11	43	57	49	43	0	38	48	29	44	
14	0	12	38	6	53	44	0	39	42	38	47	
15	0	13	32	15	57	45	0	40	36	47	51	15
16	0	14	26	25	1	46	0	41	30	56	55	
17	0	15	20	34	4	47	0	42	25	5	59	
18	0	16	14	43	8	48	0	43	19	15	3	
19	0	17	8	52	12	49	0	44	13	24	6	
20	0	18	3	1	16	50	0	45	7	33	10	20
21	0	18	57	10	20	51	0	46	1	42	14	
22	0	19	51	19	23	52	0	46	55	51	18	
23	0	20	45	28	27	53	0	47	50	0	22	
24	0	21	39	37	31	54	0	48	44	9	26	
25	0	22	33	46	35	55	0	49	38	18	29	25
26	0	23	27	55	39	56	0	50	32	27	33	
27	0	24	22	4	43	57	0	51	26	36	37	
28	0	25	16	13	46	58	0	52	20	45	41	
29	0	26	10	22	50	59	0	53	14	54	45	
30	0	27	4	31	54	60	0	54	9	3	49	30

土星在60日周期内逐日和日分数的视差动

火星在60年周期内逐年的视差动 基督纪元238°22′										
埃及年	行度					埃及年	行度			
	60°	°	′	″	‴		60°	°	′	″	‴
1	2	48	28	30	36	31	3	2	43	48	38
2	5	36	57	1	12	32	5	51	12	19	14
3	2	25	25	31	48	33	2	39	40	49	50
4	5	13	54	2	24	34	5	28	9	20	26
5	2	2	22	33	0	35	2	16	37	51	2
6	4	50	51	3	36	36	5	5	6	21	38
7	1	39	19	34	12	37	1	53	34	52	14
8	4	27	48	4	48	38	4	42	3	22	50
9	1	16	16	35	24	39	1	30	31	53	26
10	4	4	45	6	0	40	4	19	0	24	2
11	0	53	13	36	36	41	1	7	28	54	38
12	3	41	42	7	12	42	3	55	57	25	14
13	0	30	10	37	48	43	0	44	25	55	50
14	3	18	39	8	24	44	3	32	54	26	26
15	0	7	7	39	1	45	0	21	22	57	3
16	2	55	36	9	37	46	3	9	51	27	39
17	5	44	4	40	13	47	5	58	19	58	15
18	2	32	33	10	49	48	2	46	48	28	51
19	5	21	1	41	25	49	5	35	16	59	27
20	2	9	30	12	1	50	2	23	45	30	3
21	4	57	58	42	37	51	5	12	14	0	39
22	1	46	27	13	13	52	2	0	42	31	15
23	4	34	55	43	49	53	4	49	11	1	51
24	1	23	24	14	25	54	1	37	39	32	27
25	4	11	52	45	1	55	4	26	8	3	3
26	1	0	21	15	37	56	1	14	36	33	39
27	3	48	49	46	13	57	4	3	5	4	15
28	0	37	18	16	49	58	0	51	33	34	51
29	3	25	46	47	25	59	3	40	2	5	27
30	0	14	15	18	2	60	0	28	30	36	4

火星在60日周期内逐日和日分数的视差动										
日	行度					日	行度			
	60°	°	′	″	‴		60°	°	′	″	‴
1	0	0	27	41	40	31	0	14	18	31	51
2	0	0	55	23	20	32	0	14	46	13	31
3	0	1	23	5	1	33	0	15	14	55	12
4	0	1	50	46	41	34	0	15	41	36	52
5	0	2	18	28	21	35	0	16	9	18	32
6	0	2	46	10	2	36	0	16	37	0	13
7	0	3	13	51	42	37	0	17	4	41	53
8	0	3	41	33	22	38	0	17	32	23	33
9	0	4	9	15	3	39	0	18	0	5	14
10	0	4	36	56	43	40	0	18	27	46	54
11	0	5	4	38	24	41	0	18	55	28	35
12	0	5	32	20	4	42	0	19	23	10	15
13	0	6	0	1	44	43	0	19	50	51	55
14	0	6	27	43	25	44	0	20	18	33	36
15	0	6	55	25	5	45	0	20	46	15	16
16	0	7	23	6	45	46	0	21	13	56	56
17	0	7	50	48	26	47	0	21	41	38	37
18	0	8	18	30	6	48	0	22	9	20	17
19	0	8	46	11	47	49	0	22	37	1	57
20	0	9	13	53	27	50	0	23	4	43	38
21	0	9	41	35	7	51	0	23	32	25	18
22	0	10	9	16	48	52	0	24	0	6	59
23	0	10	36	58	28	53	0	24	27	48	39
24	0	11	4	40	8	54	0	24	55	30	19
25	0	11	32	21	49	55	0	25	23	12	0
26	0	12	0	3	29	56	0	25	50	53	40
27	0	12	27	45	9	57	0	26	18	35	20
28	0	12	55	26	49	58	0	26	46	17	1
29	0	13	23	8	30	59	0	27	13	58	41
30	0	13	50	50	11	60	0	27	41	40	22

续表

金星在60年周期内逐年的视差动 基督纪元 126°45′

埃及年	60°	°	′	″	‴	埃及年	60°	°	′	″	‴
1	3	45	1	45	3	31	2	15	54	16	53
2	1	30	3	30	7	32	0	0	56	1	57
3	5	15	5	15	11	33	3	45	57	47	1
4	3	0	7	0	14	34	1	30	59	32	4
5	0	45	8	45	18	35	5	16	1	17	8
6	4	30	10	30	22	36	3	1	3	2	12
7	2	15	12	15	25	37	0	46	4	47	15
8	0	0	14	0	29	38	4	31	6	32	19
9	3	45	15	45	33	39	2	16	8	17	23
10	1	30	17	30	36	40	0	1	10	2	26
11	5	15	19	15	40	41	3	46	11	47	30
12	3	0	21	0	44	42	1	31	13	32	34
13	0	45	22	45	47	43	5	16	15	17	37
14	4	30	24	30	51	44	3	1	17	2	41
15	2	15	26	15	55	45	0	46	18	47	45
16	0	0	28	0	58	46	4	31	20	32	48
17	3	45	29	46	2	47	2	16	22	17	52
18	1	30	31	31	6	48	0	1	24	2	56
19	5	15	33	16	9	49	3	46	25	47	59
20	3	0	35	1	13	50	1	31	27	33	3
21	0	45	36	46	17	51	5	16	29	18	7
22	4	30	38	31	20	52	3	1	31	3	10
23	2	15	40	16	24	53	0	46	32	48	14
24	0	0	42	1	28	54	4	31	34	33	18
25	3	45	43	46	31	55	2	16	36	18	21
26	1	30	45	31	35	56	0	1	38	3	25
27	5	15	47	16	39	57	3	46	39	48	29
28	3	0	49	1	42	58	1	31	41	33	32
29	0	45	50	46	46	59	5	16	43	18	36
30	4	30	52	31	50	60	3	1	45	3	40

金星在60日周期内逐日和日分数的视差动

日	60°	°	′	″	‴	日	60°	°	′	″	‴	
1	0	0	36	59	28	31	0	19	6	43	46	
2	0	1	13	58	57	32	0	19	43	43	14	
3	0	1	50	58	25	33	0	20	20	42	43	
4	0	2	27	57	54	34	0	20	57	42	11	
5	0	3	4	57	22	35	0	21	34	41	40	5
6	0	3	41	56	51	36	0	22	11	41	9	
7	0	4	18	56	20	37	0	22	48	40	37	
8	0	4	55	55	48	38	0	23	25	40	6	
9	0	5	32	55	17	39	0	24	2	39	34	
10	0	6	9	54	45	40	0	24	39	39	3	10
11	0	6	46	54	14	41	0	25	16	38	31	
12	0	7	23	53	43	42	0	25	53	38	0	
13	0	8	0	53	11	43	0	26	30	37	29	
14	0	8	37	52	40	44	0	27	7	36	57	
15	0	9	14	52	8	45	0	27	44	36	26	15
16	0	9	51	51	37	46	0	28	21	35	54	
17	0	10	28	51	5	47	0	28	58	35	23	
18	0	11	5	50	34	48	0	29	35	34	52	
19	0	11	42	50	2	49	0	30	12	34	20	
20	0	12	19	49	31	50	0	30	49	33	49	20
21	0	12	56	48	59	51	0	31	26	33	17	
22	0	13	33	48	28	52	0	32	3	32	46	
23	0	14	10	47	57	53	0	32	40	32	14	
24	0	14	47	47	26	54	0	33	17	31	43	
25	0	15	24	46	54	55	0	33	54	31	12	25
26	0	16	1	46	23	56	0	34	31	30	40	
27	0	16	38	45	51	57	0	35	8	30	9	
28	0	17	15	45	20	58	0	35	45	29	37	
29	0	17	52	44	48	59	0	36	22	29	6	
30	0	18	29	44	17	60	0	36	59	28	35	30

续表

水星在60年周期内逐年的视差动 基督纪元 46°24′												水星在60日周期内逐日和日分数的视差动											
埃及年	行度					埃及年	行度					日	行度					日	行度				
	60°	°	′	″	‴		60°	°	′	″	‴		60°	°	′	″	‴		60°	°	′	″	‴
1	0	53	57	23	6	31	3	52	38	56	21	1	0	3	6	24	13	31	1	36	18	31	3
2	1	47	54	46	13	32	4	46	36	19	28	2	0	6	12	48	27	32	1	39	24	55	17
3	2	41	52	9	19	33	5	40	33	42	34	3	0	9	19	12	41	33	1	42	31	19	31
4	3	35	49	32	26	34	0	34	31	5	41	4	0	12	25	36	54	34	1	45	37	43	44
5	4	29	46	55	32	35	1	28	28	28	47	5	0	15	32	1	8	35	1	48	44	7	58
6	5	23	44	18	39	36	2	22	25	51	54	6	0	18	38	25	22	36	1	51	50	32	12
7	0	17	41	41	45	37	3	16	23	15	0	7	0	21	44	49	35	37	1	54	56	56	25
8	1	11	39	4	52	38	4	10	20	38	7	8	0	24	51	13	49	38	1	58	3	20	39
9	2	5	36	27	58	39	5	4	18	1	13	9	0	27	57	38	3	39	2	1	9	44	53
10	2	59	33	51	5	40	5	58	15	24	20	10	0	31	4	2	16	40	2	4	16	9	6
11	3	53	31	14	11	41	0	52	12	47	26	11	0	34	10	26	30	41	2	7	22	33	20
12	4	47	28	37	18	42	1	46	10	10	33	12	0	37	16	50	44	42	2	10	28	57	34
13	5	41	26	0	24	43	2	40	7	33	39	13	0	40	23	14	57	43	2	13	35	21	47
14	0	35	23	23	31	44	3	34	4	56	46	14	0	43	29	39	11	44	2	16	41	46	1
15	1	29	20	46	37	45	4	28	2	19	52	15	0	46	36	3	25	45	2	19	48	10	15
16	2	23	18	9	44	46	5	21	59	42	59	16	0	49	42	27	38	46	2	22	54	34	28
17	3	17	15	32	50	47	0	15	57	6	5	17	0	52	48	51	52	47	2	26	0	58	42
18	4	11	12	55	57	48	1	9	54	29	12	18	0	55	55	16	6	48	2	29	7	22	56
19	5	5	10	19	3	49	2	3	51	52	18	19	0	59	1	40	19	49	2	32	13	47	9
20	5	59	7	42	10	50	2	57	49	15	25	20	1	2	8	4	33	50	2	35	20	11	23
21	0	53	5	5	16	51	3	51	46	38	31	21	1	5	14	28	47	51	2	38	26	35	37
22	1	47	2	28	23	52	4	45	44	1	38	22	1	8	20	53	0	52	2	41	32	59	50
23	2	40	59	51	29	53	5	39	41	24	44	23	1	11	27	17	14	53	2	44	39	24	4
24	3	34	57	14	36	54	0	33	38	47	51	24	1	14	33	41	28	54	2	47	45	48	18
25	4	28	54	37	42	55	1	27	36	10	57	25	1	17	40	5	41	55	2	50	52	12	31
26	5	22	52	0	49	56	2	21	33	34	4	26	1	20	46	29	55	56	2	53	58	36	45
27	0	16	49	23	55	57	3	15	30	57	10	27	1	23	52	54	9	57	2	57	5	0	59
28	1	10	46	47	2	58	5	9	28	20	17	28	1	26	59	18	22	58	3	0	11	25	12
29	2	4	44	10	9	59	5	3	25	43	23	29	1	30	5	42	36	59	3	3	17	49	26
30	2	58	41	33	15	60	5	57	23	6	30	30	1	33	12	6	50	60	3	6	24	13	40

第2章　用古人的理论解释行星的均匀运动和视运动

行星的平均行度已如上述。现在让我讨论它们的非均匀视行度。古代天文学家〔例如托勒密，《至大论》，Ⅸ，5〕认为地球是静止的，他们假想土星、木星、火星与金星都有一个偏心本轮，此外还有一个偏心圆，本轮有其所载的行星都对该偏心圆作均匀运动。

于是令 *AB* 为偏心圆，其中心在 *C*。令其直径为 *ACB*。地球中心 *D* 在此直径上，因而远地点在 *A*，近地点在 *B*。平分 *DC* 于 *E*。以 *E* 为心，描出与第一偏心圆〔*AB*〕相等的第二偏心圆 *FG*。取 *FG* 上的任意点 *H* 为心，画本轮 *IK*。通过它的中心画直线 *IHKC* 和 *LHME*。考虑到行星所在的黄纬，应当认为偏心圆倾斜于黄道面，而本轮又与偏心圆平面斜交。然而为使解释简化，在此令所有这些圆都在同一平面内。古代天文学家认为，这个统一的平面与 *E*、*C* 两点一起，都绕黄道中心 *D* 旋转，此时恒星也在运转。他们希望用这种安排能使这些点在恒星天球上都具有不变的位置。虽然本轮也在圆周 *FHG* 上向东运动，但它可由直线 *IHC* 调节。对该直线而言，行星在本轮 *IK* 上也在均匀运转。

然而对于均轮中心 *E* 来说，在本轮上的运动显然应当是均匀的，而行星的运转对于直线 *LME* 应为均匀的。他们承认，一个圆周运动对其自身以外的其他中心来说，

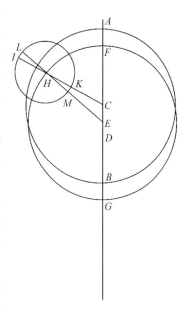

图 5-1

也可以为均匀的。这是西塞罗著作中心西比奥（Scipio）[6] 难以想像的一个概念。对水星来说也可以有这种情况，甚至更会如此。但是（按我的见解）对于月球我已经有充分根据地驳斥了这个概念〔Ⅳ，2〕。这些以及类似的情况使我有根据思考地球的运动，考虑保持均匀运动和科学原理的方法[7]，并使视非均匀运动的计算更加可靠。

第3章　由地球运动引起的视非均匀性的一般解释

行星的均匀运动看起来为何不均匀，这有两个原因：地球的运动和行星本身的运动。我将用一个明显的论证来一般地和个别地解释每种不均匀性，这样才能使它们更好地彼此区分。我首先讨论的是由于地球运动而与它们混合在一起的非均匀性。我将从位于地球轨道之内的金星和水星谈起。

令地心在前面〔Ⅲ，15〕阐述过的周年运转中描出对太阳为偏心的圆 *AB*。令 *AB* 的中心为 *C*。如果使行星与 *AB* 同心，并假设除此而外行星没有其他的不规则性。令金星或水星的同心圆为 *DE*。考虑到它们的黄纬，*DE* 应当倾斜于 *AB*。但为了便于解释，设想它们是在同一平面上。把地球放在 *A* 点，从此点画视线 *AFL* 和 *AGM*，它们与行星轨道相切于 *F* 和 *G* 两点。令 *ACB* 为两圆共有的直径。

令两个天体（我指的是地球及行星）在同一方向上，即向东运动，但令行星快于地球。于是在与 *A* 一道行进的观测者看来，*C* 和直线 *ACB* 以太阳的平均行度运动。在另一方面，在似乎为本轮的圆周 *DFG* 上，行星向东通过圆弧 *FDG* 的时间长于向西经过剩余弧段 *GEF* 的时间。在弧 *FDG* 上它给太阳的平均行度加上整个角 *FAG*，而在弧 *GEF* 上却减去同一角度。因此在行星的相减行度超过*C*的相加行度的地方，尤其是在近地点附

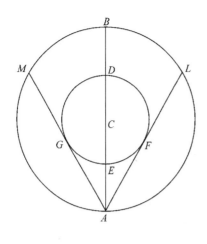

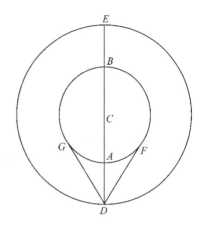

图 5-2   图 5-3

近,对位于 A 点的观测者而言它似乎在逆行,其程度视超过量而定。这些行星的情况便是这样。后面会提到〔Ⅴ,35〕,按佩尔加(Perga)的阿波罗尼斯(Apollonius)的定理,对这些行星来说线段 CE:线段 AE>A 的行度:行星的行度。但是在相加行度等于相减行度而彼此相反的地方,行星似乎是静止的。所有这些特征都与事实相符。

因此,正如阿波罗尼斯所认为的,如果行星运动没有其他的不规则性,则这些论述已经足够了。可是在晨昏时这些行星与太阳平位置间最大的距角(用 FAE 与 GAE 两角表示)并非到处相等。两个最大距角彼此不相等,它们之和也非各处一样。由此显然可知,行星并不在与地球同心的圆周上而在其他圆周上运动,这些圆周使行星具有第二个差。

对完全位于地球轨道之外的三个外行星(土星、木星和火星)来说,也可以证明有同一结论。重画上图中的地球轨道。取 DE 在它之外,并在同一平面上与它同心。取行星位于 DE 上一任意点 D。由此点画直线 DF 和 DG,与地球轨道相切于 F 与 G 两点,并从 D 画两圆的公共直径 DACBE。当一颗行星在日没时升起并离地球最近时,它在太阳运动的直线 DE 上的真位置,显然只能被在 A 处的观测者所看见。当地球是在相对的 B 点时,虽然行星是在同一条直线上,它也看不见。这是因为太阳靠近 C 点,它的光芒淹没了行星。但是地球的行程超过了行星的行度。因此在整个远地弧段 GBF 上,它会使行星行度增加整个角 GDF;而在较短时间内在剩余的较小弧段 FAG 上,应减掉这个角度。在地球的相减行度超过行星的相加行度的地方(尤其是在 A 点附近),行星看起来落到地球后面并向西移动;并且在观测者看来两个相反行度相差最小的地方,行星似乎静止不动。

古代天文学家企图用每颗行星都有一个本轮来解释这一切现象。现在又一次清楚可知,它们都只是由地球的运动产生的。然而和阿波罗尼斯以及古人的观点相反,行星运动并不是均匀的,这可由地球相对于行星的不规则运行看出。由此可知,行星并不是同心圆上运动,而用其他方式运动。对此我在下面也要予以解释。

第4章 行星自身运动看起来如何成为非均匀的

它们在经度上的自身运动具有几乎相同的模式。水星是例外,它似乎与其他行星不同。因此可把那四颗行星合在一起讨论,而对水星单独处理。前面已经谈到〔Ⅴ,2〕,古人认为一个单独的运动由两个偏心圆形成,而我想视不均匀性是由两个均匀运动合成的。这可能是两个偏心圆或两个本轮,也可以为一个混合的偏心本轮。我在前面对太阳和月球已经证明〔Ⅲ,20;Ⅳ,3〕,它们都能产生相同的不均匀性。

令 AB 为一个偏心圆,其中心为 C。令通过行星高、低拱点的直径 ACB 为太阳平位置所在的直线。令地球轨道中心为 ACB 上的 D 点。以高拱点 A 为心,距离 CD 的⅓为半径画小本轮 EF。把行星放在它的近地点 F 上。令小本轮沿偏心圆 AB 向东运动。令行星在小本轮的上部圆周也向东运动,而在圆周的其余部分向西运动。令二者(我指的是小本轮与行星)的运转周期相等。于是会出现下列情况,当小本轮位于偏心圆的高拱点,与此相反行星是在小本轮的近地点,并且它们二者都已转了半圈,这时它们彼此的关系转换了。但是在高、低拱点之间的两个方照点,它们各自位于中拱点上。只有在前面的情况下〔高、低拱点〕,小本轮的直径是在直线 AB 上。进一

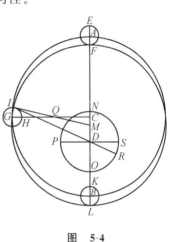

图 5-4

步说,在高、低拱点之间的中点上,小本轮的直径垂直于 AB。在其他地方,它与 AB 有时接近,有时离开,不断摇摆。所有这些现象都容易用运动的序列来理解。

于是也可论证,由于这种复合运动行星扫描出的并非一个完整的圆周。这种与完美圆周的偏离是和古代天文学家的思考相符的[8],但差异无法察觉。把同样的小本轮重画一次,令它为 KL,中心为 B。取 AG 为偏心圆的一个象限,以 G 为心画小本轮 HI。把 CD 分为三等份,令⅓ $CD=CM=GI$。连接 GC 与 IM,二者相交于 Q。于是弧 AG 与弧 HI 在图形上是相似的。ACG 为直角,因此 HGI 也是直角。还有,在 Q 点的对顶角相等。于是 GIQ 与 QCM 两个三角形的对应角均相等。因为按假设,底为 $GI=$ 底边 CM,它们的对应边也相等。边 $QI>GQ$,于是也应有 $QM>QC$。因此,整个 $IQM>$ 整个 GQC。但是 $FM=ML=AC=CG$。于是以 M 为心通过 F 和 L 两点所画圆=圆 AB,并与直线 IM 相交。在与 AG 相对的另一象限中,可用同样方式进行论证。因此,小本轮在偏心圆上的均匀运动以及行星在本轮上的均匀运动,使行星扫描出的不是一个完整的,但却是几乎完整的圆周。证讫。

现在以 D 为心画出地球的周年运行轨道 NO。画 IDR 以及平行于 CG 的 PDS。于是 IDR 为行星的真运动直线,而 GC 为其平均和均匀运动直线。地球在 R 时与行星相距为真的最大距离,而在 S 时为平均最大距离。因此角 RDS 或 IDP 为均匀行度与视行度二者之间,即为角 ACG 与 CDI 之差。但假设不用偏心圆 AB,而取与它相等的以 D 为心

的同心圆。此同心圆可以作为半径＝CD 的小本轮之均轮。在此第一小本轮上面还应有第二小本轮，其直径＝½CD。令第一本轮向东运动，而第二本轮以同样速率在相反方向上运动。最后，令行星在第二本轮上以两倍速率运行。由此可以得出与上面描述的相同的结果。这些结果与月球现象相差不大，甚至与按前述任何图像得出的结果都无很大差异。

但是我在这里选择了一个偏心本轮。虽然太阳和 C 之间的距离固定不变，D 却会飘移，这在讨论太阳现象时已经说明〔Ⅲ，20〕。其他天体并没有等量的飘移。于是它们应当呈现出一种不规则性。在后面适当的地方要谈到〔Ⅴ，16，22〕，尽管这种不规则性很微小，但对火星与金星来说可以察觉。

因此我即将用观测来证明，这些假设足以解释天象。对此我首先讨论土星、木星和火星。就它们来说，主要的和最艰巨的任务是求得远地点的位置以及距离 CD，这是因为其他数值都容易由它们得出。对这三颗行星，我将采用以前对月球用过的〔Ⅳ，5〕实际上相同的办法，即把古代的三次冲日与现代同样多的冲相比较。希腊人把这些天象叫做"日落后升起"，而我们称之为"随夜"出没。在这些时候，行星与太阳相冲并与太阳平均运动直线相交。在该交点处行星摆脱了由地球运动所引起的全部不规则性。要得出这些位置，可以按前面所述〔Ⅱ，14〕用星盘进行观测，也可对正好与行星相冲时的太阳进行计算。

第 5 章　土星运动的推导

让我们从土星谈起[9]，并采取很早以前托勒密所观测到三次冲〔《至大论》，Ⅺ，5〕。它们中间的第一次出现在哈德里安 11 年埃及历 9 月[10] 7 日夜间 1 时。归算到距亚历山大港 1 小时的克拉科夫的子午线上，这是公元 127 年 3 月 26 日午夜后 17 个均匀小时。我们把所有这些数值都归化到恒星天球上，并把它当作均匀运动的基准。行星在恒星天球上的位置约为 174°40′[11]。取白羊宫之角为零点，则这时太阳按其简单行度是在 354°40′〔−180°＝174°40′〕与土星相对。

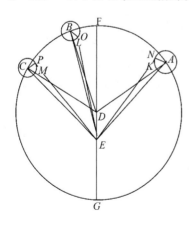

图　5-5

第二次冲发生在哈德里安 17 年埃及历 11 月 18 日。这是公元 133 年罗马历 6 月 3 日午夜后 15[12] 个均匀小时。托勒密定出行星在 243°3′[13]，而此时太阳按其平均行度是在 63°3′〔＋180°＝243°3′〕。

然后他报道第三次冲出现于哈德里安 20 年埃及历 12 月 24 日。同样归算到克拉科夫子午线，此为公元 136 年 7 月 8 日午夜后 11 小时。当时行星在 277°37′[14]，而按其平均行度太阳是在 97°37′〔＋180°＝277°37′〕。

因此在第一时段中共有 6 年 70 日 55 日-分[15]，在此期间行星的目视位移为 68°23′〔＝243°3′−174°40′〕，而地球离开行星的平均行度——这是视差动——为 352°44′[16]。于是把一个圆周所缺的 7°16′〔＝360°−352°44′〕加上，即得行星的平均行度为75°39′〔＝7°16′＋68°23′〕[17]。在第二时段有3埃及年35日50日-分[17]，行星视行度为34°34′〔＝277°37′－243°3′〕，而视差动为356°43′[18]。将一个圆周所余的3°17′〔＝360°－356°43′〕与行星视行度相加，则得其平均行度为37°51′〔＝3°17′＋34°34′〕。

在回顾这些资料之后，画行星的偏心圆 ABC，其中心为 D，直径为 FDG，地球大圆的中心在此直径上。令 A、B、C 各为第一、二、三次冲时小本轮的中心。以这些点为中心，取半径＝⅓DE，画出该小本轮。用直线把 A、B、C 三个中心与 D 和 E 相连[19]，这些直线与小本轮圆周相交于 K、L、M 三点。取弧 KN 与 AF 相似，LO 与 BF 相似，Mp 与 FBC 相似。连接 EN、EO 和 EP。于是按上述计算可得弧 $AB＝75°39′$，$BC＝37°51′$，$NEO＝$ 视行度角＝$68°23′$，而角 $OEP＝34°34′$。

首要任务是确定高、低拱点（即 F 与 G）的位置以及行星偏心圆和地球大圆之间的距离 DE。做不到这一点，就无法区分均匀行度与视行度。但是我们在此遇到了不亚于托勒密研讨这一问题的困难。如果已知角 NEO 包含已知弧 AB，而 OEP 包含 BC，则可以推导出我们所求的东西。然而已知弧 AB 所对的是未知角 AEB，而与此相似，位于已知弧 BC 之下的角 BEC 是未知的。AEB 与 BEC 两角都应当求出。但是在确定与小本轮上弧段相似的弧 AF、FB 与 FBC 之前，无法求得角 AEN、BEO 及 CEP。这些角度表示视行度与平均行度之差。这些弧与角相互有关，因此它们同时都已知或未知。于是在无法推求它们的情况下，天文学家只好借助于经验性的证据，而回避直接的或演绎性的论证。对化圆为方[20]和对其他许多问题，往往采用这种办法。因此在这项研究中，托勒密煞费苦心设计了一个冗长的处理方法并进行了浩繁的计算[21]。照我看来，重述这些文字和数字是一种沉重的负担，并且无此必要，这是因为我在下面的讨论中实际上将采用同样的做法。

回顾他的计算，他在最后〔《至大论》，Ⅺ，5〕求得弧 $AF＝57°1′$[22]，$FB＝18°37′$，$FBC＝56½°$，并在取 $DF＝60^p$ 时，可得 $DE＝$ 两中心之间的距离$＝6^p50′$。但是按我们的数值分度，$DF＝10\,000$，于是 $DE＝1139$[23]。我从这一总量中取 3/4 为 $DE＝854$，并令其余的 1/4 为小本轮的 285。采用这些数值并把它们用于我的假设，我将阐明它们与观测事实相符。

在第一次冲时，已知三角形 ADE 的边 $AD＝10\,000^p$，$DE＝854^p$ 以及 $ADF〔＝57°1′〕$ 的补角 ADE。按平面三角定理，由这些数值用同样单位可得 $AE＝10\,489^p$，而在取 4 直角＝360° 时其余两角为 $DEA＝53°6′$ 和 $DAE＝3°55′$。但是角 $KAN＝ADF＝57°1′$。因此整个角 $NAE＝60°56′〔＝57°1′＋3°55′〕$。由此可知在取 $AD＝10\,000^p$ 时，三角形 NAE 的两边为 $AE＝10\,489^p$ 及 $NA＝285^p$，此外角 NAE 也可知。在取 4 直角＝360° 时，还可得其余角 $NED〔＝AED－AEN〕＝51°44′〔＝53°6′－1°22′〕$。

在第二次冲时情况相似。在三角形 BDE 中取 $BD＝10\,000^p$，则已知边 $DE＝854^p$，而角 $BDE＝BDF$ 的补角＝$161°22′〔＝180°－18°38′〕$[24]。此三角形各角与边均可知：取 $BD＝10\,000^p$ 时，边 $BE＝10\,812^p$；角 $DBE＝1°27′$；其

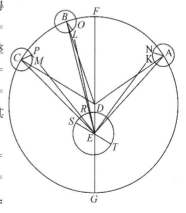

图 5-6

余的角 $BED=17°11'$〔$180°-(161°22'+1°27')$〕。但是角 $OBL=BDF=18°38'^{(25)}$。因此整个角 EBO〔$=DBE+OBL$〕$=20°5'$〔$=18°38'+1°27'$〕。于是在三角形 EBO 中，除角 EBO 外还可知以下两边：$BE=10\,812^p$ 及 $BO=285^p$。按平面三角定理，可得其余角 $BEO=32'$。于是 $OED=$ 从 $BED^{(26)}$ 减去 BEO 后的余量 $=16°39'$〔$=17°11'-32'$〕。

与此相似在第三次冲时，在三角形 CDE 中和前面一样 CD 与 DE 两边已知，还有 $56°29'$ 的补角 $CDE^{(27)}(=123°31')$ 已知。按平面三角定理四，在取 $CE=10\,000^p$ 时，可知底边 $CE=10\,512^p$，角 $DCE=3°53'$，而其余的角 $CED=52°36'$〔$=180°-(3°53'+123°31')$〕。因此在取 4 直角 $=360°$ 时，整个角 $ECP=60°22'$〔$3°53'+56°29'$〕。于是在三角形 ECP 中除角 ECP 外有两边已知。还知角 $CEP=1°22'$。因此余下的角 PED〔$=CED-CEP$〕$=51°14'$〔$=52°36'-1°22'$〕。由此可知视行度的整个角 OEN〔$=NED+BED-BEO$〕可达 $68°23'$〔$=51°44'+17°11'-32'$〕，而 OEP 为 $34°35'$〔$PED-OED=51°14'-16°39'$〕，与观测相符。偏心圆高拱点的位置 F，与白羊之头相距 $226°20'$。对这个数字应加上当时的春分点岁差 $6°40'$，于是拱点到达天蝎宫内 $23°$，这与托勒密的结论〔《至大论》，XI，5〕相符。在此第三次冲时行星的视位置（以前曾提到过）$=277°37'^{(28)}$。已经阐明，从这一数值减去 $51°14'(=$ 视行度角 $PEF^{(29)})$，则余量 $226°23'$ 表示偏心圆高拱点的位置。

描出地球的周年运行轨道 RST，它与直线 PE 相交于 R 点。画与行星平均行度线 CD 平行的直径 SET。便得角 $SED=CDF$。于是可知视行度与平均行度之差即行差角 SER，亦即 CDF 和 PED 两角之差 $=5°16'$〔$=56°30'-51°14'$〕。视差的平均行度和真行度之差与此相同。从一个半圆减去此数，所余为弧 $RT=174°44'$〔$=180°-5°16'$〕。这是由假定的起点 T（即太阳与行星的平均会合点）到第三次"随夜出没"（即地球与行星的真冲点）之间视差的均匀行度。

因此我们现在得出第三次观测的时刻，即为哈德里安陛下 20 年（=公元 136 年）7 月 8 日午夜后 11 小时。此时土星距其偏心圆高拱点的近点行度 $=56\frac{1}{2}°$，而视差的平均行度 $=174°44'$。这些数值的确定对下述内容是有用的。

第 6 章　对土星新观测到的另外三次冲

然而托勒密所算出的土星行度与现代的数值相差并非很少，一时弄不清楚误差由何而生。于是我不得不进行新的观测，即重新测定土星的三次冲。第一次出现在公元 1514 年 5 月 5 日午夜前 $1\frac{1}{5}$ 小时，当时土星在 $205°24'$。第二次发生于公元 1520 年 7 月 13 日正午、土星在 $273°25'$。第三次是在公元 1527 年 10 月 10 日午夜后 $6\frac{2}{5}$ 小时[30]，那时土星位于白羊角之东 $7'$ 处。于是在第一次和第二次冲之间有 6 埃及年 70 日 33 日-分[31]，在此期间土星的视行度为 $68°1'$〔$=273°25'-205°24'$〕。由第二次至第三次冲历时 7 埃及年 89 日 46 日-分[32]，而行星的视行度为 $86°42'$〔$=360°7'-273°25'$〕。它在第一段时间中的平均行度为 $75°39'^{(33)}$，而在第二时段为 $88°29'$。因此在求高拱点与偏心率时，我们起先应采取托勒密的办法〔《至大论》，X，7〕，即认为行星似乎在一个简单的偏心圆上运行。虽然这种安排并不适当,然而我们采用它可以更容易接近真实情况。

于是取 ABC 为行星在它上面似乎均匀运行的圆周。令第一次冲出现在 A 点,第二次在 B,第三次在 C。在 ABC 范围内令地球轨道中心为 D。连接 AD、BD 与 CD,把其中任一直线延长到对面的圆周上,例如为 CDE。连接 AE 和 BE。于是已知角 $BDC=86°42'$。取 2 中心直角 $=180°$ 时,补角 $BDE=93°18'[=180°-86°42']$;但在 2 直角 $=360°$ 时,它为 $180°36'$。截出弧段 BC 的角 $BED=88°29'$。于是在三角形 BDE 中,剩下的角 $DBE=84°55'[=360°-(186°36'+88°29')]$。因此在三角形 BDE 中各角均已知,其边长可由圆

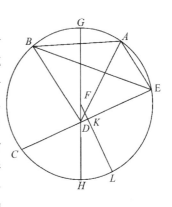

图 5-7

周弦长表得出为:$BE=19\ 953^P$ 和 $DE=13\ 501^P$,此时取三角形外接圆的直径 $=20\ 000^P$。与此相似在三角形 ADE 中,取 2 直角 $=180°$ 时,因已知 $ADC=154°43'[=68°1'+86°42']$,补角 $ADE=25°17'[=180°-154°43']$。但在 2 直角 $=360°$ 时,$ADE=50°34'$。用此单位可得截出弧 ABC 的角 $AED=164°8'[=75°39'+88°29']$,而剩余的角 $DAE=145°18'[=360°-(50°34'+164°8')]$。因此各边也可知:在取三角形 ADE 外接圆直径 $=20\ 000^P$ 时,$DE=19\ 090^P$ 及 $AE=8542^P$。但是用 $DE=13\ 501^P$ 和 $BE=19\ 953^P$ 的单位时,AE 应为 $6041^{P(34)}$。于是在三角形 ABE 中,BE 和 EA 两边可知,还可求得截出弧 AB 的角 $AEB=75°39'$。因此按平面三角定理,在取 $BE=19\ 968^P$ 时,$AB=15\ 647^P$。但在取偏心圆直径 $=20\ 000^P$ 时,与已知弧所对的 $AB=12\ 266^P$,此时 $EB=15\ 664^P$,$DE=10\ 599^P$。接着由弦 BE 可知弧 $BAE=103°7'$。因此整个 $EABC=191°36'[=103°7'+88°29']$。圆周的其余部分 $CE=168°24'$。因此它所对的弦 $CDE=19\ 898^P$,而由 CDE 减去 $DE=10\ 599$ 的余量为 $CD=9299^P$。

假如 CDE 是偏心圆的直径,则高、低拱点的位置显然都在这条直径上面,并且偏心圆与地球大圆两个中心的距离可以求得。但因弧段 $EABC$ 大于半圆,偏心圆的中心应落到它里面。令该中心为 F。通过此点和 D 画直径 $GFDH$,并画与 CDE 垂直的 FKL。

显然可知,矩形 $CD×DE=$ 矩形 $GD×DH$。但是矩形 $GD×DH+(FD)^2=(1/2GDH)^2=(FDH)^2$。因此(½直径)^2 $-$ 矩形 $GD×DH^{(35)}$ 或矩形 $CD×DE=(FD)^2$。于

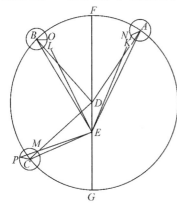

图 5-8

是在取半径 $GF=10\ 000^P$ 时,可知 FD 的长度 $=1200^P$。但用 $FG=60^P$ 的单位时,$FD=7^P12'^{(36)}$,这与托勒密的数值[《至大论》,XI,6:$6^P50'$]稍有差异。但 $CDK=9949^P=$ 整个 $CDE(=19\ 898^P)$ 的 1/2。已经求得 $CD=9299^P$。因此余量 $DK=650^P(=9949^P-9299^P)$,在此已取 $GF=10\ 000^P$ 和 $FD=1200^P$。但用 $FD=10\ 000^P$ 的单位,则 $DK=5411^P=$ 两部 DFK 角所对弦的一半。在 4 直角 $=360°$ 时,角 $DFK=32°45'^{(37)}$。这是在圆心所张的角,它所对的弧 HL 与此数量相似。但是整个 3[$168°24'$]$\cong84°13'$。因此由 $CHL=84°13'$ 减去 $HL=32°45'$,所得余量为第三次冲点与近地点的距离 $=51°28'$。从半圆减掉这

个数字，余下的弧 $CBG=128°32'$，此为高拱点与第三次冲点的距离。因弧 $CB=88°29'$，由 $CBG=128°32'$ 减去 CB，余量 $BG=40°3'$，即高拱点与第二冲点的距离。下面一段弧 $BGA=75°39'$ 提供第一冲点与远地点 G 的距离 $AG=35°36'$〔$=75°39'-40°3'$〕。

现在令圆周 ABC 有直径 $FDEG$，中心为 D，远地点为 F，近地点为 G，弧 $AF=35°36'$，$FB=40°3'$ 以及 $FBC=128°32'$。由前面已求得的土星偏心圆与地球大圆中心间的距离〔1200^P〕取 3/4 为 $DE=900^P$。当土星偏心圆半径 $FD=10\,000^P$ 时，以其余的 ¼ $=300^P$ 为半径，绕 A、B 和 C 三点为心画小本轮。按上述条件作成图形。

如果我们希望用上面解释过并即将重述的方法，由上述图像推求土星的观测位置，我们会发现一些不相符之处。简短说来，我为了不使读者过分劳累并费尽心机另辟蹊径而不是指出正确途径，应当谈到通过三角形求解由上述数值会得出角 $NEO=67°35'$，而另一角 $OEM=87°12'$。后者比视角〔$=86°42'$〕大 1/2°，而前者比 $68°1'$ 小 26'。为了彼此相符，我们只有使远地点稍微前移〔$3°14'$〕并取 $AF=38°50'$，〔而不是 $35°36'$〕，于是弧 $FB=36°49'$〔$=40°3'-3°14'$〕；$FBC=125°18'$〔$=128°32'-3°14'$〕；两个中心之间的距离 $DE=854^P$〔而非 900^P〕；并在 $FD=10\,000^P$ 时，小本轮的半径 $=285^P$〔不是 300^P〕。这些数字与前述托勒密所得结果〔V，5〕几乎相符。

在下面可以清楚看出，上列数字与天象及三次观测到的冲相符。若取 $AD=10\,000^P$，则在第一次冲时，可知三角形 ADE 的边 $DE=854^P$。角 $ADE=141°10'$，并与 $ADF=38°50'$ 一起在中心合成 2 直角。在取半径 $FD=10\,000^P$ 时，由上述情况可得剩余的边 $AE=10\,679^P$。其余的角为 $DAE=2°52'$ 和 $DEA=35°58'$。三角形 AEN 的情况与此相似。因 $KAN=ADF$〔$=38°50'$〕，整个 $EAN=41°42'$〔$=DAE+KAN=2°52'+38°50'$〕；而在 $AE=10\,679$ 时，边 $AN=285^P$。可以求得 $AEN=1°3'$。但整个 DEA 为 $35°58'$。于是从 DEA 减去 AEN 的余量 DEN 为 $34°55'$〔$=35°58'-1°3'$〕。

与此相似，在第二次冲时三角形 BED 的两边已知（在 $BD=10\,000^P$ 时，$DE=854^P$），还有角 BDE〔$=180°-(BDF=36°49')=143°11'$〕已知。因此 $BE=10\,679^P$，角 $DBE=2°45'$，而余下的角 $BED=34°4'$。但 $LBO=BDF$〔$=36°49'$〕。因此整个 $EBO=39°34'$〔$=DBO+DBE=36°49'+2°45'$〕。可得它的两夹边为 $BO=285^P$ 及 $BE=10\,697^P$。由此可知 $BEO=59'$。从角 BED〔$=34°4'$〕减去这一数值，则余量为 $OED=33°5'$。但对第一次冲已经证明角 $DEN=34°55'$。因此整个角 OEN〔$=DEN+OED$〕$=68°$〔$=34°55'+33°5'$〕。它给出第一次冲与第二次冲的距离，并与观测值〔$=68°1'$〕相符。

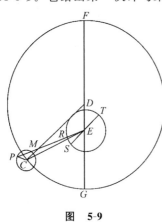

图 5-9

对第三次冲可作相似论证。在三角形 CDE 中，已知角 $CDE=54°42'$〔$=180°-(FDC=125°18')$〕，此外 CD 与 DE 两边已在前面求得〔$=10\,000;854$〕。由此可知第三边 $EC=9532^P$，而其余两角为 $CED=121°5'$ 及 $DCE=4°13'$。因此整个 $PCE=129°31'$〔$=4°13'+125°18'$〕。进而言之，在三角形 EPC 中 PC 和 CE 两边已知〔$=285\,9532$〕，还有角 $PCE=129°31'$ 已知。由此可得角 $PEC=1°18'$。从 CED〔$=121°5'$〕减去这一数字，则得剩余角为 $PED=119°47'$，此即由偏心圆高拱点至第三次冲时行星位置的距离。然而已经阐明，在第二次冲时从偏心圆高拱点到行星位置为 33°5′。因此在土星的第二、三冲点之间应有 86°42′〔＝119°47′－33°5′〕。可以认为这一数值也与观测相符。然而由观测求得，当时土星的位置是在取作零点的白羊宫第一星之东 8′[38] 处。已经求得由土星位置至偏心圆低拱点的距离为60°13′〔＝180°－119°47′〕。因此低拱点约在60⅓°〔≅60°13′＋8′〕处，而高拱点的位置与此刚好相对，即在240⅓°处。

现在以 E 为中心描出地球的大圆 RST。画与 CD 平行的直径 SET，CD 为行星的平均运动线（取角 FDC＝DES）。于是地球和我们的观测位置应在 PE 线上，譬如在 R 点。角 PES〔＝EMD〕或弧 RS＝角 FDC 与 DEP 之差＝行星的均匀行度与视行度之差，已经阐明此量＝5°31′〔(CES＝DCE)＋PEC＝4°13′＋1°18′〕。从半圆减掉这一数字，余量为弧 RT＝174°29′＝行星与大圆远地点 T 的距离＝太阳的平位置。于是我们已经论证，在公元 1527 年 10 月 10 日午夜后 6⅖ 小时，土星距离偏心圆高拱点的近点角行度＝125°18′，视差行度＝174°29′，而高拱点位置为在恒星天球上距白羊宫第一星 240°21′处。

第7章　土星运动的分析

前面已经说明〔Ⅴ，5〕，在托勒密三次观测的最后一次，土星的视差行度为 174°44′，而土星偏心圆高拱点的位置距白羊星座起点为 226°23′。因此显然可知，在两次观测〔托勒密的最后一次与哥白尼的最后一次〕之间，土星视差均匀运动共完成 1344 次运转，差¼°。从哈德里安 20 年埃及历 12 月 24 日午前 1 小时至公元 1527 年 10 月 10 日 6 日[39] 后一次观测时，共历 1392 埃及年 75 日 48 日-分[40]。进一步说，如果我们想用土星视差运动表对这一时段求行度，就得出相似结果为比 1343 次视差运转超过 5×60°再加 59°48′。因此，前面对土星平均运动的描述〔见Ⅴ，1〕是正确的。

还应谈到，在同一时段中太阳的简单行度为 82°30′。从这一数字减去 359°45′[41]，余数 82°45′为土星的平均行度。这个数值现在已经累计入土星的第 47 个恒星周中，这与计算相符。与此同时，偏心圆高拱点的位置在恒星天球上也前移了 13°58′〔＝240°21′－226°23′〕。托勒密认为拱点和恒星一样是固定的，但是现在已经清楚，拱点在 100 年内大约移动 1°[42]。

第8章　土星位置的测定

从基督纪元开端到托勒密于哈德里安 20 年埃及历 12 月 24 日午前 1 小时观测时，共有 135 埃及年 222 日 27 日-分[43]。在这段时间中土星的视差行度为 328°55′。从 174°44′减去这个数目，余数 205°49′给出太阳平位置与土星平位置距离的范围，此即在公元元年元旦前午夜时土星的视差行度。从第一届奥林匹克会期到基督纪元开端的这个时刻，在此 775 埃及年 12½ 日中的行度，除掉完整运转外还有 70°55′。从 205°49′减去这一数字，余数 134°54′表示在祭月第一日正午奥运会的开端。从这个时刻开始在 451 年 247 日内，除完整运转外还有 13°7′。把这一数字与前面的数值〔134°54′〕相加，和数 148°1′给出埃及历元旦正午亚历山大大帝纪元开始时的位置。对恺撒纪元，在 278 年 118½ 日中，行度为 247°20′。由此可定出公元前 45 年元旦前午夜时的位置。

第 9 章 由地球周年运转引起的土星视差以及土星(与地球)的距离

土星在黄经上的均匀行度与视行度已如前述。对地球周年运动所引起的土星另一种现象，我已经命名为视差〔Ⅴ，1〕。正如地球的大小在与地月距离对比之下能造成视差，地球周年运转的轨道也能引起五个行星的视差。由于轨道的尺度，行星视差要更为显著得多。然而除非原先已经测知行星的高度，否则无法确定这些视差。可是由任何一次视差观测，可以得出高度。

我在公元 1514 年 2 月 24 日午夜后 5 个均匀小时，对土星进行了这样一次观测。看起来土星与天蝎额部的两颗星(即该星座的第二恒星和第三恒星)是在一条直线上，而这两颗星在恒星天球上具有相同的黄经，即 209°。因此通过它们可以得知土星的位置。从基督纪元开端到这一时刻共有 1514 埃及年 67 日 13 日-分[44]。于是可以算出太阳的平位置为 315°41′，土星的视差近点角为 116°31′，因此土星的平位置为 199°10′，而偏心圆高拱点的位置约为 240⅓°[45]。

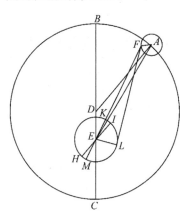

图 5-10

现在，按前面的模型，令 ABC 为偏心圆，其中心在 D。在该圆的直径 BDC 上令 B 为远地点，C 为近地点，而 E 为地球轨道的中心。连接 AD 与 AE。以 A 为心，取半径 = ⅓DE，描小本轮。令它上面的 F 点为行星位置，并取角 DAF = ADB。经过地球轨道中心 E 画 HI，假定这条线与圆周 ABC 是在同一平面内。轨道直径 HI 与 AD 平行，于是可以认为 H 是地球轨道上距行星最远的点，而 I 是最近的点。按对视差近点角的计算结果，在轨道上取弧 HL = 116°31′。连接 FL 和 EL。延长 FKEM 使与轨道圆周的两边相交。按假设，角 ADB = 41°10′[46] = DAF。补角 ADE = 138°50′。在取 AD = 10 000ᵖ 时，DE = 854ᵖ。由这些数据可知，在三角形 ADE 中第三边 AE = 10 667ᵖ，角

DEA = 38°9′，而余下的角 EAD = 3°1′。因此整个 EAF〔= EAD + DAF〕= 44°11′〔= 3°1′ + 41°10′〕。于是又一次在三角形 FAE 中，当 AE 已知时〔= 10 667ᵖ〕，可知边 FA = 285ᵖ。可以求得其余边 FKE = 10 465ᵖ，而角 AEF = 1°5′。因此显然可知，行星平位置与真位置的整个差值或行差 = 4°6′ = 角 DAE + 角 AEF〔= 3°1′ + 1°5′〕。由于这个缘故，如果地球的位置为 K 或 M，则看起来土星的位置是在距白羊星座 203°16′处，好像是从中心 E 对它进行观测。但当地球在 L 时，土星看来是在 209°处。差值 5°44′〔= 209° − 203°16′〕为角 KFL 所表示的视差。但是在地球的均匀运动中弧 HL = 116°31′[47]〔= 土星的视差近点

角〕。从这个数字减去行差 HM。余量 $ML=112°25'$〔$=116°31'-4°6'$〕，而半圆的其余弦段 $LIK=67°35'$[48]〔$=180°-112°25'$〕。由此还可求得角 KEL〔$=67°35'$〕。因此在三角形 FEL 中，各角已知〔$EFL=5°44'$，$FEL=67°35'$，$ELF=106°41'$〕，并且在以 $EF=10\,465^P$ 的单位中，各边的比值也已知。在取 AD 或 $BD=10\,000^P$ 时，用这样的单位得 $EL=1090^P$。但如果按古人的作法取 $BD=60^P$，则 $EL=6^P32'$[49]，这与托勒密的结论也相差极微[50]。因此整个 $BDE=10\,854^P$，而 $CE=$ 直径的其余部分 $=9146^P$〔$=20\,000-10\,854$〕。然而在 B 点的小本轮随时使行星高度减少 285^P，而在 C 增加同一数量，即为小本轮直径的 $1/2$。因此在取 $BD=10\,000^P$ 时，土星距中心 E 的最大距离 $=10\,569^P$〔$=10\,854-285$〕，而最小距离 $=9431^P$〔$9146+285$〕。按这样的比率，在取地球轨道半径 $=1^P$ 时，土星远地点的高度 $=9^P42'$[51]，而近地点的高度 $=8^P39'$[52]。用这样的资料并按前面对月球的小视差所解释过的办法〔Ⅳ,22,24〕，可以清楚地求得土星的较大视差。当土星位于远地点时，它的最大视差 $=5^P55'$；而当它是在近地点时，视差 $=6^P39'$。此两个数值之差 $=44'$，这出现在来自土星的两条直线与地球轨道相切的时候。通过这个例子可以找到土星运动中每个个别的变化。我在后面〔Ⅴ,33〕要把五个行星合在一起同时描述这些变化。

第 10 章 木星运动的说明

在谈完土星之后，我准备用同样的方法和次序来阐明木星的运动。首先，我要重复托勒密所报告和分析过的三个位置〔《至大论》,Ⅺ,1〕。我将用前面说明过的圆周转换来重新组合这些位置，使之与托勒密的位置相同或相差不多。

他的三次冲之第一次出现在哈德里安 17 年埃及历 11 月 1 日之后的午夜前 1 小时，按托勒密的观测是在天蝎宫内 $23°11'$〔$=223°11'$〕，但在减掉二分点岁差〔$=6°38'$〕是在 $226°33'$。他记录的第二次冲是在哈德里安 21 年埃及历 2 月 13 日之后的午夜前 2 小时，位置在双鱼宫内 $7°54'$[53]；然而在恒星天球上，这是 $331°16'$〔$=337°54'-6°38'$〕。第三次冲发生在〔皮厄斯〕安东尼厄斯元 3 月 20 日之后的午夜后 5 小时，在恒星天球上 $7°45'$〔$=14°23'-6°38'$〕处。

因此从第一次到第二次冲历时 3 埃及年 106 日 23 小时[54]，而行星的视行度 $=104°43'$〔$=331°16'-226°33'$〕。由第二次至第三次冲的时间为 1 年 37 日 7 小时[55]，而行星视行度 $=36°29'$〔$=360°+7°45'-331°16'$〕。在第一段时期中行星的平均行度 $=99°55'$，而在第二段时期中为 $33°26'$。托勒密求得在偏心圆上从高拱点到第一冲点的弧长 $=77°15'$；由第二冲点至低拱点的下一段弧 $=2°50'$；从此处至第三冲点 $=30°36'$；在取半径 $=60^P$ 时，整个偏心距 $=5\frac{1}{2}^P$；但若半径 $=10\,000^P$，则偏心度 $=917^P$[56]。所有这些数值都与观测结果几乎正好吻合。

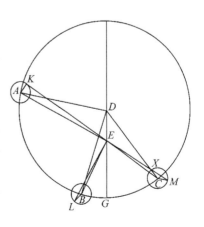

图 5-11

现在令 ABC 为一圆周，AB 为从第一至第二冲点的弧，其长度为前面提到的99°55′，而 $BC=33°26′$。通过圆心 D 画直径 FDG，使得从高拱点 F 开始的 $FA=77°15′$，$FAB=177°10′$〔$=180°-2°50′$〕，而 $GC=30°36′$。取 E 为地球圆周的中心，并令距离 $DE=687^P$ $=$托勒密偏心距$=917^P$ 的 3/4。以 917^P 的 1/4$=229^P$ 为半径，绕 A、B、C 三点各画一小本轮。连接 AD、BD、CD、AE、BE 和 CE。在各小本轮中连接 AK、BL 及 CM，以使角 DAK、DBL、$DCM=ADF$、FDB、FDC。最后，用直线把 K、L 和 M 各与 E 相连。

在三角形 ADE 中，可知角 $ADE=102°45′$，这是因为已知其补角 ADF〔$=77°15′$〕；在取 $AD=10\,000^P$ 时，边 $DE=687^P$；可以求得第三边 $AE=10\,174^P$；角 $EAD=3°48′$；余下的角 $DEA=73°27′^{(57)}$；以及整个 $EAK=81°3′$〔$=EAD+(CAK=ADF)=3°48′+77°15′$〕。因此与此相似，在三角形 AEK 中两边已知：在 $AK=229^P$ 时，$EA=10\,174^P$，还因它们所夹角 EAK 已知，则可得角 $AEK=1°17′$。于是可知余下的角 $KED=72°10′$〔$=DEA-AEK=73°27′-1°17′$〕。

对三角形 BED 可作相似论证。BD 与 DE 两边仍与前面相应的边相等，但已知角 $BDE=2°50′$〔$=180°-(FDB=177°10′)$〕。因此在取 $DB=10\,000^P$ 时，可得底边 $BE=9314^P$，还有角 $DBE=12′$。于是又一次在三角形 ELB 中两边〔BE、BL〕已知，而整个角 EBL〔$=(DBL=FDB)+DBE$〕$=177°22′$〔$=177°10′+12′$〕。还可知角 $LEB=4′$。把和数 $16′$〔$=12′+4′$〕从角 FDB〔$=177°10′$〕中减去，余量 $176°54′=$角 $FEL^{(58)}$。从此角减掉 $KED=72°10′$，则余量 $=104°44′=KEL$，这与观测到的第一和第二端点之间的视运动角〔$=104°43′$〕几乎刚好相符。

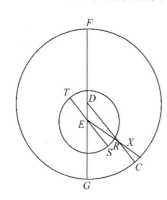

图 5-12

与此相似，在第三个位置处，即在三角形 CDE 中已知 CD 与 DE 两边〔$=10\,000$；687〕以及角 $CDE=30°36′$。用同样方法可得底边 $EC=9410^P$，而角 $DCE=2°8′$。于是在三角形 ECM 中整个角 $ECM=147°44′^{(59)}$。由此可得角 $CEM=39′$。外角 $DXE=$内角 $ECX+$相对内角 $CEX=2°47′$〔$=2°8′+39′$〕$=FDC-DEM$〔$FDC-180°-30°36′=149°24′$；$DEM=149°24′-2°47′=146°37′$〕。于是 $GEM=180°-DEM=33°23′$。在第二次和第三次冲之间的整个角 $LEM=36°29′^{(60)}$，这也与观测相符。但是（前已证明）对位于低拱点东面33°23′的第三冲点，测得的位置在7°45′。于是由半圆的剩余部分可得高拱点位置为在恒星天球上154°22′$^{(61)}$〔$=180°-(33°23′-7°45′)$〕处。

现在绕 E 点描出地球的周年运动轨道 RST，其直径 SET 与直线 DC 平行。前已求得角 $GDC=30°36′=GES$。角 $DXE=RES=$弧 $RS=2°47′=$行星与轨道平近地点之间的距离。由此可知，整个 $TSR=$行星与轨道高拱点之间的距离$=182°47′$。

因此已经证实，在〔皮厄斯〕安东尼厄斯元年埃及历 3 月 20 日之后的午夜后 5 小时木星第三次冲时，该行星视差近点角为182°47′，其经度均匀位置$-4°58′$〔$=7°45′ \quad 2°47′$〕，而偏心圆高拱点位置$=154°22′$。所有这些结果都与我的地球运动和均匀运动假说，绝对地完全吻合。

第 11 章　最近观测到的木星的其他三次冲

对很早以前已经报道并按上述方法分析过的木星的三个位置,我还要补充另外三个。这些也是我非常仔细观测到的木星的冲。第一次出现于公元 1520 年 4 月 30 日之前的午夜过后 11 小时,在恒星天球上200°28′处。第二次发生于公元 1526 年 11 月 28 日午夜后 3 小时,在48°34′。第三次出现于公元 1529 年 2 月 1 日午夜后 19 小时,在113°44′。从第一次到第二次冲有 6 年 212 日 40 日-分[62],在此期间木星的行度为208°6′〔=360°+48°34′−200°28′〕。由第二次至第三次冲历时 2 埃及年 66 日 39 日-分[63],而该行星的视行度=65°10′〔=113°44′−48°34′〕。然而在第一段时期中均匀行度=199°40′,而在第二时期为66°10′。

为了说明这一情况,描一个偏心圆 *ABC*,可以认为行星在它上面做简单而均匀的运动。按字母次序用 *A*、*B* 和 *C* 标出三个观测位置,使弧 *AB*=199°40′,*BC*=66°10′,因此 *AC*=圆周的剩余部分=94°10′。仍取 D 为地球周年运动轨道的中心。向 D 连接 *AD*、*BD* 与 *CD*。延长其中任一条线,例如 *DB*,为到达圆周两边的直线 *BDE*。连接 *AC*、*AE* 及 *CE*。

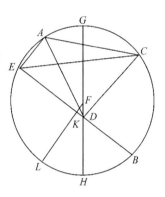

图 5-13

取在中心的 4 个直角=360°,则视运动角 *BDC*=65°10′。用这样的分度,补角 *CDE*=114°50′〔=180°−65°10′〕。但取 2 直角(如对圆周上的角)=360°时,*CDE*=229°40′〔=2×114°50′〕。截出弧 *BC* 的角 *CED*=66°10′。因此在三角形 *CDE* 中余下的角 *DCE*=64°10′〔=360°−(229°40′+66°10′)〕。由此可知,在三角形 *CDE* 中各角已知,各边也可知:在取三角形外接圆直径=20 000^p 时,*CE*=18 150^p,而 *ED*=10 918$^{p[64]}$。

对三角形 *ADE* 可作相似论证。已知角 *ADB*=151°54′=在减去从第一次到第二次冲的距离〔=208°6′〕后圆周的剩余部分。因此补角 *ADE*=中心角28°6′〔=180°−151°54′〕,但在圆周上=56°12′〔=2×28°6′〕。截出弧 *BCA*〔=BC+CA〕的角 *AED*=160°20′〔=66°10′+94°10′〕。在三角形 *ADE* 中剩下的内接角 *EAD*=143°28′〔=360°−(56°12′+160°20′)〕。由此可知,在取三角形 *ADE* 的外接圆直径=20 000^p 时,边 *AE*=9420^p,而 *ED*=18 992^p。但当 *ED*=10 918^p 时,*AE*=5415$^{p[65]}$,而用此单位已知 *CE*=18 150^p。

于是又一次在三角形 *EAC* 中两边 *EA* 与 *EC* 已知〔5415、18 150〕,它们所夹的、截出弧 *AC* 的角 *AEC*=94°10′也已知。由此可知,截出弧 *AE* 的角 *ACE*=30°40′。把这个数字与 *AC* 相加,其和=124°50′〔=94°10′+30°40′〕,这是 *CE* 所对的弧。在取偏心圆直径=20 000^p 时,*CE*=17 727^p。按前面定出的比率,用同样单位可得 *DE*=10 665$^{p[66]}$。但整个弧 *BCAE*=191°〔=BC+CA+AE=66°10′+94°10′+30°40′〕。因此 *EB*=圆周的剩余部分〔=360°−(BCAE=191°)〕=169°,此为整个 *BDE* 所对的弧。当由 *BDE*=19 908^p

减去 $DE=10\ 665^P$ 的余量 $=9243^P$ 时，$BDE=19\ 908^P$。因此较大的弧段为 $BCAE$，偏心圆的中心应在它之内。令此中心为 F。

现在画直径 $GFDH$。显然可知，矩形 $ED\times DB^{(67)}=$矩形 $GD\times DH$，因此后者也已知。但是矩形 $GD\times DH+(FD)^2=(FDH)^2$，于是从 $(FDH)^2$ 减去矩形 $GD\times DH^{(68)}$ 时，余量 $=(FD)^2$。因此在取 $FG=10\ 000^P$ 时，可知 FD 的长度 $=1193^P$。但当 $FG=60^P$ 时，$FD=7^P9^{'(69)}$。等分 BE 于 K，并画应与 BE 垂直的 FKL。因为 $BDK=\frac{1}{2}〔BDE=19\ 908^P〕=9954^P$ 和 $DB=9243^P$，从 $BDK=9954^P$ 减去 $DB=9243^P$ 后余量 $DK=711^P$。于是在直角三角形 DFK 中，各边已知〔$FD=1193,DK=711,(FK)^2=(FD)^2-(DK)^2$〕，还已知角 $DFK=36°35'$，而与之相同的弧 $LH=36°35'$。但是整个 $LHB=84\frac{1}{2}°〔=1/2（EB=169°$）〕。从 $LHB=84\frac{1}{2}°$ 减掉 $LH=36°35'$ 后，余量 $BH=47°55'=$第二冲点位置与近地点的距离。由半圆减去 $BH=47°55'$ 时，余量 $=$从第二冲点到远地点的距离 $=132°5'$。从 $BCG〔=132°5'〕$ 减掉 $BC=66°10'$，则余量 $=65°55'=CG$，即由第三冲点至远地点的距离。把此数从 $94°10'〔=CA〕$ 减去时，余量〔$GA〕=28°15'=$从远地点至小本轮第一位置的距离。

毫无疑问，上述结果与天象很少相符，这是因为行星并不沿前面所谈的偏心圆运动。因此这种建立在错误基础上的研究方法，不能给出任何可靠的结果。对它的谬误有许多证据，其中之一是这样的事实：托勒密用它求得土星的偏心距大于实际数值[70]，而对木星却小一些，可是我求得的木星偏心度又太大[71]。于是显然可知：如果对一颗行星采用一个圆周上的不同弧段[72]，则可用不同的方法得出所需结果。如果我不接受托勒密所宣布的在偏心圆半径 $=60^P$ 时整个偏心距 $=5^P30'$，则不可能对上述三个端点以及一切位置比较木星的均匀行度和视行度。如果取半径 $=10\ 000^P$，则偏心度 $=917^P〔Ⅴ,10〕$，这时应取由高拱点至第一冲点的弧段 $=45°2'〔$而不是 $28°15'〕$，从低拱点到第二冲点 $=64°42'〔$而非 $47°55'〕$，并且由第三冲点至高拱点 $=49°8'〔$不是 $65°55'〕$。

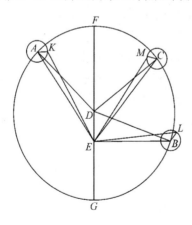

图 5-14

重绘前面的偏心本轮图，使之适合这一情况。按我的假设，圆心之间整个距离〔为 916 而非 1193〕的 3/4 $=687^P=DE$，而在取 $FD=10\ 000^P$ 时，小本轮占有其余的 $1/4=229^P$。角 $ADF=45°2'$。于是在三角形 ADE 中，已知 AD 与 DE 两边〔$10\ 000^P,687^P$〕以及所夹角 $ADE〔=134°58'=180°-（ADF=45°2'）〕$。于是在取 $AD=10\ 000^P$ 时可得第三边 $AE=10\ 496^P$，还有角 $DAE=2°39'$。假定角 $DAK=ADF〔=45°2'〕$，则整个 $EAK=47°41'^{(73)}〔=DAK+DAE=45°2'+2°39'〕$。进而言之，在三角形 AEK 中 AK 和 AE 两边也已知〔$229^P,10\ 496^P$〕。由此得角 $AEK=57'$。把此角 $+DAE〔=2°39'〕$ 从 $ADF〔=45°2'〕$ 中减去，则得在第一次冲时余量 $KED=41°26'^{(74)}$。

对三角形 BDE 可得类似结果。已知 BD 和 DE 两边〔$10\ 000^P,687^P$〕及其所夹角 $BDE=64°42'$。于是在取 $BD=10\ 000^P$ 时，也可知第三边 $BE=9725^P$，还有角 $DBE=$

3°40′。因此在三角形 *BEL* 中也已知 *BE* 及 *BL* 两边〔9725ᵖ,229ᵖ〕以及所夹的整个角 *EBL*＝118°58′〔＝*DBE*＝3°40′＋*DBL*＝*FDB*＝180°－（*BDG*＝64°42′）＝115°18′〕。还可知 *BEL*＝1°10′,于是 *DEL*＝110°28′(75)。但前面已知 *KED*(76)＝41°26′。因此整个 *KEL*〔*KED*＋*DEL*〕＝151°54′〔＝110°28′＋41°26′〕。于是由 4 直角＝360°〔－151°54′〕求得的剩余角为208°6′＝第一和第二次冲之间的视行度,这与修正后的观测值〔(180°－45°2′＝134°58′)＋64°42′＝199°40′〕相符。

最后,在第三位置,用同样方法可得三角形 *CDE* 的 *DC* 与 *DE* 两边〔10 000ᵖ,687ᵖ〕。此外,因 *FDC*(77)已知〔＝49°8′＝由第三冲点至高拱点的距离〕,*DC* 和 *DE* 的夹角 *CDE*＝130°52′。于是在取 *CD*＝10 000ᵖ 时可得第三边 *CE*(78)＝10 463ᵖ,还有角 *DCE*＝2°51′。因此整个 *ECM*＝51°59′〔＝2°51′＋49°8′＝*DCE*＋（*DCM*＝*FDC*）〕。由此可知,在三角形 *CEM* 中也是已知两边 *CM* 与 *CE*〔229ᵖ,10 463ᵖ〕及其夹角 *MCE*〔＝51°59′〕。还已知角 *MEC*＝1°。前面已求得 *MEC*＋*DCE*〔2°51′〕,此量＝均匀行度与视行度 *FDC* 及 *DEM* 之差。因此在第三次冲时 *DEM*＝45°17′(79)。但是已经求得 *DEL*＝110°28′。因此 *LEM*＝*DEL* 与 *DEM* 之差＝110°28′－45°17′＝65°10′(80)＝由观测到的第二次至第三次冲的角度,这也与观测值〔＝180°－（64°42′＋49°8′＝113°50′）＝66°10′〕相符。但因看起来木星的第三位置是在恒星天球上113°44′处,可以求得木星高拱点的位置≌159°〔113°44′＋45°17′＝159°1′〕。

现在绕 E 点描地球轨道 *RST*,其直径 *RES* 平行于 *DC*。显然可知,在木星第三次冲时,角 *FDC*＝49°8′＝*DES*,而 *R*＝视差均匀运动的远地点。但在地球已经走过一个半圆加上弧 *ST* 后,它进入与太阳相冲并与木星相合的位置。前面已经求得数值〔在上图中：*DCE*＝2°51′＋*MEC*＝1°〕,弧 *ST*＝3°51′＝角 *SET*。因此这些数字表明,在公元 1529 年 2 月 1 日午夜之后 19 小时,木星视差的均匀近点角＝183°51′〔*RS*＋*ST*＝180°＋3°51′〕,它的真行度＝109°52′,而现在偏心圆的远地点≌距白羊星座之角159°。这就是我们寻求的信息。

第 12 章　木星均速运动的证实

我们在上面已经了解到〔Ⅴ,10〕,在托勒密所观测到的三次冲的最后一次,就平均行度而言木星在4°58′处,而视差近点角为182°47′。于是在两次观测〔托勒密的最后一次和哥白尼的最后一次〕中间的时期内,显然可知木星的视差行度除整圈运转外还有1°5′〔≌183°51′－182°47′〕(81)。而它自身的行度约为(82)104°54′〔＝109°52′－4°58′〕。从〔皮厄斯〕安东尼厄斯元年埃及历 3 月 20 日之后的午夜后 5 小时至公元 1529 年 2 月 1 日之前的午夜后 19 小时所经历的时间,共为 1392 埃及年 99 日 37 日-分(83)。按上述计算,在这段时间内相应的视差行度除整圈运转外同样＝1°5′,同时地球在其均匀运动中赶上木星1274次。因为计算值与由目视得出结果相符,可以认为计算是可靠的并已经证实的。此外,在这段时间中偏心圆的高、低拱点清楚地向东飘移了4½°〔≌159°－

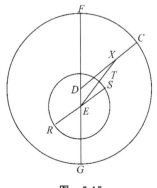

图　5-15

154°22′〕。按平均分配约为每 300 年 1°[84]。

第 13 章　木星运动位置的测定

托勒密三次观测的最后一次出现在〔皮厄斯〕安东尼厄斯元年 3 月 20 日之后的午夜后 5 小时。从这时上溯到基督纪元开始的时间＝136 埃及年 314 日 10 日-分[85]。在这段时间中视差平均行度＝84°31′。把这个数目从 182°47′〔在托勒密的第三次观测时〕减去，余数＝98°16′，这是在基督纪元开始时 1 月 1 日之前的午夜时的数值。从这时到 775 埃及年 12½ 日的第一届奥林匹克会期，可以算出除整圆外行度＝70°58′。把这一数字从 98°16′〔基督纪元〕减掉，则余量＝27°18′，这是奥林匹克会期开始时的数值。在此后的 451 年 247 日中，行度达 110°52′。把这个数值与奥林匹克会期起点的数值相加，其和＝138°10′，此为在埃及历元旦中午亚历山大纪元开始时的数值。这个方法对任何其他历元也适用。

第 14 章　木星视差及其相对于地球运转轨道的高度的测定

为了测定与木星有关的其他现象，即其视差，我在公元 1520 年 2 月 19 日[86] 中午前 6 小时很仔细观测了它的位置。我通过仪器在天蝎前额第一颗较亮恒星西面 4°31′ 处看见木星。因为该恒星的位置＝209°40′，显然可知木星的位置＝恒星天球上 205°9′。从基督纪元开端至这次观测时刻，历时 1520 均匀年 62 日 15 日-分[87]。由此推导出太阳的平均行度＝309°16′，以及〔平均〕视差近点角＝111°15′。于是定出木星的平位置＝198°1′〔＝309°16′－111°15′〕。现在已求得偏心圆高拱点的位置＝159°〔Ⅴ，11〕。因此木星偏心圆的近点角＝39°1′〔＝198°1′－159°〕。

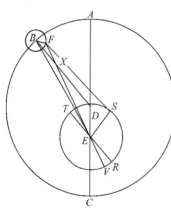

图　5-16

为了说明这一情况，以 D 为中心和 ADC 为直径描出偏心圆 ABC。令远地点在 A，近地点在 C，因此令地球周年运动轨道的中心 E 在 DC 线上。取弧 AB＝39°1′。以 B 为中心，以 BF＝⅓DE＝两个圆心之间的距离为半径，描小本轮。令角 DBF＝ADB。画直线 BD、BE 和 FE。

在三角形 BDE 中两边已知：取 BD＝10 000ᵖ 时，DE＝687ᵖ。它们所夹已知角 BDE＝140°59′〔＝180°－(ADB＝39°1′)〕。此处可得底边 BE＝10 543ᵖ，而角 DBE＝2°21′＝ADB－BED。因此整个角 EBF＝41°22′〔＝(DBE＝2°21′)＋(DBF＝ADB＝39°1′)〕。于是在三角形 EBF 中，已知角 EBF 以及形成该角的两边：在 BD＝10 000ᵖ 时，EB＝10 543ᵖ 和 BF＝229ᵖ＝⅓(DE＝两中

心的距离）。由此可推求出其余的边 $FE=10\,373^p$ 以及角 $BEF=50'$。直线 BD 与 FE 相交于 X 点。于是交点角 $DXE=BDA-FED=$ 平均行度减真行度。$DXE=DBE+BEF$〔$=2°21'+50'$〕$=3°11'$。把此数从 $39°1'$〔$=ADB$〕减去,余量$=$角 $FED=35°50'=$ 偏心圆高拱点与行星之间的角度。但是高拱点位置$=159°$〔Ⅴ,11〕。两角合在一起为 $194°50'$。此为木星对于中心 E 的真位置,但看起来该行星是在 $205°9'$〔Ⅴ,14,见上〕。因此,差值$=10°19'$属于视差。

现在绕中心 E 画地球轨道 RST,其直径 RET 平行于 BD,而 R 为视差远地点。按〔在 Ⅴ,14 开端所述〕平均视差近点角的测定,取弧 $RS=111°15'$。穿过地球轨道两边延长直线 FEV。V 为行星的真远地点。$REV=$ 平均远地点与真远地点的角度差$=DXE$,由此得整个弧 $VRS=114°26'$〔$=RS+RV=111°15'+3°11'$〕,而由 $180°$ 减去 $SEV=114°26'$ 的余数$=65°34'$。但上面刚求得视差 $EFS=10°19'$,于是在三角形 EFS 中剩余的角 $FSE=104°7'$。因此三角形 EFS 各角已知。可得边长比值为：$FE:ES=9698:1791$[88]。于是取 $BD=10\,000$,在 $FE=10\,373^p$ 时,$ES=1916$。然而托勒密在取偏心圆半径$=60^p$〔《至大论》,Ⅺ,2〕时,求得 $ES=11^p30'$[89]。这几乎是与 $1916:10\,000$ 相同的比值。因此在这方面我与他似乎并无差异。

于是直径 $ADC:$ 直径 $RET=5°13':1^{p}$[90]。与此相似,$AD:ES$ 或 $RE=5^p13'9'':1^p$。用同样办法可得 $DE=21'29''$[91] 和 $BF=7'10''$。因此,若取地球轨道半径$=1^p$,则当木星在远地点时,整个 $ADE-BF=5^p27'29''$〔$=5^p13'9''+21'29''-7'9''$〕;当该行星在远地点时,余量 $EC+BF$〔$=5^p13'9''-21'29''+7'9''$〕$=4°58'49''$;而当该行星位于远地点与近地点中间时,有一个相应的数值。由这些数字可得出下面的结论。木星在远地点时的最大视差$=10°35'$,在近地点为 $11°35'$,而这两个极端值之差$=1°$。这样一来,木星的均匀行度及其视行度均已定出。

第 15 章 火　　星

现在我应当用火星在古代的三次冲来分析它的运转。我又一次要把地球在古代的运动与行星冲日联系起来。在托勒密所报道的三次冲〔《至大论》,Ⅹ,7〕中,第一次出现在哈德里安 15 年埃及历 5 月 26 日之后的午夜后 1 个均匀小时。按托勒密的观测结果,当时该行星位于双子宫内 21° 处,但对恒星天球来说是在 $74°20'$〔双子宫 $21°=81°0'-6°40'=74°20'$〕。他于哈德里安 19 年埃及历 8 月 6 日之后的午夜前 3 小时记录到第二次冲,那时行星在狮子宫内 $28°50'$,但在恒星天球上为 $142°10'$〔狮子宫 $28°50'=148°50'(-6°40')=142°10'$〕。第三次冲发生在〔皮厄斯〕安东尼厄斯 2 年埃及历 11 月 12 日之后的午夜前 2 均匀小时,当时行星位于人马宫内 $2°34'$ 处,而在恒星天球上为 $235°54'$〔人马宫 $2°34'=242°34'(-6°40')=235°54'$〕。

于是在第一次与第二次冲之间有 4 埃及年 69 日加上 20 小时$=50$ 日-分[92],而除整圈运转外行星的视行度$=67°50'$〔$=142°10'-74°20'$〕。由第二次至第三次冲历时 4 年 96 日 1 小时[93],行星的视行度$=93°44'$〔$=235°54'-142°10'$〕。但是在第一时段中。除整圈运转外平均行度＝81°44′；而在第二时段为95°28′。于是在取偏心圆半径＝60ᵖ时，托勒密求得〔《至大论》，Ⅹ，7〕两个中心之间的全部距离＝12ᵖ；但在取半径＝10 000ᵖ时，相应的距离＝2000ᵖ。从第一冲点到高拱点的平均行度＝41°33′；然后按次序在下一段，即由高拱点至第二冲点，平均行度＝40°11′；至于在第三冲点与低拱点之间，平均行度＝44°21′。

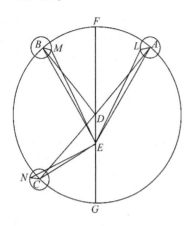

然而按我的均匀运动假设，偏心圆和地球轨道的中心间的距离＝1500ᵖ＝托勒密的偏心度（＝2000ᵖ）的¾，而其余的¼＝500ᵖ为小本轮的半径。现在按这样的方式以 D 为心画偏心圆 ABC。通过两个拱点画直径 FDG，令此线上的 E 点为周年运转圆周的中心。令 A、B、C 依次为各次观测到的冲点位置。弧段 AF＝41°33′，FB＝40°11′和 CG＝44°21′。绕 A、B 和 C 的每一点以半径＝距离 DE 的1/3，描小本轮。连接 AD、BD、CD、AE、BE 及 CE。在这些小本轮中画 AL、BM 和 CN，使角 DAL、DBM 和 DCN＝ADF、BDF 和 CDF。

图 5-17

在三角形 ADE 中，因已知角 FDA〔＝41°33′〕，可得角 ADE＝138°27′⁽⁹⁴⁾。进而言之，有两边已知：在 AD＝10 000ᵖ 时，DE＝1500ᵖ。由此可知，用同样单位，剩下的边 AE＝11 172ᵖ，而角 DAE＝5°7′。于是整个 EAL〔＝DAE＋DAL＝5°7′＋41°33′〕＝46°40′。在三角形 EAL 中情况也如此，即已知角 EAL〔＝46°40′〕以及两边：在取 AD＝10 000ᵖ 时，AE＝11 172ᵖ 和 AL＝500ᵖ。也可知角 AEL＝1°56′。与角 DAE 相加时，AEL 给出 ADF 与 LED 的整个差值＝7°3′以及 DEL＝34½°⁽⁹⁵⁾。

与此相似，在第二次冲时，已知三角形 BDE 的角 BDE＝139°49′〔＝180°－（FDB＝40°11′）〕，而在 BD＝10 000ᵖ 时，边 DE＝1500ᵖ。由此可得边 BE＝11 188ᵖ，角 BED＝35°13′，而其余的角 DBE〔＝180°－（139°49′＋35°13′）〕＝4°58′。因此由已知边 BE 与 BM〔＝11 188 500〕所夹的整个角 EBM〔＝DBE＋（DBM＝BDF）4°58′＋40°11′〕＝45°9′⁽⁹⁶⁾。于是由此可得角 BEM＝1°53′，而剩下的角 DEM〔＝BED－BEM＝35°13′－1°53′〕＝33°20′。因此整个 MEL〔＝DEM＋DEL＝33°20′＋34½°〕＝67°50′＝由第一次至第二次冲时行星看起来移动的角度，这个数值与实测结果〔＝67°50′〕相符。

在第三次冲时情况亦复如此。三角形 CDE 的两边 CD 与 DE 已知〔＝10 000ᵖ，1500ᵖ〕。它们所夹角 CDE〔＝弧 CG〕＝44°21′。于是在取 CD＝10 000ᵖ 或 DE＝1500ᵖ 时，可得底边 CE＝8988ᵖ，角 CED＝128°57′，以及剩余角 DCE＝6°42′〔＝180°－（44°21′＋128°57′⁽⁹⁷⁾）〕。于是又一次在三角形 CEN 中整个角 ECN〔＝（DCN＝CDF＝180°－44°21′＝135°39′）＋（DCE＝6°42′）〕＝142°21′，而它由已知边 EC 与 CN〔8988ᵖ，500ᵖ〕夹出。由此也可知角 CEN＝1°52′。因此在第三次冲时剩余的角 NED〔＝CED－CEN＝128°57′－

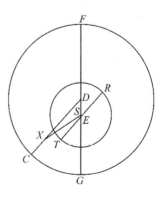

图 5-18

$1°52'$〕$=127°5'$。但是已求得 $DEM=33°20'$。余量 MEN〔$NED-DEM=127°5'-$ $33°20'$〕$=93°45'$在第二次与第三次冲之间的视运动角。在此求得的数值也与观测值符合得很好〔$93°45'$与$93°44'$相比较〕。前面已说明，在这次最后观测到的火星冲，行星看起来是在$235°54'$，与偏心圆远地点的距离为$127°5'$〔$=∡NEF$〕。于是火星偏心圆的远地点当时在恒星天球上的位置为$108°49'$〔$=235°54'-127°5'$〕。

现在绕中心 E 描地球的周年轨道 RST，其直径 RET 平行于 DC。须使 R 为视差远地点和 T 为近地点。沿 EX 看来行星是在经度$235°54'$处。已经阐明角 $DXE=8°34'$＝均匀行度与视行度之差〔$=DCE+CEN=6°42'+1°52'$，见前面的图〕。因此平均行度$=244\frac{1}{2}°$〔$\cong235°54'+8°34'=244°28'$〕。但角 $DXE=$中心角 SET，此角同样$=8°34'$。于是，如果从半圆减去弧 $ST=8°34'$，便可得星的平均视差行度$=$弧 $RS=171°26'$。因此，除其他结果外，我用地球运动的假设还说明了在〔皮厄斯〕安东尼厄斯 2 年埃及历 11 月 12 日午后 10 均匀小时，火星的经度平均行度$=244\frac{1}{2}°$，而其视差近点角$=171°26'$。

第 16 章　近来观测到的其他三次火星冲日

我又一次把托勒密对火星的这些观测与自己比较仔细进行的其他三次观测加以对比。第一次出现在公元 1512 年 6 月 5 日午夜 1 小时，那时测得火星的位置为$235°33'$，它与太阳正好相对，而太阳与取为恒星天球起点的白羊宫第一星相距$55°33'$。第二次观测是在公元 1518 年 12 月 12 日午后 8 小时，当时该行星出现在$63°2'$处。第三次观测于公元 1523 年 2 月 22 日午前 7 小时进行，当时行星在$133°20'$处。从第一次到第二次观测共有 6 埃及年 191 日 45 日-分[98]；而由第二次至第三次观测为 4 年 72 日 23 日-分[99]。在第一段时期中，视行度$187°29'$〔$=63°2'+360°-235°33'$〕，但均匀行度$=168°7'$；而在第二时段，视行度$=70°18'$〔$=133°20'-63°2'$〕，但均匀行度$=83°$。

现在重画火星的偏心圆[100]，与以前不同的是这次 $AB=168°7'$ 和 $BC=83°$。于是采用我对土星和木星用过的方法（在此不提这些计算的浩繁、复杂与令人厌倦），求得火星的远地点是在 BC 弧上。它显然不能在 AB 上面，这是因为在该处视行度超过平均行度，其量为$19°22'$〔$=187°29'-168°7'$〕。远地点也不会在 CA 上面。尽管该处视行度为$102°13'=360°-$ $(187°29'+70°18')$，比平均行度$360°-(168°7'+83°=$ $251°7')=108°53'$小一些。然而在位于 CA 之前的 BC 弧段，平均行度$=83°$超过视行度〔$=70°18'$〕的幅度〔$12°42'$〕比在 CA〔该处平均行度$108°53'-$视行度$102°13'=6°40'$〕大一些。但前面已说明〔Ⅴ，4〕，在偏心圆上较小和缩减的〔视〕行度出现在远地点附近。因此应当理所当然地认为远地点位于 BC 上面。

令它为 F，并令圆周直径为 FDG。地球轨道的中心〔E〕以及偏心圆的中心 D 都在这条直径上。我于是

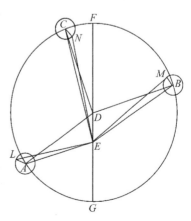

图　5-19

求得 $FCA=125°59′$[101]，并依次得到 $BF=66°25′$[101]，$FC=16°36′$，在取半径 $=10\ 000^P$ 时，$DE=$ 两圆心的距离 $=1460^P$，而用同样单位表示，小本轮半径 $=500^P$。这些数字表明，视行度与均匀行度互相协调一致，并与观测完全符合。

于是按上述情况作成图形。在三角形 ADE 中，已知 AD 和 DE 两边〔$10\ 000^P$，1460^P〕以及从火星的第一冲点至近地点的角 $ADE=54°31′$〔$=$弧 $AG=180°(FCA=125°29′)$〕。因此可得角 $DAE=7°24′$，剩下的角 $AED=118°5′$〔$=180°-(ADE+DAE=54°31′+7°24′)$〕，而第三边 $AE=9229^P$。但按假设，角 $DAL=FDA$。因此整个 EAL〔$=DAE+DAL=7°24′+125°29′$〕$=132°53′$。于是在三角形 EAL 中也是两边 EA 与 AL 已知〔9229^P，500^P〕，它们夹出已知角 A〔$=132°53′$〕。因此其余的角 $AEL=2°12′$，而剩余角 $LED=115°53′$〔$=AED-AEL=118°5′-2°12′$〕。

与此相似，在第二次冲时三角形 BDE 的两边 DB 与 DE 已知〔$10\ 000^P$，1460^P〕。它们所夹角 BDE〔$=$弧 $BG=180°-(BF=66°25′)$〕$=113°35′$[102]。因此，按平面三角定理可得角 $DBE=7°11′$，其余的角 $DEB=59°14′$〔$=180°-(113°35′+7°11′)$〕，在取 $DB=10\ 000^P$ 和 $BM=500^P$ 时，底边 $BE=10\ 668^P$，而整个 EBM〔$=DBE+(DBM=BF)=7°11′+66°25′$〕$=73°36′$[103]。

于是三角形 EBM 也是这样，其已知两边〔$BE=10\ 668$，$BM=500$〕夹出已知角〔$EBM=73°36′$〕，可以得出角 $BEM=2°36′$。从 $DEB=59°14′$ 减去 BEM 后，余量 $DEM=56°38′$。于是由近地点至第二冲点的外角 MEG〔$=DEM=56°38′$的〕补角 $=123°22′$。但是已求得角 $LED=115°53′$。其补角 $LEG=64°7′$。把此角与已得出的 GEM〔$=123°22′$〕相加，并取 4 直角 $=360°$ 时，其和 $=187°29′$。这个数目与从第一冲点到第二冲点的视距离〔$=187°29′$〕相符。

用同样方法可对第三次冲作类似的分析。已经求得角 $DCE=2°6′$，以及在取 $CD=10\ 000^P$ 时 EC 边 $=11\ 407^P$。因此整个角 ECN〔$=DCE+(DCN=FDC)=2°6′+16°36′$〕$=18°42′$。在三角形 ECN 中，CE 与 CN 两边已知〔$11\ 407^P$，500^P〕。于是可求出角 $CEN=50′$。把这个数字与 DCE〔$2°6′$〕相加，其和 $=2°56′=$视行度角 DEN 小于均匀行度角 FDC〔$=$弧 $FC=16°36′$〕的量。因此可知 $DEN=13°40′$[104]。这些数目〔$DEN+DEM=13°40′+56°38′=70°18′$〕又一次与观测到的第二次与第三次冲之间的视行度〔$=70°18′$〕正好相符。

我〔在靠近 Ⅴ，16 开头处〕已经说过，在后一情况下火星出现在距白羊星座头部 $133°20′$ 处。已经求得角 $FEN≅13°40′$。因此可以向后算出，在此最后一次观测时偏心圆远地点在恒星天球上的位置显然 $=119°40′$〔$133°20′-13°40′$〕。在〔皮厄斯〕安东尼厄斯时代，托勒密求得远地点是在 $108°50′$ 处〔《至大论》，Ⅹ，7：巨蟹宫内 $25°30′=115°30′-6°40′$〕。因此从那时到现在，它已经向东移动 $10°50′$〔$=119°40′-108°50′$〕[105]。在取偏心圆半径 $=10\ 000^P$ 时，我还求得两圆心间的距离小了 40^P〔1460^P 与 1500^P 相比〕。原因并不是托勒密或我出了差错，而是可以清楚地证明，地球大圆中心已经向火星轨道中心靠近，此时太

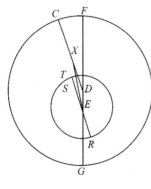

图 5-20

阳却静止不动。这些结论高度地相互吻合，这在后面更是一清二楚〔Ⅴ，19〕。

现在以 E 为心画出地球的周年运动轨道〔RST〕，由于地球和行星的运转相等，该轨道的直径 SER 平行于 CD。令 R＝相对于行星的均匀远地点，而 S＝近地点。取地球在 T 点。把行星的视线 ET 延长，与 CD 相交于 X 点。〔在 Ⅴ，16 开头处〕已经提到过，行星在后一位置看起来是在 ETX 上面，其经度为133°20′。此外，已经求得角 DXE〔在上图中＝CEN+DCE＝50′+2°6′〕＝2°56′。DXE 为均匀行度角 XDF 超过视行度角 XED 的差值。但 SET＝内错角 DXE＝视差行差。从半圆〔STR〕减去此角，余量为177°4′〔＝180°－2°56′〕＝从均匀运动的远地点 R 算起的均匀视差近点角。于是我们在此又一次确定，在公元 1523 年 2 月 22 日午前 7 均匀小时，火星的黄经平行行度＝136°16′〔＝2°56′+（133°20′＝视位置）〕；它的均匀视差近点角＝177°4′〔＝180°－2°56′〕，而偏心圆的高拱点＝119°40′。证讫。

第17章　火星运动的证实

上面已经说明〔Ⅴ，15〕，在托勒密三次观测的最后一次，火星的〔黄经〕平均行度＝244½°，而其视差近点角＝171°26′。因此在〔托勒密的最后一次观测与哥白尼的最后一次观测的〕中间时段，除整圈运转外累计为5°38′〔+171°26′＝177°4′〕。从〔皮厄斯〕安东尼厄斯 2 年埃及历 11 月 12 日午后 9 小时[106]（对克拉科夫经度而言为午夜前 3 均匀小时）到公元 1523 年 2 月 22 日午前 7 小时，共有 1384 埃及年 251 日 19 日-分[107]。按上述计算，在这段时间中除 648 整圈外视差近点角累计为5°38′。预计太阳的均匀行度＝257½°。从这个数字减去视差行度的5°38′，则余量＝251°52′＝火星的经度平均行度。所有这些结果都与上述情况良好相符。

第18章　火星位置的测定

由基督纪元开始至〔皮厄斯〕安东尼厄斯 2 年埃及历 11 月 12 日午夜前 3 小时，共计有 138 埃及年 180 日 52 日-分[108]。在这段时间中视差行度＝293°4′[109]。把这个数目从托勒密最后一次观测〔Ⅴ，15 末尾〕的171°26′另加一整圈〔171°26′+360°＝531°26′〕减去，则余量＝公元元年元旦午夜的238°22′〔＝531°26′－293°4′〕。从第一届奥林匹克到这一时刻历时 775 埃及年 12½ 日。在这段时期中视差行度＝254°1′。同样从238°22′外加一整圈〔238°22′+360°＝598°22′〕减去这一数值，则对第一届奥林匹克求得余量＝344°21′。用同样方法对其他纪元分离出行度，则得亚历山大纪元的起点＝120°39′，而恺撒纪元的起点＝111°25′。

第 19 章　以地球周年运动轨道为单位的火星轨道的大小

除上述外，我还观测到火星掩一颗称为"氐宿一"的恒星，这是在天秤座中的第一颗亮星。我在公元 1512 年元旦进行这次观测。在那天早晨，在中午之前 6 个均匀小时，我看见火星距离该恒星¼°，但是在冬至日出的方向上〔即在东北方〕。这表示当时就经度来说火星是在恒星之东⅛°，而纬度偏北⅛°[110]。已知恒星的位置为距白羊宫第一星191°20′，纬度为北纬40′，于是火星的位置显然为191°28′〔≌191°20′＋⅛°〕，其北纬度＝51′〔≌40′＋⅛°〕。可以算出当时视差近点角＝98°28′，太阳的平位置＝262°，火星的平位置＝163°32′，而偏心圆近点角＝43°52′。

利用这些资料可以画出偏心圆 ABC，其中心为 D，直径为 ADC，远地点为 A，近地点为 C，而在取 AD＝10 000ᴾ 时，偏心度 DE＝1460ᴾ。已知弧 AB＝43°52′。以 B 为心，在 AD＝10 000ᴾ时半径 BF＝500ᴾ，画小本轮使角 DBF＝ADB。连接 BD、BE 与 FE。此外，绕中心 E 画地球的大圆 RST。在其与 BD 平行的直径 RET 上，取 R＝行星视差的〔均匀〕远地点和 T＝行星均匀运动的近地点。设地球位于 S 点，而弧 RS＝均匀视差近点角，其计算值＝98°28′。把直线 FE 延长为 FEV，与 BD 相交于 X 点，并与地球轨道的凸圆周相交于 V＝视差的真远地点。

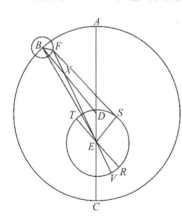

图　5-21

在三角形 BDE 中有两边已知：在取 BD＝10 000ᴾ 时，DE＝1460ᴾ。它们夹出已知角 BDE＝136°8′＝ADB 的补角，因而可知 ADB＝43°52′。由此可求得第三边 BE＝11 097ᴾ和角 DBE＝5°13′。但按假设，角 DBF＝ADB。由已知边 EB 及 BF〔11 097ᴾ，500ᴾ〕夹出的整个角 EBF＝49°5′〔＝DBE＋DBF＝5°13′＋43°52′〕。因此在三角形 BEF 中角 BEF＝2°，而在取 DB＝10 000ᴾ 时，剩余的边 FE＝10 776ᴾ。于是 DXE＝7°13′＝XBE＋XEB＝相对内角〔＝5°13′＋2°〕。DXE 为相减行差，即为角 ADB 超过 XED〔＝36°39′＝43°52′－7°13′〕以及火星平位置超过其真位置的量。但已算出火星平位置＝163°32′。因此其真位置偏西，在156°19′〔＋7°13′＝163°32′〕处。但是对于在 S 附近地区的观测者而言，

火星出现在191°28′处。因此它的视差或位移为偏东35°9′〔＝191°28′－156°19′〕。于是显然可知角 EFS＝35°9′。因 RT 平行于 BD，角 DXE＝REV；与此相同，弧 RV＝7°13′。于是整个 VRS〔RV＋RS＝7°13′＋98°28′〕＝105°41′＝归一化的视差近点角。因此可得三角形 FES 的外角 VES〔＝105°41′〕。于是也可求得相对内角 FSE＝70°32′〔＝VES－EFS＝105°41′－35°9′〕。所有这些角度都用180°＝2 直角的度数表示。

但在一个各角已知的三角形中，其各边的比值也已知。因此若取三角形外接圆的直径＝10 000ᴾ，边长 FE＝9428ᴾ[111]和 ES＝5757ᴾ[112]。于是在取 BD＝10 000ᴾ 时，已知 EF＝10 776ᴾ，应有 ES≌6580ᴾ[113]。这与托勒密得出的结果〔《至大论》，Ⅹ，8；39½∶60〕也相

差甚微,并与之几乎完全相符〔39½：60＝6583⅓：10 000ᴾ〕。但用同样单位表示,整个 $ADE=11\ 460^\mathrm{P}$〔$=AD+DE=10\ 000+1460$〕,而余量 $EC=8540^\mathrm{P}$〔$ADEC=20\ 000^\mathrm{P}$〕。在 $A=$ 偏心圆的高拱点,小本轮减少 500^P,而在低拱点增加同一数量,于是在高拱点为 $10\ 960^\mathrm{P}$〔$11\ 460-500$〕而在低拱点为 9040^P〔$8540+500$〕。因此,取地球轨道半径$=1^\mathrm{P}$,则火星远地点及最大距离$=1^\mathrm{P}39'57''$[(114)],其最小距离$=1^\mathrm{P}22'26''$[(115)],而平均距离$=1^\mathrm{P}31'11''$〔$1^\mathrm{P}39'57''-1^\mathrm{P}22'26''=17'31'';17'31''\div2\cong8'45'';8'45''+1^\mathrm{P}22'26''\cong1^\mathrm{P}39'57''-8'45''$〕。因此对火星而言,其行度的大小和距离也已用地球的运动通过可靠的计算加以解释。

第 20 章　金　　星

在解释了环绕地球的三颗外行星——土星、木星与火星——的运动之后,现在是讨论被地球所围住的那些行星的时候了。我首先谈金星。只要在某些位置的必要观测资料并不缺少,对金星的运动比外行星更容易也可以更清楚地说明。如果求得它在晨昏时在太阳平位置两边的最大距角相等,则可以肯定金星偏心圆高、低拱点正好是太阳的这两个位置之间。用下述事实可使这些拱点区分开。当成对出现的〔最大〕距角较小时,它们是在远地点附近;而在相对的拱点附近,成对的距角较大。最后,在〔两个拱点之间的〕所有其他位置,由距角的相对大小可以毫无疑问地求得金星球体与高或低拱点的距离,还可得出金星的偏心度。托勒密非常清楚地研究了这些课题〔《至大论》,Ⅹ,1—4〕。因此不必逐一重述这些事项,除非是想按我的地球运动假设并由托勒密的观测来得到它们。

他所采用的第一项观测是〔斯密尔纳(Smyrna)的?〕天文学家西翁[(116)]作出的。这次观测于哈德里安 16 年埃及历 8 月 21 日之后的夜间第一小时进行。按托勒密所说〔《至大论》,Ⅹ,1〕,这个时刻$=$公元 132 年 3 月 8 日黄昏。那时金星呈现其最大黄昏距角$=$距太阳平位置$47¼°$,并可算出太阳的该平位置$=$在恒星天球上$337°41'$处[(117)]。托勒密把这次观测与另一次相比,而他说进行另一次观测的时间为〔皮厄斯〕安东尼厄斯 4 年 1 月 12 日破晓时$=$公元 140 年[(118)] 7 月 30 日黎明。他对此又一次指出金星的最大清晨距角$=47°15'$以前与太阳平位置的距离,该平位置$\cong$恒星天球上$119°$处[(119)],而在过去曾经$=337°41'$。显然可知,在这两个位置之间的中点处为彼此相对的两个拱点,其位置为$48⅓°$和$228⅓°$〔$337°41'-119°=218°41';218°41'\div2\cong109°20';109°20'+119°=228°20';228°20'-180°=48°20'$〕,由于二分点岁差,这两个数目都应加$6⅔$。于是正如托勒密所说〔《至大论》,Ⅹ,1〕,两个拱点分别位于金牛宫内$25°$〔$55°=48⅓°+6⅔°$〕及天蝎宫内$25°$〔$=235°=228⅓°+6⅔°$〕处。在这两个位置上的金星高、低拱点,应当是正好相对。

再进一步,为了更强有力地证实这一结果,他采用西翁的另一次观测。此次观测的时间为哈德里安 12 年 3 月 20 日破晓$=$公元 127 年[(120)]10 月 12 日清晨。那时又一次发现金星是在其最大距角处$=$与太阳平位置相距$47°32'=119°13'$[(121)]。除此而外,托勒密还加上自己在哈德里安 21 年$=$公元 136 年所作的一次观测,这是在埃及历 6 月 9 日$=$罗马历 12 月 25 日,在下一个夜晚的第一小时,当时又一次求得黄昏距角$=$距平太阳$47°32'=265°$[(122)]。但在

西翁的上次观测时,太阳的平位置＝191°13′。这些位置的中点〔265°－191°13′＝73°47′;
73°47′÷2≅36°53′;36°53′＋191°13′＝228°6′;228°6′－180°＝48°6′又一次≅48°20′,228°20′,
而这些应当为远地点和近地点的位置。从二分点量起,这些点＝金牛宫与天蝎宫内25°处。
按下述〔《至大论》,Ⅹ,2〕,托勒密有另外两次观测来区分这两个位置。

　　一次是西翁的观测,时间为哈德里安13年11月3日＝公元129年5月21日,在破
晓时。当时他测得金星的清晨最大距角＝44°48′[123],而太阳的平均行度＝48⅚°,金星出
现在恒星天球上4°〔≅48°50′－44°48′〕处。托勒密自己进行了另一次观测,时间在哈德里
安21年埃及历5月2日,我查出这为罗马历公元136年11月18日[124]。在此之后夜晚
第一小时,太阳的平均行度＝228°54′[125],由此可得金星的黄昏最大距角＝47°16′,而行星
本身出现在276⅙°〔＝228°54′＋47°16′〕。用这些观测可使两个拱点区分开;即高拱点＝
48⅓°。金星在该处的最大距角较小,而低拱点＝228⅓°,此处最大距角大一些。证讫。

第21章　地球和金星轨道直径的比值

　　由上述资料还可求得地球与金星轨道直径之比。以 C 为心画地球轨道 AB。通过两
个拱点画直径 ACB,取它上面的 D 为金星轨道中心,而金星轨道对圆 AB 而言是偏心
的。令 A ＝远日点位置。当地球在远日点时,金星轨道中心〔距地球〕最远。太阳的平均
行度线 AB 在48⅓°〔的 A〕处。而 B ＝金星的近日点,在228⅓°。
此外画直线 AE 和 BF,它们与金星轨道相切于 E 和 F 两点。
连接 DE 及 DF。

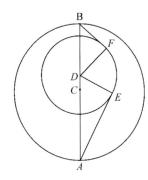

图 5-22

　　 DAE 是在圆心的角,它所对的弧＝44⅘°〔＝在西翁第三次
观测中的最大距角,见Ⅴ,20〕,而 AED 为直角。因此三角形
DAE 各角均已知:于是可得它的边长,即在取 AD ＝10 000ᴾ
时, DE ＝两倍 DAE 所对弦的一半＝7046ᴾ[126]。用同样方法,在
直角三角形 BDF 中,已知角 DBF ＝47°16′[127],以及当 BD ＝
10 000ᴾ时,弦 DF ＝7346ᴾ。于是取 DF ＝ DE ＝7046ᴾ时,按这样
的单位 BD ＝9582ᴾ[128]。于是整个 ACB ＝19 582ᴾ〔＝ BD ＋ AD

＝9582ᴾ＋10 000ᴾ〕; AC ＝1/2〔 ACB〕＝9791ᴾ,而 CD ,即〔从 BC（＝ AC）＝9791 减去 BD
的〕余量＝209ᴾ。在取 AC ＝1ᴾ时, DE ＝43⅙′,而 CD ≅1¼′[129]。取 AC ＝10 000ᴾ时, DE
＝ DF ＝7193ᴾ,而 CD ≅208ᴾ[130]。证讫。

第22章　金星的双重运动

　　然而金星绕 D 点并非作简单的均匀运动。托勒密的两次观测〔《至大论》,Ⅹ,3〕尤其
可以证明此点。他进行其中一次观测的时间为哈德里安18年埃及历8月2日＝罗马历
公元134年2月18日。那时太阳的平均行度＝318⅚°[131],金星于清晨出现在黄道上

$275\frac{1}{4}°$[(132)]处。已经达到其距角的最大极限$=43°35'$[$+275°15'=318°50'$]。在[皮尔斯]安东尼厄斯3年埃及历8月4日=罗马历公元140年2月19日清晨时,托勒密完成了第二次观测。那时太阳的平位置也是$=318\frac{5}{6}°$,金星离它为黄昏最大距角$=48\frac{1}{3}°$,并出现在经度$7\frac{1}{6}°$[(133)][$=48°20'+318°50'-360°$]处。

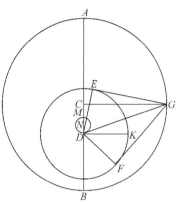

图 5-23

在了解到这一情况后,在同一地球轨道上取地球所在点G,使$AG=$圆周的一个象限。太阳在其平均运动中在两次观测时看来各在圆周的相对一面,太阳在金星偏心圆远地点西面的距离即为AG[$48\frac{1}{3}°+360°-90°=318°20'\cong318\frac{5}{6}°$]。连接$GC$,并作$DK$与之平行。画$GE$和$GF$与金星轨道相切。连接$DE$、$DF$及$DG$。

在第一次观测时,角EGC[(134)]$=$清晨距角$=43°35'$。在第二次观测时,$CGF=$黄昏距角$=48\frac{1}{3}°$。二者之和$=$整个$EGF=91\frac{11}{12}°$。因此$DGF=\frac{1}{2}$[EGF]$=45°57\frac{1}{2}'$。[把DGF从$CGF=48\frac{1}{3}°$减去时,$48\frac{1}{3}°-45°57\frac{1}{2}'=2°22\frac{1}{2}'$]余量$CGD\cong2°23'$。但$DCG$为直角。因此在[直角]三角形$CGD$中各角已知,各边的比值可知,于是在取$CG=10\,000^p$时,长度$CD=416^p$[(135)]。然而上面已求得,在同样单位中两圆心距离$=208^p$[V,21]。现在它正好大了一倍。于是当CD等分于M点时,同样可得$DM=208^p=$整个这一进退变化。如果这个变化再次等分于N,此为这个运动的中点和归一化点。由此可知,与三个外行星一样,金星的运动也由两个均匀运动合成。无论是在那些情况下为偏心本轮[V,4],还是如前面所述的任何其他方式,情况都如此。

然而就运动的式样和度量而言,这颗行星与其他行星有所区别。而(按我的看法)用一个偏心偏心圆可以更容易和更方便地说明这一点。于是,假如以N为心,DN为半径画一个小圆,而金星圆周[的中心]按下述规律在此小圆上旋转和移动。每当地球接触到含有偏心圆高、低拱点的直径ACB时,行星圆周中心总是位于[距地球轨道中心C]最近的地方,即是在M点。但当地球位于中间拱点(例如G)时,[行星]圆周中心到达D点,此时CD为[距地球轨道中心C的]最大距离。于是由此可知,当地球在其自身轨道上运行一周时,行星圆周的中心绕中点N旋转两次,并且是在与地球运动相同的方向上,即是向东。下面即将看清楚,通过对金星的这一假设,它的均匀行度和视行度与每一种情况都相符。到此为止对金星求得的每项结果都与现代数值吻合。只是偏心距减少了约$1/6$。以前它为416^p[托勒密,《至大论》,X,3;$2\frac{1}{2}^p$:$60^p=416\frac{2}{3}$],但是许多次观测表明它现在是350^p[$416\times5/6=347$]。

第23章 金星运动的分析

我从这些观测中采用两次精度最高的观测[《至大论》,X,4]。

早期版本：

一次是托勒密于〔皮厄斯〕安东尼厄斯 2 年 5 月 29 日[136]破晓前进行的观测。在月亮与天蝎前额最北面〔三颗星中〕第一颗亮星之间的直线上，托勒密看见金星与月球的距离为与恒星距离的 1½ 倍。恒星的位置已知，即为〔黄经〕209°40′和北纬1⅓°。为了确定金星的位置，值得查明月亮被观测到的地点。

从基督诞生至这次观测时在亚历山大城午夜后 4¾ 小时，历时 138 埃及年 18 日，但在克拉科夫为地方时 3¾ʰ 或均匀时 3ʰ41ᵐ＝9ᵈᵐ23ᵈˢ[137]。太阳按其平均均匀行度当时在255½°[138]，按其视行度为在人马宫内23°〔＝263°〕处。于是月亮离太阳的均匀距离＝319°18′，其平均近点角＝87°37′，而它距其北限的平均黄纬近点角＝12°19′。由此可算出月球的真位置＝209°4′和北纬4°58′。加上当时的两分点岁差＝6°41′，这使月亮位于天蝎宫内5°45′〔＝215°45′＝209°4′＋6°41′〕。用仪器可测出，在亚历山大城室女宫内 2°位于中天，而天蝎宫里25°正在升起。因此按我的计算结果，月球的黄经视差为51′，黄纬视差为16′。于是就在亚历山大城观测到并经改正的数值而言，月亮的位置为209°55′〔＝209°4′＋51′〕和北纬4°42′〔＝4°58′−16′〕。由此定出金星的位置＝209°46′和北纬2°40′[139]。

现在令地球轨道为 AB，其中心在 C，而通过两拱点的直径为 ACB。设从 A 点望去金星是在其远地点＝48⅓°，而 B 为相对的点＝228⅓°。取 AC＝10 000，在直径上截出距离 CD＝312ᴾ。以 D 为心，取半径 DF＝⅓CD，即 104ᴾ，画小圆。

因太阳的平均位置＝255½°，故地球与〔金星〕低拱点的距离＝27°10′〔＋228⅓°＝255½°〕。于是令弧 BE＝27°10′。连接 EC、ED 和 DF，使角 CDF＝2×BCE[140]。然后以 F 为心画出金星的轨道。直线 EF 与直径 AB 相交于 0。令 EF 的延长线与金星的凹面圆周相交于 L。还向这段圆周画平行于 CE 的 FK。设行星位于 G 点。连接 GE 与 GF[141]。

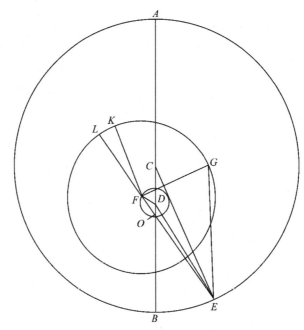

既然这些准备都已完成,我们的任务是求弧 KG=行星与其轨道平均远地点 K 的距离,并求角 CEO。在三角形 CDE 中,角 DCE=27°10′,而在取 CE=10 000 时,边 CD=312$^\mathrm{p}$。于是其余的边 DE=9724,而角 CED=50′[142]。与此相似,在三角形 DEF 中两边已知,即当 DF=104 和 CE=10 000 时,DE=9724$^\mathrm{p}$。ED 与 DF 两边所夹角〔EDF〕已知。还有 CDF=54°20′〔=2×(BCE=27°10′)〕以及 FDB=半圆〔减去 CDF=54°20′〕的余量=125°40′。因此整个 FDE=153°40′[143]。于是可得在以上单位中 EF 边=9817,以及角 DEF=16′。

整个 CEF〔=DEF+CED=16′+50′〕=1°6′。此为平均行度与绕中心 F 的视行度之差,即为 BCE 与 EOB 两角之差。因此便得 BOE=28°16′〔=27°10′+1°6′〕,这是我们的第一项任务。

其次,角 CEG=45°44′=行星与太阳平位置之间的距离〔=255½°-209°46′〕。于是整个 FEG〔=CEG+FEC=45°44′+1°6′〕=46°50′。但在取 AC=10 000 时,已知 EF=9817$^\mathrm{p}$,并在上述单位中已求得 FG=1193。于是在三角形 EFG 中,可知 EF 和 FG 两边之比〔9817∶7193〕以及角 FEG〔=46°50′〕。还可得角 EFG=84°19′。由此可知外角 LFG=131°6′=弧 LKG=行星与其轨道的视远地点的距离。但前已阐明,角 KFL=CEF=平拱点与真拱点之差=1°6′。从131°6′减去此角,余量=130°=由行星至平拱点的弧 KG。圆周的其余部分=230°=从 K 点量起的均匀近点角。于是我们对〔皮厄斯〕安东尼厄斯 2 年(=公元 138 年)12 月 16 日午夜后 3 小时 45 分[144],求得在克拉科夫的金星均匀近点角=230°。此为我们所求的数量。

一次为提摩恰里斯于托勒密·费拉德法斯(Ptolemy Philadelphus)13 年=亚历山大死后 52 年,埃及历 12 月 18 日破晓时进行的观测。据报道,在这次观测时看见金星掩食室女左翼四颗恒星中最偏西的一颗。按对该星座的描述,此为第六颗星,其经度=151½°[145],纬度=北1⅙°,而星等=3。于是金星的位置显然可知〔=151½°〕。可算出太阳的平位置=194°23′。

情况如插图所示,A 点在48°20′处,弧 AE=146°3′〔=194°23′-48°20′〕。BE=〔从半圆减去 AE=180°-146°3′的〕余量=33°57′。此外,角 CEG=行星与太阳平位置的距离=42°53′〔=194°23′-151½°〕。在取 CE=10 000$^\mathrm{p}$ 时,线段 CD=312$^\mathrm{p}$〔=208$^\mathrm{p}$+104$^\mathrm{p}$〕。角 BCE〔=弧 BE〕=33°57′。于是在三角形 CDE 中其余的角为 CED=1°1′〔和 CDE=145°2′〕,而第三边 DE=9743$^\mathrm{p}$。但角 CDF=2×BCE〔=33°57′〕=67°54′。从半圆减去 CDF,余量=BDF=112°6′。三角形 CDE 的一个外角 BDE〔=CED+(DCE=BCE)=1°1′+33°57′〕=34°58′。于是整个 EDF〔=BDE+BDF=34°58′+112°6′〕=147°4′[146]。当 DE=9743$^\mathrm{p}$ 时,已知 DF=104$^\mathrm{p}$。此外,在三角形 DEF 中,角 DEF=20′。整个 CEF〔=CED+DEF=1°1′+20′〕=1°21′,而边 EF=9831$^\mathrm{p}$。但是已经知道整个 CEG=42°53′。因此〔从 CEG(=42°53′)减去 CEF(=1°21′)的〕余量 FEG=41°32′。当 EF=9831$^\mathrm{p}$ 时,FG=〔金星〕轨道半径=7193$^\mathrm{p}$。因此在三角形 EFG 中,通过已知的各边比值并通过角 FEG,可得其余两角,其中 EFG=72°5′。把此值与半圆相加,其和=252°5′=从〔金星〕轨道高拱点量起的弧 KLG[147]。于是我们又一次确定:在托勒密·费拉德法斯 13 年 12 月 18 日破晓时,金星的视差近点角=252°5′。

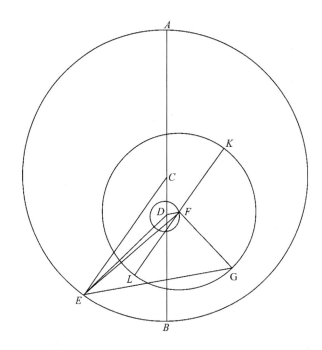

图 5-25

我自己在日没后 1 小时观测金星的另一位置，这是在公元 1529 年 3 月 12 日午后第 8 小时之初。我看见金星开始被月亮两角之间的阴暗边缘所掩食。这次掩星延续到该小时之末或稍迟一些，那时观察到行星从〔月球的〕另一面，在两角之间弯曲边缘的中点向西闪现出来。因此显然可知，正在该小时的当中或其前后，月亮与金星呈现中心会合，这是我在佛罗蒙波克目睹过的景象。金星的黄昏距角仍在继续增加，还未达到与其轨道相切的程度。从基督纪元开始算起，共有 1529 埃及年 87 日加上视时间 7½ 小时[148]，但按均匀时间为 7 小时 34 分钟。太阳在其简单行度中的平位置 $=332°11'$，二分点岁差 $=27°24'$，月球离开太阳的均匀行度 $=33°57'$，它的均匀近点角 $=205°1'$，而它的黄纬〔行度〕$=71°59'$。由此可算出月亮的真位置 $=10°$，但相对于分点而言〔在金牛宫内 $7°24'〔=37°24'=10°+27°24'$〕，其黄纬 $=$ 北 $1°13'$。因为天秤宫内 $15°$ 正在升起，月球的黄经视差 $=48'$，而黄纬视差 $=32'$。于是它的视位置 $=$ 金牛宫内 $6°36'〔=7°24'-48'$〕。但它在恒星天球上的经度 $=9°12'〔=10°-48'$〕，其北纬度 $=41'〔=1°13'-32'$〕。金星在黄昏时的视位置是一样的，那时它与太阳的平位置相距 $37°1'〔332°11'+37°1'=369°12'=9°12'$〕，地球与金星高拱点的距离 $=$ 西面 $76°9'〔+332°11'=408°20'-360°=48°20'$〕。

现在仿照前面的结构模型再次绘图，不同之处只是弧 EA 或角 $ECA=76°9'$。$CDF=2\times ECA=152°18'$。在取 $CE=10\,000^P$ 时，按现在求得的结果，偏心度 $CD=246^P$，而 $DF=104^P$。因此在三角形 CDE 中，我们有角 $DCE=$〔从 $180°$ 减去 $ECA=76°9'$ 后的〕余量 $=103°51'$，为两已知边〔$CD=246^P$，$CE=10\,000^P$〕所夹。由此可得角 $CED=1°15'$，第三边 $DE=10\,056^P$，而余下的角 $CDE=74°54'〔=180°-(DCE+CED=103°51'+1°51')$〕。但是 $CDF=2\times ACE〔=76°9'〕=152°18'$。从 CDF 减去角 $CDE〔=74°54'$〕，则余量为 $EDF=77°24'〔=152°18'-74°54'$〕。于是又一次在三角形 DEF 中，两边（在取

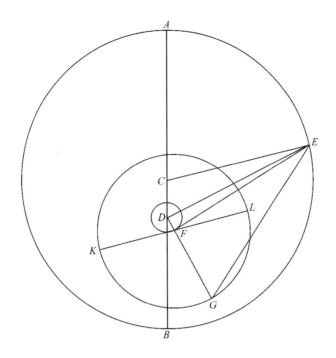

图 5-26

$DE = 10\ 056^\text{P}$ 时，$DF = 104^\text{P}$）夹出已知角 EDF〔$= 77°24'$〕。还已知角 $DEF = 35'$ 以及其余的边 $EF = 10\ 034^\text{P}$。于是整个角 CEF〔$= CED + DEF = 1°15' + 35'$〕$= 1°50'$。此外，整个角 $CEG = 37°1' = $ 行星离太阳平位置的视距离。从 CEG 减去 CEF 时，余量 FEG〔$= 37°1' - 1°50'$〕$= 35°11'$。由此可知，三角形 EFG 同样如此，即角 E 已知〔$= 35°11'$〕，两边也已知：在 $FG = 7193^\text{P}$ 时，$EF = 10\ 034^\text{P}$。于是其他两角也可定出：$EGF = 53\frac{1}{2}$ 的 $EFG = 91°19' = $ 行星与其轨道真近地点间的距离。

但直径 KFL 画成与 CE 平行，于是 $K = $〔行星〕均匀运动的远地点，而 $L = $ 近地点。〔从 $EFG = 91°19'$〕减去角 $EFL = CEF$〔$= 1°50'$〕。余量 $= $ 角 $LFG = $ 弧 $LG = 89°29'$。$KG = $ 从半圆〔减去 LG〕的余量 $= 90°31' = $ 从其轨道均匀高拱点量起的行星视差近点角。此即对我观测的这一时刻我们所要求的数量。

然而在提摩恰里斯的观测中，相应的数值 $= 252°5'$。于是在中间这段时期中，除 1115 整圈外还有 $198°26'$〔$= (90°31' + 360° = 450°31') - 252°5'$〕。从托勒密·费拉德法斯 13 年 12 月 18 日破晓至公元 1529 年 3 月 12 日午后 7½ 小时，历时 1800 埃及年 236 日加上大约 40 日-分[149]。把 1115 圈加 $198°26'$ 的行度乘以 365 日。将乘积除以 1800 年 236 日 40 日-分。结果为年行度 $= 3 \times 60°$ 加 $45°1'45''3'''40''''$。把这个数目分配给 365 日，其结果 $= $ 日行度 $= 36'59''28'''$。这就是编制前面已刊载的表〔见 V，1 之后〕的依据。

V，23 结束段的早期版本：

然而在托勒密的前次观测时，数值为 $230°$。因此在此时期中，除整圈外还有

220°31′〔＝（90°31′＋360°＝450°31′）－230°〕。从〔皮厄斯〕安东尼厄斯 2 年 5 月 20 日克拉科夫时间午前 8¼ 小时到公元 1529 年 3 月 12 日午后 7½ 小时,共历 1391 埃及年 69 日 39 日-分 23 日-秒[150]。同样可算出在此时间内除整圈外有 220°31′。按〔Ⅴ,1 之后的〕平均行度表,整圈数为 859。因此可知该表是正确的。与此同时,偏心圆两拱点的位置不变,仍在 48⅓° 和 228°20′。

第 24 章　金星近点角的位置[①]

早期版本:

金星平均近点角的位置[②]

于是容易确定金星视差近点角的位置。从基督诞生到托勒密的观测共有 138 埃及年 18 日 9½ 日-分[151]。与这段时间相对应的行度为 105°25′。把这一数值从托勒密的观测值 230° 中减去,余数 124°35′〔＝230°－105°25′〕为在〔公元 1 年〕元旦前午夜时的金星近点角。于是按常用的行度与时间计量方法可求得其他的位置。对第一届奥林匹克为 318°9′,对亚历山大为 79°14′,对恺撒为 70°48′。

由第一届奥林匹克到托勒密·费拉德法斯 13 年 12 月 18 日破晓,共有 503 埃及年 228 日 40 日-分[152]。可算出在此期间的行度＝290°39′。从 252°5′ 减掉这个数目,再加 1 整圈〔612°5′－290°39′〕,余数＝321°26′＝第一届奥林匹克的起点。从这一位置,通过对行度和时间的计算可以得到其余的位置。对经常提到的时间纪元有:亚历山大纪元＝81°52′,恺撒纪元＝70°26′,而基督纪元＝126°45′。

第 25 章　水　　星

我已经说明金星与地球的运动有何联系,以及各圆周的比值低于哪一数值时它的均匀运动隐而不见。剩下的是水星。虽然它的运转比金星或前面讨论过的〔其他〕任何行星都更复杂,它无疑地也会遵循同样的基本假设。从古代观测者的经验显然可知,水星与太阳的〔最大〕距角在天秤宫为极小,而在对面的〔白羊〕宫〔最大〕距角较大一些(这是应当的)。可是它的〔最大〕距角的极大值并不出现在这个位置,而是在〔白羊宫〕两侧的某些其他位置,即是在双子宫与宝瓶宫中。按托勒密的论证〔《至大论》,Ⅺ,8〕,在〔皮厄斯〕安东尼厄斯的时代情况尤其如此。其他的行星都没有这种位移。

古代天文学家相信这个现象的解释是地球不动,而水星在其由一个偏心圆所载的大本轮上运动。他们认识到,单独一个简单的偏心圆不能说明这些现象。(甚至在他们让偏心圆不是绕其本身的中心而绕另一中心旋转时,情况也如此。)他们还不得不假定,负

---

①② 此处"位置"的含义为起始点。

载本轮的同一偏心圆是在另一个小圆上运动,这正如他们对月球偏心圆所承认的情况〔Ⅳ,1〕。于是便有三个中心:第一个属于运载本轮的偏心圆,第二是小圆的,而第三个归属于晚近天文学家称之为"载轮"①的圆周。古人忽视前两个中心,而让本轮绕载轮的中心均匀运转。这种情况与〔本轮运动的〕真实中心、它的相对距离以及其他两个圆周原有的中心,都根本不符。古人深信,这颗行星的现象只有用托勒密在《至大论》中〔Ⅸ,6〕详尽阐述的论点才能加以解释。(153)

然而为了使此最后的行星从非议者的曲解和托词中拯救出来,并使其均匀运动与前述行星一样可用地球运动来显示,我认为它的偏心圆上面〔所负载的圆周〕也是一个偏心圆,而并非古代所承认的本轮。然而此图像与金星〔Ⅴ,22〕不同,有一个小本轮在〔外〕偏心圆上运动。行星并不沿小本轮的圆周运转,而是沿它的直径起伏运动。前面在论述二分点岁差时已经阐明〔Ⅲ,4〕,这〔种沿直线的运动〕也可能是由均匀的圆周运动合成的。这不足为奇,因为普罗克拉斯在其所著《欧几里得几何原本评论》一书中也已说明,一条直线也可由多重运动形成(154)。水星的现象可用这一切〔设想〕来论证。

但为了使假设更为清楚,令地球的大圆为 AB,其中心在 C。在直径 ACB 上,取 B、C 两点之间的 D 为心并取直径=⅓CD,画小圆 EF,使 F 离 C 最远,而 E 最近。绕中心 F 画水星的〔外偏心〕圆 HI。然后以其高拱点 I 为心,增画行星所在的小本轮〔KL〕。令偏心偏心圆 HI 具有在偏心圆上的本轮的作用。

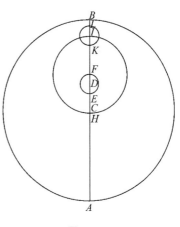

在按上述方法作图之后,令所有这些〔点〕依次出现在直线 $AHCEDFKILB$ 上。但同时设行星在 K 点,即是在离 F=负载小本轮的圆周之中心为最短距离=KF 处。取此〔K〕点为水星运转的起点。设在地球运行一次时圆心 F 在同一方向上,即向东运转两次。行星在 KL 上运动的速度与此相同,但它是在直径上对圆周 HI 的中心做起伏运动。

图 5-27

由这些图像可知,每当地球是在 A 或 B 时,水星〔外偏心〕圆的中心为 F=与 C 点相距最远处。但当地球位于〔A 与 B 之间的〕中点并与它们相距一个象限时,〔水星外偏心圆的〕中心在 E=它最接近〔C〕的地方。按这个次序得出的图像与金星〔Ⅴ,22〕相反。进而言之,按这个规律当水星穿过小本轮的直径 KL 时,它最靠近负载小本轮的圆周的中心;这即是说当地球超过直径 AB 时,水星位于 K。当地球是在〔A 与 B 之间〕任一边的中点时,行星到达 L=〔它与负载小本轮之圆周的中心的〕距离为极大处。这样一来便出现了与地球周年运动周期一样大的,两个彼此相等的双重运转。其中一个为〔外偏心〕圆的中心在小圆 EF 上的运动;另一个是行星沿直径 LK(155)的运转。

但是与此同时,小本轮或直线 FL 绕圆周 HI 及其中心做均匀运动,大约88天运行一周,而这与恒星天球无关。然而在我称之为"视差的运动"中(这种运动超过地球的运

---

① 原文为 equant。

动），小本轮在 116 日[156]内赶上地球。更精确的数值可从平均行度表〔在 V ，1 末〕查出。因此可知，水星在其自身的运动中并非总是遵循相同的圆周。与此相反，按其与均轮中心的距离，它扫描出变化极大的途程——在 K 点为最小，在 L 最大，而在 I 居中。在月球的小本本轮中〔IV，3〕可以找到几乎相同的变化。但是月球在圆周上的变化，对水星而言表现在沿直径的往返运动上。可是这是均匀运动叠加而成的。至于这如何形成，我在前面论述二分点岁差时已经加以解释〔III，4〕。然而后面在讨论黄纬时〔VI，2〕，我还将对这一课题补充一些别的论述。上面的假设足以说明水星的一切观测现象，而这由对托勒密和其他人所作观测的回顾可以清楚地看出。

第 26 章　水星高、低拱点的位置

托勒密于〔皮厄斯〕安东尼厄斯元年 11 月 20 日日没后观测水星，当时这颗行星位于离太阳平均位置的黄昏距角为最大处〔《至大论》，IX，7〕。这是在公元纪元开始后的 138 年 188 日克拉科夫时间 42½ 日-分[157]。因此按我的计算，太阳的平位置＝63°50'[158]，而（如托勒密所说）用仪器观察该行星是在巨蟹宫内7°〔＝97°〕处。但在减去春分点岁差（当时＝6°40'）之后，水星的位置显然＝在恒星天球上从白羊宫起点量出的90°20'〔＝97°－6°40'〕，而它离平太阳的最大距解＝26½°〔＝90°20'－63°50'〕。

托勒密进行第二次观测的时间为〔皮厄斯〕安东尼厄斯 4 年 7 月 19 日黎明＝从基督纪元开端算起的 140 年 67 日，加上大约 12 日-分[159]，此时平太阳在303°19'处[160]。通过仪器看见水星在摩羯宫内13½°〔＝283½°〕处，但在恒星之间从白羊宫起点计量约为276°49'〔≅283½°－6°40'〕。因此，同样可知它的最大清晨距角＝26½°〔＝303°19'－276°49'〕。它离太阳平位置距角的极限在两边是相等的，因此水星的两个拱点应在两个位置中间，即在276°49'[161]与90°20'之间，亦即为3°34'以及与之正好相对的183°34'〔276°49'－90°20'＝186°29'，186°29'÷2≅93°15'，276°49'－93°15'＝183°34'，183°34'－180°＝3°34'〕。这些应为水星的两个拱点，即高、低拱点的位置。

和金星的情况〔V，20〕一样，这些拱点可由两次观测区分开来。其中第一次是在哈德里安 19 年 3 月 15 日破晓时〔由托勒密，见《至大论》，IX，8〕进行的，当时太阳的平位置＝182°38'[162]。水星离它的最大清晨距角＝19°3'，这是因为水星的视位置＝163°35'[163]〔＋19°3'＝182°38'〕。也在哈德里安 19 年（＝公元 135 年）[164]，于埃及历 9 月 19 日黄昏时，借助仪器发现水星是在恒星天球上27°43'处[165]，而按平均行度太阳位置为4°28'[166]。〔和金星的情况一样，见 V，20〕又一次出现这种情况，即行星的最大黄昏距角＝23°15'，大于在此之前的〔清晨距角＝19°3'〕。于是完全清楚，当时水星的远地点约在183⅓°〔≅183°34'〕，而非在别处。证讫。

第 27 章　水星偏心距的大小及其圆周的比值

利用这些观测可以同时得出圆心之间的距离以及各圆的大小。令直线 AB 通过水星的两个拱点，A 为高拱点，B 为低拱点，并令 AB 也为〔地球〕大圆的直径，而其中心为 C。以 D 为心画行星的轨道。然后画与轨道相切的直线 AE 和 BF。连接 DE 及 DF。

在上述两次观测的前面一次，看出最大清晨距角＝19°3′，因此角 CAE＝19°3′。但在另一次观测时求得最大黄昏距角＝23¼°。因此在两个直角三角形 AED 与 BFD 中各角均已知，各边之比也可知。于是在取 AD＝100 000^{p} 时，ED＝轨道半径＝32 639^{p}[167]。然而，若取 BD＝100 000^{p}，则在此单位中 FD＝39 474^{p}[168]。但当取 AD[169]＝100 000^{p} 时，FD(为轨道的一个半径)＝ED＝32 639^{p}。在该单位中，〔AB－AD 的〕余量 DB＝82 685^{p}[170]。于是 AC＝½〔AD＋DB＝100 000^{p}＋82 685^{p}＝182 685^{p}〕＝91 342^{p}，而 CD＝〔AD－AC＝100 000^{p}－91 342^{p} 的〕余量＝8658^{p}＝〔地球轨道与水星轨道〕圆心间的距离。然而取 AC＝1^{p} 或60′时，水星轨道半径＝21′26″，而 CD＝5′41″[171]。在取 AC＝100 000^{p} 时，DF＝35 733^{p}[172]，而 CD＝9479^{p}。证讫。

但是这些长度并非到处相同，而与出现在平均拱点附近的数值大相径庭。据西翁和托勒密〔《至大论》，Ⅸ，9〕报告，在这些位置所观测到的晨、昏距角就表明这一点。西翁于哈德里安 14 年 12 月 18 日日没后＝基督诞生后 129 年 216 日 45 日-分[173]，观测水星的最大黄昏距角，当时太阳平位置＝93½°[174]，即在水星平拱点〔≅1/2(183°34′－3°34′)〕附近〔＝90°＋3°34′〕。通过仪器看到该行星是在狮子宫第一星之东[175] 3⅚°处。因此它的位置＝119¾°[176]〔≅3°50′＋115°50′〕，而其最大黄昏距角＝26¼°〔＝119¾°－93½°〕。据托勒密报告，另一个最大距角是他自己观测到的，时间为〔皮厄斯〕安东尼厄斯 2 年 12 月 21 日[177]破晓＝基督历 138 年 219 日 12 日-分[178]。同样可知太阳的平位置＝93°39′[179]。他由此求得水星的最大清晨距角＝20¼°，这是因为看见它在恒星天球上 73⅖°处[180]〔73°24′＋20°15′＝93°39′〕。

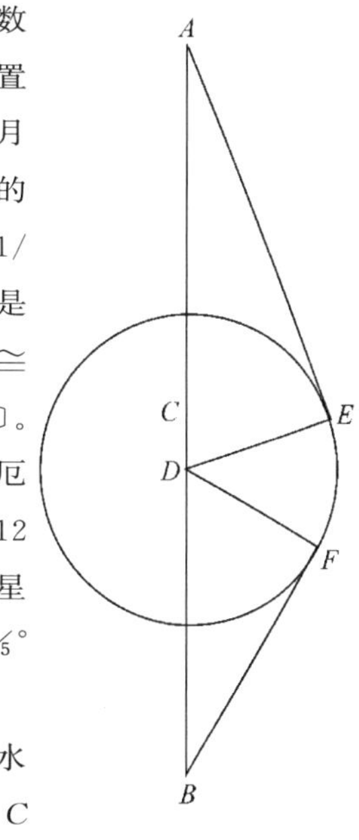

图　5-28

现在重画〔地球〕大圆直径 $ACDB$。和前面一样，令它通过水星的两个拱点。在 C 点画垂线 CE，作为太阳的平均行度线。在 C 和 D 之间取 F 点。绕此点画水星轨道，而直线 EH 与 EG 为其切线。连接 FG、FH 及 EF。

再一次要求定 F 点以及半径 FG 与 AC 之比。已知角 CEG＝26¼°和 CEH＝20¼°。因此整个 HEG〔＝CEH＋CEG＝20°15′＋26°15′〕＝46½°。HEF＝1/2〔HEG＝46½°〕＝23¼°。CEF＝〔HEF－CEH＝23¼°－20¼°的〕余量＝3°。因此在直角三角形 CEF 中，在取 CE＝AC＝10 000^{p}，已知边长 CF＝524^{p}[181] 和斜边 FE＝10 014^{p}。当地球位于该行星的高或低拱点处时，上面〔Ⅴ，27的前面部分〕已求得整个 CD＝948^{p}。DF＝水星轨道

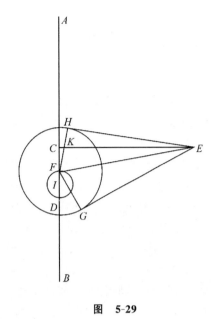

图 5-29

中心所扫出小圆的直径＝〔CD＝948ᵖ 超出 CF＝524ᵖ 的〕多余部分＝424ᵖ，因而半径 IF＝212ᵖ〔＝直径 DF 的 1/2〕。于是整个 CFI＝〔CF＋FI＝524ᵖ＋212ᵖ〕≅736½ ᵖ(182)。

与此相似，在三角形 HEF 中（H 为直角）还已知 HEF＝23¼°(183)。于是在取 EF＝10 000ᵖ 时，显然可得 FH＝3947ᵖ。但在取 CE＝10 000ᵖ 时，EF＝10 014ᵖ，此时 FH＝3953ᵖ(184)。然而上面已求得 FH〔在 V, 27 开头，该处所用符号为 DF〕＝3573ᵖ。令 FK＝3573ᵖ。于是 HK＝〔此 FH－FK＝3953ᵖ－3573ᵖ 的〕余量＝380ᵖ＝行星与 F 的距离的最大变化，而 F＝行星轨道中心。〔当行星运动时，〕轨道由高、低拱点延伸到平拱点。由于有这个距离及其变化，行星绕其轨道中心 F 描出不相等的圆。这些圆随不同的距离而变。最短的距离＝3573ᵖ〔＝FK〕，而最长距离＝3953ᵖ〔＝FH〕。它们的平均值应当＝3763ᵖ〔380ᵖ÷2＝190ᵖ，190ᵖ＋3573ᵖ，3953ᵖ－190ᵖ〕。证讫。

第28章 为什么水星在六角形一边（离近地点为60°）附近的距角看起来大于在近地点的距角

进而言之，在一个六角形的边与〔一个外接〕圆的交点附近，水星的距角比在近地点处为大，这于是就不足为奇了。〔这些在离近地点 60°处的距角〕甚至超过我〔在 V, 27 末尾〕已经求得的距角。因此古人(185)相信，在地球运转一周时水星轨道有两次最靠近地球。

作角 BCE＝60°。因为假定 F 在 E（＝地球）运转一周时转了两周，故角 BIF＝120°。连接 EF 和 EI。当取 EC＝10 000ᵖ 时，〔在 V, 27 已求得 CI＝736½ᵖ，而角 ECI 已知＝60°。因此在三角形 ECI 中，其余的边 EI＝9655ᵖ，而角 CEI≅3°47′。CEI＝ACE－CIE。但已知 ACE＝120°〔按图形＝BCE（＝60°）的补角〕。因此 CIE＝116°13′〔＝ACE－CEI＝120°－3°47′〕。但同样由图形可知 FIB＝120°＝2×ECI〔＝60°〕〔与 FIB＝120°〕合成一个半圆的 CIF＝60°。EIF＝〔CIE－CIF＝116°13′－60°的〕余量＝56°13′。但在取 EI＝9655ᵖ〔V, 28，上面时〔在 V, 27〕已求得 IF＝212ᵖ。此两边夹出已知角 EIF〔＝56°13′〕。由此可得角 FEI＝1°4′。CEF＝〔CEI－FEI＝3°47′－1°4′的〕余量＝2°43′＝行星轨道中心与太阳平位置之差值。〔在三角形 EFI 中〕其余的边 EF＝9540ᵖ。

现在绕中心 F 画水星轨道 GH。从 E 画 EG 和 EH 与此轨道相切。连接 FG 及 FH。我们应当首先确定在这个情况下半径 FG 或 FH 的大小。这可用下述方法办到。当 AC＝10 000ᵖ 时，作一个直径 KL＝380ᵖ〔＝最大变化；V, 27〕的小圆。沿此或与之相当的直径，设想行星在直线 FG 或 FH 上接近或离开圆心 F，其情况与前面所谈的二分点岁差〔Ⅲ,4〕相似。按假设 BCE 截出的弧段 $=60°$，取 $KM=$ 同样分度的 $120°$。画 MN 垂直于 KL。$MN=$ 与 $2×KM$ 或 $2×ML$ 所对之弦的一半。由欧几里得《几何原本》Ⅷ,12 与 Ⅴ,15 相结合可以证明,MN 所截出的 $LN=$ 直径的 $\frac{1}{4}=95^P$〔$=\frac{1}{4}×380^P$〕。于是 $KN=$ 直径的其余 $\frac{3}{4}=285^P$〔$=380-95$〕。这与行星的最短距离〔$=3573^P$；Ⅴ,27〕相加 $=$ 在本例中所求线段 FG 或 $FH=3858^P$〔$=3573^P+285^P$〕,此时同样有 $AC=10\ 000^P$ 并已求得 $EF=9540^P$〔Ⅴ,28 前面〕。因此在直角三角形 FEG 或 FEH 中,〔EF 与 FG 或 FH〕两边已知。于是角 FEG 或 FEH 也已知。取 $EF=10\ 000^P$,则 FG 或 $FH=4044^{p(186)}$,其所张的角 $=23°52\frac{1}{2}'$。因之整个 GEH〔$=FEG+FEH=2×23°52\frac{1}{2}'$〕$=47°45'$。但在低拱点只看到 $46\frac{1}{2}°$；而在平拱点,与此相似为 $46\frac{1}{2}°$〔Ⅴ,27〕。由此可知,在此处角度比该两种情况都大 $1°14'$〔$\cong47°45'-46°30'$〕。原因并非行星轨道比在近地点时更靠近地球,而是在此处行星描出比在该处更大的圆周。这一切结果都与过去及现在的观测相符,并都由均匀运动产生。

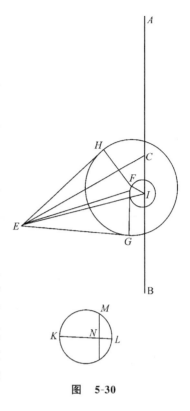

图 5-30

第 29 章 水星平均行度的分析

在更早的观测中〔《至大论》,Ⅸ,10〕可以找到一次水星出现的记录。这是在托勒密·费拉德法斯 21 年埃及历 1 月 19 日破晓时,水星是在穿过天蝎前额第一和第二颗星直线东面两个月亮直径和第一星北面一个月亮直径处[187]。已知第一颗星的位置 $=$ 黄经 $209°40'$,北纬 $1\frac{1}{3}°$；第二颗星的位置 $=$ 黄经 $209°$,南纬 $1°\frac{1}{2}°\frac{1}{3}°=1\frac{5}{6}°$[188]。由此可推求出水星的位置 $=$ 经度 $210°40'$〔$209°40'+(2×\frac{1}{2}°)$〕,$\cong$ 北纬 $1\frac{5}{6}°$〔$=1\frac{1}{3}°+\frac{1}{2}°$〕。自亚历山大之死历时 59 年 17 日 45 日-分；按我的计算,太阳的平位置 $=228°8'$；而行星的清晨距角 $=17°28'$。在此后的四天中[189],发现距角仍在增加。因此行星肯定尚未达到其最大清晨距角,也还没有到其轨道的切点,而仍在靠近地球的低弧段上运行。因为高拱点 $=183°20'$〔Ⅴ,26〕,它与太阳平位置的距离 $=44°48'$〔$=228°8'-183°20'$〕。

接着和前面〔Ⅴ,27〕一样,令 $ACB=$ 大圆的直径。从 $C=$〔大圆的〕中心,画太阳的平均运动线 CE,使角 $ACE=44°48'$。以 I 为心,画负载偏心圆中心 F 的小圆。按假设取角 $BIF=2×ACE$〔$=2×44°48'$〕$=89°36'$。连接 EF 与 EI。

在三角形 ECI 中两边已知：在取 $CE=10\ 000^P$ 时,$CI=736\frac{1}{2}^{p(190)}$〔Ⅴ,27〕。这两边夹出已知角 $ECI=135°12'=ACE$〔$=44°48'$〕的补角。余下的边 $EI=10\ 534^P$,而角 $CEI=2°49'=ACE-EIC$。因此可知 $CIE=41°59'$〔$=44°48'-2°49'$〕。但 $CIF=BIF$〔$=89°36'$〕的补角 $=$

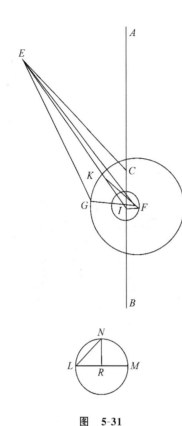

图 5-31

$90°24'$。于是整个 $EIF = [CIF + EIC = 90°24' + 41°59'] = 132°23'$。

在三角形 EFI 中，夹出 EIF 的也是已知边，即为假设 $AC = 10\,000^p$ 时的 $EI = 10\,534^p$ 和 $IF = 211\frac{1}{2}^p$。由此可知角 $FEI = 50'$，而其余的边 $EF = 10\,678^p$。$CEF = [CEI - FEI = 2°49' - 50'$ 的] 余量 $= 1°59'$。

现在画小圆 LM。在取 $AC = 10\,000^p$ 时，其直径 $LM = 380^{p(191)}$。按假设令弧 $LN = 89°36'$。画它的弦 LN 以及与 LM 垂直的 NR。于是 $(LN)^2 = LM \times LR$。按此已知比值，在取直径 $LM = 380^p$ 时，可得 LR 的长度 $\cong 189^p$。行星在沿此 $[LR]$ 或与之相当的直线上运动时，已经偏离其轨道中心 F，此时直线 EC 扫出角 ACE。于是当这段长度 $[189^p]$ 与 3573^p = 最短距离 $[V, 27]$ 相加时，在这种情况下其和 $= 3762^p$。

因此以 F 为心，取半径 $= 3762^p$ 画一个圆。画直线 EQ，与 [水星轨道的] 凸圆周相交于 G 点，使角 $CEG = 17°28'$ = 行星离太阳平位置的视距角 $[= 228°8' - 210°40']$。连接 FG 以及与 CE 平行的 FK。从整个角 CEG 中减去 CEF，余量 $FEG = 15°29' [= 17°28' - 1°59']$。于是在三角形 EFG 中已知两边：$EF = 10\,678^p$ 和 $FG = 3762^p$，以及角 $FEG = 15°29'$。由此得出角 $EFG = 33°46'$。$EFG - EFK (= [内错角] CEF) = KFG = 弧 KG = 31°47' [= 33°46' - 1°59']$。此为行星与其轨道平均近地点 $= K$ 的距离。如果 KG 与一个半圆相加，其和 $= 211°47' [= 180° + 31°47'] =$ 在这次观测中视差近点角的平均行度。证讫。

第 30 章　水星运动的最近观测

上述分析这一行星运动的方法是古人遗留给我们的。但是他们得益于尼罗河流域晴朗的天空。（据说）那里没有维斯杜那河赋予我们的浓雾。我们居住在条件较差的区域，大自然吝而不与该项裨益。此地空气不甚宁静，加以天球倾角很大，这使我们更少看见水星，甚至在它与太阳的距角为最大时情况也如此[192]。水星在白羊宫和双鱼宫升起时，以及在另一端，即在室女宫及天秤宫沉没时，我们都看不见。进而言之，即使在晨昏时刻，它也不会在巨蟹宫或双子宫的任何一处露面。除非太阳已进入狮子宫，它从来不会在夜晚出现。由此可知，我们在研究这颗行星的运行时，往往困惑难解并耗费大量劳力。

因此我从在纽伦堡[193]精细观测的位置中，借用其中的三个。第一个为瑞几蒙塔纳斯的学生贝恩哈德·瓦耳脱（Bernhard Walther）所测定。时间为公元 1491 年 9 月 9 日午夜后 5 个均匀小时。他用环形星盘[194]指向毕宿五①观测。他看见水星在室女宫内 13½°〔=163½°〕[195]、北纬 1°50′处。当时该行星开始晨没,而在这以前若干日内它在清晨出现的次数逐渐减少[196]。从基督纪元开始以来,共有 1491 埃及年 258 日 12½日-分[197]。太阳自身的平位置=149°48′。但从春分点算起为在室女宫内 26°47′〔=176°47′〕[198]。于是水星的距角≅13¼°〔176°47′−163°50′=13°17′〕。

第二个位置是约翰·熊奈尔(Johann Schøner)[199]于公元 1504 年 1 月 9 日[200]午夜后 6½小时测定的,那时天蝎座内 10°正在纽伦堡上空的中天位置。他看见行星是在摩羯宫内 3⅓°和北纬 0°45′处。可以算出从春分点量起的太阳平位置=摩羯宫[201]内 27°7′〔=297°7′〕,而清晨时水星在西面 23°47′处。

第三次观测也是约翰〔·熊奈尔〕于同一年即 1504 年 3 月 18 日[202]进行的。他测出水星是在白羊宫内 26°55′[203]、北纬约 3°处,当时巨蟹宫里 25°正在过纽伦堡的中天·他的浑仪于午后 7½小时指向同一颗星,即毕宿五。那时太阳相对于春分点的平位置=白羊宫内 5°39′,而水星于黄昏离太阳的距角=21°17′〔≅26°55′−5°39′〕。

从第一至第二位置的测定历时 12 埃及年 125 日 3 日-分 45 日-秒[204]。在此时期内太阳的简单行度=120°14′[205],而水星的视差近点角=316°1′[206]。第二段时期有 69 日 31 日-分 45 日-秒[207],太阳的平均简单行度=68°32′[208],而水星的平均视差近点角=216°。

我希望根据这三次观测来分析目前水星的运动。我认为应当承认,在这些观测中从托勒密到现在测定的各圆周的大小仍然正确。这是因为并未发现早期研究者对其他行星在这方面走入歧途。如果除这些观测外我还求得偏心圆拱点的位置,则对这颗行星的视运动不再缺少什么东西了。我已经假定高拱点的位置=211½°,即在天蝎宫内 18½°[209]。我无法使它变得小一些而不影响观测。于是可得在第一次测定时偏心圆的近点角,我指的是太阳平位置与远地点的距离=298°15′[210];在第二次,=58°29′[211];而在第三次,=127°1′[212]。

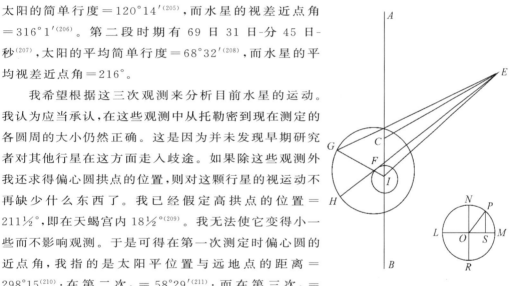

图 5-32

现在按前面的模型作图,不同之点是取角 ACE=61°45′〔=360°−298°15′〕=在第一次观测时平太阳线的远地点西面的距离。令由此而出现的一切都与假设相符。当取 AC=10 000ᴾ 时,已知 IC〔V,29〕=736½ᴾ。在三角形 ECI 中,还已知角 ECI[213]〔=180°−(ACE=61°45′)=118°15′〕。于是可知角 CEI=3°35′,并在取 EC=10 000ᴾ 时,边 IE=10 369ᴾ,以及 IF=211½ᴾ〔V,29〕。

于是在三角形 EFI 中也是这样,已知两边的比值〔IE:IF=10 369ᴾ:211½ᴾ〕。按图,角 BIF=123½°=2×ACE〔=61°45′〕。CIF=〔BIF=123½°的〕补角=56½°。因此

————————————

① 即金牛座 α 星。

整个 EIF〔$(CIF+EIC=56°30'+(EIC=ACE-CEI=61°45'-3°35'=58°10')$〕$=114°40'$。由此可知 $IEF=1°5'$，而边 $EF=10\ 371^p$。于是角 $CEF=2\frac{1}{2}°$〔$=CEI-IEF=3°35'-1°5'$〕。

然而，为了确定进退运动可使以 F 为心的圆与远地点或近地点的距离增加多少，画一个小圆，它由直径 LM 和 NR 在圆心 O 四等分。取角 $POL^{(214)}=2×ACE$〔$=61°45'$〕$=123\frac{1}{2}°$。由 P 点作 PS 垂直于 LM。于是，按已知比值 OP（或与之相等的 LO）：$OS=10\ 000^p：5519^p=190：150^{(215)}$。当 $AC=10\ 000^p$ 时，这些数目相加成为 $LS=295^p$，即为行星距中心 F 更远的限度。把 295^p 与 $3573^p=$ 最短距离〔V，27〕相加。其和 $=3868^p=$ 现在的数值。

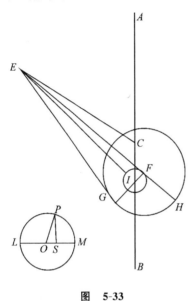

图 5-33

以此为半径，绕中心 F 画圆 HG。连接 EG，并延长 EF 成直线 EFH。已求得角 $CEF=2\frac{1}{2}°$。由观测得 $GEC=13\frac{1}{4}°=$〔瓦耳脱观测到的〕在清晨行星与平太阳的距离。于是整个 FEG〔$=GEC+CEF=13°15'+2°30'$〕$=15\frac{3}{4}°$。但在三角形 EFG 中，$EF：FG=10\ 371^p：3868^p$，而角 E 已知〔$=15°45'$〕。我们由此还可知角 $EGF=49°8'$。于是剩下的外角〔$GFH=EGF+GEF=49°8'+15°45'$〕$=64°53'$。从整个圆减去这个数量，余量 $=295°7'=$ 真视差近点角。把此角与角 CEF〔$=2°30'$〕相加，其和 $=$ 平均和均匀〔视差近点角〕$=297°37'$，此即我们所求。对此加上 $316°1'$〔$=$ 第一次与第二次观测之间的视差近点角〕，于是可得第二次观测的均匀视差近点角 $=253°38'$〔$=297°37'+316°1'=613°38'-360°$〕。我还将证明这是正确的并与观测相符。

我们取角 $ACE=58°29'$，作为在第二次观测时偏心圆的近点角。于是，又一次出现这种情况，在三角形 CEI 中两边已知：当取 $EC=10\ 000^p$ 时，$IC=736^p$〔以前和今后为 $736\frac{1}{2}^p$〕还已知角 ECI，即〔$ACE=58°29'$ 的〕补角 $=121°31'$。因此，用同一单位，第三边 $EI=10\ 404^p$，而角 $CEI=3°28'$。与此相似，在三角形 EIF 中，角 $EIF^{(216)}=118°3'$，而当 $IE=10\ 404^p$ 时，边 $IF=211\frac{1}{2}^p$。因此，在同样单位中第三边 $EF=10\ 505^p$，而角 $IEF=61'$。于是余量 FEC〔$=CEI-IEF=3°28'-1°1'=2°27'=$ 偏心圆的行差。把此量与平均视差行度相加，其和 $=$ 真〔视差行度〕值 $=256°5'$〔$=2°27'+253°38'$〕。

现在我们在引起进退运动的小本轮上取弧 LP 或角 $LOP=2×ACE$〔$=58°29'$〕$=116°58'^{(217)}$。于是，再次如此，在直角三角形 OPS 中因已知两边的比值为 $OP：OS=10\ 000^p：4535^p$，故在取 OP 或 $LO=190^p$ 时，$OS=86^{p(218)}$。整个 LOS 的长度〔$=LO+OS=190^p+86^p=276^p$。把此量与最短距离 $=3573^p$〔V，27〕相加，其和 $=3849^p$。

以此为半径，绕中心 F 作圆 HG，使视差的远地点为 H 点。令行星与 H 点的距离为向西延伸 $103°55'$ 的弧 HG。此为一次完整运转与经过改正的视差行度〔$=$ 平均行度＋相加行差＝真行度〕＝256°5′〔＋103°55′＝360°〕之差额。因此 EFG，即〔$HFG＝103°55'$ 的〕补角＝76°5′。于是再次在三角形 EFG 中两边已知：$FG＝3849^P$，此时取 $EF＝10\,505^P$。于是角 $FEG＝21°19'$。将此量与 CEF〔＝2°27′〕相加，则得整个 $CEG＝23°46'$＝大圆中心 C 与行星 G 之间的距离。此距离与观测到的距角〔＝23°47′〕也仅略有差异。

如果取角 $ACE＝127°1'$ 或其补角 $BCE＝52°59'$，则可第三次进一步证实这种吻合。我们又有一个两边已知的三角形〔ECI〕：当取 $EC＝10\,000^P$ 时，$CI＝736\frac{1}{2}^P$。这些边夹出的角 ECI[(219)]＝52°59′。由此可知角 $CEI＝3°31'$，并在取 $EC＝10\,000^P$ 时，边 $IE＝9575^P$。按图，已知角 $EIF＝49°28'$，而夹出它的两边也已知，即当 $EI＝9575^P$ 时，$FI＝211\frac{1}{2}^P$。于是〔在三角形 EIF 中〕用该单位表示剩余的边〔EF〕＝9440^P，而角 $EIF＝59'$。从整个 IEC〔＝3°31′〕减去此量，则余数＝FEC[(220)]＝2°32′。这是偏心圆近点角的相减行差。我曾经把第二时段的〔平均视差近点角〕216°与〔第二次观测时的均匀视差近点角〕253°38′相加，定出平均视差近点角为

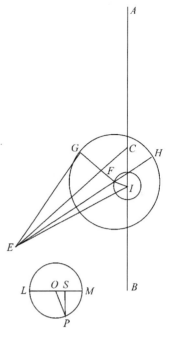

图 5-34

〔216°＋253°38′＝469°38′－360°＝〕109°38′。把它与上面求得的数量〔2°32′〕相加，则可得真〔视差近点角的〕值＝112°10′〔2°32′＋109°38′〕。

现在在小本轮上取角 $LOP＝2×ECI$〔＝52°59′〕＝105°58′。此处也是如此，根据 PO：OS 比值，可得 $OS＝52^P$，于是整个 $LOS＝242^P$〔＝$LO＋OS＝190^P＋52^P$〕。把此数〔242^P〕与最短距离＝3573^P 相加，即得〔距离的〕改正值＝3815^P。以此为半径，绕中心 F 作圆，圆上的视差高拱点为 H，H 在延长的直线 EFH 上。取真视差近点角为弧 $HG＝112°10'$，并连接 GF。于是补角 $GFE＝67°50'$。夹出此角的边已知，在取 $EF＝9440^P$ 时，$GF＝3815^P$。由此可定出角 $FEG＝23°50'$。从此量中减去行差 CEF〔＝2°32′〕，则余量 $CEG＝21°18'$＝昏星〔G〕与大圆中心〔C〕之间的距离。这与由观测求得的距离〔＝21°17′〕几乎相同。

因此，这三个位置与观测相符这一事实，无疑地证实了我的假设，即偏心圆高拱点目前位于恒星天球上 211$\frac{1}{2}$°处，并验证了由此产生的推论是正确的，即在第一位置的均匀视差近点角＝297°37′，在第二位置＝253°38′，而在第三位置＝109°38′。这些都是我们所求的结果。

在托勒密·费拉德法斯 21 年埃及历 1 月 19 日破晓，在那次古代观测时，（按托勒密的意见）偏心圆高拱点的位置＝在恒星天球上 183°20′处，同时平均视差近点角＝211°47′〔Ⅴ，29〕。在最近的一次与那次古代的观测之间的时段＝1768 埃及年 200 日 33 日-分[(221)]。在此期间偏心圆高拱点的恒星天球上移动了 28°10′〔＝211°30′－

183°20′〕,而除 5570 整圈外视差行度＝257°51′〔＋211°47′＝469°38′;469°38′＋360°＝第三次观测的109°38′〕。在 20 年中大约有 63 个周期[222],所以在〔20×88＝〕1760 年内共有〔88×63＝〕5544 周期。在其余的 8 年 200 日中有 26 个周期〔20:8½≌63:26〕。由此可知,在 1768 年[223] 200 日[224] 33 日-分中除 5570〔＝5544＋26〕圈外还有257°51′的余量。这是第一次古代观测与我们的观测所定出的位置之差。这个差值也与我的表〔在 Ⅴ,1 末尾〕所列数字相符。如果我们把这一时段与偏心圆远地点的移动量 28°10′相比,则在均匀的条件下,可知在 63 年〔1768½ʸ÷28⅙＝63ʸ〕中偏心圆远地点的行度＝1°[225]。

第 31 章　水星位置的测定

由基督纪元的起点至最近一次观测共有 1504 埃及年 87 日 48 日-分[226]。在这段时间内,如果不计整圈,则水星近点角的视差行度＝63°14′。把这个数量从〔在第三次近代观测时的近点角〕109°38′中减去,余量＝46°24′＝在基督纪元开始时水星视差近点角的位置。从那个时候回溯到第一届奥林匹克会期的起点,历时 775 埃及年 12½日。对这一时段,除整圈外计算值为 95°3′。把这一数值从基督纪元的起点减去(再借用一整圈),则余量＝第一届奥林匹克会期的起点＝311°21′〔46°24′＋360°＝406°24′－95°3′〕。此外,对从这一时刻至亚历山大之死的 451 年 247 日进行计算,便可求得起点＝213°3′。

第 32 章　进退运动的另一种解释

在结束对水星的讨论之前,我决定考虑另一种方法。它和前述方法同样合理,而用它可以处理和解释进退运动。令圆 GHKP 四等分于中心 F。绕 F 作同心小圆 LM。此外以 L 为心,取半径 LFO＝FG 或 FH,画另一圆周 OR。假设定一整套圆周与其交线 GFR 和 HFP 一起,绕中心 F 离开行星偏心圆的远地点向东移动,每天约 2°7′[227],即为行星视差行度超过地球黄道行度之量。行星在其自身圆周 OR 上离开 G 点的视差行度,几乎等于地球的行度,其余部分来自行星。还假设在同一个周年运转中,如前面谈过的〔Ⅴ,25〕那样,负载行星的圆周 OR 的中心来回运动。这是沿直径 LFM 的天平动,此直径比以前所取的大一倍。

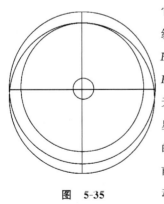

图　5-35

在作出这些安排的情况下,令地球在其平均运动中位于与行星偏心圆的远地点相对的地方。这时取负载行星的圆圈的中心为 L，但行星本身是在 O 点。因为此时行星离 F 最近，于是在整个〔系统〕运动时，行星描出最小的圆圈，其半径为 FO。接着出现的是当地球位于中拱点附近时，行星到达距 F 最远的 H 点，并沿以 F 为心的圆周扫出最长的弧段。这时均轮 OR 与圆周 GH 重合，这是因为它们的中心在 F 汇合。当地球从这个位置往〔行星偏心圆的〕近地点行进，并当 OR 圆的中心向另一极限 M〔摆动〕时，圆周本身升到 GK 之上，而在 R 的行星会再次到达其离 F 最近的位置，并扫出在开始时为它确定的途径。三个相等的运转在此重合，它们是地球返回水星偏心圆的远地点、圆心沿直径 LM 的天平动，以及行星从 FG 线到同一条线的巡回。我已谈过〔Ⅴ，32 前面〕，对这些运转来说唯一的偏离是交点 G、H、K 和 P 离开偏心圆拱点的行度〔≅每日 2°7′〕。

大自然在这颗行星及其引人注目的变化上玩了一种游戏，而该行星的永恒的、精确的和不变的秩序已经证实了这种变化。但在此应当指出，如果没有经度偏离行星不会通过 GH 与 KP 两象限的中间区域。当两个中心有变化时，由此会产生行差。然而中心的非永久性设置了一重障碍。举例来说，假定当中心留在 L 时，行星从 O 开始运行。在 H 附近，它由偏心距 FL 表示的偏离为最大。但是由假设可知，当行星离开 O 运动时，它使由中心间的距离 FL 所产生的偏离开始出现并不断增加。然而当可动中心接近其在 F 的平均位置时，预期的偏离愈来愈小，并在中间交点 H 和 P 附近完全消失，而预计在这些地方偏离应为最大。可是（我承认）甚至在偏离变小时，它隐藏在太阳的光芒之中，于是当行星于晨昏出没时它在圆周上根本不能察觉。我不愿忽视这一模型，它和前述模型同样合理，并对黄纬变化的研究〔Ⅵ，2〕非常适用。

第 33 章　五颗行星的行差表

上面已经论证水星和其他行星的均匀行度与视行度，并用计算加以阐述。以这些计算为例，可以说明对其他任何位置如何计算这两种行度之差。然而为了便于进行计算，我对每颗行星列出专门的表，按一般的做法每个表有 6 栏和 30 行，行的间距为 3°。前两栏所载为偏心圆近点角以及视差的公共数。在各圆周均匀行度与非均匀行度之间出现的偏心圆集合差值，我指的是总差值，见第三栏。第四栏为按六十分之几算出的比例分数。由于地球的距离时大时小，视差按比例分数增加或减少。行差本身见第五栏，行差为在行星偏心圆高拱点处对于大圆的视差。在偏心圆低拱点的视差超过高拱点视差的量，可在第六栏即最后一栏查到。各表见下。

土星行差表

	公共数		偏心圆改正量		比例分数	〔在高拱点的〕大圆视差		〔在低拱点的〕视差超出量	
	°	°	°	′		°	′	°	′
	3	357	0	20	0	0	17	0	2
	6	354	0	40	0	0	34	0	4
	9	351	0	58	0	0	51	0	6
	12	348	1	17	0	1	7	0	8
5	15	345	1	36	1	1	23	0	10
	18	342	1	55	1	1	40	0	12
	21	339	2	13	1	1	56	0	14
	24	336	2	31	2	2	11	0	16
	27	333	2	49	2	2	26	0	18
10	30	330	3	6	3	2	42	0	19
	33	327	3	23	3	2	56	0	21
	36	324	3	39	4	3	10	0	23
	39	321	3	55	4	3	25	0	24
	42	318	4	10	5	3	38	0	26
15	45	315	4	25	6	3	52	0	27
	48	312	4	39	7	4	5	0	29
	51	309	4	52	8	4	17	0	31
	54	306	5	5	9	4	28	0	33
	57	303	5	17	10	4	38	0	34
20	60	300	5	29	11	4	49	0	35
	63	297	5	41	12	4	59	0	36
	66	294	5	50	13	5	8	0	37
	69	291	5	59	14	5	17	0	38
	72	288	6	7	16	5	24	0	38
25	75	285	6	14	17	5	31	0	39
	78	282	6	19	18	5	37	0	39
	81	279	6	23	19	5	42	0	40
	84	276	6	27	21	5	46	0	41
	87	273	6	29	22	5	50	0	42
30	90	270	6	31	23	5	52	0	42

土星行差表

公共数		偏心圆改正量		比例分数	〔在高拱点的〕大圆视差		〔在低拱点的〕视差超出量	
°	°	°	′		°	′	°	′
93	267	6	31	25	5	52	0	43
96	264	6	30	27	5	53	0	44
99	261	6	28	29	5	53	0	45
102	258	6	26	31	5	51	0	46
105	255	6	22	32	5	48	0	46
108	252	6	17	34	5	45	0	45
111	249	6	12	35	5	40	0	45
114	246	6	6	36	5	36	0	44
117	243	5	58	38	5	29	0	43
120	240	5	49	39	5	22	0	42
123	237	5	40	41	5	13	0	41
126	234	5	28	42	5	3	0	40
129	231	5	16	44	4	52	0	39
132	228	5	3	46	4	41	0	37
135	225	4	48	47	4	29	0	35
138	222	4	33	48	4	15	0	34
141	219	4	17	50	4	1	0	32
144	216	4	0	51	3	46	0	30
147	213	3	42	52	3	30	0	28
150	210	3	24	53	3	13	0	26
153	207	3	6	54	2	56	0	24
156	204	2	46	55	2	38	0	22
159	201	2	27	56	2	21	0	19
162	198	2	7	57	2	2	0	17
165	195	1	46	58	1	42	0	14
168	192	1	25	59	1	22	0	12
171	189	1	4	59	1	2	0	9
174	186	0	43	60	0	42	0	7
177	183	0	22	60	0	21	0	4
180	180	0	0	60	0	0	0	0

木星行差表									
公共数		偏心圆改正量		比例分数		〔在高拱点的〕大圆视差		〔在低拱点的〕视差超出量	
°	°	°	′	分	秒	°	′	°	′
3	357	0	16	0	3	0	28	0	2
6	354	0	31	0	12	0	56	0	4
9	351	0	47	0	18	1	25	0	6
12	348	1	2	0	30	1	53	0	8
15	345	1	18	0	45	2	19	0	10
18	342	1	33	1	3	2	46	0	13
21	339	1	48	1	23	3	13	0	15
24	336	2	2	1	48	3	40	0	17
27	333	2	17	2	18	4	6	0	19
30	330	2	31	2	50	4	32	0	21
33	327	2	44	3	26	4	57	0	23
36	324	2	58	4	10	5	22	0	25
39	321	3	11	5	40	5	47	0	27
42	318	3	23	6	43	6	11	0	29
45	315	3	35	7	48	6	34	0	31
48	312	3	47	8	50	6	56	0	34
51	309	3	58	9	53	7	18	0	36
54	306	4	8	10	57	7	39	0	38
57	303	4	17	12	0	7	58	0	40
60	300	4	26	13	10	8	17	0	42
63	297	4	35	14	20	8	35	0	44
66	294	4	42	15	30	8	52	0	46
69	291	4	50	16	50	9	8	0	48
72	288	4	56	18	10	9	22	0	50
75	285	5	1	19	17	9	35	0	52
78	282	5	5	20	40	9	47	0	54
81	279	5	9	22	20	9	59	0	55
84	276	5	12	23	50	10	8	0	56
87	273	5	14	25	23	10	17	0	57
90	270	5	15	26	57	10	24	0	58

木星行差表									
公共数		偏心圆改正量		比例分数		〔在高拱点的〕大圆视差		〔在低拱点的〕视差超出量	
°	°	°	′	分	秒	°	′	°	′
93	267	5	15	28	33	10	25	0	59
96	264	5	15	30	12	10	33	1	0
99	261	5	14	31	43	10	34	1	1
102	258	5	12	33	17	10	34	1	1
105	255	5	10	34	50	10	33	1	2
108	252	5	6	36	21	10	29	1	3
111	249	5	1	37	47	10	23	1	3
114	246	4	55	39	0	10	15	1	3
117	243	4	49	40	25	10	5	1	3
120	240	4	41	41	50	9	54	1	2
123	237	4	32	43	18	9	41	1	1
126	234	4	23	44	46	9	25	1	0
129	231	4	13	46	11	9	8	0	59
132	228	4	2	47	37	8	56	0	58
135	225	3	50	49	2	8	27	0	57
138	222	3	38	50	22	8	5	0	55
141	219	3	25	51	46	7	39	0	53
144	216	3	13	53	6	7	12	0	50
147	213	2	59	54	10	6	43	0	47
150	210	2	45	55	15	6	13	0	43
153	207	2	30	56	12	5	41	0	39
156	204	2	15	57	0	5	7	0	35
159	201	1	59	57	37	4	32	0	31
162	198	1	43	58	6	3	56	0	27
156	195	1	27	58	34	3	18	0	23
168	192	1	11	59	3	2	40	0	19
171	189	0	53	59	36	2	0	0	15
174	186	0	35	59	58	1	20	0	11
177	183	0	17	60	0	0	40	0	6
180	180	0	0	60	0	0	0	0	0

	火星行差表									
	公共数		偏心圆改正量		比例分数		〔在高拱点的〕大圆视差		〔在低拱点的〕视差超出量	
	°	°	°	′	分	秒	°	′	°	′
	3	357	0	32	0	0	1	8	0	8
	6	354	1	5	0	2	2	16	0	17
	9	351	1	37	0	7	3	24	0	25
	12	348	2	8	0	15	4	31	0	33
5	15	345	2	39	0	28	5	38	0	41
	18	342	3	10	0	42	6	45	0	50
	21	339	3	41	0	57	7	52	0	59
	24	336	4	11	1	13	8	58	1	8
	27	333	4	41	1	34	10	5	1	16
10	30	330	5	10	2	1	11	11	1	25
	33	327	5	38	2	31	12	16	1	34
	36	324	6	6	3	2	13	22	1	43
	39	321	6	32	3	32	14	26	1	52
	42	318	6	58	4	3	15	31	2	2
15	45	315	7	23	4	37	16	35	2	11
	48	312	7	47	5	16	17	39	2	20
	51	309	8	10	6	2	18	42	2	30
	54	306	8	32	6	50	19	45	2	40
	57	303	8	53	7	39	20	47	2	50
20	60	300	9	12	8	30	21	49	3	0
	63	297	9	30	9	27	22	50	3	11
	66	294	9	47	10	25	23	48	3	22
	69	291	10	3	11	28	24	47	3	34
	72	288	10	19	12	33	25	44	3	46
25	75	285	10	32	13	38	26	40	3	59
	78	282	10	42	14	46	27	35	4	11
	81	279	10	50	16	4	28	29	4	24
	84	276	10	56	17	24	29	21	4	36
	87	273	11	1	18	45	30	12	4	50
30	90	270	11	5	20	8	31	0	5	5

火星行差表									
公共数		偏心圆改正量		比例分数		〔在高拱点的〕大圆视差		〔在低拱点的〕视差超出量	
°	°	°	′	分	秒	°	′	°	′
93	267	11	7	21	32	31	45	5	20
96	264	11	8	22	58	32	30	5	35
99	261	11	7	24	32	33	13	5	51
102	258	11	5	26	7	33	53	6	7
105	255	11	1	27	43	34	30	6	25
108	252	10	56	29	21	35	3	6	45
111	249	10	45	31	2	35	34	7	4
114	246	10	33	32	46	35	59	7	25
117	243	10	11	34	31	36	21	7	46
120	240	10	7	36	16	36	37	8	11
123	237	9	51	38	1	36	49	8	34
126	234	9	33	39	46	36	54	8	59
129	231	9	13	41	30	36	53	9	24
132	228	8	50	43	12	36	45	9	49
135	225	8	27	44	50	36	25	10	17
138	222	8	2	46	26	35	59	10	47
141	219	7	36	48	1	35	25	11	15
144	216	7	7	49	35	34	30	11	45
147	213	6	37	51	2	33	24	12	12
150	210	6	7	52	22	32	3	12	35
153	207	5	34	53	38	30	26	12	54
156	204	5	0	54	50	28	5	13	28
159	201	4	25	56	0	26	8	13	7
162	198	3	49	57	6	23	28	12	47
165	195	3	12	57	54	20	21	12	12
168	192	2	35	58	22	16	51	10	59
171	189	1	57	58	50	13	1	9	1
174	186	1	18	59	11	8	51	6	40
177	183	0	39	59	44	4	32	3	28
180	180	0	0	60	0	0	0	0	0

金星行差表											金星行差表										
公共数		偏心圆改正量		比例分数		〔在高拱点的〕大圆视差		〔在低拱点的〕视差超出量			公共数		偏心圆改正量		比例分数		〔在高拱点的〕大圆视差		〔在低拱点的〕视差超出量		
°	°	°	′	分	秒	°	′	°	′		°	°	°	′	分	秒	°	′	°	′	
3	357	0	6	0	0	1	15	0	1		93	267	2	0	29	58	36	20	0	50	
6	354	0	13	0	0	2	30	0	2		96	264	2	0	31	28	37	17	0	53	
9	351	0	19	0	10	3	45	0	3		99	261	1	59	32	57	38	13	0	55	
12	348	0	25	0	39	4	59	0	5		102	258	1	58	34	26	39	7	0	58	
15	345	0	31	0	58	6	13	0	6		105	255	1	57	35	55	40	0	1	0	5
18	342	0	36	1	20	7	28	0	7		108	252	1	55	37	23	40	49	1	4	
21	339	0	42	1	39	8	42	0	9		111	249	1	53	38	52	41	36	1	8	
24	336	0	48	2	23	9	56	0	11		114	246	1	51	40	19	42	18	1	11	
27	333	0	53	2	59	11	10	0	12		117	243	1	48	41	45	42	59	1	14	
30	330	0	59	3	38	12	24	0	13		120	240	1	45	43	10	43	35	1	18	10
33	327	1	4	4	18	13	37	0	14		123	237	1	42	44	37	44	7	1	22	
36	324	1	10	5	3	14	50	0	16		126	234	1	39	46	6	44	32	1	26	
39	321	1	15	5	45	16	3	0	17		129	231	1	35	47	36	44	49	1	30	
42	318	1	20	6	32	17	16	0	18		132	228	1	31	49	6	45	4	1	36	
45	315	1	25	7	22	18	28	0	20		135	225	1	27	50	12	45	10	1	41	15
48	312	1	29	8	18	19	40	0	21		138	222	1	22	51	17	45	5	1	47	
51	309	1	33	9	31	20	52	0	22		141	219	1	17	52	33	44	51	1	53	
54	306	1	36	10	48	22	3	0	24		144	216	1	12	53	48	44	22	2	0	
57	303	1	40	12	8	23	14	0	26		147	213	1	7	54	28	43	36	2	6	
60	300	1	43	13	32	24	24	0	27		150	210	1	1	55	0	42	34	2	13	20
63	297	1	46	15	8	25	34	0	28		153	207	0	55	55	57	41	12	2	19	
66	294	1	49	16	35	26	43	0	30		156	204	0	49	56	47	39	20	2	34	
69	291	1	52	18	0	27	52	0	32		159	201	0	43	57	33	36	58	2	27	
72	288	1	54	19	33	28	57	0	34		162	198	0	37	58	16	33	58	2	27	
75	285	1	56	21	8	30	4	0	36		165	195	0	31	58	59	30	14	2	27	25
78	282	1	58	22	32	31	9	0	38		168	192	0	25	59	39	25	42	2	16	
81	279	1	59	24	7	32	13	0	41		171	189	0	19	59	48	20	20	1	56	
84	276	2	0	25	30	33	17	0	43		174	186	0	13	59	54	14	7	1	26	
87	273	2	0	27	5	34	20	0	45		177	183	0	7	59	58	7	16	0	46	
90	270	2	0	28	28	35	21	0	47		180	180	0	0	60	0	0	16	0	0	30

水星行差表									
公共数		偏心圆改正量		比例分数		〔在高拱点的〕大圆视差		〔在低拱点的〕视差超出量	
°	°	°	′	分	秒	°	′	°	′
3	357	0	8	0	3	0	44	0	8
6	354	0	17	0	12	1	28	0	15
9	351	0	26	0	24	2	12	0	23
12	348	0	34	0	50	2	56	0	31
15	345	0	43	1	43	3	41	0	38
18	342	0	51	2	42	4	25	0	45
21	339	0	59	3	51	5	8	0	53
24	336	1	8	5	10	5	51	1	1
27	333	1	16	6	41	6	34	1	8
30	330	1	24	8	29	7	15	1	16
33	327	1	32	10	35	7	57	1	24
36	324	1	39	12	50	8	38	1	32
39	321	1	46	15	7	9	18	1	40
42	318	1	53	17	26	9	59	1	47
45	315	2	0	19	47	10	38	1	55
48	312	2	6	22	8	11	17	2	2
51	309	2	12	24	31	11	54	2	10
54	306	2	18	26	17	12	31	2	18
57	303	2	24	29	17	13	7	2	26
60	300	2	29	31	39	13	41	2	34
63	297	2	34	33	59	14	14	2	42
66	294	2	38	36	12	14	46	2	51
69	291	2	43	38	29	15	17	2	59
72	288	2	47	40	45	15	46	3	8
75	285	2	50	42	58	16	14	3	16
78	282	2	53	45	6	16	40	3	24
81	279	2	56	46	59	17	4	3	32
84	276	2	58	48	50	17	27	3	40
87	273	2	59	50	36	17	48	3	48
90	270	3	0	52	2	18	6	3	56

水星行差表									
公共数		偏心圆改正量		比例分数		〔在高拱点的〕大圆视差		〔在低拱点的〕视差超出量	
°	°	°	′	分	秒	°	′	°	′
93	267	3	0	53	43	18	23	4	3
96	264	3	1	55	4	18	37	4	11
99	261	3	0	56	14	18	48	4	19
102	258	2	59	57	14	18	56	4	27
105	255	2	58	58	1	19	2	4	34
108	252	2	56	58	40	19	3	4	42
111	249	2	55	59	14	19	3	4	49
114	246	2	53	59	40	18	59	4	54
117	243	2	49	59	57	18	53	4	58
120	240	2	44	60	0	18	42	5	2
123	237	2	39	59	49	18	27	5	4
126	234	2	34	59	35	18	8	5	6
129	231	2	28	59	19	17	44	5	9
132	228	2	22	58	59	17	17	5	9
135	225	2	16	58	32	16	44	5	6
138	222	2	10	57	56	16	7	5	3
141	219	2	3	56	41	15	25	4	59
144	216	1	55	55	27	14	38	4	52
147	213	1	47	54	55	13	47	4	41
150	210	1	38	54	25	12	52	4	26
153	207	1	29	53	54	11	51	4	10
156	204	1	19	53	23	10	44	3	53
159	201	1	10	52	54	9	34	3	33
162	198	1	0	52	33	8	20	3	10
165	195	0	51	52	18	7	4	2	43
168	192	0	41	52	5	5	43	2	14
171	189	0	31	52	3	4	19	1	43
174	186	0	21	52	2	2	54	1	9
177	183	0	10	52	2	1	27	0	35
180	180	0	0	52	2	0	0	0	0

第 34 章　如何计算这五颗行星的黄经位置

利用我所编制的这些表，便可以毫无困难地计算这五颗行星的黄经位置。几乎相同的计算程序对它们都适用。然而在这方面，三颗外行星与金星和水星有一些差异。

因此让我先谈土星、木星及火星，对它们的计算可以进行如下。对任一指定时刻，可按前面阐述的方法〔Ⅲ，14；Ⅴ，1〕求出平均行度，我指的是太阳的简单行度和行星的视差行度。接着从太阳的简单位置减去行星偏心圆高拱点的位置。由余量减掉视差行度。最后得到的余量为行星偏心圆的近点角。我们在表中前两栏中某一栏的公共数中查找这个数目。从第三栏可得出与此数相应的偏心圆归一代数量,并由下一栏查出比例分数。如果我们查表所用数字是在第一栏,则把上述改正量与视差行度相加,并将它从偏心圆近点角中减去。反之,若〔起始〕数字位于第二栏中,则从视差近点角中减掉它,并把它与偏心圆近点角相加。求得的和或差即为极差和偏心圆的归一化近点角,而比例分数可留下来供下面即将阐明的一个目的使用。

然后在前面〔两栏〕的公共数中查此归一化的视差近点角,并由第五栏求得与之相应的视差行差,以及最后一栏所载的其超出量。按比例分数可得此超出量的比例部分。我们随时把此比例部分与行差相加。其和为行星的真视差。如果近点角小于半圆,应从归一化视差近点角中减去这一和数;要是近点角大于半圆,则把近点角与之相加。按此方法可求得行星在太阳平位置两面的真距离与视距离。从太阳〔的位置〕减去此距离,则余量为所求的行星在恒星天球上的位置。最后,如果把二分点岁差与行星位置相加,便可求得行星与春分点的距离。

对于金星与水星,我们不用偏心圆的近点角而用高拱点与太阳平位置的距离。前面已经说明,用此近点角可使视差行度和偏心圆近点角归一化。但若偏心圆行差及归一化视差是在同一方向上或为同一类,则把它们与太阳平位置同时相加或相减。然而如果它们非为同一类,则从较大量减去较小量。按我刚才对较大量的相加或相减性质的说明,用余量进行运算,则结果为所求的行星视位置。

第 35 章　五颗行星的留与逆行

如何解释〔行星的〕经度运动①,怎样理解行星的留、回归和逆行以及这些现象出现的位置、时刻和限度,在这两者之间显然有联系。天文学家们,尤其是佩尔加的阿波罗尼斯,对这些课题进行了大量的讨论〔托勒密,《至大论》Ⅻ,Ⅰ,1〕。但是他们认为行星运动时似乎只有一种不均匀性,此即为对太阳出现的不均匀性,而我称之为由地球大圆运动所产生的视差。

假设地球的大圆与各行星的圆周都是同心的,而一切行星在各自的圆周上以互不相等的速率都在同一方向上,即向东运行。还假设在大圆内的行星,即金星与水星,在其自身轨道上的运动比地球较快。从地球画一条与行星轨道相交的直线。把在轨道内的线段二等分。此一半线段与从我们的观测点(即地球)到相交轨道的下凸圆弧的距离之比,等于地球与行星的速度之比。直线与行星圆周近地点弧段的交点使逆行与顺行划分开来,于是当行星位于该处时,它看来静止不动。

三颗外行星的运动比地球慢,它们的情况是类似的。一条通过我们眼睛的直线与大圆相交,在该圆内的一半线段与从行星到位于大圆上较近凸弧上人眼的距离之比,等于

_____

① 　指在经度方向上的运动。

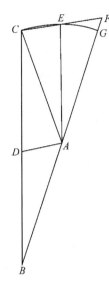

图 5-36

行星与地球的速率之比。我们的眼睛得到的印象是,行星在该时刻和位置停止不动。

但若在上述〔内〕圆里的一半线段与剩余的外面线段之比,超过地球与金星或水星速率之比,或超过三颗外行星中任何一个与地球速率之比,则行星会向东前进。在另一方面,如果〔第一〕比值〔较第二比值〕小一些,则行星会向西逆行。

为了证明上述论断,阿波罗尼斯引用了一条辅助定理[228]。虽然它遵循地球静止的假设,但与我根据地球可动提出的原则并无抵触,因此我也将采用它。我可以按下列方式来说明它。假设在一个三角形中一条长边分为两段,其中某一段不小于邻边。该段与另一段之比应大于被分割一边的两角之比的例数〔另一段的角:邻边的角〕。在三角形 ABC 中,令较长边为 BC。在该边上取 CD,它不小于 AC。我说的是:CD:BD>角 ABC:角 BCA。

证明如下。作平行四边形 ADCE。BA 和 CE 的延线相交于 F 点。以 A 为心 AE 为半径画圆。因 AE〔=CD〕不小于 AC,此圆会通过或超过 C。此处令该圆过 C,并令它为 GEC。三角形 AEF 大于扇形 AEG。但三角形 AEC 小于扇形 AEC。因此三角形 AEF:〔三角形〕AEC[229]>扇形 AEG:扇形 AEC。可是三角形 AEF:三角形 AEC=底边 FE:底边 EC。因此 FE:EC>角 FAE:角 EAC。但因角 FAE=角 ABC 和角 EAC=角 BCA,故 FE:EC=CD:DB。因此 CD:DB>角 ABC:角 ACB。进而言之,如果假定 CD(即 AE)不等于 AC,但取 AE 大于 AC,则上列〔第一〕比值显然会大得多。

现在令以 D 为心的 ABC 为金星或水星的圆周。令地球 E 在此圆周外绕同一中心 D 运转。从我们在 E 的观察处通过圆周中心画直线 ECDA。令 A 为距地球最远,而 C 为距地球最近的位置。假设比值 DC:CE 大于观测者与行星运动速率的比值。因此可以找到一条直线 EFB,使½ BF:FE=观测者的运动:行星的速率。当 EFB 离中心 D 而去时,它沿 FB 不断收缩而在 EF 段伸长,直至所需条件满足为止。我要说明,当行星位于 F 点时,就我们看来它是静止的。无论我们在 F 任一边所取弧段多么短,它在远地点方向上是顺行的,而朝近地点是逆行的。

首先,取弧 FG 伸向远地点。延长 EGK。连接 BG、DG 和 DF。在三角形 BGE 中,较长边 BE 的线段 BF 超过 BG。于是 BF:EF>角 FEG:角 GBF。因此½ BF:FE >角 FEG:2×角 GBF=角 GDF。但是½ BF:FE=地球运动:行星运动。因此角 FEG:角 GDF<地球速率:行星速率。由此可知,若有一角,其与角 FDG 之比等于地球运动与行星运动之比,则该角超过角 FEG。令此较大的角=FEL。于是当行星在圆周上通过弧 GF 时,可以认为我们

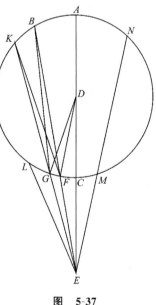

图 5-37

的视线扫过了在直线 EF 与 EL 之间的一段相反的距离。显然可知,当行星走过弧段 GF,即就我们看来它向西扫过较小角度 FEG 时,地球在同一时期内的运行把行星拉回来,使它向东扫出较大角度 FEL。结果是行星仍然后退了 GEL 角,但似乎是前进了,也并未静止不动。

用同样方法显然可以论证相反的命题。在同图中假设取½GK：GE＝地球运动：行星速率。设弧 GF 从直线 EK 向近地点延伸。连接 KF,形成三角形 KEF。在此三角形中 GE 长于 EF。KG：GE＜角 FEG：角 FKG。还有 ½ KG：$GE^{(230)}$＜角 FEG：$2\times$ 角 FKG＝角 GDF。这一关系为上述论证的逆命题。用同样的方法,可以证明角 GDF：角 FEG＜行星速率：视线速率。由此可知,当角 GDF 增大时,此两比值相等,于是行星向西运行会大于顺行所需要的量。

由这些想法还可以了解到,如果假设 FC 和 $CM^{(231)}$ 两弧段相等,第二次留应在 M 点出现。画直线 EMN。和 ½BF：FE 一样,½MN：ME 也＝地球速率：行星速率。因此 F 与 M 两点都为留点,以它们为端点的整个弧 FCM 为逆行段,而圆周其余部分为顺行的,还可以了解到,对无论任何距离处,DC：CE 都不超过地球速率：行星速率的比值,在任一条直线上所得比值都不等于地球速率：行星速率,于是在我们看来行星既非静止也不逆行。在三角形 DGE 中,假定直线 DC 不短于 EG,则角 CEG：角 CDG＜DC：CE。但是 DC：CE 不超过地球速率：行星速率的比值。因此角 CEG：CDG＜地球速率：行星速率。在这种情况出现时,行星向东运动,在行星轨道上任何弧段,行星看起来都不会逆行。上述论证适用于在大圆之内的金星与水星。

对三颗外行星而言,可用同样方法和同样图形(只是符号改变)进行论证。我们取 ABC 为地球大圆和我们的观测点的轨道。令行星位于 E。行星在其自身轨道上的运动慢于我们的观测点在大圆上的运动。在其他方面,一切都可和前面一样进行论证。

第 36 章　怎样测定逆行的时间、位置和弧段

如果负载行星的圆周都与大圆同心,则上述论证的结果不难证实(因为行星速率与观测点速率的比值固定不变)。然而这些圆是偏心的,这就是为什么视运动为不均匀的缘故。由此可知,我们到处都应当采用互不相干的并按其速度变化归一化了的行度。在我们的证明中使用的是这些,而并非简单的均匀行度,除非行星出现在其中间经度附近,即在行星似乎按一种平均行度运行时在其轨道上的位置。

我将以火星为例来论证这些命题。用火星也能阐明其他行星的逆行。令大圆为 ABC,我们的观测点在此大圆上。取行星位置为 E 点,从此点通过大圆中心画直线 $ECDA$。还画 EFB 和与之垂直的 $DG^{(232)}$。½BF＝GF。GF：EF＝行星的瞬时速率：观测点的速率。后一速率超过行星速率。

我们的任务是求 FC＝逆行弧段的一半,或 ABF〔＝$180° - FC$〕,其目的为得出在行星静止不动时它与 A 的最大〔角〕距离以及角 FEC 的数量。由此可以预测行星的这一现象出现的时间和位置。取行星位于偏心圆中拱点附近,行星在此处的经度和近点角行度

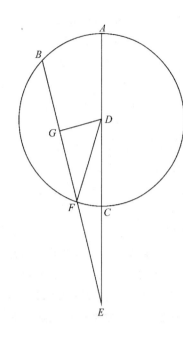

图 5-38

与均匀行度相差甚微。

对火星来说，当其平均行度＝1ᵖ8′7″＝直线 GF 时，它的视差行度，即我们的视线的运动为：行星的平均行度＝1ᵖ＝直线 EF。于是整个 EB＝3ᵖ16′14″〔＝2×1ᵖ8′7″（＝2ᵖ16′14″）＋1ᵖ〕，而矩形 BE×EF 同样＝3ᵖ16′14″。但是我已求得〔Ⅴ，19〕，在取 DE＝10 000ᵖ 时，半径 DA＝6580ᵖ。

早期版本：

整个 EA＝16 580〔＝6580＋10 000〕，而〔在从 EA＝16 580 减去 2×DA＝13 160 时〕余量 EC＝3420。由 AE×EC 形成的矩形＝56 703 600＝由 BE×EF 形成的矩形。但 BE：EF 为已知比值，由此可求得矩形 EB×EF（矩形 AE×EC 与之相等，即为 56 703 600〕与（EF）² 之比。因此在取 DE＝10 000ᵖ 时，还可得 EF 的长度＝4164ᵖ，和 DF＝6580ᵖ，以及另一整条线 EB＝13 618 和余量 GF〔＝½（BF＝13 618－4164＝9454）＝4727ᵖ〕。在三角形 DFG 中，DF 与 FG 两边已知〔＝6580 4727〕，而 G 为直角。于是可知角 FDG＝39°15′。在三角形 DEF 中，各边已知〔DE＝10 000，DF＝6580，EF＝4164〕，两角 FED＝17°3′和 FDE＝17°2′也已知。于是第一留点的近点角弧 ABF＝162°58′〔＋17°2＝180°〕。把此值与 2×FC〔＝17°2′〕相加，即得从 A 量起的第二弧段为 197°2′〔＝162°58′＋（2×17°2＝34°4′）〕。利用弧 FG 可以求得，从第一留点至冲点 C 经历了多少时间。这段时间加倍，即为逆行的整个时间。

上述情况出现在偏心圆的中间经度区。但是按对最大距离所作的计算，约为 1°的行差使行星的异常行度与视线或视差近点角的异常行度之比，即为线段 GF：线段 EF＝1000：8917，并使〔（2×GF）＋EF＝〕整个 BE：EF＝28 917：8917。在取 AD＝6580ᵖ 时，已经求得 DE＝10 960ᵖ〔Ⅴ，19〕。因此当 DE＝10 000ᵖ 时，AD＝6004ᵖ〔6003，6〕。整个 AE＝〔＝AD＋DE＝6004＋10 000〕＝16004。余量 EC〔＝DE－（DC＝AD）＝10 000－6004〕＝3996。内含的矩形〔AE×EC＝16 004×3996〕＝63 951 984[233] 小于（EF）²，并与比值 BE：EF 成正比。于是在取 DE＝10 000ᵖ 或 DF＝6004ᵖ 时，可得 EF 的长度＝4441ᵖ。因此又一次在三角形 DEF 中各边已知，而角……

然而，若取 DE＝60ᵖ，则在此单位中 AD＝39ᵖ29′[234]。〔DE＋AD＝60ᵖ＋39ᵖ29′＝〕整个 AE：EC＝99ᵖ29′：20ᵖ31′〔＝60ᵖ－39ᵖ29′＝DE－DC〕。由这些〔线段 AE×EC〕形成的矩形＝2041ᵖ4′[235]，已知它＝BE×EF。比较的结果，我指的是 2041ᵖ4′除以 3ᵖ16′14″〔＝以前对 BE×EF 所取数值的商值＝624ᵖ4′[236]，而它的一边〔＝平方根〕＝24ᵖ58′52″＝

以 DE 等于 60^p 为单位的 EF 数值。然而在取 $DE=10\ 000^p$ 时，$EF=4163^p5'^{(237)}$，而 $DF=6580^p$。

因为三角形 DEF 各边已知，可得角 $DEF=27°15'=$ 行星逆行角，以及 $CDF=$ 视差近点角 $=16°50'$。在第一次留时，行星出现在直线 EF 上，而在冲时是在 EC 上面。如果行星根本没有向东运动，则弧 $CF=16°50'$ 应当包含由角 AEF 求出的逆行量 $27°15'$。然而按已知的行星速率：观测点速率比值，与 $16°50'$ 的视差近点角相应的行星经度约为 $19°6'39''$。把此量从 $27°15'$ 中减去，余数 $=8°8'$ 为从第二留点至冲点的距离，并约为 $36\frac{1}{2}$ 日。在这段时间中行星经过的经度距离为 $19°6'39''$，因此整个 $16°16'\ 〔=2×8°8'\ 〕$ 的逆行在 73 日〔$=2×36\frac{1}{2}$ 日〕内完成。

上述分析是为偏心圆的中间经度进行的。

早期版本：

但是按照对最大距离所作的计算，由使均匀行度减少的行差可得行星异常行度与视线异常行度或视差近点角之比，即为直线 GF：直线 $EF=46'20''6'''$：1^p。〔$2×(GF=46'20'')=1^p32'40''$，$+(1^p=EF)=$〕整个 BE：$EF=2^p32'40''$：1^p，而由 $BE×EF$ 形成的矩形也 $=2^p32'40''$。当取 $DA=6580^p\ 〔 \text{V},19 〕$ 时，已经求得在高拱点的 $DE=10960^p$。于是若取 $DE=60^p$，可得 $DA=36^p1'20''^{(238)}$。因此整个 $AE\ 〔=DE+DA=60^p+36^p1'20''〕=96^p1'20''$。〔从 AE 减去 $2×DA$ 的〕余量〔$=EC$〕$=23^p58'40''$。而 $AE×EC=2302^p23'58''^{(239)}$。用 $2^p32'40''\ 〔=BE 〕$ 除此〔乘积〕，商数为 $904^p51'12''$〔应为 $52'23''$〕。此数的一边〔平方根〕$=30^p4'51''$，这是在取 $DE=60$ 单位时直线 EF 的长度。但以 $DE=100\ 000$ 时，$EF=50135^{(240)}$，而在同样单位中 $DF=60037$。因此三角形 DEF 各边已知，下列两角也可知：行星逆行的行度为角 $DEF=27°18'40''$，以及视线的视差近点角 $EDF=22°9'50''$。与此有关的是按远地点比值求得的异常黄经 $=17°19'3''$，而均匀行度 $=20°59'3''$。估计在大约 40 日内逆行量之半 $=9°59'37''$，而在 80 日内整个逆行量 $=19°59'14''〔=2×9°59'37''〕$。

我们对近地点可作同样理解。对它可得行星异常行度：视线异常行度的比值 $=1^p50'40''$：$1^p=GF$：FE。于是由 $BE×EF$ 形成的矩形 $=4^p41'21''〔2×(GF=1^p50'40'')=3^p41'20''，3^p41'20''+1^p=4^p41'20''〕$。但在取 $AD=6580^p$ 时，已经求得直线 $DE=9040^p〔\text{V},19〕$。于是，以 $DE=60^p$，在此单位中 $AD=43^p40'21''^{(241)}$，整个 $AE〔=AD+DE=43^p40'21''+60^p〕=103^p40'21''$，而余量 $CE〔=AE-2×AD=103^p40'21''-87^p20'42''〕=16^p19'39''$。于是由 $AE×EC〔=103^p40'21''×16^p19'39''〕$ 形成的矩形 $=1672^p42'52''〔$应为 $1692〕$。把此值除以 $4^p41'21''〔=BE×EF〕$，商为 $360^p59'1''$，而在取 $DE=60^p$ 时，此数的一边〔平方根〕$=EF=18^p59'58''$。但若取 $DE=100\ 000$，则在此单位中 $EF=31665^{(242)}$ 以及 $DF=72787^p$。于是三角形 DEF 各边已知，下列各角可求得为：$DEF=25°45'16''=$ 行星的逆行视差，而视线与冲时逆行中点的角距为 $EDF=10°53'13''$。然而在视线通过弧 $FC=10°53'13''$ 的时间中，行星按其异常行度扫过 $19°44'58''$，但按其均匀行度为 $16°17'21''$，即在 $31\frac{1}{2}$ 日内越过逆行量

之半≅6°,而在大约 62⅙ 日中整个逆行量达 12°1′。

对其他位置而言,计算程序是类似的。但我已指出〔靠近 Ⅴ,36 开始处〕,应当采用的总为由位置确定的行星瞬时速度。

因此,如果我们把观测点放在行星位置上并置行星于观测点处,则与金星及水星一样,相同的分析方法对土星、木星和火星都适用。自然,在被地球所围住的轨道上出现的情况,与环绕地球的轨道情况相反。因此,可以认为上述论证已能满足需要,所以我不需一次又一次地老调重弹。

然而,由于行星行度随视线而变,对留而言由此产生很大的困难和不确定性。阿波罗尼斯的假设〔Ⅴ,35〕也不能使我们解脱困境。因此我不知道,用简单方法对最近位置研究留是否会好一些。与此相似,可以由行星与太阳平均运动线相接触来求行星的冲,也可用行星运动的已知数量确定任一行星的合。我把这个问题留给每一位读者,他可以继续钻研,直至自己感到满意为止。

第六卷

· Volume Six ·

　　实际上，当行星的黄经以及对黄道的纬度偏离都已测出时，才能说已经求得行星的真位置。对于古代天文学家相信他们用静止的地球所能论证的事情，我将按地球运动的假设来做到，而我的论证也许更简洁、更适当。

引　言

我已尽最大努力指出，假定的地球运行如何影响和支配行星在黄经上的视运动，以及它怎样使这一切现象都遵循一种精确的和必要的规律性。对我来说剩下的事情是考虑引起行星黄纬偏离的那些运动，并阐明地球运动如何也能支配这些现象和在此领域内确立它们的规律。这一科学领域是必不可少的，这是因为行星的〔黄纬〕偏离可使其出没、初现、掩星以及前面已经一般地解释了的现象，都应加以不小的修正。实际上，当行星的黄经以及对黄道的纬度偏离都已测出时，才能说已经求得行星的真位置。对于古代天文学家相信他们用静止的地球所能论证的事情，我将按地球运动的假设来做到，而我的论证也许更简洁、更适当。

第 1 章　五颗行星的黄纬偏离的一般解释

对所有这些行星古人都发现有双重的黄纬偏离，这对应于每颗行星的双重黄经不均匀性。〔按他们的见解，这些纬度偏离中的〕一种由偏心圆产生，而另一种是本轮造成的。我不用这些本轮，而采用地球的一个大圆（对地球大圆已经多次提到）。〔我采用大圆〕并非由于它与黄道面有何轩轾①，实际上因为它们是等同的，大圆与黄道面永远结合在一起。在另一方面，〔我采用大圆是〕因为行星轨道倾斜于这一〔黄道〕平面，而倾角不是固定的，它的变化与地球大圆的运动以及在其上面的运转有联系[1]。

然而土星、木星和火星这三颗外行星在经度上的运动规律，与其他两颗〔的经度运动规律〕不一样。与此相同，就黄纬运动而言，外行星的差异也不小。因此古人首先研究它们的北黄纬极限的位置及其数量。对于土星与木星，托勒密发规这些极限是在天秤宫起点附近，而对火星为在巨蟹宫终点旁边，靠近偏心圆的远地点〔《至大论》，ⅩⅢ，1〕。

然而，到了现代，我对土星求得其北限是在天蝎座内 7°处，木星为天秤座内 27°，火星为狮子座内 27°。在从那时到现在的时期内，远地点也同样移动了〔Ⅴ，7，12，16〕，这是因为倾角和黄纬基点跟随行星轨道一齐运动。那时无论地球位于何处，在与这些极限相距一个归一化或视象限处，〔这些行星〕在纬度上似乎绝对没有偏离。于是，在这些中经度区，可以认为这些行星是在它们的轨道与黄道的交点处，与月球在其与黄道交点处一样。托勒密《至大论》，ⅩⅢ，1 把这些相交处称为"交点"。从升交点起，行星进入北天区；而在降

◀波兰国家科学院前的哥白尼塑像

---

①　此处英译本误为：〔我〕不〔采用大圆〕，是由于它与黄道面有所轩轾。

交点,它跨入南天区。〔上述偏离的出现〕不是由于地球大圆使这些行星有任何黄纬(地球大圆永远不变地位于黄道面内)。与此相反,黄纬偏离完全来自交点,并在两交点的中间[2]位置达到其峰值。当行星看来与太阳相冲并于午夜过中天时,行星在地球接近时呈现的偏离比地球在其他任何位置时都大。在北天区向北移动,而在南天区向南。这种偏离比地球的进退运动所要求的大一些。此种情况使人认识到,行星轨道的倾角不是固定的,而在与地球大圆运转相应的某种天平动中飘移。本书稍后将对此加以阐述〔Ⅵ,2〕。

尽管金星和水星遵循一种与其中、高和低拱点有关的精确规律,它们偏离的情况似乎不同。在它们的中经度区,即当太阳的平均运动线与它们的高或低拱点相距一个象限时,亦即当行星本身于晨昏与同一条〔太阳〕平均运动线的距离为行星轨道的一个象限时,古人发现行星与黄道无偏离。古人由这一情况认识到,这些行星此时位于其轨道与黄道的交点处。因为当行星距地球较远或较近时,此交点分别通过远地点和近地点,此时行星呈现出明显的偏离。但是当行星距地球最远时,即在黄昏初现或晨没时(此时金星看来最偏北,而水星最偏南),偏离为最大。

在另一方面,在一个距地球较近的位置上,当它们于黄昏沉没或于清晨升起时,金星在南而水星在北。与此相反,当地球位于与此相对的位置并在另一中拱点时,即当偏心圆的近点角=270°时,金星看来是在南面距地球较远处,而水星在北面。在离地球较近的一个位置上,金星看起来在北,而水星在南。

但是当地球接近这些行星的远地点时,托勒密求得金星的黄纬早晨偏北,而黄昏时偏南。水星的情况与此相反,它的黄纬为晨南夕北。在相反的位置,即〔当地球靠近这些行星的〕近地点,这些方向都反转过来,于是金星为晨星时在南边看见,而为昏星时在北;与此相反,早上水星在北,而黄昏时在南。然而〔当地球是〕在〔这些行星的远地点与近地点〕这两个位置上,古人发现金星的偏离是在北面比在南面大,而水星却是南大于北。

由于这个事实,针对〔地球在行星远地点与近地点〕这一情况,古人设想出一种双重纬度,而在普遍情况下为三重纬度。第一种出现在中间经度区,他们称之为"赤纬"[①]。第二种在高、低拱点出现,他们名之为"倾角"[②]。最后一种与第二种有关,他们给它取名为"偏离"[③]。对金星来说,它总是偏北,而对水星是在南面。在〔高拱点、低拱点和两个中拱点〕这四个极限之间,各种纬度相互混合,交替增减,并彼此退让。所有这些现象我将在适当的场合进行描述。

---

① 英文原词为"declination"。

② 英文原词为"obliquation"。

③ 英文原词为"deviation"。

第2章 认为这些行星在黄纬上运动的圆周理论

于是应当认为这五颗行星的轨道都倾斜于黄道面，倾角可变并有规律，轨道面与黄道面的交线为黄道的直径。对土星、木星与火星而言，倾角以交线为轴呈现出某种振动，这与我对二分点岁差所论证的情况〔Ⅲ，3〕相似。然而就这三颗行星来说，振动是简单的并与视差运动有联系，即以一定周期随后者一同增减。于是，每当地球距行星最近时，即当行星于午夜过中天时，行星轨道倾角达到极大；在相反位置为极小；而平均值是在二者之间。其结果是，当行星的南或北纬度为其极限值时，在地球靠近时的行星黄纬比地球最远时大得多。根据近物看起来大于远物的原理，这种变化的唯一原因为地球的距离不相同。然而这些行星的黄纬的增减〔比仅由地球距离改变所引起的〕变化更大。除非它们轨道的倾角也在起伏振动，这种情况不可能出现。但是我已说过〔Ⅲ，3〕，对振荡运动而言，应采用两个极限之间的平均值。

为了说明这些情况，令 *ABCD* 为在黄道面上以 *E* 为中心的大圆。令行星轨道倾斜于大圆。

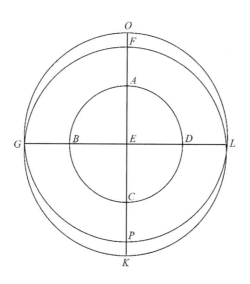

图 6-1

令 *FGKL* 为轨道的平均和永久赤纬，*F* 在其纬度的北面极限处，而 *K* 为南限。*G* 为交线的降交点，而 *L* 为升交点。令〔行星轨道与地球大圆的〕交线为 *BED*。把 *BED* 沿直线 *GB* 和 *DL* 延长。除掉对拱点的运动外，这四个极限点不会移动。然而可以认为，行星的经度运动并非出现在 *FG* 圆的平面上，而是在与 *FG* 同心并与之倾斜的另一个圆 *OP*

上面。令这些圆周在同一条直线 GBDL 上相交。因此,当行星在 OP 圆上运转时,此圆有时与 FK 平面相合,由于天平动在两个方向上穿过,并且这个缘故使纬度看来在变化。

首先令行星在其黄纬为最大北纬处的 O 点,并距位于 A 的地球最近。此时行星的黄纬会按角 OGF(=轨道 OGP 的最大倾角)而增加。它的运动为一种进退运动,这是因为按假设它与视差运动相适应。于是若地球在 B,O 会与 F 相合,并且行星黄纬看起来比以前在同一位置时为小。如果地球是在 C 点,它看起来会小得更多。O 会跨越到它振动的最外相对部位,其纬度仅为超过北纬相减天平动的部分,即等于角 OGF。随后在整个剩下的半圆 CDA 中,位于 F 附近的行星的北黄纬会增加,直至〔地球〕回到它由之出发的第一点 A 为止。

当行星位于南面 K 点附近时,如果认为地球运动是从 C 开始,则行星的情况和变化是一样的。但假定行星在某一交点 G 或 L,与太阳相冲或合。尽管此时 FK 与 OP 两圆间的倾角为最大,仍察觉不出行星的黄纬,这是因为它位于两圆的一个交点。由于上述论证容易了解(我相信如此),行星的北黄纬如何由 F 至 G 减少,从 G 到 K 增加,并在穿过 L 往北时完全消失。

三颗外行星的情况已如上述。正如在经度上金星和水星与它们不一样,在纬度上的差异也不小,这是由于内行星轨道〔与大圆〕在远地点及近地点相交。此外,与外行星相似,它们在中拱点的最大倾角也由振动而变。然而内行星还呈现出一种与上述情况不同的额外的振动。可是两者都随地球运转而变,但变化情况不同。第一种振动具有下列性质。每当地球回到内行星的某一拱点时,振动以上面提到的通过远地点和近地点的固定交线为轴运转两次。其结果是,每当太阳的平均运动线是在行星近地点或远地点时,倾角达到其极大值,而在中经度区它总为极小。

在另一方面,叠加在第一种振动上的第二种振动的轴线是可动的,这与第一种振动不同。由此产生下列结果。当地球位于金星或水星的中经度区时,行星总是在轴线上,即在这种振动的交线上。当地球与行星的远地点或近地点、金星(我已谈到〔Ⅵ,1〕,它随时向北倾斜)以及水星(向南倾斜)联成一条线时,对比起来行星〔与第二振动轴〕的偏离为最大。可是在这些时候,该两行星便不应有由第一或单纯赤纬形成的纬度。

于是,举例来说,假定太阳的平均运动是在金星的远地点,并且行星也在同一位置。显然可知,因为此时行星位于其轨道与黄道面的交点,它不会由于单纯赤纬或第一振动而具有纬度。但是交线或轴线是在偏心圆横向直径上的第二振动,却使行星具有最大偏离,这是因为它与通过高、低拱点的直径相交成直角。在另一方面,假设行星是在〔与其远地点的〕距离为一象限的两点中任何一点,并在其轨道的中拱点附近。此时这个〔第二〕振动的轴会与太阳的平均运动线相合。金星的最大偏离与向北偏离相加,而向南偏离由于减掉最大偏离而变小。这样一来,偏离的振动与地球的运动协调一致。

早期版本：

于是，当太阳平均运动线通过行星远地点或近地点时，无论行星位于其轨道上哪一部位，它的偏离都为最大；而〔当太阳平均运动线是〕在〔行星〕中拱点附近，它没有偏离。

为使以上论证更容易了解，重画大圆 $ABCD$，金星或水星的轨道 $FGKL$（它为 ABC 的偏心圆，并以一个平均倾角与 ABC 斜交），以及它们的交线 FG。此线通过轨道的远地点 F 及近地点 G[3]。为便于论证，让我们先取偏心轨道 GKF 的倾角为单纯的和固定的，或者取作极小值与极大值之间，例外情况为交线 FG 随近地点与远地点的运动而飘移。当地球是在交线上，即在 A 或 C，并且行星也在同一线上，此时它显然没有纬度。它的整个纬度是在半圆 GKF 与 FLG 的两侧。已经谈到过〔在Ⅵ，2 前面〕，行星在该处向北或南偏离，这视圆 FKG 与黄道面的倾角而定。一些天文学家把行星的这种偏离叫做"倾角"，另一些人则称之为"反射角"①。在另一方面，当地球是在 B 或 D，即在行星的中拱点，则被称作"赤纬"的 FKG 和 GLF 分别为在上面或下面的相等的纬度。因此它们与前者的区别是在名称而非实质上，而在中间位置上时，甚至名称也互换了。

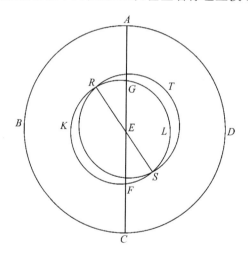

图 6-2

然而这些圆周的倾斜度就倾角而言比"赤纬"大。于是可以想到，这种差异是由前面谈过的〔在Ⅵ，2 中〕以交线 FG 为轴的振动产生的。因此，当两边的交角已知时，从其差值容易求得从极小到极大的振动量。

———————————

① 英文原词为"reflexion"。

现在设想倾斜于 *GKFL* 的另一个偏离圆。对金星而言,令它为同心圆;而后面将指出〔在Ⅵ,2 中〕,对水星来说为偏心圆。取它们的交线 *RS* 为振动的轴线,此轴线按下列规则在一个圆周内运动。当地球在 *A* 或 *B* 时,行星在其偏离的任一极限处,例如在 *T* 点。随着地球离开 *A* 前进,可以认为行星离 *T* 移动了相应的一段距离。与此同时,偏离圆的倾角减少了。其结果是,当地球扫过象限 *AB* 时,可以认为行星已经到达该纬度的交点,即 *R*。然而此时两平面在振动的中点重合,并各自往相反方向运动。因此原来在南面的偏离半圆,此时向北转移。当金星进入这个半圆时,它离开南面向北移动,并由于这个振动不再转向南面。与此相似,水星在相反方向上运动,并留在南面。还有一点差异为水星不在偏心圆的一个同心圆上,而在一个偏心圆上振动。在说明它的黄经行度的不均匀性时我使用过一个小本轮〔Ⅴ,25〕。然而该处考虑它的经度时不顾纬度;此处不管它的经度而考虑纬度。它们都包含在同一运转中,并一道变化。因此,完全清楚,这两种变化可以由一个简单的运动和相同的振动产生,此运动既是偏心的也是倾斜的。除我刚才描述的外,没有其他图像。下面我将作进一步的讨论〔Ⅵ,5—8〕。

第3章　土星、木星和火星轨道的倾斜度有多大

在已经阐述五颗行星纬度的理论之后,我现在应当转向观测事实并作具体分析。首先〔我应确定〕各个圆周的倾斜度有多大。利用通过倾斜圆两极并与黄道正交的大圆,可以算出倾斜度。纬度偏差值可在此大圆上测定。在这些情况都已明确时,确定每颗行星黄纬的途径都打通了。

让我们再一次由三颗外行星谈起。按托勒密的表〔《至大论》Ⅶ,5〕,当它们在冲点而纬度为最南极限时,土星偏离 3°5′,木星 2°7′,而火星为 7°7′[(4)]。另一方面,在相反位置,即当它们与太阳相合时,土星偏离 2°2′,木星 1°5′,而火星仅为 5′[(5)]。于是它几乎掠过黄道。这些数值可从托勒密在行星消失和初现时刻前后所测纬度推求出来。

既然已经提出上面的主张,令一个与黄道垂直的平面通过黄道中心,并与之相交于 *AB*。但令它与三颗外行星中任何一颗的偏心圆的交线为 *CD*,此交线通过最南和最北的极限。令黄道中心为 *E*,地球大圆直径为 *FEG*,南纬为 *D*,而北纬为 *C*。连接 *CF*、*CG*、*DF* 和 *DG*。

早期版本:

现在我用火星作例,因为它的黄纬超过其他一切行星。于是,当它位于冲点 *D* 时,地球在 *G*〔从 *F* 改正过来〕,已知角 *AFC*＝7°7′。但是已知 *C* 为火星在远地点的

位置。由前面确定的圆周大小,在取 FG〔为 FE 之误〕 $=1^p$ 时,$CE=1^p22'20''^{(6)}$。在三角形 CEF 中,CE 与 EF 两边之比以及角 CFE 均已知。于是按平面三角学还可知角 $CEF=$ 偏心圆的最大倾角 $=5°11'$。然而当地球是在相反位置,即在 G〔应改正为 F〕,而行星仍在 C 时,$CGF=$ 视纬度角 $=4'$。

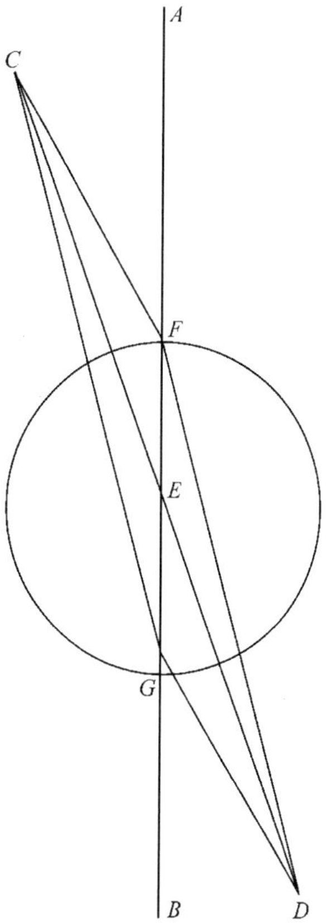

对每一颗行星而言,在上面已经对任何已知的地球和行星位置求得地球大圆〔半径〕EG 与行星偏心圆〔半径〕ED 的比值。而最大黄纬的位置也由观测给出。因此可知最大南纬角 BGD,即为三角形 EGD 的外角。按平面三角定理,还可求得与之相对的内角 GED,即为偏心圆对黄道面的最大南面倾角。用最小南黄纬,例如用 EFD 角,同样可求得最小倾角。在三角形 EFD 中,两边之比 $EF:ED^{(7)}$ 以及角 EFD 均已知。因此可得外角 $GED^{(8)}$,此为最小南面倾角。这样一来,由两个倾角之差可以得出偏心圆相对于黄道的整个振动量。进而言之,用这些倾角可以算出相对的北纬度,例如 AFC 与 EGC。如果所得结果与观测相符,就表明我们没有差错。

图　6-3

然而我将以火星为例,因为它的纬度超过一切其他行星。当火星在近地点时,托勒密求得其最大南黄纬约为 $7°$,而在远地点的最大北黄纬为 $4°20'$〔《至大论》XIII,5〕。可是,在测出角 $BGD=6°50'$ 之后,我求得相应的角 $AFC\cong4°30'$。已知 $EG:ED=1^p:1^p22'26''$〔V,19〕,由这两边和角 BGD 可得最大南面倾角 $DEG\cong1°51'$。因为 $EF:CE=1^p:1^p39'57''$〔V,19〕以及角 $CEF=DEG=1°51'$,于是当行星在冲点时上面提到的外角 $CFA=4\frac{1}{2}°$。

与此相似,当火星在相反位置即与太阳相合时,假定我们取角 $DFE=5'$。由已知边 DE 和 EF 以及角 EFD,可得角 EDF 与表示最小倾斜度的外角 $DEG\cong9'$。由此还可知北纬度角 $CGE\cong6'$。于是,如果从最大倾角减去最小倾角,即 $1°51'-9'$,则得余量 $\cong1°41'$。此为这个倾角的振动量,于是〔振动量的〕$\frac{1}{2}\cong50\frac{1}{2}'$。

用同样方法可以定出其他两颗行星,即木星与土星的倾角及其纬度。于是得木星的最大倾角 $=1°42'$,最小倾角 $=1°18'$;因此它的整个振动量不超过 $24'$。在另一方面,土星的最大倾角 $=2°44'$,最小倾角 $=2°16'$,二者之间的振动量 $=28'^{(9)}$。因此,当行星与太阳相合时,由在相反位置出现的最小倾角,可以得出对于黄道的纬度偏差值在土星为 $2°3'$,

木星为$1°6'^{(10)}$。这些数值应予测定并供编制后面的表〔在Ⅵ，8末尾〕时使用。

第4章　对这三颗行星其他任何黄纬值的一般解释

由以上所述，这三颗行星的特定纬度一般说来也清楚可知。和前面一样，设想与黄道垂直并通过行星最远偏离极限的平面的交线为AB，北极限点在A。还令直线CD为行星轨道〔与黄道〕的交线，并令CD与AB相交于D点。以D为心画地球大圆EF。在冲时行星与地球联成一线，此时地球在E。由此点截取任一段已知弧EF。从F以及从行星所在位置C向AB作垂线CA和FG。连接FA与FC。

在这种情况下我们先求偏心圆倾角ADC的大小。已经证明〔Ⅵ，3〕，当地球在E点时它为极大。进一步说，由振动性质所要求的它的整个振动量与地球在EF圆上的运转相适应，而EF圆由直径BE决定。因此，由于弧EF已知，$ED:EG$的比值可知，而这是整个振动量与由ADC角分离出的振动之比。于是在目前情况下角ADC可知。

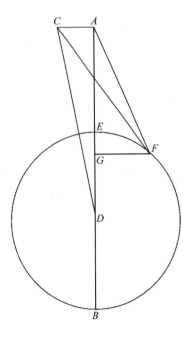

图 6-4

因此在三角形ADC中各角已知，其各边也可知。但由上述可以求得$CD:ED$之比。因此〔CD与从ED减去EG的余量〕DG〔之比〕也可知。这样一来，CD和AD二者与GD之比都已知。于是还可得出〔由AD减去GD的〕余量AG。由此同样可得FG，因它为两倍EF所对弦之半。因此在直角三角形AGF中〔AG与FG〕两边已知，于是斜边AF以及$AF:AC$之比均可知。最后，在直角三角形ACF中，〔AF和AC〕两边已知，则角AFC可知，此即所求的视纬度角。

我再次以火星为例来进行这一分析。令其在低拱点旁边出现的南纬最大极限为在A附近。然而，令行星所在位置为C，则当地球在E点时，前面已证明〔Ⅵ，3〕倾角ADC达到其极大值，即$1°50'^{(11)}$。现在我们把地球置于F点，于是沿弧EF的视差行度$=45°$因此在取$ED=$ 10 000^{p}时，可知直线$FG=7071^{p(12)}$，而由半径〔$=ED=$ 10 000^{p}减去$GD=FG=7071^{p}$〕所得余量$=2929^{p}$。但已经求得振动角ADC之半$=0°51\frac{1}{2}'$〔Ⅵ，3〕。在此情况下它的增减量之比$=DE:GE\cong50\frac{1}{2}':15'^{(13)}$。从$1°50'$减去后一数量，余数$=1°35'=$在目前情况下的倾角$ADC$。因此三角形$ADC$的各角与边均可知。当取$ED=6580^{p}$时，前面已求得$CD=9040^{p}$〔Ⅴ，19〕。于是在同样单位中$FG=$ 4653$^{p(14)}$，$AD=9036^{p}$，〔从$AD=9036^{p}$减去$GD=FG=4653^{p}$的〕余量$AEG=4383^{p}$，以及

$AC = 249\frac{1}{2}^p$。因此在直角三角形 AFG 中，垂边 $AG = 4383^p$，底边 $FG = 4653^p$，于是斜边 $AF =$ 6392^p。于是，最后，在三角形 ACF 中 CAF 为直角，还已知 AC 与 AF 两边〔$= 249\frac{1}{2}^p$，6392^p〕。于是可知角 $AFC = 2°15'$＝当地球位于 F 时的视纬度。我们还将用同样方法对其他两颗行星，即土星和木星，进行分析。

第5章 金星和水星的黄纬

剩下金星与水星。我已说过〔Ⅵ，1〕，对它们的纬度偏差值可以用三种相互联系的纬度飘移合在一起进行论述。为了可使它们彼此分离，我将从称为"赤纬"的一种飘移谈起，这是因为它较易处理。只有它有时脱离其他飘移而出现。这〔种分离的出现〕是在中间经度附近和两个交点旁边，这时按改正的经度行度计算，地球位于与行星远地点和近地点相距一个象限的地方。当地球是在行星附近时，〔古人〕求得金星的南黄纬或北黄纬是 $6°22'$，而水星为 $4°5'$；但当地球〔与行星〕的距离为最大时，则金星为 $1°2'$，而水星为 $1°45'$〔托勒密，《至大论》，ⅩⅢ，5〕。在这些情况下，用已经编制的改正表〔在Ⅵ，8 后面〕可以查出行星的倾角。当金星距地球最远而纬度 $= 1°2'^{(15)}$ 时，以及〔距地球〕最近〔而纬度为〕$6°22'$时，对这两种情况都可取轨道〔倾角〕弧长约为 $2\frac{1}{2}°$。水星〔距地球〕最远，其纬度 $= 1°45'$；以及它〔距地球〕最近，〔其纬度 $=$〕$4°5'$，都要求轨道〔倾角〕弧长为 $6\frac{1}{4}°$。于是，在取 $360° = 4$ 直角时，金星轨道倾角 $= 2°30'$，但水星为 $6\frac{1}{4}°$。我即将阐明，在这些情况下它们赤纬的每一个特定数值都可予以解释。我首先谈金星。

取黄道为参考平面。令与之垂直并通过其中心的平面与之相交于 ABC。令〔黄道〕与金星轨道面的交线为 DBE。令地球中心为 A，行星轨道中心为 B，而轨道对黄道的倾角为 ABE。以 B 为中心，描出轨道 $DFEG$。画垂直于直径 DE 的直径 FBG。设想轨道面与所取垂直面之间有关系，可使在垂直面上所画垂直于 DE 的直线互相平行并与黄道面平行，但 FBG 为唯一的〔这样的垂线〕。

用已知直线 AB 和 BC 以及已知的倾角 ABE，可以设法求出行星在纬度上的偏离有多大。例如令行星与最靠近地球的 E 相距 $45°$。我仿效托勒密的做法〔《至大论》，ⅩⅢ，4〕，选取此点，其目的为可以清楚地了解轨道倾斜是否会使金星与水星的经度有任何变化。这些变化的极大值应当出现在基点 D、F、E 与 G 之间约一半距离处。其主要理由为当行星位于这四个基点时，它所呈现的经度与没有任何"赤纬"时是一样的，而此点不证自明。

因此，如前所述，我们可取弧 $EH = 45°$。向 BE 作垂线 HK。画 KL 和 HM，它们都垂直于作为参考面的黄道。连接 HB、LM、AM 及 AH。因为 HK 平行于黄道面〔而 KL 与 HM 已画成垂直于黄道〕，故 $LKHM$ 为有 4 个直角的平行四边形。〔平行四边形的 LM〕边长为经度行差角 LAM 所封闭。但角 HAM 包含纬度偏离，因为 HM 也与同一黄

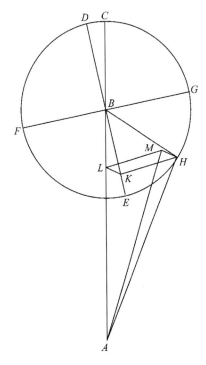

图 6-5

道面垂直。已知角 $HBE = 45°$。因此，当取 $EB = 10\,000^P$ 时，$HK =$ 两倍 HE 所对弦之半 $= 7071^{P(16)}$。

与此相似，在三角形 BKL 中，已知角 $KBL = 2\frac{1}{2}°$〔Ⅵ，5，上面〕，BLK 为直角，而在取 $BE = 10\,000^P$ 时，斜边 $BK = 7071^P$。用同样单位，其余两边为 $KL = 308^P$ 和 $BL = 7064^P$。但是前面已求得〔Ⅴ，21〕，$AB : BE \cong 10\,000^P : 7193^P$。因此，在相同单位中，其余的边为 $HK = 5086^{P(17)}$，$HM = KL = 221^{P(18)}$ 以及 $BL = 5081^{P(19)}$。于是〔从 $AB = 10\,000^P$ 减去 $BL = 5081^P$ 的〕余量为 $LA = 4919^P$。现在再次出现这一情况，即三角形 ALM 的两边 AL 和 $LM = HK$ 均已知〔$= 4919^P$，5086^P〕，而 ALM 为直角。于是可得斜边 $AM = 7075^P$，而角 $MAL = 45°57' =$ 金星的行差或大视差，这与计算结果相符。

与此相似，在三角形〔MAH〕中，已知边 $AM = 7075^P$ 和边 $MH = KL$〔$= 221^P$〕。于是可得角 $MAH = 1°47' =$ 赤纬。但应考虑金星这一赤纬能引起多大的经度变化。如果这一问题并不令人厌倦，可取三角形 ALH，并认为 LH 为平行四边形 $LKHM$ 的一条对角线。当 $AL = 4919^P$ 时，$LH = 5091^P$。ALH 为直角。由此可得斜边 $AH = 7079^P$。于是可知两边的比值，以及角 $HAL = 45°59'$，但前已求得 $MAL^{(20)} = 45°57'$。因此，多余的量仅为 $2'$。证讫。

我还将用与上面相似的图形再次推求水星的赤纬度数。设该图中的弧 $EH = 45°$，于是在取斜边 $HB = 10\,000^P$ 时，可和前面一样得 HK 和 KB 两条直线的每一条 $= 7071^P$。在此情况下，由前面求得的经度差〔Ⅴ，27〕可知半径 $BH = 3953^P$ 和 $AB = 9964^P$。用这样的单位，BK 与 KH 二者都 $= 2795^{P(21)}$。取 $360° = 4$ 直角，则上面已求得〔Ⅵ，5 前部〕倾角 $ABE = 6°15'$。于是在直角三角形 BKL 中各角已知。由此可知，在相同单位中底边 $KL = 304^P$，而垂边 $BL = 2778^P$。因此〔从 $AB = 9964^P$ 减去 $BL = 2778^P$ 的〕余量 $AL = 7186^P$。但是 $LM = HK = 2795^P$。于是在三角形 ALM 中 L 为直角，而 AL 与 LM 两边已知〔$= 7186^P$，2795^P〕。因此可得斜边 $AM = 7710^P$ 和角 $LAM = 21°16' =$ 算出的行差。

与此相似，在三角形 AMH 中已知两边：AM〔$= 7710^P$〕及 $MH = KL$〔$= 304^P$〕，此两边夹出直角 M。于是可得角 $MAH = 2°16' =$ 我们所求的纬度。值得问到，〔这个纬度〕在多大程度上由真行差和视行差引起。画平行四边形的对角线 $LH^{(22)}$。从边长可得它 $= 2811^P$，而 $AL = 7186^P$。这表明角 $LAH = 21°23' =$ 视行差。这比原来的计算结果〔角

$LAH = 21°16′$超过约 $7′$。证讫。

第 6 章 与远地点或近地点的轨道倾角有关的、 金星和水星的二级黄纬偏离角

上述论证谈到的是在轨道中间经度区出现的这些行星的纬度偏差角。我已说过〔Ⅵ，1〕，这些纬度称为"赤纬"。现在我应当考虑出现在近地点与远地点附近的黄纬。与这些纬度混合在一起的是偏离或第三种〔纬度〕偏离角。三颗外行星没有这种偏离，但〔对金星与水星〕用下面的计算容易区分和分离开来。

托勒密观测到〔《至大论》，ⅩⅢ，4〕，当行星位于由地球中心向其轨道所画切线上时，这些在近地点与远地点的黄纬达其极大值。我已说过〔Ⅴ，21，27〕，这种情况发生在行星于晨昏时距太阳最远的时候。托勒密还发现〔《至大论》ⅩⅢ，3〕，金星的北纬度比南纬度大 $\frac{1}{3}°$，而水星的南纬度比北纬度约大 $1\frac{1}{2}°$。[23] 但是，考虑到计算的困难和劳累，他采取 $2\frac{1}{2}°$ 为黄纬可变数值的一个平均值。他相信不会由此产生可以察觉的误差。我也即将证明这一点〔Ⅵ，7〕。这些度数为在环绕地球并与黄道正交的圆周上的纬度，而纬度正是在此圆周上度量。如果我们在黄道的每一边都取 $2\frac{1}{2}°$ 为相等的偏离角，并暂时不考虑偏离，则在求得倾角纬度之前我们的论证较为简易。

我们首先应当阐明，这个纬度的偏离角在偏心圆切点附近达到极大，而经度行差的峰值也在此点出现。令黄道面与偏心圆（无论为金星或水星的偏心圆）的平面相交于通过〔行星的〕远地点和近地点的直线。在此交线上取 A 为地球的位置，而 B 为倾斜于黄道的偏心圆 $CDEFG$ 的中心。于是〔在偏心圆上〕画出的与 CG 垂直的任何直线所成角度，都等于〔偏心圆对黄道的〕倾角。画偏心圆的切线 AE，而 AFD 为一条任意的割线。此外，从 D、E、F 各点向

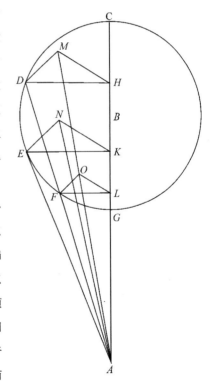

图 6-6

CG 作垂线 DH、EK、FL，并作 DM、EN 和 FO 与黄道水平面垂直。连接 MH、NK 和 OL，以及 AN 与 AOM。AOM 为一直线，因为它的三个点是在两个平面（即黄道面和与之垂直的 ADM 平面）上。于是，对所取倾角而言，HAM 与 KAN 两角分别包含该两行星的经度行差，而它们的纬度偏离角由 DAM 和 EAN 两角决定。

我首先要指出，最大的纬度角为在切点形成的 EAN，而此点的经度行差也几乎为其极大值。角 EAK 为最大的〔经度角〕。因此 $KE:EA > HD:DA$ 和 $LF:FA$。但是 $EK:EN = HD:DM = LF:FO$，因为，我已说过，〔这些比率的第二项〕所张的角相等。此外，M、N 和 O 均为直角。由此可知，$NE:EA > MD:DA$ 及 $OF:FA$。DMA、ENA 与 FOA 也都是直角。因此角 EAN 大于 DAM 以及按这个方式形成的一切〔其他〕角。

于是由这一倾角所引起的经度行差的极大值，显然也出现在靠近 E 点的最大距角处。由于〔在相似三角形中〕角度相等，$HD:HM = KE:KN = LF:LO$。它们的差值〔$HD-HM$，$KE-KN$，$LF-LO$〕也具有相等的比值。因此差值 $EK-KN$ 与 EA 之比大于其他差值与 AD 等边长之比。于是也清楚可知，最大经度行差与极大纬度偏离之比等于偏心圆分段的经度行差与纬度偏离之比。KE 与 EN 的比值等于和 LF 及 HD 相似的一切边与和 FO 及 DM 相似的一切边之比值。证讫。

第7章 金星和水星这两颗行星的倾角数值

在进行上述初步论证之后，让我们看看这两颗行星的平面的倾斜度为多大的角。我们要重述前面所说的〔Ⅵ，5〕，当这些行星中每一颗是在其〔与太阳的〕最大和最小距离之〔中〕间时，它顶多更偏北或偏南5°，相反的方向由其在轨道上的位置决定。在偏心圆的远地点和近地点，金星的偏离比5°大或小都只差一个微不足道的量，而水星与5°相差½°左右。

和以前一样，令 ABC 为黄道与偏心圆的交线。以 B 为心画行星轨道，它倾斜于黄道面的情况已〔在前面〕阐明。从地球中心画直线 AD，与〔行星〕轨道相切于 D 点。从 D 向 CBE 作垂线 DF，并向黄道的水平面作垂线 DG。连接 BD、FG 和 AG。在取 4 直角 = 360°时，还对两颗行星都假设角 DAG，即上述纬度差之半，= 2½°。对两颗行星需要求出的是平面的倾角，即角 DFG 的大小。

对金星而言，在取轨道半径 = 7193^p 的单位中，已经求得出现在远地点处的行星〔与地球的〕最大距离 = 10 208^p，而在近地点的最小距离 = 9792^p〔Ⅴ，21—22：10 000±208〕。此两数目的平均 = 10 000^p，即是我为这一论证所采用的数值。托勒密考虑到计算的浩繁，希望尽可能地寻求捷径〔《至大论》，ⅩⅢ，3，末尾〕。在两个极端数值不会引起显著差异的场合，最好采用平均值。

由此可知，$AB:BD = 10\ 000^p:7193^p$，而 ADB 为直角。于是可得 AD 边的长度 = 6947^p。与此相似，$BA:AD = BD:DF$，并有 DF 边长 = 4997$^{p(24)}$。再次取角 DAG = 2½°，而 AGD 为直角。于是在三角形〔ADG〕中，各角已知，在取 AD = 6947^p 时，DG = 303^p。于是〔在三角形 DFG 中〕DF 与 DG 两边已知〔= 4997，303〕，DGF 为直角，倾角 DFG = 3°29′。角 DAF 超出 FAG 的量为经度视差之差。于是此差值应当可由〔各该角

的〕已知数量推算出来。

在取 $DG=303^p$ 的单位中,已经求得斜边 $AD=6947^p$ 和 $DF=4997^p$,并有 $(AD)^2-(DG)^2=(AG)^2$ 及 $(FD)^2-(DG)^2=(GF)^2$。于是可得边长 $AG=6940^p$ 和 $FG=4988^p$。在取 $AG=10\,000^p$ 的单位中,$FG=7187^{p(25)}$,于是角 $FAG=45°57'$。用 $AD=10\,000^p$ 的单位表示,$DF=7193^{p(26)}$,于是角 $DAF\cong46°$。因此在倾角为最大时,视差行差减少约 $3'〔=46°-45°57'〕$。然而在中拱点,两圆之间的倾角显然为 $2\frac{1}{2}°$。可是它在此处增加了几乎一整度〔达 $3°29'$〕,这是由我提到过的第一天平运动增添的。

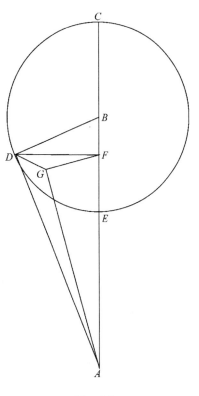

图 6-7

对水星可用同样方法论证。在取轨道半径$=3573^p$ 的单位中,轨道与地球的最大距离$=10\,948^p$,最小距离$=9052^p$,而此两值之平均$=10\,000^p〔V,27〕$。$AB:BD=10\,000:3573^p$。于是〔在三角形 ABD 中〕可得第三边为 $AD=9340^p$。$AB:AD=BD:DF$,因此 DF 的长度$=3337^{p(27)}$。假定 $DAG=$纬度角$=2\frac{1}{2}°$。于是在取 $DF=3337^p$ 时,$DG=407^p$。因此在三角形 DFG 中,该两边之比已知,而 G 为直角,可得角 $DFG\cong7°$。此为水星轨道对黄道面的倾角。然而已求得在〔与远地点和近地点的距离为〕一个象限的中间经度区,倾角$=6°15'〔VI,5〕$。因此,由第一天平运动增加了 $45'〔=7°-6°15'〕$。

与此相似,为了确定行差角及其差值,可以提到在 $AD=9340^p$ 和 $DF=3337^p$ 时已知直线 $DG=407^p$。$(AD)^2-(DG)^2=(AG)^2$,以及 $(DF)^2-(DG)^2=(FG)^2$。于是可得长度 $AG=9331^p$ 和 $FG=3314^p$。由此可得 $GAF=$行差角$=20°18'$,而 $DAF=20°56'$。与倾角有关的 GAF 比 DAF 约小 $8'$。

对我们来说,剩下的问题是与轨道〔距地球〕的极大和极小距离有关的倾角以及黄纬,是否与由观测得出的数值相符。为解决此问题,在同一图形中的第一位置,对金星轨道〔与地球〕的最大距离处,再次假设

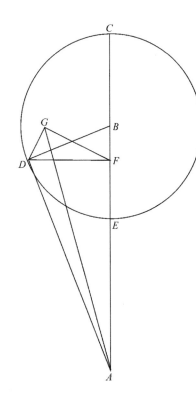

图 6-8

AB：BD＝10 208^P：7193^P。因为 ADB 为直角,在同样单位中 AD 的长度＝7238^P。AB：AD＝BD：DF。于是在该单位中 DF 的长度＝5102$^{P(28)}$。但已求得倾角 DFG＝3°29′〔在Ⅵ,7 前面〕。当取 AD＝7283^P 时,剩余的边 DG＝309^P。于是在取 AD＝10 000^P 的单位中,DG＝427$^{P(29)}$。由此可知,在〔行星〕与地球的最大距离处,角 DAG＝2°27′$^{(30)}$。然而,在〔行星与地球的〕最小距离处,用 BD＝轨道半径＝7193^P 的单位,则 AB＝9792^P〔10 000－208〕。与 BD 垂直的 AD＝6644^P。AB：AD＝BD：DF。与此相似,在该单位中可知边长 DF＝4883$^{P(31)}$。但是已取角 DFG＝3°29′。因此在取 AD＝6644^P 时,可知 DG＝297^P。于是在三角形〔ADG〕中,各边已知,可得角 DAG＝2°34′。然而,无论 3′还是 4′〔2°30°＝3′＋2°27′＝2°34′－4′〕,用星盘这样的仪器来测量都不够大。因此,前面对金星所取的最大纬度偏离角值仍然有效。

用同样方法假定水星轨道〔离地球〕的最大距离与水星轨道半径之比为 AB：BD＝10 948^P：3573^P〔Ⅴ,27〕。于是按与上面相似的论证,可得 AD＝9452^P 和 DF＝3085^P。但此处再次求得〔水星轨道与黄道面的〕倾角＝7°,并且由于这个缘故在取 DF＝3085^P 或 DA＝9452^P 时,直线 DG＝376^P。于是在各边已知的直角三角形 DAG 中,可知角 DAG≌2°17′＝最大纬度偏离角。

然而,在〔轨道离地球的〕最小距离处,可取 AB：BD＝9052^P：3573^P。于是按此单位有 AD＝8317^P 及 DF＝3283^P。然而,由于倾角相同〔＝7°〕,在 AD＝8317^P 时可取 DF：DG＝3283^P：400^P。因此角 DAG＝2°45′。

在此也取和〔水星轨道与地球距离的〕平均值有关的纬度偏离角＝2½°。在远地点为极小的纬度偏离角与此值相差 13′〔＝2°30′－2°17′〕。然而在近地点达极大的纬度偏离角〔与平均值〕相差 15′〔＝2°45′－2°30′〕。我在计算中不使用这些〔远地点与近地点的〕差值,而用在平均值上下的 ¼°。这在观测中不会引起可以察觉的差异。

由于上述论证,并因为最大经度行差与最大纬度偏离角之比等于在轨道其余部分的局部行差与几个纬度偏离角之比,我们可以求得由于金星和水星轨道相互倾斜所引起的一切黄纬数量。但是我已说过〔Ⅵ,5〕,我们所能得到的只是在远地点与近地点中间的黄纬。已经求得这些纬度的极大值＝2½°〔Ⅵ,6〕,此时金星的最大行差＝46°。而水星的最大行差≌22°〔Ⅴ,5：45°57′,21°16′〕。从它们的非均匀行度表〔在Ⅴ,33 后面〕可以对轨道的个别部分查出行差。考虑到每个行差值比最大值小多少,可以对每颗行星取 2½°的相应部分。我将在下面的表〔见Ⅵ,8 末尾〕中列出这个部分的数值。用此方法可以求得当地球位于这些行星的高、低拱点时每个倾角纬度的精确数值。按相似方法,我记录了〔当地球位于行星的远地点与近地点之间〕距离为一个象限处而〔行星是〕在中经度区时行星的赤纬。至于在这四个临界点〔高、低和两个中拱点〕之间出现的情况,可以按所取坐标系运用数学技巧推算出来,但计算甚为浩繁。然而托勒密在处理每一问题时都力求简洁。他认为到〔《至大论》,XIII,4,末尾〕,就这两种纬度〔赤纬和倾角〕本身而言,都与月球纬度相似。在整体上以及各部分成比例地增减。因为它们的最大纬度＝5°＝1/12×60°,他把每一部分都乘以12,并〔把乘积〕作成比例分数。他认为这些比例分数不仅对该两行星,而且对三颗外行星也可使用。解释见后〔VI,9〕。

第8章　金星和水星的称为"偏离"的第三种黄纬

在对以上课题逐一进行阐述之后,还应谈到第三种纬度运动,即偏离。古人把地球置于宇宙之中心,认为偏离是由偏心圆的振动造成的,这与绕地心的本轮的振动有相同位相,其极大出现在当本轮位于〔偏心圆的〕远地点或近地点时〔托勒密,《至大论》,XIII,1〕。我在前面谈过,金星的偏离总是在北面1/6°,但水星为偏南3/4°。(32)

可是古人是否认为圆周的这个倾角是固定不变的,这还不完全清楚。他们认定总应取1/6的比例分数为金星的偏离,而3/4是水星的偏离〔托勒密,《至大论》,XIII,6〕,这些数值表明了这一不变性。但这些分数值并不属实,除非倾角永远不变,而这是以此角为依据的比例分数的分布所需要的。进一步说,纵使倾角固定不变,仍然无法理解为什么行星的这一纬度会突然从交点恢复它原来的数值。你会说这一恢复就像(在光学中)光线的反射那样出现的。然而我们在这里讨论的运动并非瞬时的(33),而按其本质来说要求一个可以测定的(34)时刻。

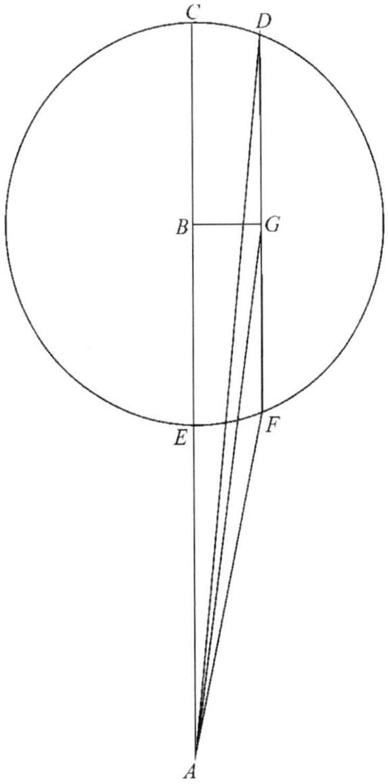

图　6-9

因此应当承认,这些行星具有我已经阐明的天平动〔VI,2〕。这种运动可使圆周的各部分〔从一个纬度〕变为反号的纬度。它也是它们的数值变化(对水星而言为1/5°)的一个重要结果。因此,如果按我的假设这个纬度在变化,并非绝对常数,这不应令人感到惊异。然而它不会引起可以察觉的不规则性,而这种不规则性在黄纬的各种变化中可以区分出来。

令水平面垂直于黄道。在〔此两平面的〕交线〔$AEBC$〕上,令A＝地球中心,而在距地球为最大或最小距离处令B＝实际上通过倾斜轨道两极的圆周CDF之中心。当轨道中心位于远地点或近地点,即在AB线上时,无论行星是在与轨道平行的圆周上任何地方,它的偏离为最大。这个〔与轨道〕平行的圆周的直径DF,与轨道的直径CBE相平行。此两〔平行〕圆周垂直于 CDF 平面，并可取〔DF 和 CBE〕两直径为〔与 CDF 的〕交线。平分 DF 于 G，此点为〔与轨道〕平行的圆周之中心。连接 BG、AG、AD 与 AF。和在金星最大偏离时一样，取角 $BAG=\frac{1}{6}°$。于是在三角形 ABG 中，B 为直角，可知两边之比 $AB：BG=10\ 000^p：29^{p(35)}$。但在同样单位中整个 $ABC=17\ 193^p$〔$CB=CA-BA=17\ 193^p-10\ 000^p=7193^p$，$CE=2\times7193^p=14\ 386^p$〕，而 $AE=$〔从 $AC=17\ 193^p$ 减去 $CE=14\ 386^p$ 的〕余量 2807^p。两倍 CD 或 EF 所对弦之半 $=BG$。因此角 $CAD=6'$，而 $EAF\cong15'$。前者与 BAG〔$=10'$〕相差仅 $4'$，后者为 $5'$。这些数量很小，因此一般可以忽略。于是当地球位于远地点或近地点时，无论行星是在它的轨道上哪一部分，金星的视偏离度都只比 $10'$ 略大或略小。

然而对水星而言，我们取角 $BAG=\frac{3}{4}°$。$AB：BG=10\ 000^p：131^{p(36)}$，$ABC=13\ 573^p$，而余量 $AE=6427^p$〔$=AB-BE=10\ 000^p-3573^p$〕。于是角 $CAD=33'$，而 $EAF\cong70'$。因此前者短少 $12'$〔$=45'-33'$〕，而后者多余 $25'$〔$=70'-45'$〕。然而在我们能够看见水星之前，这些差值实际上都被太阳的光芒淹没了。因此古人只研究过水星可察觉的偏差，而它似乎是固定不变的。

早期版本：

　　然而，如果有人还想研究隐藏在阳光中的水星偏离，他〔为此〕耗费的精力会比前面提到的任何纬度都多。因此让我放弃这一课题并采用与真实情况相差不多的古人计算结果，否则在这一件小事上我（正如俗话所说）似乎是在和傻瓜的影子作斗争。可以认为上述论证对五颗行星的纬度偏离已经足够，对此我作了一个与前面的表〔在Ⅴ,33 之后〕相似的 30 行的表。

然而，如果有人不畏辛苦想对为太阳所淹没的偏离取得可靠的认识，我在下面阐述如何做到这一点。

我取水星为例，因为它的偏差大于金星。令直线 AB 是在行星轨道与黄道的交线上。令地球位于 A，即行星轨道的远地点或近地点。和我对倾角的做法一样〔Ⅵ,7〕，取直线 $AB=10\ 000^p$，此为在极大值与极小值之间没有任何变化的长度。以 C 为心画圆 DEF，此圆在距离 CB 处与偏心轨道相平行。设想此时行星在此平行圆周上正呈现其最大偏离。令此圆的直径为 DCF，它也应当平行于 AB，而两条线都在与行星轨道垂直的同一平面上。举例而言，取 $EF=45°$，我们研究行星在此弧段的偏离。作 EG 垂直于 CF，并作 EK 和 GH 垂直于轨道的水平面。连接 HK，完成矩形。还连接 AE、AK 及 EC。

根据水星的最大偏离，在取 $AB=10\ 000^p$ 和 $CE=3573^p$ 时，$BC=131^p$。在直角三角形〔CEG〕中，各角已知，边 $EG=KH=2526^p$。〔从 $AB=10\ 000^p$〕减去 $BH=EG=CG$〔$=$

2526ᴾ〕,则余量 $AH=7474^P$。因此在三角形 AHK 中,夹出直角的两边已知〔$=7474^P,2526^P$〕,故斜边 $AK=7889^P$。但是已取〔$KE=$〕$CB=GH=131^P$。于是在三角形 AKE 中,形成直角 K 的两边 AK 和 KE 已知,角 KAE 可知。此即为对所采用弧段 EF 我们要求的偏离,它与观测相差很少。对〔水星的〕其他偏离以及对金星进行计算,我把所得结果列入附表。

在作了上述解释之后,我对金星和水星在这些极限之间的偏离采用六十分之几或比例分数。令圆 ABC 为金星或水星的偏心轨道。令 A 与 C 为该纬度上的交点。令 B 为最大偏离的极限。以 B 为心画小圆 DFG,其横向直径为 DBF。令偏离的天平动沿 DBF 出现。假设当地球位于行星偏心轨道的远地点或近地点时,行星在 F 点呈现其最大偏离,而行星的均轮与小圆在该点相切。

现在令地球位于离行星偏心圆的远地点或近地点任何距离处。根据这一行度取 FG 为小圆上的相似弧段。画行星均轮 AGC。AGC 与小圆相交并与在

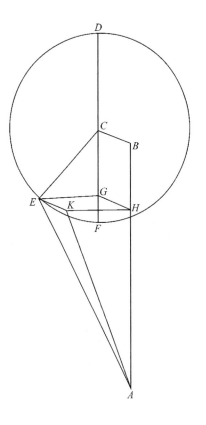

图 6-10

直径 DF 上截出 E 点,置行星于 AGC 上面的 K 点,而按假设弧 EK 与 FG 相似。作 KL 垂直于圆周 ABC。

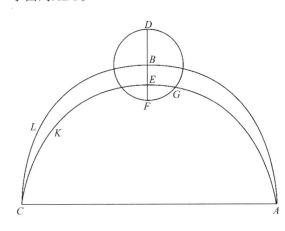

图 6-11

需要由 FG、EK 和 BE 求 $KL=$ 行星与圆 ABC 的距离。从弧段 FG 能够求得 EG,可以认为它是一条与圆弧或凸线几乎一样的直线。同样,可求得用与整个 BF 或〔从 BF 减去 EF 的〕余量 BE 相同的单位表示的 EF 长度。$BF:BE=$ 两倍 CE 象限所对之弦:两倍 CK 所对之弦 $=BE:KL$。因此,如果把 BF 和半径 CE 都与同一数目 60 相比,由此可得 BE 之值。求它的平方并除以 60,便得 KL $=$ 所求弧 EK 的比例分数。我把这些分数列入下表的第五栏即最后一栏。

公共数		土星黄纬 北		南		木星黄纬 北		南		火星黄纬 北		南		比例分数 分	秒
°	°	°	′	°	′	°	′	°	′	°	′	°	′	分	秒
3	357	2	3	2	2	1	6	1	5	0	6	0	5	59	48
6	354	2	4	2	2	1	7	1	5	0	7	0	5	59	36
9	351	2	4	2	3	1	7	1	5	0	9	0	6	59	6
12	348	2	5	2	3	1	8	1	6	0	9	0	6	58	36
15	345	2	5	2	3	1	8	1	6	0	10	0	8	57	48
18	342	2	6	2	3	1	8	1	6	0	11	0	8	57	0
21	339	2	6	2	4	1	9	1	7	0	12	0	9	55	48
24	336	2	7	2	4	1	9	1	7	0	13	0	9	54	36
27	333	2	8	2	5	1	10	1	8	0	14	0	10	53	18
30	330	2	8	2	5	1	10	1	8	0	14	0	11	52	0
33	327	2	9	2	6	1	11	1	9	0	15	0	11	50	12
36	324	2	10	2	7	1	11	1	9	0	16	0	12	48	24
39	321	2	10	2	7	1	12	1	10	0	17	0	12	46	24
42	318	2	11	2	8	1	12	1	10	0	18	0	13	44	24
45	315	2	11	2	9	1	13	1	11	0	19	0	15	42	12
48	312	2	12	2	10	1	13	1	11	0	20	0	16	40	0
51	309	2	13	2	11	1	14	1	12	0	22	0	18	37	36
54	306	2	14	2	12	1	14	1	13	0	23	0	20	35	12
57	303	2	15	2	13	1	15	1	14	0	25	0	22	32	36
60	300	2	16	2	15	1	16	1	16	0	27	0	24	30	0
63	297	2	17	2	16	1	17	1	17	0	29	0	25	27	12
66	294	2	18	2	18	1	18	1	18	0	31	0	27	24	24
69	291	2	20	2	19	1	19	1	19	0	33	0	29	21	21
72	288	2	21	2	21	1	21	1	21	0	35	0	31	18	18
75	285	2	22	2	22	1	22	1	22	0	37	0	34	15	15
78	282	2	24	2	24	1	24	1	24	0	40	0	37	12	12
81	279	2	25	2	26	1	25	1	25	0	42	0	39	9	9
84	276	2	27	2	27	1	27	1	27	0	45	0	41	6	24
87	273	2	28	2	28	1	28	1	28	0	48	0	45	3	12
90	270	2	30	2	30	1	30	1	30	0	51	0	49	0	0

公共数		土星黄纬 北		南		木星黄纬 北		南		火星黄纬 北		南		比例分数 分	秒
°	°	°	′	°	′	°	′	°	′	°	′	°	′	分	秒
93	267	2	31	2	31	1	31	1	31	0	55	0	52	3	12
96	264	2	33	2	33	1	33	1	33	0	59	0	56	6	24
99	261	2	34	2	34	1	34	1	34	1	2	1	0	9	9
102	258	2	36	2	36	1	36	1	36	1	6	1	4	12	12
105	255	2	37	2	37	1	37	1	37	1	11	1	8	15	15
108	252	2	39	2	39	1	39	1	39	1	15	1	12	18	18
111	249	2	40	2	40	1	40	1	40	1	19	1	17	21	21
114	246	2	42	2	42	1	42	1	42	1	25	1	22	24	24
117	243	2	43	2	43	1	43	1	43	1	31	1	28	27	12
120	240	2	45	2	45	1	45	1	44	1	36	1	34	30	0
123	237	2	46	2	46	1	46	1	46	1	41	1	40	32	36
126	234	2	47	2	48	1	47	1	47	1	47	1	47	35	12
129	231	2	49	2	49	1	49	1	49	1	54	1	55	37	36
132	228	2	50	2	51	1	50	1	51	2	2	2	5	40	0
135	225	2	52	2	53	1	51	1	53	2	10	2	15	42	12
138	222	2	53	2	54	1	52	1	54	2	19	2	26	44	24
141	219	2	54	2	55	1	53	1	55	2	29	2	38	46	24
144	216	2	55	2	56	1	55	1	57	2	37	2	48	48	24
147	213	2	56	2	57	1	56	1	58	2	47	3	4	50	12
150	210	2	57	2	58	1	58	1	59	2	51	3	20	52	0
153	207	2	58	2	59	1	59	2	1	3	13	3	32	53	18
156	204	2	59	3	0	2	0	2	2	3	23	3	52	54	36
159	201	2	59	3	1	2	1	2	3	3	34	4	13	55	48
162	198	3	0	3	2	2	2	2	4	3	46	4	36	57	0
165	195	3	0	3	2	2	2	2	5	3	57	5	0	57	48
168	192	3	1	3	3	2	3	2	5	4	9	5	23	58	36
171	189	3	2	3	3	2	3	2	6	4	17	5	48	59	6
174	186	3	2	3	4	2	4	2	6	4	23	6	15	59	36
177	183	3	3	3	4	2	4	2	7	4	27	6	35	59	48
180	180	3	3	3	5	2	4	2	7	4	30	6	50	60	0

公共数		金星				水星				金星		水星		偏离的比例分数	
		赤纬		倾角		赤纬		倾角		偏离		偏离			
°	°	°	′	°	′	°	′	°	′	°	′	°	′	分	秒
3	357	1	2	0	4	1	45	0	5	0	7	0	33	59	36
6	354	1	2	0	8	1	45	0	11	0	7	0	33	59	12
9	351	1	1	0	12	1	45	0	16	0	7	0	33	58	25
12	348	1	1	0	16	1	44	0	22	0	7	0	33	57	14
15	345	1	0	0	21	1	44	0	27	0	7	0	33	55	41
18	342	1	0	0	25	1	43	0	33	0	7	0	33	54	9
21	339	0	59	0	29	1	42	0	38	0	7	0	33	52	12
24	336	0	59	0	33	1	40	0	44	0	7	0	34	49	43
27	333	0	58	0	37	1	38	0	49	0	7	0	34	47	21
30	330	0	57	0	41	1	36	0	55	0	7	0	34	45	4
33	327	0	56	0	45	1	34	1	0	0	8	0	34	42	0
36	324	0	55	0	49	1	30	1	6	0	8	0	34	39	15
39	321	0	53	0	53	1	27	1	11	0	8	0	35	35	53
42	318	0	51	0	57	1	23	1	16	0	8	0	35	32	51
45	315	0	49	1	1	1	19	1	21	0	8	0	35	29	41
48	312	0	46	1	5	1	15	1	26	0	8	0	36	26	40
51	309	0	44	1	9	1	11	1	31	0	8	0	36	23	34
54	306	0	41	1	13	1	8	1	35	0	8	0	36	20	39
57	303	0	38	1	17	1	4	1	40	0	8	0	37	17	40
60	300	0	35	1	20	0	59	1	44	0	8	0	38	15	0
63	297	0	32	1	24	0	54	1	48	0	8	0	38	12	20
66	294	0	29	1	28	0	49	1	52	0	9	0	39	9	55
69	291	0	26	1	32	0	44	1	56	0	9	0	39	7	38
72	288	0	23	1	35	0	38	2	0	0	9	0	40	5	39
75	285	0	20	1	38	0	32	2	3	0	9	0	41	3	57
78	282	0	16	1	42	0	26	2	7	0	9	0	42	2	34
81	279	0	12	1	46	0	21	2	10	0	9	0	42	1	28
84	276	0	8	1	50	0	16	2	14	0	10	0	43	0	40
87	273	0	4	1	54	0	8	2	17	0	10	0	44	0	10
90	270	0	0	1	57	0	0	2	20	0	10	0	45	0	0
93	267	0	5	2	0	0	8	2	23	0	10	0	45	0	10
96	264	0	10	2	3	0	15	2	25	0	10	0	46	0	40
99	261	0	15	2	6	0	23	2	27	0	10	0	47	1	28
102	258	0	20	2	9	0	31	2	28	0	11	0	48	2	34
105	255	0	26	2	12	0	40	2	29	0	11	0	48	3	57
108	252	0	32	2	15	0	48	2	29	0	11	0	49	5	39
111	249	0	38	2	17	0	57	2	30	0	11	0	50	7	38
114	246	0	44	2	20	1	6	2	30	0	11	0	51	9	55
117	243	0	50	2	22	1	16	2	30	0	11	0	52	12	20
120	240	0	59	2	24	1	25	2	29	0	12	0	52	15	0
123	237	1	8	2	26	1	35	2	28	0	12	0	53	17	40
126	234	1	18	2	27	1	45	2	26	0	12	0	54	20	39
129	231	1	28	2	29	1	55	2	23	0	12	0	55	23	34
132	228	1	38	2	30	2	6	2	20	0	12	0	56	26	40
135	225	1	48	2	30	2	16	2	16	0	13	0	57	29	41
138	222	1	59	2	30	2	27	2	11	0	13	0	57	32	51
141	219	2	11	2	29	2	37	2	6	0	13	0	58	35	53
144	216	2	25	2	28	2	47	2	0	0	13	0	59	39	15
147	213	2	43	2	26	2	57	1	53	0	13	1	0	42	0
150	210	3	3	2	22	3	7	1	46	0	13	1	1	45	4
153	207	3	23	2	18	3	17	1	38	0	13	1	2	47	21
156	204	3	44	2	12	3	26	1	29	0	14	1	3	49	43
159	201	4	5	2	4	3	34	1	20	0	14	1	4	52	12
162	198	4	26	1	55	3	42	1	10	0	14	1	5	54	9
165	195	4	49	1	42	3	48	0	59	0	14	1	6	55	41
168	192	5	13	1	27	3	54	0	48	0	14	1	7	57	14
171	189	5	36	1	9	3	58	0	36	0	14	1	8	58	25
174	186	5	52	0	48	4	4	0	24	0	14	1	9	59	12
177	183	6	7	0	25	4	4	0	12	0	14	1	9	59	36
180	180	6	22	0	0	4	5	0	0	0	14	1	10	60	0

第9章 五颗行星黄纬的计算

用上面的表计算五颗行星的方法,可叙述如下。对土星、木星与火星,可由改正的或归一化的偏心圆近点角求得公共数。火星的近点角可保持不变,对木星先减 20°,但对土星加 50°。于是把结果用六十分之几或比例分数列入最后一栏。

与此相似,由改正有视差近点角可取每颗行星的数字为其相应的黄纬。如果比例分数〔由〕高〔变低〕,则取第一纬度即北黄纬。此时偏心圆的近点角小于 90°或超过 270°。但若比例分数〔由〕低〔变高〕,即若〔表中所列的〕偏心圆近点角大于 90°或小于 270°,则取第二纬度即南黄纬。如果把此两纬度中任何一个乘以其六十分之几的分数,则乘积为与黄道的距离,此距离在黄道之北或南视所取数字的类型而定。

在另一方面,对金星和水星而言,我们由改正的视差近点角首先应取三种出现的纬度,即赤纬、倾角与偏离。它们可分别记录下来。作为例外,对水星来说,如果偏心圆近点角及其数字是在表的上部,则应减掉倾角的 $\frac{1}{10}$;而若〔偏心圆近点角及其数字是〕在〔表的〕下部,则须加上同一分数。把由这些运算求得的差或和保留下来。

然而,应当阐明南、北黄纬的区别。假设改正的视差近点角是在远地点所在的半圆内,即小于 90°或大于 270°,并设偏心圆近点角小于半圆。或者假定视差近点角为在近地点圆弧中,即大于 90°并小于 270°,而偏心圆的近点角大于半圆。于是金星的赤纬在北、而水星为南纬。在另一方面,假设视差近点角是在近地点弧上,而偏心圆近点角小于半圆;或者假定视差近点角位于远地点区域,而偏心圆近点角大于半圆。此时与上述情况相反,金星赤纬在南,而水星为北纬。然而,谈到倾角,若视差近点角小于半圆而偏心圆近点角为远地的,或者视差近点角大于半圆而偏心圆近点角为近地的,则金星的倾角在北而水星的在南。相反的情况也属实。然而金星的偏离总在北面,而水星的在南。

于是按改正的偏心圆近点角取对五颗行星通用的比例分数。就属于三颗外行星的比例分数而言,纵然如此归属,它们适用于倾角,而其余的比例分数适用于偏离。然后对同样的偏心圆近点角加上 90°。与此和数有关的比例分数,对赤纬也适用。

当所有这些数量都已按次序排列时,对已有记载的三个分离纬度各自与其比例分数相乘。由此得到对时间和位置都已改正的数值,于是对这两颗行星求得三种纬度的全部信息。如果这些纬度都属于同一类型,则把它们加在一起。但若它们并非都同类,则仅使属于同一类型的两个纬度结合起来。分别按此两者之和大于或小于属于相反类型的第三纬度,后者从前两者减掉,或前两者从后者扣除,则余量即为我们所求的黄纬。

第六卷终[38]

注　释

常用著作缩写

A——《天体运行论》（*Astronomia instaurata*）（阿姆斯特丹，1617 年），即《天体运行论》第三版

B——《天体运行论》第二版（巴塞尔，1566 年）

GV——乔治亚·法拉（Giorgio Valla），《自然之发现与形成》（*De expetendis et fugiendis rebus*）（威尼斯，1501 年）

Me——C. L. 门译尔，《论天体之圆周运动》（*Áber die Kreisbewegungen der Weltkørper*）（莱比锡，1939 年，即托尔恩 1879 年版之再版）

MK——L. A. 伯肯迈耶，《尼古拉·哥白尼》（克拉科夫，1900 年）

Mu——《尼古拉·哥白尼全集》第二卷（慕尼黑，1949 年）

N——哥白尼，《天体运行论》（*De revolutionibus orbium coelestium*）（纽伦堡，1543 年）①

NCCW——《尼古拉·哥白尼全集》第一卷（伦敦／华沙，1972 年）

P——利奥帕耳德·普罗（Leopold Prowe），《尼古拉·哥白尼》（柏林，1883—1884 年）：

　　　　P Ⅰ：第一卷，第一部分　　　P Ⅰ²：第一卷，第二部分　　　P Ⅱ：第二卷

P-R——乔治·皮尔巴赫和约翰尼斯·瑞几蒙塔纳斯，《概要》（*Epitome*）（威尼斯，1496 年）

PS——托勒密，《至大论》（*Syntaxis*）

PS 1515——托勒密，《至大论》，1515 年 1 月 10 日于威尼斯出版的拉丁文译本

SC——L. A. 伯肯迈耶，《哥白尼学说基础》（*Stromata Copernicana*）（克拉科夫，1924 年）

T——哥白尼，《天体运行论》（托尔恩，1873 年）

3CT——爱德华·罗森《哥白尼之三篇论著》，第三版（纽约：1971 年）

W——哥白尼，《天体运行论》（华沙，1854 年）

Z——恩斯特·齐勒（Ernst Zinner），《哥白尼学说之起源和传播》（*Entstehung und Ausbreitung der coppernicanischen Lehre*）（埃尔兰根，1943 年）

ZGAE——《埃尔蒙兰历史和古代文化研究杂志》（*Zeitschrift fur die Geschichte und Altertumskunde Ermlands*）

---

① 哥白尼原稿无目录。N 中的目录为该书编辑而非哥白尼所拟定。

第一版标题页　注释

　　此标题页为在纽伦堡担任《天体运行论》第一版(以后用 N 表示)编辑工作的人员设计的。他们肯定没有和当时远在佛罗蒙波克患重病的哥白尼商量过。从现存手稿无法确定,他作为作者是否提供了自己的正式标题页。(NCCW,Ⅰ,6,11 表明)第一帖纸的第一张在某个难以确定的时间被人仔细切开,而零散的边缘被粘牢以免损害手稿的其余部分。在现在的单数页即第一对开纸上部,在右下角表示第一帖纸的字母 a 是别人写的,而哥白尼本人书写了其他帖纸的记号。没有 0 号对开纸(遗失的一张纸标号为零),谁也不能肯定地说,如果哥白尼设想过的话,这是否就是他所设想的标题页。

　　因此对"论天球运行的六卷集"(De revolutionibus orbium coelestium libri VI)这一标题还是疑云重重。尤其是 orbium coelestium(天球)两字在许多本 N 书中被涂掉了。安德里斯·奥西安德尔未经认可在该书中塞进一篇前言,这遭到哥白尼唯一的学生和他的忠实支持者乔治·贾奇姆·列蒂加斯(1514—1574 年)的猛烈攻击。列蒂加斯对插入奥西安德尔前言的完全正当的抗议,令人想到纽伦堡的那位传教士还毫无根据地塞进了 orbium coelestium 这两个字。〔可以假定哥白尼为方便计所用的简短书名 De revolutionibus(《运行论》),也是他选定的全称。〕

　　然而 orbium coelestium 这两个字,就其本身来说完全是无可非议的。(和列蒂加斯一样)哥白尼相信看得见的天体,即恒星和行星,是嵌在看不见的天球(orbes coelestes)上面的。遵照从古希腊时代起为人们公认的宇宙观念,天球引起可见天体的运动。因此,虽然我们无法确知哥白尼想为自己的巨著取什么正式的名称,根据概念来说对 N 书所印的标题也找不出差错。在手稿第一卷第十章开头处,哥白尼自己写出"天球的次序"(De ordine coelestium orbium;NCCW,Ⅰ,第 8 页第 1 行),并且在序言中他提到"天球的运行"(revolutione orbium coelestium)。因此,有争议的那两个字不仅表示出他的一个基本概念,同时也是他常用词汇的一个组成部分。

　　哥白尼的伟大的赞赏者第谷使假想的天球从苍穹中永远废除了。如果是在这以前就把 orbium co-elestium 删掉了,则反对意见的根据可能是我们的天文学家在他的序言开头一句中对用词的选择。他在该处谈到的是他"关于宇宙球体的运行"(de revolutionibus sphaerarum mundi)所写的六卷书。或许有某一个学识浅薄的人看不出 sphaerarum mundi 和 orbium coelestium 的词义是相当的。哥白尼是一位善于修辞的作家,他刻意避免同一个惯用词的过多重复。当 sphaerarum mundi 和 orbium coelestium 都从他的笔端涌现出来时,它们完全是可以互换的,而在序言中出现第一个词就保证在标题中的第二个词是适用的。

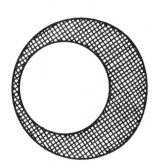

　　虽然在他的宇宙学论著中,sphaera 与 orbis 一般说来是同义的,但作为确切的数学名词而言它们指的是两种完全不同的物体:一个是实心球,而另一个为空心球壳或环。著名的语言学家、天文学家和地理学家塞巴斯田·蒙斯脱(Sebastian Münster,1488—1552 年),在他所著初等数学教科书(Rudimenta mathematica,巴塞尔,1551 年)第 60 页,完全清楚地指出 sphaera 与 orbis 的区别:

　　　在一切实心物体中,最重要的是球体,它也是最有规则的物体。它是一个由简单表面包围的规则实心物体……我们设想球体为由一个半圆的完整旋转产生的:在旋转时半圆的直径固定不变,而圆周所在的平面在转动……一个球体(orbis)也是实心物体。然而它是由两个球面形成的,即一个叫做凹面的内表面,和一个称为凸面的外表面。如果这两个表面具有共同的中心,则球体是均匀的,即各处的厚度相等。但若两个表面有不同的中心,这使球体的厚度不均匀和不规则。所有的行星的天球都是这种情况。

哥白尼的 sphaera 和 orbis 概念,与他的稍为年轻的同时代人蒙斯脱的概念相符。

　　标题页上的广告显然不是哥白尼撰写的。作为宣传样本的一页,它显然出自印刷者和出版者本人,因为约翰尼斯·彼特奥斯理所当然地是作者。两年之后,即在 1545 年,当他出版吉罗拉莫·嘉丹诺(Girolamo Cardano)的《大衍术》(Arsmagna)〔由理查德·惠特默尔(T. Richard Witmer)译成英文,题为《代数学的伟大艺术或规律》(The Great Art or the Rules of Algebra),1968 年出版〕一书时,在这本为方程式论奠定基础的著作的标题页上,彼特奥斯也写了一篇类似的广告。随后在 1550 年出版嘉当诺的《论精巧》(De subtilitate)时,彼特奥斯承认广告是他自己写的。按照同样作法,当彼特奥斯于 1534 年出版 Algorithmus demonstratus 时,他的广告的结束语为:Quare eme,lege,iuvaberis(因此请购置、阅读和欣赏这本书吧）。九年之后，他为哥白尼著作写的广告以同样的笔调而略微不同的词句结束：Igitur eme，lege，fruere。所有这四段宣传词句都明确无误地出自同一人之手笔。

在标题页上劝告不懂数学的读者不必阅读《运行论》（哥白尼的简短标题在英文中同样可用）的警语，很可能是奥西安德尔加上的，他为彼特奥斯不仅编辑了哥白尼的《天体运行论》，还有嘉当诺的《大衍术》。虽然奥西安德尔以其富有战斗性的神学观点和激动人心的说教而著称，数学是他的业务爱好。他在《天体运行论》标题页上用希腊文对数学的门外汉提出这句警语。当时人们普通认为这句话曾经铭刻在柏拉图学院的大门上。在这所学校存在期间，谁也没有提到过这样的题词。但是在贾斯廷里安（Justinian）皇帝下令包括柏拉图学院的所有异教徒学校都于529年封闭之后，约翰尼斯·费罗波纳斯（Joannes Philoponus）在他所著《亚里士多德精神评述》（Commentaria in Aristotelem graeca）第十五卷（柏林，1897年）第117页第26—27行第一次提到上述设想的题词。当弗朗科斯·维特（Francois Viete，1540—1603年）猛烈攻击哥白尼为不够格时，这位法国数学家正好是用这句警语来反对哥白尼本人。在驳斥哥白尼的"违反几何学的程序"时，用拉丁文写作的维特却使用了与警语中第一个字有关的希腊字（agemetresia），这显然是根据哥白尼把该警语置于标题页这一（错误的）假设。这一错误并非到维特为止。在亚历山大·柯瓦雷（Alexander Koyré）所著《天文学的革命》（Astronomical Revolution）（巴黎，1973年）第73页，39，他说："无疑是得到他的老师〔哥白尼〕的赞同后，列蒂加斯才把这句著名的格言置于De Revolutionibus的标题页上，而（至少）按传说该格言是在〔柏拉图〕学院的大门上面"。

《天体运行论》的排印是在1543年3月21日前几天完成的。这时傅格尔（Fugger）钱庄的一个雇员塞巴斯田·库尔兹（Sebastian Kurz），从纽伦堡寄了一本给查理五世皇帝。在另一方面，当时在佛罗蒙波克的哥白尼一直到1543年5月24日，即他逝世之日，才收到一册。

安德里斯·奥西安德尔（Andres Osiander）的前言　注释

在《天体运行论》的第一位编辑列蒂加斯离开纽伦堡去莱比锡大学（该校刚任命他为数学教授）后，奥西安德尔插入了这篇前言。它是科学的虚构哲学的一篇强有力的代表作。当时彼特奥斯把《天体运行论》的编印事务托付给奥西安德尔。他是一位多产作家，他的一些作品已由彼特奥斯承印。

在此之前，奥西安德尔大概已经首次会见过列蒂加斯。当时后者是威腾贝格（Wittenberg）大学的一位青年教授，他于1538年获准离职，以便走访德国天文学家。后来当列蒂加斯关于哥白尼天文学的《第一篇报告》（First Report）于1540年在革但斯克出版时，就寄了一本给奥西安德尔。新体系竟被宣称为正确，这位马丁·路德派的传教士大为震惊，这是因为他一直认为圣经教义是真理的唯一源泉。他于1541年4月20日给哥白尼写了一封信。此信的仅存部分见下：

> 关于假设，我总感到它们不是信念的条款，而是计算的基础。因此即使它们是错误的也无妨，只要它们能使运动现象精确再现就行了。如果我们采用托勒密的假设，谁能告诉我们太阳的非均匀运动究竟是本轮还是偏心圆引起的？须知这两种图像中每一种都能解释这些现象。因此希望你在你的著作中也谈到这件事情。你这样做就可使亚里士多德学派的人以及神学家们平静下来，而他们的反对使你感到恐惧。

奥西安德尔在同一天给列蒂加斯也发了一封信。列蒂加斯当时也在佛罗蒙波克，他正在等待哥白尼临终前能抚摸到《天体运行论》。奥西安德尔在第二封信中继续按第一封信的思路写道：

> 亚里士多德的信徒和神学家们容易受到安抚，只要他们了解到以下各点：对同一种视运动可以采取不同的假设；提出现有的假设并不是因为它们在实际上是真实的，而是由于它们可以尽可能方便地调节视运动与总运动的计算；别的人可能提出不同的假设；一个人可以设想一种适宜的体系，另一个人想出更合适的体系，而两者都能形成同样的运动现象；每一个人和任何一个人都有权设计出更合适的假设；以及如果他成功了，就应祝贺他。这样就可使他们放弃严峻的答辩，并为质询的魅力所吸引。首先他们的对抗将会消失，然后他们按自己的设想寻求真理会徒劳无功，于是就转而赞同作者的见解。

不幸的是，我们今天已经找不到哥白尼的复信。但是曾经见到过复信的约翰尼斯·开普勒（1571—1630年）报道说，"哥白尼抱着斯多葛派的坚强信念，认为他应当公开刊布他的罪状，即使科学遭受损害也在所不惜"（3CT，第23页）。

于是奥西安德尔了解到，哥白尼谢绝了他的采用虚构做法的观念。哥白尼认为，永远存在的人类理智完全可以探求物质宇宙的真理，而他自己已经揭示出它的一些奥秘。可是由于一个对命运的令人难解的歪曲（在人类历史上这样的歪曲实在是太多了），印刷《天体运行论》的控制权竟然落入一位与作者的基本观点截然相反的编辑之手。这位（未来的）编辑已经努力劝说作者掩饰自己的思想，但作者坚决拒绝了。

在这一企图失败之后，奥西安德尔塞进了他的虚构声明，并小心翼翼地不披露他的名字。在这样偷偷摸摸编排的前言中，彼特奥斯并未察觉塞进来的私货。虽然奥西安德尔向彼特奥斯隐瞒自己是这篇插入的前言的作者，已经成功了，他后来还是公开承认了自己的诡计。尽管列蒂加斯很快就发觉了这件事，并且布鲁诺咒骂它的作者是一个笨蛋，但是这篇塞进来的前言愚弄了许多读者，包括 19 世纪伟大的天文学史专家德朗贝尔（J. B. J. Delambre），他也没有怀疑到它是伪造的。现存最早的哥白尼传记是贝纳丁诺·巴耳蒂（Bernardino Baldi）（1553—1617 年）于 1588 年 10 月 7 日撰写完毕的。这位作者同样没有察觉出这篇赝作。在总结出新天文学的一些关键性特征（天穹为静止的，地球绕位于宇宙中心的太阳运动）之后，巴耳蒂指出，哥白尼"为自己辩解说，他之所以这样做，并非由于他相信这是真的并且是事物的本质，而是因为想到这样可以更方便地完成他所从事的工作。这诱使他如此去办"〔译自在比林斯基重印的意大利文本 La vita di Copernica di B. Baldi，1973 年版，第 21—22 页，第 58—60 行〕。巴耳蒂误认为奥西安德尔的前言系哥白尼所作，这与他对哥白尼和波伦亚的误解有关。巴耳蒂（第 23 行）取哥白尼到达波伦亚时的年龄为"大约 21 岁"，然而这位学法律的学生和未来的天文学家实际上已经 23 岁又 8 个月了。巴耳蒂说"大约 21 岁"，这是因为他不能断定哥白尼究竟是在 1472 还是 1473 年出生的。可是他肯定哥白尼是于 1494 年到波伦亚入学的（第 25 行）。实际上他是 1496 年被录取的。

在思想史上，就奥西安德尔所属科学哲学派别的信奉者而言，他既非第一也不是最后一个。19 世纪著名的有机化学家凯库勒（Kekul'e）宣称：

> 从化学的观点看来，原子是否存在的问题没有什么重大意义。可以说这是一个属于形而上学的问题。在化学中，我们只须决定采用原子是否为有利于解释化学现象的一种假设。我们更需要考虑的问题是，原子假说的进一步发展是否会促进我们对化学现象机理的认识。
>
> 我毫不犹豫地说，从哲学观点看来，如果取原子一词的文字含义为物质的不可再分割的质点，则我并不相信原子实际上是存在的。我希望总会有一天可以对我们现在称之为原子的东西，找到一种数学的与力学的解释。这个解释可以说明原子量、原子数以及所谓的原子的许多其他性质。然而，作为一个化学家，我认为原子假说在化学中不仅是可取的，而且是绝对必需的。我还愿意进一步宣布我的信念，即化学的原子是存在的〔原文为斜体字〕，只是应把这个词理解为在化学变化中不能再分割的质点……事实上，我们可以接受杜马斯（Dumas）和法拉第（Faraday）的观点，即"不管物质是否为原子的，就算是原子的吧，它看起来总是现在这个样子"〔理查德·安苏兹（Richard Anschutz），《奥古斯特·凯库勒》（August Kekul'e），柏林，1929 年，Ⅱ，366〕。

在托勒密体系中，金星离太阳的距角可以解释为该行星是在一个本轮上运转，而本轮中心随太阳的平均行度而运行。因此金星本轮的半径应当是够长，才能产生这颗行星离太阳的大于 40°，譬如说为 45° 的大距。在所得等腰直角三角形中，令金星本轮的半径＝1。于是此行星与位于托勒密宇宙中心的地球之间的近地距离≅1/2，而其远地距离≅2½，即大出"四倍多"。因此，如果托勒密是正确的，金星在近地点的视直径看起来会比在远地点时大四倍多，从而星体大出十六倍以上。正如奥西安德尔所正确指出的，从来没有人这样报道过金星的亮度变化。奥西安德尔强调指出托勒密体系的这一缺陷，被误认为归功于哥白尼："在一个引人注目的情况下，他〔哥白尼〕指出托勒密不能说明金星亮度变化的错误"〔德列克·普莱斯（Derek Price）：《反哥白尼论》（Contra—Copernicus），载于《科学史中的重大问题》（Critical Problems in the History of Sciences），威斯康星（Wisconsin）大学出版社，1959 年，第 198 页〕。哥白尼从来没有要人们注意托勒密不能说明为什么用肉眼看不出金星的亮度变化。也许这个情况使普莱斯头脑发昏，他把奥西安德尔和哥白尼混淆起来了。后者反对托勒密体系中庞大的金星本轮，他的根据不只是找不到与之相应的该行星亮度变化，还有一种充满性原理，即宇宙是丰满的，如果托勒密的学说是正确的，宇宙不能包含像位于金星本轮之内的那样浩大的无用空间（《天体运行论》，Ⅰ，10）。

尼古拉·舍恩贝格的信　注释

为了谋求条顿骑士团的骑士们与波兰王国之间的和平，尼古拉·舍恩贝格（1472—1537 年）于 1518 年作为罗马教皇的使节前往法尔米亚（Varmia）。当时舍恩贝格还没有和哥白尼见过面，也许还没有听说过他。然而，在 1534 年 9 月 25 日教皇克莱门特（Clement）七世死后，这种情况改变了。他的秘书约

注释

翰·阿耳布列希特·魏德曼斯特脱（Johann Albrecht Widmanstetter）参加了舍恩贝格的工作班子。在1533年6月6日与9月9日之间，魏德曼斯特脱在梵蒂冈花园里发表了"解释哥白尼关于地动学说"的演说，为此他获得教皇的一笔可观的奖赏，教皇还赠给他一部珍藏的希腊手稿（3CT，第387页）。在改换了雇主之后，魏德曼斯特脱继续保持对哥白尼天文学的兴趣。这封由舍恩贝格于1536年11月1日签署的致哥白尼的信，很可能是魏德曼斯特脱起草的。虽然哥白尼把舍恩贝格的信保存在他的文件夹中，并且后来寄发了这封信，使之能于1543年作为《天体运行论》的前言付印，可是在这中间的几年中哥白尼并未答应舍恩贝格的请求把他的著作寄往罗马，或者由红衣主教支付费用在佛罗蒙波克重抄。可以认为哥白尼的迟疑和沉默是由他所特有的谨慎所造成的。

为了填补这个空缺，巴耳蒂捏造了一个与历史事实完全不符的情节。他假想：

> 舍恩贝格得到了哥白尼的著作，认识到它的完美和优越，把它呈献给教皇，经教皇裁决它获得通过。据说红衣主教〔舍恩贝格〕本人向哥白尼提出，由于许多理由希望他同意出版自己的著作。…哥白尼把它献给教皇保罗三世。前面已经谈到，经过教皇裁决，它才得以通过。至于哥白尼由此而得到什么奖赏，以及在上述事件还发生了什么，我都不知道〔比林斯基（Bilinski），《生命》（Vita），第22—23页，第103—106、109—111行〕。

如果巴耳蒂不是冒充知道《天体运行论》的一部手稿已经归舍恩贝格所有，他把它奉献给教皇，并取得教皇的赞许，以及舍恩贝格再次向哥白尼提出请求，那么历史的可靠性会好得多。按文献记载，在1536年11月1日之后，舍恩贝格再没有和哥白尼有过这样的联系，此外教皇也从未赞许过《天体运行论》。在巴耳蒂所著哥白尼传记的节译本〔《数学编年史》（Cronica de' matematici），乌尔宾诺（Urbino），1707年，第121页〕中，他只限于谈到"哥白尼把他的伟大著作《天体运行论》贡献给保罗三世"，而对假想的教皇的任何赞许保持缄默。

出生约比哥白尼晚五年并在他之后十年去世的吉罗拉莫·佛雷卡斯托罗（Girolamo Fracastoro）的情况相反，而这是意义深长的。他和哥白尼一样，把自己的天文学著作〔《同心轨道论》（Homocentrics），威尼斯，1538年〕呈献给教皇保罗三世。但是和不愿抛头露面并且沉默寡言的哥白尼不一样，佛雷卡斯托罗十分坦率地告诉我们，是什么诱使他把书献给教皇。佛雷卡斯托罗为自己有空闲时间写书而深深感谢他的宽宏大量的庇护人，即其故乡维罗纳市（Verona）的主教吉安·马蒂欧·吉伯提（Gian Matteo Giberti）。

然而主教答复说："你的书不是在我的，而应在更强有力的赞助下出版。如果我有这样的才能，我就会因这部新著献给新教皇而感到愉快。"当时保罗三世刚升上教皇的宝座。一方面，吉伯提提到了佛雷卡斯托罗的著作，并指出作者把它献给教皇保罗三世。而在另一方面，尽管巴耳蒂设想过，红衣主教舍恩贝格从来没有取到哥白尼的著作，从未把它献给教皇，而教皇也从未赞助过他。

事实上，教皇保罗三世宠幸的神学家、他的圣使徒宫主管巴托洛米奥·斯皮纳（Bartolomeo Spina）早已策划禁止出版他的这本书〔哥白尼的《天体运行论》〕，但起初因病，后来因死亡，他未能实现这个"计划"。保罗三世最亲近的神学顾问对《天体运行论》的这种敌对态度，被斯皮纳的密友吉奥凡尼·玛丽亚·托洛桑尼（Giovanni Maria Tolosani）记载下来。他补充说："在〔斯皮纳于1546年去世〕之后，为了保障神圣教会共同利益这一真理，我承担完成处理这部渺小著作的这一任务。"〔《哥白尼研究》（Studia Copernicana），Ⅵ，42〕这里所说的"渺小著作"是托洛桑尼在其长篇论文《论圣经之真谛》（On the Truth of Holy Scripture）中谈到的。后来对伟大的哥白尼主义者伽利略发动攻击的多明诺会传教士，使用了这个宣传品的手稿。对伽利略的攻击以判处这位杰出的意大利科学家以终生监禁而告结（《哥白尼研究》，Ⅵ，31）。

巴耳蒂是否听见过教皇克莱门特七世于1533年对魏德曼斯特脱"阐述哥白尼地动学说"的赞许？于是巴耳蒂是否把真实情况误认为教皇保罗三世对哥白尼《天体运行论》的虚构的赞扬？哥白尼是否确定得到保罗三世出版《天体运行论》的许可？有什么现实原因使他在序言中没有对此作明确的公开声明？对这些问题可参阅爱德华·罗森"哥白尼的《天体运行论》是否受到教皇的赞许？"一文，载《思想史杂志》（Journal of the History of Ideas）1975年，第36卷，第531—542页。

舍恩贝格提到"第八重天"。这个词指的是恒星天球，传统的天文学认为七颗行星各位于其自身的天球上，而第八重天为恒星天球。在这八重天或八个天球中，有六个被托马斯·库恩（Thomas Kuhn）忽略了。他所著《哥白尼的革命》（Copernican Revolution）一书多次提到"古代的两球宇宙"。

舍恩贝格的代理人，列登城的特奥多立克，是法尔米亚牧师会驻罗马的代表。大概是他使魏德曼斯特脱了解哥白尼的天文学。而他和哥白尼同为牧师会的成员。在西奥多利克返回佛罗蒙波克之后，他成为哥白尼的遗嘱（此文件没有留传下来；3CT，第404页）的四个执行人之一。

· Note ·   255

原序：给保罗三世教皇陛下的献词　注释

（1）1543 年 9 月，彼特奥斯把一部《天体运行论》送给列蒂加斯的朋友阿齐耳斯·裴明·盖塞尔（Achilles Pirmin Gasser，1505—1577 年），这本书现藏于梵蒂冈图书馆。在该书第一帖的第二页上，盖塞尔写道，哥白尼序言是"1542 年 6 月在普鲁士的佛罗蒙波克撰写的"（Z，第 451 页）。这大概是彼特奥斯或列蒂加斯告诉盖塞尔的。无论是谁说的都应认为，当列蒂加斯于 1541 年秋季离开佛罗蒙波克返回威腾贝格大学再任数学教授时，他随身携带的《天体运行论》手稿并不包含这篇序言（因为它这时还未写成）。后来在 1542 年 5 月 1 日，即第一学期末尾，列蒂加斯离开威腾贝格大学赴纽伦堡，而彼特奥斯在该处开始排印《天体运行论》。是否在该时和该处已经拟订计划，由哥白尼写这一篇序言，把《天体运行论》献给当时在位的教皇？要是情况如此，我们可以理解为什么序言的原稿没有保留下来。在 1542 年 6 月撰写序言后，如果哥白尼把它直接寄往纽伦堡，则它应遭到与彼特奥斯用以印刷 N 的那份手稿的同样命运。该份印刷稿与序言的底稿一起，会全部消失了。在另一方面，保存下来的《天体运行论》手稿，是哥白尼撰写序言前大约九个月列蒂加斯离开佛罗蒙波克时留下的那一份。因为哥白尼手稿中表示大量增删的迂回曲折的符号容易把排字工人弄糊涂，列蒂加斯需要为彼特奥斯的印刷厂提供一份整洁的稿件。

伽利略对这些复杂的情节（如果上面的说明为正确的）毫无所知，他只晓得《天体运行论》的前两个印刷版本（1543 年和 1566 年）。在伽利略的时代还没有发现，从哥白尼所写的信件和旁注中找到了什么。在作出一些毫无根据的推断后，这位伟大的意大利科学家犯了一个可怕的错误。在《致克利斯金娜大公爵夫人的信》（*Letter to the Grand Duchess Christina*）中，他谈到哥白尼"已经遵循最高主教的命令从事他的艰巨事业，……把他的书奉献给保罗三世"。当然并没有一位最高主教指令哥白尼撰写《天体运行论》，而哥白尼也不需要最高主教或任何别人来命令他创作他为此献出终生的著作。

伽利略的勇敢的支持者托马索·康潘涅拉（Tommaso Campanella）以异教徒的罪名被判终生监禁，在意大利那不勒斯的监狱里服刑时写了《为伽利略辩护》（*Defense of Galileo*，法兰克福，1622 年）一书。康潘涅拉误入歧途更甚于伽利略，他说"哥白尼把书献给教皇保罗三世，……教皇赞许了它"，并"允许该书付印"。实际上，身陷囹圄的康潘涅拉对于四分之三个世纪之前在佛罗蒙波克和纽伦堡发生的事情，了解得比在牢房外面的伽利略（和巴耳蒂）更少。严峻的历史事实是，没有丝毫的证据表明保罗三世预先获悉哥白尼有出版《天体运行论》并把此书献给他的意愿，此外教皇对《天体运行论》及其奉献只是漠然视之。可是由于缺乏依据，许多作者仍然以各种令人迷惘的方法，不加鉴别地重复巴耳蒂、伽利略和康潘涅拉的违反历史事实的论述。

（2）这封信的译文见第一卷第十一章。收信人喜帕恰斯并非与之同名的公元前 2 世纪的伟大天文学家，并且与毕达哥拉斯学派毫无关系。

（3）舍恩贝格给哥白尼的信见前面。哥白尼说舍恩贝格"在各门学科中都享有盛名"，似乎是对这位主教的客套恭维，而非公正评价。舍恩贝格的一点少得可怜的学术著作目录见贾克斯·奎蒂佛（Jacques Quétif）和贾克斯·埃恰尔德（Jacques Echard）所著 *Scriptores ordines praedicatorum*，巴黎，1719—1723 年版，103—104 页（纽约，1959 年重印）。

（4）吉兹（1480—1550）从 1504 年起与哥白尼同为牧师会成员，也是他最亲密的朋友之一，于 1537 年 9 月 22 日成为捷耳蒙诺〔德文名为库耳蒙（Kulm）〕的主教。在哥白尼的敦促下，他于 1525 年在克拉科夫出版了一部辩论著作（共出两版）。这本书显示出他的神学知识。在哥白尼逝世六年之后，吉兹于 1549 年 5 月 20 日成为法尔米亚的主教。

（5）罗马作家贺拉斯（Horace）在其《诗歌的技巧》（*Art of Poetry*）一书中（第 388—389 行）劝告初露头角的作者不要在作品刚写成就立即出版，而是把它放到"第九个年头"。哥白尼采取这个酝酿成熟时期的四倍，有时被人误解为他花费了整整三十六年来撰写《天体运行论》。按这种算法，他是在 1507 年（或 1506 年）就开始（按另一种说法，或者甚至是结束）写作这本书。实际上，在 1508 年以前他不曾有过地动宇宙观的念头（3CT，第 339 页），而在此之后至少几年他才开始写《天体运行论》。哥白尼说到 1542 年 6 月这部著作已度过其第四个九年，他的意思是在 1515 年前某个时候他已开始撰写。

（6）哥白尼在此处没有提到列蒂加斯，近年来被认作一桩"丑闻"或"对列蒂加斯的背叛"。但是列蒂加斯自己并不埋怨哥白尼轻视他，也没有感到或表示出对他的老师的任何不满。与此相反，列蒂加斯后来公开宣称哥白尼"从未受到足够的赞扬"，并且坦率地说他"随时都爱护、尊重和崇敬哥白尼，不仅把他认作一位老师，还把他看成一个父亲"。他的生父已被当作男巫而斩首。列蒂加斯是一个新教徒和威腾贝格大学数学教授，也是富有斗争性的反教皇的马丁·路德异教派智囊团的一员。他很了解，在一篇献给教皇保罗三世并称颂卡普亚红衣主教与捷耳蒙诺主教的序言中,他的名字最好不出现。

虽然关于列蒂加斯对 N 的反应我们没有任何直接的资料,但我们知道他立即给吉兹送去两部书还有一封信,不幸的是该信已经遗失。然而我们确有吉兹给列蒂加斯的复信,该信是他于 1543 年 7 月 26 日在他的位于卢巴瓦(Lubawa)的捷耳蒙诺主教府写的。因为这个文件具有重要的历史意义,现在将它翻译如下。

> 我在克拉科夫参加〔波兰的西季斯蒙德·奥古斯塔斯(Sigismund Augustus)王子与奥地利的伊莉莎白女公爵的〕皇家婚礼之后返回卢巴瓦时,收到你寄来的我们的朋友哥白尼刚出版的两本著作。在到达普鲁士之后,我才听到他的死讯。失去了这位非常伟大的人物和我们的弟兄,我感到悲痛。只有阅读他的这部使他永生的书,我才能抑制自己的哀思。然而一翻开这本书,我就察觉出一种坏的信念,这用你的正确说法是彼特奥斯的恶劣行径。这引起我的义愤,比我原有的悲伤更为强烈。对于这种在良好信念的掩饰下的如此不光彩行为,谁能不感到愤慨呢?
>
> 可是我还不能断定,这种不良行为是否应由依赖别人劳动的这位印刷商,还是由某一个心怀嫉妒的人来负责。如果这本书博得盛誉,他就必须放弃原来的信仰。也许是担心出现这一情况,他就乘〔印刷商〕职权之便来冲淡原著中的信念。然而,为了不使这个受别人欺骗而走入歧途的人逍遥法外,我已致函纽伦堡市政府,说明了恢复作者的原意我认为应当怎办法。现在我随信寄去该函的一份抄件,以便使你能决定这件事根据已经出现的情况应如何办理。我认为谁也不比你更适宜和更迫切地想与该市政府一同处理此事。在这出戏中扮演主要角色的正是你,因此现在对恢复被歪曲的情节来说你的作用会比作者更大。如果你认为这件事是有意义的,我热情地恳求你极度认真地办理它。如果前面几页要重印,我认为你应加上一个简短的说明,它还可以洗涤在已散发的书本中诡计所留下的污点。
>
> 我希望看到在前言中有你写的很精彩的作者传记。我曾经读过一次。我认为在你的叙述中所缺少的只是他的逝世。他的死亡是由脑溢血和接着在 5 月 24 日出现的右身瘫痪所引起的。在这之前很多天,他的记忆和思维活动已经丧失了。他直到去世之日,在最后一息才看见自己的著作。
>
> 在他死之前散发已出版的著作,这并没有什么问题,这是因为年份是对的,而出版者并未标明印刷完毕的日期。我还希望加进你的小册子,你在这个作品中捍卫了与圣经对立的地动学说。这样一来你就可以充实该书的篇幅,并回答你的老师在他的序言中没有来得及向你提出的要求。我认为这一疏忽并非由于他对你的不尊重,而是某一种冷漠和不关心所造成的(他对一切非科学性的事情都不留意),当他体力日趋衰竭时,情况尤为如此。我并非不知道,他对你积极而热情地帮助他,经常予以高度评价。
>
> 对于你寄给我的书,我对馈赠者深为感激。这两本书会经常提醒我,不仅要纪念我随时尊重的作者,还要想到你。正如你已经表明在他的工作中你是他的一位得力助手,现在你也用自己的努力和关心来帮助我们,否则我们就无法欣赏这部已经完成的作品。你的热忱对我们有何等重大的意义,这已并非秘密。请告诉我这本书已否寄给教皇。如果还没有这样做,我愿为死者尽此义务。再见。(拉丁文原文载 P Ⅱ,第 419—421 页)

列蒂加斯应当欣然采纳吉兹的建议,把他对彼特奥斯的控告呈交纽伦堡市政府。然后该机构把这一控告转给彼特奥斯,他向市政府提出初步答复。在 1543 年的市政府档案中,该所秘书赫罗尼玛斯·邦加尔特勒(Hieronymus Baumgartner)记录了 8 月 29 日星期三的下列决议:

> 约翰尼斯·彼特奥斯对主教信函的答复,致普鲁士捷耳蒙诺主教蒂德曼(Tiedemann)〔吉兹〕。彼特奥斯复信中的尖锐措辞应予删除并改为温和词句。附带谈到:根据彼特奥斯的答复,不应就此事处分他(MK,第 403 页)。

不幸的是,彼特奥斯的初步答复以及市政府致吉兹的正式复函都没有保留下来。

然而,彼特奥斯自我辩解的主要内容可从迈克耳·梅斯特林(Michael Mästlin,1550—1631 年)所藏的一卷 N 的前言部分第二页顶部所写的一个注释得知。梅斯特林是蒂宾根(Tübingen)大学天文学教授。人类要深深地感谢他,因为是他使伟大的约翰尼斯·开普勒接受了哥白尼学说。梅斯特林的那本 N 书现存于瑞士沙夫豪森(Schaffhausen)市立图书馆。梅斯特林的视力之好是罕见的。他用自己的小字体写道:

> 关于〔奥西安德尔所写的〕这篇前言,我,迈克耳·梅斯特林,从菲利普·阿皮安(Philip Apian)的书(这是我向他的遗孀借来的)中某处找到下列手写的词句。尽管书写人没有留名,然而我从字

形容易认出,这是菲利普·阿皮安的手迹。于是我猜想,这些话是他从某个地方抄来的,其目的无疑是要保存它们。"由于这篇前言,莱比锡的教授和哥白尼的学生乔治·贾奇姆·列蒂加斯,卷入了一场与印刷商〔彼特奥斯〕的十分激烈的争执。后者宣称,前言是与书中其余部分一齐交给他的。然而列蒂加斯猜想,它是奥西安德尔塞进该书前面部分去的。他声明,如果列蒂加斯知道这是事实,他就要把这家伙痛打一顿,让他以后只管自己的事,而再也不敢冒犯天文学家了。"可是阿皮安告诉我,奥西安德尔向他公开承认,是他把这篇〔前言〕作为自己的看法放进书里去的(Z,第453页)。

不幸的是,我们并不知道奥西安德尔向菲利普·阿皮安(1531—1589)公开承认这一点的确切时间。后者住在因戈斯塔特(Ingolstadt),他的父亲彼德·阿皮安(Peter Apian)是当地大学的数学教授。奥西安德尔由于宗教原因于1548年11月18日被迫离开纽伦堡另觅职位。这时他可能去过因戈斯塔特南面五十英里处的大学校,他年轻时曾在该校学习。如果情况如此,菲利普·阿皮安也许听见过奥西安德尔于1548年11月在英郭斯塔德发表的关于前言的声明。

奥西安德尔的招供后来如何流传,这较为确切。梅斯特林于1568年12月3日考入蒂宾根大学,而菲利普·阿皮安于1570年3月1日成为该校数学教授。梅斯特林于1570年7月6日买了一本N书。应当是在此时或以后不久,阿皮安向梅斯特林再次读到,奥西安德尔承认把他的前言插入N中是他自己的主意。他是偷偷摸摸干的。于是在纽伦堡市政府把吉兹的控告交给印刷商并要求他答复时,彼特奥特才首次发现前言并非哥白尼,而是别人写的。

因为市政府同意彼特奥斯的解释,即奥西安德尔的花招欺骗了他,并决定把整个事件搁置起来,所以吉兹关于修订《天体运行论》前言部分的建议未能付诸实施。于是列蒂加斯的哥白尼传以及他关于新天文学与《圣经》可以和谐共存的论述,都没有印出来(并且从此就销声匿迹了)。他的姓名被排斥于《天体运行论》之外,而如果没有他的干预这本书很可能不会出版。

在另一方面,在彼特奥斯与奥西安德尔之间真诚的工作关系继续存在。这表现在《天体运行论》问世两年后出版了嘉丹诺的《大衍术》一书。此书献给编者奥西安德尔,并由彼特奥斯承印。

(7) 关于哥白尼对"回归年"的定义及其与"恒星年"的区别,见Ⅲ,1。

(8) 亚里士多德及其门徒所采用的宇宙学单元为绕同一中心——即静居于宇宙中央的地球——运转的同心圆球。已经发现用这一同心原则不能说明一切已知的天体现象,因而对某些现象的解释需要认为一些天球的中心不在地球的位置上。换句话说,即认为天体在本轮上运转,而本轮的中心绕同心的或偏心的均轮运行。使用偏心圆和本轮的天文学体系,于基督纪元2世纪时在克劳迪阿斯·托勒密所著《至大论》(Syntaxis,误称为Almagest)一书中达到登峰造极的境界。《至大论》的希腊文本(以后简称为PS)于1538年在巴塞耳首次出版。列蒂加斯在1539年后把该版书一册送给哥白尼,但这为时已晚,不能对《天体运行论》的编写产生重大的影响。在此之前四分之一世纪中哥白尼使用过PS的两种拉丁文译本。

(9) "均匀运动的基本原理"要求一个旋转的圆周,在相等时间内扫过从圆周本身中心计量的相等弧段。托勒密对这一原理的说法为(PS,Ⅲ,3),"行星的一切向东运动…按其本质而言都是均匀的和圆形的。这即是说,设想引起行星旋转的直线或行星的圆形轨道,在一切情况下都在相等时间内均匀地扫出从各圆中心计量的相等角度"。然后在PS,Ⅸ,2中,托勒密阐述为什么"我们的任务是把五颗行星一切观测到的非均匀性……都认作由完全均匀和圆周运动所引起的"。须知只有这种均匀圆周运动才能"与神圣的〔天体〕性质相容,而天体远非无秩序和不规则的"。托勒密宣称,对均匀圆周运动的任何偏离都是无秩序的、不规则的并且是与天体及天球运动的性质不相合的。在此之后,他接着在PS,Ⅸ,5中引入了恰好是这样的一种偏离:"对偏心圆的中心而言,本轮在相同时间内在均匀向东运动中扫过相同角度。本轮的自身中心不应在这样的偏心圆上……本轮中心在符合下列条件的圆周上运转:(甲)与产生近点角的偏心圆相等,但(乙)并非绕相同的中心。"本轮中心与偏心圆中心的距离固定不变,但是本轮中心在偏心圆中心所成角度,在相等时间内并不相等。这与"均匀运动的基本原则"相矛盾,哥白尼在这里用此点来反驳"那些提出偏心圆的人"。

(10) 正如哥白尼在前面回顾贺拉斯对有志作家的忠告(见注释(5)那样,他在此模仿《诗歌的艺术》前五行)。

(11) 哥白尼把宇宙看作一部世界机器(machina mundi)的概念,与他坚持对均匀运动原理的绝对信奉有关。如果一个机械圈或轮在作旋转运动,并且(按天文学家的传统观念)这个运动要无限期地持续下去,则圈或轮应当绕自身的中心均匀转动。因此,均匀圆周运动是一种机械上的需要。任何一部平稳运转的机器,首先是平稳运转的世界机器,在赞赏者看来是很漂亮的。但是,由于这个缘故,他的观点并不完全是美学的。在这条注释之后要引用西塞罗关于世界机器的几句话。对这位罗马哲学家在《神的本性》(Nature of the Gods)Ⅰ、10中的这段话,哥白尼也许已经熟知。在这本书中一位演讲者回顾说"柏拉图不承认有任何图形比圆球更美"。"可是在我看来,圆柱体、立方体、圆锥体或棱锥体都更为可爱"。审美观念可以改变。但是如果规定一个在地面上或在天文学家的苍穹中的机械轮,以均匀速率不绕其自身的中心而绕别的中心旋转,则它不会像哥白尼对苍穹所相信的那样长久旋转。因此,他的世界机器只能绝对均匀地运转。

（12）"按古希腊哲学家及博物学家狄奥佛拉斯塔（Theophrastus,公元前 371? —前 287 年?）所述,西拉求斯城的赫塞塔斯相信苍穹、太阳、月亮、恒星——简言之,一切天体——都静止不动,并认为在宇宙中只有地球在运动。由于地球以最大的速率绕轴旋转,我们所看见的现象就和苍穹在运动而地球静止一样"〔西泽罗,《学术问题》（*Academic Questions*）,Ⅱ,39,123〕。哥白尼在佛罗蒙波克牧师会图书馆中可以找到包括西泽罗《学术问题》的手稿（ZGAE,5：377,n.56）。哥白尼在西泽罗的书中找到上面的一段话,并把它摘抄下来。

（13）见《哲学家的见解》（*Opinions of the Philosophers*）,Ⅲ,13。在哥白尼的时代认为这部著作为希腊传记作家普鲁塔尔赫（46? —120?）所写,但现在已知这是误解。因为哥白尼所引用的为伪普鲁塔尔赫的原文,按理他使用的应为希腊文本。

虽然哥白尼的天文学与毕达哥拉斯的学说很少有相似之处,由于他摘录伪普鲁塔尔赫所引用的毕氏信徒费罗劳斯和埃克范图斯的话,这使一些肤浅的读者和作者认为他的体系为毕氏体系。后来这种误解加深了,这是在 1616 年 3 月 5 日,罗马天主教庭颁布禁书目录的红衣主教会议,在处理一批书籍的法令中宣布,《天体运行论》若不修订便暂订发售。对这本书的判决措辞如下:

> 上述神圣红衣主教会议指出,毕达哥拉斯之大地在动而太阳不动学说纯属谬论,并全然违反圣经。尼古拉·哥白尼在其所著《天体运行论》中竟宣扬此种学说…使之广泛流传并为许多人所接受……因此,为使此种有损教廷真理之邪说不致继续传播,红衣主教会议决定上述尼古拉·哥白尼之《天体运行论》一书……若不改正则不应允其发行。

在 1620 年宣布下列告诫（Monitum）:对尼古拉·哥白尼著作之读者以及对该作用之改正的告诫。

颁布禁书目录之神圣红衣主教会议的长老们,确定著名天文学家尼古拉·哥白尼论述宇宙运转的著作应予完全禁锢。这是因为该作者所明确承认的有关地球位置和运动的原则与圣经及其真实的教庭诠释相悖（对一个基督教徒而言,此种行为是不能容许的）,并且他确认这不是一种假设,而是实在的真理。尽管如此,由于他的著作也包含许多对教会十分有用的内容,红衣主教会议一致决定,哥白尼已经付印的著作应准予发行,红衣主教会议赐予特许,可是应按追加的订正要求,将作者对地球的位置和运动的讨论（不作为假设而是直接的叙述）的各段予以改正。如果上述各段修改如下,并在哥白尼的序言中预先说明这一更正,则今后各版可准予发行。

"哥白尼书中应予修改之段落"将在适当场合指出。

对《天体运行论》的谴责出现于《禁书目录》（*Index of Prohibited Books*）两次官方修订之间的时期内,而最后的目录是教皇克莱门特八世于 1596 年授权颁布的。在克莱门特目录的一份复印件（罗马,1624 年）之后,附有该目录问世后所颁布的关于禁书的一切法令,包括 1616 年的中止法令与 1620 年的改正法令。红衣主教会议的秘书佛兰西斯·马格道伦·卡皮费鲁斯（Franciscus Magdalenus Capiferreus）于 1632 年在罗马宣布了被禁作者的名单,其中有哥白尼的名字。后来在 1664 年由官方再次修订的目录中,即奉教皇亚历山大七世之命颁布的禁书目录中,他也再度列入。该目录重印了中止法令与改正法令。《天体运行论》被列入禁书目录超过两个世纪,在此期间该书没有出版。第三版是于 1617 年在中止法令颁布前出版的,而在 1835 年公布的禁书目录中这本书不再列入,于是在此之后出了第四版。《天体运行论》第三版（阿姆斯特丹,1617 年）的书名为 *Astronomica instaurata*,后面用符号 A 代表,而第四版（华沙,1854 年）以后称为 W。

（14）哥白尼用拉丁文引用这一谚语,然而它在任何古典罗马作家的作品中都未出现过。它首先由埃拉斯马斯（Erasmus）译为拉丁文。埃拉斯马斯在阿里斯托凡尼斯（Aristophanes）的著作中找到这条谚语,并把它编入他的 Chiliades adagiorum（威尼斯,1508 年）,而在该书中它为第 2629 条。没有证据表明,哥白尼熟悉埃拉斯马斯的第一手谚语汇编。但是他的朋友吉兹与埃拉斯马斯有通信联系。后者于1526—1527 年发表了一本批驳马丁·路德的小册子,作为抵御他的漫骂的盾牌手（Hyperaspistes）。埃拉斯马斯的标题的第一个字 Hyperaspistes,被他的崇拜者吉兹采用。吉兹在他支持哥白尼学说与圣经可以相容的论文的题目中,也用了这个字。吉兹的（已经失传的）著作 Hyperaspisticon 引用了埃拉斯马斯对哥白尼的"十分赞许的"评判。如果没有吉兹的引用,这一评判会无人知晓。在哥白尼和埃拉斯马斯（或者和这位荷兰学者的谚语集）之间毫无联系的情况下,吉兹提供了最可能的渠道,通过它哥白尼才知道阿里斯托凡尼斯谚语由埃拉斯马斯所作的拉丁译文。

（15）由颁布禁书目录的红衣主教会议提出的第一项修改要求,是删掉从此段开始至"天文学是为天文学家写成的"这句名言（即从 Si fortasse 至 hi nostri labores）之间的内容。

（16）为了进一步说明,如果理解得正确的话,哥白尼的《天体运行论》与圣经完全相合,列蒂加斯用这一思路写了一篇短文。我们在前面已经谈到(见注 6),按吉兹主教的判断,列蒂加斯"完全正确地阐明地动学说与圣经并无矛盾"。但是和吉兹的非常狠毒的人(Hyperaspisticon)情况相似,列蒂加斯使哥白尼学说与圣经协调一致的努力也未能逃脱教会反改革势力的魔爪。

(17) 见拉克坦歇斯(Lactantius)所著《神学院》(Divine Institutes),Ⅲ,24。

(18) 当第五届拉特兰会议(1512—1517)尚在举行之际,教皇里奥十世宣布他已经"和最伟大的神学及天文学专家磋商过",他"劝告并鼓励他们考虑如何补救并适当修正"已经陷入紊乱状态的历法。教皇补充说道,专家们"有的写信,有的口头上告诉我,他们已经认真思考了我的指令。"但是这些书面或口头讨论都没有产生适当的改历,于是里奥十世发出广泛的呼吁。例如在 1514 年 7 月 21 日,他在给神圣罗马皇帝的信件中,吁请他"对于在你的帝国管辖下所有的神学家和天文学家,你应当命令其中每一位声誉卓著的人来参加这次神圣的拉特兰会议……但若有人由于某种合法原因不能赴会,请陛下指令他们……把精心撰写的意见书寄给我"。三天之后,他把一份印好的类似通知发给其他政府首脑和各大学校长。在 1515 年 6 月 1 日和 1516 年 7 月 8 日,又重复了这一普遍请求。佛桑布朗的主教,即米德尔堡(Middelburg)的保罗(1445—1553),发表了致里奥十世的报告,内容为教皇倡议改正流行历书的缺陷所取得的结果。在名为《第二次历法改正补充材料》(Secundum compendium correctionis calendarii,罗马,1516 年)的报告中,米德尔堡主教把哥白尼列入提书面建议的名单中,而不是在赴"不朽城"(即罗马)的旅行者之列。不幸的是,哥白尼所写的材料已经无法找到。但是现存资料否定了伽利略所说的"当里奥十世主持的拉特兰会议着手修正教会历时,哥白尼应召由德国最偏僻地区去罗马参加改历工作"。由于伽利略的崇高威望,这一错误说法经常重复出现。还有与他有关的错误,即认为 1582 年的格雷果里历是"在哥白尼学说的指导下修订的",情况也如此。

(19) 巴耳蒂错误地设想,在 1516 年前后米德尔堡的保罗给哥白尼写信(信件已遗失)之前,他们两人已经彼此熟悉。在谈到哥白尼于 1496 年到达意大利时,巴耳蒂作出未经证实的断语,即"在此情况下,他和当时在意大利活跃的所有的知识分子,包括米德尔堡的保罗,都很友好并相互熟悉。那时保罗是在乌尔比诺(Urbino)的吉多(Guido)一世公爵手下任职"。然而绝对没有证据表明,哥白尼曾在乌尔宾诺久住过,或者从 1496 年至 1503 年在意大利时他曾遇见过米德尔堡的保罗。如果不是正式地和生硬地引用"当时主持改历事务的佛桑布朗地区最杰出的保罗主教",能否认为哥白尼在此表明米德尔堡的保罗已经成为他的朋友?这与哥白尼对"捷耳蒙诺地区的主教""挚爱我的蒂德曼·吉兹"的提法,真是完全不一样啊!

巴耳蒂在他所著《数学编年史》(Cronica de' matematica,乌尔比诺,1707 年)中还有一个生动的假想。他把一篇论述占星术士之星的文章说成是马林尼斯(Malines)的亨利·贝特(Henry Bate)写的。可是根据亚历山大·伯肯迈耶(他的博士论文是对贝特的研究)的考证,贝特从未写过这篇文章〔见《哥白尼研究(Studia Copernicana),Ⅰ,110〕。

(20) 正如哥白尼把舍恩贝格红衣主教说成是"在各门学科中都享有盛名"一样,他称颂保罗三世为一位有学识的天文学家,也是一句客套的奉承话。

第一卷　注释

(1)《天体运行论》手稿保留有第一卷的引言。但是这篇短文在 N 中没有印出,这大概是因为它被较长的全书序言所取代了。我们在前面已谈到(见原序注(1)),这篇序言是哥白尼于 1542 年 6 月在对《天体运行论》做最后一次补充时撰写的。列蒂加斯把第一卷的引言删掉了,他大概得到哥白尼的同意。这是因为列蒂加斯和吉兹两人在纽伦堡版印制完成后发现有差错(见原序注(6)),可是他们对删除引言都没有怨言。《天体运行论》第二版与第三版(巴塞耳,1566 年;阿姆斯特丹,1617 年)的编辑和出版商都没有见到过哥白尼的手稿。然而在第四版即将问世时,手稿被发现了,于是它所包含的第一卷引言首次在 W 中印出。在此之后的各版(托尔恩,1873 年;慕尼黑,1949 年;华沙,1972 年)自然都包括有第一卷引言。后面用 T 代表托尔恩版,用 Mw 代表慕尼黑版(《尼古拉·哥白尼全集》,第二卷)。

(2) 哥白尼从普林尼(Pliny)所著《自然史》(Natural History)中查出这些词源:"对希腊人作为装饰品所称的'宇宙',我们〔罗马人〕由于它的完全和绝对的优美而称之为 mundus。我们还讲 caelum,这无疑地是指一种雕刻品"。除掉上面谈到的 1487 年威尼斯版《自然史》(见原序注(12))外,哥白尼还使用了他所在的牧师会所收藏的 1473 年罗马版。把名词 mundus(=宇宙)与形容词 mundus(=纯粹)联系起来。哥白尼找到一个比蒲林尼更早的权威性解释。现代语言学家认为 caelum 与 mundus 的词源不肯定。

(3) 一个例子为柏拉图,他所著《蒂迈欧篇》末尾称苍穹为"看得见的上帝"。哥白尼在他的牧师会图书馆可以找到马尔西里奥·费西诺(Marsilio Ficino)翻译的柏拉图《著作集》拉丁文本(佛罗伦萨,大约 1485 年）。

（4）哥白尼在此处谈到，天文科学以前也称为"星占学"。在他撰写本书时，后面这一名词的含义比现在广泛。现在对星占学广泛流传的说法是，别的行星以及恒星可以通过某种不可思议的方式来支配这颗行星上的人间事务。甚至到 1676 年 9 月 17 日，约翰·埃维林（John Evelyn）还写道："学识渊博的占星学家和数学家佛拉姆斯特德（Flamested）和我一起进餐。国王陛下为他在格林尼治（Greenwich）公园创立了新天文名……"（《日记》，德·贝尔（E. C. de Beer）编，牛津大学出版社，1955 年，Ⅳ，98）。

哥白尼绝对不会给算命卜卦的占星术以任何支持。一些著名天文学家（不妨举第谷、伽利略和开普勒等少数几人为例）都相信星占学，并由于这样或那样的缘故从事占星术活动。在这方面，哥白尼与他们显然不同。尤其是哥白尼与他的学生列蒂加斯，在这一点上形成尖锐的对比。无论是在《天体运行论》还是在确凿无疑为哥白尼的任何其他著作中，都找不到信仰星占学的最微小的迹象。在另一方面，列蒂加斯沉溺于占星术，这使他声名狼藉。

与此有关的是，法尔米亚（Varmia）的主教的约翰尼斯·但提斯加斯（Johannes Dantiscus，1485—1548 年）所写的一首诗的命运是发人深思的。1541 年 6 月 9 日，但提斯加斯邀请哥白尼赴宴。在此之后不久，他给这位天文学家写了一封"很谦恭有礼的和十分友好的"信，并附有一首"优美的短诗"。这些引语都取自哥白尼 6 月 27 日给他的主教的复信。同时代人普遍承认这位主教是欧洲第一流的新拉丁派诗人。哥白尼在回信中指出，但提斯加斯的这首诗是为《天体运行论》写给"我的〔六卷〕书的读者的"，并认为该诗是"切题的"（ad rem）。此外，他还承诺要在自己著作的扉页展示出这位主教的"大名"。然而但提斯加斯主教的名字并没有在《天体运行论》的前言部分出现，虽然教皇保罗三世、舍恩贝格红衣主教和蒂德曼·吉兹主教都在前面几页中占有显著地位。

在 1543 年出版的《天体运行论》中但提斯加斯主教的名字根本没有出现过，在 1542 年的《三角学》中情况亦复如此。可是在哥白尼《三角学》末尾列蒂加斯所写的献词中，都印出了但提斯加斯的这首"优美的短诗"。然而列蒂加斯小心翼翼地没有提到罗马天主教的主教但提斯加斯的名字，这是因为哥白尼《三角学》是在威吞堡出版，而该地为马丁·路德所领导的反教皇运动的核心根据地。列蒂加斯毕竟还是印出了这首本来是为《天体运行论》而写，却未能与读者见面的诗，只是隐瞒了作者的姓名。该诗向预料中的读者致词，说明"这些著作向你指出通向苍穹之路"，这原本是对《天体运行论》，而非对《三角学》的一个完全"切题"的描述。然而但提斯加斯的诗由列蒂加斯印出，他完全可以掌握《三角学》的内容，而该诗有四行向读者宣告：

> 劝君先研此高论；
> 简述原则请倾听。
> 若问谁司未来事，
> 人间灾祸由凶星。

星占学自称具有穿透掩盖人们命运之黑幕的能力。这种说法为列蒂加斯所深信不疑，而与哥白尼的思想却完全是格格不入的。

（5）哥白尼读过柏拉图《法律篇》的上述费西诺译本〔见注（3）〕。此处所用段落为 809C—D 和 818C—D。

（6）哥白尼所用的词句，即"缺乏……致使……神的功能……成为可能，这样既不需要认识太阳，也不需要认识月亮和其他的星球"（abesse…ut…divinus effici…possit, qui nec solis nec lunae nec reliquorum siderum necessaiam habeat cognitionem），是贝萨利翁（Bessarion）红衣主教所著《柏拉图的诬告》（In calumniatorem Platonis，威尼斯，1503 年）的再现。哥白尼自己藏有此书。有关段落可在路德威希·摩勒（Ludwig Mohler）的《贝萨利翁红衣主教》，Ⅱ，595：30—34 查到。

（7）哥白尼认为，一条假设是一个基本的命题，它含有一整套理解过程。在他的词汇中，一条假设并非一个试验性的或不肯定的建议，他后称为一个"coniectura"（猜想）。在牛顿于 1713 年发出他的著名惊叹"Hypotheses non fingo"（没有创造的假设）。他和哥白尼一样，于 1687 年把自己的基本概念称为"假设"。举例来说，在他的《自然哲学之数学原理》第一版中，宇宙中心是静止的这一命题是第四题假设。参阅"牛顿所用假设一词"，载伯纳德·科恩（Bernard Cohen）著《富兰克林与牛顿》（Franklin and Newton）〔费拉德尔菲亚（Philadelphia），1956 年〕第 575—589 页。

（8）一个例子为托勒密的月球运动理论。按这一理论，在月球最靠近地球时它们的距离约为最远距离的一半。在该情况下月球的"直径看起来应为两倍大和一半大…不用说情况与此相反"（Ⅳ，2）。

（9）最后三个字"mathematicorum peritiam vincit"（精通数学而获胜）取自普鲁塔尔赫《罗马问题》（Roman Questions）多次重印的卢卡（Lucca）的约翰·彼得（John Peter）的拉丁文译本。此处哥白尼并未引用普鲁塔尔赫的希腊文本。他在序言中引用了该版本第 240 页伪普鲁塔尔赫的话。因为普鲁塔尔赫的第 24 个罗马问题讨论月球和月份，而不是"太阳的回归年"，显然此处哥白尼凭记忆写成，而他的记忆有时不可靠。

（10）这是对独创性的一种谦逊的要求，几乎是用道歉的口气提出的，似乎承认新的想法是勉强提出的，同时表示对以前的研究者的感激之情。这无论在思想上还是在语言上都与蒲林尼《自然史》，Ⅱ，13，62十分相近。

（11）宇宙为球形的这一观点，在希腊天文史的早期已经提出，并在古代和中世纪思想中成为占据主导地位的概念。

在哥白尼所提出的解释宇宙球形的四项根据中，第一项（即球形的完美性）为希腊古代和后代所熟悉的一种数学兼美学的判断。当时普遍认为，这种几何图形是完美的，因此为适宜的宇宙形状。第二项根据以一切具有相等面积的固体中球的体积最大这一定理。托勒密（PS，Ⅰ，3）及其追随者使用这项根据。天球皆为球形的学说战胜了各种不同的论点，成为天文学的传统观念。与此同时，水滴皆呈球形，也成为古代和中世纪科学中的常识。

（12）哥白尼的说法"它不需要接口"（mulla indigens compagine）是以普林尼的"不缺乏结合"（nullarun egens compagium）（《自然史》，Ⅱ，2，5）为原型。

（13）哥白尼在手稿中谈到"神赐的"物体，这只是沿用一种长期存在的习惯说法。但他的纽伦堡编辑们，显然害怕遭到教会的责难，把这一措辞改为"天"体（N，第一页）。列蒂加斯在其《第一报告》中也称行星为"这些神赐的物体"（3CT，第145页：divinis his corporibus）。在决定把《天体运行论》献给教皇时，他是否把哥白尼的"神赐"物体改为"天"体，这已不得而知了。

（14）哥白尼对大地为球形的这一个论据来自亚里士多德的向心冲力理论："从各方面中心运动是地球所固有的性质"（《天体篇》，Ⅱ，14）。在哥白尼所上大学的课程中，亚里士多德的著作享有崇高的地位。

（15）早在哥白尼时代之前人们已熟知，地球表面并非绝对为球形，但不规则起伏可以忽略。

（16）哥白尼对大地在南北方向为球形的证明，是以亚里士多德《天体篇》，Ⅱ，14及PS，Ⅰ，4为蓝本。

（17）在Ⅱ，14之后的哥白尼星表中，一等星老人星靠近南天星座船底座的第一星。哥白尼所说"在意大利看不到老人星"（Canopum non cernit Italia），是蒲林尼的"non cernit…Canopum Italia"（《自然史》，Ⅰ，70，178）的翻版。但是哥白尼补充说老人星"在埃及却能看见"，他不必重复蒲林尼的详细描述，即"就亚历山大港的观测者看来，老人星几乎可达到地平线之上四分之一宫〔＝7½°〕"。

（18）波江座第一星是在另一个南天星座中的另一颗一等星。

（19）此段最后一句为蒲林尼《自然史》，Ⅱ，72，180的重复。但在哥白尼所能得到的蒲林尼书的两种版本中，蒲林尼句子的末尾晦涩难解，因此哥白尼需要加以校订。

（20）到此处为止此段为蒲林尼《自然史》，Ⅱ，65，164—165的意译。按亚里士多德《世代交替与堕落》（Generation and Corruption），Ⅱ，3，"土地与水构成向中心运动的物体"。

（21）哥白尼在此处即Ⅰ，3中引用托勒密的著作《地理学》。托勒密在此书中论述水陆合成球体时说："我们由数学计算得出这一见解，即把陆地与水域结合在一起时，连续的表面为球形的"（Ⅰ，2，7）。阿基米德已经说明，"任何流体在静止时的表面为球形的，并与地球同一中心"（Floating Bodies，Ⅰ，2）。

（22）按哥白尼及其同时代人所接受的目的论观点，宇宙是为生物，尤其是为人类而创造的。

（23）此处哥白尼与托勒密的见解不同。托勒密否定了整个已知大陆完全由水域环绕的观点（《地理学》，Ⅶ，7，4；Ⅷ，1，4）。

（24）一个例子为里斯托罗·德·阿列若（Ristoro d'Arezzo）。他在1282年出版的《宇宙的组成》（Della composizione del mondo）一书中说："于是水的量为土的十倍，空气为水的十倍，而火又为空气的十倍"（Ⅳ，3）。

（25）根据诺瓦拉（Novara）的康潘纳斯（Campanus）所著《主要计算》（Computus maior）第三章，"元素来自其他元素，又转化为别的元素……由一份土可以产生十份水"〔《重新认识的天球》（Sphaera mundi novier recognita），第159页，威尼斯，1518年〕。

（26）在上面提到的 Sphaera mundi novier recognita 中，曼费列多尼亚（Manfredonia）的卡普安纳斯（Capuanus）在《对萨克罗波斯科球体的评论》（Commentary on Sacrobosco's Sphere）修订版中谈到"地球的重量并非到处一样，而是一部分比另一部分重。原因是一部分没有洼地和洞穴，就比较稠密和紧凑，而另一部分多孔，到处是洞穴。因此地球的形体中心并非它的重力中心"。

（27）把哥白尼的紧缩论证扩充如下，就更容易了解。如果水域的体积为陆地的七倍，则水陆合成球体的体积（V_1）为 $7+1=8$，而陆地的体积（V_2）为 1。因为 $V_1：V_2=d_1{}^3：d_2{}^3$，$8：1=d_1{}^3：d_2{}^3$，于是 $2：1=d_1：d_2$ 或 $d_2=\frac{1}{2}d_1$。这即是说，陆地的直径（d_2）应当等于水陆合成球体的半径（$\frac{1}{2}d_1$）或从它的中心到水域边界的距离。这样一来，由于泥土是较重的元素，应居于中心，便不会有冒出水面的陆地。

（28）哥白尼在下面一句话中引用托勒密的《地理学》。根据这本书，地球上有人居住的地区所占纬度约为80°，即从北纬63°至南纬17°附近。因此大约位于北纬23°的埃及，应当"几乎是在有人居住的陆地的中心"。

（29）此处哥白尼想重复蒲林尼《自然史》、Ⅱ、68、173所述："阿拉伯海湾距埃及海有一百一十五哩"(centum quindecim milibus passuum Arabicus sinus distet ab Ageyptio mari)。但在谈到"埃及海与阿拉伯海湾之间为十五斯达地"(inter Aegyptium mare Arabicumque sinum vix quindecim superesse stadia)时,哥白尼不仅把蒲林尼的哩换算为斯达地(1 斯达地仅为 1/8 英里),他还把蒲林尼的 centum(百)漏掉了。由于这些极大的错误,哥白尼把苏伊士(Suez)的地峡从 115 哩(蒲林尼所取数值)缩小成 2 哩。

(30)"已知大地的东部界限为穿过中国首都的子午线……而西面边界为通过幸运岛的子午线,它……与最东面子午线的距离为一个半圆的 180°"。(托勒密,《地理学》,Ⅶ,5,13—14)。托勒密取他的本初子午线通过加那利群岛(Canary Islands,当时称为幸运岛),这是因为它们是在他的时代所知的最偏西的土地:"我们把赤道分为……180°,并从最西边的子午线开始分配数目字"(Ⅰ,24,8)。哥白尼所引用的托勒密的地理学著作称为《宇宙学》(Cosmography),因为哥白尼在他的牧师会图书馆查到的 1486 年乌耳姆(Ulm)版(MK,第 337—341 页)用的是这个书名。

(31)"我们所居住的这一部分地球在东面的界限为一块未知的土地,它与大亚细亚的东部、中国和西伯利亚接壤"(托勒密,《地理学》,Ⅶ,5,2)。

(32)哥白尼所用的 Cathagia 可以只代表中国北部,但也能用于整个中国。在俄文中中国仍称为"Kitai"。

(33)毫无疑问,哥白尼在此处想到的是奥古斯汀(Augustine)的《上帝之城》(City of God),ⅩⅥ,9:

> 传说认为有对跖人,即在地球另一面的人。他们那里日出时,我们这里日没。他们的脚印正对着我们的脚。这种传说无论如何不可置信。从任何历史资料都查不到这样的记载。与此相反,由某种推理可以猜想到,地球悬浮在苍穹的凸部之中,而宇宙中心与地心在同一地方。由此形成的见解是,在我们下面的地球另一边不会缺少居民。持此种观点的人没有注意到,即使相信(或由某种根据证明了)宇宙为圆球形,仍然不能由此认为在那一部分中土地来自水的物质。其次,纵使土地是这样产生的,也不能立即认为那里有人烟。圣经总不会说谎。在论述已经发生的事情时,它的预言得到证实,因此是可信的。如果说有人已经从地球这一部分越过辽阔的海洋,驶向地球的那一部分,并且彼处的人类也是第一个人的后裔,这就太可笑了(Corpus Christianorum, series latina, 48(1955),510:1—19)。

(34)因为哥白尼所说的"美利坚……正好与印度的恒河流域相对",他显然不是把这个名词用于整个新发现的半球。因此在谈到美利坚"以发现它的船长得名"时,他并不是像有些人指摘说的那样,忽视了哥伦布或缺乏历史观念。

虽然无法确认他阅读过发现新大陆的文献,但书中有证据表明他所用的主要资料为马丁·瓦耳德西姆勒(Martin Waldseemüller)所著的《宇宙学导论》(Cosmographiae introductio, St. Dié,1507 年)。这本小书因创造了美利坚这个名字而闻名。它载有一篇宇宙学引论、阿美利哥·维斯普西(Amerigo Vespucci)历次航海记以及一幅世界地图。把我们引用的一段话与《宇宙学导论》的资料对比,就可发现哥白尼使用了瓦耳德西姆勒的这本书:(1)哥白尼取 60° 为在中国的旅行者进入托勒密所说的未知陆地的限度,而未知陆地的起点在 180°。瓦耳德西姆勒的地图表明中国的东部边界在 240°。(2)哥白尼只谈到西班牙与葡萄牙的探险队,而《宇宙学导论》书中的情况也如此。(3)哥白尼认为美利坚是在这些航行中所发现的主要岛屿,而《宇宙学导论》,ⅩⅩⅩ,第 30 页把美利坚说成是一个岛,在瓦耳德西姆勒的地图上也是这样绘出的。(4)哥白尼断定美利坚以其发现者,即一位船长的姓氏而命名(ab inventore…navium praefecto)。《宇宙学导论》,ⅩⅣ,45 页说美利坚之名来源于其发现者(ab…inventore),而据说发现者为一位船长(uno ex naucleris naviumque praefectis)。(5)哥白尼说美利坚的大小不明,而书中谈到根据地图上的传说它的大小尚未完全弄清楚。(6)哥白尼谈到许多前所未知的其他岛屿。书中有对古代作者未曾提到过的若干岛屿的描述(《宇宙学导论》,ⅩⅣ,88 页及地图)。(7)哥白尼断定说,对跖人的存在不足为奇。书中说已经证实在最南方有对跖人(《宇宙学导论》,Ⅷ,第 41 页)。(8)按哥白尼的说法,美利坚与印度的恒河流域正好相对。书中说恒河口位于 145° 处,刚好在北回归线下面,而美利坚位于 325° 处,恰好在南回归线之上。

可以看出,哥白尼与瓦耳德西姆勒的分歧只有一点,即认为美利坚是第二个 orbis terrarum(大陆)。可以认为这一分歧由下列原因形成。瓦耳德西姆勒称美利坚为地球的第四部分,而他把欧罗巴、阿非利加和亚细亚看作三个独立的洲。与此相反,哥白尼设想这些陆地为一个单独的洲和一个 orbis terrarium,情况如Ⅰ,3 第一段所述。因此,对他来说,美利坚不可能成为地球的第四部分。于是他接受了流行的说法,认为它是第二个 orbis terrarum。

如果上述分析已经表明哥白尼处处依赖瓦耳德西姆勒,则后者对美利坚这一地理名词所赋予的含义至关重要。在《宇宙学导论》的一处正文,他把美利坚用作整个新发现地区的名字;在另一段落他把它缩小为南、北回归线之间的地区;而在别处引用时却取为在南半球靠近南回归线的区域。他在地图上印出的美利坚是最后这一位置,它并不是包括整个新发现领土的一个无所不包的名称。

哥白尼所用的美利坚这一名称是哪一种含义呢?对这一问题的答案可由前面我们对哥白尼和瓦耳

德西姆勒的论述的第 8 点比较提供。由哥白尼所说美利坚与印度恒河区域正好相对,可知他认为美利坚是在南回归线附近。因此,在他写道美利坚由其发现者而得名时,他并不认为立脚于大西洋之外土地上的第一个人是维斯普西(Vespucci)。在他的心目中,维斯普西只是在南半球发现了一块重要的地区。

即使他除瓦耳德西姆勒外对航海发现的史实一无所知,他不可能不了解哥伦布的成就。这是因为作为某些岛屿的发现者,哥伦布的名字已在地图上标出。哥白尼也不可能弄不清楚哥伦布的优先地位。在瓦耳德西姆勒的地图上有一个说明,在谈到两位发现者时把哥伦布排在第一位,而维斯普西在第二位。

(35)这个对地球为球形的观测验证,是哥白尼从亚里士多德的《天体篇》,Ⅱ,14 引用的:"在月食时分界线总是凸的。因为月食由地球介入而生,分界线的形状应由地球表面决定。由此可知地球为球形。"

(36)哥白尼的这些论述以伪普鲁塔尔赫的《哲学家的见解》(Ⅲ,9—11)为根据,但与该书有下列三方面的差异。(1)和任何人一样,伪普鲁塔尔赫对恩培多克勒的地球形状概念没有发表什么意见。但是恩培多克勒根据伪普鲁塔尔赫(Ⅱ,27)的说法,认为月亮是平的。哥白尼把这种形象转移给地球,这也许是根据亚里士多德的原则:"对一个天体为真实的东西,对一切天球为都是真的"(《天体篇》,Ⅱ,11)。(2)根据同一概念,哥白尼把赫拉克利特对日、月为碗形的描述(伪普鲁塔尔赫,Ⅱ,22,27)运用于地球。但是根据狄奥杰尼斯·拉尔提阿斯(Diogenes Laertius)所述(Ⅸ,11)赫拉克利特没有谈到地球的性质。(3)伪普鲁塔尔赫认为,根据塞诺芬尼的观点,地球向下无限延伸。哥白尼修改了这种看法,他让塞诺芬尼的地球的厚度朝底部减少。哥白尼在这样做时,受到乔治亚·法拉的《哲学家的见解》拉丁文译本中一个错误的影响。法拉引进了"厚度"这个术语,而它在伪普鲁塔尔赫的希腊文本中没有对应的词,并且该术语在译文中的意义不清楚。哥白尼把法拉的 immissam(引入)换为 submissa(放下),他显然想消除这个不明确的状态。

法拉把他翻译的《哲学家的见解》收入他的《关于应当追求和应当避免的事》(De expetendis et fugiendis rebus)(威尼斯,1501 年,共 2 册),作为第 20—21 卷。哥白尼所在的牧师会的图书馆(ZGAE,5:375)藏有法拉的书(以后用符号 GV 表示)。

有些读者误认为当时每个人都以为大地是平的,而如果不是这样便须由哥伦布来证明。对于这些人而言,哥白尼指出地球"正如哲学家所说的,完全是圆的",会使他们感到奇怪。"在与哥伦布有关的普遍性错误认识中,存在时间最长和最荒唐的是说他需要使人们相信世界是圆的"。在他的时代,每个受过教育的人都相信世界是一个圆球,在欧洲每个大学的地理课都是这样讲的。〔塞缪尔·埃利奥特·莫里森(Samuel Eliot Morison),《大海的将帅》(Admiral of the Ocean Sea),波士顿,1942 年,第 33 页。〕哥伦布本人认为地球的形状就像一只梨子(莫里森,第 557 页)。

(37)天体运动应当是圆形的,这一信念支配着古希腊的理论天文学。开普勒于 1609 年在他所著的《新天文学》(New Astronomy)中证明行星轨道为椭圆形。在此之前,上述准神学教条一直占据统治地位。哥白尼在第一卷中提出广泛的宇宙学概念。而后面几卷讨论天文学的若干技术细节。他有时为方便起见采用一种非圆形的天体运动,但这就像活塞的运动一样,是直线的和往复移动的。然而在这些情况下他急于证明,这种沿直线的往返振荡可以由"两个同时作用的圆周运动"形成(Ⅲ,4;Ⅴ,25)。哥白尼在被删掉的一段中指出(Ⅲ,4),如果这些圆周运动不相等,它们就描出一个椭圆。

(38)这一简单命题说明哥白尼的整个天体力学概念。在他看来,宇宙是一个包罗万象的圆球。它含有若干个较小的球。而圆球这种几何形象具有圆周运动的性质。这就是他对天体为什么做圆周运动这一问题的全部答案。在对运动的原因作出这种解释后,他指出天文学家的任务是寻求运动的图像,即应解决天体如何做圆周运动的问题。

哥白尼继承了亚里士多德的概念,即"球体按其本性永远在圆周上运动"(《天体篇》,Ⅱ,3)。但是亚里士多德主张地球为静止的(Ⅱ,14),因此他不能说每个球都在运动。他把地球与在上面的天体划分开来,认为天体是由第五种元素——以太(either)——组成的,而他对以太赋予天然的圆周运动(Ⅰ,2,3;Ⅱ,7)。他用这种方式来说明天球的旋转与地球的静止。哥白尼在基本上接受亚里士多德运动理论的同时,又约束它使之与他的地动天文学相协调。于是他在自己的宇宙学中扬弃了"以太",并把自然的圆周运动赋予圆球这一几何现象。然而哥白尼宇宙的最内与最外圆球都没有自然的圆周运动,这是因为他认为太阳和恒星都是静止的。

无法确定哥白尼是否熟悉库萨(Cusa)的尼古拉(Nicholas)(1401—1464)的著作。这位德国红衣主教在他于 1463 年所著的《论球形》(De ludo globi)第一卷里谈道:

> 因此,对永恒运动而言,球形是最适宜的。它自然而然地获得运动,并永不停止。如果它是其自身运动的中心,完全永远运动下去。这是最外圆球所具有的自然运动,是一种没有暴力或损耗的运动,也是一切具有自然运动的物体所共有的运动。

库萨认为,上帝在创世之际一劳永逸地使各个圆球开始运动,上帝向它们提供可以使其永远运转所需的初始冲力。于是他取消了亚里士多德的不可动摇的原动力,而亚里士多德认为这种原动力是一切运动的根源。与此相反,哥白尼赋予几何球形以永恒的圆周运动,便不需要有原始冲力或原动力。他也不需要像弗里堡(Freiberg)的西奥列迪克(Theordeic)那样〔见迪昂(P. Duhem),《宇宙体系》(*Le Systeme du monde*),Ⅲ,1958年重印,388〕,使用任何"神灵"作为"苍穹的驱动者"。

(39) 这一论断确凿无误地表明,哥白尼坚信关于天球的一种传统学说。意大利自然哲学家弗朗西斯科·帕特里齐(Francesco Patrizi)在他的《宇宙哲学的更新》(*Nova de universis philosophia*),第十七卷(威尼斯,1593年)中谈到此种学说时指出,哥白尼"认为行星和其他天体一样,由它们所依附的天球带动"。

(40) 哥白尼在此处重述亚里士多德的论点(《天穹篇》,Ⅱ,6),即天体的完整性要求它们的运动为均匀的和没有不规则性:"因为任何运动物体都由某一物体带动,所以运动的不规则性应由带动体或被带动体所引起,或由二者共同造成。如果带动体不能稳定地施加力量,或者被带动体情况改变,不能保持原状,或若二者皆变,则被带动体必然会作不规则运动。但是这些事情在宇宙中都不可能发生。"

(41) 欧几里得,《光学》,命题五:"在不同距离处看来,同样物体的大小不相等,靠近眼睛的物体看起来总是大一些。"因为欧几里得《光学》的希腊文本是在哥白尼逝世之后于1575年首次出版,哥白尼所用的应为一种拉丁文译本。对目前谈到的例子而言。这可能是法拉的译本,但该书第五卷第三章删掉了命题五。然而巴尔托洛米奥·赞贝蒂(Bartolomeo Zamberti)的欧几里得著作译本(威尼斯,1505年)却载有这条命题。赞贝蒂对命题五的译文为哥白尼在Ⅳ,1中重述这条光学定理提供了资料。

(42) 此为"运动速度相等的物体,愈远者看来跑得愈慢"这一光学原理的一个特例。在Ⅰ,10开头处说明了这个定理的一般情况。哥白尼在该处告诉我们,他所用的资料为欧几里得的《光学》(这是他唯一的一次指名引用文献),并且他的词句与赞贝蒂的定理56,命题57是一样的。GV删去欧几里得《光学》的这一命题。

(43) 地球的运动会影响我们对其他天体运动的观测。这是哥白尼提出的一个有益的注意事项。但有人误认为他仍然保留传统的天地现象互相依存的观点。

(44) 颁布禁书目录的神圣红衣主教会议要求把这句话改为:"然而,如果我们仔细考虑这个问题就会了解到,只要尽量不管天体运动的现象,则地球位于宇宙中心还是中心之外,二者并无差异。"

(45) 只要认为地球静止不动,相对运动原理对天文学家来说就不很重要。但是地动体系需要了解地球运动对天象观测的影响。

(46) 因为已有情况表明哥白尼熟悉欧几里得的《光学》,他大概也知道该书的命题51:"如果几个物体以不同速率在同一方向上运动,而视线也随同移动,则与视线移动速率相等的任何物体,看起来是静止的。"

(47) 哥白尼迫切希望避免被指控为标新立异(或者用当时的话来说为宣扬邪说异端),因此他寻求地动学说的古代支持者。他在伪普鲁塔尔赫书中找到一段合适的话,就把它放在他的序言的显著位置。并指望它表示赫拉克利斯和埃克范图斯都承认地球在绕轴自转,尽管他们没有进一步想到地球在空间不断运转。从前面的西塞罗引文〔见注释(12)〕可知,对海西塔斯而言也可作相似的结论。

哥白尼把赫拉克利斯与毕达哥拉斯的信徒们联系起来,这是一种疏忽还是审慎的安排?哥白尼大概不知道,赫拉克利斯与兄弟会的关系并不密切。

(48) "地球是一个天体,它绕中心作圆周运转,并由此产生昼夜",亚里士多德(《天体篇》,Ⅱ,13)认为这些都是毕达哥拉斯信徒们作为一个集团的信念。哥白尼毫无根据地认为所有这些同样的信念都属于费罗劳斯个人。但是按哥白尼在其序言中所引伪普鲁塔尔赫的说法。费罗劳斯并不认为周日运转属于地球。在其他场合也没有证据表明,费罗劳斯在公元前5世纪末就察觉出地球的旋转。

(49) 哥白尼从贝萨利翁(Bessarion)红衣主教的《柏拉图的诽谤者们》(*In calumniatorem Platonis*),Ⅰ,5,1(威尼斯,1503年)得到柏拉图尊重费罗劳斯的这个迹象。柏拉图的这一有力的辩护是对费罗劳斯的第一个综合性研究。哥白尼所抄写的柏拉图的文章,装订在另一本书的后面,而在该书的扉页上哥白尼作为整卷的物主署了名。在贝萨利翁著作的第八页:哥白尼写了一条旁注"柏拉图的游记"(MK,第131页)。

(50) 此处哥白尼基本上采用PS,Ⅰ,6的说法。

(51) 哥白尼使用西奥多西阿斯(Theodosius),《球形》(*Spherics*)的第一卷命题六:"在一个圆球的各圆周中,通过球心的圆周为大圆。"此书的希腊文本于哥白尼逝世之后才付印。哥白尼有两种拉丁文译本,其一载于GV(Ⅻ,5),另一见《重新认识的天球》〔参阅注释(25)〕。

(52) "仪器制造者所发明的望筒,可使视线在穿过一个小范围后沿一条直线前进,而不致偏向任何其他方向"〔奥林皮奥多拉斯(Olympiodorus),《对亚里士多德气象学的评论》(*Commentary on Aristotle's Meteorology*),Ⅲ,6〕。哥白尼从蒲林尼《自然史》,Ⅱ,69,176了解到望筒的一个用途,即"在分点时沿同一条直线看日出和日没",则此仪器证实昼夜等长。

(53) 哥白尼由维楚维阿斯(Vitruvius)的《建筑学》(*Architecture*),Ⅷ,5,1了解到水准器(chorobates)。哥白尼从他的牧师会图书馆找到这本书(ZGAE,5:375,377)。他把维楚维阿斯书中一小段摘抄到他的那本维特洛（Witelo）所著的《光学》（Optics）（PI² ,410）中。

（54）"对任何人来说，十二宫中有六个随时都可在地平圈上看到，而其他六个看不见。同一个半圆有时完全是在地平圈之上，有时又在它之下，由这一事实可以清楚地知道，黄道也为地平圈所等分"（PS，Ⅰ，5）。

（55）此处哥白尼的论证是仿照欧几里得在《现象篇》的序言里所谈的："地平圈也是一个大圆。它随时把黄道等分……黄道是一个大圆，因为它随时使十二宫中的六个保持在地平圈之上……但若在圆球上……一圆周可使任一大圆等分……则此圆周本身也为一大圆。因此，地平圈是一个大圆。"哥白尼从赞贝蒂的译文中借用了一句话"semper bifariam dispescit"（总是两两平分），但他把这段话的较好部分添加到 GV（ⅩⅥ，1）中去。

（56）哥白尼毫不犹豫地把三点（天空中的点、地面上的点以及地心）都在同一直线上，当作明显的例外情况。

（57）亚里士多德指出一个旋转的刚体球的这些性质为："当一个物体作圆周上运转时，它的一部分，即中心部分，应为静止"；"各圆上的速度应与圆周大小成正比，这并非荒谬的说法，而是必然的……在大圆上的物体运动快一些"（《天穹篇》，Ⅱ，3，8）

（58）在哥白尼的星表中，小熊座为北天第一星座，而北天区的天鹰座与南天区的小犬座都是比较靠近黄道的星座。

（59）欧几里得在他所著《现象篇》的序言中指出："如果球体绕其轴线均匀自转，则球面各点在相等时间内在运载它们的平行圆周上扫出相似弧段。"

（60）决定一个自旋球体各部分运动的原理，对行星显然不适用，这是因为行星在天空中运转的时间不一样。由它们的周期之差，亚里士多德得出下列规律："最接近简单和初始运转的物体，转一圈所需时间最长，而与之相差最远的物体所需时间最短。对其他物体来说，较接近者时间较长，相差较远者时间较短。这些情况是合理的"（《天穹篇》，Ⅱ，10）。

（61）在手稿中（对开纸第 5 页中），以上七行都已加上应删掉的符号。这大概不是哥白尼本人，而是别人作的记号。当他决定删去较长一段时，他会在该整段用力画横线、竖线，对角线或十字形线。此处情况相反，用一个不引人注目的小圆圈表示可略，这还影响第 5 页的顶上一行，尽管该处没有删节符号。这两种记号都与哥白尼通常的作法不符，并且在他的手稿中再无别处这样做过。为什么把Ⅰ，6 之末的这段令人赞赏的文字去掉了？它提到原子，这是否成为它被删的理由？原子是既不能创造也不可消灭的实体。对于那些相信宇宙是在过去某一时间创造出来而将来某时会消失的人们来说，原子不能投他们所好。

（62）亚里士多德的论证见下："重物并非沿平行线，而是以相同角度向地面运动。这件事表明重物向地心运动。它们指向一个单一的中心，此即地球中心。因此显然可知，地球静居于中心"（《天穹篇》，Ⅱ，14）。但是哥白尼提出的是经托勒密扩充的论证："所有的重物都向地球运动……因为我们已经说明它是……球形的，在它各部分都没有例外，重物的运动（我指的是它们的自运动）方向随时随地都垂直于通过落体与地面交点的水平面…假使它在地面不停止运动，它就会一直落到最中心。这是因为指向中心的直线总是垂直于通过与地面的交点并与地球相切的平面"（PS，Ⅰ，7）。词句的相似说明，此处哥白尼使用了 PS 的特里比仲德（Trebizond）之乔治（George）的拉丁文译本。

（63）此为亚里士多德关于自然位置的学说："无论大自然把地球带往何处，都可使它在该处静居"。这一命题的普遍说法为："大自然使元素在何处产生，就使它们留在该处"（《天穹篇》，Ⅱ，13；Ⅲ，2）。

（64）此处又一次出现这种情况，即哥白尼的词句与特里比仲德的乔治的 PS 译本明确无误地相似。

（65）托勒密确实认为"生物与分离的重物会遗留下来，并悬浮于空中，而地球本身最后会以很大速度跑到天穹之外。然而这样的结局令人想来完全是荒诞不经的"（PS，Ⅰ，7）。但是这位希腊天文学家并未把这些极为可怕的后果设想为由地球自转所引起的。根据他的分析，如果整个地球具有和地上任何质点或重物一样的向下运动，则这些后果会出现。于是可以认为，哥白尼是在凭记忆重述托勒密的主张。即便如此，他还是模仿了特里比仲德之乔治的 PS 译本中的词句。

（66）这个论证并不是托勒密提出的，但却成为亚里士多德反对地动学说的一条理由："用力向上抛的重物垂直返回它们的起始位置"（《天穹篇》，Ⅱ，14）。

（67）哥白尼在结束对古人见解的这一评述时，引用托勒密反驳地球自转学说的话："从来没有看见云彩，也未见过飞翔或抛掷的物体，不断地向东飘移"（PS，Ⅰ，7）。

（68）在哥白尼的著作中，使颁布禁书目录的神圣红衣主教会议深感震惊的，莫过于Ⅰ，8 了。这一节扼要叙述一种与地动学说相符的物理理论。红衣主教会议在其训令中宣布："这一整章可以删掉，因为作者公然议论地球运动的真实性，并反驳古人为证明地球静止不动所提出的各项论证。然而，由于他随时都好像用怀疑的语调在谈话，为了满足学生们的要求并为保存此书的次序与编排的原样，可让本章作如下订正"。于是训令决定作三处具体的修改，这在下面用注释说明。

（69）亚里士多德认为，"任一运动物体，可以是自然而然地运动，也可以是非自然地受迫地运动"。

"显然可知……非自然运动很快遭到破坏",而自然运动会永远持续下去(《物理学》,Ⅷ,4;《天穹篇》,Ⅰ,2)。

(70) 哥白尼又一次接受亚里士多德的名言:"无限不可能达到";"无限不可能用任何方式运动"(《天穹篇》,Ⅰ,5,7)。

(71) "已经阐明,在天穹之外既没有也不可能有物体。因此显然可知,在这外面…既无空间也非虚无"。"宇宙之外一无所有"(亚里士多德,《天穹篇》,Ⅰ,9;《物理学》,Ⅳ,5)。

(72) 天穹的"内侧凹面处"为第八层天球或恒星天球的表面较低处。可以认为,这样的有限内凹与一个有限的外凸或无限的太空可以并存。

(73) "无限竟会运动,这是不可能的"(亚里士多德《天穹篇》,Ⅰ,7;274b30)。

(74) 为了驳倒对地球自转的反对意见,哥白尼从反驳地球的任何旋转都会产生崩解性离心力的论点着手。在这场争议中,他在两方面都须进行辩驳。首先,他坚持认为旋转是自然,因而是永恒的。我们即将了解到,这个观念促使他修正亚里士多德的运动理论。他的第二个反驳是"你也如此"之类的,这使得他考虑关于无限的问题。那些否认地球旋转的人,认为周日运转系由天穹的转动引起的。但若自转可使地球离散,则天穹的旋转会使它爆裂成为碎块。

哥白尼假想的争辩对手现在承认了宇宙旋转的离心力所产生的结果,但却用它们来说明天穹的辽阔范围。根据这个观点,地球不能旋转,否则它就会飞开;可是宇宙是在转动,正是这一事实使它成为浩瀚无垠。哥白尼推翻了这个论点,因为它含有下列矛盾:如果天穹向外运动,它应当成为无限大;但若为无限大,它就不能运动。争辩对手企图用下列议论来否定这一逻辑推理:虽然天穹在增大,它总是小于无穷;它不可能越过其有限的边界,而在边界之外没有可以进入的空间。哥白尼答复说,这个改头换面的论证假定在天穹之外没有东西能阻止它膨胀。如果天穹外面一无所有,则天穹应是无所不包或即为无限大,但在此情况下它会成为静止的。须知只有有限的宇宙才能运动。

现在哥白尼的地动体系要求天穹是不动的,于是可以料到他会认为宇宙是无限的。但是无限的宇宙没有中心,而在无中心情况下哥白尼的整个球面天文学会成为无处依存。因此他避免谈论这个不能自圆其说的命题,并限定自己只能说"宇宙……与无限大相似","天穹……具有范围为无限的特征"以及"就地球与天穹的比较而言……可认为是一个有限量与无限量相比"(Ⅰ,6;Ⅰ,11 末尾)。哥白尼是亚里士多德著作的一个忠实学生,关于无限实体确实存在的这一论断所遇到的哲学困难可能使他踌躇。他无论如何显然不愿意接受这令人困惑莫解的自相矛盾说法——宇宙是有限的,又是无限的——的任何一半。他的最后抉择可从以下两种判断中得出:"〔天穹的〕浩瀚无边究竟延伸多远,完全不清楚",宇宙的"极限是未知的也是不可知的"〔Ⅰ,6,8〕。于是他在这个问题上投入自然哲学家的怀抱,而他作为一个职业的天文学家本应与他们分离。在《失乐园》(《*Pradise Lost*》)、Ⅶ、第 76—77 页,约翰·密耳登(John Milton)说上帝"把天穹之结构/留给他们争议不休"。和哥白尼的"或者〕宇宙是有限的…争论因生理学缘故而减少(Sive…finitus sit mundus…disputationi physiologorum dimittamus)"一样,密耳登的词句模仿"传统的宇宙争论(mundum tradidit disputationi eorum)"〔法耳格特(Vulgate),《教会》(Ecclesiastes),Ⅲ,11〕。达朗贝尔(D'Alembert)对一些神学家的答复也是这样:"虽然宗教独自想管制我们的道德和信仰,他们还认为它可以启迪我们认识宇宙体系,这即是上帝分明要留给我们讨论的那些事情"〔《百科全书》(Encyclopédie),第一卷,巴黎,1751 年,引言,第 24 页。〕

(75) 在神圣红衣主教会议下令Ⅰ,8 应作的三处具体修改中,第一项是要把这一段改成:"为什么我们不能按其形状赋予它以运动? 这首先是对边界未知和不可知的整个宇宙定出一种运动,并认为天体现象与维尔吉耳在《艾尼斯》中所说的相似。"

(76) 哥白尼现在转而讨论大气现象的问题,这是因为它们是托勒密反对地球旋转学说的主要依据。这位主张地球静止的第一流天文学家完全愿意承认,就天象本身而论,认为周日运转属于地球而非天穹,也能作出满意的解释。他说:"尽管有些人并没有理由来反对我们的学说,他们还是要提出自己认为是更适当的解释。他们认为找不到驳倒它们的相反证据。举例来说,如果他们假定天穹不动而地球大约每天一次绕相同轴线自西向东自转……就天体现象而论,不会有别的说法能比这个学说对天象作出更简单的解释了。但是考虑到对我们以及在大气中出现的情况,这种假设看来就是绝对荒谬的了"(PS,Ⅰ,7)。

(77) 托勒密知道,如果认定大气参与地球的自转,则他根据大气现象所作的论证能够成立:"那些主张地球旋转的人,可以认为大气也在相同方向上以同样速率被地球带着转动"(PS,Ⅰ,7)。

(78) 例如亚里士多德主张"大气的大部分被地球带着参与天穹的旋转"(《气象学》,Ⅰ,3,7)。

(79) 哥白尼所用的"爬行动物"(repentina),"彗星"(cometae)"多须石首鱼"(pogoniae)等词,与蒲林尼《自然史》Ⅱ,22,89 相同。

(80) 亚里士多德主张彗星与带胡须的恒星都是在大气上层形成的(《气象学》,Ⅰ,7)。

(81) 哥白尼对托勒密反对地球与大气一道自转答复如下:"大气中的合成体似乎总会落到大气和地球二者的共同运动之后。如果这些物体与大气一道产生,它们便不会有前后运动,而会随时看来都是静止的,并且无论是在飞翔还是被抛掷,它们的位置都不会飘移或改变"(PS,Ⅰ,7)。

（82）"可以认为，风不过是空气的波动"（蒲林尼，《自然史》，Ⅱ，44，114）。艾德蒙德·哈雷（Edmund Halley）同意"最适当的说法是把风定义为气流"。哈雷接着说："在这种气流为永恒和固定的地方，必须认为它来自一个永存的不间断的泉源。于是有人提出，由于地球绕其轴线的向东周日自转，大气中非常轻的稀疏和流动质点被挪到后面，因此对于地球表面而言它们向西移动并成为经常性的东风。这种见解似乎可以肯定，因此只是在赤道附近，即在周日运动最快的纬度圈内才有这样的风"。考虑到"这个假设不够充分"，哈雷指出还应注意到"太阳光对大气以及每天越过海洋时对水的作用"。然而这不过是出自哈雷笔下的一种传统的说法。哈雷是一位坚定的哥白尼信徒。在哈雷出版"信风的历史研究……此种风的物理起因探源"（伦敦皇家学会，《哲学学报》（*Philosophical Transactions*），1686—1687 年，16：153—168 页，引文见第 164—165 页）时，他把信风解释为地球周日自转（和周年轨道运转）所产生的结果。

在此之后很久，到 1902 年，著名的法国数学家和科学哲学家亨利·庞加莱（Henri Poincare，1854—1912 年）在抨击伊萨克·牛顿的绝对空间观念时提出下列问题："说地球在自转是否有任何意义？如果没有绝对空间，在不是相对于某一物体转动时，一件东西能否转动？"（见英译本《科学和假设》（*Science and Hypothesis*），1952 年纽约 Dover 出版社重印本第 114 页）。四年之后在他的《科学的价值》（*Valve of Science*）（英译本，1958 年 Dover 重印本第 140—141 页）中，庞加莱指出：

> 地球在旋转，这一说法毫无意义…也可以认为，地球在旋转以及更方便的是假设地球在旋转，这两种说法具有一个相同的含义。这些话引起最奇怪的理解。有人想到，他们在此看到托勒密的体系复活了……
>
> 请看恒星和其他天体的周日运转，还有平坦的大地、佛科（Foucault）摆的摆动、旋风的旋转、信风，此外还有什么呢？对托勒密主义者而言，这一切现象之间并无联系。但在哥白尼主义者看来，它们都由同一原因产生。在谈到地球旋转时，我断言所有这些现象都有密切联系，并且这是真实的〔原文为斜体字〕，即使没有也不可能有绝对空间，这仍然是真的。
>
> 对地球的自转就谈这一些。地球绕太阳的运转情况又如何呢？在此我们又有三个现象，它们对托勒密主义者说来是绝对独立的，而就哥白尼主义者而言却来自同一根源。这些现象是行星在天球上的视位移、恒星的光行差以及视差。所有的行星都以一年为周期显示出一种非均匀性，而这一周期正好等于光行差的周期，也刚好是视差的周期。这是偶然的吗？如果承认托勒密的体系，就应回答说是的；但若接受哥白尼体系，答案却为不是的。后一种情况即是断定上述三个现象之间有联系。纵使没有绝对空间，这也是对的。
>
> 对托勒密体系来说，不可能用中心力的作用来解释天体的运动。在这种情况下，不可能有天体力学。天体力学所揭示的天象之间的密切关系是真实的关系。如果认为地球静止不动，就会否定这些关系，因此就是欺骗自己。

庞加莱坚决而明确地否认，他的因袭主义的科学哲学可以为托勒密学说的复苏提供任何依据。尽管如此，不久前我们听到一种郑重的论断："我们今天不能用任何有意义的物理概念来说，哥白尼的理论是'正确的'而托勒密的理论是'错误的'。这两种理论……在物理上是彼此相当的〔弗利德·霍伊耳（Fred Hoyle），《尼古拉·哥白尼》，伦敦，1973 年，第 79 页〕。

（83）哥白尼不得不与亚里士多德的运动理论分道扬镳，因为地动学说与亚氏的地球自然运动向下的观点水火不相容。哥白尼认为，整个地球在作自然的周圆运动。但是地球上个别小碎块无可否认是在下坠。于是他提出下列学说，整个呈球形的大地自然而然地在圆周上运转，而地球的某些部分除参与圆周运动外，还有各自的直线运动。

（84）这是亚里士多德的定义（《世代交替与坠落》，Ⅱ，4；《气象学》，Ⅳ，9）。托马斯·阿奎那（Thomas Aquinas）对后一著作的评论没有写完，而匿名的续作者使用的正是哥白尼在此处重复的词句（阿奎那，《全集》（*Opera，omnia*），Ⅲ，附录，第 139 页）。

（85）哥白尼本人对新近制成的火器与大炮是熟悉的。他在自己的牧师会反对条顿骑士团的战争中，曾作为军队指挥员服役。

（86）亚里士多德，《天穹篇》，Ⅰ，7。

（87）根据亚里士多德所说，虽然一个旋转球体是在运动，它在一定意义上说却是静止的，因为它始终占有同一位置（《物理学》，Ⅷ，9）。

（88）此处哥白尼取消了以前认为组成宇宙的四个传统元素中的一个。哥白尼看见并感觉到在他周围的土、水与空气，但对第四种元素的存在他没有实在的证据。该元素为环绕大气并正在天穹区域下面的一个设想的看不见的火球。哥白尼当然知道地上火焰的存在，但他对传统宇宙学中的火元素是半信半疑的。持怀疑态度的并不只他一人。形而上学诗人约翰·顿（John Donne）在《世界的构造》（An Anatomy of the World）（伦敦，1611 年）第 205—206 行吟叹道：

新哲学一切皆疑，

火元素应予废弃。

（89）哥白尼对加速与减速的讨论并不违背亚里士多德的观点。亚氏认为，"只有圆周运动才是均匀的，因为作直线运动的物体在出发和接近目的地时各有不同速度。它们离其初始静止位置愈远，运动就愈快"。如果把火当作一个元素和简单物体，则这一规律对它适用："地球在接近中点时运动较快，但火是在靠近上限时较快"。可是，因为在我们观察范围内的火焰会消耗泥土燃料，剧烈运动会减速的原则就起作用了："一个物体在接近其自然的静止位置时似乎运动更快，而受迫作剧烈运动的物体情况相反"，"每个物体在离开其受迫运动的策源地时都会停滞下来"。最后，当运动体达到其自然的目的地时，运动就终止了："当每一物体达到其固有的位置时，它就停止运动了"（《物理学》，Ⅴ，6；Ⅷ，9；《天穹篇》，Ⅰ，8，9）。

（90）为了建立一种与地动学说相适应的运动理论，哥白尼必须扬弃亚里士多德关于整体与局部的运动是一致的原则。例如亚氏论证说："地球并不作圆周运动。如果它做圆周运动，则其各部分都会同样运动，然而事实上它们都向中心作直线运动"（《天穹篇》，Ⅱ，14）。于是哥白尼提出一个普遍化的论点，即整体与其局部的运动状况不相同。圆周运动可以脱离直线运动而存在，正如一个生物可以免于疾病。但是能把直线运动赋予一个旋转中的物体，有如疾病会降临到一个健康生物的身上。

哥白尼对传统运动定律的改正，对葡萄牙数学家裴德罗·吕涅斯（Pedro，Nunes，1502—1578年）印象很深。虽然吕涅斯对新天文学毫无同情之感，他在其所著《航海艺术的规则和仪器》(Rules and Instruments for the Art of Navigation)，第十一章《文集》(Opera)，巴塞耳，1566年，第105—106页）中写道：

> 哥白尼利用托勒密用以阐明地球根本不做圆周运动的那些论证，能否令人信服地证明他所说的，不仅地球还有地上物体以及无论位于何处的天体都在作自西向东的自然运动，同时当它们无论以任何方式离开其自然位置时，都会有附带的直线〔运动〕，此外圆周〔运动〕与直线〔运动〕的关系有如"活着"之于"生病"；这是哲学家要讨论的一个问题。一个物体不绕中点旋转，就无法说它是离开中点还是朝着中点运动。哥白尼创立这些〔原则〕，其目的是能够解释，如果地球在一个圆周上运行，为什么向上猛抛的重物会垂直地返回到它们下面的地方。

只有像吕涅斯这样的反哥白尼主义者，才能把Ⅰ，8中的新奇论点说成是"托勒密用来阐明地球根本不做圆周运动的论证"。

到了下一代，另一位反哥白尼主义者克里斯托弗·克拉维阿斯（Christopher Clavius，1537—1612年）在他的《对萨克罗波斯科球体的评论》(Commentary on the Sphere of Sacrobosco，里昂，1593年）第四版中，反对哥白尼背离亚里士多德关于地球为一简单物体并只有一种简单运动的学说：

> 在哥白尼的学说中有许多谬论和错误，例如地球……作三重运动。我很难理解这种情况怎么能够出现，因为哲学家认为一个简单物体〔只能〕具有一种运动（第520页）。

（91）神圣红衣主教会议对Ⅰ，8所要求作的第二点修改，为把这句话改成："进而言之，把运动赋予一个封闭的并占有某一空间的物体，即地球，比起归之于空间框架，就不再是困难的了。"

（92）在亚里士多德的理论中，每一个圆周运动或绕中点的运动都必须绕宇宙中心进行。这种简单的同心体系，由于哥白尼扩充了绕中点运动的含义而被粉碎了。在他的更复杂的宇宙中，有许多个中心。每一个球体，由于它的形状，具有一种绕其本身中心的圆周运动，而这个中心不一定与任何其他中心相合。进一步说，圆周运动不再与直线运动等量齐观，因为后者只作用于一部分即非完整的物体，而这些物体一旦与球体结合就不再保持这一临时性的特征。

（93）神圣红衣主教会议下令删掉这一结论。

（94）这里提到的问题在Ⅰ，5的标题中分两部分提出。第一部分问道"圆周运动对地球是否适宜？"而现在哥白尼对它作了肯定的答复。第二部分问的是地球的位置，这个问题将在Ⅰ，9中答复。

Ⅰ，8的最后这句话（对开纸第7页第8行）在N中被删除，这也许是因为它听起来很像在学究式的争论中一种为人们所熟知的格调。哥白尼花了十二年时间在三个大学接受了这种学院式的训练，但是本书编辑要求完全废除这种死板的传统。

（95）红衣主教会议命令将Ⅰ，9的第一句话改写如下："因此，由于我已经假定地球在运动，我认为我们现在应当考虑，是否有几种运动都对地球适宜"。红衣主教会议的修改取消了哥白尼所作的结论，即地球"可以认为是一颗行星"。

（96）亚里士多德认为，"地球和宇宙有同一个中心；一个重物体也向地心运动，但这是偶然的，因为地心是在宇宙中心"，"如果有人把地球移到月亮现在的位置上，则〔地球的〕每一部分都不会向它而是朝着它现在的位置运动"。（《天穹篇》，Ⅱ，14；Ⅳ，3）

（97）此处哥白尼与亚里士多德有尖锐分歧 。不像亚氏那样认为整个宇宙有一个单独的中心或重心，哥白尼正确地指出有许多个中心。正如地上重物向地心运动，月球上的重物也向月心运动，其他天体的情况亦复如此。然而细心的读者可以看出，哥白尼只是认为一个物体所属各部分会聚在一起是一种天性。哥白尼一丝一毫也没有想到后来出现的重力即各物体相互吸引的概念，尽管用重力可以解释物体吸引。

（98）哥白尼在Ⅰ，9末尾用了"正如人们所说，只要'睁开双眼'，正视事实"这样的词句，其中拉丁文ambobus(ut aiunt)oculis〔(如他们所说的)双眼〕是在原稿对开纸第7页最后一行。哥白尼把他在GV，XV，3看到的一句成语加以改变。该处在翻译欧几里得《光学》的命题25时，GV所用 ambobus…oculis（双眼）为本义的、生理学上的含义，即"用双眼"而非只用一只眼睛来观察一个可以看得见的物体。哥白尼用括弧中的 ut aiunt（如他们所说）表示他引用别人的话，他把 ambobus oculis（双眼）的意义扩充为代表无偏见的有理智的见解。海贝尔格(J. L. Heiberg)所著《希腊数学家的哲学研究：Ⅲ希腊数学家乔治·法拉斯的手稿》("Philologische Studien zu griechischen Mathematikern：Ⅲ. Die Handschriften Georg Vallas von griechischen Mathematikern")〔载《经典哲学年刊》(*Jahrbücher für classische Philologie*)，副刊，12(1881)，第377—402页〕列举 GV 所用希腊文资料的出处。

（99）整个宇宙的和谐为古希腊各学派思想家所强调的一个常见的主题。读者大概记得，哥白尼在他的序言中称"宇宙的结构及其各部分的真实的对称性"为"最主要之点"。

（100）亚里士多德《天穹篇》、Ⅱ，10〔在注释(60)中引用过〕。

（101）前面曾指出〔见注释(42)〕，此处哥白尼重复使用欧几里得《光学》命题56—57的赞贝蒂译文中的词句。《光学》为赞贝蒂所译欧几里得著作的第53部。

（102）阿耳·比特拉几〔他的拉丁文名字为阿耳彼特拉贾斯(Alpetragius)〕把伊斯兰教反对托勒密回到同心学说的攻击发展到登峰造极的程度。在1185年后不久，阿耳·比特拉几用阿拉伯文撰写他的《球体论》(*Book on the Sphere*)。此书于1217年由迈克耳·斯科特(Michael Scot)译为拉丁文，并由意大利那不勒斯城的犹太人卡罗·卡隆尼马斯·本·大卫(Calo Calonymus ben David)于1259年把摩塞斯·本·提本(Moses ben Tibbon)1259年的希伯来文译本再次译成拉丁文。此译本于1531年作为《球体论》(*Sphaerae tractatus*)集刊的一部分在威尼斯出版，但为时已晚，没有影响哥白尼对Ⅰ、10的写作。此外，当哥白尼健在时米切耳·斯科特的译本未曾付印，哥白尼也没有见到过它的手稿。因为他不懂阿拉伯文，阿耳·比特拉几的原著对他毫无用处。在看不到阿耳·比特拉几的原著及其希伯来文和拉丁文译本的情况下，哥白尼从P—R第九卷命题1了解到这位西班牙穆斯林对金星与水星的特殊安排。和哥白尼不一样，瑞几蒙塔纳斯自己有一册阿耳·比特拉几著作的迈克耳·斯科特译本。

（103）柏拉图在《蒂迈欧篇》(39B)中把太阳光说成是"照彻整个天穹"。按这一说法，哥白尼心目中的柏拉图主义者会想到行星本身不发光。

（104）由于对这一段的一个误解，经常有人认为哥白尼在改进人类视力的工具发明之前已经预料到金星和水星位相的发现。在哥白尼逝世后约半个世纪，由于望远镜的发明，人们才能第一次看见内行星的位相。只是在此之后才出现这个关于"哥白尼预言"的传说。但是在他所属的肉眼观测时代，柏拉图主义者正是利用金星和水星没有类似月亮的位相这一事实，作为反对托勒密主义者主张这两颗行星都比太阳近的一个论据。

（105）在哥白尼逝世前从未有人观察到金星或水星凌日。

（106）托勒密的一个论点为金星与水星应当位于太阳与月球之间，否则"这一大片空间是空旷的，似乎被大自然遗忘和忽视了"。托勒密在他的《行星假设》(*Planetary Hypotheses*)第二卷中阐述了这个论点。这本书的希腊文原本已经失传了。它没有被译为拉丁文，而阿拉伯文与希伯来文译本对哥白尼毫无用处。但是公元5世纪的新柏拉图主义哲学家普洛克拉斯得到了希腊文原本，而他的《描肖》(*Hypotyposis*)被部分译为拉丁文并载入 GV 第十八卷。我们在前面谈到〔见注释(36)〕。

（107）$16\frac{1}{8} \times 18 = 1155 \cong 1160$。

（108）本段的大部分数值，哥白尼取自 GV 第十八卷第二十三章。进一步说，哥白尼重复使用 GV 中的一些词，例如"合理要求"(vendicant rationem)、"近日距"(minimum solis intervallum)、"真空"(inanis)、"放开"(comperiunt)、"大量充满"(compleri numeros)、"接近"(succedat)，这也说明他的著作与 GV 关系密切。因为今天已经很难找到一本 GV，在此引进 GV 有关段落的资料会是有用的：

　　　　对于行星的次序……有些〔天文学家〕利用近地点和远地点得出一个猜测性的序列。具体说来，紧接着月球远地点的为水星的近地点，然后在水星远地点外面是金星近地点，而紧靠金星远地点的为太阳的近地点。于是，按这种推理可得出相对次序。取地球半径$=1^p$；他们求得月球…〔距宇宙中心〕…的〔最大〕距离…$=64^p10'$，但太阳的最近距离$=1160^p$，…它们的差值为1096^p…因为…在宇宙的排列中没有空白的空间，各个天体的距离把空间塞满了，这使天文学家可以检验水星与金星的远地点和近地点的比值，并确定这些数值对上面提到的序数是否适宜。于是这些天文学家发现水星本轮的远地点与黄道中心的距离···≅177ᵖ33′,此为水星的最大距离。因为在这个177ᵖ33′与太阳的近地点＝1160ᵖ之间有一个大的空隙,他们又一次认为应当避免空白空间,于是插进了另一个天球,即金星的天球···

虽然哥白尼在此处完全模仿 GV,他对 177ᵖ33′(取约数为 177½)这个数字的意义的解释却大不一样。GV 书中认为,这个数目是"从水星本轮远地点至黄道中心的距离···即为水星的最大距离"(Mercurii ab apogio epicycli ad centrum usque signiferi···quantum est Mercurii maximum intervallum)。在另一方面,哥白尼认为 177½ 是水星的内拱点距,即为它的两个拱点之间的距离(inter adsides Mercurii)。哥白尼取金星的这一距离为 910ᵖ。这一数值大约为从 1096ᵖ(＝从月球远地点到太阳近地点的间距)减去177½ 之差,而按哥白尼的解释后一数值为水星的内拱点距。

上述讨论的最初出处为托勒密《行星假设》(Planetary Hypotheses)中的一段。这本书哥白尼没有看见过,但不久前为伯纳德·R.戈耳德斯坦(Bernard R. Goldstein)重新找到〔《美国哲学学会会刊》见(Transactions of the American Philosophical Society),1967 年第 57 卷、第 4 期、第 7 页〕。哥白尼所看到的为普洛克拉斯不够忠实的 GV 译本,而普氏对这一问题的论述由威利·哈尔特勒(Willy Hartner)在《东西方》(Oriens—Occidens)〔海耳德夏姆(Hildesheim),1968 年〕第 323—326 页译出并讨论。

(109) 按哥白尼的了解,托勒密主义者算出水星的远地点＝64⅙＋177½＝241⅔。于是,241⅔＋910＝1151⅔≅1160。

(110) 哥白尼的手稿(对开纸第 8 页第 3 行)谈到 Non···fatentur,意为"他们不承认",即托勒密主义者不承认。但由于 N 中的一个排印错误(对开纸第 8 页第 13 行),印成 Non···fatur,即为"我们不承认"。一位有影响的读者,即伽利略,未能察觉这个印刷错误,他应对由此形成的历史性误解负责。人们认为是哥白尼否认了行星的不透明性,而哥白尼认为是托勒密主义者否认的。

(111) 有的行星可能是在太阳下面,但它们不一定是在通过太阳和我们眼睛的任何平面上。它们可能是在另一平面上,并由于这个缘故不会引起看起来在日面上穿过的现象。这正如月球在合时多半在太阳下边通过,因此不发生日食(PS,Ⅸ,1)。

(112) 哥白尼在手稿中(对开纸第 8 页第 5 行)写的是"Albategnius",这是阿耳·巴塔尼这一姓氏常用的拉丁文写法。他随后把"Albategnius"删去,并在左面页边写上阿耳·巴塔尼的名字"Machometus"。哥白尼既没有看到阿耳·巴塔尼的伟大的天文学论著的阿拉伯文原本,也得不到它的拉丁文译本(纽伦堡,1537 年)。哥白尼所引阿耳·巴塔尼论述的出处为 P—R(Ⅸ,1)。然而 P—R 谈到,根据阿耳·巴塔尼的说法,把太阳视直径取为金星十倍的是古人。哥白尼把这一点说成是阿耳·巴塔尼的见解。与他的姓氏相提并论的是他的观测地点,而这一地点的名称加上阿拉伯文冠词为 ar-Raqqa,译为拉丁文为 Araccensis,也可写成 Aratensis。艾丁·沙伊里(Aydin Sayili)在《穆斯林的天文台》(The Observatory in Islam,安卡拉,1960 年)第 96—98 页讨论了阿耳·巴塔尼的私人天文名。

(113) 伊本·拉希德〔或阿维罗斯(Averroes),即这位伟大的伊斯兰哲学家的拉丁文名字〕在 12 世纪用阿拉伯文撰写《托勒密〈至大论〉注释》,此书由那不勒斯的雅各布·安纳托里(Jacob Anatoli)于1231 年译为希伯来文。优秀的希伯来学者、密兰多那(Mirandola)之吉奥凡尼·皮科(Giovanni Pico),在他死后发表的著作《反占星术预言的辩论》(Disputations against Predictive Astrology,波伦亚,1495—1496 年)中谈到"伊本·拉希德在其托勒密著作《注释》中说,他有一次观察到太阳上有两个黑点。他对那个时刻查表,发现水星应在太阳的光线中"(Ⅹ,4;佛罗伦萨 1946—1952 年重印本Ⅱ,374:14—17)。

开普勒在他的《光学》中提到这件事。他在该书中对阿维罗斯的名字是否确切并未提出疑问(《全集》,Ⅱ,265:7)。后来他于 1607 年 4 月 7 日给他从前的教师梅斯特林所写的信中问道,"哥白尼引用的阿维罗斯所写托勒密著作《注释》一书,是否至今犹存?"(同书,ⅩⅤ,418:48—49)。大约与此同时,开普勒向一位富有的赞助人询问,他在何处可以找到"哥白尼所引阿维罗斯的托勒密著作《注释》"(同书,ⅩⅤ,462:354)。随后在 1607 年 5 月 28 日出现了一个奇特的现象。开普勒在报道这一现象时引用了前面提到的他的《光学》中的一段话,插进了一首诗。他在这些地方都没有对阿维罗斯表示任何怀疑(Ⅳ,83:20,96:36)。开普勒与梅斯特林的通信中断了三年多,而在恢复联系时有一个更为迫切的课题使阿维罗斯问题为人遗忘了(同书,ⅩⅥ,no.592)。

然而,早在 1612 年,开普勒自己承认有问题。他在给另一位收信人的信中写道,"阿维罗斯〔我猜想,即为阿文罗丹(Avenrodan)〕可由皮科反对占星术士的著作得到证实"(同书,ⅩⅦ,9:83—84)。开普勒说这是一个猜测(conijcio),这就承认了自己的不确定性。他显然没有仔细察阅皮科书中的那一段话。如果他这样做了,就会发现皮科说的是阿维罗斯,而非阿文罗丹。然而开普勒是在很匆忙地评论一本当时刚出版的重要书籍。在开普勒的头脑里还记得他读过皮科以前的书。这位著名的反对占星术的学者在该书中经常提到阿文罗丹的名字(有三十多次),而谈到阿维罗斯的次数要少得多(连我们所说的一段在内也只有七次)。皮科的著作的主要目标毕竟是批驳占星术士。阿文罗丹写过一篇对(伪)

托勒密的星占学短文的评论文章,而阿维罗斯注释的是托勒密的《至大论》,这是一本纯粹的天文学著作,与星占学绝对无关。考虑到在皮科的书中阿文罗丹占有更显著的地位,加以当时开普勒对这件事已不太注意,于是他猜想阿文罗丹就是阿维罗斯,这看来就完全可以理解了。此外,这件事是在一封私人信件中出现的,这使得它成为完全无害的。

然而不久之后害就出现了。开普勒把他在 1612 年所作的私下猜测变成一个公开的论断:"(密兰多那的皮科在他撰写的批驳占星术的书中谈到)阿文罗丹看见太阳上有两个斑点"〔Ephemerides,序言,第 17 页;弗里希〔Frisch〕编,《开普勒全集》(*Kepleri opera, omnica*),Ⅱ,786:13—14〕。这时开普勒确信他是正确的,于是他直接提出:"虽然这〔段话〕是哥白尼从皮科的书中抄来的,但他把阿文罗丹改成阿维罗斯的名字了"(弗里希编,同书,第 15—17 行)。可是哥白尼当然没有做过这样的事情。皮科引用的是阿维罗斯所著《托勒密〈至大论〉注释》,而阿文罗丹从未写过这样的书。

在这场对哥白尼的错误指控中,开普勒的那位以前的教师也受到牵连。开普勒说是哥白尼"向梅斯特林提出要从阿维罗斯的一切评述中找到那一段话,而这是一项白费力气的工作"(弗里希编,同书,第 17—18 行)。这些为数众多和篇幅浩繁的著作已被译为拉丁文,并与亚里士多德的作品一起出版(威尼斯,1562—1574 年;法兰克福/美因,1962 年重印)。然而皮科引用的并非阿维罗斯对亚里士多德的一篇评论,而是他的托勒密著作《注释》。梅斯特林"查遍了阿维罗斯的一切评述"而一无所获,这就不足为奇了。阿维罗斯的评述都已译成拉丁文,但对托勒密著作的《注释》都未译出。事实上,原来的阿拉伯文手稿没有留存下来,此书为人所知只是因为它已译为希伯来文,而皮科精通希伯来文〔见莫里兹·斯坦锡奈德尔(Moritz Steinschneider),《中世纪的希伯来文译本和犹太翻译者》(*Die hebraeischen, Abersetzunngen des Mittelalters und die Juden als Dolmestscher*),格拉茨,1956 年据 1893 年版本重印,第546—549 页〕。进而言之,他有雅各布·安纳托里的希伯来译本的手稿〔珀尔·克布列(pearl Kibre),《密兰多那之皮科的图书馆》(*The Library of Pico della Mirandola*),纽约,1966 年第二次印刷,第203—204 页〕。

虽然哥白尼的引文是正确的而开普勒指责哥白尼的谬误是毫无根据的,然而 Z 硬说下列情况为哥白尼"援引前人著作之差错"的一例:

> 他认为太阳上黑斑的观测是阿维罗斯做的。梅斯特林查遍阿维罗斯的所有评论,但徒劳无功,没有找到这段话。实际上,这件事与阿文·罗丹(Aven Rodan)有关。哥白尼确实是从密兰多那的皮科批驳占星术的著作中取出这段话,并把阿文·罗丹的名字误写为阿维罗斯(第 510 页)。

Z 的彻头彻尾的无稽之谈在 1951 年为马克斯·卡斯帕尔(Max Caspar)重述一遍:"哥白尼把阿文·罗丹误写为阿维罗斯(见开普勒,《全集》,Ⅻ,549,第 45 行注释)。

因为哥白尼在克拉科夫大学念书时已经学过一般的星占术,他后来对占卜之术漠然视之,这可能是由于他熟读皮科的《辩论》(*Disputations*)。这本书是在哥白尼到达意大利之前不久出版的,他从此书查出与阿维罗斯有关的这项资料。

(114)哥白尼在手稿中(对开纸第 8 页第 14 行)取月球的近地点距离为"大于 49"(plusquam iL),并说"下面将加以阐明"。但是后来在Ⅳ,17,22 和 24 中,他把这个距离取为大于 52,准确数值为 $52^p 17'$;而 N 在Ⅰ,10 中印为 52,以便使哥白尼自圆其说。然而他自己在订正了对月球近地点距离的估计值后,没有更改稿件中的这一段。因此 49 这一数字有助于探索尚未完全解决的问题,即哥白尼在什么时候把《天体运行论》的各部分合并起来。哥白尼进行观测和计算,结果使他把 49 改为 52,显然Ⅰ,10 和对开纸第 8 页都是在此之前写成的。

不用说 52 大于 49。也许有人认为第四卷三处得到的 $52^p 17'$ 是实现了Ⅰ,10 所许的诺言,即"后面由更精确的测定阐明"月球的近地点距离"大于 49"。但是,假若哥白尼在撰写Ⅰ,10 时已经得到 $52^p 17'$的结果,他就肯定不会说"大于 49",而会说"大于 52"。更大的数字更有利于他反对托勒密主义者的论证。他用的是 52,这件事实说明他还没有得到 52 的结果。这个分析的一个副产品是由此显然可知,"大于"(plusquam)包含一个小于 1 的分数,所以"大于 49"意味着"小于 50"。

清楚可知,$52^p 17'$的结果是根据Ⅳ,16 所讨论的两次观测算出的。因为它们的日期为 1522 年 9 月 27 日和 1524 年 8 月 7 日,我们可以有把握地认为哥白尼撰写Ⅰ,10 及对开纸第 8 页是在 1522 年 9 月 27 日之前。a 叠的第 8 页对开纸为第 C 种纸,此为手稿所用四种纸张的第一种。虽然无法根据水印来断定 C 型纸的确切日期,但其他方面的考虑可以证实这一结论,即对开纸第 8 页是在 1522 年或这之前写的(参阅 NCCW,Ⅰ第 3 页)。

(115)此处和Ⅰ,8〔见注释(88)〕的情况相同。哥白尼的意思是,他对火"元素"球的存在感到怀疑。

(116)哥白尼又一次作了一个许诺而未能实现,但这一次 N 让它保留下来,也许是感到它可由Ⅴ,21,22 的内容证实。Ⅰ,10 的这一段可能向奥西安德尔(参阅"前言"的注释)提出关于金星的争论,这使他想到他可以证明天文学永远是不可靠的。但和自然科学的其他分支一样,天文学也是一门可以自行改正的学科。

（117）"某些其他拉丁学者"可能包括维楚维阿斯（Vitruvius）。他的《建筑学》，Ⅸ，6 谈到："水星与金星以太阳光线为中心绕圈子运行，由此形成其逆行和留"。

（118）马丁纳斯·卡佩拉的百科全书〔一般称为《语言学与水星的结合》（*The Marriage of Philology and Mercury*）〕Ⅷ，857 谈到："金星和水星…以太阳为其轨道的中心"。

（119）因为哥白尼所用的词"terram non ambiunt"（不动的地球）与卡佩拉的"terras…non ambiunt"相近，哥白尼可能见到过那本一度流行的百科全书的 1499 年维琴察（Vicenza）版或 1500 年摩德纳（Modena）版。

（120）哥白尼的词句"absidas conversas habent"（拱点逆行）是蒲林尼《自然史》，Ⅱ，14，72 中"conversas habent…apsidas"的重复。哥白尼从蒲林尼的含糊的论述似乎得到一种印象，即《自然史》的作者认为金星和水星都在日心轨道上运转。蒲林尼在 Ⅱ，13，63 中解释说，他所用的希腊字 apsides 具有"轨道"的意义。

（121）红衣主教会议下令把"因此，我毫无难色地主张"改为"因此，我毫无难色地假定"。

（122）哥白尼在此处首次用 orbis magnus 一词表示地球绕太阳的周年运转。实际上这个术语成为牛顿之前哥白尼天文学的标志。如果把它译成"大圆"则更为确切。然而球面几何学早已使用这个词了。

（123）哥白尼在此处说宇宙的中心"靠近"（circa）太阳。他是经过审慎思考才选用这个词的，因为他知道他所取的轨道并非同心的，而必然多少有些偏心。有些不高明的评论家坚持认为，哥白尼的天文学并非真正的日心学说，这是因为他的宇宙中心位于太阳外面。他在 Ⅰ，9 中说道"太阳占据宇宙的中心位置"，这与他在此处的说法不同。关于他有意识地使用这种含糊的说法（或者按他自己所说为"模棱两可"），可参阅 Ⅲ，25。

（124）红衣主教会议命令把"宁可"（potius）改为"因此"（consequenter）。红衣主教会议要把"宁可"改成"因此"，其目的何在并非一目了然。也许红衣主教会议感到 potius 意味着是一种事实状况，而 consequenter 只是提出一个逻辑的推论。

（125）哥白尼小心翼翼地避免提到他心目中作者的名字。此处可能指穆斯林天文学家纳西尔·阿耳·丁（Nasir al Din, 1201—1274 年），即马拉哈（Maragha）天文台台长。他因生于波斯的图斯（Tus）而被称为"阿耳·图西"（al Tusi）。图西在他所著 *Kitab al—tadhkira* 的一节中，对托勒密所采用的大量天球又增添了 33 个。该书由卡拉·德·法阿（Carra de Vaux）从阿拉伯文译为法文，载入保罗·谭勒利（Paul Tannery）《古代天文学史的研究》（*Recherches sur I'histoire de I'astronomie ancienne*），《波尔多科学学会会刊》（*Mémoires de la Societe des sciences…de Bordeaux*），1893 年，第 351，358—359 页。

（126）哥白尼的学生列蒂加斯从古希腊名医盖伦（Galen）的著作中摘引出这些为人们所熟知的格言："大自然不作徒劳之举"，"造物主技能高超，他所作每一部分不仅有一个用途，还有两个、三个、经常为四个用途"〔《论身体各部位的有用性》（*On the Usefulness of the Parts of the Body*），梅（M. T. May）译，伊萨卡（Ithaca），1968 年，第 501—502 页〕。

（127）N 中印的图形与哥白尼所绘的（对开纸第 9 页）并不完全一样。例如他的阿拉伯数字 1—7 换为罗马数字 Ⅰ—Ⅶ（N，对开纸第 9 页）。他的图上只是提到月亮的名字，但 N 标出它的轨道并有它的符号，在整个图中只有一个这样的符号。哥白尼把对恒星天球的说明写在有关圆圈的下面，这显然是为了避免与正文中的词句相混淆，而这些词句可以填满该圆周的三分之二。对比起来，印刷页安排得清楚易读得多，正文各行与对恒星天球的说明截然分开，该项说明是在最外层圆圈的上面。仿照这个格式，N 把对三颗外行星的说明放在它的圆周的紧上面。N 采用这个方案，无意中搞乱了哥白尼的意图，结果是对他的宇宙概念出现一些甚为荒唐的猜测。

他在手稿中所画的图对每颗行星都给出两个圆圈，内圈按行星的近日距，而外圈按远日距绘出。根据哥白尼的天球相接理论，外圈具有双重的意义，即它同时也是下一个更高行星的内圈。因此最里面以太阳为中心的圆周指出水星的近日距。随后，离开太阳向外，下一个圆周既为水星的远日圈，也是金星的近日圈。再往外为金星的远日圈。在手稿中它同时是地球的近日圈，而在 N 中却是月球的近日圈。然而在 N 中除月球的近日圈和远日圈外，还有一个地球中心所在的单独的圆周，因此地—月系统共有三个圆周，而不是一般所认为的是两个。

读者在 N 中可以看到，刚好在地—月系统之上为行星区域，它可说是最为非哥白尼式的空白空间。这是因为对火星的说明是在它的远日圈之上，而并非像地—月系统、金星和水星那样，是在远日圈与近日圈之间。对火星位置的这样安排，只不过是由于制版工人的方便，不应该认为这有什么宇宙学的含义。对太阳区域来说，情况与此相同。该处中心有点什么东西，被人误认为一个小圆圈，但实际上是哥白尼在图上画圆周时无意中由圆规留下的一个固定钝脚点。还可看出，哥白尼在画木星圆周时，不小心使圆规的可动脚点在 5 小时区域略微扭动。

（128）对此"第一个原则"的解释见 Ⅰ，10 的第一段。

（129）静止不动的恒星天球是可用来察觉其他一切天体的运动的宇宙位置（locus）。哥白尼在论证此点时,运用了亚里士多德的普遍原则"没有位置…运动是不可能的"(《物理学》,Ⅲ,1)。

(130)蒲林尼在《自然史》,Ⅱ,4,13称太阳为宇宙的心灵(mundi…mentem)和天穹的主宰(caeli…rector)。西塞罗是哥白尼所找到的称太阳为"宇宙心灵"(mens mundi)的另一位作者(见 Republic,Ⅵ:Scipio's Dream,第17章)。如果哥白尼认为是某一作者把太阳描绘为宇宙之灯(lucernam mundi),有关学者们还确认出这位作者是谁。

(131)有些过分热心的作家由此得出结论说,哥白尼与文艺复兴时期的赫尔墨斯魔术或新柏拉图神秘主义有关。那些伪造的神学论著借用著名的希腊神赫尔墨斯的名义,来掩饰其真面目。哥白尼只有这一次引用那些著作。他并没有更多地提到这个神灵并把(假想的)作者称为"特里米季斯塔斯(Trimegistus)"(对开纸第10页第6行),虽然他通晓希腊文并知道三重伟人(Thrice Greatest)应当是特里米季斯塔斯。进一步说,哥白尼指出,在据认为是赫尔墨斯·特里米季斯塔斯的著作中没有一处把太阳称为看得见的神。哥白尼显然没有直接读过赫尔墨斯的文集,他又一次相信自己不完整的记忆,也许这是他在大学校听过的一次讲课。那位教授可能看过拉克坦蒂斯所著《神学院》的《节录》(Epitome)的手稿。哥白尼在《天体运行论》的序言接近末尾处责备了拉克坦蒂斯。拉氏在他的《节录》中把赫尔墨斯的著作:《传记撰写者》(Asclepius)中的一段译为拉丁文,他在该处使用 visibilem deum(看得见的神)一词(在Ⅰ,10中此处为哥白尼所引用)。然而正如哥白尼在第一卷引言(第一段)中的正确用法一样,拉氏所用的"可以看见的神"指的是可以察觉的宇宙。但是此处在Ⅰ,10中,哥白尼由于记忆错误把"可以看见的神"误用于太阳。

(132)索福克勒斯并非在他的《厄勒克特拉①》(Electra)中,而是在他的《科罗努斯②的俄狄浦斯③》(Oedipus at Colonus)第869行,把太阳称为洞察万物者。哥白尼在此处并非像在序言中那样引用希腊文原本,而是重复使用蒲林尼的 omnia intuens(全部参看)一词(见《自然史》,Ⅱ,4,13)。

(133)亚里士多德在一本论述动物的书中说,就性质而言月亮比其他天体都更接近于地球〔阿维罗斯,《世界的本质》(De substantia orbis),第2章,与亚里士多德的一些著作一起于15世纪在威尼斯出版〕。这位最伟大的穆斯林亚里士多德评论家的上述言论是一种误解。哥白尼重述这一误解,而不知道亚里士多德在《动物的生殖》(Generation of Animals),Ⅳ,10中认为月亮并非与地球相近,而是"第二个和较小的太阳"。

(134)欧几里得《光学》,命题3。

(135)哥白尼在他的《驳魏尔勒书》(Letter against Werner)中把恒星闪烁与行星光线稳定这两件事的对比,当作天文学家怎样从观测作出论断的一个简便例子:"恒星的研究是我们所了解的与自然次序相反的学科之一。举例来说,自然的次序是首先知道行星离地球比恒星近,于是行星没有闪烁。与此相反,我们是首先看见行星不闪烁,然后知道它们距地球较近。"哥白尼在此模仿亚里士多德《天穹篇》,Ⅱ,8和《后分析学》(Posterior Analytics),Ⅰ,13中的说法。

(136)红衣主教会议下令删掉Ⅰ,10的最末一句话,这大概是因为它预示神学家按传统观念所设想的、他们更熟悉的相对小的宇宙,会有极大的扩充。

(137)红衣主教会议命令把Ⅰ,11的标题改为"地球三重运动的假设及其证明"。

(138)哥白尼大概想到Ⅰ,6。然而他在该处是用摩羯宫和巨蟹宫来证明地平圈与黄道的中心相合,而并非像在此处是用地球在黄道上的真位置与太阳的视位置正好相对来证明此点。

(139)对哥白尼而言,地球的第三重运动似乎是不可缺少的,因为他认为地球是牢固地附着于一个看不见的圆球上面。但这种难以察觉的天体属性在宇宙中毕竟不存在,地球成为一个不依附于他物而在太空中自由运动的天体,于是应当认为哥白尼的第三重地球运动是不必要的。因此开普勒在他的《新天文学》第57章中写道:

> 在〔地球〕中心的周年运转中,地球在各处的轴线都几乎正好平行,夏季与冬季由此形成。然而,在经历漫长的时间后,轴线的倾角会变,于是可认为恒星位置有变化并且二分点有岁差…哥白尼错误地设想应有一种特殊的原理,以使地球每年一度在南北方向上来回振荡,冬夏由此而生,并且这种〔振荡〕与〔地心〕运转同位相,于是引起回归年与恒星年均出现(因为二者几乎相等)。进而言之,由于地轴方向固定,周日运动绕轴线产生,并形成这一切〔结果〕,唯一的例外为二分点极缓慢的进动(《全集》,Ⅲ,350:22—25,30—37)。

(140)在原稿中(对开纸第11页第17行),h 之后有 se(已删去)。哥白尼在此处画了一个长 ∫ 符

---

①　希腊神话人物,阿加门农(Agamemmnon)的女儿,曾率领希腊军队作战。

②　雅典北方的村庄。

③　底比斯王子,曾破解斯芬克斯(Sphinx)谜语,后误杀其父并娶母为妻,发觉后自刺双目。

号,并穿过它划短的删节横线,于是粗心读者会把 se 误认为 f。在 N 中就出现这个情况(对开纸第 11 页第 7 行)。虽然正文应为没有 F 的 H,该书误印成 HF。在以后的五个版本中都重复出现 HF 这一误排。哥白尼在第 18 行中再次使用 se 并把"convertens"(旋转)写成实际上不存在的字形"conventen-tens"。这些都无疑地促成这一差错。

(141)在手稿中(对开纸第 11 页第 22 行),这个与黄道垂直的圆周用 abc 表示。但哥白尼在对开纸第 11ʳ 页下端画附图时没有用这个符号,因此 N 把它略掉了,而这样做是适宜的。对右圆中心原用符号为 b,哥白尼后来写成 c。

(142)哥白尼在手稿中(对开纸第 11ʳ 页倒数第 8 行)用一张纸条写上 ac,这被 N 改为 AE,因为 E 是假定的观测者的位置。进一步说,正在它下面的 c 称为"相对点",因此前面的观测不可能从 AC 进行。

(143)费罗劳斯的见解在古代已为人们接受并受到哥白尼的赞扬。参阅本书原序和注释(48)。

(144)这段话曾被删掉,后来重新发现和公布。在此之前,人们认为哥白尼完全不知道阿里斯塔尔恰斯的地动学说。举例说,开普勒问道:"哥白尼对阿里斯塔尔恰斯的理论毫无所知。既然如此,谁能否认把地球取为运动行星之一的体系是哥白尼发现的呢?"〔见开普勒所著《非常狠毒者》(*Hy-peraspistes*)的附录,载《关于 1618 年彗星的论战》(*Controversy on the Comets of 1618*),费拉德尔菲亚,1960 年,第 344 页〕。

事实上哥白尼从 GV,ⅩⅪ,24 所了解的情况并不算太少。那位不可靠的百科全书派学者歪曲了古希腊的论述,即"根据阿里斯塔尔恰斯的主张,太阳和恒星静止不动,而地球在黄道上运转"。GV 的误译为"阿里斯塔尔恰斯把太阳置于恒星之外"。单是这一句话已经是以促使哥白尼删去包括把阿里斯塔尔恰斯当作地动学者来引用的这段话。

但是哥白尼把地动学者阿里斯塔尔恰斯扬弃了,这可能还有一个附带的动机。哥白尼从蒲鲁塔克的《月亮的面貌》(*Face in the Moon*)中也许已读过,这位古代哲学家"想到过希腊人应当责备萨摩斯的阿里斯塔尔恰斯,因为他让宇宙的心脏不断运动,而这是亵渎神灵。他的罪证是为了解释天象而假定天穹是静止的,地球却在一个倾斜的圆周上运转,同时又绕其轴线自转"。哥白尼在序言中引用了蒲鲁塔克所著《文集》第 92 卷(*Opuscula LXXXXII*),第 328 页的一段希腊文词句。如果哥白尼注意到该书第 932 页的上列论述,他也许会决定断绝与阿里斯塔尔恰斯的关系。假若阿里斯塔尔恰斯真是古代的哥白尼,哥白尼不会希望成为近代的阿里斯塔尔恰斯,并由于人所共知的不愉快后果而被指责为不虔诚。

关于阿里斯塔尔恰斯的天文体系,我们所能找到的最重要的古代资料是阿几米德的《沙数计量》(*Sand—Reckoner*)。可是哥白尼并不知道这本书。

(145)哥白尼也许会想到贝萨利翁红衣主教的评论,即柏拉图极力主张有少数人精通这些学科,而天文学也包括在内〔《柏拉图的诬告》,Ⅳ,12;摩勒(Mohler)编,Ⅱ,593:4—5〕。

(146)哥白尼从《不同的哲学家们的信札》(*Epistolae diversorum philosophorum*,威尼斯,1499 年)看到莱西斯信件的希腊文本。该书是二十六位希腊哲学家、雄辩家和修辞学家所写信件的汇编。哥白尼所在的牧师会的图书馆藏有此书(ZGAE,5:376)。此外,在哥白尼收藏的贝萨利翁《柏拉图的诬告》中,载有莱西斯信件的贝萨利翁的拉丁文译文,这也被哥白尼看过了。贝萨利翁在该书中抨击特里比仲德的乔治对柏拉图的诽谤。哥白尼对这段话(MK,第 131 页)加上特别的记号并在下面划了横线。

MK 中第 132—134 页把莱西斯信件的两种拉丁文译本(分别为贝萨利翁和哥白尼所译)并列印出。一眼便可看出,哥白尼处处仿效贝萨利翁的译文。但为什么他们的译文不一样?虽然这位红衣主教的本国语言为希腊文,一位同时代的杰出语言学家却称赞他是"希腊最好的拉丁文专家"(摩勒编,Ⅰ,251)。可是他大概是在四十岁以后才学拉丁文的。哥白尼也许会夸奖自己能够修改贝萨利翁的拉丁文词句。他确实更忠实于希腊文原本。举例说,他指出毕达哥拉斯兄弟会的创办历时五年,而贝萨利翁漏掉了这一点。

在 1499 年的书信集中印出并经贝萨利翁和哥白尼翻译的莱西斯信件的希腊文本,比雅蒙布李恰斯(Iamblichus)收入《华达哥拉斯传》第 17 章第 75—78 节〔路德维格·杜布勒(Ludwing Deubner)编,莱比锡,1937 年〕的该信件的译文略长一些。雅蒙布李恰斯(250—330)在毕氏传记中所收的节译本,略去了长译本开头处所谈到的毕达哥拉斯兄弟会的解体及其原有成员的分散。删节者并没有在开头处(以及在其他任何地方)承认,毕氏门徒由此遭受了一次沉重的打击,而他却在开头处谈到长译本第四段(此处译出)所说的莱西斯对收信人的非毕达哥拉斯行径的指责是私人意见。但是一燕不成春,一个人的错误行为不会促成整个兄弟会的瓦解。即使莱西斯的收信人不能怀着良好的信念回到集体中来,该团体还可继续存在。删节者在这一点上重述了长译本影响深远的最末一句话。

然而到此并非结束。删节者用括号插进"他说",并继续写下去。插入这两个字自然意味着莱西斯是长译本的作者,而从长译本此处至我们的第三段末尾为节译本的其余部分。

长译本在此之后提到毕达哥拉斯的女儿,而此点为狄奥杰尼斯·拉尔提阿斯的《著名哲学家传》(*Lives of Eminent Philosophers*),Ⅷ,42 所引用。在拉尔提阿斯的三份手稿中有两份都可证实莱西斯的收信人是喜帕萨斯（Hippasus），而非喜帕恰斯〔见阿尔曼德·德拉特（Armand Delatte），《毕达哥拉斯传》（La vie de Pythagore de Diogene Laırce），布鲁塞尔，比利时皇家学院，1922 年〕。据雅蒙布李恰斯《毕达哥拉斯传》第 18 章第 88 节所述，"喜帕萨斯…为毕达门徒之一…他首先记录并泄漏"毕达哥拉斯的一个秘密。随后，在谈到"是谁首先发现可通约数与不可通约数的性质"时，雅蒙布李恰斯指出这个叛徒

> 不仅被开除出共同生活与集团，还为他竖了一块墓碑，似乎他一度是一个成员，实际上已经脱离了人世生活（第 34 章第 246 节）。

虽然此处没有提到叛徒的名字，大概指的是喜帕萨斯。因此，拉尔提阿斯的三部最早的手稿有两部都表明喜帕萨斯是莱西斯信件的收信人，这就历史事实而言比起无人知晓的喜帕恰斯无疑地更容易为人们承认。在 218 位毕氏男性门徒的名单中并无喜帕恰斯其人。雅蒙布李恰斯（《毕达哥拉斯传》第 36 章第 267 节）根据在他之前很久早已编好的资料，重复利用了这一名单。可以肯定，这份名单并不齐全。然而，名单上没有喜帕恰斯这件事，也许会使雅蒙布李恰斯犹豫不定，于是他说莱西斯的信写给"某一位喜帕恰斯"（杜布勒编，第 42 页第 23 行）。

上面谈到，在拉尔提阿斯的三份最早的稿件中有两份都证实莱西斯的通信人为喜帕萨斯，但在第三份原稿中留下一个空缺，后来有人写上"喜帕恰斯"。在 19 世纪初期一种影响很大的拉尔提阿斯著作版本采用这个有缺陷的异文，尽管它在一个注释中提到喜帕萨斯〔赫布勒（Hübner）编，莱比锡，1828—1831 年，Ⅱ，275 注释"1"〕。通过拉尔提阿斯著作的另一个权威性的 19 世纪版本〔巴黎，1850 年，科维特（Cobet）编，第 214 页，第 23 行〕，把喜帕萨斯改为喜帕恰斯的错误就更确定地铸成了。

这一差错发端于亚里士多德的论述（《形而上学》，984a7），即喜帕萨斯主张最基本的元素是火。有一位基督教徒辩论家认为哲学乃邪说异端之母。他大约在 210 年写了一篇《论灵魂》（On the Soul）的论文，他误认为灵魂由火形成的学说是喜帕恰斯，而非喜帕萨斯提出的〔特图利安（Tertullian），《论灵魂》（De anima），第 5 章，华斯津克（J. H. Waszink）编，阿姆斯特丹，1947 年，第 6 页第 6 行〕。大约两个世纪后，玛克罗比阿斯（Mscrobius）〔威利斯（Willis）编，莱比锡，1970 年，Ⅱ，59，第 8 页〕也误认为火灵魂是喜帕恰斯提出的〔威廉·斯塔耳（William H. Stahl），《玛克罗比阿斯对西比欧之梦的评论》（Macrobius, Commentary on the Dream of Scipio）纽约，1966 年，第 146 页〕。虽然后来在 16 世纪有一位注释者指出特图利安的错误，不久前蒂莫西·戴维·巴恩斯（Timothy David Barnes）在《特图利安》（牛津，1971 年）第 207 页重犯了这个错误。

沃纳·杰格尔（Werner W. Jaeger）在《埃默萨的娜美西斯》（Nemesios von Emesa，柏林，1914 年）第 94—96 页讨论，特图利安是否因受一位早期的哲学论著编者的影响而出差错。亚历山大城的克莱门特（Clement）在他所著《杂录》（Miscellanies）第五卷第 9 章第 57 节谈道：

> 毕达哥拉斯的门徒喜帕萨斯因用普通文字写出毕氏的教诲而获罪。
> 他被开除出兄弟会，还为他竖了一块墓碑，好像他已死去。

克莱门特的上列论述使我们想起从雅蒙布李恰斯《毕达哥拉斯传》第 246 节引用的一段话。由于词句确实十分相似，可以认为这两段话的出处相同。假若情况如此，那位未知的作者会避而不提叛徒的名字。在雅蒙布李恰斯继续保持缄默之际，克莱门特却轻率地提出喜帕恰斯这一错误名字。大约两个世纪之后，辛涅西阿斯（Synesius）就直截了当地把喜帕恰斯认作莱西斯的收信人。

根据雅蒙布李恰斯《毕达哥拉斯传》（第 31 章的第 199 节）所述，毕氏门徒中的另一个叛徒为费罗劳斯：

> 费罗劳斯陷入难熬的赤贫困境，他首先卖掉那三本名著，据说…在柏拉图的怂恿下有人花一百块钱把它买去。

柏拉图在《裴多篇》（Phaedo）（61E）中谈到费罗劳斯在特伯纳（Thebes）度过了一段时间。这是莱西斯在逃亡后居留之地。他只和另一个毕氏门徒一起，从他们在克罗托纳（Crotona）的聚会场所出逃，而反毕达哥拉斯分子在该处房屋纵火。但是据信为 6 世纪新柏拉图主义者奥林皮俄多拉斯（Olymoiodorus）所作的《柏拉图〈裴多篇〉评论》（Commentary on Plato's Phaedo），把两个逃亡成功者的名字改为喜帕恰斯和费罗劳斯。还有一位轶名的经院哲学家，在不知什么时候撰写一本评论柏拉图《裴多篇》的著作，也再次提到这两个名字。然而雅蒙布李恰斯在叙述克罗托纳事件时，把两个逃亡者说成为莱西斯与阿尔奇帕斯（Archippus）。欧文·罗德（Erwin Rohde）毫无根据地把莱西斯的同伴换成喜帕恰斯〔《莱因语言学博物馆》（Rheinisches Museum für Philologie），1879 年，34：262〕。罗德的未经证实的公式，即阿尔奇帕斯＝喜帕恰斯，却经常被人不加批判地重复使用。如果我们按雅蒙布李恰斯所说，取阿尔奇帕斯为莱西斯的逃亡同伴，就没有理由认为阿尔奇帕斯是莱西斯的收信人，因为阿尔奇帕斯没有泄漏毕达哥拉斯的秘密。可是喜帕萨斯这样干过，因此把他认作莱西斯的收信人是合乎情理的。

由于对莱西斯和喜帕萨斯在年代上有些事情难以确定,人们更感到莱西斯信件不可靠,常常有人说它是"伪造的"。然而这样的指责只能意味着历史上的莱西斯并非该信件的真实作者。毫无疑问,这份资料已成为重要的毕派文献的一部分,而这些文献以古代著名的毕氏门徒的名义流传。在流传过程中有一点特别引人注目,即我们所谈文件的长译本是后来的一位毕氏门徒撰写的,而更往后由另一位毕氏门徒加以删节。这两位幽灵似的作者都隐瞒自己的身份,而诡称两种版本的作者都是莱西斯。这两种版本都是较后(大概是公元前3世纪或2世纪)的作品,但被故意认作公元前5世纪或4世纪一位著名的毕派学者所著。哥白尼不熟悉这类假托的毕派著作。他还以同样单纯的头脑认为《哲学家的见解》真的是普鲁塔赫的著作。现在已经知道,它是普鲁塔赫之后的作品,而是用这位著名的传记作家的名义发表的。

为什么当初需要杜撰虚假的莱西斯信件?最初的捏造者可能是想给伪造的毕达哥拉斯"注释"披上一层合法的外衣,并认为这些"注释"由毕氏传给他的女儿和孙女儿,然后突然发现并作为毕达哥拉斯复兴的一个组成部分而出版〔沃尔特·柏克尔特(Walter Burkert),《真理与科学》(*Weisheit und Wissenschaft*),1962年,第436页,n.86〕。膺作的莱西斯信件的原本后来被压缩,其目的是不要提到搞乱毕氏集团秩序的那次事件,并增强兄弟会仍然处于繁荣状态的假象。

在1499年出版的希腊书信集中,毕达哥拉斯的女儿和孙女儿的名字为黛摩(Damo)与碧斯塔莉娅(Bistalia)〔后者应为碧塔丽(Bitale)〕。贝萨利翁把这些道地的希腊妇女名字不适当地改成黛玛(Dama)与维塔莉娅(Vitalia),而哥白尼沿用了这些名字。当哥白尼把男性的诚实与女性的忠贞进行对比时,他忽略了贝萨利翁的评论,即"尽管她是一个妇女",黛摩仍是忠诚的。哥白尼看来,这一疏忽是贝萨利翁在1499年版希腊书信集中毫无道理地塞进的一个反对妇女的凌辱。哥白尼也许不知道,狄奥杰尼斯·拉尔提阿斯从伪莱西斯信件所引用的一段话的末尾谈道:"尽管她是一个妇女",黛摩的行为是忠贞的。贝萨利翁并没有向读者暗示,他把拉尔提阿斯与1499年版的希腊著作混为一谈。

(147) 在古希腊的几何术语中,一个问题与一条定理不同。在此例中,前者与圆周弦表的编制有关,而哥白尼把此表紧置于问题之后。为简便计,以后把此表称为"弦表"。

(148) 哥白尼藏有一本欧几里得《几何原本》的第一次印刷版本(威尼斯,1482年)。这个拉丁文译本主要根据的是在它之前的阿拉伯文译本,而非希腊文原本。后者于1533年在巴塞耳首次印刷,列蒂加斯于1539年送了一本给哥白尼。这为时已晚,未能影响《天体运行论》的撰写。

(149) 哥白尼按1482年版引用欧几里得的《几何原本》。该书总的编排与希腊文原稿不同。

(150) 在PS,Ⅰ,11中相应的表为从0°至180°。

(151) 在PS,Ⅰ,11中相应的表每隔半度给出一个数值。

(152) 在PS,Ⅰ,11中相应的表取直径=120ᴾ,给出以直径的六十分之一为单位的弦长。哥白尼却取直径=200 000,把弦长表示为直径的小数。在P—R,GV和PS1515中都找不到从六十分度至小数的转换,以及由此而出现的表的范围从半圆变为象限和间距从30′缩小为10′的变化。哥白尼研究者还未发现,哥白尼把托勒密的六十分度弦表变为近代自然正弦表的一种早期形式,是否采用一种模式以及此为何种模式。哥白尼的半弦不是别的,而是正弦。哥白尼取直径=200 000,则半径=100 000。对于在0°与90°之间的∢C,哥白尼的半弦$AB=\sin∢C$,可用100 000的五位小数表示。

虽然哥白尼了解小数比起六十分度排列的好处,他故意不使用"正弦"这个古代作者所没有用过的新词。"列蒂加斯告诉我,哥白尼回避'正弦'一词";这是1569年与列蒂加斯在克拉科夫同学的约翰尼斯·普拉托里阿斯(Johannes Praetorius,1537—1616)在自己的一本《天体运行论》上所写的注解(Z,第454页)。

(153) 开普勒在他所著《鲁道夫表》(*Rodolphine Tables*,乌耳姆,1627年)的序言中谈道:

> 尽管这部著作(哥白尼的《天体运行论》)有附表,用以解释各项论证,但据我所知现在谁也不为计算而使用这些表…在另一方面,附表应当方便易查。阿耳芳辛(Alfonsine)和其他作者所编的表,都因书籍的开本适宜,数值表按单一次序排列以及在上面或开端处有很简短的说明,而成为有用的手册。与此相反,哥白尼的著作和托勒密的《至大论》一样,把附表分别穿插到正文各处。这样做的结果是,对理论感兴趣的人因正文被穿插而分散注意力;而注重实用的人却因附表散置各处不能集中其注意力,于是这部著作便丧失了它的主要用途(开普勒,《全集》,Ⅹ,39:40—41;40:4—11)。

要是开普勒能多活两年并且他的意大利文好到能阅读伽利略于1632年出版的《对话》(*Dialogue*),那么他会看到在为某个问题而须查弧和弦表时,就可找到一本哥白尼的《天体运行论》,从书中所载的这个圆周弦表能够查出所需的资料(伽利略·伽利莱,*Opere*,国家版,重印本,波伦亚,1968年,Ⅶ,207,

第 34—35 页)。

(154) 从梅斯特林于 1570 年得到的那本《天体运行论》，可以看出哥白尼编制附表的情况。梅斯特林在此表中共改正了八处错误，其中五处来自哥白尼的原稿，而其余三处为 N 中的排印差错。

(155) 哥白尼在他的圆周弦表（对开纸 15ᵛ）第三栏取从 0°0′ 到 2°40′ 的比例差值为 291。可是由实际计算可知，在第二栏中的 0°40′、1°30′ 和 2°20′ 等三处，差值仅为 290。因此在第三栏中从 2°50′ 至 5°40′ 为 290，而在第二栏的 3°0′ 和 3°30′ 为 291。哥白尼在第三栏中用这种办法记下不断减少的比例差值，直至 90° 附近，该处正弦＝100 000。

对 12°20′，哥白尼的 21350 在 N 中误印为 12350，而现代数值为 21360。虽然在第三栏 13°50′ 处应为 23910，哥白尼所写和 N 中重印的都是 23900。在 20°50′ 及 21°0′，哥白尼的最后一个数字应分别为 5 与 7。在 22°10′，第五位数字应为 0。在 25°10′，第三位数字应为 5。在 25°30′，第三位数字由于疏忽而重写为 3，实际上应为 0。虽然哥白尼写的是 43351，他在计算 25°40′ 时实际上用的为 43051，而在该处把 43313 误写为 43393。又一次大概也是由于疏忽重写，哥白尼对 25°50′ 写了 43555，在此第四位数字应为 7。由于可以预料的疏忽重写，哥白尼对 37°40′ 把 61107 写成 61177。他把这个错误数值与差值 200 而不是所需的 230 相加，于是对 37°50′ 得出错误结果为 61377，而非 61337。对 40°10′，哥白尼由于疏忽把第三位数字重写为 2，而实际上应为 5，他没有察觉这一差错，便对 40°20′ 把第三位数写成 4，而实际上应为 7。对 72°40′，哥白尼由于疏忽重写把第四位数由 5 误写为 9。又是疏忽重写，他对 72°50′ 把第四个数目第三次写成 5。对 73°0′ 他由于疏忽重写而写上 95600，这是因为他把正确数值 95630 加上差值 85，以便对 73°10′ 得出 95715。仍然是疏忽重写，哥白尼对 76°10′ 写上 97009，而此处应为 97030＋69 ＝97099。在 82°10′，哥白尼把 99027 加上差值 40 时，把第四位数字重写为 4。我们在此处把这些重写错误都记下来，希望对它们的分析有助于了解哥白尼的圆周弦表的根源。

他的其他附表也有类似缺陷。一般说来，原稿中的表（NCCW，I）与 N 中的表有所不同。在这些变化中有多少是 N 的编辑列蒂加斯所做的？列蒂加斯在 1541 年离开哥白尼之后，他的独立的科学工作主要是编算和出版数学用表，但是他供排印工人用的誊写清楚的《天体运行论》抄本没有保留下来。因此无法断定列蒂加斯为 N 的出版在原稿的附表中做了哪些修改。N 在排印这些附表时有一些差错。以后各版力求改正这些错误，但未能克竟全功。要完全阐明《天体运行论》在这方面的问题，还须作进一步的研究。

(156) 哥白尼在原稿（对开纸第 19ᵛ 页第 12 行）上用一张纸条写道 et si（并且如果），而 N（对开纸第 19ᵛ 页）认为此处按理应为第二个 aut（或者）。

(157) 哥白尼原来（对开纸第 19ᵛ 页倒数第 11—10 行）写道"取圆周为 360° 的度数"。他后来删掉这一说法，而改用"取 180 为两直角的度数"。N（对开纸第 20ʳ 页第 6—7 行）把这两种不同的，但却是相当的说法含糊地结合起来，印成 360 而非 180 等于两直角。在 N 之后有三个版本都沿用这种表示法，但 T（第 54 页第 11—12 行）恢复了哥白尼原稿中的正确说法。

(158) 哥白尼在原稿（对开纸第 20ʳ 页第 12 行）用一张纸条写上 ab，但被 Me 第 44 页 no.5 悄悄地改为 BC。

(159) 吕涅斯指出并批评哥白尼在论述定理 IIE（或按 N 中对开纸第 20ʳ 页的编号为定理 VI）时的一处疏忽。吕涅斯提出应当注意现在所称为的"歧例"：

> 哥白尼在论述平面三角定理 VI〔我们的定理 IIE〕时所出的差错〔与后面的球面三角定理 XI 是一样的。如果三角形的两边以及底边上仅有一角已知，则其余一边和两角无法求得，除非已知角为直角或钝角，而若为锐角，除非它与已知边中较长一边相对。如果提出其他条件〔已知的锐角与两已知边中较短边相对〕，则由假设无法断定底边的其余一角为锐角或其钝补角，因此底边也未知〔《规则与工具》(Rules and Instruments)，巴塞尔版，1566 年，第 105 页〕。

(160) 哥白尼的球面三角定理的编号有过多次改变，而最后形式由列蒂加斯确定为由 I 至 XV 的罗马数字。哥白尼原先用 1 至 12 的阿拉伯数字作为他的定理的编号。

(161) 在梅斯特林所藏的一册 N 中（对开纸第 22ᵛ 页第 12 行），别人在右边缘写上 parallelae。

(162) 克里斯托弗·克拉维阿斯在他的《球面三角》著作中〔《数学文集》(Opera mathematica)，美因兹(Mainz)，1611—1612 年，I，179〕指出：

哥白尼在定理 IV 中的论述并非随时正确…尽管角 D 与角 ABD 已知，边 AD 也已知，但因〔已知边〕与已知角 ABD 而非与直角相对，所以不能求得其余的一角与两边。显然可知，其余两边可能为 AB 与 BD，或 AC 与 CD，而余下的角可以是 BAD 或 CAD。因此，还须知道其他的量，才能定出其余的一角和两边。

(163) 哥白尼对定理 I 至 V 的编号，不仅使用阿拉伯数字，还用希腊字母 α 至 ε。但从下面一条定理开始，不再把阿拉伯数字与希腊字母合并使用。列蒂加斯在对开纸第 24—25 页，对定理 XIII—XV 不

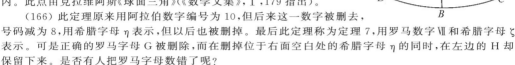

使用希腊字母。

(164) 从这个定理起,编号变化不止一次。定理Ⅵ用序号＝6的希腊字母表示,但以前编号为7,用希腊字母 ζ 与拉丁字母 G 表示,后来这些字母都被删掉。编号11曾用后被删去的字母 L 表示。还有一个被删掉的符号难以辨认。

(165) 两个相应的相等边都应与直角相对。哥白尼把这个条件推广为"两相等角中的一个",这样就把非为直角的对应角也不正确地包括在内。此点由克拉维阿斯《球面三角》(《数学文集》,Ⅰ,179 指出)。

(166) 此定理原来用阿拉伯数字编号为10,但后来这一数字被删去,号码减为8,用希腊字母 η 表示,但以后也被删掉。最后此定理称为定理7,用罗马数字Ⅶ和希腊字母 ζ 表示。可是正确的罗马字母 G 被删除,而在删掉位于右面空白处的希腊字母 η 的同时,在左边的 H 却保留下来。是否有人把罗马字母数错了呢?

(167) 这条定理编号为8,用罗马数目Ⅷ及希腊字母 η 表示。和前一条定理相似,正确的罗马字母 H 被删掉而代之以 I。这大概也是前注所设想的字母数错造成的。

(168) 由于在论述中出现不明确的情况,哥白尼受到吕涅斯的下列批评:

〔不仅是门涅拉斯,还有〕托伦城的尼古拉·哥白尼也没有对三角形边与角的这一关系,给予足够的重视。后者主要关心的问题是,利用托勒密的方法、历元与论证,他怎样能使公众了解古代的、几乎为人们遗忘的萨摩斯之阿里斯塔尔恰斯的天文学。这种天文学认为地球在运动,而太阳以及第八个天球是静止不动的。阿基米德在他论《沙数计量》的著作中提到这些论点。在〔哥白尼的〕《天体运行论》讨论球面三角的 Ⅰ,14 中,定理Ⅷ的内容如下:"如果两三角形有两边等于两相应边,还有一角等于一角(无论为相等边所夹角还是底角),则底边也应等于底边,其余两角各等于相应的角。"然而我将用一个简单方法来证明,最后一部分是错的。在球面三角形 ABC 中,令 AB 与 AC 两边相等。把底边 BC 延长至 D,并令弧 CD 小于半圆。通过 A、D 两点画大圆弧 AD。因此

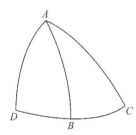

在 ABD 和 ACD 两球面三角形中,三角形 ABD 的 AB 与 AD 两边等于三角形 ACD 的 AC 与 AD 两边,而 ACB 是位于两三角形底边之上的公共角。于是根据尼古拉·哥白尼的定理 Ⅷ,三角形 ABD 的边 BD 应等于三角形 ACD 的边 CD,即部分〔BD〕竟会等于整体〔CD〕,而这是不可能的。对于一个为另一个之一部分的 BAD 与 CAD 两角来说,会得出同样的荒谬结果。

此外,除非假设为相等的 AB 和 AC 两边都是四分之一圆周,角 DBA 与角 DCA 总不相等。取该两边都小于四分之一圆周,则 DCA 为锐角,DBA 为钝角,而 ADB 为锐角。因此,定理 XI 所述,即每一三角形若两边与一角已知则各角各边均已知,并不正确(《规则与工具》,巴塞尔版,1566 年,第104—105 页)。

克拉维阿斯重复了吕涅斯对Ⅰ,14,Ⅷ的批评。他说:

除非余下的底边两角大于或小于直角,否则这〔条定理〕不正确(《球面三角》,载《数学文集》,Ⅰ,181)。

(169) 此定理编号为9,用罗马数字Ⅸ以及希腊字母 θ 表示。由于上面提到的字母错数,在右边缘写有罗马字母 K。然而这条定理以前的编号为11。这个阿拉伯数字写在右边缘,后来被划掉了。

(170) 此定理编号为10,用罗马数字Ⅹ表示。在左边缘的正确罗马字母 K 被划去,而让错误字母 L 留在右边缘。对开纸第 26ʳ 页(被删掉的)最后两行表明,在右边缘表示哥白尼原来所写最后一条定理的阿拉伯数目 12 已被划掉。

(171) 此定理编号为11,用罗马数字 XI 以及(在左边缘被删掉的)希腊字母 ια 表示。在左边缘被删去的还有正确的罗马字母 L,可是右边缘的错误字母 M 被保留下来。按以前的编号,"若任一三角形的两边和一角已知,则各角与边均可知"这一普遍论证的号码为6,但此号码后被删掉。在右边缘插入已知两边相等的特例,它的号码为阿拉伯数字7,情况与上面相似。

(172) 吕涅斯对Ⅰ,14,XI 的批评,克拉维阿斯进一步阐述如下:

即使 AD 和 AB 两边以及 D 角已知,也无法定出其余一边及两角。其余一边可能为 DB 或 DC,其余的角也不确定。因此必须补充其他条件,才能定出其余一边及两角(《球面三角》,载《数学文集》,Ⅰ,181)。

(173) 此定理编号为12,用罗马数字 XII 以及希腊字母 ιβ 表示,但在左边缘的阿拉伯数字 12 被划掉。又一次出现这种情况,正确的罗马字母 M 被删去,而留下错误字母 N。

(174) 吕涅斯在他的《规则与工具》中（巴塞尔版，1566 年，105）作如下评论：

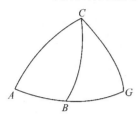

哥白尼的定理 XII 错得也很厉害。该定理称："进而言之，如果任何两角和一边已知，可得同样结果"〔即各角与边均可知〕。作球面三角形 BCG，其 BC 及 CG 二边之和等于半圆。将 BG 边延长至 A，并画通过 A 和 C 的大圆。在三角形 ABC 中，令 CAB 与 CBA 两角为已知，此外与角 CBA 相对的边 AC 也已知。利用假定为已知的量，无法求得其余的一角〔ACB〕及两边〔AB，BC〕。因 CB 与 CG 之和等于半圆，角 ABC 等于角 BGC。与此相似，假定三角形 ACG 的 CAG 和 AGC 两角以及与角 AGC 相对的边 AC 均已知。于是对 ABC 与 AGC 两个三角形而言，假设条件相同。因此从假定为已知的条件，还不能决定未知的其余角为 ACB 还是 ACG〔并非印刷版中的 ABG〕，以及未知的

其余边为 CB 与 AB 还是 CG 与 AG。

克拉维阿斯在《球面三角》，《数学文集》，I，179 和 180 中重复了吕涅斯对 I，14，XII 的批评（前者取两边与两角为已知）。

(175) 此定理编号为 13，用罗马数字 XIII 表示。又一次出现这种情况，即右边缘写有错误字母 O。最后三条定理 XIII—XV 写在 F 号纸上，这是哥白尼所用的最后一批纸张。在列蒂加斯抵达并带一本瑞几蒙塔纳斯的著作《论各类三角形》(*On All Kinds of Triangles*，英译本，麦逊逊，1967 年）之后，哥白尼把第 24 和 25 号对开纸插入第 C 帖纸之中。在研读此书之后，他决定删掉写在第 22ᵛ 号对开纸上的定理 13（当时编号为 8）的初稿。当他扩充初稿时，他把编号 13 留在对开纸第 22ᵛ 页的右边缘，用希腊字母 cγ 表示（或许不是希腊字母 γ 而是与之相当的罗马字母 "c"）。

(176) 此定理编号为 14，用罗马数字 XIIII 表示。它在对开纸 25ʳ⁻ᵛ 上的位置明显表示，原来打算把它当作补充的三条定理的最后一条。在对开纸 25ʳ 的左边缘有一个罗马字母 f，它的意义不清楚。

(177) 这条定理编号 24ᵛ，以罗马数目 XV 表示。在对开纸 15 的左边缘，罗马字母 f 被删去，而字母 g 保留下来。对这个字母的含义还没有满意的解释。

(178) 哥白尼在对开纸 25ᵛ 上结束第一卷，但没有任何标志。N 在此注明第一卷结束，以后各版均如此。

第二卷　注释

(1) 这是亚里士多德的时间定义（《物理学》，IV，11）。

(2) 哥白尼说他持"相反的论点"，这指他扬弃了托勒密的地球静止学说。然而弗利德·霍伊耳在《尼古拉·哥白尼》（伦敦，1973 年）第 79 页坚持认为"我们今天不能说哥白尼学说在任何意义上是'正确的'，而托勒密学说是'错误的'。在物理意义上，这两种学说…是彼此等价的"。但是该两学说在物理意义上显然并非等价，因为哥白尼学说主张地球作周日运转，于是地球两极变成扁平，而静止不动的托勒密地球应为圆球，并非扁平的椭球体。

(3) 哥白尼直率地宣称，他愿意继续使用主张地球静止的前人们所惯用的词句，而这一点为一些批评者忽略了。他们指责他对自己所信奉的原则摇摆不定。然而每当哥白尼把他的运动地球与前人的静止地球进行对比时，他都毫不含糊地强调其区别。在另一方面，每当这种区别非关紧要时，他却毫不犹豫地采用传统的说法。举例来说，他在 II，1 中谈到"太阳到达子午圈"。严格说来，这种说法与哥白尼的天文学自然是格格不入的，因为哥白尼的太阳是绝对静止不动的。但是为了阐述第二卷的一般内容，习惯用语是方便的。如果说"穿过某一地点的天顶及天球赤道两极的假想大圆，在地球周日运转的进程中，直接通过太阳中心"，这就太累赘了。

(4) 哥白尼没有说明这两行诗是谁写的。然而这两句长短短格和六韵步的诗，显然是模仿前面引用过的（I，8）维尔吉耳《艾尼斯》中的诗句。古罗马和文艺复兴时期的拉丁诗人都非常喜欢谈论日、月运行以及星辰的循回出没。然而所有这些作者无一例外都认为地球静止不动，因此谁也没有描述"大地运载（vehimur）"我们人类。有些博学的研究者在古代和文艺复兴时期的诗歌中耐心搜寻这两句诗，但都没有找到，这是不足为奇的。这些学者不能肯定哥白尼是这两行诗的作者，因为他没有写过别的诗。可是当我们想了解哥白尼在 I，8 引用维尔吉耳的名字而对这两句诗为何不提作者时，应当想到他一贯不愿把自己的名字放在显著位置。顺便谈到，巴耳蒂在《比林斯基》《*Bilinski*》，《维塔》(*Vita*) 第 22 页第 66 行引用这两句诗时，他把哥白尼在第二行中所用的 vices 一词（意为循回、往返、变迁）错换为

obiuts(沉没)。他在准备写作自己的拉丁文诗而阅读拉丁诗人的作品时,经常碰到 obiuts。但把这个词用作 recedunt(隐而不见)的主语,显然不如哥白尼的 vices 那样适宜。

(5)在梅斯特林的 N 抄本中(对开纸 28ʳ 第 13 行右边缘),有人把"升起和落下"(quae oriuntur, et occidere)作为被哥白尼略掉的字(对开纸 26ᵛ 最后一行)而补写上去。

(6)"南极圈"一词见于普洛克拉斯的《球体》(Sphaera)。该书的希腊文本与拉丁文译本一起于 1499 年在威尼斯出版。在哥白尼所藏的一册合订本中,最后一节为普洛克拉斯所撰球面天文学简介。哥白尼对其他希腊人的引证可能是根据《哲学家的见解》,Ⅲ,14 以及 P—R 中的木刻(号码 a3ᵛ)。

(7)为什么哥白尼(对开纸 27ʳ 第 19—20 行)起先提到埃拉托西尼和蒲西多尼奥斯与地球大小测量的关系,后来却不提他们的名字?对他们的估计值,我们所能找到最好的资料是克里奥密迪斯(Cleomedes)的著作。这些著作由乔治亚·法拉译为拉丁文(威尼斯,1498 年)。法拉的译本于 1498 年 9 月 30 日出版,当时哥白尼正在波伦亚近郊与这位天文学教授密切合作。克里奥密迪斯(Ⅰ,10)仔细讨论了埃拉托西尼和蒲西多尼奥斯对估计地球大小所作的努力。在 Ⅰ,2 的开头一句话中,克里奥密迪斯说:"天上划出五个平行圆圈。"在此之后不远处他补充说道:"上述圆圈把天穹划分为五个区域,在它们下面是大地的五个部分"。然而克氏并不认为初始的圆圈是在地上,并由地面假想投影到天空。这是哥白尼的观点。他也许后来了解到,这个观点在克氏的著作中从未出现过,并且与埃、蒲二人毫不相干。这些后来的想法可能使哥白尼删掉了他们的名字。法拉的译本没有正式的标题。它的标题以译者乔治·法拉·普拉琴蒂诺(Giorgio Valla Placentino Interprete)开始,接着是他所译的希腊著作的清单,第一部是尼塞弗拉斯(Nicephorus)的《逻辑学》,并包括克氏的作品(编号 h5ʳ—13ʳ)。

(8)因此这种仪器称为"象限仪"。哥白尼对其结构的描述是根据 PS,Ⅰ,12 的第二种装置。

(9)既然哥白尼有尽量提高仪器精度的愿望,他遵循托勒密的办法,用有刻度的象限仪定出任一天体的影子及其中点的位置,这是有意义的。哥白尼必然了解并愿意采用 P—R,Ⅰ,17 所描述和用插图说明的另一种装置。在这种象限仪的中心装有可动指针,太阳光可从它的两个窥视孔穿过,而不是在一个不透明的针或圆柱体后面形成阴影。

(10)哥白尼在原稿中(对开纸 27ᵛ,倒数第 16 行)由于疏忽写了 23°52′20″。N(对开纸 29ʳ)改正了这一数值。

(11)三位同时代人或接近同时代人的名字见下面 Ⅲ,6,即皮尔巴赫(他在哥白尼出生前十二年逝世),皮尔巴赫的学生瑞几蒙塔纳斯以及哥白尼的教师多门尼科·玛丽亚·达·诺法拉〔见第三卷注(59)〕。

(12)当哥白尼撰写 Ⅱ,2 时,他已根据自己的(错误)理论形成黄道倾角振荡的上、下限的想法。

(13)每一角度对应于一定的弦长。23°30′为 39875,23°20′为 39 608。于是对 23°28′内插得 39 822。哥白尼在一张纸条上(对开纸第 28ʳ 页倒数第 18 行)把这个数目写成 3822。当他察觉这个差错时,他并没有把少写的 9 添进去,而是在 8 下面加了一个圆点,用以提醒丢了一个数字。这并不影响他的计算,因为在这下面不远处(倒数第 15 行)他取上述数字的一半 19 911(原为 19 905,后作改正)。

(14)按角度与弦长的对应关系,11°30′为 19 937,11°20′为 19 652,于是对 11°29′为 19 909≅19 911(在对开纸 28ʳ 倒数第 15 行为 19 905)。

(15)哥白尼在手稿中(对开纸 28ʳ 倒数第 7 行)用一张纸条写上 AF=64°30′。但他已取∠GEH=23°28′,因此 AF=BF—BA=90°—23°28′=66°32′,这是他在下面不远处,即在对开纸 28ᵛ 第 2 行所采用的正确数值。他的错误在 N 中(对开纸第 30ʳ 页)得到改正。

(16)在留存至今的手稿中,哥白尼在前面没有谈到这一点。也许他在初稿中已谈到,但未收入手稿。

(17)在手稿中(对开纸 28ᵛ 第 8 行以及左边缘的插图),哥白尼错用字母 K 来表示南极以及北极。在 N 的对开纸 30ʳ 中改正了正文的差错,把弧 KMG 改为 HGM,而改正笺指出图中的错误标记应予更正。

(18)哥白尼在手稿中(对开纸第 28ᵛ 页第 16 行)由于笔误写上 DB,但按对开纸 28ᵛ 左边缘的第三图应为 DC。1964 年俄文版第 77 页改正了这一错误。

(19)哥白尼在"但我还是要把它也加进去"之后写了一句无关紧要的话,后来决定把这句话删去(对开纸 28ᵛ 倒数第 5—4 行)。

(20)在"显然可以对黄道的任何其他倾角得到同样结果"之后,哥白尼原已删掉 Ⅱ,3 的其余部分(对开纸 28ᵛ 和 30ᵛ)。后来他决定不予删节,并在对开纸 28ᵛ 底部写道:"由此至下一章的材料不应删除"。

(21)哥白尼读过欧几里得天文学概论的 1505 年赞贝蒂译本。

(22)按现代的做法,地球上一个地点的纬度可以定义为其与赤道的角距,而按古代的做法为在此地一年中最长白昼与最短白昼之比。古代在北半球有一个区域,其分界线为两条纬圈。在它们之间最长白昼的长度变化为 1/4 小时,或在北纬 60°附近为 1/2 小时(PS,Ⅱ,6)。然而实际上一般认为只有七个"地区"。哥白尼显然是从 GV，XVI，1（书帖号 bb 4ᵛ）抄出下面这批地名。

（23）哥白尼坚持认为"各地方的纬度…与古代观测记录相符"。这意味着他否定了他在波伦亚的老师多门尼科·玛丽亚·诺法拉所提出的论点（他在此处有礼貌地避免提到这个名字）。从托勒密的时代以来，地中海区域的纬度已经增加了 1°10′。

（24）哥白尼在原稿中（对开纸 32ᵛ 倒数第 13 行）由于疏忽，忘记像在七行之前那样取 EH 等于最长白昼与分日白昼之差的一半。

（25）普洛克拉斯在《对欧几里得几何原本第一卷的评论》〔格伦·R.莫罗（Glenn R. Morrow）译，普林斯顿，1970 年，第 138 页〕中保留蒲西多尼奥斯对平行线的定义。但在《天体运行论》撰写的这一阶段，哥白尼应当从其他资料已经知道蒲西多尼奥斯的定义，因为到 1539 年列蒂加斯才把一本普洛克拉斯的书作为礼物赠送给他（PI²，第 407 页）。

（26）哥白尼本来以"〔黄道〕十二宫和黄道分度以及恒星的出〔没〕"为题开始另写一章，但后来删掉了这十九行（对开纸 33ᵛ）。他可能在另一张对开纸上接着写，但后来把这张纸丢掉了，因此这帖纸比正常的张数少（NCCW，I，11—12）。哥白尼并没有废弃这十九行（也许还有其继续部分）的内容，而只是放到后面去。在对开纸 34ʳ—36ʳ 上面的表之后为写在对开纸 36ʳ 上的 II，8。在此之后，在 II，9 中（对开纸 36ᵛ—37ʳ），哥白尼用经过修改的标题重述被删去的内容。

（27）机械钟的使用和推广毫无疑问促成了相等时辰的普遍采用，由此取代了季节时辰。这种灵巧的装置起先是由下降重物的有规则的坠落所驱动，它可以量出"对昼夜都一样的相等时辰"。哥白尼对于相等时辰在什么时期被普遍采用是茫无所知的，而这可以理解，因为他并不确切知道这项影响极大的发明是如何实现并为人们普遍采用的。甚至在现代，研究中世纪科学技术的热心而又有才能的历史学家，仍然不能断定第一架重物驱动钟的制作年代。卡尔罗·M.西波拉（Carlo M. Cipolla）在他所著《时钟与文化》(Clocks and Culture 1300—1700)，〔伦敦，柯林斯（Collins）出版社，1967 年〕第 111—114 页，对最早期的利用重物稳定下坠测量时间的机械作了简明的解释。

（28）哥白尼在 II，8 末尾（对开纸 36ᵛ）着手撰写现在的 II，10 开头部分。但在写下标题和前面四行之后，他突然想起需要把他在 II，7 末尾丢掉的材料插进来。前面已经谈到，他这样做了（对开纸 36ᵛ—37ʳ），于是在现在的 II，9 结束处他在对开纸 37ʳ 上重写 II，10 的标题和开头几行并作了微小的改动，而这是他在对开纸 36ᵛ 上删掉的部分。因此这不是删节，而是推迟或重新安排。

（29）哥白尼由于笔误（对开纸 37ʳ 倒数第 15 行）而写成"AFH，黄赤交角 AHF"。N（对开纸 39ʳ）正确地删掉了"AFH"。

（30）哥白尼忘记谈到子午圈高度 AB 也已知，虽然这在他的论证中是不可缺少的条件。N 弥补了这一遗漏，并正确地插进了 cum AB altitudine meridiana（还有子午圈上的高度）（对开纸 39ᵛ）。

（31）哥白尼所说的"完成象限 EAG 和 EBH"（对开纸 37ᵛ 倒数第 17 行）与对开纸 37ᵛ 左边缘上的附图不符。该图只是对开纸 28ʳ 上插图的重复。N 针对此点补充了一张对 II，10 适宜的插图（对开纸 39ᵛ）。

（32）这个"在正球自转中（黄道）十二宫经度"为 II，3 后面的"赤经表"的扩充。"赤经表"只限于前三个宫，但在第一象限中对每一分度都给出赤经值。可是哥白尼在此处对全部十二宫每隔 6°列出一个数值。

紧接着这后面，哥白尼在对开纸 38ᵛ 上着手编制另一个表，但还没有完成就划一条斜线把它删掉了。他画这条线用的是红墨水，而在一般情况下他只是在表中写红字时才用这种墨水。他在此处是在写红字之前就把表划掉了。在这个未完成的表中，垂直方向共列七栏，从北纬 39°到 57°每隔 3°置一栏。在水平方向共十行，每一行有三项。

（33）在梅斯特林的 N 抄本中（对开纸 42ʳ），在左边缘把黄道与地平圈交角表扩充到北纬 31°至 36°，此外更改了一些印出的数值。

（34）对开纸第 46 页与第 47 页一样为 C 型纸，这在第 e 帖纸中是仅有的一张。除它而外，该帖全为 D 型和 E 型纸（NCCW，I，7，12）。

（35）这是哥白尼在原稿中唯一的一处用希腊字母要表示图中的点。

（36）哥白尼由于笔误引用了球面三角的定理 V。此定理在对开纸 22ʳ 上出现，它所讨论的是直角三角形。然而紧接在它下面的才是哥白尼想引用的那条定理，因为它所讨论的正是他要处理的两已知边来一已知角的情况。

（37）此处译为"截距"的词原文为 schoenus。哥白尼使用这个词而不用"正弦"〔见第一卷注（152）〕。在蒲林尼的《自然史》中（VI，30，124；XII，30，53），schoenus 是一种波斯的（或希腊的）长度单位。

（38）这些"其他人"大概指托勒密之后的作者。哥白尼从他们的著作中引出正弦（schoenus）一词。哥白尼在 II，12 的最后定稿中把"其他人"及其新词正弦都删去了。这段是用后来的 E 型纸写在对开纸 41ʳ 上的。

（39）II，13 的标题为 GV，XV，3 的题目的重复。GV 在帖码 cc7ʳ 第 13 行解释说，他主要是在阐述奥托莱卡斯（Autolycus）的《论出与没》（*On Risings and Settings*），此书为完整留存至今的最早希腊天文学著作之一。因该书希腊文本直至 1885 年才印出，GV 所引证的应为一种手稿。奥托莱卡斯的希腊文手稿为 GV 的私人丰富收藏的一部分，至今仍保留其主人的钤印。此稿现存梵蒂冈图书馆〔吉奥凡尼·墨尔卡蒂（Giovanni Mercati），（Codici latini⋯e i codici greci Pio. Studi e testi 75），《拉丁语法典》以及庇奥的希腊语法典。研究与试验》梵蒂冈城，1938 年，第 204 页，n.3〕。

（40）哥白尼广泛谈到"古代数学家"，并没有提奥托莱卡斯的名字。他在此也未提到 GV。

（41）哥白尼在此不只是重复 GV 的论述，他还作了两点文体上的改进。首先，GV 两次使用 cum 一词，而意义不同（cum una cum sole astrum oritur，星星同太阳一起升起），哥白尼把第一个 cum（当⋯时）换成 quando（当⋯时）。其次，GV 所用的 oritur 是模仿 ortus（升起），而在哥白尼的著作中成为 emergit（出现）。有些人错误地认为哥白尼不注意推敲文字，上述两处修改可供他们思考。

（42）GV 对恒星真晨没的定义有毛病，因为他认为这种现象出现在"当恒星与太阳一同沉没的时候"（cum pariter cum sole astrum occidil；ⅩⅤ，3，第 3 行）。但是太阳当然不会在早晨沉没。哥白尼完全了解，GV 是忘记提到奥托莱卡斯的"升起的"太阳。于是他把 GV 的 pariter cum sole 改为 oriente sole。哥白尼改进 GV 的拉丁文体以及 GV 的有缺陷的定义，这些表明他在Ⅱ，13 的有些地方并非逐字逐句模仿奥托莱卡斯〔尽管《哥白尼研究》（*Studia Copernicana*），Ⅳ，693 如此说〕。

（43）参阅 D. R. 迪克斯（Dicks）《亚里士多德之前的早期希腊天文学》（*Early Greek Astronomy to Aristotle*）〔伦敦：泰晤士和哈德逊（Thames and Hudson）出版社，1970 年〕第 13 页。

（44）在黄道十二宫的背景上自西向东的整个周年视运转中，太阳总是比火星、木星和土星等外行星的运动快一些。因此太阳与一颗外行星的相对位置，就和太阳与恒星的相对位置一样，不断在变化。于是对外行星和恒星而言，初升与初没的现象是相似的。然而对水星和金星这两颗内行星来说，情况完全不同。在西大距与东大距之间，这两颗行星在天空中运行时可以赶上太阳。由于这个缘故，在它们与太阳上合时，它们的视昏升比真昏升出现晚一些。和托勒密一样，哥白尼用"昏升"和"晨没"这样的术语来表示内行星在黄昏天空中的初现及在清晨天空中的末现。

（45）这五颗行星初现的数值是太阳在地平线下的俯角的函数。哥白尼采用的数值取自 PS，ⅩⅢ，7。

（46）哥白尼在新的一卷开头处习惯于为一个大的花体起始字母留下空白地位。在对开纸 46ᵛ 上的Ⅰ，1—4 处他这样做。在Ⅱ，14 定稿时，在对开纸 42ʳ 的Ⅰ，9—13，情况亦复如此。

（47）这份早期草稿本写在 C 型纸上，而对开纸第 42ʳ—44ʳ 页的定稿用的是 D 和 E 型纸（NCCW，Ⅰ，7）。此外，哥白尼在早期草稿本中（对开纸 47ʳ 正数第 13 行和倒数第 6 行）使用阿拉伯数字 2½ 与 360，可是在定稿中他把它们都换为相应的罗马数字（对开纸 42ʳ 第 15 行；对开纸 43ʳ 第 11 行）。一般说来在《天体运行论》的最后定稿本中，哥白尼只是在他的表及有关计算中才使用阿拉伯数字。

（48）PS，Ⅶ，3 报道梅聂劳斯在罗马所做的两次恒星与月亮相合即月掩星的观测。

（49）托勒密认为基本事实是太阳年的长度。由于岁差可以改变恒星位置，他把恒星的讨论推迟到 PS 第七、八卷。可是哥白尼认为恒星在太空中静止不动。因此他把自己编辑的星表置于Ⅱ，14，即在他对太阳（视）运动的讨论（第三卷）之前。哥白尼在该处手稿（对开纸 42ᵛ 第 5 行）写下标题"用仪器测定太阳位置"，但后来把它删掉了。

（50）太阳位于双鱼座 30°—3°2′30″=26°57′30″

$$
\begin{array}{ll}
\text{白羊座} & 30° \\
\text{金牛座} & 30° \\
\text{双子座 } 5\frac{1}{6}° & = 5°10' \\
\hline
& 92°7'30'' = 92\frac{1}{8}°。
\end{array}
$$

（52）取月亮在双子座内 5°24′，而轩辕十四与月亮的距离＝57⅒°，

$$
\begin{array}{ll}
\text{双子座} & 24°36' \\
\text{巨蟹座} & 30° \\
\text{轩辕十四在狮子座内} & 2°30' \\
\hline
& 57°6'。
\end{array}
$$

（53）轩辕十四与夏至点的距离：

$$
\begin{array}{ll}
\text{巨蟹座} & 30° \\
\text{狮子座} & 2°30' \\
\hline
& 32°30'
\end{array}
$$

（54）哥白尼在此确定托勒密的观测日期为公元 139 年 2 月 24 日。然而他在《驳魏尔勒书》中把日子取为 22，而非 24。他在该处只是重复了魏尔勒的 2 月 22 日，这是因为他注意改正后者所说这次观测日期有十一年的重大错误，便忽略了两天的微小差错（3CT，第 97 页）。第谷在他的 B（此书于 1971 年在布拉格重印）抄本对开纸 46ʳ 的右边缘写道："24 日应为 23 日。否则太阳的经度应为双鱼座内 4°3′，而

托勒密所取的值为 3°3′。"在梅斯特林的 N 抄本中(对开纸 46ʳ 第 11 行)日子由 24 改为 23,并在 A 中首先公开地这样更改。

(55) 哥白尼为测定天体经度选作零点的恒星为 PS 中的黄道第一宫的第一颗星(Ⅶ,5)。

(56) 阿拉塔斯在他的《现象篇》(Phenomena)(公元前 3 世纪)中写了一首描述星座的诗。在古代认为对阿拉塔斯《现象篇》的一篇评论为"泰翁"所作,而泰翁是古希腊人常用的一个名字。后来有人提出这个问题:究竟是哪一位泰翁撰写了这篇评论?在拜占庭有人猜想,这是亚历山大城的泰翁,他是一位在公元 4 世纪著名的天文学家和数学家。做出这种选择的根据是在该评论中提到亚历山大城。此外,大学者喜帕恰斯本人写过一篇对阿拉塔斯的评论。因此,哥白尼认为"泰翁"评论为"晚辈泰翁"所撰,他指的是亚历山大城的泰翁,而不是公元 2 世纪的"长辈泰翁"。哥白尼有一本泰翁的评论(PI²,415—416)。但它本身不是一份完整的出版物,而只是朱利叶斯·费尔米卡斯·马特纳斯(Julius Firmicus Maternus)所著《天文学》(Astronomica)等书(威尼斯,1499 年 10 月)的一部分(帖码 N 至 lʳ—S7ʳ)。泰翁在帖码 P2 处谈道:"他教导我们说,古人把恒星排列成星座,以便一眼就可以认出。"哥白尼在该处边缘用希腊文写着:"这是古人为什么把恒星排列为星座的缘故"(MK,136)。哥白尼的这本书现藏于瑞典乌普萨那大学图书馆。"泰翁"对阿拉塔斯的评论侧重于文学和语言,这与亚历山大城的泰翁对托勒密以及对欧几里得著作译本的评论迥然不同。于是人们注意到对公元 1 世纪的希腊诗人写过许多评论的文法学家泰翁。为什么在这位泰翁的著作中对阿拉塔斯的诗歌的这个评论被删掉了,这还难于解释。然而现在看来,把对阿拉塔斯的"泰翁"评论认为是文法学家泰翁而非亚历山大城的泰翁所写,似乎更为合理。

(57) 在哥白尼时代《圣经》的标准拉丁文译本〔约伯篇(Job),Ⅸ,9;ⅩⅩⅩⅧ,31〕,提到这四个星座。哥白尼是否到过对该《圣经》译本中希伯来段落的可靠性的怀疑?他是否由于这个缘故在手稿中删去了约伯的名字,并在对开纸 44ʳ 的右边缘代之以赫希阿德(Hesiod)及荷马(Homer)(按这个次序)?现在谈到的四个星座是荷马〔《伊利亚特》(Iliad)ⅩⅧ,486—487〕与赫希阿德〔《著作与时代》(Works and Days),610,615〕命名的。哥白尼在他的星表中指出一等星大角与其所在的牧夫星座的区别。

(58) 哥白尼在编制他的星表快到飞马座时,才决定对每颗恒星标出其在 360° 圆周中的黄经而不是它所在的黄道宫。在他的星表中直至 57ʳ,他都按黄道来记载恒星经度。后来他决定在此处重编星表。于是在对开纸 44ᵛ—45ᵛ 和 48ʳ—51ᵛ,在后来才使用的 D、E 型纸上,他画出直至飞马座的北天星座所需的直线。这时他突然想到,他不必抛弃已经花了大量精力制成的前面的表。他需要做的只是把一个直栏中的黄道数值换成圆周数值。他从 53ʳ 到 57ʳ 这样做了。在这之后,直至对开纸 69ᵛ 即星表末尾,他只用圆周度数。然而对星表的起始一页,他显然感到在别处用以划掉黄道经度的垂直红线不雅观。因此他重新抄写了起始页,即现在的对开纸 52ʳ⁻ᵛ,上面记录圆周经度,这是哥白尼秀美书法之一例。

(59) 梅斯特林多次引用哥白尼的星表。梅氏在他的 N 抄本中(对开纸 46ᵛ—62ᵛ),多次把哥白尼的数值与托勒密、他的译者、阿耳芳辛表、施托弗勒(Stöffler)、熊奈尔以及莱因霍耳德(Reinhold)的数值相比较。此外,哥白尼审慎回避阿拉伯术语,而梅氏却经常使用。

(60) 天龙座第七星被描绘为"在颈部第一个扭曲处南面的一颗",哥白尼给出它的黄经为 295°50′(对开纸 52ᵛ 倒数第 6 行)。他大概是根据 PS 1515 的黄经,即"9 2 30"=272°30′(对开纸 78ᵛ 第 8 行)。他应当从此值减去 6°40′,因后者为白羊座第一星的 PS 黄经。由于在黄道十二宫的一切恒星中这颗星最邻近春分点,哥白尼取其天球黄经为 0°0′。但是 272°30′—6°40′=265°50′,这是哥白尼应得的结果。这显然是在做心算时他多算了一个宫,于是把 PS 1515 的黄经取成 10 2 30=302°30′,由此减去 6°40′便得出哥白尼的错误黄经值 295°50′。梅斯特林在他的 N 抄本中(对开纸 47ᵛ 倒数第 12 行)指出,这个数值超过托勒密、熊奈尔以及阿耳芳辛表所给出的黄经。

(61) 天龙座第二十星被描绘为"在三角形之西两小星中朝东的一颗"。哥白尼取其黄经为 200°0′(对开纸 53ʳ 第 11 行)。在例中他的根据大概是 PS 1515(对开纸 78ᵛ 第 21 行)。PS 1515 用了三栏的资料(黄道宫、度数、分数)对这颗星得出"3 26 40"(=116°40′)。哥白尼应从此值减去 6°40′。哥白尼不是用这种心算(116°40′—6°40′=110°0′),而用所谓的"物理"宫(=60°)来进行运算,于是得出 200°0′ 的奇怪结果。梅斯特林在他的 N 抄本中(对开纸 47ᵛ)指出,熊奈尔、莱因霍耳德以及阿耳芳辛表都一致取这颗星的黄经为 110°0′,而哥白尼也应取此数值。他显然知道此处有某种差错,因为他在对开纸 53ʳ 右边缘、在这一行外面做了一个应当进行改正的记号。当他在其他地方(对开纸第 88ʳ、114ʳ、143ʳ、153ʳ、173ᵛ 等页)在边缘使用同一符号(+)时,他都做了必要的校订。然而他在此处没有进行任何修改。这一疏忽表示他认为星表不像《天体运行论》其他部分那样重要。

(62) 和前面一颗星(天龙座第 20 星)相似,此处大概也是由于同一差错,哥白尼取黄经为 195°0′(对开纸 53ʳ 第 12 行)。按他所用的资料(PS 1515,对开纸 78ᵛ 第 22 页)应为 3 21 40(=111°40′)。梅斯特林在他的 N 抄本中(对开纸 47ᵛ)指出,PS 1515 的值减去 6°40′ 等于 105°0′,此即为 PS、熊奈尔、莱因霍耳德及阿耳芳辛表所取数值。

(63) 哥白尼对这颗"在东面的尾部"的星取黄经为 192°30′(对开纸 53ʳ 第 21 页)。他所根据的资料

(PS 1515,对开纸 78ᵛ 第 31 行)给出的经度为"3 19 10"(＝109°10′)。在减去 6°40′后,哥白尼应得 102°30′。但他又一次错误地使用等于 60°的"物理"宫,于是得出 192°30′的不正确结果。

（64）对天龙座的最后一星,哥白尼所取黄经大于 90°(对开纸 53ᵛ 第 22 行)。他对天龙座 4 颗星中的 3 颗都把黄经多算了 3 个宫,而 PS 1515 取该星座第一部分的黄经为 3 个宫。

（65）哥白尼对前三个星座采用他可能是从 PS 1515 对开纸 78ʳ⁻ᵛ查出的标准名称。然而对第四个星座,他没有采取 PS 1515 的称呼,即"Cheichius",而用"仙王"。总的说来,哥白尼所编星表并非完全根据 PS,还有其他资料来源,主要是 GV。

（66）哥白尼起先把跪拜者第五星的黄经写成 190°0′,但后来这个度数改为 220(对开纸 54ʳ 第 11 行)。他所采用的大概是 PS 1515(对开纸 79ʳ 倒数第 22 行)中的"7 16 40"(＝226°40′)。在减去 6°40′后,他得到的局部结果为 10°0′。他在相应各栏中记下这个数值。但在转换为圆周度数后,他看到 PS 1515 中的前面一行,查出黄道宫数为 6。哥白尼由此得出和数为 190。但他在察觉自己在此处的差错后,删去 190,而改写为 220。

（67）跪拜者第二十星被描述为"在左脚的三星中西面的一颗"。哥白尼取它的经度为 188°40′(对开纸 54ʳ 倒数第 8 行)。他在此也毫无疑问是根据 PS 1515。他在 PS 1515 的黄道宫号一栏中,7 误印为 6(对开纸 79ʳ 倒数第 7 行)。哥白尼从 PS 1515 的数值"6 15 20"(＝195°20′)减去 6°40′,得到 188°40′。但是实际上 PS 的数值"7 15 20"(＝225°20′)。梅斯特林在他的 N 抄本中(对开纸 48ᵛ 第 17 行)指出,如果哥白尼从 PS 1515 以外的任何资料知道这个正确的数值,他就会得出 218°40′的结果,即与托勒密、阿耳芳辛表以及熊奈尔的数值相符。我们在此可以回想起〔在原序注释(8)中曾提到过〕,哥白尼于 1539 年从列蒂加斯那里得到了一册前一年在巴塞耳出版的托勒密《至大论》第一版希腊文本。如果哥白尼查阅过它的星表,就会看到该表把跪拜者第 20 星置于天蝎座内 15 20 处(＝225°20′,页码应为 176,误作 174 页,第 9 行)。哥白尼显然没有使用 PS 1538 来验证自己的星表。

（68）天鹅座第 9 星被描述为"三颗星的最后一颗,在翼尖"。哥白尼取其黄经为 310°0′(对开纸 54ᵛ 倒数第 7 行)。他在此处又一次根据 PS 1515 中的 10 16 40(对开纸 79ᵛ,第 9 星座,第 9 行),这等于 316°40′。哥白尼从此值减去 6°40′,得出他的结果 310°0′。然而在北方天鹅座中,在星座一栏内,PS 1515 提前一行把星数目从 9 增加为 10。因此哥白尼的经度 310°大了 30°。梅斯特林在他的 N 抄本中(对开纸 49ʳ 第 12 行)指出此点,并采用托勒密、阿耳芳辛表和熊奈尔的相应数值 280°。如果哥白尼检查过他的 PS 1538 抄本(第 176 页,误编为 174 页,倒数第 2 行),他会知道 PS 1515 把天鹅座第 9 星置于错误的星座中。

（69）哥白尼对天鹅座中他描述为"在左翼尖端"的一颗星取天球纬度为 74°0′(对开纸 54ᵛ 倒数第 4 行)。哥白尼在此准确无误地采用他所依据的 PS 1515 中(对开纸 79ᵛ,第 9 星座,第 12 行)的数值。开普勒在他的 N 抄本中把这个巨大的向北位移从 74°改为 47°。不久前 N 书再次付印(纽约/伦敦,约翰逊出版社 1965 年版,对开纸 49ʳ 第 15 行)。开普勒不仅订正了这一纬度,他还对此星座中的恒星进行编号。在四十八个星座中他只是对这一个星座如此特殊对待。他之所以这样做,是因为 1600 年在天鹅座中观测到一颗以前未曾察觉的恒星。当开普勒获悉这个激动人心的消息时,他积极参加这颗三等星是否真为新星的激烈争论(现在知道它是一颗变星)。开普勒在他的《对 1600 年前天鹅座中一颗未知的而且目前尚未消失的三等星的天文报告》(布拉格,1606 年)一文中发表了自己对这一事件的见解,并把该文编入他所著的《新星》一书(也是 1606 年在布拉格出版)。开普勒的《报告》现在载入他的《全集》第一卷第 293—311 页。要是哥白尼在 GV(帖号 dd4ʳ,第 25 行)中查阅过天鹅座第 12 星的纬度,他就会看到 PS 的数字 44,并可能猜想到 PS 1515 所列天鹅 12 的纬度 74 是天鹅 9 的 74 的重排之误。

（70）哥白尼在黄道栏中对仙后座最后一星(对开纸 55ʳ)所列黄经原为 27。后来他把度数转换为圆周分度,但对此星忘记这样做,于是仍写成 27。梅斯特林在他的 N 抄本中用一个栏间注释把此数改为 357,而在第谷的 B357 抄本中是在印刷数字 27 上面用粗体字写出(对开纸 49ʳ 倒数第 2 行)。由于在 1572 年有一颗极为明亮的新星在仙后座出现,他们都注意这个星座并认真探讨这颗新星。

（71）PS 1515(对开纸 80ʳ 倒数第 15 行)把一等星五车二误置于另一黄道宫中,于是哥白尼所取黄经又一次大了 30°(成为 78°20′,而非 48°20′;见对开纸 55ᵛ 倒数第 9 行)。梅斯特林在他的 N 抄本中(对开纸 50ʳ 第 9 行)指出这一差错。

（72）御夫座最后一星被描述为"在左脚的一颗小星"。哥白尼从 PS 1515 对开纸 80ʳ 倒数第 4 行查出其黄经为"1 0 40"(＝30°40′)。他从此值减去 6°40′,得到 24°(对开纸 56ʳ 第 5 行)。然而他若对御夫 14 查阅过他的 PS 1538 抄本(第 178 页倒数第 16 行),就会看到 PS 对此星座最后一星所给出的黄经为 50°40′。他在此处肯定会了解到,PS 1515 只是由于一个排印错误在第二栏中略掉了第一位数,于是御夫 14 的黄经少了 20°。梅斯特林在他的 N 抄本中(对开纸 50ʳ 第 18 行)指出这一差错,并认为相应的黄经 44°为托勒密给出的。

（73）蛇夫座第 10 星被描述为"在右肘"。哥白尼由 PS 1515 对开纸 80ᵛ 第 12 行查出其黄经为"7 26 40"。他起先由此值减去 6°40′,得出在应有的黄道宫内的 20°0′。后来他改用圆分度,仍然采用 20°,

而不是对 7 个宫（＝210°）加上 20°。因此他求得的最后错误结果为 220°0′（对开纸 56ʳ 第 16 行）。梅斯特林在他的 N 抄本中（对开纸 50ʳ 倒数第 10 行）指出这 10°之差，并认为阿耳芳辛表、托勒密和熊奈尔所取相应黄经为 230°。

（74）对蛇夫座第 10 星的描述为"在右手，西面的一颗"。哥白尼从 PS 1515 对开纸 80ᵛ 第 13 行查出它的经度为"7 2 20"＝212°20′。他从此值减去 6°40′，得出 205°40′（对开纸 56ʳ 第 17 行）。然而如果他查阅过自己的 PS 1538 抄本（第 178 页倒数第 4 行），他就会了解到 PS 1515 把蛇夫 10 所属的黄道宫弄错了。因此哥白尼对这颗星所取黄经小了 30°。梅斯特林在他的 N 抄本中（对开纸 50ʳ 倒数第 9 行）指出这一差错，并认为托勒密、熊奈尔和阿耳芳辛表所取相应黄经为 235°40′。

（75）和前注所谈蛇夫 10 的情况相同，PS 1515（对开纸 80ᵛ 第 14 页）对蛇夫 11 也少算了一个黄道宫。此外，PS 1515 在此还出了另一个差错，即对前一颗星的黄经加上 2°而不是 1°。如果哥白尼把他的 PS 1538 抄本第 178 页倒数第 4 行与倒数第 3 行加以比较，他立即就会发现这个差错。梅斯特林在他的 N 抄本中（对开纸 50ʳ 倒数第 8 行）指出，阿耳芳辛表和熊奈耳也多了这 1°。

（76）蛇夫座第 18 星被描写为"与脚后跟接触"。哥白尼由 PS 1515（对开纸 80ᵛ 第 21 行）查出其黄经为"7 26 10"＝236°10′。他从此值减掉 6°40′，得出 229°30′（对开纸 56ʳ 倒数第 11 行）。然而他若查阅过 PS 1538（第 179 页第 6 行），就会看到在 PS 中用来表示 7 的希腊字母ζ不知怎么地少了 1。梅斯特林在他的 N 抄本中（对开纸 50ʳ 最末一行）指出这个差错。GV（帖号 dd5ʳ，第 18 行）对天蝎座也取 27⅙（＝237°10′），哥白尼由此应当得出 230°30′。

（77）巨蛇座第 2 星被描述为"与鼻孔相接"。哥白尼从 PS 1515（对开纸 80ᵛ 倒数第 21 行）查出其黄经为"6 27 40"＝207°40′。他从此值减去 6°40′，求得 201°0′（对开纸 56ᵛ 第 8 行）。但他如果查阅过自己的 PS 1538 抄本（第 179 页第 23 行），就会发现 1 被误写为 7。在使用希腊数字的时候，这种混乱情况不很常见；但当 PS 的阿拉伯文本中不为人们熟悉的数字为拉丁文译本或 PS 1515 抄本所采用时，上述情况就会出现。梅斯特林在他的 N 抄本中（对开纸 50ᵛ 倒数第 18 行）指出，无论如何哥白尼对巨蛇 2 星所取的黄经比阿耳芳辛表和熊奈尔的相应值大了 6°。GV 对天秤座给出 21½（＝201°30′）（帖号 dd5ʳ，倒数第 13 行）。

（78）巨蛇座第 6 星被描绘为"在头的北面"。哥白尼从 PS 1515（对开纸 80ᵛ 倒数第 17 行）查出其黄经为"6 28 10"＝208°10′。他从此值减去 6°40′，得出 201°30′（对开纸 56ᵛ 第 12 行）。然而他若查过自己的 PS 1538 抄本（第 179 页倒数第 21 行），就会知道度数为 23，而非 28。因此，正如梅斯特林在自己的 N 抄本中（对开纸 50ᵛ 倒数第 14 行）所指出的，哥白尼对巨蛇 6 星所取黄经比 PS 1538 超过 5°。GV 对天秤座也给出 23⅙（＝203°10′）（第 dd5ʳ 帖倒数第 9 行）。

（79）天鹰座附近第一星被描述为"在头部南面，朝西的一颗"。哥白尼从 PS 1515（对开纸 81ʳ 第 20 行）查得其黄经为"9 8 40"＝278°40′。他从此值减去 6°40′，求出 272°0′（对开纸 57ʳ 第 12 行）。然而他如果查阅自己的 PS 1538 抄本（第 182 页第 14 行），就会发现度数为 3 而非 8。因此，梅斯特林在他的 N 抄本中（对开纸 51ʳ 倒数第 19 行）指出，哥白尼对此星所取黄经比 PS 1538 超过 5°。GV 所给出的度数也是 3（第 dd5ᵛ 帖倒数第 23 行）。

（80）马的局部第 2 星被描写为"东面一颗"。除黄道宫数外，哥白尼从 PS 1515（对开纸 81ʳ 第 18 行）查出此星的黄经为"28 0"。他作减法 28°0′—6°40′，便得 21°20′（对开纸 57ʳ 倒数第 2 行）。但在改用圆周分度后，他在把度数与 9 个宫＝270°相加时，不知怎的把 21 写成 22。于是得到的结果比莱因霍耳德、托勒密、阿耳芳辛表和熊奈尔的相应值大了 1°。梅斯特林在他的 N 抄本中（对开纸 51ᵛ 第 5 行）指出此点。

（81）NCCW，Ⅰ，12 指出，哥白尼从这一星座即飞马座开始摒弃古代的表示恒星天球经度的方法，而改用现代的方法。按传统的表示飞马座 20 颗星的次序，前三颗是在双鱼宫中，第四颗靠近前一个宫即宝瓶宫的末端，第五、六接近双鱼宫的前端，而所有其他的星又回到宝瓶宫内。这种迂回往返的排列显然不会使托勒密及其门徒感到麻烦。他们满足于把每一颗星都放在一个固定的黄道宫内。但是"黄道十二宫…是由二分点与二至点得出的"，并且"从原来在名称及位置上都与之符的星座移动了较大一段距离"（哥白尼，《天体运行论》，Ⅱ，14；Ⅲ，1）。哥白尼认为，相对于永远静止不动的恒星来说："二分点与二至点似乎向东移动"，因此他以他所指定的黄经固定为 0°0′，的恒星为起点来测定天体黄经。

于是就哥白尼看来，托勒密对飞马座 20 颗成员星所排列的图像不如按天体黄经递增次序的排列那样适当。因此哥白尼把飞马座中经度最小的星，即传统的飞马 17 星，列为该星座的第一星。哥白尼对它的描述并非取自 PS 1515〔对开纸 81ᵛ 第 7 行：Quae est in muscida（那是在沼泽中）〕，而见诸 GV〔第 dd6ʳ 帖第 21 行；Quae in rictu（那里在裂口中）〕。哥白尼从它的黄经（宝瓶座 5⅓＝305°20′）减去 6°40′，得出 298°40′（对开纸 57ᵛ 第 6 行）。

哥白尼选择 GV 的飞马 15 星（宝瓶座 9⅙＝309°10′）作为他的飞马 2 星。哥白尼从这一经度值减去 6°40′，即得 302°30′（对开纸 57ᵛ 第 7 行）。于是他应当看出，PS 1515（对开纸 81ᵛ 第 5 行）所列的分数值为 20，而非 GV 中的 10。因此他在分数栏中把 3 擦掉，并在它上面写一个 4。

哥白尼取 GV 的飞马 14 星作为他的飞马 5 星。但他看出 GV 所载度数（宝瓶座 2½＝302°30′）排印有误。于是他采用 PS 1515（对开纸 81ᵛ 第 4 行）的 10 20 30（＝320°30′），他从此值减去 6°40′，求得 313°50′（对开纸 57ᵛ 第 10 行）。

哥白尼取 GV 的飞马 11 星（宝瓶座 18 50＝318°50′〔－6°40′〕＝312°10′）为他的飞马 6 星。然而哥白尼在他的第二位数上加了一个圆点，用以表示他在原来的 2 上面写了 1。对数字 2 的更正，表示他原先采用过 PS 1515 的经度（对开纸 81ʳ 倒数第 3 行：10 28 50＝328°50′）。

哥白尼取 GV 的飞马 20 星（宝瓶座 12⅓＝312°20′；312°20′－6°40′＝305°40′）为他的飞马 8 星。他在原载数字上把第 3 位数写得很重。如果被更改的这位数为 6，则它的出现只是由于计算差错，并很快得到改正。哥白尼起先采用 GV 对其飞马 20 星的描述，即（Quae）in sinistra sura〔该处〕在左小腿，作为对他的飞马 8 星的描述。后来他把 sura（小腿）改为 subfragine（后踝），并在原来的 ra 上着重写出 bf（对开纸 57ᵛ 第 13 行）。

哥白尼取 GV 的飞马 19 星为他的飞马 9 星，但不用前者的黄经（宝瓶座 17½＝317°30′；317°30′－6°40′＝310°50′）。因为哥白尼得出 311°0′（对开纸 57ᵛ 第 14 行），他显然采用了 PS 1515 的黄经（对开纸 81ᵛ 第 9 行：10 17 40＝317°40′）。

哥白尼取 GV 的飞马 18 星为他的飞马 10 星，但和上面的情况一样，也不用前者的黄经（宝瓶座 23½＝323°30′；323°30′－6°40′＝316°50′）。哥白尼又一次采用 PS 1515 的黄经（对开纸 81ᵛ 第 8 行：10 23 40＝323°40′），因此他得出 317°0′（对开纸 57ᵛ 第 15 行）。

哥白尼取 GV 的飞马 4 星为他的飞马 17 星，但放弃了前者的黄经（双鱼座 26½＝356°30′），而采用 PS 1515 的 11 26 40＝356°40′（对开纸 81ᵛ 倒数第 10 行）。他从 PS 1515 的 356°40′减去 6°40′，得出 350°0′。

对其他一切星，哥白尼都使用 GV 的数据。他的第 3、4、7、11、12、13、14、15、16、18、19 和 20 颗星，分别为 GV 的第 16、13、12、9、10、7、8、5、6、3、2 和 1 颗星。对于这 12 颗星，他都从 GV 的经度减去 6°40′，于是得出他在对开纸第 57ᵛ 页经度栏中所列数值。

后来当他接着登录飞马座恒星的黄纬时，他一定是忘记了他已经重新编排该星座内的次序。在开始时他显然只是照抄他从 GV 中找出的黄纬。因此他的第一个黄纬值应与 GV 中的一样，为 26°0′。一直到登录自己的飞马座 12 星时，他才发现前面的 11 个黄纬值都弄错了。这时他重新考虑自己的飞马座 1 星（＝PS 的飞马座 17 星）。但他是按 PS 1515 取其黄纬为 21°30′，而在 GV 中一个少有的排印错误使成为一个小圆点（即印成 2.½）。

哥白尼在他原来的第二个黄纬数字（12°30′）上面用粗体字写出 16°50′（对 PS 的飞马座 15 星所取数值）。他的第三个黄纬本来是 31°0′，他划掉这个数字并代之以 16°0′（PS 中飞马 16 的值），并把它的星等由 2 改成 4。对他的飞马 4 来说，星等应从 2 改为 5（此为 PS 的飞马 13）。这时他不能像前面那样在原来的数目上重写，于是他把 2 划掉，并在右边缘换为一个 5。他的第四个黄纬原为 19°40′，这和 PS 1515 中的数值一样（而非 GV 的 19½）。这个数字应改为 15°0′（即为 PS 中飞马 13 的值）。在进行这项改正时，哥白尼在 9 上面用粗笔写上一个 5，而被删掉的 4 仍然可见。

对他的飞马 5，哥白尼同样地应把 25°30′改为 16°0′。他在原来的 2 上面写了一个 1，上面加一点，把 5 改写为 6，并把 3 擦掉，但留下的痕迹容易认出。他在星等一栏中把 4 划掉，并在右边缘写上一个 5。

对他的飞马 6，哥白尼又一次在星等栏中删掉 4 并在右边缘写上一个 3（为 PS 中飞马 11 的值）。原来的黄纬（25°0′）改为 18°0′。这做起来很方便，在度数上画一条线并把新数字写在左边的空栏内。

对他的飞马 7（PS 的飞马 12），哥白尼在星等栏内的 3 上面写了一个 4，此外他还应改正 35°0′的黄纬。他的做法是在前一位数字上面重重地写上一个 1，并把 5 改写为 8。接着他想到他所取的黄纬并非 PS 的飞马 12 而是飞马 11 的。于是他在度数栏中改写的 18 上面画一条线，并在左边空栏内写上 19。

哥白尼的第八个黄纬取自 PS 1515（24°30′），而非 GV（34½）。随后在推求他自己的飞马 8（＝PS 的飞马 20）的数值时，他再次采用 PS 1515 的 36°30′，而不用 GV 的 36½ ⅓（＝36°50′）。结果是分数栏不需改动，于是他只是把 24 划掉，并在左边空栏内写上 36。

哥白尼的第九个黄纬为 29°0′，此数应改为 34°15′（即 PS 的飞马 19 的值）。他把 29 划掉，在左边空栏中写上 34，插进一个 1，并在 0 上面写上一个 5。

哥白尼的第十个黄纬为 29°30′，此数应改为 41°10′（PS 的飞马 18）。于是他划掉 29，在左边空栏内写上 41，在分数栏内在 3 上面重重地写一个 1，并在它上面加上一点以便引起对改动的注意。

哥白尼的第十一个黄纬为 18°0′，此数应改为 29°0′（PS 的飞马 9）。于是他划掉 18，并在左边空栏内写上 29。分数栏内不需要修改。星等应当改动，为此哥白尼在原来的 3 上面重重地写上一个 4。

哥白尼从他的飞马 12 开始，停止使用与自己的次序大不相同的 PS 中的黄纬。他从自己的飞马 12 开始，注意从 GV 和 PS 1515 这两份资料中查找适当的黄纬。当两项资料不一样时，例如对哥白尼的飞马 14（＝PS 的飞马 8），哥白尼采用 PS 1515 的 24°30′，而不用 GV 的 34°30′。对他的飞马 17（＝PS 的飞马 4）情况亦复如此，哥白尼采用 PS 1515 的 19°40′，而不用 GV 的 19°30′。但有一例，即对哥白尼的飞马 15(＝PS 的飞马 5)，GV 和 PS 1515 都给出25°30′，而哥白尼大概是由于疏忽写成 25°40′。

梅斯特林察觉到哥白尼对飞马座恒星的重新排列。梅斯特林在他的 N 抄本中(对开纸 51ᵛ，左边缘)，在哥白尼对飞马座每一颗星所作描述的旁边，都按 PS 的序列写上适当的号码。然而尽管梅斯特林对《天体运行论》进行了深入细致的研究，他却没有弄清楚哥白尼把飞马座恒星重新编排的缘故。如果他看过哥白尼的手稿，他肯定能对此有所了解。

(82) 在 PS 1515 中仙女座最后一星的黄经与 GV 中相比相差一个宫。哥白尼对这颗星采用附近的标志，这可能使他取 PS 1515 的数值 0 11 40(＝11°40′)。他从此数减去6°40′，得出 5°0′(对开纸 58ʳ，第 17 行)。但是他如果查阅过自己的 PS 1538 抄本(第 183 页倒数第 10 行)，就会看到它和 GV(帖号 dd6ʳ，倒数第 5 行)一样把仙女座 23 星置入双鱼座内。可是 GV 的经度(双鱼 11½＝341°30′)比 PS 的黄经(341°40′)少 10′。因此梅斯特林在他的 N 抄本(对开纸 52ʳ 第 18 行)中指出，哥白尼求得的数值不应是 5°0′，而应为335°0′。

(83) 白羊座 1 星的情况明确无误地指出哥白尼所取黄经的来源。PS 1515(对开纸 81ᵛ 倒数第 10 行)给出该星的黄经为 0 6 40。哥白尼从此数减去 6°40′，以使"众星之首"的白羊 1 的黄经成为 0°0′(对开线 58ʳ 倒数第 3 行)。但按 GV(帖号 dd6ᵛ 第 8 行)，白羊 1 星的经度为白羊 6 30(＝6°30′)，而按 PS 1538(第 184 页第 3 行)却为白羊 6 20(＝6°20′)。

哥白尼决定把天球经度 0°0′赋予白羊 1 星，这背离了托勒密在《至大论》中的做法，但与他的《手册》相符，只是他在该书中用轩辕十四作零点。此书出版较《至大论》为迟。在此书中求恒星的天球经度的方法为把星表所载该星经度与轩辕十四的平均行度相加〔参阅德朗布列；《古代天文学史》(*Histoire de l'astronomie ancienne*)，Ⅱ，623；纽约 1965 年版为巴黎 1817 年版的重印本〕。德朗布列在此书中所引用的希腊原文见海贝格(Heiberg)所编托勒密《天文学短篇论著》(*Opera Astronomica Minora*)、莱比锡 1907 年版第Ⅱ卷第 167 页。进而言之，托勒密在他的《行星的假设》(*Hypotheses of the Planets*)(海贝格编，Ⅱ，80：25—27)一书中给出轩辕十四在亚历山大时代初期的经度。

(84) PS 1515 所载白羊 5 星的黄经比 GV 的数值大 10′。哥白尼在此也选用 PS 1515 的 16°30′，而不用 GV 的 6½(帖号 dd6ᵛ 第 12 行)。这是因为前者采取黄经递升的图像。然而如果哥白尼查阅过他的 PS 1538 抄本(第 184 页第 6 行)，他就会发现在该抄本中白羊 5 星的黄经只比白羊座前面几星中的一颗为大。因此梅斯特林在他的 N 抄本中(对开纸 52ʳ 倒数第 5 行)，在哥白尼对白羊 5 星所列经度 9°50′旁边，写上"根据托勒密和莱因霍耳德，应为 359°50′"。

(85) 哥白尼在对开纸 59ʳ 的右边缘取"金星的远地点在 48°20′"。PS(Ⅹ，1)认为这个远地点是在 55°。哥白尼从这一数值简单地减去 6°40′(＝哥白尼的零点在 PS 中的经度)，便得自己的数值。

在 N 中找不到关于金星远地点位置的这一记述。N 是根据列蒂加斯在离开佛罗蒙波克之前对哥白尼手稿整理的抄本印出的。列蒂加斯在为出版商整理抄本时大概不会把行星远地点位置这样的重要内容删掉，而出版商也不至于把它排除于 N 之外。因此关于金星的这项内容可能是在列蒂加斯返回威吞堡之后，哥白尼才写在对开纸 59ʳ 的边缘上的。如果这个想法符合历史事实，它对对开纸 60ʳ 和 61ʳ⁻ᵛ边缘关于其他行星的记述以及对开纸 59ᵛ 边缘的黄经改动，都是同样适用的。

(86) PS 1515(对开纸 82ʳ 倒数第 24—23 行)对金牛座 20 和 21 星给出相同经度(1 25 40＝55°40′)。哥白尼从此值减去 6°40′，得出 49°(对开纸 59ʳ 第 8—9 行)。然而在 GV 中(帖号 dd6ᵛ 倒数第 6—5 行)，这两个经度相差 10°(各为金牛 15½和 25½)。在这一问题上，哥白尼的 PS 1538 抄本对他没有用处，因为由于印刷差错(第 184 页倒数第 3 行)它漏掉了金牛 21 星的经纬度和星等。梅斯特林在他的 N 抄本中(对开纸 52ᵛ 倒数第 4 行)指出，托勒密、熊奈尔和阿耳芳辛表对金牛 20 星所给出的相应经度都应为 39°0′。PS 1515 认为金牛座 20 和 21 两颗星都属于北天球，而 GV 把金牛 20 置于南天球。在这方面哥白尼采用 GV 的做法，并且也取金牛座 21 的星等为 3(而不是 PS 1515 所取的 4)。

(87) 对双子座 7 星，哥白尼和通常情况一样采用 GV 的描述。然而哥白尼在此改正了 GV(帖号 dd7ʳ 倒数第 19 行)的一个印刷错误。该处应为"双子座东部(sequentis)的左(sinistro)肩"，但由于疏忽而误印成"双子座东部(sequentis)的东(sequenti)肩"。还由于另一个错误，GV 把双子座 8 星的黄经也取作 7 星的黄经。由于这个缘故，哥白尼采用 PS 1515 中双子 7 星的黄经(对开纸 82ᵛ 第 14 行：2 26 40＝86°40′)。他从此值减去6°40′，得出 80°0′(对开纸 59ᵛ 第 10 行)。

(88) 对双子 9 星的经度，GV(帖号 dd7ʳ 倒数第 17 行：双子座 26⅙＝86°10′)和 PS 1515(对开纸 82ᵛ 第 16 行：2 23 10＝83°10′)有 3°之差。和通常的做法一样，哥白尼采用 PS 1515 的数值 83°10′，由此减去 6°40′即得 76°30′(对开纸 59ᵛ 第 12 行)。梅斯特林在他的 N 抄本中(对开纸 53ʳ 最后一行)指出，托勒密所取的相应值应为 79½°。事实上 PS 1538(第 185 页，误编页码为 192，倒数第 12 行)给出的数值为 26⅙°，这与 GV 的值相符，并相当于哥白尼的79½。梅斯特林还指出，N 中(对开纸 53ʳ 最后一行)的星等 3 有误，而应为哥白尼所想取的 5(对开纸 59ᵛ 第 12 行)。GV 的黄纬⅓°应为 3°。这个例子表明分数常与其相应的整数相混淆。按希腊记数等号，二者之差为是否有一个像我们表示分数那样的撇号。

(89) 对哥白尼关于双子座 10 星的描述(对开纸 59ᵛ 第 13 行)，N(对开纸 53ᵛ 第 4 行)加上"较亮"

(maior)一词。B、A 和 W 均同此。

（90）对双子座 11 星，哥白尼采用 GV 的经度，即双子 18¼（＝78°15′；帖号 dd7ʳ 倒数第 15 行）。他从此值减去 6°40′，得出 71°35′（对开纸 59ᵛ 第 14 行）。然而在 N 中（对开纸 53ᵛ 第 5 行），对于分数除½＝30′外还印有 ⅙＝10′，其和为 40′而非 35′。在开普勒的 N 抄本中，1/6 被删去而代之以写在左边缘的 ¹⁄₁₂（＝5′）。梅斯特林在他的 N 抄本中也指出，托勒密所取的相应值应为 71½ ¹⁄₁₂＝71°35′。

（91）对于双子 12 星，哥白尼大概是采用了 PS 1515 对双子 11 星所取的经度：2 21 40（＝81°40′），他从此值减去 6°40′，求得 75°0′（对开纸 59ᵛ 第 15 行）。他可能已经知道，PS 1515 把双子座 11 星与 12 星的黄经弄颠倒了。他的依据可能是黄纬。他采用 GV 的纬度值2°30′和0°30′，也许认为 PS 1515 对双子座 12 所取黄纬（2°30′）与双子 11 有关。梅斯特林在他的 N 抄本中发现熊奈尔和阿耳芳辛表都把双子 11 及 12 两星弄颠倒了。

（92）对双子座 16 星，哥白尼采用 PS 1515 的黄经 2 10 10（＝70°10′；对开纸 82ᵛ 第 24 行）。他从此数减去 6°40′，得出 63°30′（对开纸 59ᵛ 第 19 行）。然而他后来在左边缘写上 63 36，以后又把 36 划掉而代之以 20。这个从 30 到 36 再到 20 的分数变化对 N 没有影响，该书印出的数字为 63½（对开纸 53ᵛ 第 10 行）。这个经度改动是否像行星远地点那样，是在列蒂加斯离开佛罗蒙波克之后由哥白尼在手稿中作出的吗？

（93）对于双子星座附近七颗星的最后一颗，GV 似乎没有记载它的经纬度与星等（帖号 dd7ᵛ 第 4 行）。然而哥白尼看出，对这组恒星中第四颗的冗长描述与其余部分不甚连贯，它看起来似乎代表一颗单独的星。换句话说，就缺乏实践经验的人看来，In recta linea borea（在向北的直线上）（帖号 dd7ᵛ 第 2 行）是一个独立的描述，但是哥白尼完全了解这句话实际上属于 dd7ᵛ 帖最后一行所谈到的第四颗星。把这句弄错乱了的话放回其应在的位置，哥白尼求得在 GV 中显然查不出的第七星的数值。但他得出 GV（巨蟹座½＝90°30′）与 PS 1515（3 5 40＝95°40′；对开纸 82ᵛ 倒数第 24 行）所给出的经度之差大于 5°。如果他完全采用 GV 的数值，就应得到 83°50′（90°30′－6°40′）而非 84°0′（对开纸 59ᵛ 倒数第 4 行）。梅斯特林在他的 N 抄本中（对开纸 53ᵛ 第 21 页）指出，要是哥白尼转而以 PS 1515 为依据，他就会得出 89°0′。

（94）对巨蟹座 4 星，哥白尼发现 GV（帖号 dd7ᵛ 第 13 行：巨蟹 13＝103°0′）和 PS 1515（对开纸 82ᵛ 倒数第 18 行：3 10 20＝100°20′）。在经度上有差异。取后者的数据（100°20′－6°40′），哥白尼得出 93°40′（对开纸 60ʳ 第 4 行）。梅斯特林在他的 N 抄本中（对开纸 53ᵛ 倒数第 10 行）指出，如果哥白尼采用 GV 的数值（103°0′－6°40′），他就会得到 96°20′。

（95）哥白尼从对开纸 60ʳ 起把火星远地点的位置写在右边缘的顶部。后来在作进一步考虑之后，他决定把这项资料写在边缘较低的地方，因此是在狮子座中相邻恒星的旁边。实际上他写的是"火星的远地点在109°50′"。但这应为 108°50′（在 Ⅴ、15 对开纸 165ʳ 左边缘便用此数值）。PS（Ⅹ，7）取火星远地点在 115°30′，而 115°30′－6°40′＝108°50′。

（96）对狮子座 12 星的黄经，哥白尼发现 GV（巨蟹座⅙＝90°10′；帖号 dd7ᵛ 倒数第 13 行）和 PS 1515（3 24 10＝114°10′；对开纸 83ʳ 第 11 行）有显著差异。哥白尼是一位细心的学者，他可能已经看出 GV 中在星座名称与分数⅙之间的空白处正好可以写上一个两位数的度数，因此他可以猜想到 GV 漏掉了 24。在心目中有这一数字，他和往常一样减掉 6°40′，便得出 117°30′（对开纸 60ʳ 倒数第 6 行）。这一结果表明：他的被减数是124°10′而非 PS 1515 的 114°10′。梅斯特林在他的 N 抄本中（对开纸 54ʳ，狮子座，第 12 行）指出，托勒密、莱因霍耳德、熊奈尔和阿耳芬辛表都得出正确数值，即107°30′。

（97）哥白尼在手稿中（对开纸 61ʳ 右边缘）取"木星的远地点为 154°20′"。这比 PS 的值 161°（Ⅺ，1）小 6°40′。

（98）哥白尼在手稿中（对开纸 61ʳ 右边缘）取水星远地点的黄经为他重写的值。起先他从 PS 的初步数值 186°简单地减去 6°40′，于是得水星远地点在 179°20′。然而在读完 PS 的讨论（Ⅸ，7）（该处把水星远地点往前推移 4°）之后，哥白尼把 7 改为 8，划掉 9，并在它上面写一个 3。于是他的水星远地点经度又一次比 PS 的真实数值 190°小 6°40′。

（99）对脚爪座 4 星，哥白尼发现 PS 1515（对开纸 83ᵛ 倒数第 16 行：6 27 40＝207°40′）和 GV（帖号 dd8ᵛ 第 11 行：天秤座 17½＝197°30′）有较大差异。他显然是从 PS 1515 的值减去 6°40′，这是因为他在度数一栏的百分之几位上写了一个 2（对开纸 61ʳ 倒数第 3 行）。后来他改用 GV 的值，他在 2 上面加一点，并重重地写一个 1。可是他从 GV 的 197°30′减掉 6°40′，得到的值不是 190°50′，而为 191°0′。

（100）哥白尼在手稿中（对开纸 61ᵛ 左边缘）取"土星的远地点在226°30′"。他大概是想从 PS 的值 233°（Ⅺ，5）减去 6°40′，但有 10′的差错。

（101）哥白尼改变了这两颗星的黄经（对开纸 62ᵛ 第 7—8 行）。但是 NCCW 拉丁文译本第二卷101 页 7—8 行对此两星印出的经纬度和星等都是一样的，因此它们无法分辨。然而哥白尼说得很清楚，第一星在西而第二星在东。进一步说，按拉丁文译本第 101 页的脚注，哥白尼把第 8 行中的 261 改为 262。然而第 8 行中仍为 261 而非 262。实际上两颗星的度数都应为 261。但是对西面一星，哥白把分数栏的第一位数擦掉一部分,这表示他最后选定的这个黄经为 261°0′ 和 261°10′。

(102)虽然哥白尼对这颗星所取黄纬为 0°0′,他由于疏忽把它的纬度标明为"南纬"(对开纸 62ᵛ 倒数第 4 行)。对一个类似情况(第 100 页第 27 行),哥白尼较为注意,在该栏中留下一个空当。他自己写下"0",以表示该星既非北纬也非南纬(对开纸 60ʳ 倒数第 7 行)。

(103)对这颗星的黄经(对开纸 63ʳ 第 2 行),哥白尼起先误写为 289°40′,这是下一颗星的正确数值。他在第二次写 289°40′ 时发现自己的错误。于是他回到原处,在原来的 9 字上面加写一个 8,但改写得不好。他在 4 上面加了一个我们现在用以表示分数的符号,以便用一个 1 来取代原来的小数。他在对开纸 61ʳ 倒数第 3 行曾经这样做过。NCCW 拉丁文译本第二卷 101 页 35 行和 399 页最早发现他把 4 改为 1。

(104)GV 把双鱼座中"西面一尾鱼头部背面两星中偏北一颗"置于第三位,并把"西面一尾鱼背部两星中偏西一颗"放在第四位(帖号 ee2ʳ 倒数第 25—24 行)。PS 1515 所采用的次序却与此相反。按 PS 1515 的次序,双鱼座 3 星的黄经比双鱼 4 大 2°10′。在这方面哥白尼遵照 PS 1515 的做法:双鱼 3 的黄经为 321°30′,而双鱼 4 为 319°20′(对开纸 63ʳ 倒数第 5—4 行)。然而他所采用的命名却非 PS 1515 而是 GV 的。因此,哥白尼的双鱼 3 经度应为他的双鱼 4 的,反之亦然。这种对换表明,他在编制星表时采用 GV 中的描述(有时做些修改),而他所用数值是 PS 1515 的,但这两方面的情况并非精确相合。

(105)哥白尼在此处(对开纸 64ʳ 倒数第 6—5 行)说:"我在前面谈到过,天文学家科隆称之为'贝列尼塞之发'"。哥白尼显然没有想起自己在前面(对开纸 60ᵛ 第 20—21 行)列出的"贝列尼塞之发"的表,而该处没有提到科隆的名字。科隆在公元前 3 世纪中叶名噪一时。文法学家西翁在他对阿拉塔斯《现象篇》的评论中,提出数学家科隆把贝列尼塞之发放到恒星中去的说法。在哥白尼对阿拉塔斯和西翁的论述中,有一个旁注谈到科隆对贝列尼塞之发的命名(帖号 02ᵛ 第 15—16 行;参阅 MK 第 135 页)。

(106)PS 1515(对开纸 86ᵛ 第 16—17 行)把波江座第 27 和 28 星与它们前面的 17 颗星以及后面的 6 颗星,都置入同一黄道宫中。这是一个差错。GV(帖号 ee3ᵛ 第 18—19 行)却把波江 27 和 28 放在下面一宫中,而这样做是正确的。对这两颗星,哥白尼采用 GV 中的黄经(金牛 4⅙ 和金牛 5 = 34°10′ 和 35°0′)。在减去 6°40′ 后,他得出 27°30′ 和 28°20′(对开纸 65ʳ 倒数第 7—6 行)。

(107)哥白尼(对开纸 66ʳ 第 9—10 行)把"在下巴"的天兔 5 描述为"较暗",而"在左前端末端"的天兔 6 为"较亮"。N(对开纸 59ʳ 倒数第 19—18 行)把这两个说法颠倒过来,而 B 和 A 也这样做。然而哥白尼所采用的两份主要资料却把天兔 5 与 6 说成是"亮于 4"等。T(第 147 页第 26—27 行)删去哥白尼手稿中的 minor 一词,于是使他与 GV 及 PS 1515 的说法相符。

(108)对天兔座最后一星的描述是"在尾梢"。哥白尼发现他的两份主要资料对此星给出的黄经不同。按 PS 1515(对开纸 86ᵛ 倒数第 22 行),此处所谈的经度为 2 11 40(= 71°40′)。如果哥白尼从此数减去 6°40′,他应得出 65°0′。这是梅斯特林在他的 N 抄本中(对开纸 59ʳ 倒数第 12 行)对托勒密和阿耳芳辛表所赋予的值。在另一方面,如果哥白尼在此处严格采用 GV(帖号 ee3ᵛ 倒数第 12 行)的值(双子座 2⅙ = 62°30′),则他得到 55°50′。可是他写出的值为 56°0′(对开纸 66ʳ 第 16 行)。和通常情况一样,可以认为 10′ 的差值来自 PS 1515 和 GV 中白羊座 1 星的经度之差〔参阅注释(83)〕。

(109)对大犬座倒数第二星的描述为"在右脚尖"。哥白尼对此星发现经度差仅为 10′。GV(帖号 ee4ʳ 第 8 行)给出的数值为双子座 9½ = 69°30′,而 PS 1515(对开纸 86ᵛ 第 3 行;29 40)为 69°40′。如果哥白尼从后一数值减去 6°40′,就会得出 63°0′,此即梅斯特林在他的 N 抄本中(对开纸 59ᵛ 第 11 行)认为托勒密、熊奈尔和阿耳芳辛表所取数值。实际上哥白尼黄经栏中第一位数为 6(对开纸 66ᵛ 第 3 行)。但是他后来在 6 上面重重地写了一个 7,于是使黄经值成为 77°0′。此值与他所用的两份主要资料都相差很远,其原因为在他和往常一样减去 6°40′ 时,他望着 PS 1515 中在两行之上的地方。他在该处读出 2 23 40(= 83°40′),由此数减去 6°40′,便得出 77°0′。于是他在原先的 6 上面重重地写上一个 7。他的黄纬值也与两份主要资料不同(该两资料的值都为 53°45′)。哥白尼的数值与此不同,这也可解释为他偶然地瞧着 PS 1515 正确一行之上或下的某一行。下述事实可以进一步肯定这种设想:他原来所写的星等属于上面一行,但后来在原有的 4 上面写出正确数值 3。

(110)大犬座最后一星被描述为"在尾梢"。对此星的黄经,哥白尼发现他的两份主要资料相差一个黄道宫(比它少 10′)。PS 1515 把大犬座的全部 18 颗星无一例外地都置入双子。GV 却把大犬 18 纳入巨蟹宫(帖号 ee4ʳ 第 9 行;巨蟹 2 = 92°0′),而这样做是正确的。有趣的是,哥白尼把他的两份资料的突出优点结合起来。他取 GV 的黄道宫,但不用它的度数与分数,而采取 PS 1515 的 2 10(对开纸 86ᵛ 倒数第 2 行)。于是他取原来的黄经为 92°10′,由它减去 6°40′,便得 85°30′(对开纸 66ᵛ 第 3 行)。梅斯特林在他的 N 抄本中(对开纸 59ᵛ 第 12 行)指出,托勒密著作的译本(即 PS 1515)和阿耳芳辛表所取的黄经都小一个黄道宫,即为 55°30′。

(111)和在 PS 1515(对开纸 87ʳ 第 12 行)以及 GV(帖号 ee4ʳ 第 20 行)一样,黄经 52°20′ 应为 sequens("在东面")。然而哥白尼写成 praecedens("在西面",对开纸 66ᵛ 第 15 行)。他这样做也许是因为他已经想到把经度为 49°20′ 的下面一颗星说成是 antecedens（"在前面"）。N 没有改正这个差错。

（112）对南船座 29 星的黄纬，哥白尼发现他的两份主要资料相差 10°。（帖号 ee4ᵛ 第 6 行）给出的值为 43⅓，而 PS 1515（对开纸 87ʳ 倒数第 9 行）为 53 20。虽然在这种情况下哥白尼一般都采用 PS 1515 的数值，但在此例中他却取 GV 的值，而他这样做是正确的。从对南船 29 和 30 的描述看来，它们的黄经不应相差很多。GV 和 PS 1515 都取南船 30 的黄纬为 43°30′。

（113）PS 1515（对开纸 87ᵛ 第 10 行）取一等星老人星（南船 44）的黄纬为南纬 69°0′，而 GV（帖号 ee4ᵛ 第 21 行）却取它更偏南 6°。哥白尼在此处又一次采用 GV 的正确数值 75°0′（对开纸 67ʳ 最后一行）。

（114）对于南船座最后一星的黄纬，哥白尼发现他的两份主要资料有将近 10° 的差值。PS 1515（对开纸 87ᵛ 第 11 行）取南船 45 为在 61°50′，而 GV（帖号 ee4ᵛ 第 22 行）却为 71½ ¼（=71°45′）。哥白尼取 GV 中的度数和 PS 1515 中的分数（71°50′；对开纸 67ᵛ 第 1 行）。他说这颗星"亮于"三等星（maior；对开纸 67ᵛ 第 2 行）。N 删去这一描述，B、A 和 W 也这样做，但 T（第 150 页第 38 行）却根据原稿予以恢复。

（115）哥白尼对此星的描述为其位置"在东南面"（对开纸 67ᵛ 第 16 行）。但这被 N（对开纸 60ᵛ 第 12 行）略去了，其原因是需要把"et Borea"（向北）两个字从上一行移下来而留下的空当对"et australis"（向南）来说太小。T（第 151 页第 20 行）根据原稿恢复了这些字。

（116）PS 1515 对巨爵座 4、7 两星给出的黄经 15 30 0 和 5 50 40（对开纸 87ᵛ 倒数第 11 行和 8 行）显然是错误的。因为在黄经的度数栏内不可能出现 30 和 50 这样的数字，哥白尼应当了解到它们只是该两星黄经分数数字因疏忽而重写的结果。于是对巨爵 4，他采用 GV（帖号 ee5ʳ 第 11 行）的值（室女 7 =157°0′）。他由此减去 6°40′，即得 150°20′（对开纸 68ʳ 第 9 行）。然而对巨爵 7 来说，他应当看出 GV 所给出的分数值（室女 1⅓ ⅙）有排印错误，因为 ⅓ + ⅙ = ½。于是他应假定 GV 要说的是 ½ ⅙ = 40′，而这与 PS 1515 相等。因此哥白尼得出 151°40′ − 6°40′ = 145°0′（对开纸 68ʳ 第 12 行）。

（117）对半人马座 11 星的黄纬，哥白尼从他的两份资料（PS 1515 对开纸 88ʳ 第 18 行和 GV 帖号 ee5ʳ 倒数第 16 行）查出的值都为 20 50。但当他把这些数字抄进自己的星表时，他由于重写错误而写成 20 20。后来在查出自己的错误时，他在第二个 2 上面重重地写了一个 5（对开纸 68ʳ 最后一行）。这个 5 被看成一个污迹，因而 N 把半人马 11 的黄纬印成 20°0′。以后的三个版本都重犯这个差错，而最早予以改正的是 T（第 153 页第 7 行）。然而梅斯特林在他的 N 抄本中指出，莱因霍耳德、托勒密、熊奈尔和阿耳芳辛表都给出 20°50′（对开纸 61ʳ 倒数第 18 行）。

（118）对半人马座 29 星的黄经，GV（帖号 ee5ᵛ 第 3 行）给出的数值为天秤座 16，后面还有一个印得不清楚的分数。如果哥白尼认为它是 1/2，他得出的黄经就为 196°30′。由此数减去 6°40′，他应求得 189°50′，但他写的是 179°50′（对开纸 68ʳ 倒数第 16 行）。不能认为这个计算错误来自 PS 1515（对开纸 88ʳ 倒数第 23 行），它所给出的半人马 29 的黄经为 6 16 20（=196°20′）。由此数减去 6°40′，应得 189°40′。此为梅斯特林在其 N 抄本中（对开纸 61ᵛ 第 4 行）认为托勒密、熊奈尔和阿耳芳辛表所取的值。

（119）为了求得半人马座 30 星的黄经，哥白尼把他对半人马 29 求得的（错误的）经度增加 GV 所给出的 1°10′（帖号 ee5ᵛ 第 4—5 行：天秤座 16⅓，天秤座 17½ = 196°20′，197°30′）。把 1°10′ 与 179°50′ 相加，哥白尼得出 181°0′（对开纸 68ʳ 倒数第 15 行）。在另一方面，梅斯特林在他的 N 抄本中（对开纸 61ᵛ 第 5 行）指出，托勒密、莱因霍耳德、熊奈尔和阿耳芳辛表求得的相应值为 191°0′。A 是把 180°0′ 换为 191°0′ 的第一个版本。

（120）对半人马 33 的黄经，哥白尼选取 PS 1515（对开纸 88ʳ 倒数第 19 行：6 15 20 = 195°20′）作为依据。哥白尼从此值减去 6°40′，得出 188°40′，这和 PS 1515 中半人马 32 的黄经（对开纸 68ᵛ 倒数第 13—12 行）是一样的。在另一方面，GV 对半人马 33 给出的黄经为天秤座 6⅓（= 186°20′），即比它所给出的半人马 32 的经度（天秤座 15⅓ = 195°20′；帖号 ee5ᵛ 第 6—7 行）小 9°。如果哥白尼采用 GV 而不用 PS 1515 的数值，他就会得出 179°40′。梅斯特林在他的 N 抄本中（对开纸 61ᵛ 第 8 行）根据 PS 1538（第 200 页第 3 行）认为，这与托勒密的数值是相当的。简言之，哥白尼对 PS 1515 中半人马 32 和 33 的黄经没有看出重写错误，而我们已经知道哥白尼自己经常出这样的差错。

（121）对半人马座 35 星（这是一颗一等星，后来称为半人马座 α 星）的黄经，哥白尼采用 PS 1515（对开纸 88ʳ 倒数第 17 行：6 8 20 = 188°20′）的数值。他由此数减去 6°40′，即得 181°40′（对开纸 68ᵛ 倒数第 10 行）。在另一方面，如果哥白尼以 GV（帖号 ee5ᵛ 第 9 行）为根据，他就会把半人马 α 置于天蝎宫内 8⅓（= 218°20′）处。从此值减去 6°40′，他应得 211°40′，此即梅斯特林在其 N 抄本中（对开纸 61ᵛ 第 10 行）认为是某些没有列出姓名的"其他人"所得到的相应值。PS 1515 把半人马座中所有的 37 颗星无一例外地都置于同一黄道宫中，GV 却把半人马 α 从该宫移入下一宫，而这样做是正确的。

（122）对天炉座 2 星的黄经，哥白尼发现他的主要资料之间有一个奇怪的不符之处。一方面，GV（帖号 ee5ᵛ 倒数第 16 行）把天炉 2 置于人马宫内 3°处（= 243°0′）。如果哥白尼从 GV 的数值减去 6°40′，他应得出 236°20′。但他所写的是 233°40′（对开纸 69ʳ 倒数第 15 行）。这个结果表示，他的出发点是天炉 2 的黄经为 240°20′。PS 1515 确实给出度数和分数为 0 20，但把天炉 2 误置于前面一宫（对开纸 88ᵛ 第 14 行）。因此，哥白尼大概是采用 GV 中所列的黄道宫，但却取 PS 1515 的度数与分数。他更相信 PS 1515，这使他未能想到它的 0°20′大概是由 3°改为 1/3°所造成的。

（123）对南鱼座最后一星的黄经，哥白尼发现他的主要资料完全相符；在 PS 1515 对开纸 88ᵛ 倒数第 12 行为 9 26 0（＝296°0′）；在 GV 帖号 ee6ʳ 第 19 行为摩羯 26（＝296°0′）。如果哥白尼查阅过他的 PS 1538 抄本（第 201 页第 21 行），他在那里也会看到摩羯 26。因此他无法知道，在 PS 星表的流传的过程中，原来的 1/6°变成 6°，于是正确的数字 20°10′成为 26°。

第三卷　注释

（1）为纪念异教的希腊神宙斯，每四年举行一次奥林匹克运动会。四年的间隔称为奥林匹克期。从公元前 776 年（即第一届奥林匹克会期的第一年）算起，奥林匹克会期有一个连续的序号。对在此之后的每一年，都在其所属的奥林匹克会期中有一个相应的号码。

在古希腊没有公认的纪元。历史学家波利比阿斯（Polybius）（XII，11）告诉我们，他的一位前人"把希腊最早的民选长官与古斯巴达的国王加以比较，他还把雅典的执政官和阿尔哥斯（Argos）的女祭司与奥林匹克竞技的获胜者相提并论"。波利比阿斯以此为根据，把奥林匹克会期当作他的编年基准。例如他说（I，3；III，1）："我的《历史学》以第 140 届奥林匹克会期为起点"。其他希腊历史学家和地理学家也采用这种奥林匹克体制。这种情况一直延续到罗马皇帝狄奥多西一世（346？—395）执政的末期，当时"人们不再庆贺⋯奥林匹克运动会"。狄奥多西一世于 395 年逝世。正统的基督教徒把他颂扬为异教徒的惩罚者。在奥林匹克运动会停止举行后，人们不再使用奥林匹克年代。

（2）按这个早期理论，恒星天球在 8°的振幅内来回摆动。这可用来解释岁差现象。参阅德列耶尔（J. L. E. Dreyer）《从泰勒斯到开普勒的天文学史》（A History of Astronomy from Thales to Kepler，纽约，1953 年），第 203—204 页。

（3）哥白尼在靠近 I，11 末尾处说，"近代学者添上了第十重天球"。当他写这句话时，他还没有见到约翰·魏尔勒的《第八重天球的运动》（Motion of the Eighth Sphere，纽伦堡，1522 年）。该书论述了哥白尼在此处谈到的第十一重天球。因为哥白尼是在 1524 年 6 月 3 日发出他的《驳魏尔勒书》，我们有理由认为他在这个日期之前就写完了 I，11.而在这之后才写 III，1.

（4）在从 PS（VII，3）引用这次观测时，哥白尼把卡利帕斯第一个周期的第 36 年与亚历山大 30 年等同起来。PS 在论述提摩恰里斯所作的这次观测以及同一观测者在同一年的下一次观测时，都没有提到亚历山大纪元。

（5）哥白尼在此处（对开纸 72ʳ 第 4 行）和在他的星表中（对开纸 60ʳ）一样，把轩辕十四置于狮子的胸部（pectore）。但他在该处把 pectore 划掉，而在左边缘代之以 corde（心脏）。PS（VII，2）在确定喜帕恰斯的观测日期时，又一次没有采用哥白尼在此处所用的亚历山大纪元。

（6）PS（VII，3）在报道这些观测时，既没有提到基督纪元，也未采用亚历山大纪元，而哥白尼在此处引用了这两种纪元。

（7）哥白尼在手稿中（对开纸 72ʳ 第 8—9 行）误写"从秋分点"，列蒂加斯在右边缘（NCCW，I，17）把它改正为"从至点"。

（8）列蒂加斯在对开纸 72ʳ 第 10 行右边缘插入"从秋分点起"。

（9）PS（VII，2）在报道这次观测时没有采用亚历山大纪元。这个纪元是列蒂加斯（对开纸 72ʳ 左边缘）加进来的。

（10）列蒂加斯在对开纸 72ʳ 第 13 行右边缘加入"与秋分点"这几个字。哥白尼从 PS 表查出角宿一和心宿二的黄经。然而哥白尼在此取角宿一的黄经为 86°30′，这是采用 GV 第十七卷（帖号 dd8ʳ）的错误数值。但在他自己的星表中（对开纸 61ʳ 第 6 行），哥白尼对角宿一取 PS 的值，即为室女座内 26°40′，因为在哥白尼星表中角宿一的黄经（170°）包含五个黄道宫（5×30′＝150′）＋26°40′－6°40′。第谷在他的 B 抄本对开纸 64ʳ 写道："只是法拉取这个数值（86°30′），而别人都取 86°40′。"

（11）哥白尼从 P—R（VI，7）了解到阿耳—巴塔尼的这两次观测。

（12）哥白尼在 III，6 末尾对埃及年加以解释，并说明他为什么使用它。

（13）哥白尼完全没有考虑蒙气差。在作出此项改正后，现在取角宿一的子午圈高度为 27°2′。

（14）第谷在他所著的《天文机械的更新》〔Astronomiae instauratae mechanica，万兹贝克（Wandsbek），1598 年〕中报告说：

我在 1584 年派遣一名用六分仪进行天文研究的学生助理…去用这种仪器精确测定在佛罗蒙波克的北极高度。我猜想哥白尼测出的这个数量小了将近 3′。使我想到这一点的事实是,太阳的行度和最大的黄赤交角都与他提供的数值不一样。经验本身也证实这一情况。用我的仪器对恒星和太阳进行许多次观测,结果求得北极高度为 54°22¼′…但哥白尼根据自己的观测,取该地的纬度为 54°19½′。因此他的值比正确数字小 2¾′。我以前得出这一结论,完全是根据他自己的资料以及用它们进行的对太阳行度的计算(第谷,《全集》,V,45:11—25)。

第谷改正了哥白尼对佛罗蒙波克的纬度所测出的不正确数值。他求得的结果偏高,哥白尼偏低,二者与正确数值 54°21′6″的差额近似相等。

(15) 54°19½′的约数为　54°20′

$$+27 —$$
$$\overline{81°20′}$$
$$+ 8\ 40$$
$$\overline{90°}$$

(16) 就角度所对弦长而言,25°30′为 43 051,25°20′为 42 788,因此 25°28½′为 43 010。

(17) 赤纬=8°40′,它所对的弦长为 15 069。

(18) $\frac{1}{2}$弦 $2\,AB:BE=\frac{1}{2}$弦 $2AH:HIK$

$$39\ 832:100\ 000=43\ 010:HIK$$
$$HIK=107\ 978$$
$$OP:OK=\frac{1}{2}\text{弦}\ 2AH:HIK$$
$$OP=MA=15\ 069$$
$$15\ 069:OK=43\ 010:107\ 978$$
$$107\ 978\times15\ 069=1\ 627\ 120\ 482\div43\ 010$$
$$=37\ 831$$

(19) 　$HIK-OK=HO$

$$=\frac{\begin{array}{l}HIK\quad 107\ 978\\ OK\quad-\ 37\ 831\end{array}}{HO\qquad 70\ 147}$$

(20) $HGL=BGD-2(BH=2°)=176°$

$$HG=\frac{1}{2}(176°)=88°$$

88°所对弦长为 99 939。

(21) $OI=HOI-HO=99\ 939-70\ 147=29\ 792$。哥白尼起先写的是 29 892(对开纸 72ᵛ 倒数第 12 行),但后来发现错误,他在 8 上面写了一个 7。

(22) 99 939:29 792=100 000:29 810。

(23) 就角度所对弦长而言,17°30′为 30 071,17°20′为 29 793,因此 17°21′为 29 810。

(24) 哥白尼在手稿中(对开纸 72ᵛ 倒数第 7 行)在原先的数字处写上 1515。这以 MDX 作为开端。在这三个数字(=1510)之后为表示一的上面有小点的竖线(大概有四条)。后来哥白尼把它们擦掉,并在 X 的右边写上一个 V(=5)。

(25) 托勒密:　　　　　462 亚历山大年
提摩恰里斯:　　　　30 亚历山大年
　　　　　　　　　　────
　　　　　　　　　　432

哥白尼在报道提摩恰里斯对谷穗星的第一次观测时〔见注释(4)〕,为便于计算这一时间间隔而采用亚历山大纪元。后来在谈到托勒密的观测时,他忘记这样做。于是列蒂加斯需要在边缘插入亚历山大年〔见注释(9)〕。

(26) 对 4⅓°,为 432 年≅4⅓世纪。

(27) 托勒密:　462 亚历山大年　　　　　32°30′
喜帕恰斯:196 亚历山大年　　　　　29°50′
　　　　　────　　　　　　　　　────
　　　　　266 年　　　　　　　　　2°40′
　　　　　2⅔世纪　　　　　　　　　2⅔°

(28) 因为哥白尼取这段时间间隔为 782 年(对开纸 73ʳ 第 10 行),他的算法为

对阿耳·巴塔尼为亚历山大年　　1204

而对门涅拉斯为亚历山大年　　− 422

　　　　　　　　　　　　　　782

哥白尼对阿耳—巴塔尼所取的亚历山大年份（对开纸 72^r 第 19 行），现在写为"Mcc■ii"其中的黑块掩盖了两个 i。哥白尼在对开纸 72^r 上把这个数字从 1204 减为 1202，这时他忘记在此处和别处作相应的改动。

（29）取移动 11°55′=715′ 的时间为 782 年，则 60′ 为 65⅗年≅66 年。

（30）哥白尼大概是取 1204 为阿耳·巴塔尼的亚历山大年份。于是他对托勒密所取的亚历山大年份为 463，而不是列蒂加斯〔见注释（9）；1204−463＝741〕所提出的 462。然而在行间出现 uni（一）和 aunt（年）（对开纸 73^r 第 13 行），以及在 Dccxli 中把本应写在 i 上的一点置于 x 之上，这些都表明哥白尼写作时过于匆忙。

（31）阿耳·巴塔尼：轩辕十四　　44°05′

　　　　托勒密：　　　　　　　　32 30

　　　　　　　　　　　　　　　　11°35′

　　　　阿耳·巴塔尼：天蝎座　　47°50′

　　　　托勒密：　　　　　　　　36 20

　　　　　　　　　　　　　　　　11°30′

取 741 年中移动 11°30′=690′，则在 64⅖年≅65 年中为 60′。

（32）哥白尼（1525）：1849 亚历山大年

　　　　阿耳·巴塔尼：1204

　　　　　　　　　　　645 年。

（33）哥白尼忘记说明他怎样测出这个 9°11′ 的差值。他的比较星为谷穗星，而他没有引用阿耳·巴塔耳对这颗星的观测。9°11′=551′：645 年=60′ 对 70¼年=71 年。

（34）事实上二分点岁差是均匀的，大约为每年 50″，每 72 年 1° 和每26 000 年 360°。造成岁差不均匀这一错误概念的部分原因，是托勒密把岁差的变率低估为每 100 年 1°，而实际上约为 1°24′。阿耳·巴塔尼由补偿办法过高估计为每 66 年 1°，而事实上仅为 56′。由于有这些情况相反的差错，就哥白尼及其一些前人看来，在若干世纪中岁差似乎不均匀，由小逐步变大。第谷扬弃了这种纯属虚构的二分点岁差不均匀性。这位伟大的丹麦天文学家在其所著《天文机械的更新》，万兹贝克，1598 年；《全集》，哥本哈根，1913—1929 年，Ⅴ，113，9—17 行）中指出：

　　　　我也注意到了，恒星黄经变化的不均匀性并不像哥白尼所认为的那样大。古代和现代的观测都令人对他在这方面所设想的情况逐渐感到怀疑。因此无论古今，分点岁差都不像他所主张的那样缓慢。目前恒星移动 1° 所需的时间并非他算出的 100 年，而仅为 71½年。如果正确处理前人的观测资料，则应认为恒星在过去也显示出与此非常接近的均匀行度，而由别的原因偶然产生的不均匀性是微不足道的。

第谷在他的《天文学更新的演变》（Astronomiae instauratae progymnasmata，《全集》，Ⅱ，256：17—19 行）中最后说：

　　　　我还不想对这件事作最后的判断。我认为比较慎重的办法是等几年，在我写天文学通论时〔第谷没有来得及撰写此书便逝世了〕再处理它。

（35）哥白尼在此处犯了一个历史性的错误。他在 Ⅱ，2 中谈到，托勒密测出的黄赤交角 23°51′20″ 与埃拉托西尼及喜帕恰斯的数值相符。但是托马斯·L·黑斯（Thomas L. Heath）在《萨摩斯的阿里斯塔尔恰斯》（Aristarchus of Samos，牛津大学出版社 1959 年重印本）这部详尽的著作中，无法证实哥白尼的前人做过这样的测量。

（36）哥白尼认为黄赤交角的数值是由阿耳·巴塔尼、阿耳·查尔卡里以及普罗法提阿斯提出的。这一说法尚未证实。哥白尼在此处（对开纸 73^r 第 22—23 行）认为 23°36′ 是阿耳·巴塔尼的数值，但在对开纸 79^r 第 23 行，他经过一番踌躇后把这个数值改为23°35′。

（37）在"23°28½′"之后，哥白尼原先写道"根据某些权威人士的说法，或为 29′″。他后来把这句话删掉了（对开纸 73^v 倒数第 13 行）。

（38）即使对黄赤交角的这些测量实际上是正确的，它们只显示出一种稳定的减少，即从托勒密的 23°51′20″ 变为哥白尼的 23°28′30″。但是哥白尼把黄赤交角的变化与岁差联系起来，并把实际上是一种单调的减少说成是一种周期性现象,即在 3434 年间在极大值 23°52′与极小值 23°28′之间来回振动(Ⅲ,6)。

(39)哥白尼在手稿中(对开纸 74ᵣ)把这条线画成一个稍微压扁的 8 字形。N(对开纸 66ᵛ)把两个圆圈错误地分离开。T(第 164 页)的错误更为严重,它把哥白尼的两个近似为椭圆形的环画成相互接触的圆。这种不正确的画法为 Me(第 136 页)、1964 年的俄文版(第 164 页)以及奥托·留格鲍尔(Otto Neugebauer)所重复。后者在发表于《天文学展望》(Vistas in Astronomy),1968,10:96 的文章中说的是:"由两个相接触的小圆圈形成的 8 字形曲线"。

(40)克拉维阿斯在他所著《对萨克罗波斯科球体的评论》(Commentary on the Sphere of Sacrobosco)第四版中(第 168 页)谈到Ⅲ,3 时说,哥白尼"的论述是紊乱的,他很难解释和表达自己的意思,因为就我看来他对后面两种运动的叙述彼此完全不符。他要求使太阳最大赤纬得以改变的第一种运动,是由天极在二至圈上朋黄道极靠近或离开 24′而成的。但是引起恒星运行不均匀性的运动(他称之为二分点岁差)是由同一天极向二至圈的这一面或那一面移动而生的。这种移动大到当天极与二至圈距离为极大时,它的赤道与黄道相交于与二分点相距 1°10′的同在东面或西面的两点。正如他自己所说,结果是这种运动使赤道极扫描出像一顶扭曲的王冠的图样。二至圈把它分成两部分,于是形成两个椭圆〔印刷本为两次交食!〕,它们在黄纬上彼此相切,而它们的短轴几乎成一直线,并在二至圈上截出 24′的截距。可是谁会看不出来这些论述是完全不相符的?如果极点像过去那样沿二至圈上下爬行,那么怎样可以理解同一个极点同时能在二至圈外面移动?或者问道,如果它移向二至圈的某一面,同一极点怎能同时沿二至圈上下移动?就我而言,我真诚地承认自己绝不会完全了解这个矛盾"。克拉维阿斯在这段评述的第 7 行指出:现在已成为标准术语的"二分点岁差"是哥白尼首创的。

(41)不幸的是,哥白尼没有查出他所说的"有些人"(aliqui,对开纸 75ᵣ 倒数第 11 行,又见对开纸 75ᵛ 第 12 行)究竟是谁。无论这些没有指出姓名的人是谁,他们显然都熟悉一种直线振荡可由圆周运动的适当配合产生这一定理。哥白尼提醒读者注意前人已经知道这条定理,这不言而喻就表明不是他首创的。在另一方面,他并未说明已经知道此定理是大约 3 世纪前由图西(Tusi)发现的。

图西写了一篇评论托勒密并讨论如何改进其工作的文章。该文中有一条引理,谈到"我在这个问题上没有从前人承受任何东西,此处所述是我自己发明的"(Carra de Vaux in Tannery,第 348 页)。图西原来的图形为两个圆,分别对应于哥白尼的 ADB 和 GHD。但是哥白尼的第三个圆 CDE 已经纳入图西的图形。图西的一对圆——无论是原来的还是经过修改的图形——怎样变成哥白尼的式样,至今仍不清楚。图西的 Kitab al-tadhkira 在哥白尼之前的译本还从未发现过,而哥白尼不懂阿拉伯文。

哥白尼怎样得到图西的一对圆,无论将来弄清楚这是什么一回事,这位波斯天文学家的独特发明对他而言是无价之宝。哥白尼假定(1)二分点岁差的速率和(2)黄赤交角都作周期性变化。为了产生这样的变化,他取一个点(其本身为一个滚动球体的中心)在一段直线上以可变速率来回滑动。然而在哥白尼的机械宇宙中,任何物体均为球形并作圆周运动。但是图西的一对圆具有突出的优点,即由转动圆圈或转球可以产生直线运动。这就说明为什么哥白尼愿意把图西的圆对引入他的岁差与黄赤交角机理中。他在此又一次冲击了亚里士多德的严格的天地二分论。按这种理论,在地上只能有直线运动,而圆周运动是崇高的天体所独有的特征。与此相反,在哥白尼的非亚里士多德宇宙中,地球也是一个天体,因此没有任何理由能够说明,为什么在地面上常见的直线运动对宇宙中其他地方不能同样适用。

伽利略在他的早期作品《论运动》(On Motion)中,采用哥白尼著作中所载的图西圆对〔伽利略,《文集》(Opere),国家版,Ⅰ,326:4—9;英文译本载《伽利略、伽利莱论运动和论力学》(Galileo Galilei on Motion and on Mechanics,麦迪逊,1960 年,第 97 页)〕。虽然不知道伽利略撰写《论运动》的确切时间,但这应在 1589 年与 1592 年之间。因此,当他于 1597 年 8 月 4 日写信给开普勒时,他对《天体运行论》已经十分熟悉。他在该信中写道,他"在许多年以前就转到我们的导师…哥白尼的学说一边了"(伽利略,《文集》,Ⅹ,68:17—18,22)。

(42)这段被删掉的文字首次在 T 中印出。该版本把它错误地描述成"天文学史上最重要的成就"(第 166 页)。在这种错误概念的支配下,Me 宣称哥白尼隐约预见到"行星的椭圆形轨道"(第 1 卷第 130—137 条注释)。但就他那个时代的椭圆概念而言,哥白尼根本没有想到这会是行星轨道。因为哥白尼删去了此处提到的椭圆,他并不打算在别处讨论这个问题。

(43)译成"令此圆为"的原词是在对开纸 75ᵛ 的末尾,而这句话接下去是在对开纸 78ᵣ 上面。哥白尼在中间插进一张 E 型纸(对开纸 76—77),于是使原来含有五张 C 型纸的第 h 帖成为有六张纸(NC-CW,Ⅰ,7,13)。插入一张纸的缘故是,哥白尼本来在对开纸 78ᵣ 的中部写完Ⅲ,5,并紧接在Ⅲ,5 之后开始写Ⅲ,6。后来他决定对Ⅲ,5 作补充,但由于在对开纸 78ᵣ 上已经没有地方,他便插进一张 E 型纸,并把它编号为对开纸 76—77。他把对Ⅲ,5 的补充写在对开纸 76ᵣ 上,而留下该页的下半部为空白。

(44)哥白尼把"阿里斯塔尔恰斯"改写为"阿里斯泰拉斯"(对开纸 78ᵛ 第 2 行)。他在 PS 1515 中(对开纸 73ᵣ,75ᵛ)看见一位古希腊天文学家的名字被篡改为"阿尔萨蒂里斯"(Arsatilis)。在他现存于瑞典乌普萨拉大学图书馆的个人抄本中(对开纸 75ᵛ),他把这个名字改成"阿里斯塔尔恰斯"。一直到 1524 年 6 月 3 日,他在《驳魏尔勒书》中仍然错误地认为"阿尔萨蒂里斯"就是"阿里斯塔尔恰斯"。只是在这之后他才把此处的"阿里斯塔尔恰斯"划掉,并在边缘代之以正确的名字阿里斯泰拉斯。他在Ⅱ,2靠近末尾处肯定也应作同样替换,该处的"撒摩斯的阿里斯塔尔恰斯"与"阿里斯塔尔恰斯"依然未变(对开纸 73ʳ 倒数第 20 行和倒数第 12 行)。如果他把该处的名字改正过来,他就可以解脱自己所犯的历史性错误,因为不能认为测定黄赤交角为23°51′20″的是阿里斯泰拉斯,也不是阿里斯塔尔恰斯〔见注释(35)〕。

(45) 在 PS(Ⅶ,3)中只有一次提到阿格里,认为他是与门涅拉斯同时代的一位观测者。

(46) 根据Ⅲ,2,哥白尼: 　　　1849 亚历山大年

　　　　　　提摩恰里斯: 　　　　30

　　　　　　　　　　　　　　———————

　　　　　　　　　　　　　　1819 年。

(47) 这个 432 年的周期为从提摩恰里斯(亚历山大 30 年)到托勒密〔亚历山大 462 年,见注释(25)〕的时间间隔。

(48) 这个 742 年周期为从托勒密(亚历山大 462 年)到阿耳·巴塔尼的时间间隔。由此可知后者为亚历山大 1204 年〔见注释(28)〕。

(49) 哥白尼: 　　　　　　　　1849 亚历山大年

　　　阿耳·巴塔尼: 　　　　1204

　　　　　　　　　　　　　———————

　　　　　　　　　　　　　645 年。

(50) 1819 年:360°+21°24′=381°24′

　　　381°24′:1819=360°:1716.9,哥白尼把后一数字写成 1717 年。

(51) 85°30′+146°51′+127°39′=360°;

　　　90°35′+155°34′+113°51′=360°

(52) 　　1819 年　　　　　　　645

　　　　−1717　　　　　　　−102

　　　　———————　　　　　———————

　　　　　102　　　　　　　　543 年

(53) 从提摩恰里斯到哥白尼,共 1819 年〔见注释(46)〕。

哥白尼测定的角宿一位置为从天秤座第一点量起 17°21′(Ⅲ,2);提摩恰里斯测定结果为从巨蟹座第一点量起 82°20′=室女座内 22°20′;从室女座22°20′到天秤座 17°21′=25°1′。但在对 1819 年取 25°1′(= 1501′)时,哥白尼对 1717 年应得 23°37′(=1417′),而非 23°57′(=1437′;对开纸 78ᵛ 倒数第 4 行)。在这个数字重复出现时(对开纸 79ʳ 第 9 行),哥白尼在一个擦掉而目前已难以辨认的数目上写出 57′。23°57′是视行度的值,它对平均行度的计算可能起干扰的作用。

(54) 因为在 1717 年中走过 23°57′(=1437′),于是要过 25809 年;而非 25816 年(如在对开纸 79ʳ 第 11 行)才能走完 360°(=21600′);25816÷1717=15 ¹/₂₈。

(55) 哥白尼在此处又一次忘记把阿里斯塔尔恰斯改为阿里斯泰拉斯〔见注释(45)〕。

(56) 哥白尼起先在对开纸 79ʳ 第 23 行把阿耳·巴塔尼的分数值误写为 27(xxvii)。当他察觉这一错误时,他把两个 i 擦掉,并在左边缘加上第三个 x。然而在这样做时,他忘掉自己以前给出的分数为 36(对开纸 73ʳ 第 17 行)。

(57) 因为哥白尼最早记录的观测是在 1497 年 3 月 9 日(Ⅴ,27),我们有理由认为他写Ⅲ,6 大约是在 1527 年。他提到自己的"经常观测"。有些人忽略了这一点,误认为他只是偶尔观测,而没有了解到他所讨论的并非自己的全部观测,而只是选出的少数几次。

(58) P—R 第一卷命题 17。

(59) 当哥白尼在波伦亚大学就读时,多门尼科·玛丽亚·诺法拉(1454—1504)为该校天文学教授。正如哥白尼自己向列蒂斯(3CT,第 111 页)所谈到的,他"与其说是博学的多门尼科·玛丽亚的学生,还不如说是助手和观测见证人"。

哥白尼相信黄赤交角会在 3434 年内变化一周,并回复到原来的极大值 23°52′。在此之后黄赤交角的变化进入一个新的 3434 年周期,在此期间它又一次减小到极小值 23°28′。哥白尼在提出这一周期时,违反了当时已经取得的证据,即黄赤交角从 23°51′20″ 稳定也减少到 23°28⅓。

康潘涅拉与哥白尼关于黄赤交角反复增减的概念相反,坚持认为既然在历史上只知道这个数量在减少,只能指望它继续减少。因此日地距离会缩小到太阳的炽热终于焚毁我们所栖息的星球。于是会实现《启示录》20 中严酷的幻想。这种末日火灾自然与哥白尼所预料的黄赤交角 3434 年周期无限循回不能相容。

(60) 哥白尼原先把这四个表放在他的星表之后,而星表于 69ᵛ 结束。后来他想到最好把这些表置于他在Ⅲ,1—6 中对岁差的历史和理论所作的讨论之后。这时他砍掉逐年和逐日均匀岁差的两个表,留下第 g 刀纸的残页即对开纸 69ᵇⁱˢ(NCCW,Ⅰ,5,12)。与此相似,他也没有放弃对开纸 70,即第 g 刀纸

的最后一张。他是恐怕这样做会使该对开纸单独留存。他的做法是用对角线把逐年和逐日非均匀行度的两个表划掉。后来他在对开纸 80ʳ—81ᵛ 上重抄所有这四个表，并更换了许多数值。

（61）按Ⅲ,6 后面的二分点岁差逐年均匀行度表，

$$420 \text{ 年} = 7 \times 60 \text{ 年} : 5°51'24''$$
$$12 \qquad : 10\ 2\ 25'''$$
$$432 \text{ 年} : 6°\ 1'26''25''', \text{哥白尼把此数写成 } 6°。$$

（62）对天蝎座恒星位置的测定结果（Ⅲ,2）为

$$36°20' （托勒密）$$
$$32 \qquad （提摩恰里斯）$$
$$差值 \ 4°20' ; 6° - 4°20' = 1°40'。$$

（63）在手稿中这段话开始于对开纸 82ᵛ 的末行。在左边缘的一条垂直线与贯穿该页底部的一条横线相连，表示这段话移后。一直移到对开纸 82ᵛ，该处左边缘有一条长而垂直的波浪形线，一直延伸到含有插入文字一行之上（本书第三卷第七章最末一段）。在与之相对的地方，即在对开纸 82ᵛ 的左边缘，哥白尼重写被移后一段话的前三个字，但在进一步考虑后把它们删掉了。

（64）前注所说的后移的一段话在此处开始。

（65）因∠BIG≅23°40'，按弦长表，在取 IB＝100 时，BG＝40，而取 IB＝50，则 BG＝20。

（66）按弦长表，对 45°20' 有 71 121，对 45°10' 有 70 916；因此对 45°17½' 有 71 070，而当半径由 100 000 减少成 10 000 时，为 7107。

（67）按弦长表，取 ED＝3°，则 AB：BF＝100 000：5234≅19：1。70'÷19≅3⅔，哥白尼把此数写为 4'。

取 ED＝6°，则 AB：BF＝100 000：10453≅9⅗：1；70'÷9⅗＝7⅓，哥白尼把此数写为 7'。

取 ED＝9°，则 AB：BF＝100 000：15356＝6½：1；70'÷6½＝10¾，哥白尼把此数写为 11'。

（68）哥白尼决定把超过 23°28' 的任何黄赤交角都用六十进位的分数来表示，这比十进位分数的采用约早半个世纪。德尔克·J. 斯楚伊克（Dirk J. Struik）在《西蒙·斯蒂芬的主要著作》（*Principal Works of Simon Stevin*）第二卷（阿姆斯特丹，1958 年）第 373—385 页在介绍斯氏文对这一课题的论述时，简略叙述十进位分数的早期历史。

（69）22：24＝55：60；20：24＝50：60。

（70）哥白尼在此（对开纸 84ᵛ 第 10 行）又一次讨论为阿耳·巴塔尼所定出的亚历山大 1204 年〔见注释（28）〕。

（71）从Ⅲ,6 后面的逐年岁差均匀行度表可知

$$对 \ 12 \times 60 = \quad 720 \text{ 年} : 10°\ 2'25''$$
$$+ \quad 22 \qquad 18\ 24\ 25'''$$
$$\overline{742 \qquad 10°20'49''25''', 哥白尼把此数写成 \ 10°21'。}$$

（72）阿耳·巴塔尼：天蝎座47°50'

$$托勒密： \qquad\qquad 36\ 20$$
$$差值 \qquad\qquad 11°30'$$

（73）从Ⅲ,6 后面的逐年岁差非均匀行度表可知

$$对 \ 12 \times 60 = \quad 720 \text{ 年}: \quad 60° + 15°28'49''$$
$$+ \quad 22 \qquad\qquad 2\ 18\ 22\ 51'''$$
$$\overline{742 \qquad\qquad 77°47'11''51'''}$$
$$2 \times 77°47' = 155°34'$$

（74）1000：356＝70'：24.9'，哥白尼把后一数字写为 24'。MBO＝MB＋BO＝50'＋24'＝74'。NO ＝MN－MO＝1°40'－74'＝26'。

（75）哥白尼在这个问题上的做法受到 16 世纪法国最大数学家佛朗索瓦·维塔（Frangois Viète）的严厉批评。维塔在他所著《阿波罗尼斯·加卢斯》（*Apollonius Gallus*，巴黎，1600 年）中插入第二附录，谈到：

> 天文学家对一些问题并未讨论其几何图像，因此他们的解不能令人满意。
> 托勒密本人以及重述托勒密著作的哥白尼试图由三次平均冲和同样数量的观测冲来确定高拱点位置以及偏心率或本轮半径。这时他们缺乏几何知识，因为他们假定问题已获解决，于是他们对问题的处理不能令人满意。实际上哥白尼不仅承认自己不够熟练，还在《天体运行论》第三卷第九章显示出这种情况。他在该处想用提摩恰里斯、托勒密和阿耳·巴塔尼的观测求出二分点的最大行差以及与减速极限处的近点距离。他指令圆周转动，直至机遇出现时从他自己违反几何学

的做法所产生的误差会消失。这时他已不是一位科学家,而像是一个赌徒。因此法国的阿波罗尼斯〔维塔〕的第二附录也会使天文学家受到鼓舞。就几何学而言,哥白尼肯定比一个不熟练的计算员还不熟练。因此他把托勒密所忽略的东西也遗漏了,此外,他还犯了许多错误。但是在我的"Francelinis"〔为纪念佛朗索瓦,德·罗昂(Fransoise de Rohan)而作〕中,我补充缺少的材料并改正大的差错。我在该书中还将描述用所谓的阿波罗尼斯假设对天体运行所算出的普鲁士表。如果不满足于托勒密假设,不采用绕额外的中心和次中心运动,也不采用本轮倾斜,则可承认阿波罗尼斯假设。

维塔的著作流传不广,因此他对哥白尼的抨击暂时鲜为人知。"他的作品都靠自费印刷并自己保存,因此尽管著作甚丰,发行量却很小。他是一个从不追求金钱的人,他把自己的书慷慨赠予朋友和有关问题的专家"。上述维塔对自己出版物的安排,是在这位数学家死后不久由他的朋关贾克斯·奥古斯特·德·杜(Jacques-Auguste de Thou)(1553—1617)于1603年在其关于当代历史的名著《按时间顺序的历史》(Historiarum sui temporis libri)第四版(巴黎,1618年)中谈到的。但是当维塔的数学著作被搜集起来并重新刊布时〔《数学文集》(Opera mathematica),莱顿,1646年〕,他的Apollonius Gallus是在第325—346页,而第二附录在343—346页。维塔的《数学文集》最近重印发行〔海耳德希姆(Hildesheim),1970年〕。

当他的Apollonius Gallus首次出版时,一位科学赞助人得到这本书,立即寄了一本给第谷。当时开普勒在第谷手下工作,他见到维塔的书,却没有机会来仔细检验它(开普勒,《全集》第十四卷第134页第276—277行)。于是开普勒在1600年7月12日写信向赞助人谈道:

> 我寄给你一个几何问题。如果你想为天文学做一点有益的事,请将它转给维塔……迄今为止我一直使用它,但没有任何证明……我需要用双倍的虚构,或者这样说吧,虚构的平方:借用维塔在论述对这种冲的三次观测时所用的完全正确的说法,是一个赌徒的非科学办法。维塔的这一论述使我指望也由他来解决我的问题。如果我首先得出证明,我将告诉他。迄今为止我都没有求得解答。我认为这是因为自己在这一领域中缺少实践经验(同书第十四卷第132页第174—175行和第184—194行)。

不知道开普勒的问题已否转给维塔。开普勒未能得出一个简洁的解。在和这个问题打了长期而痛苦的交道后,他得到下面的结论:

> 会有一些像维塔那样严谨的几何学家,他们认为这个方法是外行的,而论证这一点是有意义的。在这件事情上是维塔对托勒密、哥白尼和瑞几蒙塔纳斯的工作提出反对意见。如果这些人都精通几何学并用几何方法来解决问题,那么就我看来他们都是了不起的权威。至于我自己,为了从一项简单的论证(包含四次观测和两个假设)得出四、五条结论,即是想从迷宫中找到一条正确的出路,我不用几何方法,而只要有一点非科学的思路就够了(然而这个思路会使你求得解答)。如果这种方法难于理解,那么不用任何方法来研究问题就更难理解了(同书第三卷156页9—18行)。

维塔坚持追求精确,而对天文学的进展毫无贡献。哥白尼和开普勒把这门学科的水平提高了。他们都是在没有严格解式的情况下采用近似方法。"他〔维塔〕蔑视天文学家(尤其是哥白尼)的数学才能,力求说明一位真正的数学家能够创立远非天文学家所能想象的优美模型……然而他停留在几何学上,因而并不认为深入探讨问题的实质是他的职责……而问题不能单靠几何学来解决。诸如他的"方程能否正确描述一颗行星的运动"以及"观测……能否证实……这些方程的精确性"都是这类问题〔《天文学史杂志》(Journal for the History of Astronomy,1975,6:206—207)〕。

这篇新近文章的作者设想维塔要编一本"法国表"("French Tables")(同书第185、188、189、196、207页)。这个说法与历史情况不符,它来源于对维塔在其著作Apollonius Gallus的第二附录中所用的一个新词的误解。维塔把他所著《解析术导论》(Introduction to the Analytical Art,1591年)献给一位贵妇人。维塔以他独特的热情洋溢的方式称她为"梅露西尼斯"("Melusinis")。维塔为她的"最亲爱的姊妹佛朗索瓦·德·罗昂"在一次求婚毁约诉讼中担任法律顾问。在1598年初胡根诺茨(Huguenots)的毁灭性失败之后,佛朗索瓦给了他一个安全的避难所。维塔奉献他的《解析术导论》一书,就在佛朗索瓦家里签注日期。在佛朗索瓦于1591年12月去世后,维塔曾经想用他准备写的一本天文著作的标题来纪念她。因为该书拟用拉丁文撰写,他需要把她的姓字改换为拉丁形式,而不致令人想起与佛兰西斯加(Francisca)(即常用的与佛朗索瓦相应的拉丁文名字)有联系的其他含义。为了避免混淆,维塔为梅露西尼斯的姊妹杜撰了一个假名"佛兰塞琳娜"(Francelina)。因此他的书名成为"佛兰塞琳尼斯"(Francelinis)这就像由埃里斯(Aeneas)变出埃尼斯(Aeneis)和把阿奇李斯(Achilles)改为阿奇莱斯(Achillies)。维塔原拟用"佛兰塞琳尼斯"来表彰佛兰科斯·德·罗罕,而不是法国。他并没有打算编什么"法国表"。这本书只存在于那位现代作家的想象之中。他写道:"维塔没有写完'法国表',但他确实开始写一本天文学巨著"(同书第 185 页)。这本书的标题曾经是"佛兰塞琳尼斯",但后来改为《天穹的和谐》(*Harmonicum coeleste*)。

我们在前面已经谈到,维塔在他没有写完的这部著作中提出要采用"所谓的阿波罗尼斯假设"。阿波罗尼斯假设的名称来源于它们把太阳置于行星运动的中心点。维塔喜爱希腊文,他这用阿波罗(即希腊的太阳神)的名字作为太阳的名称。因此,维塔的阿波罗尼斯假设和哥白尼一样,认为行星绕太阳运转。但是维塔并没有承认哥白尼的划时代的见解,即地球是一颗不断运动的行星。维塔和第谷一样,也认为地球静居于宇宙中心。我们在前面已经知道,他指出"如果对"由他修正过的"托勒密假设感到不满意",他就愿采用阿波罗尼斯假设。我们在上面提到的那位现代作者(第 185 页)没有看懂维塔的简单拉丁文,把对托勒密假设的不满意说成是对阿波罗尼斯假设的不满意。

维塔在《天穹的和谐》中除托勒密和阿波罗尼斯假设外,还考虑他自己的 hypotheses francilinideae 和 harmonia francilinidea〔莱布里(G. Libri),《数学科学史》(*Histoire des sciences mathematiques*),巴黎,1838—1841 年;第二版,1865 年:Ⅳ,298,299,301〕。我们谈到过的现代作者并没有提到维塔所用的 francilinidea 一词,而这种用法与 Francelinilis=法国表这个公式绝对不相容。该作者在刊布这个古怪的公式时,没有用任何方式予以解释或证明。

以前维塔的新词"Francilinidean"有一种误解,即认为他是"用自己的名字"来命名其理论〔《英国科学史杂志》(*British Journal for the History of Science*),1964—1965,2;295〕。但是维塔公开地和高傲地宣称自己是法国的阿波罗尼斯,即"Apollonius Gallus",而阿波罗尼斯是古希腊一位最著名的数学家的名字。很难设想维塔会采用隐含"佛朗索瓦"的"佛兰塞琳尼斯"这个不引人注目的名字来使自己名垂千古,而不久前对"佛兰塞琳尼斯"一词有过两种不同的误解。

(76)哥白尼把 $DG=45°17\frac{1}{2}'$ 减少了 $2°47\frac{1}{2}'=42°30'$。他还让 $DF=45°17\frac{1}{2}'$ 增加 $2°47\frac{1}{2}'=48°5'$。

(77) $DGCEPAF=DG+GCEP+PAF=$
$$\begin{array}{r} 42°30' \\ +155\ 34 \\ +113\ 51 \\ \hline 311°55' \end{array}$$

(78) $DGCEP=DG+GCEP=$
$$\begin{array}{r} 42°30' \\ +155\ 34 \\ \hline 198°4' \end{array}$$

(79)按Ⅲ,8 末尾的行差表,对 $311°55'$ 为 $+52'$,对 $42°30'$ 为 $-47\frac{1}{2}'$(对 $42°$ 为 $-47'$),对 $198°4'$ 为 $-21'$。

(80)第一时段:$\frac{1}{2}(311°55')=155°57\frac{1}{2}'$
第二时段:$\frac{1}{2}(42\frac{1}{2}°)\ \ =21°15'$
第三时段:$\frac{1}{2}(198°4')=99°2'$

(81)在手稿中此处(对开纸 85ʳ 第 20 行),哥白尼从Ⅲ,9 直接进入Ⅲ,11。这是因为他在一张插入的对开纸 76ᵛ 上已经把Ⅲ,10 写成。Ⅲ,10 的最后两行是在对开纸 77ʳ 的顶端。后来有人把这两行在对开纸 76ᵛ 底部译成德文。

(82)哥白尼说"约有"1387 年,这是因为他在Ⅲ,6 中报告说他测量黄赤交角历时 30 多年。

(83)按Ⅲ,6 末尾第三表,即二分点逐年非均匀行度表

$$\begin{array}{ll} 对 1380\ 年=23×60\ 年为 & 2×60'+\ 24°40'15'' \\ +7 & 44\ \ 1\ 49''' \\ \hline 1387\ 年 & 145°24'16''49''' \end{array}$$

哥白尼所写的数目为 $144°4'$(对开纸 76ᵛ 第 10 行)$\cong1374$ 年。因为他刚刚谈到从托勒密到他自己的时间间隔"约有 1387 年"而非正好为 1387,也许他是在 1512 年前后测出那段时期的简单近点角,并在以后保留这个数值。然而 N 把 $144°4'$ 改为 $145°24'$(对开纸 76ʳ 第 11 行)。

(84)此处 N 想把 $75°19'$ 换成上一条注释所要求修正的数值。N 把 $76°39'$ 误印为 $76°29'$(对开纸 76ʳ 倒数第 13 行)。

(85) $GK=GB+KB=$
$$\begin{array}{r} 932 \\ 967 \\ \hline 1899 \end{array}$$

(86) $1899:2000=22'56'':24'2''$。哥白尼把后一数值写为 $24'$。

(87)涅布恰聂萨尔二世于公元前 604 至 562 年在位。他属于达勒底王朝;而被哥白尼误认为是迦勒底人,我们今天肯定其为巴比伦人的纳波纳萨尔却比涅布恰聂萨尔二世几乎早一个半世纪在位。PS 1515(对开纸 33ᵛ)和 P—R(第三卷命题 21)却把后者误认作纳波纳萨尔。

(88) PS(Ⅲ,7)算出"从纳波纳萨尔即位到亚历山大大帝之死共为 424 埃及年"。因为哥白尼在其《驳魏尔勒书》中认为后一事件是在公元前 323 年(3CT 第 94—95 页)。哥白尼知道,曾经在公元前 586 年征服过耶路撒冷的涅布恰聂萨尔二世比起纳波纳萨尔要晚得多。托勒密把纳波纳萨尔的登基(在公元前 747 年 2 月 26 日)当作他所记载的最早事件之一。

(89) 夏耳曼涅塞尔五世于公元前 726 年至 722 年为亚述而非迦勒底的国王。

因此并非在巴比伦国王纳波纳萨尔(前 747—734)死后,夏耳曼涅塞尔五世立即登上亚述王位。

(90) 这个 28 年的约数使第一个奥林匹克会期的起点迟一年:747+28=公元前 775 年,而非 776 年。早已知道纳波纳萨尔即位是在公元前 747 年(3CT 第 94 页),而奥林匹克纪元的开端在过去(以及现在)却鲜为人知。托勒密以及在他之后的天文学家都置奥林匹克会期于不顾,而主要是政治及军事史学家们才使用这种纪元。不幸的是,哥白尼并未告诉我们是谁"发现第一届奥林匹克会期是在纳波纳萨尔之前 28 年"。对奥林匹克纪元的再次使用,进一步表明哥白尼对古希腊文化的人文主义态度。

(91) 沈索里纳斯的著作《关于诞长》〔On Birthdays (De die natali)〕出版于公元 238 年。他在第二十一章只是说"奥林匹克运动会……在夏天举行"。哥白尼的研究者们还没有确定,哥白尼是从哪些"其他公认权威"了解到奥运会从夏至日(而不是从夏至之后的第一个望日)开始举行。

(92) Hecatombaeon 是雅典历的第一个月。因为希腊其他地方各用自己的历法,它们起始的时间不同并用别的月份名称,古希腊人并没有通用的历法。

梅斯特林在他的 N 抄本(对开纸 76ᵛ 左边缘)写道:"哥白尼所算出的从奥林匹克会期开始到纳波纳萨尔的时间间隔比真实数值 28 年 247 天少了一整年。"

(93) 哥白尼的原文 Kalendas Ianuarii, unde Iulius Caesar anni a se constituti fecit principium,直接引自沈索里纳斯第二十章第 7 页。

(94) 哥白尼的原文 pontifex maximus suo tertio et M. Aemilii Lepidi consulatu,直接引自沈索里纳斯书第二十章第 10 页。

(95) 哥白尼的原文 Ex hoc anno ita a Iulio Caesare ordinato caeteri···Iuliani,直接引自沈索里纳斯书第二十章第 11 页。然而由于修辞的缘故,哥白尼把沈索里纳斯的 ad nostram memoriam 换成 deinceps, appellantur 换成 sunt appellati。哥白尼所用的词句 ex quarto Caesaris consulatu 也取自沈索里纳斯书第二十章第 11 页。

(96) 哥白尼在对开纸 85ᵛ 第 9 行把蒙思蒂阿斯·普朗卡斯氏族的名字误写作"纽马蒂阿斯"("Numatius")。在沈索里纳斯于 1497 年 5 月 12 日在波伦亚(当时哥白尼正在该城求学)出版的书中,可以查到这一误写的名字。

(97) 哥白尼的原文 quamvis ante diem ⅩⅥ Kalendas Februarii···divi filius···sententia Munati Planci a senatu caeterisque civibus appellatus···se septimo et M. Vipsanio consulibus. Sed Aegypti, quod biennio ante in potestatem venerint···直接取自沈索里纳斯书第二十一章第 8—9 页。但是哥白尼认为值得向读者说明被奉为神明的是尤里乌斯·恺撒,而沈索里纳斯著书是在罗马帝国鼎盛时代,他感到不必这样做。

(98) 托勒密的星表在何种程度上与他伟大的先行者喜帕恰斯(已经失传的)星表相同?在哥白尼时代还没有人提出这个问题。

(99) 因为一个埃及年正好为 365 日而不置闰年,每隔四年比包含 365¼ 日的罗马年少一天。因此从基督纪元开始到 139 年 2 月 24 日托勒密星表历元(="138 罗马年又 55 日"),埃及年比罗马历挪后 34(=136÷4)天。

(100) 为了计算从第一届奥运会到托勒密星表历元之间的时间,哥白尼把以下几个时段加在一起:

从第一届奥运会到纳波纳萨尔	27ʸ	247ᵈ
亚历山大	424	
尤里乌斯·恺撒	278	118½
奥古斯塔斯	15	246½
基督	29	130½
托勒密	138	89〔=55+34〕
		831½
	2—730	
	913ʸ	101½ᵈ

哥白尼把½ᵈ从这个总和中悄悄地勾掉,这是因为从基督到托勒密纪元,即从罗马历午夜到埃及历正午,差值仅为 12ʰ。

(101) 按Ⅲ,6 末尾的逐年和逐日岁差均匀行度表

$$
\begin{array}{lrr}
\text{对 } 900^y = 15 \times 60 \text{ 为} & 12°33'\ 1'' & \\
13^y & & 10\ 52\ 37''' \\
60^d & & 8\ 15 \\
41^d & & 5\ 38 \\
\hline
\end{array}
$$

$12°44'\ 7''30'''$,哥白尼把此数写成 $12°44'$。

按Ⅲ,6 末尾的逐年和逐日二分点非均匀行度表

$$
\begin{array}{lrr}
\text{对 } 900^y \text{ 为} & 60°+3\ 4°21'\ 2'' & \\
13^y & 1\ 21\ 46\ 13''' \\
60^d & 1\ 2\ 2 \\
41^d & 42\ 23 \\
\hline
\end{array}
$$

$95°44'32''38'''$,哥白尼把此数写成 $95°44'$。

(102) 按Ⅲ,8 末尾的二分点行差表,对 $42°$ 为 $47'$。

(103) 哥白尼原来把分数写为 44(对开纸 85^v 末行),这和他刚好在上面〔对开纸 85^v 倒数第 15 行,见注解(101)〕所写数值一样。后来他把对开纸 85^v 末行的 44 划掉,而代之以底边的 45。

(104)
$$
\begin{array}{r}
360°+21°15' = 381°15' \\
-\ 95\ 45 \\
\hline
285°30'
\end{array}
$$

(105) 哥白尼把基督纪元的这个历元 $5°32'$ 十分明显地写在他的二分点岁差均匀行度表(在Ⅲ,6 末尾,对开纸 80^r)的中间一栏,而这一栏通常是空着的。然而 N 和 B 把这个历元略掉了,A 首次予以恢复。如果哥白尼把他的历元置于他的数值表某栏之顶或底,或置于某个别的显著位置上,则他的表会更便于查阅和使用。假如他生活在一个类似研究中心的科学活动广泛开展的环境中,他会认识到这种易于了解的标题多么有用。实际上他一生中最富有成果的年代是在与同辈科学家个人接触极少的情况下度过的。进一步说,他与大学校的联系也很少,而校中低年级学生会促使他采用这种有价值的标题。经验丰富和成效卓著的教师梅斯特林就是一个鲜明的对比。他在其 N 抄本中(对开纸 70^v 左边一栏的底部)列出一切有关的历元。

(106)
$$
\begin{array}{r}
20°55'\ 2'' \\
20\ 55 \\
16 \\
5\ 32 \\
\hline
\end{array}
$$
$26°48'13''$,哥白尼把此数写为 $26°48'$。

(107)
$$
\begin{array}{r}
120° \\
37\ 15\ 3'' \\
2\ 37\ 15 \\
2\ 4 \\
2 \\
6\ 45 \\
\hline
\end{array}
$$

$166°39'24''$,哥白尼把此数化为 $2\times60°+46°40'$。

(108) $2\times166°40' = 333°20' = 5\times60°+33°20'$。

(109) 但是 $32'+26°48' = 27°20'$。哥白尼原来把分数写为 22,随后先改成 19,最后成为 21(对开纸 87^r 第 3 行)。他在作出这一决定时,可能受到前面把平均岁差超出 $26°48'$ 的 $13'''$ 略掉〔见注释(106)〕的影响。另一种想法见下一条注释。

(110) Ⅲ,2 中的数值与 $21'$ 相符,这对哥白尼在对开纸 87^r 第 3 行所作的最后决定无疑是有影响的。但是那些指责哥白尼捏造数字的人应当记住,他在Ⅲ,2 中说过分数近似(proxime)为 21(对开纸 72^v 倒数第 9 行)。

(111) 按Ⅲ,6 末尾二分点逐年非均匀行度表,对

$$
\begin{array}{lr}
880^y = 14\times60^y = 8\ 40^y \text{ 为} & 60°+2\ 8°\ 3'38'' \\
40^y & 4\ 11\ 36\ 6''' \\
\hline
& 92°15'14''6''' \\
\text{基督历元} & 6\ 45 \\
\hline
& 99°
\end{array}
$$

(112) 按Ⅲ,8 末尾的行差表,对 $99°$ 为 $25'''$。

(113) 哥白尼在沈索里纳斯书第 19 章中找到阿里斯塔尔恰斯所测出的一年的长度。

(114) 托勒密　　　　462^y　　68^d　　$19\frac{1}{5}^h$

喜帕恰斯　　　176　　363　　12

―――――――――――――――――

　　　　　　　285^y　　70^d　　$7\frac{1}{5}^h$

(115) $285 \div 4 = 71^d 6^h$。

(116) $71^d 6^h - 70^d 7\frac{1}{5}^h = 22\frac{4}{5}^h$

$22.8 : 24 = 19 : 20$.

(117) 一天可以分为 24 小时,每一小时为 60 时分($=24^h \times 60^m$);一天也可分为 60 日分,每一日分为 60 日秒($=60^{dm} \times 60^{ds} = 3600^{ds}$)。按这些划分一天的方法,一个回归年除 365^d 外还有 $6^h - 1/300^d$ 或 $15^{dm} - 1/300^d$。按第二种方法,$1/300 = 12^{ds}$,而一个回归年为 $365^d 14^{dm} 48^{ds}$。

(118) 哥白尼采用 P—R(第三卷命题 2)所述阿耳·巴塔尼的观测结果,即认为分点是在"日出前 $4\frac{3}{4}^h$",而不是 $4\frac{3}{5}^h$(此为哥白尼书对开纸 88^r 第 8 行所取数值)。

(119) 哥白尼在 IV,29 中说明如何把在某一条子午线上所作观测的时间化为另一条子午线上的地方时。

(120) $7^d 2\frac{2}{3}^h = 168.4^h = 10104^m \div 743 = 13^m (+445/743^m \cong 36^s)$

(121) 哥白尼原来写的是"法尔米亚"(对开纸 88^r 倒数第 15 行)。随后他把"法尔米亚"划掉,并在右边缘写上佛劳恩堡(Frauenburg)。这是一个德国地名,意为"女主人之堡"。他由此想出一个希腊名字"吉诺夏"(Gynautia),后来代之以"吉诺波里斯",即与德文佛恩堡正好相应的希腊文名字。前面在 III,2 中(对开纸 72^r 倒数第 10 行),哥白尼把他的观测地点称为"赫尔米阿"(Hermia)。这大概是要让熟悉希腊的读者想起此即哥白尼曾为其牧师会的一员的总教堂之所在地。他在对开纸 72^r 倒数第 8 行甚至杜撰了赫尔米阿的一个变形字,但在这上面两行他把此字与"赫尔米阿"一齐删掉了。在此之后他完全不用"赫尔米阿",因为他采用"吉诺波里斯"为其住地的希腊文名字。一位近代想要贬低哥白尼的人,认为哥白尼喜欢这个希腊地名是某种故弄玄虚的表现。但是这个人学识浅陋,他不了解哥白尼热爱古希腊并为促进他的祖国对希腊的研究而努力不懈。

(122) 哥白尼最后确定这次秋分的时刻为"日出后 1/2 小时"。在此之前,他曾经写为日出之"前",随后在边缘写上是日出"前 1 小时"(对开纸 88^r 倒数第 12 行)。这些变化的原因不清楚。按 Z 第 204 页,对佛罗蒙波克而言这次秋分的时刻为上午 8 点 31 分。

(123) 　哥白尼:埃及历 1840 年 2 月 6 日 $= 1839^y 36^d = 1838^y 401^d$。

　　　托勒密:埃及历　463 年 3 月 9 日 $= 462^y 69^d$。

　　　二者相隔 $1376^y 332^d$。

　　　哥白尼的在佛罗蒙波克日出后 1/2$^h \cong$ 在亚历山大日出后 $1\frac{1}{2}^h$。

　　　托勒密的地方时 $\cong$ 在亚历山大日出后 1^h。

　　　二者相隔 $\frac{1}{2}$ h。

(124) 　　$158^d 6^h$

　　$-153\ 6\frac{3}{4}^h$

　　―――――――――

　　　　$4^d 23\frac{1}{4}^h$,而非 $4^d 22\frac{3}{4}^h$。

$4^d 22\frac{3}{4}^h : 633^y = 1^d : 127.9^y$,哥白尼把此数写成 128^y。

(125) $1376 \div 4 =$　344^d

　　　　　　　-332　　$\frac{1}{2}^h$

　　　　　　　――――――――

　　　　　　　$11\ 23\frac{1}{2} \cong 12^d$.

(126) $1376 \div 12 = 114\frac{2}{3}$,哥白尼把此数写成 115 年。

(127) 哥白尼原先把这次春分的时刻定为"日出前 $3\frac{1}{4}^h$"(对开纸 88^v 第 2—3 行)$=$ 上年 2:45 而非上午 4:20。按 Z 第 204 页,真实时刻为平均时上午 1:05。

(128) 托勒密和哥白尼对春分点所作观测之间的时间也为 $1376^y 332^d$,因为这两位天文学家都是在刚讨论过的秋分点之后进行春分点观测。在每个情况下两个分点之间的时间均为 178^d。托勒密的年份为亚历山大 463 年;埃及历 3 月 9 日 $=$ 第 69 日 $+ 178^d =$ 第 247 日 $=$ 9 月 7 日。对哥白尼而言,观测时段为从 1515 年 9 月 14 日至 1516 年 3 月 11 日,共计 178 日(在 1515 年 9 月为 16 日,10 月为 31 日,11 月 30 日,12 月为 31 日,1516 年 1 月为 31 日,2 月为 29 日,3 月为 10 日)。

(129) 　哥白尼:午夜后　　$4\frac{1}{3}^h$

　　　托勒密:正午后　　　1^h

　　　――――――――――――

　　　　　　　　　　$15\frac{1}{3}^h$

　　$+\ 1$(佛罗蒙波克与亚历山大之间的时差)

$$16\tfrac{1}{3}{}^{\text{h}}$$

（130）哥白尼从 P—R（第三卷命题 2）了解到关于撒彼特的情况。按撒彼特的著作《论太阳年》(*On the Solar Year*)〔拉丁文译本见佛朗西斯·卡尔摩迪(Francis. J. Carmody)，《撒彼特·克拉的天文著作》(*The Astronomical Works of Thabit b. Qurra*，伯克利，1960 年），第 74 页，第 108 节〕，一个太阳年为 $365^{\text{d}}15'22''47'''30''''$。

（131）$15^{\text{dm}} = \tfrac{1}{4}{}^{\text{d}} = 6^{\text{h}}$

$1^{\text{d}} = 60^{\text{dm}} = 3600^{\text{ds}} = 24^{\text{h}} = 1440^{\text{m}} = 86\,400^{\text{s}}$

$1^{\text{ds}} = \tfrac{2}{5}{}^{\text{m}}$

$23^{\text{ds}} = 9\tfrac{1}{5}{}^{\text{m}} = 9^{\text{m}}12^{\text{s}}$

（132）阿基米德在其短文《论圆周测量》(*On the Measurement of a Circle*)的命题 1 中，求内接或外接于一个正方形的圆的面积。他在外面的或里面的正方形中作一系列多边形，其面积逐步接近已知圆的面积。可以认为这个数量与太阳的平均行度相似，而其非均匀行度可与多边形不断变化的面积相比拟。哥白尼举出过这个类似事例（对开纸 89^{r} 倒数第 18—17 行），但后来把它划掉了，这或许是因为他考虑到读者对阿基米德的著作即使有所了解也是很少的。

（133）原来所取差值仅为 1^{ds}（对开纸 89^{v} 第 9 行）。哥白尼后来在左边缘加 $\tfrac{10}{60}{}^{\text{ds}}$，因为他把自己测定的恒星年长度增大了这样多：

哥白尼 　 $365^{\text{d}}15^{\text{dm}}24^{\text{ds}}10^{\text{dt}}$

—撒彼特 　 $365^{\text{d}}15^{\text{dm}}23^{\text{ds}}$

$1^{\text{ds}}10^{\text{dt}}$

（134）哥白尼原来测出的恒星年长度（对开纸 89^{v} 第 10—11 行）为 $365^{\text{d}}15^{\text{dm}}24^{\text{ds}}$。他后来在左边缘对此数加上 $10/60^{\text{ds}}$。

（135）此值原为 $6^{\text{h}}9^{\text{m}}36\tfrac{24}{60}{}^{\text{s}}$（对开纸 89^{v} 第 11 行），哥白尼后来把 $24/60^{\text{s}}$ 删去。把 xxxvj 末尾的 j 擦掉，并在 v 上面写字，使之成为第四个 x。因此他必须把Ⅲ，14 末尾逐年太阳简单均匀行度表中载有秒数和六十分之几秒的两栏删掉。他在包含被删去数字的空白处的右边写上两栏新的数字。

$15^{\text{dm}} = 6^{\text{h}}$

$24^{\text{ds}} = 9\tfrac{3}{5}{}^{\text{m}} = 9^{\text{m}}3\ 6^{\text{s}}$

$10^{\text{dt}} = 4^{\text{s}}$

$6^{\text{h}} \quad 9^{\text{m}}40^{\text{s}}$

（136）简单均匀年行度：$5\times 60° + 59°44'49''\ 7'''4''''$

＋岁差： 　　　　　　　　　　　 $50\ 12\ 5$

复合均匀行度： 　$5\times 60° + 59°45'39''19'''9''''$

简单均匀日行度：$59'8''1\ 1'''22''''$

＋岁差： 　　　　　　　　 $8\ 15$

复合均匀行度： 　$59'8''1\ 9'''37''''$

（137）哥白尼在对开纸 94^{r} 上开始撰写这一章。但他刚写上本章的标题和号码就想到，他的逐年和逐日太阳简单均匀行度表（对开纸 90$^{\text{r—v}}$）以及逐年和逐日太阳均匀复合行度表（对开纸 93$^{\text{r—v}}$）应与逐年太阳近点角均匀行度表放在一起。于是他删掉本章的标题和号码，并把逐年太阳近点角均匀行度表置于对开纸 94^{r} 上。他从对开纸 94^{v} 开始写这一章。

后来在写完讲述太阳近点角的Ⅲ，23 之后，他对原来的数值感到不满意并重新推算（对开纸 102^{v} 左边缘）。于是他把对开纸 94^{r} 上的太阳近点角表划掉，并写上新的逐年太阳近点角均匀行度表以及与之相应的逐日行度表。他把这两个表写在一张 E 型纸上，并插进以前只有 C 和 D 型的第 i 刀纸中。这就是现在编号为对开纸 91$^{\text{r—v}}$ 的近点角不在其应有位置的缘故。按理说它们应在均匀复合行度表（在对开纸 93$^{\text{r—v}}$ 上）之后。此外，他没有使用对开纸 92$^{\text{r—v}}$，而让它空着（NCCW，Ⅰ，8，13）。

（138）哥白尼使用偏心圆，吕涅斯对此提出下面的见解：

因为哥白尼采用偏心轨道，他应当假定有别的轨道，才能填充与宇宙同心的行星天球。于是照我看来，他力求达到的唯一目标是，如何根据自己和其他人的观测使天体运行表更为精确。他可以采用传统天文学的观点，即第八层天球在运转，太阳也在运动，而地球静居于宇宙中心，便能达到上述目标（《法则和工具》，载于《文集》，1566 年巴塞耳版第 106 页）。

吕涅斯主张哥白尼只须努力修正天体运行表，而不必改变天文学的基本概念。这位葡萄牙数学家提出这个为时已晚的劝告，是由于他坚定地信奉传统的宇宙论。

巴耳蒂的哥白尼传中一段错误的论述,把吕涅斯对哥白尼的真实态度长期掩盖住了。吉多·扎萨格尼尼(Guido Zaccagnini)在其所著传记《贝纳丁诺·巴耳蒂》的第二版〔匹斯托雅(Pistoia),1908 年〕第 331 页发表了这一论述。不持怀疑态度的读者从该处了解到"裴德罗·吕涅斯赞美……哥白尼并称他为不仅与古人相比是杰出的,而且在天文研究中是绝对不可思议的一位天文学家"。当比林斯基在《哥白尼研究》第九卷(1973 年)中重印巴耳蒂的哥白尼传中经扎萨格尼尼误译的这句话时,他指出这个对哥白尼的过分颂扬并非来自吕涅斯,而来自彼得·拉姆斯(Peter Ramus)(第 76 页)。在此之后不久,比林斯基有机会查阅巴耳蒂的传记手稿,便证实了吕涅斯的名字与对哥白尼的赞扬联系在一起,只不过是一种误会而已〔比林斯基,《巴耳蒂的哥白尼传记》(La Vita di Copernica di B. Baldi),1973 年,第 23 页〕。

(139) 如果哥白尼不愿意保留传统的地心说术语〔见第二卷注释(3)〕,他就会想到泛指"离地球最远"的"远地点"对于地球的一个位置来说是完全不适宜的,因此代之以我们现在使用的名词"远日点"。由于同样原因,他应把两行下面的"近地点"改为"近日点"。

(140) $CFD>(CED=AEB)>AFB$。

(141) 欧几里得《光学》命题 5〔见第一卷注释(41)〕。

(142) 哥白尼在这个特殊情况下对用本轮还是偏心圆颇费踌躇。但是他毫不犹豫地相信,二者之中必有其一存在于宇宙之中(existat in caelo)。

(143) 这一证明是仿照 PS(Ⅲ,3)做出的。其实质可以重述如下:

$$GDF>DGF$$
$$EDG=EGD$$
$$EDF=GDF+EDG;EGF=DGF+(EGD=EDG)$$
$$\therefore EDF>EGF$$

(144) 按Ⅲ,14 末尾的太阳逐日简单均匀行度表,

对 60^d 为 $59°\ 8'\ 11''\ 22'''$

34	33	30	38	26
½		29	34	6

$94½^d$ $93°\ 8'\ 23''\ 54'''$,

哥白尼把后一数字写为 $93°9'$。

对 60^d 为 $59°\ 8'\ 11''\ 22'''$

32	31	32	22	3
½		29	34	6

$92½^d$ $91°10'\ 7''\ 31'''$,

哥白尼把后一数字写为 $91°11'$。

(145) 按弦长表,在取半径$=100\ 000$ 时,对 $2°10'$ 为 3781;而在半径$=10\ 000$ 时为 378。

(146) 按弦长表,对 $1°$ 为 1745,对 $50'$ 为 1454。因此当半径$=100\ 000$ 时,对 $59'=BH$ 为 1716,而当半径$=10\ 000$ 时为 172。

(147) $(378)^2=142\ 884$

$(172)^2=\ \ \ 29\ 584$

$172\ 468\cong(415)^2$

哥白尼原来写的是 415(对开纸 97^r 第 3 行)。后来他把最后一位数字擦掉,把它改写成一个 7,随后又变为 4。

(148) $414\times24=9936\cong10\ 000$。

(149) $EF:EL=NE:\frac{1}{2}弦(2NH)$

$414:172=10\ 000:4154.6$

按弦长表,对 $24°30'$ 为 $41\ 469\cong41\ 546$。

(150) 按Ⅲ,14 末尾的太阳逐日简单均匀行度表,

对 60^d	为 $59°\ 8'11''22'''$	对 60^d	为 $59°\ 8'11''22'''$
28^d	27 35 49 18	30^d	29 34 5 41
$\frac{1}{8}^d$	7 23 31	$\frac{1}{8}^d$	7 23 31
$88\frac{1}{8}^d$	$86°51'24''11'''$	$90\frac{1}{8}^d$	$88°49'40''34'''$

(151) 哥白尼从 P—R(第三卷命题 13)得到关于阿耳·巴塔尼和阿耳·查耳卡里的这项资料。

(152) 哥白尼在此处完全明确地指出,他注意研究一年长度的问题是由于第五届拉特兰会议提出改革历法的要求〔见原序注释(18)〕。一篇最近发表的论文指出,他对这个问题的关心并没有使他想到

地动学说。在哥白尼注意改历问题之前,他已经对托勒密体系感到不满并寻求一个更合意的体系。

(153) 在表示春分点与秋分点的间距的这个数字下面,哥白尼原来写的是另一个数目(对开纸 97^r 倒数第 3 行)。起先,在 PS 的 94½^d+92½^d 之后他写上 187^d(clxxxvij)。随后他在 c 下面加一点,表示此数有错,并把末尾的两个 i 擦掉,而它们上面的小点至今依稀可辨。他还把最后一位数拖长,并在它上面加一新点。日分数起先为 20½(xxs),这与从秋分点到下一个春分点的间距为 178^{d}53½^{dm} 的数字(对开纸 97^v 第 5 行)相等,并使回归年为 365^{d}14^{dm}。最后,两个 x 都被擦掉而改为现在的 v。

(154) P—R,Ⅲ,14 强调精确测定二至点的困难,建议改用间距各为一象限的下列四个星座的中点:金牛、狮子、天蝎、宝瓶。当哥白尼列出这些星座的名称时(对开纸 97^v 第 2—3 行),他从白羊座和室女座开始,而这种做法不当。在放弃这两个星座后,他改用金牛座,而在向右转向狮子、天蝎、宝瓶等星座之前又一次错误地重复使用室女座。

(155) 按Ⅲ,14 后面的太阳逐日简单均匀行度表,

$$
\begin{array}{ll}
对 45^d & 为 44°21'8''31''' \\
(1^d & 59'8''11''' \\
\underline{16^{dm}} & \underline{16'} \\
45^d16^{dm} & 44°37' \\
对 120^d=2×60^d & 为 60°+58°16'22'' \\
58^d & 57\ 9\ 54\ 59''' \\
\underline{53½^{dm}} & \underline{\sim\ 53\ 30} \\
\cdots\cdots\cdots\cdots & \cdots\cdots\cdots\cdots \\
176°53½^{dm} & 176°19'46''59'''
\end{array}
$$

(156) 哥白尼在对开纸 97^v 第 8 行说"重画圆 ABCD"。他没有预见到会很快就把这些字母的次序排列为 ADBC。

(157) 取 B 为秋分点和 C 为天蝎座的中点,则∡BFC=45°

(158)
$$
\begin{array}{r}
131°42' \\
+\ \ 45\ 23 \\
\hline
177°\ 5'
\end{array}
$$

哥白尼显然是想起 46″属于与 178^{d}53½^{dm} 相应的 176°19′〔见注释(155)〕,他首先取和数 CAD=177°6′(对开纸 97^v 第 20 行)。后来他把 6′划掉,并在右边缘代之以 5½′。

(159) 哥白尼在此处用他原来使用的数值 CAD=177°6′(见前一条注释)进行运算。

(160) 哥白尼原来写的是 322。他后来把第二个 2 改为 3(对开纸 97^v 倒数第 3 行)。他没有改变Ⅳ,21 中的 322(对开纸 130^v 倒数第 7 行),而在写完这一节后他应该把 322 改为 323。

(161) EL:EF=10000:323=60^p:1^{p}56′17″。哥白尼把后一数字写成 1^{p}56′。

(162) 10000÷323=30.96;323×31=10013。

(163) 本页下面的图用以说明Ⅲ,18 第二段的内容,但没有找到哥白尼亲自绘制的这幅图。对英译本第 161 页上用以解释Ⅲ,18 末尾的内容的插图,情况也如此。这两幅由 N 提供的图取代了哥白尼在对开纸 98^v 上所画的草图。

(164) 哥白尼又一次在写完Ⅳ,21 后把原来所写的 322(对开纸 99^r 第 3 行)改为 323〔参阅注释(160)〕。

(165) 哥白尼:亚历山大 1840 年埃及历 2 月 6 日日出后½^h

$$
\begin{array}{l}
\ \ \ \ \ \ 1839\ 个整年\ 35\ 整日和\ 18½^h \\
+佛罗蒙波克与亚历山大城之间的时差 \\
\hline
1838^y400^d\ \ \ \ \ \ 19½^h
\end{array}
$$

喜帕恰斯:亚历山大 177 年第三闰日午夜
$$
\begin{array}{r}
176^y\ 363^d\ 12^h \\
1838^y\ 400^d\ 19½^h \\
-176\ \ \ 363\ \ \ 12 \\
\hline
1662^y\ \ \ 37^d+(7½^h=18^{dm}45^{ds})
\end{array}
$$

(166) 在归算为佛罗蒙波克的地方时后,哥白尼在此处写上 176^{y}362^{d}27½^{dm}=11^h。在另一方面,他在Ⅲ,18 中实际上用的是 363^d(参阅上条注释)。然而他在该处有 1^d 的差错,因为第三个闰日的午夜=2^{d}12^h。

(167) 按Ⅲ,14 末尾的太阳逐年和逐日简单均匀行度表,

对 120^y=2×60^y 为 5 9×60°= 3540°

$$-3240$$

		$300° + 29°38'14''$
56^y		$300 + 45\ 49\ 50\ 35'''$
360^d	$5 \times 60° =$	$300 + 54\ 49\ 8$
2^d		$1\ 58\ 16\ 22$
11^h		$\sim 27\ 6$
$176^y\ 362^d\ 11^h$		$1032°42'35''$
		-720
		$312°43'$

(168) 哥白尼在Ⅲ,13 中已经告诉读者,在古代祭月 1 日是在夏至日。因此他在此处考虑到在他的时代罗马历或尤里乌斯历挪后的日数。

(169) 梅斯特林在他的 N 抄本中(对开纸 90ᵛ 第 4—5 行间)指出,这些"其他人"为阿耳芳辛表的作者。

(170) P—R,Ⅲ,13:"托勒密认为太阳的远地点是静止的,并且相对于春、秋分点而言是固定的。阿耳-巴塔尼求得…(从太阳远地点到夏至点)弧 $BH = 7°43'$。可是阿耳·查尔卡里…得出…弧 $BH = 12°10'$。这肯定是值得注意的,因为阿耳·查尔卡里生活的年代比阿耳·巴塔尼迟…在阿耳-巴塔尼之后 193 年,阿耳·查尔卡里求出 $BH = 12°10'$,于是不能不说太阳偏心圆的中心是在某一个小圆上运动。"

(171) 有些人相信哥白尼不加批判地接受他的一切前人的所有观测结果:"他对他们最微小的观测也表现出一种盲目的信赖"〔德朗布尔,《现代天文学史》(*Histoire de l'astronomie moderne*),1821 年版的 1969 年重印本第 105 页〕。请那些人注意此处的一段话。

(172) 哥白尼由于笔误(对开纸 100ʳ 第 16 行)写上"6¼⅓"= 6°50'。这个数值比他在Ⅲ,16 末尾所得结果(6°40')大 10'。N 把第二个分数改为⅙。以后各版均仿此。

(173) 托勒密发现在他自己的时代太阳远地点与三个世纪之前喜帕恰斯所定的位置刚好相符。他由此得出结论说,这个位置永远固定在离春分点 65°30'处。但是撒彼特·伊恩·克拉取他当时的太阳远地点为在 82°45'处。因此从喜帕恰斯的观测以来在大约 12 个世纪中远地点的位移约为 18°,即每三分之二世纪约为 1°。因为这等于撒彼特的岁差值,他得出的结论为"太阳远地点相对于恒星的位置是永远固定的"〔《科学传记辞典》(*Dictionary of Scientific Biography*),Ⅰ,510〕。在撒彼特之后半个世纪,阿耳·巴塔尼测出太阳远地点的位置为 82°17'。这"不能使他自称发现了太阳远地点的运动"(同书,Ⅰ,510—511)。在另一方面,"实际上对自行提出明确的(也是很正确的)定量概念的第一个人是阿耳·查尔卡里"(同书,Ⅰ,511)。他求得的太阳远地点运动的速率约为每年 12'',这是现代数值的 8 倍左右。但是阿耳·查尔卡里和撒彼特一样,相信远地点交替地向前和向后运动。因此,哥白尼所说的太阳远地点的"连续、有规则和不断前进",可认为是天文学历史上最早的这样的陈述。

(174) 哥白尼又一次对选择在运动学上彼此相当的图像提不出根据,但他确信其中之一是会出现的(locum habeat)。

(175) 哥白尼在手稿中(对开纸 101ʳ 倒数第 2 行)原来写的是 416。后来他把这个数字划掉,而在右边缘代之以 417。

他在右边缘说明,他在前面提到这个偏心距时(Ⅲ,16,对开纸 97ʳ 第 3 行)用四位数字并取半径 = 100 000。后来他决定只用三位数,便把最后一位数字擦掉,它几乎无法辨认,但他忘记把半径从 100 000 相应地改为 10 000。不管第三位数字原来是几,他在它上面重写,使偏心距成为 414。

在前面第二次提到偏心距时(Ⅲ,18:对开纸 98ᵛ 倒数第 16 行),他所取的数值为 416,但 6 的下部模糊不清,似乎是写在一个 7 字上面。

由于同样原因,后来三次在Ⅲ,21 中(对开纸 101ᵛ 第 6 行,倒数第 17 行和倒数第 14 行)他写 416 时都在 6 下面加一点,即写成 6̣。他或许想用这种在 6 字下面加点的办法来表示这个数目应改为 417,而他在对开纸 101ʳ 的右边缘明确指出应改用后一数字。

如果我们对哥白尼考虑这个偏心距的演变过程的解释是正确的,则可认为他起先对采用 416 还是 417 犹豫不定,而后来才确定取 414。

(176) 原为 322(对开纸 101ᵛ 第 1 行)。至于何时用改用 323,请阅注释(160)。

(177) 对于∡CAD 的分数,哥白尼原来写为 55,后来改成 24(对开纸 101ᵛ 第 15 行)。按弦长表,与 14°24'相应的弦长为 2486。哥白尼把此数写在左边缘,用以替代第 16 行中的数字 2596。

对 14°30'	为 25 038
14 20	24 756

10	282
1	28.2
4	112.8
14 24	2486,取半径 = 10 000。

哥白尼在 2486 的 8 下面加一点,他这样做也许是(在左边缘)他把分数从 24 改为 21 的时候。在取后一分数时,弦长应为 2478。当哥白尼把近点角换为 165°39′时(对开纸 101^r 右边缘和 101^v 第 5 行),就必须改用 21′。

(178)按弦长表,对 4°20′为 7555,对 4°10′为 7265,因此对 4°13′为 7352,而在取半径 = 10 000 时为 735。

(179)AB : AC = 3225 : 735 = 416 : 94.8。哥白尼把后一数字写成"约为 94",并在 4 上面写一个 5(对开纸 101^v 倒数第 17 行)。

(180)因为哥白尼在开始时取这一差值为 321(对开纸 101^v 倒数第 14 行),在此行和三行之上的 416 都在 6 字下面有一点,这表示应改为 417。注释(175)讨论了这一改变。

(181)和原来在七行之上所写的一样,哥白尼取∢CBD 为 4°23′(对开纸 101^v 倒数第 12 行)。但他在此处把第一个 x 擦掉,使分数成为 13′。于是在倒数第 12 行,在原来取中心角的分数为 12 之后,他把该数划掉,并在右边缘代之以 6½。

(182)FDB : EF = 369 : 48 = 10 000 : 1300。

(183)按弦长表,在取半径 = 10 000 时,对 7°30′为 1305,对 7°20′为 1276,而对 7°28′为 1300。

(184)这些值可从Ⅲ,24 末尾的太阳行差表第三栏查出。

(185)哥白尼在此处(对开纸 102^r 倒数第 13 行)重复他在对开纸 100^r 第 16 行的笔误。但是这次的差错在 N 和以后各版中均未得到改正〔参阅注释(172)〕。

(186)此处哥白尼取太阳平均远地点为 71°37′(对开纸 102^v 第 10 行)。这个分数与Ⅲ,22 中的 32′(对开纸 102^r 右边缘,用以代替正文倒数第 8 行中的 13′)不符。于是 N 在此处取 32(对开纸 93^v),使哥白尼能前后一致。这个更改引起另一结果。在对开纸 102^v 的左边缘以及第 13—14 行,哥白尼取太阳与远地点的平均距离为 82°58′。把此数与 71°37′相加,即得Ⅲ,18 中的 154°35′。因此,N 不得不把哥白尼的 82°58′增加为 83°3′,这样才能抵消由 71°37′减成 71°32′所损失的 5′。

(187)哥白尼对视太阳远地点或地球的平均年位移所取数值 = 87614‴。如果这种移动持续 1580 年,则累积效果 = 10°40′53″≅10°41′,此即哥白尼的数字。现代的数值约为此数的 2½倍〔《天文学杂志》(Astronomical Journal),1974,79:58〕。哥白尼本人对这一现象的发现并没有大肆宣扬,他让读者从其分散的论述中得出适当的结论。但是他的学生列蒂加斯直率地谈到哥白尼"仔细研究太阳和其他行星的拱点的运动,…发现…拱点在恒星天球上作独立的运动"(3CT 第 120 页)。在托勒密之后(视)太阳远地点位置的测定结果相互抵触,这为哥白尼的发现铺平道路。

(188)

572 个整奥林匹克周期 = 4×572^y = 2288^y			闰日	572^d
第 573 奥林匹克周期的 1 整年	1	1515 年 7—8 月		62
从日数栏转来的 365^d	1	1515 年 9 月		12
	2290^y			646
				−365
				281^d

从正午至哥白尼的观测共历时 18½^h

18^h = 45^{dm}

1/2^h = 1^{dm}(+被忽略的 15^{ds})

46^{dm}

从第一个奥林匹克周期至哥白尼观测的时间:2290^y 281^d 46^{dm}。

(189)N(对开纸 93^v)把分数从 33′改为 49′。将 42°49′从 83°3′(此为 N 对 1515 年所取太阳与远地点的平均距离,即近点角)减去,N 对第一个奥林匹克周期求得 40°14′,而哥白尼自己的数字为 40°25′(这取代了对开纸 102^v 第 14 行的 29°4′)。按Ⅲ,14 后面的逐年和逐日太阳近点角均匀行度表,

2290^y = 38×60^y + 10^y:	5×60° = 300° + 57°24′ 7″48‴
281^d = 4×60^d + 41^d:	40 24 33 2
46^{dm} = ≅3/4^d:	45

2290^y 281^d 46^{dm}:　　　　　　　　　　　　398°33′40″50‴ = 38°33′,

即比哥白尼手稿中(对开纸 102^v 第 13 行)的 42°33′正好少 4°(≅4^d)。

(190)吕涅斯在他的《法则和工具》中(《文集》,巴塞耳 1566 年版第 106 页)谈道:

　　至于天文学,哥白尼把太阳和地球的位置对换了。为了使太阳及恒星都静止不动,他赋予地球以三重运动,即在一个偏心球体上的运动以及两种天平动。于是各个年代的恒星观测结果能够彼此相符。

吕涅斯反对新天文学,他把哥白尼的理论弄得乱七八糟。哥白尼无意使太阳和恒星静止不动。与此相反,哥白尼的出发点是认为地球的真正地位为一颗行星。它的真实的周日绕轴自转使得恒星的运转不过是一个光学幻觉而已。因此,对哥白尼而言,恒星静止不动是地球的一种运动的结果,而不是像吕涅斯所误解的为一种目的。由于同样原因,太阳的静止不动是地球的两种运动(即周年公转与周日自转)的结果。因此吕涅斯又一次把哥白尼思想的一项结果与其动机混为一谈。

　　(191) 然而在Ⅲ,19 中(对开纸 99ᵛ 第 7 行)这个距离为 96°16′(=巨蟹宫内 0°16′)。此处在写"巨蟹宫内 0°36′"(对开纸 106ʳ 右边缘)之前,哥白尼已将"巨蟹宫内 29°57′"写入正文,而在把这两段话划掉之前,星座已换为双子宫。

　　(192) 15 时度=1ʰ=60ᵐ

	1		4
51			
	60		3ᵐ24ˢ
1 ⁵¹/₆₀		7ᵐ	

第四卷　注释

　　(1) 哥白尼强调地球与月亮之间的密切联系,这成为他的宇宙论与亚里士多德及托勒密的宇宙论对比的突出特征。就希腊人看来,月亮是一个天体,而地球不是。哥白尼使地球成为一个与月球密切相关的天体。这种密切关系给哥白尼的一位伟大的追随者——开普勒——的地、月之间相互重力吸引的理论提供了根据。另一位伟大的哥白尼主义者——牛顿——使这种引力普遍化,这成为物理天文学的基本原理之一,即万有引力。

　　(2) 欧几里得《光学》的这条命题 5 在第一卷注释(41)和第三卷注释(141)中已引用过。

　　(3) "天体的运动是均匀的,永恒的和圆形的"(Ⅰ,4)。

　　(4) 哥白尼在此处谨慎地避免用新奇名字"载轮"来称呼这个"另外的某一点"。

　　(5) 此即开普勒在其所著《新天文学》中向读者解释哥白尼为何扬弃载轮时所讲的一段话。开普勒在该书第四章写道:

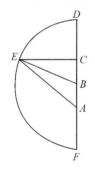

　　以 B 为心,画偏心圆 DE。令其偏心度为 BA,于是 A 为观测者〔更精确地说,为眼睛〕的位置。通过 BA 画直线,可以表示出远地点 D 和近地点 F。沿此直线,在 B 之上截取与 BA 相等的线段 BC。C 为载轮点。从此点量起,行星在相等时间内扫过相等角度。但行星不是绕 C 而是绕 B 做圆周运动。哥白尼在Ⅴ,4 和Ⅳ7〔实际上Ⅳ,2〕中驳斥这种想法,其理由之一是它宣称天体运动为非匀速的,这违反物理学原理。在行星的圆形轨道上选一点 E,并把 E 与 C、B 和 A 相连。DCE 和 ECF 一样,为直角。于是此两角相等,在相等时间内扫过,而外角 DCE 等于两内角之和,即 CBE+CEB。因此,在减去部分量 CEB 之后,余量 CBE 或 DBE 小于 DCE。于是 FBE 大于 DCE 或 FCE。但是弧 DE 与角 DBE 相当,而弧 EF 与角 EBF 相当。由此可知,DE 小于 EF,而行星扫过它们的时间相等。因此,对运载行星的同一个固体球(哥白尼相信行星在固体球上运转)来说,当行星从 D 向 E 运动时,它转得慢一些,而行星从 E 向 F 运动时转得快一些。由此得出的结果是:固体球的运转时快时慢。哥白尼认为这是荒谬的,应予扬弃(《全集》,Ⅲ,73:9—31)。

　　(6) PS,Ⅴ,13:月球的近地点=33ᵖ33′,Ⅴ,15:月球的远地点=64ᵖ10′。

　　(7) 爱丁堡的詹姆斯·里德(James Reid)于 1618 年对哥白尼的这一论点提出责难。里德用以下四项命题来陈述他的非议:

　　① 月球(与地球)的最大距离为其最小距离的两倍。

② 虽然月亮在近地点时看起来并不比在远地点大一倍,哥白尼认为一个物体近一倍时看起来大一倍的论证仍有错谬。

③ 托勒密求得的距离是正确的。在两个距离处(月球的视)直径变化不大。

④ 为此光学理论应当确定。如果在不同距离观看大小相等的两个物体,它们的视大小之比小于其距离之比。这是因为视大小之差可以是微不足道的,而〔与观测者的〕距离却相差很远〔《天文学史杂志》(*Journal for the History of Astronomy*),1974,5:126,131〕。

然而,四年以后里德支持托勒密和反对哥白尼的观点大为改变了。他认为:"我们对天文现象,尤其是与行星运动有关的现象,实际上是一无所知"(同上)。

(8)托勒密理论的这个缺陷已经由 P—R(第五卷命题 22)指出。哥白尼在 1508 年至 1514 年撰写《要释》(*Commentariolus*)时使用了这项资料。

(9)托勒密(PS,Ⅴ,14)提到过喜帕恰斯对这个仪器的(已经失传的)说明以及他自己用它测定日、月视直径的情况。

(10)因为托勒密的载轮违背匀速圆周运动的原理,它不适于成为哥白尼的机械宇宙的一个成分。于是在他的月球理论中,他用这个第二本轮或外本轮来取代载轮。他把月球置于第二本轮上,而该轮的中心在较大的第一本轮即内本轮上运转。这种图像所造成的一个后果是月球周期性地进入第一本轮的范围。于是它不可能是一个固体球。否则月球这一固体会周期性地撞进第一月球本轮这一固体。

这样一来,哥白尼发现自己处于一种难堪的进退两难的境地。一方面,他的机械宇宙不能容纳载轮。另一方面,他自己为取代载轮而提出的第二本轮不可能是一个固体球。在这种情况下,这个小本轮应当是怎样的? 面对这个令人困惑难解的基本问题,哥白尼宁愿保持谨慎的沉默。他既不肯定也不否认固体球的真实性。

后来第谷驳斥它们在物理世界的存在。在讨论假想中的土星天球时,第谷留有余地地设想说:"就像哥白尼也按人们长期承认的看法所想像的,这是固体的和真实。"〔《力学重建的天文学》(*Astronomiae instouratae progymnasmata*),第二册;《文集》,Ⅱ,398:32—34〕。但是在同书第三册,第谷较为肯定地说,正如哥白尼也承认的,假若球体是真实的(《文集》,Ⅲ,173,7—8)。开普勒也明确地宣称哥白尼"相信球体的真实性"〔弗里希(Frisch)编《文集》,Ⅰ,282:Ⅰ,10,倒数第 3 行〕。

裴德罗·吕涅斯是球体真实性的另一位坚定相信者。他称赞哥白尼的第二个月球小本轮,因为它消除了月亮视直径大小令人无法接受的变化:

　　〔哥白尼〕把月球放在一个本轮的小本轮上,而小本轮的中心是在大本轮的圆周上面,这不是没有道理的。然而我指出,如果哥白尼认为第二个小本轮是有用的,则整个小本轮应包含在大本轮之中,这样才能使天穹不致损坏(航海艺术的规则和仪器,巴塞耳 1566 年版第 106 页第 7—10 行)。

如果哥白尼也有吕涅斯的观点,即认为需要避免天球碰撞,因而把月球小本轮整个纳入本轮之中,则他不必减少托勒密对月亮视直径所取的过大变化。因此,对哥白尼而言,与观测相符显然比与一种理论相符更为重要,而理论不必用明确的词句来阐述。

这种与观测相符的压倒一切的重视可以说明,为什么哥白尼不采纳图西的月球理论(假设他对此理论甚为熟悉),尽管他一心一意地采用经过修正的图西对(Ⅲ,4)。图西"明确谈到他的目的是要创立一种模型,它保留托勒密对月球与地球中心距离所取的极端数值",并且"承认这些极端数值是不容争辩的"(《物理》,1969,11:291—292)。因为任何这类图西模型都会保留托勒密的与事实不符的月球视直径变化,这位伟大的波斯天文学家的这部分理论对哥白尼来说毫无价值。

最近出现的对哥白尼月球理论的下列议论则更无价值:"第二本轮球全部包含在第一个之内…球体相交是不容许的"〔《美国哲学学会会刊》(*Proceedings of the American Philosophical Society*),1973,117:467〕。在哥白尼天文学中"球体相交是不容许的",这一明确论断在哥白尼的言论或其含义中找不到任何凭证。它本身只不过是一种自我夸张的历史武断主义的产物,并与哥白尼在Ⅳ,3 中此处的明确论述公然抵触。哥白尼亲手画的图(NCCW 第一卷对开纸 109)和我们的武断主义者自己的图 14(第 468 页)都表明,在小本轮上的月球周期性地进入第一本轮的区域。

(11)哥白尼在此处所用词句"caetera mundi pura sint et diurnae lucis plena"(这就是充满光辉白昼的另一个纯洁世界)是仿效蒲林尼《自然史》第二卷第 10 和 48 页的"supra lunam pura omnia ac diurnae lucis plena"(纯洁的月亮上的一切都充满光辉);而哥白尼的"noctem non aliudesse⋯ quam terrae umbram"(黑夜不是别的⋯⋯只不过是地球的影子)为蒲林尼的"neque aliud esse noctem quam terrae umbram"的重复。蒲林尼的"hebetari"(减弱)在哥白尼书中再次出现,但蒲氏的"talis figura semper mucrone deficiat"(这样的形状经常没有尖端)由哥白尼改为"in conicam figuram nititur desinitque in mucronem"(在圆锥形尖端处光辉终止)(对开纸 109ʳ 倒数第 2 行至对开纸 109ᵛ 第 2 行)。

（12）哥白尼写的是"第三十七"（trigesima septima，对开纸 109^v 倒数第 12—11 行），这是一个大错误。在用文字来表示这个数目之前，他原来用的是罗马数字（xxxvij），但后来把它删掉了。这个被删的数字说明哥白尼的差错从何而来。如果他由一单张纸上的计算得出默冬的奥林匹克会期为第 87（lxxxvij）个会期，他在把这个结果抄进手稿时可能没有看见开头处的"1"。N（对开纸 101^r）没有察觉他的差错，而 W（第 255 页）首先予以改正。然而梅斯特林在他的 N 抄本中把 trigesima（三十）换成 octogesima（八十）。

（13）哥白尼从沈索里纳斯关于默冬章的著作中（第十八章）找到这个词。可是哥白尼改变了原词（见维也纳的 1498 年版 d3^v 帖）中各部分的次序。

（14）哥白尼采用 304 年。这说明他信任沈索里纳斯，而非托勒密的资料。后者常用约数"大约 300 年"（PS，Ⅲ，1）。

（15）哥白尼由于疏忽把 3760 写 760（Dcclx，对开纸 110^r 第 5 行）。N（对开纸 101^v）忽略了这个差错，而 W（第 255 页）首先予以改正。

（16）哥白尼由于笔误写成 135（cxxxv，对开纸 114^r 倒数第 7 行）。他在下面一段中把第三次月食定为发生在第二次之后"1^{y}137^{d}5^h"，而第二次月食出现于 134 年 10 月 20 日。N（对开纸 105^v，106^r）重印哥白尼的错误年份 135，而 A（第 239 页，页码误编为 247）首次加以改正。

（17）

金牛宫：	30°—13¼°	16°45′
四个整宫		120
天秤宫		25 10
		161°55′
天秤宫：	30°—25⅙°	4°50′
四个整宫：		120
双鱼宫		14 5
		138°55′

哥白尼由于笔误把度数写成 137（cxxxvij，漏掉一个 i，对开纸 114^v 第 3 行）。这个差错以前没有改正过。

（18）

第一次观测：哈德里安 17 年 10 月埃及历 10 月 19 日	11^h 15^m
10 月份余	10^{d}12 45
11 月、12 月和 5 个闰日	65
哈德里安 18 年	1^y
哈德里安 19 年 1、2、3 月	90
第二次观测：4 月	1 11
间距：	1^{y}166^{d}23^{h}45^m

（19）

第二次观测：哈德里安 19 年 4 月 1 日	11^h
哈德里安 19 年 4 月	28^{d}13^h
8 个月＋5 个闰日	245
在哈德里安 20 年的 7 个月中	210
7 月	18 16
	502 5
	−365
间距：	1^{y}137^{d}5^h

（20）

	太阳		月亮
1^y	359°44′		129°37′
120^d＝2×60^d(60＋58)	118 16	(60×24)	22 53
46^d	45 20	(360)＋	180
			20 46
23⅝^h	58		12 3
1^{y}166^{d}23⅝^h	524°18′		365°19′
	−360		−360
	164°18′		5°19′
	5 19		
日、月结合均匀行度	169°37′		

(21)

	88°43′
1ʸ	
120ᵈ=2×60ᵈ (1560=1440+)	120
	7 47
46ᵈ (360+)	240 59
23⅝ʰ	12 52

1ʸ166ᵈ23⅝ʰ	470°21′
	−360

月亮近点角行度 110°21′

(22)

	太阳		月亮
1ʸ	359°44′		129°37′
120ᵈ=2×60ᵈ(60+58)	118 16	(60×24)	22 53
17ᵈ	16 45	(180+27)	207 14
5½ʰ	14		2 48

1ʸ137ᵈ5½ʰ	494°59′		362°32′
	−360		−360
	134°59′		2°32′
	2 32		

日、月结合均匀行度 137°31′

与哥白尼的数值137°34′相比少了3′,这是由于略去一分和一秒的六十分之几的分数。

(23)

		60°
1ʸ		28 43
2×60ᵈ 26×60°=(1500−1440)+		120
		7 47
17ᵈ		180
		42 6
5½ʰ		3

1ʸ137ᵈ5½ʰ	441°36′
	−360
	81°36′

(24)

169°37′
−161 55
7°42′

(25)

138°55′
−137 34
1°21′

(26) 由于一个算术错误,哥白尼写上1220460(对开纸115ʳ倒数第10行)。N(对开纸106ᵛ)印出错误数字6,而A(第249页)首先进行更正。

(27)

$$DM+KM=DK \qquad\qquad LM=2KM$$
$$(DM+KM)^2=DK^2 \qquad\qquad DM+2KM=LD$$
(1) $DM^2+2DM\times KM+KM^2=DK^2$　　(2) $DM^2+2DM\times KM=LD\times DM$
(1−2)　　　　　　$KM^2=DK^2-LD\times DM$
　　　　$LD\times DM+KM^2=DK^2$

(28) 哥白尼由于笔误(对开纸115ᵛ倒数第12行)把分数写成49(iL),可是他在几行下面计算第三次月食时的月亮平位置时实际上用的是正确数值59。此处首次把49公开改为59,但是第谷在其B抄本中(对开纸 107^v 第 1 行)已经私下做了改正。

(29) 第一次月食：从天蝎宫 9°53′到金牛宫 12°21′

天蝎宫	9°53′
五个整宫	150
金牛宫(30°－12°21′)≅	17 40
	177°33′

第二次月食：从白羊宫 $29\frac{1}{2}$°到天秤宫 26°43′

白羊宫	29°30′
五个整宫	150
天秤宫(30°－26°43′)	3 17
	182°47′

第三次月食：从室女宫 17°4′到双鱼宫 11°44′

室女宫	17° 4′
五个整宫	150
(30°－11°44′)	18 16
	185°20′

(30)

复圆	14^h20^m
初亏	10 52 30^s
食延	3 27 30
半食延	1 43 45
食甚	12 36 15≅12^h35^m＝午夜后$\frac{7}{12}^h$

哥白尼在对开纸 116^r 右边缘写上"$\frac{1}{2}^h+\frac{1}{12}^h$"，而忘记划掉第 8 行中的"加上一小时的十二分之一"。

(31) 哥白尼原先用对开纸 116^r 右边缘第五项注释来说明，这个第二次月食的初亏时刻是在午夜前"五分之二又二十分之一个均匀小时"他后来把"二十分之一"(vigesima parte)删掉，于是便略去了《天体运行论》所载与他自己观测有关的最小的时间分数。与此相似，他在对开纸 116^r 右边缘第七注释中用了$\frac{1}{60}^h$ 来说明第三次月食的初亏时刻，但后来又一次把 et vigesima 删去。哥白尼在记录天文观测时刻所用最短时间为 3^m，这表示他也许偶尔使用一架机械钟，然而，他在《天体运行论》中从未提到过任何这样的计时仪器。他在Ⅳ,5 中两次把$\frac{1}{60}^h$ 删掉，这可能说明他对当时新发明的计时器不够信任。

因此，当他指导自己的行星观测时，他甚至经常满足于小时，诸如午夜后 5 个均匀小时(Ⅴ,9)，午夜后 11 小时、午夜后 3 小时、午夜后 19 小时(Ⅴ,11)，午夜后 1 小时、午后 8 小时、午前 7 小时、日没后 1 小时以及午后第 8 小时之初(Ⅴ,23)。这些观测时刻记录说明哥白尼所用的大概是一个沙漏。在一小时中沙子从上面的容器流入下面的容器。可是他没有明确提到这样的装置。较小的沙漏可在半小时流空。哥白尼记载 1515 年 9 月 14 日秋分点的时刻为"日出后$\frac{1}{2}^h$"(Ⅲ,13,18；对开纸 88^r 右边缘第三条；对开纸 98^r 左边缘)，大概用的是这种器具。

但是无论是作一小时还是半小时的记录，哥白尼都显然并非只用沙漏。他在Ⅴ,6 中记录土星两次冲的时刻为"午夜前 $1\frac{1}{5}^h$"和"午夜后 $6\frac{2}{5}^h$ 小时"(对开纸 154^r 右边缘)。此处在Ⅳ,5 中情况类似，我们在本条注释开头处已谈到，月食的初亏时刻为"午夜前$\frac{2}{5}^h$"。这样一小时的分数是否表示他使用了一种机械钟？Ⅵ,6 把第一次月食说成是在"午夜前 $1\frac{1}{8}^h$"开始和"午夜后 $2\frac{1}{3}^h$"结束(对开纸 116^r 第 4,6 行)。哥白尼把这些小时分数从$\frac{1}{8}$改为$\frac{1}{3}$，然后又改回到$\frac{1}{8}$，和从$\frac{1}{3}$改成$\frac{1}{8}$，再换为$\frac{1}{3}$，又为$\frac{1}{8}$，最后定为$\frac{1}{3}$。他这样做也许是因为从自己的记录不能完全肯定，哪个分数属于哪次观测。有些严酷的批评者甚至怀疑哥白尼的数据是虚构的。这些人是否真正了解，在摆钟发明之前的 16 世纪人们怎样计时？

马西阿斯·罗脱瓦耳特(Matthias Lauterwalt)在 1545 年给列蒂加斯写的一封信很能说明这方面的问题。列蒂加斯在莱比锡测出 1544 年 12 月 28 日月食的初亏时刻为上午 3：30。"但是"，罗脱瓦耳特指责他说："你没有补充说明你用的是一架经过精确校正的钟，还是未经校准的普通钟。但是可以肯定，如果这真是你的观测记录，则那具钟完全靠不住并嫌太慢…哥白尼…用一架经过精确校验的钟做观测…我根据威吞堡教堂的钟观测那次月食，见食时刻为 4 点前半刻钟〔＝3：$52\frac{1}{2}$ A. M.〕。我同时还使用沙漏，发现小时数与教学钟相等，因此并不能单凭感觉就察觉其差错。我还测出日出时刻为 8 点钟差 4^m。由此可定出钟的误差。如果钟走得准，太阳应在 8：07 升起，因此钟慢了 11^m。"罗脱瓦耳特于 1544 年用沙漏校核机械钟，并得出后者差 11^m 的结论。与此相似，哥白尼大概是用一个机械钟测出短到 3^m 的时间间距，并在后来认为它不可靠而弃之不用。

(32)

天秤宫(30°－22°25′)	7°35′
十个整宫	300

室女宫   22 12

329°47′

（33）室女宫（30°—22°12′）   7°48′

十一个整宫   330

室女宫   11 21

349° 9′

（34）从 1511 年 10 月 7 日 12：35A. M. 至 1522 年 9 月 6 日 1：20A. M.：

1511 年 10 月	$24^d 23^h 25^m$	
11	30	
12	31	
10 个整年		
1522 年 1 月至 8 月	243	
9 月	5	1 20
闰日（1512,1516,1520）	3	

$10^y 337^d$ 45^m

（35）从 1522 年 9 月 6 日 1：20A. M. 至 1523 年 8 月 26 日 4：25A. M.：

1522 年 9 月	$24^d 22^h 40^m$	
10 月至 12 月	92	
1523 年 1 月至 7 月	212	
8 月	25	4 25

$354^d 3^h 5^m$

（36）

	太阳	月亮
		180°
10^y	357°28′	36 13′
$300^d = 5 \times 60^d$	295 40	57 13
37^d	36 28（7×60＝420−360）	60
		31 3
$\frac{4}{5}^h$	2	24
	689°38′	364°53′
	−360	−360
$10^y 337^d \frac{4}{5}^h$	329°38′	4°53′

哥白尼忘记他是在用日、月结合的平均行度进行运算，他起先只写出太阳的数字，即 329°（对开纸 116^{r}倒数第 2 行）。他后来想起应把 329°与月亮平均行度的数字相加。于是他删掉正文中的 329°，并在右边缘写上 334°。至于分数，他本来写的是 43（xliij），以后改为 47。从上面可以看出，如果把一分的分数略去，则和应为 31′。

（37）

10^y	（2×60°）	120°
		47 11′
$300^d = 5 \times 60^d$		300
		19 29
37^d	（480°−360°）	120
		3 24
$\frac{4}{5}^h$		26
		610°30′
		−360
$10^y 337^d \frac{4}{5}^h$	250°30′	

对于分数，哥白尼原来写的是 33（xxxiij；对开纸 116^{r}倒数第 2 行），后来在正文中改成 xxxvj 并在右边缘有阿拉伯数字 36 加以肯定。上列计算结果少了几分，这是由于略去了一分的分数。

（38）

	太阳	月亮
$300^d = 5 \times 60^d$	240°	57°13′
	55 40′	

54^d	53 13(600°−360°)	240
		58 18
3^h 9^m	8	1 35
354^d 3^h 9^m	349° 1′	357°6′
	+357 6	
	706 7	
	−360	
	346° 7′	

哥白尼忘记他是在用日、月结合的行度作计算,他原先写的只是太阳的度数,即 349°(cccxlix;对开纸 116^v 第 1 行)。上面给出的分数比他的数值小一些,这也是因为此处略去一分的分数。

(39) 300^d＝5×60^d

		300°
		19 29′
54^d	(11×60°＝660°−360°)	300
		45 30
3^h 5^m		1 38
354^d 3^h 5^m		666°37′
		−360
		306°37′

因为略掉一分的分数,这个结果比哥白尼的数值小 6′。

(40)
$$BAC＝306°43′$$
$$\therefore CB(＝360°−BAC)＝53\ 17$$
$$ACB＝250\ 36$$
$$−CB＝53\ 17$$
$$AC＝197°19′$$

(41)
$$5°$$
$$−2\ 59′$$
$$2°\ 1′$$

(42) 哥白尼在写分数时大概是把 xviij 中的 v 漏掉了(对开纸 116^v 倒数第 17 行)。为了补上这个遗漏,他在第一个 i 上面着重写了一个 v,于是 N 把这个数目误印成 18(对开纸 108^r)。虽然该数字只显示出后面的三个 i,它上面明有四个点,据此 W(第 267 页)改正了这个差错。

(43) DE:AE＝19 865:702＝8024:283.6。哥白尼把后一数字写成 283。

(44) DF:FG＝116 226:10 000＝100 000:8603.9。哥白尼把后一数字写成 8604。

(45) 这些托勒密之后的和哥白尼之后的天文学家,都还没有确认出来。

(46) 哥白尼在此处使用新的地动学说术语("地球的年行度"),可是在几行下面,即在Ⅳ,6 开始处,他对同一内容又改用传统的、哥白尼之前的术语,即"月亮与太阳的距离"和"月亮离开太阳的运动"。

(47) 第一次月食,从天秤宫 24°13′至白羊宫 22°3′

天秤宫	5°17′
五个整宫	150
白羊宫	22 3
	177°20′,即比哥白尼的数字少 31′。

他原来取月亮在第一次月食时的平均行度为在白羊宫内 22°加 13′(对开纸 117^v 第 7 行)。

第二次月食,从室女宫 23°59′至双鱼宫 26°50′

室女宫	6° 1′
五个整宫	150
双鱼宫	26 50
	182°51′

第三次月食,从室女宫 13°2′至双鱼宫 13°

室女宫	16°28′
五个整宫	150
双鱼宫	13

———————————

179°28′，即比哥白尼的数字少 30′。

他原先取第三次月食时月亮的平均行度为双鱼宫内 13°，加上一个（现在无法辨认的）分数值；见对开纸 117ᵛ 第 11 行。

(48) 从哈德里安 19 年 4 月 2 日＝134 年 10 月 20 日（Ⅳ，5）至 1522 年 9 月 5 日：

34 年 10 月	11ᵈ2ʰ
11—12 月	61
1387 个整年	
1522 年 1—8 月	243
9 月	5 1 20ᵐ
闰日（136—1520）	347
	667ᵈ
	−365
1388ʸ	302ᵈ3⅓ʰ

(49) 哈德里安 19 年 4 月 2 日＝134 年 10 月 20 日（Ⅳ、5）

133ʸ	
闰日（4—132）	33ᵈ
134 年 1—9 月	273
10 月	19 22ʰ
133ʸ	325ᵈ22ʰ

(50) 120ʸ＝2×60ʸ　（4×60×60＝14400°）

（19×60°＝1140°−1080°）	60°
	14 45
13ʸ　（4×60°）	240
	5 5
300ᵈ＝5×60ᵈ（60×60°＝3600°）	57 13
25ᵈ　（5×60°）	300
	4 46
22ʰ	11
	692°49′
	−360
133ʸ325ᵈ22ʰ	332°49′

(51) 120ʸ＝2×60ʸ　（2×60×60°＝7200°）

（57×60°＝3420°−3240°）	180°
	26 18′
13ʸ	60
	13 20
300ᵈ＝5×60ᵈ（60×60°＝3600°）	300
（5×60°＝）	19 29
25ᵈ　（5×60°＝）	300
	26 37
21ʰ37ᵐ	11 42
133ʸ325ᵈ21ʰ37ᵐ	937°26′
	−720

217°26′，这与哥白尼的数字在分数上略有差异，

原因是此处略去角分的分数。

(52)

182°47′	64°38′
＋360	＋360
542°47′	424°38′

$$
\begin{array}{cc}
-332\ 49 & -217\ 32 \\
\hline
209°58' & 207°6'
\end{array}
$$

对于这个月球近点角的分数值,哥白尼所取数字被认为是 7(对开纸 118^r 倒数第 11 行)。然而第一个 i 向下延伸为应在末尾的 j,而上面也有一点。虽然在它右面的垂线上无点号并且是向右弯(哥白尼常把最后的 j 向左弯),还是被认为另一个 i。

(53)哥白尼从 6 月 21 日即夏至日的正午到 1 月 1 日前的午夜,算出总日数为 194½^d:

$$
\begin{array}{ll}
6\ 月 & 10^d \\
7—12\ 月 & 184 \\
从正午至午夜 & \frac{1}{2} \\
\hline
& 194\frac{1}{2}
\end{array}
$$

然后他求与 193 个奥林匹克会期又 2^{y}194½^d 相等的埃及年数目:

$$
193\ 奥林匹克会期 = 4^y \times 193 = 772^y
$$

$$
\begin{array}{cl}
& +\quad 2 \\
\hline
& 774^y \\
在\ 772^y\ 中的闰日数 & 193^d \\
& \qquad\qquad +194\frac{1}{2} \\
\hline
& 387\frac{1}{2}^d \\
& \qquad\qquad -365 \\
\hline
& 775^y\ 22\frac{1}{2}^d
\end{array}
$$

然而,和前面(Ⅲ,19)一样,哥白尼给出的日数为 12½^d。但他在该处取祭月 1 日与 7 月 1 日相合,这样便改正了在他当时尤里乌斯历所差的 10^d。在另一方面,他在此处取奥林匹克一公元时段除整年外的总目数为 194½,这意味着祭月 1 日与 6 月 21 日相合。他忘记了在Ⅲ,19 中根据他对尤里乌斯历的改正取该时段的总长度为 775^{y}12½^d,他在此处重用这个数字,而不顾 193 个奥林匹克会期又 2^{y}194½^d = 775^{y}22½^d,而不是 12½^d。

(54)哥白尼在Ⅲ,11 中不是把 323^{y}130½^d 认作从亚历山大到公元(即基督)的不予划分的时期,而是插进尤里乌斯·恺撒与奥古斯塔斯:

$$
\begin{array}{ll}
从亚历山大到恺撒 & 278^y\ 118\frac{1}{2}^d \\
从恺撒到奥古斯塔斯 & 15\ 246\frac{1}{2} \\
从奥古斯塔斯到公元 & 29\ 130\frac{1}{2} \\
\hline
& 495\frac{1}{2} \\
& -365 \\
\hline
& 1^y \\
\hline
& 323^y\ 130\frac{1}{2}^d
\end{array}
$$

(55)在上条注解中两个分时段之和:

$$
\begin{array}{ll}
从恺撒到奥古斯塔斯 & 15^y\ 246\frac{1}{2}^d \\
从奥古斯塔斯到公元 & 29\ 130\frac{1}{2} \\
\hline
& 377^d \\
& -\ 365 \\
\hline
& 1^y \\
\hline
& 45^y\ 12^d
\end{array}
$$

(56)哥白尼说"佛罗蒙波克…位于维斯杜拉河口",这句话所表示的既是他当时的,也是我们现在的地理概念。我们一位学识浅薄的同时代人认为,这"显然是毫无意义的故弄玄虚"。为了彻底驳斥他对哥白尼的荒唐的责备,请参阅 3CT 第 290—291 页。至于河流的名字,哥白尼用的是拉丁词 Istula(对开纸 118^v 第 13 行),这是古代和他当代的地理学家与历史学家所用的若干名字中的一个。

(57)哥白尼从克拉科夫一些数学家的来信中了解到在佛罗蒙波克和克拉科夫同时观测月食的情况。这些信件现在已经散失,但从苏蒙·斯塔罗沃斯基(Szymon Starowolski)的 Scriptorum polonicorum εκατουτας 第二版(威尼斯,1627 年)所载哥白尼传记的修订本,可以清楚地知道在 17 世纪能够找到这些信。

(58)埃皮丹纳斯城建于社尔哈恰姆半岛上,后来半岛的名字成为城市的名字。今天它位于阿尔巴尼亚,名为杜列斯(Durres),但它的意大利文名称杜拉佐(Durazzo)更为人们所知。

(59) 按弦长表,在取半径=100 000 时,对 7°40′为 13341;而取半径=10 000时为 1334。

(60) 哥白尼由于笔误(对开纸 119^r 末行)把 *FL* 写成 *EL*(以前未作改正)。

(61) *CE*∶*EL*=1097∶237=10 000∶2160.4,哥白尼把后一数字写为 2160。

(62) 按弦长表,取半径 100 000 时对 12°30′为 21 644,对 12°20′为21 360(由于笔误,在对开纸 16^r 写成 21 350),因此对 12°28′为 21 587;而取半径=10 000 时为 2159≌2160。

(63) 此处哥白尼所说"白昼 9⅓小时"(horis diei novem et triente transactis,对开纸 119^v 第 7—8 行)是沿用 PS 1515 对开纸 49^v 倒数第 13 行的"9 小时即白昼过去 3 小时"(novem horis et teria horae diei praeteritis)。这两处的白昼小时数是从日出=6 A. M. 算起。第谷在其 B 抄本中(对开纸 111^v 第 7 行)划掉 novem=9,而在边缘代之以 3 P. M.

(64) 太阳在巨蟹宫 10°54′

巨蟹宫 19° 6′

月亮在狮子宫 29

日月距离 48° 6′

(65) 月亮在狮子宫 29°,与当时正从地平线升起的天蝎宫 29°相距 3 个宫=90°。

(66) 此处的午后(ameridie)$3⅓^h$ 相当于白昼(diei)的 $9⅓^h$ 而按本段开头处所谈,白昼是从日出=6 A. M. 算起〔参阅注释(63)〕。

(67) 托勒密误认为罗得岛与亚历山大城在同一条子午线上(PS,Ⅴ,3)。哥白尼怎样得出罗得岛是在亚历山大城之西$⅙^h$=2½°,至今仍不清楚。哥白尼认为,亚历山大城的$4⅙^h$=罗得岛的 4^h=克拉科夫的 $3⅙^h$。因此哥白尼取罗得岛与克拉科夫的经度差$⅚^h$=12½°这比现代数值大 5°=$⅓^h$。

(68) 亚历山大 197 年 10 月 17 日

=196^y $9\times30^d=270^d$

10 月 16

196^y 286^d

(69) 哥白尼原来取托勒密的数值,把分数写为 5(v;对开纸 120^r 第 6 行)。他后来在 v 上加了一点,把它改成 i,并增加另外两个 i。

(70) 哥白尼原先写的分数为 9(ix),后来把它删掉,并改成 5(v;对开纸 120^r 第 10 行)。

(71) 哥白尼忘记他已经把月日距离减为 45°5′(参阅前一条注解),此处他仍取分数为 9(ix;对开纸 120^r 倒数第 15 行)。然而就在上面一行,他把弧 FG 从 90°18′减成 90°10′(=2×45°5′)。

(72) 真太阳在巨蟹宫 10°40′:巨蟹宫 19°20′

视月亮在 狮子宫 28°37′

月日距离 47°57′

(73) 哥白尼在 GV 第十八卷第四章(帖号 ggl^r)查到用以表示月球升交点的词"天龙之头"。尽管 GV 认为这是"野蛮人"(barbaros)的用语,哥白尼把这个粗俗的字眼认作"现代人"(neoterici;对开纸 120^v 倒数第 6 行)用的词。哈尔特勒(Hartner)在《向东方》(*Oriens—Occidens*)第 359—377 页对于用一条虚构的龙的两端来表示月亮的升、降交点作了历史考证。

(74) "天龙之尾"是表示月亮降交点的"现代"用词。

(75) 2°44′∶1°33′=164∶93=60∶34 $^1/_{41}$,哥白尼把后一数字写成 34。

(76) 哥白尼在此处仍把分数写为 18(ⅩⅤiij;对开纸 121^r 倒数第 6 行)。他后来再次审阅Ⅳ,10 时把该处的已知弧长从 90°18′减为 90°10′〔见注释(71)〕,但忘记在此处作相应的修改。

(77) 在抄写中常有所谓的"复写"错误。哥白尼在此把"纬度"一词重写一次(对开纸 122^v 倒数第 5 行)。Me(第 222 页)最早指出,按书中内容显然应为"经度"。

(78) 哥白尼取太阳的经度为金牛宫内 6°(对开纸 123^v 第 17 行),但 PS 1515(对开纸 63^v)和 P—R(第六卷命题 6)都正确地指出应为 7°。

(79) 哥白尼取食甚时刻为午夜后 2 季节时(对开纸 123^v 第 15 行)。但是 PS 1515(对开纸 63^v)正确地重复托勒密的说法,即午夜在 $2½^h$ 出现。P—R(第六卷命题 6)也采用这个说法。

(80) 哥白尼由于笔误写上$⅗^h$(quintis;对开纸 123^v 倒数第 14 行),这与 $45^m=¾^h$ 对开纸 124^r 第 1 行:scrun xlv)不符。梅斯特林的 N 抄本以及第谷的 B 抄本(对开本 115^v 倒数第 10 行)都私下把 quintis 改为 quartis,但以前的任何版本或译本都未公开做出此项改正。

(81) 亚历山大 150 年 7 月 27 日 2:20 A. M=

$6\times30^d=180^d$

7 月 26

149^y 206^d $14⅓^h$

（82）哥白尼先把这次月食归化为克拉科夫时间，它比亚历山大时间迟 1^h，于是把 $2\frac{1}{3}^h$ 换成 $1\frac{1}{3}^h$，但没有注明为均匀时（对开纸 123^v 第 18 行）。他在此处重写亚历山大时间 $14\frac{1}{3}^h＝2\frac{1}{3}^h$。虽然已经称之为"$2\frac{1}{3}^h$ 均匀小时"（horas aequinoctiales duas cum triente；对开纸 123^v 第 16 行），他误认为这是地方时。因此，当他减去 1^h 和得出 $13\frac{1}{3}^h$ 时，他称之为克拉科夫地方时。他对这个时间作 10^m 的改正，以便求得克拉科夫均匀时。但是克拉科夫均匀时应为 $13\frac{1}{3}^h$，而非 $13\frac{1}{2}^h$。

（83）按Ⅳ，11 末尾的月亮行差表，对 $165°\cong163°33'$ 的第一本轮行差为 $1°23'$。

（84）

从亚历山大到基督		323^y $130^d12^h16^m$（Ⅳ，7）
从基督到第二次月食的整年数	1508	
1509 年：1 月至 5 月	151	
6 月		1 11 45
		1
		$\frac{1}{0}$
		1
闰日（4—1508 年）		377
		660
		1—365
		$1832^y295^d0^h1^m$

这比哥白尼所得时段 $1832^y295^d11^h55^m$ 短 11^h54^m。哥白尼做这项计算显然颇费蹰躇。在他原来求得的总数中日数是 3，后来改成 88，而小时数 22 还加上一个分数（对开纸 123^v 最末两行）。

（85）按Ⅳ，4 末尾的逐年和逐日月亮行度表，

$1800^y=30\times60^y$		$(4\times60\times60°=14400°)$	—	
		$(48\times60°=2880°)$	—	
			$41°18'12''0'''$	
32^y	3×60^y		180	
			7 563 25	
$240^d=4\times60^d$		$(48\times60°=2880°)$	—	
			45 46 46	
55^d		$(11\times60°=660°-360°)$	360	
			10 29 28 2	
11^h55^m	$\cong$		6	
			$591°30'29''27'''$	
			$-360\cdots\cdots$	
			$231°30'$	
亚历山大纪元（Ⅳ，7）			$+310\ 44$	
			$542°14'$	
			-360	
			$182°14'29''27'''$	

哥白尼原来的分数显然是 15（xv），但他后来塞进了三个 i（对开纸 124^r 第 3 行）。

（86）按Ⅳ，4 末尾的逐年和逐日的月球近点角行度表，

$1800^y=30\times60^y$		$(2\times60\times60°=7200°)$	—	
		$(21\times60°=1260-1080°)$	180°	
			34 33'37''	
32^y		$5\times60°$	300	
			19　0 51 52'''	
$240^d=4\times60^d$		$:52\times60°=3120°-2880°=240$		
			15 35 46	
$55^d11\times60°=$		$660°-360°$	300	
			58 34 26 47	
11^h55^m			6	

$$1832^y295^d11^h55^m$$

$$
\begin{array}{r}
1153°44'41''39''' \\
-1080 \\
\hline
73°45' \\
\end{array}
$$

亚历山大纪元（Ⅳ，7）　＋　85　41

$$
\begin{array}{r}
\hline
159°26'
\end{array}
$$

哥白尼在删掉一个或两个 i 之后，使分数成为 55(lv)（对开纸 124ʳ 第 3 行）。至于归一化的度数，他原先写的是 141(cxlj)，后来改为 161。

（87）按Ⅳ，11 后面的月球行差表，第一本轮的行差对 159°为 1°55′，对 162°为 1°39′，因此对 161°13′为 1°43′。

（88）在第一次月食时，太阳远地点比夏至点（＝巨蟹宫 0°）超前 24½°＝双子宫 5½°（Ⅲ，16）。因此太阳在金牛宫 6°时比远地点趋前 29½°。在第二次月食时，远地点落在夏至点后面 6⅔°（＝巨蟹宫 6⅔°；Ⅲ，16）。因此太阳在双子宫 21°时比远地点趋前 15⅔°。

（89）第一次月食：月球直径的 7⁄12＝7 食分。

　　　第二次月食：8⁄12＝8 食分。

（90）第二次月食：因为增加 1 个食分，距交点应更远⅓°；因为月亮南面被掩食，应为升交点。

　　第一次月食：因为月亮北面被掩食，应为降交点。

（91）月球从一个交点到另一个交点，纬度方向转了 180°。在此例中月亮的移动量与这一数值相差½°。

（92）　　第二次月食：1832ʸ295ᵈ11ʰ45ᵐb（地方时）　55ᵐ（均匀时）

　－第一次月食：149　206　13　20　　　　　　　30

$$
\begin{array}{r}
\hline
1683^y\ 88^d22^h25^m \qquad\qquad 25^m
\end{array}
$$

哥白尼把分数多写了一个 x(xxxv；对开纸 124ʳ 倒数第 13 行）。梅斯特林在其 N 抄本中（对开纸 116ʳ 第十三章倒数第 5 行）对此作了改正。

（93）月亮的纬度行度为每年 13 圈再加第 14 圈的 148°42′（Ⅳ，4）：

$$1683^y\times13=21\ 879\ 圈$$

$1683\times148°$	＝ 691	＋324°
$1683\times42'$	＝ 3	＋ 98°6′
	1	62°6′
88ᵈ	3	

$$\overline{22\ 577\ 圈}$$

（94）哥白尼原来认为克拉科夫是在罗马之东 6°处（对开纸 124ᵛ 第 15 行）。他把这个距离减为 5°，于是与真实数值 7½°相差更远。无论哥白尼所取克拉科夫和罗马的距离的出处如何，它肯定不是《阿耳芳辛表》的 1492 年版。按该书欧洲主要城市与地区纬度表（帖号 elᵛ），克拉科夫和罗马各在本初子午线之东 2ʰ20ᵐ 和 1ʰ40ᵐ。因此这两城市的时差应为 40ᵐ＝10°。有人误认为（《美国哲学学会刊》，1973，117：426）《阿耳芳辛表》和另一本书"合在一起为哥白尼时代的天文学家提供参考资料"。然而哥白尼在《天体运行论》中从未引用过《阿耳芳辛表》。该书中罗马和克拉科夫的距离比真实数值大 10°，而哥白尼的最后数值却比它刚好少这样多。

（95）按 15°＝1ʰ，在罗马东面 5°的克拉科夫的地方时比罗马地方时早⅓ʰ。

（96）从亚历山大到基督：　　　323ʸ130ᵈ12ʰ

　　从基督到月食：整年数　1499

　　1500 年 1 月至 10 月　　　　304

　　　　　11 月　　　　　　　　5　2　20ᵐ

　　闰日（4—1500 年）　　　　375

$$
\begin{array}{r}
\hline
814 \\
-730 \\
\hline
+2\ \ 84^d
\end{array}
$$

$$1824^y84^d14^h20^m$$

（97）第二次月食时的近点角：294°44′＝从高拱点算起的 65°16′

　　第一次月食时的近点角：64°38′

(98)	第一次月食	第二次月食
高拱点	双子宫 5°30′	巨蟹宫 6°40′
一个中拱点	室女宫 5 30	天秤宫 6 40
	24 30	23 20
太阳在	天平宫 25 10	天蝎宫 23 16
太阳与一个中拱点的距离	49°40′	46°36′

(99) 哥白尼认为是南纬,他的根据可能是想起阴影区在北面。

(100)
		视行度	均匀行度
第二次月食:	$1824^y 84^d =$	$1823^y 449^d$ 14^h20^m	$14^h16^m = 13^h76^m$
第一次月食(Ⅳ,14,下面)	-457	91 10	9 54^m
		$1366^y 358^d$ 4^h20^m	4^h22^m

哥白尼原来写的是 22,此为均匀行度分数的正确差值(对开纸 124ᵛ 末行)。他随后发现漏掉了小时数。于是他删掉 22,插进正确的小时数 4,并把视行度的分数写为 24。他察觉这个差错后划掉四个 i,得出正确数目 20。至于均匀行度的分数,他起先写的大概是 26,并在它上面写 24(对开纸 125ʳ 第 1 行)。这个改变的证据是末尾有两个长划的 i。分数的这些变化与从亚历山大到哥白尼观测的分数改变有关。他的最后数字为 20,这替换了前面的两个数字(也许为 24 和 12;对开纸 124ᵛ)。

(101) 按Ⅳ,4 末尾的逐年和逐日的月球纬度行度表,

$1366^y = 46^y + (1320^y = 22 \times 60^y)$

$22 \times 60^y : 31 \times 60° = 1820° - 1800°$	$60°$
	40 $36′$
46^y	46
$358^d = 58^d + (300^d = 5 \times 60^d)$	
$5 \times 60^d : 60 \times 60° = 3600°$	—
$6 \times 60° = 360°$	
	8 48
$58^d : 12 \times 60° = 720°$	—
	47 18
$4^h24^m \cong$	2 27
1366^y 358^d 4^h24^m	$159°55′$

(102)
从亚历山大至基督	323^y	130^d12^h
从基督至托勒密在 134 年 10 月 20 日 10 P.M. 观测的整年数	133	
134 年 1 月至 9 月		273
10 月		19 22
闰日(4—132 年)		33
		1 10^h
		456^d
	1	-365
	457^y	91^d10^h

(103) 前面Ⅲ,11 给出从第一届奥林匹克会期到亚历山大的时间间距为

从第一届奥林匹克会期到纳波纳萨尔	27^y247^d
从纳波纳萨尔到亚历山大	$+424$
从第一届奥林匹克会期到亚历山大	451^y247^d

(104) Ⅲ,11 给出从亚历山大到沙皇的时间间距为

	278^y	$118\frac{1}{2}^d$
从第一届奥林匹克会期到亚历山大	$+451$	247
	1	$365\frac{1}{2}^d$
从第一届奥林匹克会期到沙皇	730^y	12^h

(105) PS,Ⅴ,12 的标题并未涉及视差仪(organon parallaktikon)的制作。P-R,Ⅴ,13 不采用这个名词,而称这个仪器为"托勒密之尺"(regulae ptolemei,帖号 f2ᵛ)。与此相同,PS 1515,Ⅴ,12 也不用"视

差仪"一词,而把它说成是"测定月球视差的仪器"(对开纸 53^r)。因为哥白尼撰写《天体运行论》的 Ⅳ,15 用的是 n 帖中的 D 型纸,他关于托勒密把这种设备称为视差仪的说法(对开纸 125^v 第 17 行)不可能根据 PS 的希腊文本,须知他在 1539 年夏季之后才看到它。所以我们可以认为,哥白尼不是从 PS 的首次印刷的希腊文版(organonparallaktikon 在该书第 107 页和第 121 页出现),而是从其他地方知道托勒密的这个名词。

普罗克拉斯的《纲要》(Hypotyposis),Ⅳ,49 也使用这个名词,但它在该处指的是用于探测视差的仪器。因此即使哥白尼知道普罗克拉斯的这段话,也很难说他认为托勒密把这种设备称为视差仪。无论如何,哥白尼是通过 GV 才熟悉普罗克拉斯的 Hypotyposis。GV 把普罗克拉斯的 parallaktikon organon 译为 commutatile…instrumentum(帖号 ff4^v 第 10 行),这与哥白尼的术语大不相同。因此清楚可知,哥白尼知道托勒密为视差仪所取的名字,并非来自 P—R,PS 1515 及 GV,也非来自 PS 的希腊文本和普罗克拉斯的《纲要》。

如果进一步的研究能够弄清楚这项资料的来源,我们也许还会了解哥白尼在论述视差仪的结构时为什么不谈托勒密的铅垂线,而把自己的仪器架在一个垂直极点上并使之绕此极点摆动。托勒密的仪器与此不同,是固定在子午面上的。此外,哥白尼把他的尺子上的刻度从托勒密的六十进位制改为 $1414=1000\times\sqrt{2}$,此即半径为单位长度的圆周的内接正方形的边长。

第谷后来得到哥白尼的视差仪。第谷在他的《天文机械的更新》中报道:

> 我已经得到一架完全为木制的这种仪器。它以前属于那位非凡的人物——哥白尼。(据说)这是他亲手制成的。哥白尼长期居住过的佛罗蒙波克市的一位主教约翰尼斯·汉劳,把这架仪器当作礼品送给我…〔第三卷注释(19)谈到,第谷于 1584 年派了一个学生去佛罗蒙波克。这位约翰尼斯·汉劳主教是 1575 年 1 月 23 日逝世的约翰尼斯·汉劳主教的侄子;ZGAE,1929 23:755,no.44。〕在我的学生回来时,他不仅把我交他使用的六分仪完整无损地归还我,还带给我第二架仪器,即哥白尼的视差仪。这是我在上面提到的那位主教赠给我的礼物。尽管它是木头做的并且使用不便,但它让我想起它的伟大的主人,据说他制作了这架仪器。我一看见它就很高兴,便情不自禁地…立即用史诗诗裁写了一首诗。

第谷把这首含有 34 个六韵步的诗发表于他的《书信集》中(1596 年;《全集》,Ⅵ,266—267),并注明其写作日期为 1584 年 7 月 23 日。他指出哥白尼画分度线用的是黑墨水(Ⅵ,253:28,265:38)。第谷想矫正木料的变形,并确定木料为冷杉(Ⅵ,104:1)。他还设计出使用不便的目镜。这些目镜是:

> 哥白尼仪器中的…小孔。穿过小孔可以费力地望见星星。就前面的孔来说,还有一个不利之处,就是如果要通过这个孔看星星,它就应当比另一个孔大一些。于是它应为 1°的一个分数,至少是 ⅛°或 ¹⁄₁₀°。但在观测时不知道恒星是否正好在孔的中央。于是可以有几分的误差。即使其他一切都完美无缺,也不能理解为什么不只是哥白尼,还有使用这种目镜的古人能达到很高的精度(第谷,《全集》,Ⅴ,46:9—18)。

哥白尼的视差仪遭到和第谷的其他仪器相同的命运,即在三十年战争中都毁掉了。参阅约翰·德列耶尔(John L. E. Dreyer)《第谷》(纽约,1963 年版,为爱丁堡 1890 年版的重印本),第 125,365—366 页。

(106)哥白尼在给出太阳位置为天秤宫内 5°28′时(对开纸 126^r 最末两行),没有说明根据托勒密的测量这是真太阳,而平太阳是在天秤宫内 7°31′。因此月亮离(平)太阳的距角为 78°13′,

天秤宫	22°29′
天蝎宫	30
人马宫	25 44＝平月亮
	78°13′
人马宫	25°44′
行差	7 26
摩羯宫	3°10′

,此即 PS 1515(对开纸 54^r)所给的数值,而非哥白尼(对开纸 126^v 第 4 行)错误地根据 P—R(第五卷命题 15)所用的 3°9′。

(107)

月亮的天顶距	50°55′	月亮的赤纬	23°49′
	− 1 7	亚历山大城的纬度	30 58
	49°48′		54°47′
		月亮的纬度	− 4 59
			49°48′

（108）从基督纪元始至 1522 年 9 月 27 日 5：40 P.M.：

1521 个整年

1522 年 1 月至 8 月	243^d
9 月	26
闰日（1520÷4）	380
	————
	649
1	−365
————	————
1522^y	284^{d}17^h

（109）哥白尼测出佛罗蒙波克的纬度为 54°19′。第谷的助手发现这个值太低（德列耶尔，《第谷》，第 124 页）。

（110）从基督纪元开始至 1524 年 8 月 7 日 6P.M.：

1523 个整年

1524 年 1 月至 7 月	212^d
8 月	6
闰日（4—1524 年）	381
	————
	599
1	−365
————	————
1524^y	234^{d}18^h

（111）按弦长表，对 50′为 1454。$AC：CE=1454：99\,219=1：68.2$，哥白尼把后一数字写为 68。

（112）哥白尼原来取 Ⅳ，16 中第二次观测时月亮的视天顶距为 81°42½′（对开纸 127^r 倒数第 12 行）。后来他对度数加上第二个作为尾数的 j，删除分数并擦掉 s（=½′）。与此相同，他把对开纸 127^v 第 2—3 行的 81°42½′也增加为 82°。取算出的月亮的平天顶距为 80°55′（原为 42′，对开纸 127^v 第 2 行），则视差=1°5′（对开纸 127^v 第 3 行和倒数第 5 行）。按弦长表，与 1°5′相应的弦长为 1891。对开纸 127^v 倒数第 4 行取这个数值（1°10′：2036；1°：1745；10′：291；5′：146；1°5′：1745+146=1891）。

（113）哥白尼在后面（对开纸 128^r 倒数第 15 行）用这个比值进行运算。此值由 98 953：1745 求得，而哥白尼原来用以表示 CE 与 AC 之比（对开纸 127^v 倒数第 4 行）。他在该处把 98 953 换成 99 027，把 1745 换成 1891。他没有重算这个比值。它应为 $CE：AC=52^p22′：1^p$，而非 $56^p42′：1^p$。取 $AC=1745$，则视差=∠$AEC=1°$。N（对开纸 119^r）仍取 Ⅳ，16 中第二次观测时月亮的平天顶距为 80°55′。虽然哥白尼取视天顶距为 82°而非 81°42½′，N 仍用 81°55′。与此相似，手稿中对∠AEC 所取数值（65′；对开纸 127^v 倒数第 5 行）减为 60′（对开纸 119^v）。

（114）按 Ⅳ，11 末尾的月球行差表，对 195°为 2°39′，对 192°为 2°7′，因此对 194°10′为 2°30′。

（115）∠$KDB=59°43′$。按弦长表，对 59°50′为 86 457，对 59°40′为 86 310，因此对 59°43′为 86 354。

（116）$DE：EK=91\,856：86\,354=100\,000：94\,010.2$，哥白尼把后一数字写为 94 010。

（117）$KE：DE=94\,010：100\,000=56^p42′：60^p18.8′$，哥白尼把后一数字写为 18′。

$KE：DF=94\,010：8600\quad=56^p42′：5^p11′$

$KE：DFG=94\,010：13\,340=56^p42′：8^p2.7′$，哥白尼把后一数字写为 2′。

（118）此处应为 52°16′，但哥白尼原来写的是 52^p 而把分数略去（对开纸 128^r 倒数第 9 行）。他随后想到用一个方便的分数，便改用¼，但它忘记把省略的分数删去。最后，他划掉¼并在它上面写分数 17。

（119）在得出 65½^p 和 55^{p}8′这两个数值时，哥白尼大概想到 $DE=60^p18.8′≅60^p19′$。

（120）哥白尼由于笔误把 56 写为 58（Lvjij；对开纸 129^v 倒数第 12 行）。梅斯特林在其抄本中改正了 N 的这个错误（对开纸 121^v 第 14 行）。

（121）$KL：KD=3′11″：60′=64^p10′：1209.4^p$，托勒密取约数为 1210^p。

（122）$KM：KMS=14′22″：60′=64^p10′：267.98≅268^p$。

（123）$29½′×13/5=1°16′42″≅1°16¾′$。

（124）P—R，Ⅴ，21 认为这些是阿耳·巴塔尼的发现："然而阿耳·巴塔尼发现，他所观测的月食的食分和食延时间都与托勒密的计算结果不同…在月食时当月球位于其本轮的远地点时，阿耳·巴塔尼求得月亮直径为 29½′，但他仍采用托勒密给出的月亮半径与阴影半径之比，即 5：13 或 1：2⅗…阿耳·巴塔尼还宣布太阳的〔视〕直径有变化。当太阳〔与地球〕的距离为最大时，他说〔太阳的直径〕=31⅓′，这与托勒密的数值相符…月球〔与地球〕的最大距离=64^{p}10′…取地球半径=1^p，则太阳在其远地点处的距离=1146^p…此时用同样单位表示，阴影轴的长度=254^p。"

(125) 哥白尼以前已经把周年轨道的偏心率从托勒密的 $\frac{1}{24}$ 改为自己的 $\frac{1}{31}$（Ⅲ,16 末尾），他现在将太阳视直径从托勒密的 $31'20''$ 相应地增大为 $31'40''$。

(126) 红衣主教会议下令删掉"三个天体"这几个字,因为它认为地球并非哥白尼所宣称的是天体。

(127) $KL:KD=65\frac{1}{2}{}^{p}:1179{}^{p}=1:18$。

(128) 取 $LO=17'8''$（Ⅳ,19）,则 $18\times LO=5^{p}8'24''\neq5^{p}27'$（对开纸 130^{v} 第 5 行）。然而哥白尼原来取 LO 的值为 $18'11''$（对开纸 130^{r} 倒数第 6 行）。当哥白尼把 LO 从 $18'11''$ 改为 $17'9''$ 最后在 Ⅳ,19 中成为 $17'8''$ 时（对开纸 130^{r} 倒数第 5 行）,他忘记改正 Ⅳ,20 中的"$18\times LO=5^{p}27''$"（对开纸 130^{v} 第 4—5 行）。

威吞堡的马西阿斯·罗脱瓦耳特于 1545 年写信给列蒂加斯说:"照我看来,很难认为 Ⅳ,20 的开头部分是作者〔哥白尼〕写的。我感到很奇怪,既然你校核过作者在第一卷至第四卷中的计算,你为什么没有改正那里的错误"〔伯梅斯脱（Burmeister）,《列蒂加斯》,Ⅲ,63,倒数第 10 至 8 行〕。罗脱瓦耳特无法看到哥白尼的手稿,他不得不完全根据 N 来发表意见。和 N 的另一些细心的读者一样,罗氏从 N 得到的印象是哥白尼在基本的算术计算中有许多差错。因为这些读者不了解在 N 出版前的复杂情况,他们没有认识到 N 中的计算错误主要不是由于哥白尼的运算能力低劣,而是由于当他最后同意将稿件付印时,他的手稿还未修改完毕。他在序言中谈到,他把手稿塞在自己的著作中藏了许多年,这表示这部被扣发的手稿早就可以出版了。可悲的事实是当稿件交付印刷者时,它并未真正整理就绪。

罗脱瓦耳特所说列蒂加斯"校核过作者在第一至第四卷中的计算",这进一步说明在纽伦堡发生的一些事情。罗氏的话是可靠的,这是由于他与列蒂加斯亲密交往,甚至在后者去莱比锡大学教数学之后仍然如此。例如列蒂加斯于 1544 年 12 月 28 日在莱比锡进行月食观测时手写的记录,在 1545 年年初就由罗氏收藏。由此我们有充分理由相信罗氏的说法,即列蒂加斯校核过哥白尼"在第一至第四卷中的计算"。如果此说属实,我们可以认为列蒂加斯于 1542 年 10 月离开纽伦堡赴莱比锡大学任教时,他编辑《天体运行论》只到第四卷。剩下的问题是:奥西安德尔是否接替列蒂加斯担任第五、六卷的编辑工作?

罗脱瓦耳特于 1540 年 6 月 11 日进威吞堡大学（Album academiae Vitebergensis, I〔莱比锡,1841 年〕,180）。MK（第 591、593、606—608 页）把他的姓氏误为"罗脱巴赫"（Lauterbach）,后在第 682 页和第 698 页已予订正。但是 Z 继续谈论"罗脱巴赫"。Z（第 257 页和 270 页）说"罗脱巴赫"在 1545 年是一个学生。这大概是因为他在给列蒂加斯信件的末尾自称为 tui studiosus（你的忠实的）。由于罗脱瓦耳特来自埃耳布拉格（Elblag）,他称哥白尼为同乡（conterraneus）。

(129) $SKD=SK+KLD=265+1179=1444$。

(130) $265\times5^{p}27'=1444\frac{1}{4}{}^{p}$。

(131) $(5^{p}27')^{3}=161.879\cong161\frac{7}{8}$。

(132) 此处哥白尼取月亮半径=$17'9''$（对开纸 130^{v} 第 14 行）。后来他把这个数值减少 $1'$（对开纸 130^{r} 倒数第 5 行）。当他在 Ⅳ,19 中作这项改正时,他忘记此处也这样做。

(133) $42\frac{7}{8}\times161\frac{7}{8}=6940$,对此哥白尼取 $7000-63=6937$。

(134) 哥白尼又一次引用欧几里得《光学》的命题 5〔参阅第一卷注释（41）、第三卷注释（141）和第四卷注释（2）〕。

(135) 此处哥白尼仍旧取 322（对开纸 130^{v} 倒数第 7 行）。在他后来重新审订 Ⅲ,16,18 时,他把 322 增加为 323〔参阅第三卷注释（160）和（164）〕。

(136) $10\,322:9678=1179:1105.4$,哥白尼把后一数字写为 1105。$1179-1105=74;74\div2=37;37+1105=1142$。

(137) $1\,000\,000\div1179=848.18$,哥白尼把后一数字写成 848。

(138) $1\,000\,000\div1105=904.98$,哥白尼把后一数字写成 905。

(139) 实际上,Ⅳ,19 并未给出太阳在远地点的视直径数值。（ostensumest）。与此相反,哥白尼取它=$31'40''$（对开纸 130^{r} 第 16—17 行）。这也是他在此处原先取的值。但当他由计算得出=$31'48''$ 时,他在两个地方（对开纸 131^{r} 第 9 和 11 行）都插进了"viij",而忘记回到 Ⅳ,19 作同样的改正。

(140) 此处哥白尼保留过大的传统数值。关于在哥白尼之后这个数值的减少,参阅潘涅科克（A. Pannekoek）,《天文学史》（伦敦,1961 年）第 283—284 页。

(141) 哥白尼的研究者还没有确定,是哪些天文学家从太阳每小时的视行度推算出太阳视直径的平均长度。

(142) 哥白尼由于算术差错写出（对开纸 131^{r} 倒数第 12 行）$14\frac{1}{5}$。梅斯特林的 N 抄本删掉第四个 I（对开纸 123^{r} 第 9 行）。

(143) 此处给出半月的远地点=$68°21'$（对开纸 131^{r} 倒数第 3 行）。哥白尼在前面 Ⅳ,17 中取此值=$68\frac{1}{3}{}^{p}=68°20'$（对开纸 128^{r} 倒数第 11 行）。

(144) 此处哥白尼再次指出托勒密月亮理论低估月球近地点距离的缺陷〔参阅注释（8）〕。

(145) $CZ：ZE=EK：KS$

    $4^P27'：1105^P=1^P：248^P18.9'$，哥白尼把后一数字写为 $19'$。

(146) $SK：KE=SM：MR$

    $248^P19'：1^P=186^P19'：45'1.9'$，哥白尼把后一数字写为 $45'1'$。

(147) 因为阴影直径的最大变化为 $57''$，IV，24 末尾第二表最后一栏的标题应为秒，而不应如 N 中对开纸 126^v 所载的分。罗脱瓦耳特(伯梅斯脱，《列蒂加斯》，III，63，倒数第 7 行至倒数第 5 行)指出 N 的这个排印错误。

(148) 此处用 EF 代表月球第二本轮的直径。在 I，17 的第二图中，该直径 $=DFG-DF=28\ ^2/_{60}-5\ ^{11}/_{60}=2\ ^{51}/_{60}$ 地球半径。

(149) $GA=\frac{1}{2}(EF=2^P51')\cong1^P25'$

    $AC=AE+EC=1^P25'+5^P11'=6^P36'$。

(150) $EF：EL=2^P37'：46'=60'：17.6'$，哥白尼把后一数字写为 $18'$。

(151) 哥白尼由于笔误写成第七栏(对开纸 133^r 最后一行)。

(152) 虽然哥白尼作出角 $MBN=60°$，他在对开纸 133^r 的图中忘记画直线 BN，N 对此作了补充。

(153) $3^P7'：55'=60：17.6$，哥白尼把后一数字写为"$\cong18$"。

(154) 哥白尼在 IV，17(对开纸 128^r 倒数第 13 行)取地球中心与月球第一本轮中心的距离为 60^P 加上 $18'$，而非此处(对开纸 133^v 倒数第 11 行)的 $19'$。

(155) $10^P22'：2^P27'=60：14.2$，哥白尼把后一数字写为 14。

(156) 由于重写错误，哥白尼在秒(second)数(对开纸 135^r 倒数第 3 行)之后立即写上"第二"(second)极限。

(157) 在最后一栏中，$96°$ 的比例分数为 32，对 $102°$ 为 35，因此 34 属于 $100°$。

(158) 虽然哥白尼(对开纸 136^r 倒数第 6—5 行)称这些弧段为 KM 和 LG，但图中所用符号不同，N 对此作了修改。

(159) 在 II，14 末尾的哥白尼星表中，此为金牛座的第 15 颗星。

(160) 因为位于南纬 $5'10'$ 的毕宿五(金牛 α)距南角比北角要近 $\frac{1}{3}$ 个月亮视直径($\cong32'$)，而此星是在月面中心之南约 $5'$ 处，所以月亮当时在南纬 $5°6'$ 附近。

(161) 1496 个整年

1497 年 1 月至 2 月	59^d
3 月	$8\ 23^h$
闰日(4—1496 年)$=374^d=1^y9^d$	
1	9
1497^y	76^d23^h

(162) 哥白尼说克拉科夫是在波伦亚之东将近 $9°$ 处，他的依据不是他所有的那一版《阿耳芳辛表》。该表(帖号 el^v)并未列入波伦亚，但把威尼斯和佛罗伦萨都置于本初子午线东面 1^h34^m，而克拉科夫在 2^h20^m 处，相差 46^m，$=11\frac{1}{2}°$。因此哥白尼及其所根据的资料，都比《阿耳芳辛表》更接近于真实数值($\cong8\frac{1}{2}°$)。

(163) 取 $15°=1^h$，则 $9°=36^m$。

(164) 哥白尼起先想到的是一个 <60 的数字，于是他写 scr(分；对开纸 137^v 第 3 行)。后来他突然想起一个略大于 $60'$ 的数字，于是把缩写词删去，而代之以 $1°$(pars una)。然而他在取 $51'$ 为确切数值时，忘记把 pars una 划掉。在梅斯特林的 N 抄本中(对开纸 129^r 第 27 章倒数第 4 行)。

(165) 哥白尼研究者还没有确认出，是哪些天文学家只用月亮的每小时行度求得真朔望的时刻。从太阳的每小时视行度推算太阳视直径平均长度的[参阅注释(141)]，是否也是这些天文学家？

(166) $15°=1^h=60^m$，$1°=4^m$，$1'=4^s$。

(167) 月亮在 $2^h=120^m$ 内移动 $1°=60'$(IV，29)。因此它在 $4^m=\frac{1}{15}^h$ 内移动 $2'$。

(168) 哥白尼研究者还未考证出，在偏食时根据被食表面而不用直径来确定掩食区域的许多天文学家是谁。

(169) PS(VI，7)重述阿基米德对 π 所确定的著名界限，即 $<3\frac{1}{7}$，但 $>3\ ^{10}/_{71}$，并取周长与直径的比值 $=3^P8'30''：1$。但是，尽管托勒密提到阿基米德的名字，并没有把他与西拉库斯联系起来，也未引用他的著作的标题《圆周的度量》。哥白尼必然是从其他地方了解到关于阿基米德的这项补充资料。

(170) 哥白尼研究者尚未确定哪些天文学家对月食作了更详尽的论证。也许他们(或者其中一部分)就是注释(141)，(165)和(168)所提到的那些天文学家。

(171) 当哥白尼把《天体运行论》的卷数减为 6 卷时，他忘记修改此处的记录(对开纸 141^v)，于是留下"《天体运行论》第五卷在此结束"。

第五卷 注释

(1) 哥白尼的手稿原来在对开纸 142ʳ 第 12 行结束第五卷的引言,并立即转入第一章。他在写出该章标题和前面两句话后,勾掉这九行字并继续写引言,其目的是重用据说柏拉图在《蒂迈欧篇》中使用过的行星名称。然而柏拉图在《蒂迈欧篇》中并没有用这些名字来称呼五颗行星。这些名字是在他死后很久才出现的。

怎样解释这种误传呢?查耳西蒂斯(Chalcidius)的《柏拉图〈蒂迈欧篇〉注释》(*Commentary on Plato's Timaeus*,巴黎 1520 年第一版)列出哥白尼重复使用的行星名称。如果查氏著作为哥白尼本段论述的依据,则可得出下列三项有趣的推论。

首先,哥白尼没有把查耳西蒂斯对《蒂迈欧篇》的评注与七个多世纪之前柏拉图本人在《蒂迈欧篇》中的论述区分开来。换句话说,哥白尼并未查阅《蒂迈欧篇》原书来考证柏拉图是否确实使用过这些行星名称。其次,哥白尼了解,不能认为大部分读者都通晓希腊文,因此对他们来说这些名称是陌生的,甚至是无法理解的。于是哥白尼并不算纯重引原名,还对这些行星名称的含义加以解释。他对金星加上两个人们很熟悉的名称。最后,如果查氏著作是哥白尼此处所用资料的根据,我们就更有理由认为他在 1520 年以后才开始写第五卷。实际情况是,当哥白尼在克拉科夫求学时,该处就有几部查氏的手稿。但是在他只有十几二十岁的时候,他能够有机会研读珍藏的手稿吗?

这里所谈的行星名称也出现在其他一些古代作者(例如西塞罗·假普鲁塔尔赫·马丁纳斯·卡佩拉)的著作中,这也是事实。哥白尼了解这些著作,其中没有一部把这些行星名称与柏拉图的《蒂迈欧篇》联系起来。在另一方面,无论是在《蒂迈欧篇》还是哥白尼的著作中都出现这些行星名称。

(2) 一颗行星"总是按其自身运动向前进"。然而它有时似乎停留和往反方向运动。这些偏离行星本身运动的现象不是真实的,而只是表现的。这些现象是由我们作为观测者在地球上绕太阳运动造成的。一位(假想的)观测者在(可认为是静止不动的)太阳上观看,行星就只作其固有的、向前的运动。他看不到停留和方向改变。这个见解是哥白尼对我们了解行星状态最杰出的贡献。它同时还为地球绕太阳的周年运转提供一个鲜明的证据。人们常说,对这种运转的第一次证明是用大为改进的望远镜察觉由恒星周年视差显示的地球周年运动对恒星产生的效应,而这在哥白尼时代是办不到的。但是他所发现的行星视差[他称之为行星的"交替运动"(motus commutationis),即往返运动],对地球的轨道运动而言是和恒星周年视差同样有力的证据。在技术条件成熟之后才发现该现象的详细情况。但是作为一种大尺度现象,行星视差是哥白尼用肉眼发现的。参阅让·克洛德·佩克尔(Jean—Claude Pecker)著"哥白尼、开普勒、贝塞耳论往复运动及其视差"(Retour sur Copernic, Kepler, Bessel et les parallaxes),载《天文学》,(*L'Astronomie*),1974,88。

(3) 此处也像第二卷引言中的情况,哥白尼提醒读者,使用通常的日动论术语有时很方便,并且没有害处[参阅第二卷注释(3)]。

(4) 哥白尼由于重写错误写成"六倍"(sexies),而应为"六十倍"(sexagies;对开纸 143ʳ 倒数第 13 行)。这大概是由于他已经想到在三行下面要提到的木星的六个恒星周。

(5) 在金星逐日行度的第二栏,哥白尼由于笔误写上 49(iL;对开纸 143ᵛ 倒数第 14 行)。但按附表(对开纸 147ᵛ 第 3 行)以及为与金星周年行度相协调,此数应为 59。

(6) 西塞罗在他的 Republic 第六卷中加入一节,题为"西比奥之梦"。此节读到行星"沿其圆周和球形"途径运行(§15)。

(7) "一个圆周运动对于其自己以外的其他中心也能是均匀的",承认此点是使哥白尼"得以考虑地球运动、保持均匀运动的其他方式以及科学原理"的条件之一。他对此仍然不愿采用"载轮"一词来建立地球是一个运动天体的概念。然而他的早期著作《要释》确曾提到"某些载轮"(aequantes quosdam circulos),这促使他设法找到"一个更合理的安排,以便按绝对运动规律的要求,每个物体都绕其自身的中心作均匀运动"(3CT 第 57—58 页)。

在哥白尼之前五百年,伟大的穆斯林科学家伊本·阿耳·海沙姆(Ibn Al-Haytham,965—1040 年)也扬弃了载轮,因为它违反均匀运动的原则。他在自己的著作《有关托勒密的疑点》(*Doubts concerning Ptolemy*)中便是这样做的。此书的阿拉伯文译本最近出版(Al-Shukuk'ala Batlamyus,开罗国家图书馆出版社,1971 年),但从未译为拉丁文,因此哥白尼不会读到它。然而哥白尼是否听到过关于伊本·阿耳·海沙姆反对载轮的轻微的传说呢?如果是这样,值得注意的是那位穆斯林学者摒弃载轮并未使他想到地动学说。参阅沙罗蒙·派恩斯(Salomon Pines)著"伊本·阿耳·海沙姆评托勒密"(Tbn Al—Haytham's Critique of Ptolemy),《第十届国际科学史会议文集》(巴黎,1964 年),第 548—549 页。

（8）哥白尼认为，古代天文学家相信行星偏离绝对的圆形轨道。说他认为他们的行星轨道为绝对圆形以及他想要"驳斥古人的见解"，这些错误概念都来自印刷版本，而这些版本都没有印出对开纸151ʳ第7行的冒号。因此它们弄错了哥白尼的意思。奥托·纽格保尔（Otto Neugebauer）"论哥白尼的行星理论"（On the Planetary Theory of Copernicus），《天文学展望》（Vistas in Astronomy），（10：94）对此点当然会是清楚的。因此如果他不是只根据印刷版本而查阅过原稿，他就不应该指责哥白尼犯了一个严重的错误。

（9）哥白尼在分析五颗行星的黄经行度时，从土星开始，接着依次为两颗外行星，即木星与火星，然后是金星和水星。托勒密却按相反次序，从水星向外至土星（PS，Ⅸ，7—Ⅺ，8）。然而在他的表中（PS，Ⅸ，4；Ⅺ，11；Ⅻ，8）以及在处理逆行弧长时（Ⅻ，2—6），托勒密却转而采用哥白尼的次序。

（10）PS 1515（对开纸122ᵛ）把这个埃及月份的名称篡改为"machur"，这被哥白尼解释成 Mechyr（对开纸152ʳ第4行），即埃及历六月份，而托勒密却认为这是九月份（Pachon）。梅斯特林以外的某人在其N抄本中（对开纸143ʳ右边缘），第谷在其B抄本中以及A首次公开地，都做了这项改正。

（11）托勒密对第一次冲得出土星的经度为天秤宫内1°13′，即181°13′。对此数作大约6°33′的岁差改正，哥白尼得约数（fere）为174°40′。在另一方面，他对第二次和第三次冲所作的岁差改正量为精确值6°37′。那么他对第一次冲为什么作近似改正？这肯定不是像Z（第510页）所设想的那样是一个"计算错误"。Z没有注意到，哥白尼注明在第一次冲时土星的位置只是近似的。

（12）哥白尼由于笔误写上 undecim（11），而应为 quindecim（15），但在三行之下他正确地写出罗马数字 xv。第谷在其B抄本中把11改为15（对开纸143ᵛ第4行）。

（13）托勒密取土星在第二次冲时的位置为人马宫内9°40′，即249°40′。因此，哥白尼这次所取的岁差改正值为精确值6°37′+243°3′=249°40′。

（14）托勒密取土星在第三次冲时位置为摩羯宫内14°14′，即284°14′。哥白尼又一次采用准确的岁差改正值6°37′+277°37′=284°14′。

（15）从127年3月26日5 P.M.至133年6月3日3 P.M.：

127年3月	5ᵈ 7ʰ
4月至12月	275
5个整年（128—132年）	
133年1月至5月	151
6月	2 15
闰日（128—132年）	2
	435
1	−365
——	
6ʸ	70ᵈ 22ʰ = 55ᵈᵐ

（16）按Ⅴ、1后面的土星逐年和逐日视差行度表

对6ʸ	为240°	
	45	12′18″58‴
70ᵈ：60ᵈ	57	7 44 5
10	9	31 17 20
22ʰ ≅	52	

6ʸ70ᵈ 22ʰ 352°43′20″23‴，哥白尼把后一数字写为352°44′。

（17）从133年6月3日3 P.M.至136年7月8日11 P.M.；

133年6月	27ᵈ 9ʰ
7月至12月	184
2个整年（134—135年）	
136年1月至6月	181
7月	7 11
闰日（136年）	1
	400
1	−365
——	
3ʸ	35ᵈ20ʰ（=50ᵈᵐ）

（18）按Ⅴ，1后面的土星逐年和逐日视差行度表，

对3ʸ	为300°
	22 36′

	35^d		33 19
	20^h $\cong$		48

$$3^y 35^d 20^h \qquad 356°43'$$

(19) 哥白尼的证明要求把 A、B 和 C 都与 E 相连。但他的证明并不使用 AE、BE、CE 与小本轮圆周的交点,因此哥白尼在他的图中(对开纸 152^v)没有给这些交点以符号。K,L 和 M 为小本轮圆周的交点,K,L 和 M 为小本轮圆周与 AD、BD 和 CD 的交点,而非与 AE、BE 和 CE 的交点。

(20) 阿基米德对求面积(几乎)等于圆面积的正方形的问题进行了间接的攻击。参阅第三卷注释 (132)。

(21) 有人指责哥白尼只会鹦鹉学舌式地追随托勒密。这些人应当仔细考虑哥白尼在此摒弃了托勒密过分繁琐的论述。

(22) 实际上托勒密的第一弧段为 57°5′(PS 1515,对开纸 124^v)。托勒密对第二弧段得出 18°38′(而非对开纸 153^r 第 9—10 行的 18°37′)。

(23) $DF : DE = 60^p : 6^p 50' = 10\,000 : 1139$。哥白尼由于一个奇怪的笔误把 1139 写成 1016(对开纸 153^r 第 12 行),他似乎取 $DE = 6^p 5' 45'' 36'''$。但就在下面一行,他实际上是用 1139 作计算,因为他取此处所谈的数目的 ¾ 等于 854,并取它的 ¼ 等于 285。梅斯特林在其 N 抄本中和第谷在其 B 抄本中(对开纸 144^r 倒数第 3 行)都把 1016 改为 1139,但第一次公开作这个改正的是 A。

(24) 哥白尼原来取 $BDE = 161°23'$(对开纸 153^r 倒数第 4 行至倒数第 3 行)。因此他当时还是用 $FB = 18°37'$ 作计算〔见上面注释(22)〕。后来他擦掉第一个 i,把 BDE 的分数改为 22。他这样做,便回到托勒密对第二弧段所取的数值 18°38′。

(25) 哥白尼由于笔误把 OBL 的分数写为 36(对开纸 153^v 第 2 行)。但是他实际上是用 38 在作运算(见上一条注释)。

(26) 哥白尼把 BED 误认为余量(对开纸 153^v 第 6 行),但 Mu(第 298 页第 31 行)首先指出,它应为被减量。

(27) 哥白尼误取角 CDE 等于 56°30′,实际上应为此角的补角。1952 年的英译本(第 747 页)首先指出这一错误。哥白尼原来把分数写成 30(xxx;对开纸 153^v 第 9 行)。他在此行上面和最后的 x 之前插入一个 i,于是把该数减为 29。然而他实际上还是用 30′(第 247 页第 2 行)进行运算,并在 v,5 接近末尾处(对开纸 154^r 第 18 行)用分数 ½ 的形式再次使用这个数字。

(28) 哥白尼由于预想重写错误把分数 37 写成 14,因为他已经想到在本行末尾的 14(对开纸 153^v 倒数第 2 行)。梅斯特林的 N 抄本(对开纸 145^r 第 4 行)改正了这个错误。

(29) 哥白尼由于笔误把应有的 PEF 写为 PDF(对开纸 153^v 末行)。梅斯特林的 N 抄本(对开纸 145^r 第 5 行)改正了这个错误,而 Mu(第 299 页第 12 行)首次作公开的更正。

(30) 哥白尼原来认为这次冲的时刻为"午夜后几乎 9^h"(对开纸 154^r 倒数第 2 行)。接着哥白尼把数目字擦掉(现在它难以认出),并在右边缘改写出"日出前 2^h"。最后,他把这个第二说法改为"午夜后 6⅖^h"并在对开纸 156^v 倒数第 7—6 行重复一遍。于是他从头至尾由"几乎 9"改为 4,再改为 6:24,而这三个时刻都是在清晨前后。把这次冲说成是在黄昏,这是一个惊人的错误。Z(第 209 页)论证说哥白尼不可能用月亮(当时为新月)作为媒介,并说哥白尼把这次冲完全弄错了。Z 认为应当把这次冲推迟一个月到 11 月 10 日!但是哥白尼是在五行之下〔对开纸 154^v 第 4 行;参阅下面的注释(32)〕计算第二次与第三次冲的时间间距之前采用最后时刻(6:24 A.M.)的。该时间间距当然与 Z 的强词夺理的批评完全不符。

(31) 从 1514 年 5 月 5 日 10:48 P.M 至 1520 年 7 月 13 日正午:

1514 年 5 月	26^d	1^{h}12^m
6 月至 12 月	214	
5 个整年(1515—1519 年)		
1520 年 1 月至 6 月	181	
7 月	12 12	
闰日(1516 和 1520 年)	2	
	—————	
	435	
1	−365	
——		
6^y	70^{d}13^{h}12^m = 33^{dm}	

(32) 从 1520 年 7 月 13 日正午至 1527 年 10 月 10 日 6:24 A.M.:

1520 年 5 月	18^{d}12^h	
8 月至 12 月	153	
6 个整年(1521—1526 年)		

1527 年 1 月至 9 月		273	
10 月		9	6 24^m
闰日（1526 年）		1	
		454	
		-365	
7^y		89^d 18^h 24^m = 46^{dm}	

（33）前面已经谈到（V,1），哥白尼认为不需要为土星的平均自行度造表。他对土星自行度取 1^y 为 12°12′46″，因此 6^y 为 73°16′36″。从Ⅲ,14 末尾的太阳逐年和逐日简单均匀行度表内有关栏目减去 V,1 末尾的土星逐年和逐日视差行度表的某些栏目，可得其余的土星自行度。于是对 70^{d}33^{dm} 有

60^d	太阳	59° 8′	土星	57° 7′	
10		9 51		9 31	
70^d		68°59′		66°38′	
		-66 38			
		2°21′			
33$^{dm}\cong$		1			
		2°22′			
6^y		73 16 36″			

75°38′36″，哥白尼把此数写为 75°39′。

（34）$DE：AE = 19090：8542 = 13501：6041$。哥白尼把 6041 写成 6043（对开纸 154^v 末行）。他这样做是因为他原来取 $DE=13506$（对开纸 154^v 倒数第 12 行，他在该处擦掉 6 并在它上面写 1，而在倒数第 2 行 6 仍比 1 明显）。取 $DE=13506$，则 $AE=6043$。当哥白尼把 DE 从 13506 改为 13501 时，他忘记对 AE 作相应改变，它仍然为 6043。

（35）对开纸 155^r 倒数第 16 行：哥白尼在做此减法时，把减数与被减数颠倒了。W 首先改正这一错误。

（36）$FG：FD = 10\ 000：1200 = 60^p：7^p12′$。

（37）$FD：DK = 1200：650 = 10\ 000：5416\frac{2}{3}$。最后一位数被擦掉一部分，但不是 7，看起来像 1（对开纸 155^r 倒数第 7 行）。按弦长表，对 32°50′ 为 54220，对 32°40′ 为 53975，因此对 32°45′ 为 54098，而取半径 = 10 000 时为 5410。与 54167 相应的角度约为 32°48′。

（38）哥白尼原来写的是 7（vij；对开纸 154^r 末行）。然而他在此处说的是 8（octo；对开纸 156^v 第 12 行）。如果他在此处保留 7，则土星的低拱点会在 60⅓，而不需要用"约在"（fere；对开纸 156^v 第 16 行）。但他在 V,6 末尾取土星高拱点在 240°21′（对开纸 156^v 倒数第 3 行）时，他肯定是取 8。

（39）哥白尼原先取这次观测的时间为"日出前 2^h"（= 4 A.M.，对开纸 157^r 第 11 行）。后来他取较晚的时刻，把 2 换成 6，没有分数，并且不像前面〔见注解（30）〕那样把"日出前"改成"午夜后"。

（40）从 136 年 7 月 8 日 11 A.M. 至 1527 年 10 月 10 日 6 A.M.：

136 年 7 月		23^{d}13^h	
8 月至 12 月		153	
1390 个整年（137—1526 年）			
1527 年 1 月至 9 月		273	
10 月		9 6	
闰日（140—1524 年）		347	
		805	
		-730	
2			
1392^y		75^{d}19^h = 47½^{dm}	

哥白尼写的是 48^{dm}，这也许是因为他想起自己对第三次冲最后确定的时刻为 6 点以后几分钟。

（41）哥白尼在此处（对开纸 157^r 第 20 行）所写分数为 45。这与他在六行之上原来的计算结果相符。然而他在该处插进三个 i，使分数增为 48。但他是在用手稿中未经改正的较小数目作减法之后才把 45 改为 48。哥白尼在修改数字结果后在其他地方不作相应的变化，此处又是一例。

（42）相应的现代数值应为每 100 年 1½′（《天文学杂志》，1974，79：58）。

（43）从基督纪元开始至哈德里安 20 年 12 月 24 日 = 136 年 7 月 8 日：

135 个整年

136 年 1 月至 6 月	181^{d}
7 月	7 11^{h}
闰日（4—136 年）	34
135^{y}	222^{d}11^{h} = 27½^{dm}，哥白尼将此数写为 27^{dm}（对开线 157^{r} 倒数第 5 行）。

（44）从基督纪元开始至 1514 年 2 月 24 日 5 A.M.：

1513 个整年	
1514 年 1 月	31^{d}
2 月	23 5
闰日（4—1512 年）	378
	432
	−365
1	
1514^{y}	67^{d}5^{h} = 12½^{dm}，哥白尼把此数写为 13^{dm}（对开纸 157^{v}

倒数 4—3 行）。哥白尼在该处的错误值 77^{d}（lxxvij 多出一个 x）已在 A 中（第 355 页）改正。

（45）此处哥白尼取土星的高拱点在"大约 240⅓°"处（fere；对开纸 158^{r} 第 3 行）。哥白尼在 V、6 末尾更确切地说在"240°21′"（对开纸 156^{v} 倒数第 3 行）。

（46）哥白尼由于笔误（对开纸 158^{r} 第 17 行）把应为 41 的度数写成 40（Ⅺ，缺一个 i）。A（第 355 页）改正了这个错误。

（47）虽然哥白尼在上面（对开纸 158^{r} 第 1 行）已经取分数为 31，他在此处由于笔误写成 33。A 改正了这个错误。

（48）哥白尼把应该写在上面一行的数字（31′）写在这里。他没有注意此处需要的数字（35′）。也是 A 改正了这个错误。哥白尼显然没有像他把计算结果从演算纸抄到手稿上那样仔细。

（49）$BD:EL$ = 10 000：1090 = 60^{p}：6^{p}32⅖′，哥白尼把后一数字写为 32′（对开纸 158^{v} 第 8 行）。

（50）按托勒密的土星理论，本轮的半径（与哥白尼理论中的地球周年运行轨道的半径相似）= 6^{p}30′（PS，Ⅺ，6）。

（51）1090：10 569 = 1^{p}：9^{p}41.8′，哥白尼把后一数字写成 42′（对开纸 158^{v} 第 16 行）。

（52）1090：9431 = 1^{p}：8^{p}39′。

（53）哥白尼由于笔误（对开纸 159^{r} 第 3 行）把度数写为 6（vj）。A（第 357 页）改正了这个错误。

（54）从哈德里安 17 年 11 月 1 日 11 P.M. 至哈德里安 21 年 2 月 14 日 10 P.M.：

哈德里安 17 年 11 月	28^{d}13^{h}
12 月	30
闰日	5
3 个整年（哈德里安 18—20 年）	
哈德里安 21 年 1 月	30
2 月	13 10
3^{y}	106^{d}23^{h}

（55）从哈德里安 21 年 2 月 14 日 10 P.M. 至皮厄斯·安东尼厄斯 1 年 3 月 21 日 5 A.M.：

哈德里安 21 年 2 月	16^{d}14^{h}
10 个整月（3 月至 12 月）	300
闰日	5
皮厄斯·安东尼厄斯 1 年	
2 个整月（1 月和 2 月）	60
3 月	20 17
	1 7^{h}
	402
1^{y}	−365
	37^{d}

（56）60^{p}：5½^{p} = 10 000：916⅔^{p}，哥白尼把后一数字写为 917（对开纸 159^{r} 倒数第 9 行）。

（57）哥白尼由于笔误（对开纸 159^{v} 第 10—11 行）把 EAD 和 DEA 弄颠倒了。W（第 371 页）改正了这个错误。

(58) 哥白尼为简便计算省略了他在几何推理中的一些步骤。因此,如果把 DB 与 EL 的交点称为 Y,则得

$$LEB+DBE(=4'+12')=DYE=16',和$$
$$FDB=177°10'=(DYE=16')+(FEL=176°54')。$$

(59) $ECM=(DCE=2°8')+DCM$

由图,$DCM=FDC$

但是 $FDC=180°(-GDC=30°36')=149°24'$

$\therefore ECM=2°8'+149°24'=151°32'$,并非哥白尼所设想的(对开纸 160^r 第 7 行,他在该处原有另一个数,但局部擦掉无法辨认)为 147°44'。梅斯特林在其 N 抄本中(对开纸 150^v 倒数第 5 行)把它改为 151°32',而 W 首先作公开改正。

(60) $LEM=(GEM=33°23')+(LEG=3°6')=36°29'$

$LEG=180°-(FEL=176°54')=3°6'$

(61) 哥白尼在此处由于笔误把分数写成 30(xxx,对开纸 160^r 第 18 行)。然而不久后他改用正确值 22(xxij,对开纸 160^r 倒数第 4 行)。梅斯特林在其 N 抄本中(对开纸 151^r 第 6 行)把 30 换为正确值 22,而 W 首先公开作这个改正。

(62) 从 1520 年 4 月 30 日 11 A.M. 至 1526 年 11 月 28 日 3 A.M.：

1520 年 4 月	13^h
5 月至 12 月	245^d
5 个整年(1521—1525)	
1526 年 1 月至 10 月	304
11 月	27 3
闰日(1524)	1
	577
1	−365
6^y	212^{d}16^h=40^{dm}

(63) 从 1526 年 11 月 28 日 3 A.M. 至 1529 年 2 月 1 日 7 P.M.：

1526 年 11 月	2^{d}21^h
12 月	31
2 个整年(1527—1528 年)	
1529 年 1 月	31
2 月	19
闰日(1528)	1
	(24+)16^h
1	
2^y	66^d

此处哥白尼把 16^h 写成 39^{dm}(对开纸 160^v 第 12 行),而他在前两次冲之间把 16^h 正确地取为与其对应值 40^{dm} 相等。他是否原来把第三次冲的时刻定为 1529 年 2 月 1 日 6:36 P.M. 而不是 7 P.M.？

(64) $ED=10\,918^p$(对开纸 160^v 倒数第 3 行)应为与∢CED 相对边的正确长度。此角为内接角时 $=66°10'$,而为中心角时 $=33°5'$。按弦长表,对 33°10' 为 54 708,对 33°0' 为 54 464,因此对 33°5' 为 54 586,而在取半径 $=10\,000$ 时为 5459。$2×5459=10\,918$,此为哥白尼对 ED 误取的数值。如果他没有把 66°10'$=$∢CED 与 64°10'$=$∢DCE 混为一谈,他就会得到与托勒密的结果很好相符的 ED 值。安东尼•潘涅柯克(Antonie Pannekoek)首先公开指出哥白尼的错误“哥白尼《天体运行论》中一个值得注意之处”(A Remarkable Place in Copernicus' De revolutionibus),载《荷兰天文研究机构公报》(Bulletin of the Astronomical Institutes of the Netherlands,1945,10：68—69)。第谷在他的 B 抄本中改正了哥白尼的错误及其后果(对开纸 151^v—152^r)。

(65) $ED:AE=18\,992:9420=10\,918:5415.3$,哥白尼把后一数字写为 5415(对开纸 161^r 第 9 行)。

(66) $CE:DE=18150:10918=17727:10663.5$,哥白尼原来把后一数字写成 10663,但后来在 3 上面写了一个 5(对开纸 161^r 第 17 行)。

(67) 哥白尼由于重写错误(对开纸 161^r 倒数第 14 行)把 $ED×DB$ 写成 $ED×DE$。N(对开纸 152^r)改正了这个差错。

(68) 哥白尼由于笔误把这个减法中的两项弄颠倒了,即写成从长方形 $GD×DH$ 中减去 $(FDH)^2$

（对开纸 161^r 倒数第 11 行）。T（第 347 页第 15—17 行及注释）改正了这个错误。

（69）$FG：FD=10\ 000：1193=60^p：7^p9.48'$，哥白尼把后一数字写为 9'（对开纸 161^r 倒数第 8 行）。

（70）然而哥白尼在 V，5 中报道说托勒密求得的土星偏心距$=6^p50'：1139=854+285$，而他在 V，6 中把这个偏心距增大为 $7^p12'1200=900+300$，并说只是"稍微不同"（parum distant 对开纸 155^r 倒数第 11 行）。

（71）哥白尼在 V.10 中报道说托勒密求得的木星偏心度$=5\frac{1}{2}^p=917$，"与观测几乎刚好相符"（observatis propemodum respondebant，对开纸 159^r 倒数第 8—7 行）。此处在 V，11 中，哥白尼自己对木星得出的偏心距$=7^p9'=1193$。

（72）如果哥白尼对∡DCE 没有误取弧长〔此即注释（64）所提到的错误〕，他对木星偏心度所得数值就不会与托勒密的值相差很远。

（73）哥白尼由于笔误（对开纸 162^r 第 5 行）把∡EAK 的分数写成 34（xxxiiij）。梅斯特林在其 N 抄本中（对开纸 152^v 倒数第 5 行）把这个数值改为 41，而 T（第 349 页第 4 行及注释）首次公开改正。

（74）哥白尼在此处又一次为简便计算略去几何推理中的几步。若令 AD 与 KE 的交点为 X，则有
$$(AEK=57')+(DAE=2°39')180°-(AXE=176°24')$$
但是 $AXE=(ADE=180°-45°2'=134°58')+(KED=41°26')$。

（75）$DEL=DEB-(BEL=1°10')$
但是 $DEB=180°-(BDE=64'42')-(DBE=3°40')=111°38'$，因此 $DEL=111°38'-1°10'=110°28'$。

（76）哥白尼由于笔误（对开纸 162^r 倒数第 12 行）把这个角误称为 AED。以前各版或译本均未察觉这个错误。

（77）哥白尼由于笔误（对开纸 162^r 第 6 行）把此角误称为 FCD，T（第 349 页第 20 行）悄悄改正了这个错误。

（78）哥白尼由于笔误（对开纸 162^r 倒数第 5 行）把此边误称为 DE。Mu（第 315 页第 9 行及注释）改正了这个错误。

（79）哥白尼在对开纸 162^r 的图上没有给 DC 和 EM 的交点以任何符号。称此交点为 X，则有
$$EXC=180°-(XEC=1°)-(DCE=2°51')=176°9'。$$
但 $EXC=ECX(=180°-[FDX=49°8']=130°52')+(DEX=DEM)$，
因此 $176°9'=130°52'+DEM$，并得
$$DEM=45°17'。$$

（80）哥白尼把∡LEM 的分数写为 10（x，对开纸 162^v 第 5 行）。原因是在他原来对∡DEM 所取的数值中分数为 18（对开纸 162^v 第 3 行）。他在用 18 做完减法并得出结果为 10' 后，他回到第 3 行并擦掉第三个 i，但没有改正由减法得出的结果。

（81）木星的视差行度有 1' 的差错，这可能是由于哥白尼用对开纸 162^v 左边缘的 52'，而不是用相邻的第 20 行中的 51' 进行计算。属于视差的应为 51'，而非 52'。

（82）哥白尼把"约为"（fere，对开纸 162^v 倒数第 6 行）一词放错了地方。它应与木星的视差行度 1°5'，而不该与木星的平均行度 104°54' 在一起。

（83）托勒密的观测时间为 5 A. M，而他自己是在 7 P. M。哥白尼怎能由此得出差值为 37^{dm}（$=14^h48^m$，对开纸 163^r 第 1 行）？要使其余时段$=1392^y99^d$，他应取托勒密观测的埃及历日期为 137 年 10 月 7 日：

137 年 10 月	24^d
11 月和 12 月	61
1391 个整年（138—1528 年）	
1529 年 1 月	31
闰日	347
	1（取自小时栏）
	——
	464
1	−365
——	
1392^y	99^d

（84）相应的现代值应为每 300 年大约 1$\frac{1}{2}$'（《天文学杂志》，1974，79：58）。

（85）按这种算法（对开纸 163^r 第 14 行），托勒密的观测是在 137 年 11 月 11 日，而这个日期与 V，12 的计算不能相容〔参阅注释（83）〕。哥白尼把小时数写为 10^{dm}=4^h。他把它写在右边缘，用以代替原来用的数目 5（对开纸 159^r 第 6 行，162^v 倒数第 3 行）。

(86) 哥白尼指明为 3 月 1 日之前的第 12 天(对开纸 163^r 倒数第 4 行)。他在对开纸 163^v 第 3 行的计算表明,他没有考虑到 1520 年为闰年,即有 2 月 29 日。

(87) 从基督纪元开端到 1520 年 2 月 18 日 6 A. M. :

1519 个整年	
1520 年 1 月	31^d
2 月	17 6^h
闰日(4—1516 年)	379
	427
1	−365
1520^y	62^{d}6^h=15^{dm}

(88) $FE : ES = 9698 : 1791 = 10373 : 1915.7$,哥白尼把后一数字写成 1916(对开纸 164^r 第 13 行)。

(89) $60^p : 11^p30' = 10\ 000 : 1916\frac{2}{3}$。

(90) $RET : ADC = 2 \times 1916 : 2 \times 10\ 000 = 3832 : 20\ 000 = 1^p : 5^p 13' 9''$。哥白尼在对开纸 164^r 第 20 行所写为后一数字,但此处在第 18—19 行他认为取 5^{p}13′ 已足够准确。

(91) $AD : DE = 10\ 000 : 687 = 5^p 13' : 21' 30''$,哥白尼把后一数字写为 21′29″(对开纸 164^r 倒数第 15 行)。然而这个差异可以忽略不计,因为他取 $BF = \frac{1}{3} DE = 7' 10''$(见同行)。但他在计算木星位于远日点与近日点的距离时,实际上是用 $BF = 7' 9''$ 进行计算。

(92) 从哈德里安 15 年 5 月 26 日 1 A. M. 至哈德里安 19 年 8 月 6 日 9 P. M. :

哈德里安 15 年 5 月	3^{d}11^h
7 个整月	210
闰日	5
3 个整年(哈德里安 16—18 年)	
哈德里安 19 年 7 个整月	210
8 月	6 9
	434
1	−365
4^y	69^{d}20^{h}50^{dm}

(93) 从哈德里安 19 年 8 月 6 日 9 P. M. 至皮厄斯·安东厄纳斯 2 年 11 月 12 日 10 P. M. :

哈德里安 19 年 8 月	23^{d}15^h
4 个整月	120
闰日	5
3 个整年(哈德里安 20—21 年, 皮厄斯·安东尼厄斯 1 年)	
皮厄斯·安东尼厄斯 2 年 10 个整月	300
11 月	12 10
	1(24+)1^h
	461
1	−365
4^y	96^d

(94) 哥白尼在给出 $\angle ADE$ 的大小时除 138° 外忘记提到分数(27′)。他指出 $\angle ADE = 180° - (\angle FDA = 41°33')$,见对开纸 164^v 倒数第 3 行。

(95) 哥白尼由于笔误(对开纸 165^r 第 20 行)把第二角误称为 AED 而非 LED。T(第 355 页第 32 行及注释)改正了这个错误。随后在下面一行中,为了能自圆其说,哥白尼写上 DEA,而书中要求的是 DEL,T 悄悄做了改正。如果把 DA 与 EL 的交点叫做 X,则 $AEL + DAE = 1°56' + 5°7' = 7°3' = DXE$。但是 $DXE = 7°3' = ADF - DEL = 41°33' - 34°30'$。哥白尼后来对在火星第二次冲的讨论快结束时,为计算整个 MEL 而取 DEL(并非 DEA)$= 34°30'$。在另一方面,$DEA = DEL + AEL = 34°30' + 1°56' = 36°26'$。

(96) 哥白尼由于笔误(对开纸 165^v 倒数第 8 行)把 $\angle EBM$ 的分数写为 13(xiij),而此数应为 9。

(97) 哥白尼取 $CED = 37°39'$(对开纸 165^v 第 3 行),这是一个重大错误。他显然是由减法 $CDE - DCE = 44°21' - 6°42' = 37°39'$ 而得出上列结果。其实他当然应该使用减法 $180° - (DCE + CDE = 6°42'$

$+44°21'=51°3')=128°57'$。然而他在紧接着下面的第 7 行求 NED 时,他不言而喻地用了 $CED=$ $128°57'\ne37°39'$。梅斯特林在其 N 抄本中(对开纸 156^r 倒数第 4 行)把 $37°39'$ 改为 $128°57'$。

(98)从 1512 年 6 月 5 日 1 A.M. 至 1518 年 12 月 12 日 8 P.M. 历时 6^y191^d。哥白尼把 $19^h=$ $47\frac{1}{2}^{dm}$ 写成 $45^{dm}(=18^h$,对开纸 166^r 第 15 行)。

(99)从 1518 年 12 月 12 日 8 P.M. 至 1523 年 2 月 22 日 5 A.M. 历时 4^y72^d。哥白尼把 $9^h=22\frac{1}{2}^{dm}$ 写成 23^{dm}(对开纸 166^r 第 16 行)。

(100)此图由 N(对开纸 157^v)提供,用以取代哥白尼在手稿中(对开纸 166^v)开始绘制但后来弃置不用的图。

(101)哥白尼由于笔误(对开纸 166^v 第 5 行)把 BF 的分数写为 18(xviij)但他在计算火星第二次冲时用的是 25。

(102)哥白尼在对开纸 166^v 左边缘插入对三角形 BDE 的讨论。他在该处把 BDE 的分数最后写为 35(xxxv),这与前注中指出的 BF 的数值 25 相符。然而他没有改正第 5 行中的数值 18。另一方面,他原来在边缘写的分数似为 37,但应为 42 才能与 BF 的 18 相合。这些不一致之处不足为奇,因为哥白尼在图中除圆外只画了四条必需的线,他没把图画完并给符号。

(103)哥白尼原来把 EBM 的分数写成 18(xviij,对开纸 166^v 末行),这似乎只不过是对 BF 所数值 18(见前两条注释)的粗心的重复。然而他后来把 18 删掉并代之以 36(xxxvj)。后一数目是他取 BF 的分数为 25 得出的。值得注意的是他没有把第 5 行中的 18 改为 25。

(104)如果令 NE 和 CD 的交点为 X,则 $CEN+DCE=50'+2°6'=2°56'=DXE=FDC-DEN=$ $16°36'-13°40'$。

(105)哥白尼的数字每世纪约 $47'$ 又是远大于现代值每世纪约 $27'$(《天文学杂志》,1974,79:58)。

(106)在把托勒密的第三次观测归化为克拉科夫地方时间时,为了将它与自己的观测相比较,哥白尼把亚历山大时间 10 P.M.(V,15)改为克拉科夫时间 9 P.M.。这是因为他假定克拉科夫是在亚历山大城之东 $1^h=15°$(Ⅲ,18)。

(107)哥白尼(V,18)认为这个埃及日期(皮厄斯·安东尼厄斯 2 年 11 月 12 日 9 P.M.)等于 139 年 5 月 27 日 8:48 P.M.。从此时至 1523 年 2 月 22 日 5 A.M. 共历时 $1384^y251^d10^h12^m(25\frac{1}{2}^{dm})$。哥白尼把后一数字写为 $19^{dm}(=7^h36^m$,对开纸 168^r 第 3 行)。

(108)从基督纪元开端至皮厄斯·安东尼厄斯 2 年 11 月 12 日 9 P.M.,哥白尼算出历时 $138^y180^d52^{dm}$:

138 个整年
闰日(4—136 年) 34^d
公元 139 年 1 月至 4 月   120
            5 月   26 $52^{dm}(=8$:48 P.M. $\cong$ 9 P.M.)
————
138^y 180^d,139 年 5 月 27 日 9 P.M.(见前注)。

(109)哥白尼在对开纸 168^r 右边缘把这个视差行度的分数最后写为 22(xxij)。因为他在对基督纪元的开端算出位置=238°22'(见本章第 7 行),此时他实际上用 4 作运算,所以哥白尼似乎是由于重写错误在本章第 4 行右边缘写上 22。第谷在其 B 抄本中(对开纸 158^v 第 18 章第 5 行)把 22 改成 4,而 W 首先公开作此改正。

(110)

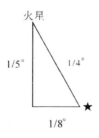

火星

1/5°   1/4°

1/8°

(111)$FSE=70°32'$。按弦长表,对 $70°40'$ 为 94 361,对 $70°30'$ 为 94 264,因此对 $70°32'$ 为 94 283.4,或在取半径=10 000 时为 9428。

(112)$EFS=35°9'$。按弦长表,对 $35°10'$ 为 57 596,对 $35°0'$ 为 57 358,因此对 $35°9'$ 为 57 572.2,或在取半径=10 000 时为 5757。

(113)EF:$ES=9428$:$5757=10$ 776:6580.1,哥白尼把后一数字写成"约为 6580"(fere,对开纸 169^r 倒数第 6 行)。

（114）$ES：ADE=6580：10\,960=1^p：1^p39'56''21'''$。哥白尼把在 56 上面的一个现在已经无法辨认的分数划掉（对开纸 169^v 第 4 行），最后写上 57''（lvjj）。

（115）$ES：EC=6580：9040=1^p：1^p22'25''54'''$。哥白尼在两行之间插入 vj，对后一数字最终写出 26''（对开纸 169^v 第 4 行）。这个从 20'' 到 26'' 的变化与 Ⅵ，3 中删去的一段有关。哥白尼在该处擦去某个数字（大概是 vj，对开纸 193^r 第 1 行），而留下 20。

（116）哥白尼（对开纸 169^v 倒数第 6 行）误认为这位西翁来自亚历山大城。但是亚历山大的西翁生活于 4 世纪，即远在托勒密逝世之后。其观测资料供较为年轻的同时代人托勒密使用的，是另一位西翁。然而托勒密并未把这个西翁与斯穆尔纳或任何其他希腊团体联系在一起。托勒密曾说，他找不到对当代的需要适用的古代天文学家的观测资料。可是托勒密接着谈到："在另一方面，我确实找到我对这项研究所需要的现代观测。我从数学家西翁的观测中找到了这样的资料…"（PS 1515，对开纸 109^r，第 1 章第 11—14 行）。托勒密提到他的同时代人"数学家"西翁，还说他得到了西翁的观测资料。这些情况也许使哥白尼得到一个错误印象，即这位西翁与亚历山大城有关。

哥白尼在 1539 年夏季收到列蒂加斯寄送的一册托勒密的《至大论》希腊文第一版（巴塞耳，1538 年）。该书附有西翁的评论。封面用希腊文和拉丁文明显标出这位评论家是"亚历山大的西翁"。如果哥白尼在撰写 v，20 之前即便只是粗略看一下这张封面，他也会立即了解到为《至大论》写评论，因而出生迟于托勒密的这位亚历山大西翁，不可能是托勒密在世时撰写《至大论》时借用其金星观测资料的那位西翁。因此我们可以认为，哥白尼是在写完 v，20 之后才看到西翁的评论。

在另一方面，哥白尼在撰写 Ⅴ，35（对开纸 197v）时采用了他从《至大论》1538 年出版才能查出的一个词。因此我们确定哥白尼收到列蒂加斯赠送的、附有西翁评论的那本《至大论》是在写完 v，20 之后和撰写 v，35 之前。

（117）托勒密取平太阳在双鱼宫内 14¼°，即 344°15'。哥白尼从此数减去由岁差引起的 6°34'，才能得出 337°41'。

（118）哥白尼起先认为皮厄斯·安东尼厄斯 4 年即是公元 144 年，后来以为是公元 142 年（对开纸 170^r 第 5 行）。这只是他的笔误。这可从他在《驳魏尔勒书》（3CT 第 94—97 页）中的详细讨论看出。此外，他在 Ⅴ，26 中把皮厄斯·安东尼纳斯 4 年取为公元 140 年（对开纸 176^v 末尾三行）。梅斯特林在其 N 抄本中（对开纸 160^v 第 5 行）把此处 Ⅴ，20 中的错误年份 142 改为 140，而 Me（第 56 页注释）首先对此作公开的改正。

（119）托勒密取平太阳在狮子宫内 5¾°，即 125°45'。哥白尼从此数减去由岁差引起的 6°45'，才能得出大约 119°（对开纸 170^r 第 8 行）。

（120）哥白尼依据 P—R（第十卷命题 1 帖号 1⅛），把这次观测误定在哈德里安 4 年（对开纸 170^r 第 18 行）。PS 1515 也把年份定错了，认为是在哈德里安 2 年（对开纸 109^r）。PS（Ⅹ，1）把年份定为哈德里安 12 年。按埃及的历法，哈德里安 1 年开始于 116 年 7 月 25 日，此时公认哈德里安开始和原来在位特拉强分掌最高权柄。因此哈德里安 4 年开始于 119 年 7 月 25 日。幸好哥白尼既没有用哈德里安 4 年，也未以 119 年作为进一步计算的基础。梅斯特林的 N 抄本（对开纸 160^v 第 16 和 18 行）把哈德里安 4 年改为 12 年，并把 119 年改为 127 年。

（121）托勒密取太阳的平位置在天秤宫内 17°52'，即为 197°52'处。哥白尼从此数减去由岁差引起的 6°39'，才能得出 191°13'（对开纸 170^r 倒数第 13 行）。

（122）托勒密取太阳的平位置在摩羯宫内 2¹⁄₁₅°，即为 272°4'处。哥白尼从此数减去由岁差引起的 7°4'，才能得出 265°（对开纸 170^r 倒数第 8 行）。

（123）托勒密取太阳的平位置在金牛宫内 25⅖°，即 55°24'处。哥白尼从此数减去由岁差引起的 6°34'，才能得出 48°50'（对开纸 170^v 第 5 行）。

（124）相应于罗马历书中的正确日期为 11 月 18 日。哥白尼确实已开始写这个数字（对开纸 170^v 第 9 行：xiiijCal）。但他没有继续写上正确的月份（12 月），而改为 1 月，并把日期从 14 改成 5。这也许是由于和托勒密于哈德里安 21 年对金星所作的另一次观测（PS Ⅹ，1，最末一次观测）混为一谈了。梅斯特林在其 N 抄本中（对开纸 161^r 第 2 行）把日期改为 11 月 18 日＝罗马历 12 月 14 朔日，而 A 首次作公开的改正。

（125）托勒密取太阳的平位置在天蝎宫内 25°30'，即为 235°30'。哥白尼由此数减去由岁差引起的 6°36'，才得到 228°54'（对开纸 170^v 第 10 行）。

（126）按弦长表，对 44°50' 为 70\,505，对 44°40' 为 70\,298，因此对 44°48' 为 70\,463.6，或在取半径＝10\,000 时为 7046。

（127）哥白尼在此处（171^r 第 2 行）取 Ⅴ，20 中托勒密第三次观测时的大距＝47⅓°。这也是他在 Ⅴ，20 中（对开纸 170^v 第 12 行）原来所用数值。但后来他把该处的"⅓"划掉，并在右边缘代之以 16'。然而此处在 Ⅴ，21 他未作相应变化，而让"⅓"保留下来。可是在求 DF 的长度时他并非用 47°20'，而用 47°16' 进行运算。按弦长表，对 47°20' 为 73\,531 而对 47°10' 为 73\,333，因此对 47°16' 为 73\,451.8。在取半径$=10\,000$时，哥白尼把后一数值写成 7346。在另一方面，在取 $DBF=47°20'$时，$DF=7353$。第谷在其 B 抄本中把对 DBF 应与 47°相加的分数由⅓改为¼(=15′，对开纸 161^r 倒数第 5 行)。

(128) $DF:BD=7346:10\,000=7046:9591.6$。哥白尼把后一数值误写为 9582(对开纸 171^r 第 5 行)，而由此数会得出 $DF=7353$。

(129) $AC:DE=9791:7046=1^p:43\tfrac{1}{6}'$；$AC:CD=9791:209=1^p:1'16''51'''$，哥白尼把后一数字写成"约为 $1\tfrac{1}{4}'$"(对开纸 171^r 第 8 行)。

(130) $AC:DE=1^p:43\tfrac{1}{6}'=10\,000:7194\tfrac{1}{3}$。哥白尼最终把后一数值写为 7193，但原来此数后面有某一分数，被他擦去了(对开纸 171^r 第 9 行)。$AC:CD=1^p:1\tfrac{1}{4}'=10\,000:208\tfrac{1}{3}$，哥白尼把后一数值写成"约为 208"。

(131) 托勒密取平太阳在宝瓶宫内 $25\tfrac{1}{2}°$，即为 325°30′。哥白尼从此数减去由岁差引起的 6°40′，才能得出 318°50′(对开纸 171^r 本章第 7 行)。

(132) 托勒密取金星位于摩羯宫内 11°55′，即为 281°55′。哥白尼从此数减去由岁差引起的 6°40′，才能得出 275°15′(对开纸 171^r 本章第 8 行)。

(133) 哥白尼由于笔误(对开纸 171^r 倒数第 7 行)把 sextante=⅙写为 dextante=⅚。梅斯特林的 N 抄本(对开纸 161^v 第 22 章第 15 行)改正了这个错误，而 A(第 385 页)首先作公开的改正。

(134) 哥白尼由于笔误(对开纸 171^v 第 1 行)写上 EGD。梅斯特林的 N 抄本和第谷的 B 抄本(对开纸 161^v 倒数第 10 行)改为 EGC，而 T(第 368 页第 6 行)首次公开改正。

(135) 按弦长表，对 2°30′为 4362，对 2°20′为 4071，因此对 2°23′为4158.3，或在取半径$=10\,000$时为 416。

(136) 哥白尼由于笔误(对开纸 172^r 第 8 行)写为第 20，但 PS 1515 所说"第 29"(对开纸 110^v)是正确的。

(137) 哥白尼在写 $3\tfrac{3}{4}^h=9^{dm}32^{ds}$时(对开纸 172^r 倒数第 13 行)出现笔误，把 xxiij 写成 xxxij。$3^h45^m=9^{dm}22\tfrac{1}{2}^{ds}$，他对尾数取略数为 23。

(138) 托勒密取太阳在人马宫内 22°9′，即在 262°9′处。哥白尼从此数减去由岁差引起的 6°39′，才能得出 255°30′(对开纸 172^r，在被删去一段中的第 17 行)。

(139) 取月亮在　　209°55′
　　和恒星在　　209 40，
　　————————
　　它们之间的距离为　15′，　可划分为 $1\tfrac{1}{2}:1=9:6$，
　　于是金星的位置为　$209°46'=209°5'-9'=209°40'+6'$。
　　对纬度按同样做法，
　　取月亮在　　4°42′
　　和恒星在　　1 20
　　————————
　　它们之间的距离为 3°22′，　可划分为 $1\tfrac{1}{2}:1\cong 2°:1°20'$，
　　于是金星的位置为 $2°40'=4°42'-2°\cong 2°42'=1°20'+1°20'=2°40'$。

(140) 哥白尼由于笔误把 BCE 写成 BDE(对开纸 172^v 倒数第 15 行)。他在对开纸 172^v 最末一行取 CDF 等于 $54°20'=2\times 27°10'$，而在对开纸 172^v 倒数第 7 行他取 $DCE(=BCE)=27°10'$，因此 $CDF=2\times BCE$。在另一方面，很快可得 $BDE=28°$〔见下面注释(142)〕。

(141) 哥白尼画此图(对开纸 172^v)所取尺度和位置使他没有地方完全绘出金星轨道，并表出其与 EF 的交点 L 和与 FK 的交点 K。读者从此图容易看出金星的远地点距离与近地点距离相差悬殊。由此得出的结果是金星的目视亮度应当有很大变化。但事实并不如此。因为哥白尼不能解释为什么没有这种变化，他采用对这类事情常用的办法，即保持审慎的缄默。他从未"指出托勒密无法说明金星亮度变化的错误"，尽管普莱斯对他进行毫无根据的攻击〔见对"前言"的注释〕。伟大的哥白尼主义者伽利略对这种情况更为了解。伽利略在其于 1632 年撰写的《对话集》(*Dialogue*)中指出，在第三天的对话中"哥白尼对金星大小的微小变化避而不谈…我认为这是因为他对于与这个学说如此不相容的现象无法得出使自己满意的解释"(《全集》，国家版，Ⅶ，362：12—15)。伽利略在这方面犯了一个不幸的错误，即认为金星自行发光或透明的想法来自哥白尼，而实际上哥白尼把这个概念归诸别人。N 中的一处印刷错误造成伽利略的误解，而他的崇高威望使许多后来的作家都采用他的说法。参阅罗申(Rosen)"哥白尼论行星的位相和光度"(Copernicus on the Phases and the Light of the Planets)，*Organon*，1965，2：69—74。

(142) 于是 $BDE=DCE+CED=27°10'+50'=28°$。因为 $BDE=28°$和 $CDF=54°20'$，所以 $CDF\neq 2\times BDE$。此为上面注释(140)所改正的笔误。

(143) 整个 $FDE=FDB+BDE=125°40'+28°=153°40'\neq 152°50'$。哥白尼把 BDE 误取为 BCE，因此得和$=152°50'$(对开纸 173^r 第 2 行)。但是 $BDE=BCE+CED=27°10'+50'=28°$。

(144) 哥白尼的日期（xiij Cal Januarii，对开纸 173ʳ 倒数第 10 行）＝138 年（原为 139 年）12 月 20 日 3 A.M.。这与他在对开纸 172ʳ 第 16—19 行所取从基督纪元开始至托勒密观测的时间间距不符。该处所取间距为 $138^y 18^d 3\frac{3}{4}^h =$

137 个整年	
138 年 1 月至 11 月	334^d
12 月	$15\ 3\frac{3}{4}^h$
闰日（4—136 年）	34
	383
1	-365
$\overline{138^y}$	$\overline{18^d 3\frac{3}{4}^h}$，或 138 年 12 月 16 日 3 A.M.

(145) 哥白尼在此处（对开纸 174ᵛ 第 17 行）取这颗恒星的经度＝$151\frac{1}{2}°$。这也是他的星表（对开纸 60ᵛ 倒数第 5 行）中的数值，在 N 中（对开纸 54ᵛ）也是如此。后来哥白尼之外的某人把零弄模糊了，并在它上面写了一个不易识别的 5。他为清楚起见在旁边的空栏内写上 35。他得出 151°35′。这大概是从托勒密所取室女宫内 8°15′，即 158°15′，减去哥白尼常用的岁差改正量 6°40′，即得 151°35′。

(146) 哥白尼由于提前的重写错误，把正确的和数 147°4′ 写成 144°4′（对开纸 175ʳ 第 1 行）。

(147) 弧 KLG＝半圆 KL＋$(LG = \angle LFG)$。哥白尼对 180° 加上 $EFG = 72°5′$，而忘记从它减去 $EFL = CEF = 1°21′$。于是他得出错误值 $KLG = 252°5′$，而正确值为 Me（第 59 页注释）所指出的 $250°44′$。

(148) 从基督纪元开端至 1529 年 3 月 12 日 7:30 P.M.：

1528 个整年		
1529 年 1 月至 2 月	59^d	
3 月	11	$19\frac{1}{2}$ h
闰日（4—1528 年）	382	
	452	
1	-365	
$\overline{1529^y}$	$\overline{87^d}$	$19\frac{1}{2}$ h

哥白尼忘掉了从 1529 年 3 月 12 日午夜至正午的 12^h，因此他对 $1529^y 87^d$ 只加上 $7\frac{1}{2}^h$（对开纸 173ᵛ 第 6 行）。梅斯特林的 N 抄本（对开纸 163ʳ 第 16—17 行）把 $7\frac{1}{2}^h$ 改为 $19\frac{1}{2}^h$，而 A 首次公开改正。

(149) 哥白尼显然取托勒密·费拉德法斯 13 年 12 月 18 日破晓等于公元前 272 年 10 月 12 日 3:30 A.M.：

272 年 10 月	19^d	$20\frac{1}{2}^h$
11 月至 12 月	61	
271 个整年		
闰日	68	
$\overline{271^y}$	$\overline{148^d}$	$20\frac{1}{2}^h$
＋1529	87	$19\frac{1}{2}$
	1	$(24-)16^h (=40^{dm})$
$\overline{1800^y}$	$\overline{236^d}$	

从基督纪元开端至哥白尼的观测历时 $1529^y 87^d 19\frac{1}{2}^h$，见前注。

(150) 从 138 年 12 月 16 日〔并非 20 日，见注释 (144)〕3:45 A.M. 至 1529 年 3 月 12 日 7:30 P.M.：

138 年 12 月	15^d	$20\frac{1}{4}^h$
1390 个整年（139—1528 年）		
1529 年 1 月至 2 月	59	
3 月	11	$19\frac{1}{2}$
闰日（140—1528 年）	348	
	1	$(24+)15\frac{3}{4}^h$
	434	
1	-365	
$\overline{1391^y}$	$\overline{69^d}$	$15\frac{3}{4}^h = 39^{dm} 22\frac{1}{2}^{ds}$，

哥白尼把尾数写为 23^{ds}（对开纸 174^r 第 5 行）。哥白尼对此时段的计算表明他实际上是从 12 月 16 日算起。因此他想写 xvijCal，而对开纸 173^r 第 10 行的 xiijCal. 只是一个笔误。

（151）哥白尼在此（对开纸 174^v 第 3 行）写 9½^{dm}≅3¾^h，而在对开纸 172^r 第 19 行所写为 9½^{dm}≅3^{h}48^m。

（152）哥白尼在此显然把第一届奥运会的开始时间定为公元前 775 年 7 月 1 日正午：

775 年	184^d
502 个整年（774—273 年）	
272 年 1 月至 9 月	273
10 月	11 16^h
闰日（772—276 年）	125
	593
1	−365
503^y	238^{d}16^h=40^{dm}

托勒密·费拉德法斯 13 年 12 月 18 日＝公元 272 年 10 月 12 日，见注释（149）。

（153）虽然托勒密采用载轮模型，他并未使用任何这样的术语。然而阿拉伯作家提出了一个名称，它在译为拉丁文之后逐步演变成为"载轮"。这个名字见于阿耳·法尔加尼（AL—Farghani）著作的拉丁文译本〔为 12 世纪塞维尔的约翰（John of Seville）所译〕但在托勒密的《至大论》的拉丁文译本〔为史列蒙纳的杰拉尔德（Gerard of Cremona）所译〕中找不到这个词。后书于 1175 年译出，1515 年出版，而哥白尼读到了它。他在 P—R 中（例如第九卷命题 7）遇到过"载轮"一词。此书在 1463 年 4 月 28 日之前写成，但直至 1496 年 8 月 31 日才印出。

（154）根据普罗克拉斯的《评论》（Commentary）〔莫罗（Morrow）译本第 86 页〕，一条直线可由"多重运动〔的积累〕产生"。哥白尼把引用的普罗克拉斯的这句话写在对开纸 176^r 的右边缘。列蒂加斯于 1539 春季把普氏《评论》希腊文本第一版以及欧几里得著作希腊文本第一版，作为礼物赠给哥白尼。因此哥白尼不可能在 1539 年之前写这个边注。假如他是从布鲁泽沃的阿耳伯特（Albert of Brudzewo）所著《皮尔巴赫论》（Commentary on Peurbach）（米兰，1495 年）了解到这种产生直线的方法，他为什么要等到 1539 年并引用普罗克拉斯著作呢？哥白尼没有援引阿耳伯特的作品，这可能表明他不熟悉布鲁泽沃的《皮尔巴赫论》。

在另一方面，哥白尼在 Ⅲ，4 中一段删去的话里提到椭圆，这令人间接想起普罗克拉斯的这一段话。这位欧几里得评论家在此讨论一条直线，其两端在一个直角的两边上。举例来说，一个梯子的一端靠在垂直的墙上，而其另一端放在水平地面上。现在让梯子滑动，其上端沿墙壁往下滑，而下端离开墙壁运动。如果此时梯子的中点走出一段圆弧，则梯子上各点（两端除外）均在椭圆上运动。

有人把普罗克拉斯的图形误认为是图西的（《天文学史杂志》，1973，4：129）。普氏的希腊文原意在该处翻译成下面一句话时受到歪曲："如果我们设想一条直线靠在一个直角的两边上，则直线中心描出一个圆周。"但若直线靠在任何地方，它的中心就什么也描不出来。至于说直线的"两端作直线运动"，这也是误译。实际上希腊文原本说的是作"均匀"运动，而校订本说成作"非均匀"运动。此外译文说"线心作曲线运动"，这也是误译。希腊文原本所说为"非均匀"运动。

进一步说，书中告诉我们"普罗克拉斯的目的是要论证怎样从两个直线运动得出一个圆周运动"。实际上，普氏思考的是简单线与复合线之间的区别。虽然圆周是一条简单线，但在给定条件下它可以由一种非均匀运动产生。

（155）哥白尼由于笔误把这个直径误称为 HK（对开纸 176^v 左边缘注释 3 第 4 行）。他在此处引用的图出现在对开纸 176^r 上。T（第 378 页第 13 行）改正了他的错误。

（156）在哥白尼实际上称之为"水星逐日视差行度"的表中，与 58^d 相应的值=3×60°=180°，因此对一整圈 360°为 2×58^d=116^d。

（157）157 个整年

闰日（4—136 年）	34^d
138 年 1 月至 5 月	151
6 月	3 42½^{dm}=17^h
	188^d

因此哥白尼把托勒密观测的时间定为 138 年 6 月 4 日克拉科夫时间 5 P. M.。

（158）托勒密取平太阳在双子宫内 10½°，即为

70°30′，哥白尼从此数减去

6 40　便得

63°50′此为他所得的太阳平位置。

(159) 140 个整年

闰日（4—136 年）	34^d
141 年 1 月	31
2 月	2 12^{dm}＝4^{h}48^m
	67^d

因此哥白尼把托勒密观测的时间定为 141 年 2 月 3 日 4：48 A. M.。

(160) 托勒密取平太阳在宝瓶宫内 10°，即 310°。哥白尼由此数减去由岁差引起的 6°41′，以便求得平太阳的位置为 303°19′。

(161) 哥白尼不用 276°49′＝第二次观测时的水星位置，而取第一次观测时的太阳位置＝63°50′（对开纸 177^r 第 8 行）。然而他在下面的计算中用的是正确值 276°49′。

(162) 托勒密取平太阳在天秤宫内 9°15′，即为 189°15′。哥白尼从此数减去由岁差引起的 6°37′，便可求得他自己的平太阳位置 182°38′（对开纸 177^r 第 14 行）。

(163) 托勒密取水星在室女宫内 20°12′，即为 170°12′。哥白尼从此数减去由岁差引起的 6°37′，于是他应得他自己的水星位置为 163°35′。然而他由于移项笔误把度数 clxiij 写成 cxliij（对开纸 177^r 第 16 行）。梅斯特林的 N 抄本（对开纸 166^r 第 8 行）改正了这个错误，而 A（第 396 页）首次公开改正。

(164) 哥白尼在取"哈德里安的同一年"，即哈德里安 19 年，与基督纪元某一年相等时，并不认为这两个年份的时段相同。托勒密进行第一次观测是在埃及历 3 月，而第二次在埃及历 10 月。因为哈德里安的帝王即位纪年从夏季开始，托勒密的第一次观测是在公元 134 年，而第二次在 135 年。哥白尼把后一数字误写为 Mcccv（＝1305，对开线 177^r 第 18 行）。如果他在本段最初注释中使用罗马数字 cxxxv＝135，则他在对开纸 177^r 第 18 行就不会改用 Mccccv。在另一方面，可以设想对开纸 177^r 第 18 行把最初注释中的印度—阿拉伯数字 135 错误地改为 Mcccv。如果这个情况能够代表哥白尼的经常作法，则可认为他实际上是用印度—阿拉伯数字私自进行运算，但后来为了出版的目的而把它们转化为传统的罗马数字。

(165) 托勒密取水星位于金牛宫内 4°20′，即等于 34°20′。哥白尼从此数减去与岁差有关的 6°37′，以便得出自己对水星所取位置 27°43′（对开纸 177^r，第 20 行）。

(166) 托勒密取平太阳位于白羊宫内 11°5′处。哥白尼考虑到岁差，从此数减去 6°37′，以便得出自己对平太阳所取位置 4°28′（对开纸 177^r 第 21 行）。

(167) 按弦长表，对 19°10′为 32 832. 对 19°0′为 32 557，因此对 19°3′为 32 639.5。哥白尼把后一数字为 32 639（在对开纸 177^v 第 7 行原为 32 649）。

(168) 按弦长表，在取 $DBF＝23°15′$ 时，对 23°20′为 39 608. 而对 23°10′为 39 341，因此对 23°15′为 39 474.5。哥白尼把后一数字写为 39 474（对开纸 177^v 第 8 行）。

(169) 哥白尼把线段 AD 误称为"ADC"（对开纸 177^v 第 10 行）。他在上面不远处即第 6 行中出了同样差错，但他把该处的 C 删掉，从而改正了这个错误。然而此处的错误符号未予更正。

(170) $FD＝ED：AD＝32\ 639：100\ 000；FD＝AD\left(\dfrac{32\ 639}{100\ 000}\right)$

$FD：DB＝39\ 474：100\ 000；FD＝DB\left(\dfrac{39\ 474}{100\ 000}\right)$

$AD\left(\dfrac{32\ 639}{100\ 000}\right)＝DB\left(\dfrac{39\ 474}{100\ 000}\right)$

$AD：DB＝39\ 474：32\ 639＝100\ 000：82\ 684.8$，哥白尼把后一数字写为 82 685（对开纸 177^v 左边缘，以此取代第 10 行中的一个错误值）。

(171) $AC：DE＝91\ 342：32\ 639＝60′：21′26″$

$AC：CD＝91\ 342：8658＝60′：5′41″$

(172) $AC：DF＝91\ 342：32\ 639＝100\ 000：35\ 732.9$。哥白尼把后一数字写成 35 733（对开纸 177^v 第 15 行）。

$AC：CD＝91\ 342：8658＝100\ 000：9478.7$。哥白尼把后一数字写为 9479（对开纸 177^v 左边缘）。

(173) 129 个整年

闰日（4—128 年）	32^d
130 年 1 月至 6 月	181
7 月	3 45^{dm}＝ 18^h
	216^d

于是哥白尼取西翁观测的时间为 130 年 7 月 4 日 6 P. M.。

(174) 托勒密取平太阳位于巨蟹宫内 10°5′，即为 100°5′。哥白尼为改正岁差由此数减去 6°35′，以便得出自己为平太阳所定位置 93°30′。

(175) 哥白尼由于笔误写成"之西"(praecedere,对开纸 177ᵛ 倒数第 7 行)。Z(第 448 页)改正了这个错误。

(176) 分数应为 ⅔，而非 ¾(dodrans,对开纸 177ᵛ 倒数第 5 行,Z 448 页)。

(177) 托勒密确定这次观测在 12 月 24 日。PS 1515(对开纸 106ʳ 倒数第 15 行)把日数误改为 21。这无疑是哥白尼的错误的来源。

(178) 138 个整年

闰日(4—136 年)	34ᵈ
139 年 1 月至 6 月	181
7 月	4 12ᵈᵐ = 4⅘ʰ
	219ᵈ

于是哥白尼把托勒密观测的时间误定为 139 年 7 月 5 日 4：48 A. M,而按前注正确日子应为 7 月 8 日。

(179) 托勒密取平太阳位置为在巨蟹宫内 10°20′ 处,即为 100°20′。哥白尼为改正岁差从此数减去 6°41′,以便求得自己为平太阳所定位置 93°39′。

(180) 托勒密取水星为在双子宫内 20°5′ 处,这等于 80°5′。哥白尼为改正岁差从此数减去 6°41′,以便求得自己对水星所定位置 73°24′。

(181) 按弦长表,对 3°0′ 为 5234。哥白尼在取半径 =10 000 时把后一数字写为 524(对开纸 178ʳ 第 17 行)。

(182) 因为哥白尼用 $DF=422(+IF=212)$ 作计算,他原来(对开纸 178ʳ 右边缘)取 $CFI=634$。他后来想到,为了求得 CFI,他应把 $CF=524$ 而不是 DF 与 $IF=212$ 相加。于是他在删去 634 之后代之以 737,后来又换为 736 加上 ½。他是在对开纸 180ʳ 第 3 行已经写上 737 之后,把 737 改为 736½。他在该处的第二个 7 上面重重地写一个 6,并插进 ½。在此之前,他在对开纸 178ᵛ 在删掉一段之上的第 5 行也这样做过。

(183) 参阅前面注释(168)。

(184) $EF:FH=10\,000:3947=10\,014:3952.53$。哥白尼把后一数字写成 3953(对开纸 178ʳ 倒数第 6 行)。

(185) 托勒密也有与哥白尼此处相当的论点,见 PS,Ⅸ,8。

(186) $EF:FG=9540:3858=10\,000:4044$。哥白尼把后一数字写为 4054(对开纸 179ʳ 倒数第 6 行)。他得出这个结果是用 $FG=3868$ 进行计算。在他于对开纸 179ʳ 倒数第 11 行重写上的 5 字下面,大概有一个被擦掉的 6。这个数值(3868)应 3573(对开纸 178ᵛ 第 4 行)加上 ¾×380 之和。然而哥白尼把 ¾×380 误写为 295。这大概是由于他在前面得到过 ¼×380＝95(对开纸 179ʳ 倒数第 14 行),于是由于重写而出现差错。他在察觉这个错误后,把 295 改为 285,并把 3868 改为 3858。然后在查到 4054 时,把此数删去。但他不是代之以正确数值 4044,而是在右边缘再次写上 4054(不知是否为重写错误)。

哥白尼在取 $FG=4054$ 时,取相应的角度 =23°55′(对开纸 179ʳ 倒数第 5 行)。按弦长表,对

24° 0′ 为	40 674
−23 50′	−40 408
10	266
5	133
+23 50	+40 408
23°55′	40 541

但他把分数从 55 减为 52½,他显然打算算减少 4054。可是我们在上面谈到,他没有实现这个意图。在取半径 =10 000 时,与角度 23°52½′ 相应的弦长应为 4047。

(187) 哥白尼把经度和纬度上的长度弄颠倒了。他取经度距离为"2 个月亮直径"而纬度距离为"1 个月亮直径"(对开纸 179ᵛ 第 11—12 行)。可是托勒密把经度间距取成 1 个月亮直径而纬度间距为 2 个月亮直径。

(188) 按埃及人写分数的办法,除掉少数例外分子都为一。哥白尼一般不采用这种写法。然而他在此处所写的为"一半和三分之一",这等于"六分之五"(对开纸 179ᵛ 第 16—17 行)。可是在他自己的星表中(对开纸 61ᵛ 第 19 行),和托勒密星表一样,这颗星的黄纬 =1°40′,而非 1°50′。于是我们在此处找到哥白尼提前重写错误的又一例。这是因为他在两行之下取 1°50′ 为水星而非该恒星的黄纬。

(189) 哥白尼由于对 PS 1515 中(对开纸 108ʳ 第 9 行)一处内容的误解而说"在后来的 4 天中"(subsequentibus iiij diebus,对开纸 179ᵛ 倒数第 11 行),而托勒密的意思为"在此之后的第 4 天"。

(190) 哥白尼原来(对开纸 180ʳ 第 3 行)写的是 737。后来他在第二个 7 上面重重地写上一个 6,并

插入½。这与他在对开纸 178ᵛ 右边缘和对开纸 178ʳ 倒数第 13 行所作的修改是一致的。把 CI 的长度从 737 减少为 736½，则与此相应地 IF 从 212（对开纸 178ʳ 倒数第 13 行和对开纸 179ʳ 第 4 行）减成 211½（对开纸 180ʳ 第 12 行）。

（191）哥白尼在手稿中没有画这幅图。他取直径 LM＝380ᵖ，此为水星与其轨道中心距离的最大变化值〔v，27〕。

（192）有人把这段话的意思误解为哥白尼从未看见过水星。勒威耶说过，哥白尼"从来不可能准备观看水星"〔《巴黎天文台年刊》（Annales de l'Observatoire de Paris），V，1859，1—2〕。德朗布尔认为"维斯杜拉河的薄雾使哥白尼从来不可能看到水星"〔《现代天文学史》（Histoire de l'astronomie moderne），Ⅰ，134〕。大概是这句错误的论断引起勒威耶的误解。

（193）在瓦耳脱于 1504 年逝世五年之后，他的后嗣把他在纽伦堡的住宅卖给著名画家丢勒（Dürer）〔阿尔勃莱希特·丢勒的住宅及其历史（Albrecht Dürer's Wohnhaus und seine Geschichte），纽伦堡，1896 年，第 4—6 页〕。瓦耳脱手书的观测记录归熊奈尔所有，熊氏于四十年后收这些记录在纽伦堡付印。这是在哥白尼逝世及其《天体运行论》在同一城市出版一年之后。瓦耳脱的教师列季蒙坦纳斯的一些著作和观测资料由熊奈尔编辑成册《瑞儿蒙塔纳斯的光辉数学著作》（Scripta clarissimi mathematici M. Joannis Regiomontani），纽伦堡，1544 年〕时，把瓦耳脱的观测记录收为附录。威勒布罗德·斯涅耳（Willebrord Snel）在编辑黑斯（Hesse）的兰德格雷弗（Landgrave）的观测资料〔《黑斯的天象和星体的错乱观测》（Coeli et siderum in eo errantium observationes Hassiacae），莱顿，1618 年〕时，使瓦耳脱的观测记录第二次付印。第三次是成为 Historia coelestis〔奥格斯堡（Augsburg），1666 年〕书中的一部分。该书编者化名为巴列塔斯（Barettus），而非唐纳德·贝弗尔（Donald de B. Beaver）的"贝纳德·瓦耳脱"（Bernard Walther）中所称的"巴列西斯"（"Barethis"）（《天文学史杂志》，1970，1：40）。

（194）瓦耳脱没有提到 9 月 9 日他进行观测所用仪器（Scripta…Regiomontani，对开纸 55ʳ，页码误为 59）。然而他在 1491 年 8 月 26 日首次观测水星时，他说他的仪器指向毕宿五（"Armillis rectificatis per Aldebaran"）；对 8 月 31 日的观测，他重复说"rectificatis Armillis ut prius"；而对 9 月 2 日的观测，他一次谈到"Armillis rectificatis iterum per Aldebaran"。在这方面应当提到，瓦耳脱毫不犹豫地使用毕宿五的阿拉伯名字 Aldebaran。忠实于古代文化的哥白尼，把这个星名换为 Palilicium。我们可以回想起，哥白尼在他的星表中列出金牛南眼的一等星时说，这颗星"被罗马人"称为'Palilicium'"（对开纸 58ᵛ 末行）。

（195）瓦耳脱说"我发现水星是在室女宫内 13°23′处"。哥白尼最初取分数为"大约五分之二"≅24′，随后把这划掉并代之以"一个宫的 ¼"＝15′（对开纸 180ᵛ 倒数第 8—7 行）。哥白尼在该页左边缘最后决定采用½°。对于哥白尼从 23′ 到"大约 24′"，再到 15′ 和 30′ 的接连变化，有些学者认为哥白尼有某种不良的或不诚实的动机。

（196）瓦耳脱在 1491 年对水星的观测，于 8 月 26 日开始，9 月 11 日结束。在哥白尼所挑选的即 9 月 9 日的观测中，瓦耳脱谈到"水星看起来非常暗"。两天后瓦耳脱报告说："9 月 11 日，水星仍然可见，但很暗弱"。

（197）从基督纪元开始至 1491 年 9 月 9 日 5 A.M. 共历时 1491ʸ258ᵈ5ʰ＝12½ᵈᵐ。

（198）哥白尼对 149°48′＝太阳的平位置加上由岁差引起的 26°59′，以便得出太阳的黄经 176°47′。他在 V，23 中取 1529 年的岁差＝27°24′。

（199）约翰·熊奈尔（1477—1547）是一位受到正式任命的罗马天主教神甫。他任职直到造反的农民扬言要把所有神职人员处死为止。在此之后他在纽伦堡的一所高等学校教数学。正是他在 1544 年编印了瑞儿蒙塔纳斯和瓦耳脱的著作。

（200）哥白尼所根据的资料（Scripta…Regiomontani，对开纸 58ʳ）认为这次观测是"1 月 9 日"进行的。哥白尼是一位人文主义者，他把这个日期说成是罗马历"1 月 13 日之前 5 天"。这次观测是瓦耳脱做的，但哥白尼误认为是熊奈尔（对开纸 181ʳ 第 3 行）。哥白尼怎样会弄错了？

津勒尔（Zinner）说"哥白尼有熊奈尔向他报告的对水星位置三次测定的结果"〔《约翰尼斯·米勒在由瑞儿蒙塔纳斯命名的科尼西堡的生活和工作》（Leben und Wirken des Johannes Müller von Königsberg genannt Regiomontanus），慕尼黑 1938 年版第 173 页，Osnabruck 1968 年第二版第 231 页〕，似乎这是历史事实。但是没有丝毫历史证据表明，哥白尼和熊奈尔有过任何直接的联系。然而我们最近了解到，哥白尼"通过约翰·熊奈尔获悉"瓦耳脱对水星做过大量观测…也许哥白尼与瓦耳脱有过比较密切的关系，尽管这只是一种猜测。哥白尼在 1496 年年底、1501 年春和 1503 年春都可能路过纽伦堡，于是可能拜访当时住在该城的瓦耳脱。看来哥白尼不会错过与瑞儿蒙塔纳斯的这位著名学生见面的机会，但这两位天文学家是否聚会过却不得而知"〔见注释（193）所引贝弗尔文第 42 页〕。对哥白尼与瓦耳脱之间有过私人接触的证据，甚至还不如哥白尼与熊奈耳有过接触那样确切。Z 不知怎样会弄错了并认为哥白尼在上一段开头处的说法"证明…他〔哥白尼〕通过熊奈尔收到瓦耳脱的观测资料"（第 212 页）。然而哥白尼的说法并不能证明这件事情，并且也没有对哥白尼取得水星的纽伦堡观测资料的过程提供任何资料。

由于误解此处 primum 一词(对开纸 180ᵛ 倒数第 12 行)的含义,Z 对哥白尼的错误说法提出一种不正确的解释。哥白尼所用的 primum 仅指瓦耳脱对水星所做三次观测中的"第一"次,而 Z 把 primum 误译为"首先"(zuerst)。这意味着后者的观测是瓦耳脱以外的某人做的。照 Z 的说法,哥白尼"本已知道瓦耳脱死于 1504 年,因此并未进行全部〔三次〕观测"。但是瓦耳脱去世是在 1504 年 6 月 19 日,而 1504 年的两次观测是该年 1 月 9 日和 3 月 18 日做的。因此,如果哥白尼知道瓦耳脱逝世的日期,他就没有理由否定 1504 年的两次观测是瓦耳脱进行的。

那么,哥白尼怎么会出这个差错?并且他怎样取得瓦耳脱的观测资料?在列蒂加斯来到佛罗蒙波克与哥白尼会聚之前,他在纽伦堡拜访了熊奈尔。很可能是熊奈尔向列蒂加斯建议,他应当直接跟哥白尼学习新天文学。难道这不足以说明,列蒂加斯于 1539 年 5 月 14 日在去目的地的中途,在波兹南给熊奈尔的一封(已遗失)的信件中告诉他已经完成这次旅行(3CT 第 109 页)?

哥白尼在 Ⅴ,35 中引用了一个不寻常的词。他是从列蒂加斯于 1539 年带给他的一本书才知道这个词的。难道此处在 Ⅴ,30 中哥白尼使用列蒂加斯从熊奈尔处带给他的纽伦堡观测资料,就完全不可能吗?难道可以用瓦耳脱观测资料的编者熊奈尔的名字的出现来解释哥白尼的错误说法吗?在梅斯特林的 N 抄本中(对开纸 169ᵛ 第 10 行左边缘)有另外某人对此作了改正。

(201)哥白尼在对开纸 181ʳ 第 6 行误写为"宝瓶宫",而按书中内容显然应为"摩羯宫"。他在第 6—7 行取水星的位置为在太阳以西 23°42′,而该行星为在摩羯宫内 3°多(第 3—4 行)。于是位于 27°7′ 的太阳应在摩羯宫内,而非在宝瓶宫内。哥白尼显然想到想在纽伦堡对水星所做的另一次观测。

水星在摩羯宫内的位置为 3°加一个分数。哥白尼把此分数从 ¼(第 4 行)改为 ⅓(右边缘)。因此,取太阳为在摩羯宫内(而非宝瓶宫内)27°7′ 而水星在同一宫内 3°20′,则行星的西距角为 23°47′。然而哥白尼把分数误写为 42(xlij,第 7 行)。然而从他在后面 Ⅴ,30 的叙述(对开纸 195ʳ 第 5—7 行)可知,他对这个间距所取数值实际上是 23°47′。他在该处说,算出的距离 23°46′ 与测出的距角"只差一点点"(parum demunt),因此实测值应为 23°47′。在梅斯特林的 N 抄本中(对开纸 169ᵛ 第 13—14 行),其他某人把上述数值改为 23°47′并把宝瓶宫换成摩羯宫。第谷的 B 抄本把宝瓶宫划掉,并在它上面写了摩羯宫的符号。

(202)哥白尼所根据的资料说的是"3 月 18 日(Scripta…Regiomontani,对开纸 60ʳ)。哥白尼在此处又一次使用与之相当的罗马历日期,即"4 月份朔日之前的 15 日(对开纸 181ʳ 第 8 行)。

(203)哥白尼所根据的资料取水星为在白羊宫内 26°30′ 处。他起先大概是由于疏忽把分数遗漏了,后来在右边缘插进了"cum deunce unius gradus"(当近于 1 度时)(取 ¹¹/₁₂°=55′,对开纸 181ʳ)。但是 N(对开纸 169ᵛ 第 16 行)把 deunce(十一分之一)误为 decima(十分之一)(⅒°=6′)。梅斯特林认为 decima 是正确的。然而他想到这里有不当之处,于是在他的 N 抄本对开纸 169ᵛ 上写道:我想我们应取"位于 27° 缺 ⅒°"〔=26°54′〕。第谷也意识到有一个差错,于是在他的 B 抄本边缘写上"26°48′"。

(204)从 1491 年 9 月 9 日 5 A.M. 至 1504 年 1 月 9 日 6:30 A.M.:

1491 年 9 月	21ᵈ19ʰ
10 月至 12 月	92
12 个整年(1492—1503 年)	
1504 年 1 月	8 6 30ᵐ
闰日(1492—1500 年)	3
	1 (24+)1ʰ30ᵐ=3ᵈᵐ45ᵈˢ
12ʸ	125ᵈ

(205)按 Ⅲ,14 末尾的逐年和逐日太阳简单均匀行度表,

对 12ʸ	为 5×60°=	300°
		56 57′49″24‴
120ᵈ=2×60ᵈ	60	
	58 16 22	
5ᵈ	4 55 40 56	
3ᵈᵐ45ᵈˢ≅	4	
	480°13′52″20‴	
	−360	

120°13′52″20‴,哥白尼把后一数字写成 120°14′(对开纸 181ʳ 第 16 行)。

(206)按 Ⅴ,1 末尾的逐年和逐日水星视差行度表,

对 12ʸ	为 4×60°=	240°
		47 28′37″18‴

$$120^d = 2 \times 60^d \qquad 6 \times 60° = \quad 360$$

		12	48	27
5^d		15	32	1	8
$3^{dm} 45^{ds} \cong$		12

$$676° \; 1'5''26'''$$
$$-360$$
$$\overline{316°}$$

哥白尼在改正一项错误后把计算结果写为 316°1′（对开纸 181ʳ，第 17 行）。

（207）从 1504 年 1 月 9 日 6：30 A. M. 至 1504 年 3 月 18 日 7：30 P. M. ：

1504 年 1 月 22ᵈ	17ʰ30ᵐ
2 月 29	
3 月 17	19 30
1（24＋）	13ʰ＝32½ᵈᵐ
$\overline{69^d}$	

哥白尼把 $32\frac{1}{2}^{dm}$ 写成 $31^{dm}45^{ds}$（＝12^h42^m，对开纸 181ʳ 第 18 行）。

（208）按 Ⅲ，14 后面的逐日太阳均匀行度表，

对 60ᵈ	为 59° 8′
9ᵈ	8 52
$31^{dm}45^{hs} \cong$	32

$68°32'$＝太阳的平均行度。哥白尼应把"行度"写为 motus，而非 locus（＝位置，对开纸 181ʳ 第 18 行）。

（209）哥白尼写的是 28½（xxviijs，对开纸 181ʳ 倒数第 7 行）。

（210）取水星的远地点在 211°30′ 而第一次观测时太阳的平位置为 149°48′，则太阳与该行星远地点的距离

$$= 360° - 211°30' = 148°30'$$
$$+ 149 \; 48$$
$$\overline{298°18'}$$，哥白尼把此数写为 298°15′（对开纸 181ʳ 倒数第 3 行）。

（211）在第二次观测时，平太阳在 297°7′，在改正 27°8′ 的岁差后为

$$269°59'$$
$$-211 \; 30$$
$$\overline{58°29'}$$

（212）在第三次观测时，平太阳在 5°39′，在改正 27°8′ 的岁差后为

$$365°39'$$
$$- \quad 27 \; 8$$
$$\overline{338°31'}$$
$$-211 \; 30$$
$$\overline{127° \; 1'}$$

（213）哥白尼起先用来表示这个角度的是另一些字母，后来把它们擦掉（对开纸 181ᵛ 第 3 行）并且（不正确地）代之以 *IEC*。T（第 389 页第 19 行及注释）改正了这个错误。

（214）哥白尼（对开纸 181ʳ 第 17 行）把此角误认作 *POM*。Me（第 62 页注释）改正了这个错误。

（215）为了得出比值 190：105，哥白尼应当是用 5519＝sin33°30′＝∡*OPS* 进行计算。但他写的并非 5519 而是 8349（对开纸 181ᵛ 倒数第 15 行）。他在此处显然打算取 8339＝sin56°30′＝∡*POS*。他不仅把角度取错了，还把它的正弦值也抄错了。他大概在零碎纸张上作计算，并在把（偶尔有错的）计算结果抄入手稿后就把这些纸张丢掉。

（216）哥白尼（对开纸 182ʳ 第 14 行）把此角误称为 *CIF*。T（第 390 页第 30 行）悄悄改正了这个错误。

（217）在手稿（对开纸 182ʳ）和 N（对开纸 170ᵛ）中都找不到这个小图。它是梅斯特林在其 N 抄本中补画的。与梅斯特林无关，T（第 391 页）也补充了这个图，但画蛇添足地加上直径 *NR*。Me（第 320 页）也仿照 T 这样做。哥白尼可能是无意中遗漏了这个小图，因为他正是在此处中断了 Ⅴ，30 的写作。当此章由 N 的出版商排印时，责任编辑为奥西安德尔。假如列蒂加斯当时在纽伦堡，他由于对本书内容

更为熟悉，会不会察觉并弥补这个遗漏呢？

（218）10000∶4535＝190∶86。哥白尼把后一数字写成85（对开纸182ʳ倒数第7行）。可是他在下面一行把此数与190相加，得和数却为276。

（219）哥白尼（对开纸195ʳ第12行）把此角误称为 *CIE*。T（第392页第4行）悄悄改正了这个错误。

（220）哥白尼由于重写错误，对开纸195ʳ倒数第15行肥第二个角误为 *IEC*。W（第426页）改正了这个错误。

（221）从亚历山大之死至基督纪元开始，哥白尼（Ⅳ,7）算出共历时

他在 Ⅴ,29 中定出这次古代观测是在

即在亚历山大死后

$$323^y 130^d 12^h$$
$$59\quad 17\ 18^h(＝45^{dm})$$
$$264^y 112^d 18^h$$

对水星的第三次近代观测于1504年3月18日7∶30 P.M.进行。

1503 个整年		
1504 年 1 月至 2 月	59ᵈ	
3 月	17	19ʰ30ᵐ
闰日（4—1504 年）	376	
	452	
1	−365	
1504ʸ	87ᵈ	19ʰ30ᵐ
+264	112	18
	1(24＋)	13ʰ30ᵐ＝33¾ᵈᵐ
1768ʸ	200ᵈ	

哥白尼把日子的零数写为 33ᵈᵐ（对开纸195ᵛ倒数第16行）。

（222）哥白尼在 Ⅴ,1 中取水星的年行度为3个整周再加大约54°。后一数值对开 Ⅴ,1 末尾附表中略有差异的数值也是适合的。现在有 20×54°＝1080°＝

$$3 个整周$$
$$+(20×3)=\ 60$$
$$\overline{\quad\quad 63}$$

（223）哥白尼在此处（对开纸195ᵛ倒数第10行）漏掉表示"年"的字，并把正确数目1768（MDCClxviij）写成5768（V̄DCClxviij）。此数的第一个数字是由于预行重写而写错，因为 VDLxx 为下一行中的周数。梅斯特林在其 N 抄本中（对开纸172ʳ第3行）改正了这个差错，而 T（第393页第23行及注释）首次作公开更正。

（224）哥白尼在此处（对开纸195ᵛ倒数第11行漏掉"200"）。T（第393页第22行及注释）改正了这个差错。

（225）相应的现代数值为每63年大约 6′2⅛″（《天文学杂志》，1974，79∶58）。勒威耶首先指出，水星近日点行度的理论值与观测值不一致。西蒙·纽康姆（Simon Newcomb）证实这个差异的存在，并求得其数值为每世纪43″。这个偏差成为相对论的基础，被称为水星近日点的进动，比以前的理论所要求的每世纪多出43″。

（226）我们从上面的注释（221）可知，从基督纪元开始到1504年3月18日7∶30 P.M.共有1504ʸ87ᵈ19ʰ30ᵐ＝48¾ᵈᵐ。哥白尼把后面的数字写成48ᵈᵐ（对开纸196ʳ第2行）。

（227）Ⅴ,1 和该节末尾的水星逐日视差行度表都把水星的年日行度取为

$$3°6′24″,从此值减去$$
$$59′8″,此为太阳的（即地球的）每日行度$$
$$\overline{2°7′16″},此为 Ⅲ,14 所取每日简单均为行度$$

（228）哥白尼在此处（对开纸197ᵛ倒数第2行）使用希腊字"lemmation"。在他所查考过的拉丁文资料中找不到这个词，而他是从列蒂加斯于1539年送给他的《至大论》希腊文本第一版中读到它的。他在对开纸188ʳ上开始撰写 Ⅴ,35，但只记下该章标题，然后用一个特殊符号注明此章不在其应有的位置上，而移到后面。这即是对开纸197ᵛ，是一张 E 型纸。他是在列蒂加斯到达佛罗蒙波克前几年才开始使用这种纸张（NCCW，Ⅰ,4）。因此1964年的俄文译本认为，哥白尼编写 Ⅴ,35 不早于1539年夏季。GV（第十八卷第四章帖号 ff8ᵛ）把阿波罗尼斯的定理称作 inventum，而哥白尼原来用的词为 demonstrata（Ⅴ,3 对开纸149ᵛ末行）。

因为哥白尼在 1539 年仍然忙于撰写第五卷后面几章,我们不难了解为什么列蒂加斯在该年 9 月 23 日写成的《第一报告》(First Report)中谈到,哥白尼"已经大部分完成了"他的工作(3CT 第 162 页)。列蒂加斯在威吞堡的一位朋友于 1541 年 4 月 15 日告诉麦兰其松(Melanchthon)说,列蒂加斯"从普鲁士函告,他正在期待他的老师〔哥白尼〕完成其著作"。直至 1541 年 6 月 2 日,列蒂加斯仍然报告说,他的"老师…正在大量写作"。

(229)哥白尼原来写的是"扇形 AEG"(对开纸 198^r 第 17 行)。他后来想起"扇形 AEG"居于第二个比率,而非第一个。于是他删掉"扇形"一词,但是忘记把扇形的符号从(AEG)改为三角形所要求的符号(AEC)。T(第 405 页第 1 行及注释)改正了这个错误。

(230)在第二个不等式中,哥白尼把直线 GE 误写为 GF(对开纸 199^r 第 1 行)。Mu(第 369 页第 32 行注释)改正了这个错误。

(231)N 把 CM 印成 CL(对开纸 180^v 倒数第 15 行)。这不是一般的排印错误。N 取第二次留在 L,而非 M;它画直线 ELM,而非 EMN;它把 LM 的一半而非 MN 与 LE 而非 ME 相比较;它取第二次留在 L 而非 M 点;此外它提到的是弧 FCL,而非 FCM。N 所用的这些符号在手稿中确实出现(对开纸 199^r 第 9—13 行)。然而手稿把 N 中的这些符号统统删掉,而代之以英译本的这些符号。这个情况该如何解释呢?无论如何在列蒂加斯为付印而抄录手稿时,还未作这些改动。因此可认为在列蒂加斯于 1541 年年底离开佛罗蒙波克之后,哥白尼还继续修正他的手稿。N 是根据列蒂加斯的抄本(我们可称之为半确定本)印出的。梅斯特林的 N 抄本(对开纸 180^v)改正了这些错误。

(232)哥白尼说"画…DG 垂直于 EFB"。但在对开纸 199^v 上画出直红 DG 之后,他在它上面画五个叉号,表示应当删去。他这样做大概是因为他在早期版本中用的是三角形 DFG,而在印刷版本中没有用它。他想到不需要使用直线 DG,便把它删掉。但在这样做的时候,他忘掉以前所说的"画 DG"。

(233)这个乘积 63963984(对开纸 200^r 倒数第 5 行)是哥白尼偶尔会犯的重写错误的又一例。第四和第五个数字应为 51,而不是 63 的重复。

(234)$DE:DA=10\,000:6580=60^p:39^p28.8'$。哥白尼把后一数字写为 29'(对开纸 200^v 第 3 行)。

(235)$99^p29'\times20^p31'=2041^p3.9'$。哥白尼把后面的数字写成 4'(对开纸 200^v 第 5 行)。

(236)$2041^p4'\div3^p16'14''=7\,347\,840''\div11\,774''=624^p4.4'$。哥白尼把后一数字写为 624^{p}4'(对开纸 200^v 第 8 行)。

(237)$DE:EF=60^p:24^p58'52''=216\,000'':89\,932''=10\,000^p:4163^p31'$。哥白尼把后面的数目写作 5'(对开纸 200^v 左边缘)。

(238)$DE:DA=10\,960:6580=216\,000'':129\,678''=60^p:36^p1'18''50'''$。哥白尼把后面的数字写为 20''(对开纸 201^r 第 13 行)。

(239)$AE\times EC=96^p1'20''\times23^p58'40''=345\,680''\times86\,320=29\,839\,097\,600''\div12\,960\,000=2302^p23'56''$。哥白尼把后面的数目写为 58''(对开纸 201^r 第 15 行)。

(240)$DE:DF=60^p:30^p4'51''=216\,000'':108\,291''=100\,000:50\,134.7$。哥白尼把后一数字写为 50 135(对开纸 201^r 倒数第 15 行)。

(241)$DE:AD=9040:6580;60^p=216\,000''\times6580=1\,421\,280\,000''\div9040=157\,221''=43^p40'21''$。

(242)$DE:EF=60^p:18^p59'58''=216\,000'':68\,398''=100\,000:31\,665.7$。哥白尼把后一数字写为 31 665(对开纸 201^v 第 7 行)。

(243)手稿第五卷处于紊乱状态,以致哥白尼没有标明它在何处结束。N 标明此处为本卷之末,以后各版均仿此。

第六卷　注释

(1)哥白尼把其他行星的纬度行度与地球的轨道运动联系起来,他相信这可以进一步证实他的地动论。可是他选出一个行星,即地球,赋予它以独特的地位。如果地球真的只是绕太阳运转的诸行星中的一员,为什么其他行星的纬度行度会受地球经度运转的支配?哥白尼在采用这个原则时太依附托勒密模型了,以致他未能认识到他的地球为一颗运动行星的概念需要彻底变革行星纬度的传统理论。

事实上地球运动是哥白尼贯穿《天体运行论》的主题思想。然而有一位企图贬低哥白尼的人最近谈到,哥白尼的

> 理论要点只占本书开头处不到二十页的篇幅,即约为全书的百分之五。其余的百分之九十五都是理论的应用。在读完应用部分后,对原来的学说并没有更进一步的了解。因此可以

认为,理论本身也给毁掉了。这就可以说明,为什么在本书末尾没有总结、结论或任何概括性的说明,尽管书中反复向读者许诺要做这样的总结。

这位贬低者的特点是,虽然他说书中"反复许诺"要做一个总结,但他对这种许诺连一个例子也举不出来。实际上哥白尼从未做过这种许诺。

（2）哥白尼在对开纸 189^r 倒数第 11 行写的是 aliis（其他），然而 T（第 413 页第 24 行注释）认为书中所需的词显然是 mediis（中间）。

（3）按哥白尼所绘的图（对开纸 192^r），F 为近地点,G 为远地点,这与正文内容（对开纸 191^v 倒数第 13 行）相反。

（4）在对开纸 192^v 第 12 行,在木星的分数上面有一个污点。这表示哥白尼原来写的也许是 8（viij）,即与托勒密的数值一样。至于火星,哥白尼写的是"7 分",随后把它删掉。

（5）和托勒密一样,哥白尼原来（对开纸 192^v 第 15 行）对火星所写为 4（iiij）。后来把它删去并代之以 5（v）。

（6）哥白尼原先所写秒数为 26（xxvi,对开纸 193^r 第 1 行）。后来他把 vi 擦掉。他在 V,19 中取火星的近地点距（不是远地点距）为 1^{p}22′26″。

（7）哥白尼把 ED 写成 FD（对开纸 193^r 第 18 行）。

（8）哥白尼把 GED 写成 DFE（对开纸 193^r 倒数第 14 行）。T（第 421 页第 3 行及注释）改正了这个错误。

（9）哥白尼由于疏忽把 xxviij 中的一个 X 漏掉了（对开纸 193^v 倒数第 6 行）,于是把此数写为 18。Mu（第 383 页第 22 行注释）改正了这个差错。N（对开纸 186^v 第 4 行）把此数误取为 19,梅斯特林的抄本将它改为 28。

（10）土星：2°16′−（½×28′=14′）≅2°3′。

木星：1°18′−（½×24′=12′）=1°6′。

（11）哥白尼在此处（对开纸 194^v 第 4 行）把分数写为 50（L）,而非"大约 51"（Lifere,对开纸 193^v 第 1 行）。

（12）按弦长表,在取半径＝100 000 时,对 45° 为 70711。

（13）DE：GE＝10 000：2929＝50½：14.79≅15：5。

（14）ED：FG＝100 000：7071＝6580：4652.7。哥白尼把后一数字写为 4653（对开纸 194^v 第 17 行）。

（15）哥白尼由于笔误（对开纸 203^r 第 8 行）把度数写为 8（viii）。N（对开纸 187^v）改正了这个错误。

（16）参阅前注（12）。

（17）BE：EK＝10 000：7071＝7193：5086（＝HK）。

（18）BE：KL＝10 000：308＝7139：221.5。哥白尼把后一数字写为 221（对开纸 203^v 倒数第 13 行）。

（19）BE：BL＝10 000：7064＝7193：5081。

（20）哥白尼由于笔误把这个 45°57′ 的角称为 ALM（对开纸 204^r 第 1 行）。但他已证明 ALM 为直角（对开纸 203^v 倒数第 11 行）。T（第 426 页第 11 行及注释）采用正确的符号 MAL。

（21）BH：BK＝10 000：7071＝3953：2795。

（22）哥白尼由于笔误（对开纸 204^r 倒数第 9 行）把此对角线称为 LK。W（第 466 页）纠正了这个错误。

（23）哥白尼在此处（对开纸 204^v 第 8—9 行）把托勒密对金星所取数值⅙° 和对水星的¾°都加大一倍。然而他在 Ⅵ,8 中再次讨论这个课题时（对开纸 207^v 倒数第 14—12 行）,他引用正确的数值。

（24）BA：AD＝BD：DF

10 000：6947＝7193：4996.97。哥白尼把后一数字写为 4997（由 4994 改成,对开纸 205^v 倒数第 6 行）。

（25）AG：FG＝6940：4988＝10 000：7187.3。哥白尼把后一数字写为 7187（对开纸 206^r 第 10 行）。

按弦长表,对 46°0′ 为 71 934,对 45°50′ 为 71 732,因此对 45°57′ 为 71 873.4,或在取半径＝10 000 时为 7187。

（26）AD：DF＝6947：4997＝10 000：7193〔参阅注释（24）〕。

按弦长表,对 46° 为 71 934,或在取半径＝10 000 为 7193。

（27）AB：AD＝BD：DF。

10 000：9340＝3573：3337.2。哥白尼把后一数字写为 3337（对开纸 206^r 倒数第 11 行）。

（28）AB：AD＝BD：DF（哥白尼由于笔误把最后一项写为 BF）。

10 208：7238＝7139：5100.2。大概是由于誊写中的差错,哥白尼把后一数字写成 5102（对开纸

206^v 第 17 行）。

（29）AD：DG＝7238：309＝10 000：426.9。哥白尼把后一数字写为 427（对开纸 206^r 倒数第 14 行）。

（30）按弦长表，对 2°30′为 4362，对 2°20′为 4071，因此对 2°27′为 4274.7，或在取半径＝10 000 为 428。

（31）AB：AD＝BD：DF。

9792：6644＝7193：4880.5。哥白尼把后一数字写在 4883（对开纸 206^v 倒数第 9 行）。

（32）参阅注释（23）。

（33）哥白尼接受当时人们普遍承认的信念，即光线传播不需要时间。在他去世一个多世纪之后，这个信念被彻底否定了。

（34）tempori（时间）一词对哥白尼的论证（对开纸 207^v 末行）是必不可少的，但 N 把它误印为 ipsi（它自己）（对开纸 192^r 第 6—7 行）。梅斯特林的抄本改用 tempori。

（35）按弦长表，对 10′为 291，或在取半径＝10 000 时为 29。

（36）按弦长表，对 50′为 1454 和对 40′为 1163，因此对 45′为 1308.5，或对 10 000 的半径为 131。

（37）哥白尼在手稿中（对开纸 211^{r-v}）把金星和水星的偏离置于第 7—8 栏。然而 N 把金星的偏离移入第 5 栏，这大概是想把关于金星的三个栏集中在一起。但 N 在标题中未作相应变动，因此金星偏离被误加上水星赤纬的标题（对开纸 194^v）。梅斯特林的 N 抄本改正了这一组差错。

（38）哥白尼的手稿在对开纸 212^v 未加说明即告结束。N 补充了表示结束的说明，以后各版均仿此。

科学元典丛书

即将出版

科学元典丛书（彩图珍藏版）

扫描二维码，收看科学元典丛书微课。